中国国家标准汇编

364

GB 21163～21200

（2007 年制定）

中国标准出版社　编

中国标准出版社

北　京

图书在版编目（CIP）数据

中国国家标准汇编：2007年制定．364：GB 21163～21200/中国标准出版社编．—北京：中国标准出版社，2008

ISBN 978-7-5066-4951-3

Ⅰ．中… Ⅱ．中… Ⅲ．国家标准-汇编-中国-2007 Ⅳ．T-652.1

中国版本图书馆CIP数据核字（2008）第099432号

中国标准出版社出版发行
北京复兴门外三里河北街16号
邮政编码：100045

网址 www.spc.net.cn
电话：68523946 68517548
中国标准出版社秦皇岛印刷厂印刷
各地新华书店经销

*

开本 880×1230 1/16 印张 42.25 字数 1 262 千字
2008年7月第一版 2008年7月第一次印刷

*

定价 200.00 元

ISBN 978-7-5066-4951-3

出 版 说 明

1.《中国国家标准汇编》是一部大型综合性国家标准全集。自1983年起，按国家标准顺序号以精装本、平装本两种装帧形式陆续分册汇编出版。本《汇编》在一定程度上反映了我国建国以来标准化事业发展的基本情况和主要成就，是各级标准化管理机构，工矿企事业单位，农林牧副渔系统，科研、设计、教学等部门必不可少的工具书。

2. 本《汇编》收入我国正式发布的全部国家标准。各分册中如有顺序号缺号的，除特殊情况注明外，均为作废标准号或空号。

3. 由于本《汇编》的出版时间与新国家标准的发布时间已达到基本同步，我社将在每年出版前一年发布的新制定的国家标准，便于读者及时使用。出版的形式不变，分册号继续顺延。标准的属性以本书目录上标明的为准。

4. 由于标准不断修订，修订信息不能在本《汇编》中得到充分和及时的反映，根据多年来读者的要求，自1995年起，在本《汇编》汇集出版前一年发布的新制定的国家标准的同时，新增出版前一年发布的被修订的标准的汇编版本，视篇幅分设若干分册。这些修订标准汇编的正书名、版本形式与《中国国家标准汇编》相同，但不占总的分册号，仅在封面和书脊上注明“20××年修订-1,-2,-3,……”字样，作为本《汇编》的补充。读者配套购买则可收齐前一年制定和修订的全部国家标准。

5. 由于读者需求的变化，自第201分册起，仅出版精装本。

6. 2007年制修订国家标准1 410项，全部收入在《中国国家标准汇编》第352～367分册和2007年修订-1～修订-23分册中。本分册为第364分册，收入国家标准GB 21163～21200的最新版本。

中国标准出版社

2008年6月

目　录

ICS 65.060.99
B 91

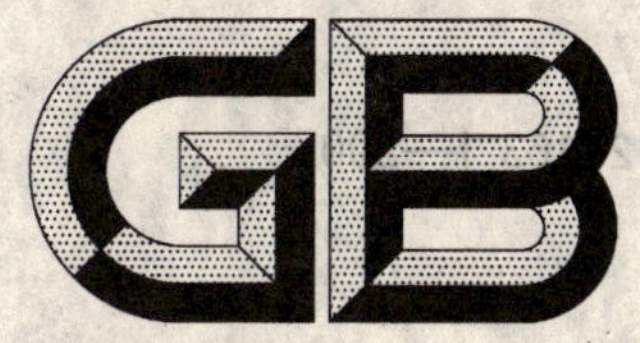

中华人民共和国国家标准

GB/T 21163.1—2007

农业谷物干燥机 干燥性能的测定 第1部分:总则

Agricultural grain driers—Determination of drying performance—Part 1: General

(ISO 11520-1:1997,MOD)

2007-11-01 发布 2008-01-01 实施

中华人民共和国国家质量监督检验检疫总局
中国国家标准化管理委员会 发布

前　言

GB/T 21163《农业谷物干燥机　干燥性能的测定》由以下几部分组成：

——第1部分：总则；

——第2部分：附加测定规程和特定谷物要求。

本部分是GB/T 21163的第1部分。

本部分修改采用ISO 11520-1：1997《农业谷物干燥机　干燥性能的测定　第1部分：总则》(英文版)。

本部分与ISO 11520-1：1997相比，内容改变如下：

——删除了国际标准的前言；

——对ISO 11520-1：1997中引用的ISO 11520-2：2001，用已被采用为我国的GB/T 21163.2—2007代替。

本部分的附录A为规范性附录，附录B、附录C、附录D、附录E为资料性附录。

本部分由中国机械工业联合会提出。

本部分由全国农业机械标准化技术委员会归口。

本部分起草单位：中国农业机械化科学研究院、北京中农康元粮油技术发展有限公司、中国农业大学。

本部分主要起草人：牟仁生、张咸胜、陈俊宝、曹崇文。

农业谷物干燥机　干燥性能的测定
第1部分:总则

1　范围

本部分规定了评价连续式和批式谷物干燥机干燥性能的方法。本部分规定的方法用于确定干燥机在持续稳定的试验状态条件下进行的试验能否获得所要求的水分蒸发速率。本部分还规定了将测试的性能(数据)向其他输入条件和标准环境条件下折算的方法。

本部分适用于连续式和批式谷物干燥机干燥性能的测定。

2　规范性引用文件

下列文件中的条款通过GB/T 21163的本部分的引用而成为本部分的条款。凡是注日期的引用文件,其随后所有的修改单(不包括勘误的内容)或修订版均不适用于本部分,然而,鼓励根据本部分达成协议的各方研究是否可使用这些文件的最新版本。凡是不注日期的引用文件,其最新版本适用于本部分。

GB/T 1236—2000　工业通风机　用标准化风道进行性能试验(idt ISO 5801:1997)

GB/T 5497—1985　粮食、油料检验　水分测定法

GB/T 5498—1985　粮食、油料检验　容重测定法

GB/T 5519—1988　粮食和油料千粒重的测定法(neq ISO 520:1977)

GB/T 5520—1985　粮食、油料检验　种子发芽试验

GB/T 21163.2　农业谷物干燥机　干燥性能的测定　第2部分:附加测定规程和特定谷物要求(ISO 11520-2:2001,MOD)

JB/T 5325—1991　均速管流量传感器(neq ISO 3966:1977)

3　术语和定义

下列术语和定义适用于本部分。

3.1

连续式干燥机　continuous-flow drier

干燥物料是以连续流动的方式通过,且不再循环的干燥机。

3.2

批式干燥机　batch drier

干燥机在干燥一批谷物后干燥室完全是排空的。

3.3

环境温度和相对湿度　ambient air temperature and relative humidity

测定的大气平均干球温度和平均相对湿度尽可能靠近干燥机主进风口,但要注意不受干燥机影响。某段时间内测定的空气相对湿度平均值要和空气绝对湿度平均值及平均干球温度相对应。

3.4

标准环境条件　standard ambient conditions

温度、压力和相对湿度这些环境条件对干燥机试验结果的影响是要加以修正的。

注:见GB/T 21163.2。

3.5

稳定状态　steady state

对于连续式干燥机，干燥过程中所排出谷物的含水率和排气温度处于稳定的状态。

3.6

干燥周期　residence time

对于连续式干燥机，进料到出料平均所用的时间。

3.7

稳定状态准备期　stabilization period

连续干燥机使其工作状态达到稳定所用的一段时间。

3.8

试验期　test period

此期间连续干燥机在稳定状态下工作至少需要一个干燥周期；对于批式干燥机，要至少完成一个干燥和冷却的全循环，此过程要进行监测以便能够对其热力学性能作出评价。

3.9

进料含水率　input moisture content

启动试验前的一个试验期和一个干燥周期内进入干燥机的谷物平均湿基含水率(m. c. w. b.)。

3.10

出料含水率　output moisture content

试验期离开干燥机的谷物平均湿基含水率(m. c. w. b.)。

3.11

进料量　input

试验期以进料含水率状态进入连续式干燥机的谷物平均质量流量。

3.12

出料量　output

(连续式干燥机)试验时流出干燥机的干燥谷物平均质量流量。

3.13

出料量　output

(批式干燥机)经由进料、试验、出料过程内成批干燥的谷物质量。

3.14

干燥机体积容量　volumetric drier holding capacity

(连续式干燥机)稳定工作一段时间后干燥机内的谷物体积。

3.15

干燥机体积容量　volumetric drier holding capacity

(批式干燥机)以进料含水率状态进入干燥机的谷物体积。

3.16

热风温度　drying air temperature

干燥谷物的平均热风温度，应在尽可能靠近谷床进风口处设点测量。

3.17

冷风温度　cooling air temperature

冷却谷物的平均冷风温度，应在尽可能靠近谷床进风口处设点测量。

3.18

排气温度　exhaust air temperature

干燥机排气的平均温度。

3.19

出料温度　discharged grain temperature

刚排出干燥机的谷物温度。

3.20

蒸发量　evaporation

试验期中蒸发掉的水分总质量。

3.21

蒸发速率　evaporation rate

连续式干燥机试验期水分蒸发的平均速度或批式干燥机干燥周期内水分蒸发的平均速率。

3.22

单位总耗能量　specific total energy consumption

蒸发 1 kg 水所需要的总能量。

注：没有和干燥机组成一体的输送机和提升机所消耗的能量不包括在内。

3.23

单位耗热量　specific thermal energy consumption

蒸发 1 kg 水所需要的热量。

3.24

间接加热　indirect heating

加热形式为利用热交换器加热空气进行干燥。

3.25

直接加热　direct heating

加热形式为干燥机利用燃料燃烧的烟气穿过谷物，对其进行干燥。

4　符号

符　号	参　数　名　称	单　位
A	规定的试验谷物总质量	kg
B	额定生产率	kg/s
E	水分蒸发量	kg
F	燃料消耗量	kg/s
G	干燥机容量	kg
H	燃料的净热值	J/kg
I	电流	A
J	单位燃料消耗量	kg/kg
M	谷物含水率，湿基（m. c. w. b.）	%
N	试验次数	1
P	功率	W
Q	单位耗热量	J/kg
S	单位耗能量	J/kg
U	电压	V
V	干燥机容积	m^3

符　　号	参 数 名 称	单　　位
W	耗能量	J
X	热交换器加热介质流量	kg/s
c	比热	J/(kg·K)
d	谷床厚度	m
f	谷床进风口面积	m^2
g	空气密度修正因数	1
h	比焓	J/kg
m	谷物质量	kg
m'	谷物质量流量	kg/s
p	压力或压降	Pa
q_v	空气体积流量	m^3/s
q_m	空气质量流量	kg/s
r	空气循环比	1
s	标准差	
t	试验期时间	s
v	表观风速	m/s
w	水的质量	kg
x	空气绝对湿度	kg/kg
Θ	空气热力学温度	K
ε	相对误差	1
θ	空气摄氏温度	℃
ρ	密度	kg/m^3
τ	干燥周期	s
υ	干空气比容	m^3/kg
ψ	空气相对湿度	1
$\cos\varphi$	功率因数	1
η	加热器热效率	1

下标字母定义如下：

a	环境，大气
b	大气压
c	冷却
d	干燥
e	电的
f	干燥机出料口
g	谷物
h	热交换器内热介质

i	干燥机进料口
n	总和
o	观测值
s	参考标准或规定条件的修正值
t	热的
v	蒸汽的
w	湿球
x	排气

5 原则

对于连续式干燥机来讲试验的原则是在相对比较短的时间内对处于完全稳定状态下的干燥机进行监测，而不是长时间变化状态的检测。对于批式干燥机检测的原则是对整个工作循环进行监测。该方法要求：

——干燥机在试验条件下要达到最大的水分蒸发量；

——对不同干燥机的测试结果进行比较；

——参照标准环境条件和规定的进料条件对试验结果进行修正。

6 仪器及说明

6.1 自动记录

如果使用自动记录系统，要求其对附近电器设备引起的传感器线缆电子感应具有抗干扰能力，传感器线缆设置应尽可能远离载有强电流的电缆线。

6.2 空气特性传感器

6.2.1 空气温度

不论误差多大，温度测量系统最大误差为1℃或摄氏湿度测量值的1.5%。对表面温度超过500℃的辐射源范围内的传感器要设置辐射屏蔽。

传感器在含有灰尘和细颗粒的气流中工作时要保证其精度稳定。

6.2.2 空气湿度

相对湿度(r.h.)测量系统的最大误差为5%，其传感器的精度要能够保证相对湿度计算值的最大误差在5%以内。

6.2.3 静压

传感器设置要符合JB/T 5325要求，压力计要有合适的量程，并能在不同的状态下工作，其最大测量误差为测量值的5%。

6.2.4 大气压

如果使用无液气压计，要进行校准检验。

6.3 谷物特性

6.3.1 谷物含水率

谷物样品含水率的测定应依据标准GB/T 5497。

注：如果含水率是用快速方法测定的，一般来说，尽管快速水分仪不十分精确，但在一般情况下，在短时间内各样品的含水率基本是一致的，能准确测出干燥机出料含水率的变化趋势。

6.3.2 谷物处理量

干燥机的谷物处理量要用设备来测量，设备的最大误差为测量谷物处理量值的1%。

注：如果将谷物质量分为两部分，如挂车质量应尽可能的小，否则将增加谷物处理量的测量误差。

6.4 能量

耗能量的测量误差应不超过测量值的±2%。

6.4.1 电能

耗电量要用测量仪进行测量或对电压、电流和功率因数进行连续测量。

6.4.2 燃料

如果燃料在现场燃烧，燃料的净热值：

——应符合相应的国家标准；

——来自合适的燃料产地，即要求符合标准燃料的热值；

——供应商确认的燃料的热值。

燃料质量的测量方法取决于空气加热器的热源即液体石油燃料（柴油、液化气等）、气体燃料（天然气、丙烷等）、固体燃料（煤、秸秆等）或热流体（热水、温泉等），见附录C。

7 测试准备工作

7.1 干燥机参数

对干燥机参数要做记录，附录E给出了检测表格，对表中所列出的内容要做充分记录。

7.2 谷物的准备

对于连续式干燥机，一次干燥试验所需要的谷物量由式(1)确定：

$$A = 1.1[G + N(1.5G + Bt)] \qquad (1)$$

式中：G为干燥机的容量，此公式给出的是试验期的间隔时间为干燥周期1.5倍，并给出了10%的安全系数。

对于批式干燥机，干燥试验所需的最小谷物量为：

$$A = NG \qquad (2)$$

如果考虑到安全因素，谷物量则要增加到：

$$A = (N+1)G \qquad (3)$$

7.3 传感器的安装

7.3.1 风温传感器

温度传感器最大误差为1℃或为摄氏温度测定值的1.5%。

7.3.1.1 热风温度

传感器应安装在风道中，其位置应尽可能靠近谷床进风口处。当热风进入谷床时，要测试风温梯度最少需要6个传感器，等距地按2×3的栅隔状排列。

注：要特别注意在可能的高温点安装增设传感器，因为其测量值对评价谷物的热损伤是非常重要的。

7.3.1.2 冷风温度

至少要安装一个传感器于风道中，且其位置应尽可能靠近谷床进风口处，但是，试验时传感器不要装在靠近表面发热的地方。

7.3.1.3 热风炉进风温度

至少要安装一只带有热辐射源屏蔽的传感器。

注：此温度用来计算空气经过热风炉后的温升。

7.3.1.4 排风温度

传感器要安装在风道中，其位置应尽可能靠近谷床排气口离开的位置处，要测试谷床排气口处空气温度梯度和给出排风温度分布，最少需要装6个传感器，等距地按2×3的栅隔状排列。

排风温度显示了干燥的进程。例如，连续干燥机排风温度，尤其是干燥段出口处的排风温度达到稳定状态的时间是可以检测出来的。此处要装一传感器。

7.3.1.5 传感器配置

对于干燥机所配置的监控温度传感器，要对其设置和精度进行检查，还要在其附近设置一个备用传感器。

7.3.2 进风(干燥和冷却)湿度传感器

对于不使用循环风的干燥机,在干燥段的热风进口处要单设一湿度传感器。

7.3.3 测定谷物温度的直接方法

谷物温度的直接测定方法应是首选使用。此法测量进出料谷物温度时,传感器应安装在干燥机的缓冲区或卸料斗中。

装在谷床内的测温传感器注意不要使其受气流的影响,否则测量值将更接近风温。在测定排料斗内谷温时尤其如此。这里:

——空气可能在穿过谷物时露风;

——通风床中有谷物。

此时,将用到8.2.4.1给出的测温方法。

7.3.4 风静压测量传感器

所设传感器用来测量风通过谷床的静压差和风机的静压差。

8 谷物取样

8.1 试验前的准备工作

无论是否加湿,取样工作是必须做的。人工将谷物分成多份,每份20吨,每份取40个小样,每个小样不少于50 g,共取2 kg的样品。

对于每个2 kg的样品,通过分样器混样和分样,从中取出100 g的小样,依据标准GB/T 5497,测定谷物含水率。

从每个2 kg的样品中再取一个200 g的样品,将其封装在一编织袋中,在放入事先准备好的一个10℃防水保湿的贮藏容器之前,用充足的非加热空气对其进行干燥。依据GB/T 5519测定谷物千粒重和依据GB/T 5497测定其含水率,依据GB/T 5520分析其发芽率和纯度。

将每个2 kg样品的剩余部分堆在一起并混合,通过分样方法取一个3 kg样品并将其封装在一编织袋里,如果有必要的话,应将其调整到一个合适的储藏水分再进行贮藏。测定容重用GB/T 5498规定的方法。

8.2 试验过程

8.2.1 取样点的选择

若需要出料谷物的平均状态,取样应在谷物干燥流水线中的所有具有混谷作用的装置后进行,如螺旋输送机后。

若谷物是成批从干燥机或料斗中出料,需要注意的是每批取样要具有代表性。因为在一批谷物中先出的谷物和最后出来的谷物特性可能差别很大。进口取样位置(应该设在设备如谷物清选机的出口处)由于物料状态变化不大并不像出料取样点那样要求严格。取样也可以从干燥机中提取该样用来测定干燥机中谷物的特性。

8.2.2 取样量

每个至少50 g的谷物样品是从1 L样品中分样取出的。

注:某些分析是依据单个小样品来完成的,如水分测定。有时,如果试验过程中的因素变化影响不大,样品的其他特性可以使用一个试验期所取的多个样品的混样来测定。

8.2.3 谷物含水率测定取样次数

8.2.3.1 连续式干燥机

出料取样次数至少取12次样,试验过程中取样时间间隔应均等。进料取样的时间和次数是:

——试验期内进料样品要与出料样品相对应。

——以等时间间隔方式,至少取12个样。

注1:这里可能一些进料样在后来被证明是多余的。

注2:在稳定期出料取样次数可以适当减少。

8.2.3.2 批式干燥机

批式干燥机进料至少取12个样品，取样均匀分布在整个装料过程内。批式干燥机整个出料过程中至少要取50个样品，全部取样要均匀分布在整个出料过程中。

8.2.4 样品处理

8.2.4.1 测定谷物温度的取样方法

用于测定温度的每批12个样都必须立即测试。取来的样品应在5 s内，将其放入并贮藏在预设的隔热容器内，直到容器内的温度传感器达到最大值，记录此温度。

注：一至少可容纳500 g样品的真空瓶是最合适的容器，该容器可通过充填同源样品进行预处理，该样品随后被扔掉。

8.2.4.2 水分测定

水分测定取样应放置在密闭容器内，直到分析需要时才取出。因为放置在容器内的样品可能是热的和湿的，在容器内壁有时会产生冷凝。因此需要注意的是所有这些水分在容器被打开分析之前须应保证被样品重新吸收。

注：热封的聚乙烯袋或有紧配合盖子的聚乙烯瓶为最合适的封装容器。

8.2.4.3 其他分析

用做其他内容分析的样品要封装起来，也要进行取样以备后续分析使用。要求在尽可能短时间内完成足够的谷物试验样品的取样工作。

注：这里要注意是取样时间的均匀性，时间的变化可能对稍后的性能评定产生重要影响。

需要注意的是每个样品在后续使用前都要充分地混合。

8.2.4.4 发芽试验

如果样品做发芽试验，样品要放在透气材料中并通以30℃以下热风直到平均含水率达到15%(m. c. w. b.)为止。

8.3 谷物质量的测定

8.3.1 定时

谷物连续出料时，料流要作转移以便称重，料流转移持续的时间应与试验期相等。转移的谷物应是试验期离开干燥机的谷物。因此，转移时间或许要被推迟，这取决于谷物从干燥机的卸料点到转移点所用的时间。如果干燥机以间歇式或周期式变化排料，试验期的启停与排料周期同步。

8.3.2 排气中损失的物料

需要注意的是确保被排气带走的谷物量最少。

注：如果没有谷物泄露，干燥谷物的损失主要由蒸发的水分和排气中颗粒物损失组成。如果谷物中没有灰尘和小颗粒物，那么后者可以忽略不计，除非谷粒被排气带走并被带出风室而损失掉。

9 试验方法

干燥机要根据生产商的要求与所有需要的装置相连接并保持其工作正常。需要冷却部分要事先安装好。

9.1 连续式干燥机

9.1.1 准备期

以湿谷充填干燥机。

关闭出料速度自动控制装置。

准备按规定路线把出料送至存放地。

根据制造厂设备安装的要求，设置好热风温度。

根据谷物降水幅度，调节出料机构，设定生产率。

根据推荐的工作程序启动干燥机工作。

尽管某些设置在最初阶段要做必要的调整，但一旦合适设置找到了，该设置将被锁定不动以待设备进入稳定期和试验期。

9.1.2 稳定期

开始进料取样和出料取样，通过快速方法测量含水率，并绘出以时间为横坐标的含水率曲线。

经过一个干燥周期后，其标志是排出的谷物量等于干燥机的容量，稳定状态的开始可以采用以下方法判定：

稳定状态的判定条件如下：

——以快速方法测定谷物出料含水率呈稳定化状态；

——干燥段排气温度呈稳定化状态。

试验过程中干燥机要处于稳定状态，因此就要有足够的时间做稳定化准备。

注：由于达到稳定状态的过程是渐进的，因此通常并不容易精确判定其处于稳定状态，而且通常要用的时间要超过一个干燥周期。

9.1.3 试验期

试验期要在适当的时候启动，并且要在达到稳定状态后尽快进行试验。

在预置信号或时间后，分流的谷物到指定装置(即料仓或挂车)堆积测试试验谷物。

记录试验开始时间，这样试验期自动记录的数据就能在以后分析中加以识别。

记录所有仪表的原始数据，如监测监视燃料耗量和耗电量。

记录大气压力。

如有必要，增加出料取样次数以保证提供至少 12 个样品，取样时间应均匀分布在整个试验阶段。

在整个试验过程中，人工从传感器采集那些非自动记录的测试数据如风量和电能。

在试验结束时，转移出的谷物运回到存放点，并读取测试仪器上终值数据。

测定整个试验期排出谷物质量。

9.1.4 进一步试验

对干燥机设置作出适当调整以便进行下一次试验并重复 9.1.2 和 9.1.3 所述的步骤。

9.1.5 试验结束后

测定残留在干燥机中谷物质量，方法是称量清空干燥机内残留谷物的质量。

9.2 批式干燥机

9.2.1 准备期

以湿谷充填干燥机并记录干燥机的容量。

充填过程中按 8.2 所述方法取样。

记录充填时间。

记录仪表的初值即监测燃料耗量和耗电量。

记录大气压力。

9.2.2 试验期

按制造厂设备要求设置热风温度。

如果不是自动测量，根据制造厂商的要求设定冷却时间。

如果设置了自动测定干燥结束方法，须合理设置目标含水率。

根据干燥机制造厂商推荐的程序启动干燥机。

此后，不允许做任何调节，除非为干燥机正常工作的调整。

如果没配备自动装置，干燥时间持续到该批谷物的平均含水率降到一个适当的值。

如果配备了自动装置，让自动控制设备来控制干燥过程。

在整个试验期中，有些数据传感器是不能自动记录，需要对于不能自动记录的传感器测量值，如风量和电耗，采用人工记录。

在干燥结束时，要记录时间和全部的测量仪器数据。

记录冷却时间，如果有必要的话，要记录整个测定仪器的终值数据。

清空干燥机并按 8.2 规定对谷物取样。

测定整个干燥机完成清空所需要的时间。

测定该批排出谷物的质量。

9.2.3 进一步测试

对干燥机设置作出适当调整以便进行下一次试验并重复 9.1.2 和 9.1.3 所述的步骤。

10 试验结果计算

10.1 系列数据

按标准记录的试验数据的平均值，标准差和平均标准差的计算。

10.2 连续式干燥机

10.2.1 谷物质量流量

计算干燥机出口处干燥的谷物质量流量 m'_f 如式(4)：

$$m'_f = m_f/t \qquad (4)$$

10.2.2 干燥周期

根据质量流量和测量的容量计算干燥周期：

$$\tau = G/m'_f \qquad (5)$$

或根据干燥机的体积容量和谷物的容积密度来计算干燥周期：

$$\tau = V\rho_{gf}/m'_f \qquad (6)$$

注：τ 值不要求非常精确因为它只用于找到进料样品时间(见 8.2.3)。

10.2.3 进料含水率

如果知道干燥周期 τ，就可以找到对应出料处于稳定状态时进料取样时间，并找出进料含水率平均值 M_i。

10.2.4 蒸发速率

根据谷物出料质量流量和含水率的变化计算蒸发速率 E'：

$$E' = m'_f(M_i - M_f)/(100 - M_i) \qquad (7)$$

由式(8)计算蒸发量 E：

$$E = E't \qquad (8)$$

依据 B.4.1 评估蒸发量的不确定度。

10.2.5 耗电量

如果测定了电流、电压、功率因数，就可根据式(9)计算电功率 P_e：

$$P_e = UI\cos\phi\sqrt{3} \qquad (9)$$

这里，U、I 和 $\cos\phi$ 是 9.1.3 整个试验期的计算平均值。

耗电量 W_e 由式(10)计算：

$$W_e = P_e t \qquad (10)$$

10.2.6 耗热量

热功和热能的计算方法取决于加热方法。

10.2.6.1 直接加热

不考虑所使用的燃料，由式(11)计算热功率 P_t：

$$P_t = FH \qquad (11)$$

热能 W_t，由式(12)计算：

$$W_t = FHt \qquad (12)$$

10.2.6.2 **间接加热**

如果热交换器作为干燥机的一部分且目的就是要确定整体效率，可通过10.2.6.1中公式来计算热功和热能。

如果有外部热源给热交换器供热或目的是确定干燥效率，不考虑热交换器的效率。可由加热流体的热损失计算热功 P_t：

$$P_t = X_h(\theta_{hi} - \theta_{hf})c_h \quad \text{(13)}$$

热能 W_t，由式(4)计算：

$$W_t = P_t t \quad \text{(14)}$$

如果不采用此方法，所使用的方法要在报告中加以描述。

10.2.7 **单位耗热量**

蒸发单位质量的水所需的热量 Q，由式(15)给出：

$$Q = W_t / E \quad \text{(15)}$$

依据B.4.2评估该值的不确定度。

10.2.8 **单位总耗能量**

单位总耗能量 S，即为用于蒸发单位质量的水所需的热能与电能之和。

$$S = (W_e + W_t)/E \quad \text{(16)}$$

依据B.4.3评估该值的不确定度。

10.3 **批式干燥机**

10.3.1 **蒸发量**

计算蒸发量 E，由式(17)计算：

$$E = m_f(M_i - M_f)/(100 - M_i) \quad \text{(17)}$$

计算平均蒸发速率 E'，由式(18)计算：

$$E' = E/t_d \quad \text{(18)}$$

注：此式适用于从冷却到干燥过程中的水分蒸发。

10.3.2 **耗电量**

计算整个电能的消耗 W_e，由干燥和冷却的功率来计算：

$$W_e = (P_{ed}t_d + P_{ec}t_c) \quad \text{(19)}$$

这里：$t_d + t_c = t$。

10.3.3 **耗热量**

热功和热能的计算方法取决于加热方法。

10.3.3.1 **直接加热**

计算热功 P_t，由式(20)计算：

$$P_t = FH \quad \text{(20)}$$

热能 W_t，由式(21)计算：

$$W_t = P_t t_d \quad \text{(21)}$$

10.3.3.2 **间接加热**

热功由10.2.6.2给出的公式计算。

计算热能 W_t，由式(22)计算：

$$W_t = P_t t_d \quad \text{(22)}$$

10.3.4 **单位耗热量**

单位耗热量由10.2.7给出的公式计算。

10.3.5 **单位总耗能量**

单位总耗能量由10.2.8给出的公式计算。

10.4 按标准条件进行修正

参照附录 A 和 GB/T 21163.2 定义的标准条件修正计算结果。

11 试验报告

试验报告包含的内容：

——试验干燥机的参数，包括 7.1 记录的全部内容；

——详细的干燥系统描述，其中涉及可能影响干燥机性能的各个方面；

——试验所用燃料参数，要标明其牌号，热值和温度；

——根据 GB/T 21163.2 的要求，所做的试验谷物参数；

——干燥机性能试验结果汇总表。

附录 E 给出了试验报告的式样。另外测定的数据、图表，和其他必要的计算数据也都要包含在报告中。

附　录　A
（规范性附录）
按标准条件修正的结果

A.1　修正范围

从比较和评价目的出发，通常有必要对一定的谷物和热风条件下干燥机性能观测结果进行评估。由于相互作用的复杂性，其修正精度难以量化；但是如果缩小范围后进行修正，修正精度就可以提高。

A.2　空气密度

空气密度经修正后，修正的燃料消耗量就可以计算了，燃料消耗量是和空气质量流量成比例的，空气质量流量取决于风机输送的空气密度。影响空气密度的还有其他多种因素，如大气压力和空气温度。这两个影响空气密度变化的因素可以分别计算。

A.2.1　空气密度随大气压的变化

计算修正系数 g_1，由式(A.1)计算：

$$g_1 = p_{bs}/p_{bo} \qquad \text{(A.1)}$$

A.2.2　空气密度随空气温度的变化

干燥机配设风机应具有稳定的转速，其体积流量在一定的风道通风系统和一定谷物阻力条件下将保持稳定。但质量流量将随风机内空气密度的变化而成正比例变化。

用于空气密度评估的温度取决于风机所在风道的位置，它可以是环境温度、热风温度或排气温度。

其计算修正系数 g_2，由式(A.2)计算：

$$g_2 = (\theta_o + 273)/(\theta_s + 273) \qquad \text{(A.2)}$$

注：这里风机排气时，θ_s 计算是相当复杂的并且不太可能把它完全同 θ_o 区别开来。此时，最好假设 $g_2 = 1$。

A.2.3　空气密度修正的计算

用修正系数计算空气密度修正值 ρ_s，由式(A.3)计算：

$$\rho_s = \rho_o\, g_1\, g_2 \qquad \text{(A.3)}$$

A.3　功率、能量和燃料消耗量

A.3.1　电

忽略风机以外其他机械部件的功率消耗，电功率即风机驱动功率将随空气密度的变化而成比例变化。

连续式干燥机修正后的电功率 P_{es}，由式(A.4)计算：

$$P_{es} = P_{eo}(\rho_s/\rho_o) \qquad \text{(A.4)}$$

且修正后的耗电量 W_{es}，由式(A.5)计算：

$$W_{es} = P_{es}t \qquad \text{(A.5)}$$

对于批式干燥机计算修正后的干燥过程电功率 P_{esd}，由式(A.6)计算：

$$P_{esd} = P_{eod}(\rho_s/\rho_o) \qquad \text{(A.6)}$$

总的耗电量 W_{es}，由式(A.7)计算：

$$W_{es} = (P_{esd}\, t_{ds} + P_{eoc} t_{oc}) \qquad \text{(A.7)}$$

注：此公式假设冷却过程是不受干燥条件变化影响的。

A.3.2　热和燃料

A.3.2.1　直接加热

燃料消耗量 F_s，受质量流量、干燥机进气温度和环境温度变化的影响，由式(A.8)计算：

$$F_s = F_o(\rho_s/\rho_o)(\theta_{is} - \theta_{as})(\theta_{io} - \theta_{ao}) \quad \cdots\cdots(A.8)$$

那么，修正后的热功耗，P_{ts} 由式(A.9)计算：

$$P_{ts} = F_s H \quad \cdots\cdots(A.9)$$

连续式干燥机修正后的耗热量 W_{ts}，由式(A.10)计算：

$$W_{ts} = P_{ts} t \quad \cdots\cdots(A.10)$$

对批式干燥机修正后的耗热量 W_{ts}，由式(A.11)计算：

$$W_{ts} = P_{ts} t_d \quad \cdots\cdots(A.11)$$

A.3.2.2　间接加热

修正后的热功耗 P_{ts}，由式(A.12)计算：

$$P_{ts} = F_{to}(\rho_s/\rho_o)(\theta_{is} - \theta_{as})(\theta_{io} - \theta_{ao}) \quad \cdots\cdots(A.12)$$

连续式干燥机修正后的耗热量 W_{ts}，由式(A.13)计算：

$$W_{ts} = P_{ts} t \quad \cdots\cdots(A.13)$$

批式干燥机修正后的耗热量 W_{ts}，由式(A.14)计算：

$$W_{ts} = P_{ts} t_d \quad \cdots\cdots(A.14)$$

附 录 B
（资料性附录）
性能测定不确定度的评估

B.1 不确定度

由于测量受随机性和系统误差的影响，存在着测定精度或数值的不确定度，倘若其误差很小且居多数，整个分布是围绕平均值分布的，其不确定度可以用正态分布的特征来描述，即平均值、标准差和平均试验标准差。

B.2 定义

B.2.1 平均值

如果一个变量 Z 被多次测量，且每次测量值都为相互独立的，那么，其 n 次测量值的平均值 $\overline{Z}$，则为：

$$\overline{Z}=\frac{1}{n}\sum_{i=1}^{n}Z_i \qquad \cdots\cdots(\text{B.1})$$

B.2.2 标准差

测量值 Z 与平均值 $\overline{Z}$ 的偏差，由试验标准差 s 来表示为：

$$s=\sqrt{\frac{1}{n-1}\sum_{i=1}^{n}(Z_i-\overline{Z})^2} \qquad \cdots\cdots(\text{B.2})$$

B.2.3 平均试验标准差(SDOM)

测量值的平均值 $\overline{Z}$ 的偏差，来自多个平均值真值，可以由测量结果与测量值平均值的偏差来估价，平均试验标准差则为：

$$s(\overline{Z})=\sqrt{\frac{1}{n(n-1)}\sum_{i=1}^{n}(Z_i-\overline{Z})^2}=s\sqrt{n} \qquad \cdots\cdots(\text{B.3})$$

若测量用的技术和设备的精度不变，那么，不论测量的次数多少，测量的标准差将不发生变化。

另外，平均试验标准差不仅取决于技术精度，而且取决于对样品的观察次数。即 n 次独立测量结果的平均随机误差要比单独每次测量结果要小 $\sqrt{n}$ 倍。

通常重复测量变量 Z 既没效果也不被采纳。因为一次读数被认为就已经足够了。以时间为例，一个时钟或一块秒表都能够准确的记录达到稳定状态所需时间，其误差为几秒钟或 0.1%（其精度受操作者的制约，而不是仪器本身）。比较其他测量误差而言，该误差是很小的以至于可以忽略不计。

然而，其他有些变量，如总燃料消耗量，仪器的精度可能不如时钟，每次的测量结果都能满足要求。此时，其不确定度的估价常常用一图表来表示。因为精确度可以被看作为两个平均标准差，并且只有一个读数即$\sqrt{n}=1$，那么平均试验标准差可以看作为其精度值的 1/2。如果此假设成立，那么就可以对单个变量的测量误差相对性能测量偏差的可能分布状况作出评价。

B.2.4 综合平均试验标准差

要评价所得的一些变量测量结果的随机不确定度，首先有必要确定该变量各独立测量结果的综合平均试验标准差。

如果干燥机性能的测量结果用 y 表示，那么它就可以表示为一系列独立变量 $x_1,x_2,\ldots,x_k$，的函数：

$$y=f(x_1,x_2,\cdots,x_k) \qquad \cdots\cdots(\text{B.4})$$

若变量的平均试验标准差为 $s(\overline{x_1}), s(\overline{x_2}), \cdots, s(\overline{x_k})$，那么，性能测试结果的平均试验标准差 $s(\bar{y})$ 则为：

$$s(\bar{y}) = \sqrt{\left[\frac{\partial y}{\partial x_1}s(\overline{x_1})\right]^2 + \left[\frac{\partial y}{\partial x_2}s(\overline{x_2})\right]^2 + \cdots + \left[\frac{\partial y}{\partial x_k}s(\overline{x_k})\right]^2} \quad \cdots\cdots\cdots\cdots (B.5)$$

式中：$\frac{\partial y}{\partial x_1}, \frac{\partial y}{\partial x_2}, \cdots, \frac{\partial y}{\partial x_k}$ 为偏导数。

B.2.5 置信度极限

给定了概率或置信度水平，上下置信度极限则分别为 $(y+\delta)$ 和 $(y-\delta)$，这里 δ 为 SDOM 和分值 t 的乘积，其值趋近于要求的概率或置信度水平和自由度数，并由下式给出：

$$\delta = s(y)t \quad \cdots\cdots\cdots\cdots (B.6)$$

B.2.6 自由度

自由度数 v，即独立参数的个数。它包括在平方和的计算中，对于 n 个测量值的直接平均值来讲，其自由度的个数为 $n-1$，对于一变量的 SDOM 来说其独立测量的结果有效自由度个数 v_{eff}，可由下式近似计算出：

$$\frac{1}{v_{\text{eff}}} = \sum_{i=1}^{k} \frac{\left[\frac{\partial y}{\partial x_i}s(\overline{x_i})\right]^2}{[s(\bar{y})]^2 v_i} \quad \cdots\cdots\cdots\cdots (B.7)$$

$$= \sum_{i=1}^{k} \left\{\frac{\frac{\partial y}{\partial x_i}s(\overline{x_i})}{s(\bar{y})}\right\}^2 \frac{1}{v_i} \quad \cdots\cdots\cdots\cdots (B.8)$$

$$= \sum_{i=1}^{k} \frac{c_i^2}{v_i} \qquad \text{式中：} c_i = \left[\frac{\partial y}{\partial x_i}s(\overline{x_i})\right] / s(\bar{y}) \quad \cdots\cdots\cdots\cdots (B.9)$$

注：此公式通常将给出一个真值，该值四舍五入为一整数值，而且 v_{eff} 主要由 c_i^2/v_i 取决于最大值和最小值。通常对 v_{eff} 没有影响。这样尽管单值测量结果的评价标准差包含在变量的整个标准差的计算中，如果所有数值的关联影响很小，在计算有效自由度个数时就可以忽略掉。如果所有数值的关联影响很大，评估的自由度数取 50，因为假设标准差为仪器或方法误差的一半精度即表明 t' 值在 95% 置信度水平下的自由度个数为 50 或大于 50。

B.3 单一变量测量结果的综合误差示例

以干燥机的试验为例，12 个出料取样含水率读数的平均值、标准差、平均试验标准差分别为 16.34，0.152 和 0.0439% m.c.w.b.。该结果具有 11 个自由度，在 95% 置信度水平下的 t 值为 2.228，因此 95% 置信度水平下极限值为：

$$2.228 \times 0.043\,9 = \pm 0.098\% \text{ m.c.w.b.}$$

因为 12 个水分数值中的每一个在实验室测定过程中都有误差，如果使用的是标准烘箱方法，那么准确的试验结果应控制在最大范围为 0.15% m.c.w.b.（即 ±0.075%），因此也就等同于平均标准差为 0.0375。

将此偏差与取样误差综合，由式(B.5)确定综合平均标准差为：

$$\sqrt{(0.037\,50)^2 + (0.043\,9)^2} = 0.057\,7$$

由于附加误差占整个误差的比例很大，因此应将其纳入 v_{eff} 的计算中，即：

$$\frac{1}{v_{\text{eff}}} = \left[\frac{0.037\,5}{0.057\,7}\right]^2 \frac{1}{50} + \left[\frac{0.043\,9}{0.057\,7}\right]^2 \frac{1}{11} = 0.061\,0 \quad \cdots\cdots\cdots\cdots (B.10)$$

因此，$v_{\text{eff}} = 16$

在自由度为 16 时，$t = 2.12$，因此 95% 置信度极限为 ±0.122% m.c.w.b.。

如果取样数增加到 24 个，那么，平均标准差就可以减少到 $0.152/\sqrt{24} = 0.031\,0$ 而且式(B.5)的综

合误差就等于 0.048 67。那么，

$$\frac{1}{v_{\text{eff}}}=\left[\frac{0.037\ 5}{0.048\ 7}\right]^2\frac{1}{50}+\left[\frac{0.031\ 0}{0.048\ 7}\right]^2\frac{1}{23}=0.029\ 5 \qquad \text{(B.11)}$$

因此，$v_{\text{eff}}=33$。

此时 $t=2.04$，而且在 95%置信度水平极限为±0.099，这和先前的只有 12 个取样的极限值是一样的，即此例说明将取样数加倍对于平衡由水分测量方法所产生的误差是必要的。

B.4 从变量平均标准差的计算

B.4.1 蒸发量

由 10.2.4，忽略不必要的叙述，连续式干燥机的平均蒸发量为：

$$E=m(M_i-M_f)/(100-M_i) \qquad \text{(B.12)}$$

由式(B.5)可以求得三个变量及其平均标准差。

$$\frac{s(E)}{E}=\sqrt{\left[\frac{\partial E}{\partial m}\frac{s(m)}{E}\right]^2+\left\{\left[\frac{\partial E}{\partial M_i}\frac{s(M_i)}{E}\right]^2+\left[\frac{\partial E}{\partial M_f}\frac{s(M_f)}{E}\right]^2\right\}} \qquad \text{(B.13)}$$

在各参数相互独立的条件下，公式为：

$$\frac{s(E)}{E}=\sqrt{\left[\frac{s(m)}{m}\right]^2+\left\{\left[\frac{100-M_f}{(100-M_i)(M_i-M_f)}s(M_i)\right]^2+\left[\frac{-1}{(M_i-M_f)}s(M_f)\right]^2\right\}} \qquad \text{(B.14)}$$

B.4.2 单位耗热量

由 10.2.7，给出了直接加热连续式干燥机的单位耗热量：

$$Q=FHt(100-M_i)/[m(M_i-M_f)] \qquad \text{(B.15)}$$

然后，由式(B.5)求得单位耗热量的相对平均标准差为：

$$\frac{s(Q)}{Q}=\sqrt{\left[\frac{\partial Q}{\partial F}\frac{s(F)}{Q}\right]^2+\left[\frac{\partial Q}{\partial m}\frac{s(m)}{Q}\right]^2+\left\{\left[\frac{\partial Q}{\partial M_i}\frac{s(M_i)}{Q}\right]^2+\left[\frac{\partial Q}{\partial M_f}\frac{s(M_f)}{Q}\right]^2\right\}} \qquad \text{(B.16)}$$

简化为：

$$\frac{s(Q)}{Q}=\sqrt{\left[\frac{1}{F}s(F)\right]^2+\left[\frac{-1}{m}s(m)\right]^2+\left\{\left[\frac{-1}{(M_i-M_f)}s(M_i)\right]^2+\left[\frac{-1}{(M_i-M_f)}s(M_f)\right]^2\right\}} \qquad \text{(B.17)}$$

B.4.3 单位总耗能量

由 10.2.8，给出了直接加热连续式干燥机的单位总耗能量：

$$S=\frac{(W_e+W_t)}{E}=\frac{P_e+FHt}{E}=\frac{(P_e+FHt)(100-M_i)}{m(M_i-M_f)} \qquad \text{(B.18)}$$

类似地可以推出，其试验平均标准差为：

$$\frac{s(S)}{S}=\sqrt{\left[\frac{1}{F}s(F)\right]^2+\left[\frac{1}{P_e}s(P_e)\right]^2+\left[\frac{-1}{m}s(m)\right]^2+\left\{\left[\frac{-1}{(M_i-M_f)}s(M_i)\right]^2+\left[\frac{-1}{(M_i-M_f)}s(M_f)\right]^2\right\}} \qquad \text{(B.19)}$$

B.4.4 多个变量测量的综合误差示例

假设燃料测量误差在±2% 以内，那 $s(F)/F=1\%=0.01$；功率测量误差在±1% 以内，那么 $s(P_e)/P_e=0.5\%=0.005$；质量测量误差在±0.1% 以内，那么 $s(m)/m=0.05\%=0.000\ 5$；那么，单位总耗能的平均试验标准差可由式(B.19)得出：

$$\frac{s(S)}{S}=\sqrt{(0.01)^2+(0.005)^2+(0.000\ 5)^2+(\text{水分项})^2}$$

$$=\sqrt{(0.011\ 19)^2+\left\{\left[\frac{1}{(M_i-M_f)}s(M_i)\right]^2+\left[\frac{1}{(M_i-M_f)}s(M_f)\right]^2\right\}} \quad \cdots\cdots\cdots (B.20)$$

取 $M_i-M_f=5.0$

假设 $s(M_i)$ 和 $s(M_f)$ 的取值为从±0.04%到±0.2%，因此有：

$$s(M)/(M_i-M_f)^2$$

可得出：

$$(0.04/5)^2=(0.008)^2\sim(0.2/5)^2=(0.04)^2$$

最差情况为：

$$\frac{s(S)}{S}=\sqrt{(0.011\ 19)^2+(0.04)^2+(0.04)^2}=0.057\ 7$$

且，由式(B.7)得：

$$\frac{1}{v_{eff}}=\left[\frac{0.011\ 19}{0.057\ 7}\right]^2\frac{1}{50}+\left[\frac{0.040\ 0}{0.057\ 7}\right]^2\frac{1}{11}+\left[\frac{0.040\ 0}{0.057\ 7}\right]^2\frac{1}{11}=0.088\ 3$$

因此，在有效自由度数 $v_{eff}=11$ 时，在95%概率条件下时的 $t=2.201$，单位总耗能评价的不确定度为：±0.057 7×2.201 =±0.127=±12.7%

类似地，最好情况为：

$$\frac{s(S)}{S}=\sqrt{(0.011\ 19)^2+(0.008)^2+(0.008)^2}=0.015\ 9$$

$$\frac{1}{v_{eff}}=\left[\frac{0.011\ 19}{0.015\ 9}\right]^2\frac{1}{50}+\left[\frac{0.008}{0.015\ 9}\right]^2\frac{1}{11}+\left[\frac{0.008}{0.015\ 9}\right]^2\frac{1}{11}=0.055\ 9$$

$v_{eff}=17$ 时，在95%概率条件下时 $t=2.11$，评价单位总耗能的不确定度则减少为：

$$\pm 0.0159\times 2.11=\pm 0.033\ 6=\pm 3.36\%$$

下面的表 B.1 给出了降水幅度(M_i-M_f)变化对不确定度的影响。当降水幅度下降时95%置信度极限非线性增加，且在最差情况时，在(M_i-M_f)值低于5%时，不确定度高得不能接受。

表 B.1 降水幅度对评估单位总耗能量不确定度的影响

降水幅度(M_i-M_f)/ %m.c.w.b.	95%置信度极限值(±%)	
	最好的情况	最差的情况
10	2.05	7.45
5	3.36	12.7
4	3.89	15.8
2	7.45	31.2

附　录　C
（资料性附录）
检　查　表

C.1　首先做现场检查

C.1.1　设备

要检查的设备如下：

——谷物加湿设备（供水、表面清理或谷物混料斗、斗式装载机）；

——计量设备（便携式计量设备、标定设备）；

——供电（单相或三相电源、电压和电流容量、功率测量仪器连接点、干燥机测量连接点）；

——仪器现场存放地（距干燥机的距离、传感器线缆长度、电干扰情况）；

——贮藏（运输挂车、运输距离、干湿谷物贮藏设施容量，用于单独贮存热损伤谷物的仓房）；

——谷物处理系统（试验转移谷物的称量手段、搅龙或输送机给料或卸料的能力、无谷物泄漏、谷物取样点）；

——传感器（传感器个数、信号线长度、温度、水分、压力传感器的最佳安装点）；

——加热系统（燃料类型和供热系统、测量装置位置、直接还是间接加热干燥空气）。

C.1.2　干燥机参数和生产率

确认干燥机处于正常工作状态，记录干燥机的参数（见附录E）。

C.1.3　燃料消耗量的测量

确认测量系统空气加热器所使用的热源。

C.1.3.1　液体燃料

C.1.3.1.1　连续式方法

如果燃料供给系统配备了回流管路，传感器就要安装在回流线上，以便测量加热器的燃料实际消耗量。一种不太精确的方法是安装二个传感器，一个在回油路上，一个在供油路上，这样燃料的消耗量就可通过两者的差值计算出了。要确认燃料的供给不会因传感器的压力降而受限制。

C.1.3.1.2　批式方法

燃料消耗量可以称量方法确定，或通过测量燃料的密度和干燥试验前后的容积方式确定，最好是使用一小的临时性的一定体积/面积的容器。

C.1.3.2　气态燃料

气态燃料消耗量可通过测试试验启动和停止时的体积和密度来确定。所有测量结果都要根据温度和压力变化进行修正。

C.1.3.3　固态燃料

称量燃料的消耗量是最佳方法。

C.2　非现场的准备工作

C.2.1　谷物用量

借助7.2给定的公式计算谷物用量。需要考虑的是干燥条件和试验次数。对于连续式干燥机还要考虑生产率和试验持续的时间。

检查谷物加工系统的能力（混合人工加湿、搅龙输送机、贮藏运输能力）是否够用。

C.2.2　谷物质量

根据E.4记录谷物参数。

C.2.3 传感器和测量系统

确定用那种测量系统，检查传感器/装置数量和精度能否满足下列测试的要求：

——进料和出料谷物温度；

——风温(干燥、冷却、排气)；

——空气湿度；

——大气压；

——燃料消耗量；

——耗电量；

——含水率(快速测定仪)；

——谷物质量；

——静压；

——排气湿度；

——空气流量。

注：当干燥机工作时，传感器要经受无数次颗粒的打击，因此在风室和管路中的开放区域通常要求固定传感器的电线必须拉紧。

C.2.4 谷物取样

要考虑的是谷物含水率和发芽实验场所，要考虑样品是否要封装、贮藏或干燥。

检查分样设备和必要的容器是否够用。所用的容器为：

——谷物温度取样(隔热容器)；

——含水率取样；

——GB/T 21163.2 规定的其他取样。

C.2.5 不确定度

检查不确定度(见附录 B)。

附 录 D
（资料性附录）
风量的测量和计算

D.1 风量的测量

不一定必须对进出干燥机的气流进行直接测量。然而，干燥机的蒸发能力主要取决于穿过谷物的热风流量，而且对于计算机模拟干燥机试验来讲，精确的确定流量是非常重要的。某些风量的直接测量方法会对气流产生阻力，因而会降低风量。但是这里要寻求的是一种方法重点考虑的是风量测量的精度，而不是避免受阻。因为正常风量下的工作性能稍后可以用 D.3 的方法做修正。因为谷物干燥机风量测量非常困难，所以直接的和间接的方法都要用到。

D.1.1 直接测量方法

采用的直接测量方法依据标准 JB/T 5325 或 GB/T 1236。由于风道的物理特性原因，直接测量风量是不能进行的，试验报告应对其影响进行说明。加热空气是和冷却空气可以一起进入干燥机，还是单独进入，这取决于干燥机的结构。如果气流是单独进入，两者都要测量。如果是合在一起进入的，可利用 D.2 的方法测量干燥段和冷却段的风量，此法是建立在测量风穿过干燥段和冷却段的静压降基础之上的。如果使用皮托静压管直接测量风量，要在管壁上开孔用来插皮托管。

如果使用符合 JB/T 5325 的标准进气锥管，对总的流量进行直接测量，对穿过谷床的静压降的测量就要考虑到该装置的设置前后所引起的风量的下降。

注 1：对风量进行修正用 D.3 中的方法。

注 2：通风管的形状不规则、风量是变化的或紊流的或流速不均匀时，此时点测量方法还会使用的，但是会大大降低测量精度。此时误差可能就大了，因此更倾向于选用第二种计算风量的方法。

注 3：由于燃烧器燃料燃烧烟气可以直接通过直燃式干燥机内的谷物，如果该烟气不再通过其他风量测量装置，那么对其也要进行测量或通过燃料成分的化学计量学方法计算。

D.1.2 间接测量方法

热风质量流量 q_m，由式(D.1)计算：

$$q_m = \eta F_o H / [c_{pa}(\theta_d - \theta_a)] \qquad \cdots\cdots(D.1)$$

此式涉及了加热器将燃料热量转换成热风的效率。加热器的热效率的计算并没有列入该项标准中，但如果知道了 η 值，上述公式的精度将提高；否则将设 $\eta=1$，在热交换器要从外部热源获得流体热能时，热功的计算可用 10.2.6.2 的公式。

如果有了一条风机静压对风量的精确曲线，按 7.3.4 测量的风机静压升值就可以用来确定风机的风量。由于试验的空气密度与获取曲线时的空气密度存在差异，因此要对风量做适当的调整。

D.2 干燥机干燥段和冷却段风量的分配公式的推导

穿过谷床的表观风速 v 和压降 p 的关系可以近似表达为：

$$v = (p/i\,d)^j \qquad \cdots\cdots(D.2)$$

$$\text{或} \quad v = k(p/d)^j \qquad \cdots\cdots(D.3)$$

这里 $k=(1/i)^j$

为此，热风流量 q_{vd} 可表示为：

$$q_{vd} = v f_d$$

用式(D.3)的 v 代入得：

$$q_{vd} = f_d k \left(\frac{p_d}{d_d}\right)^j \qquad \cdots\cdots(D.4)$$

类似地，冷却风量为：

$$q_{vc} = f_c k \left(\frac{p_c}{d_c}\right)^j \quad \text{(D.5)}$$

用式(D.4)除以式(D.5)得：

$$\frac{q_{vd}}{q_{vc}} = \left(\frac{f_d}{f_c}\right)\left(\frac{p_d d_c}{p_c d_d}\right)^j \quad \text{(D.6)}$$

因此，

$$q_{vd} = q_{vc}\left(\frac{f_d}{f_c}\right)\left(\frac{p_d d_c}{p_c d_d}\right)^j \quad \text{(D.7)}$$

热风风量 q_{vd} 还可以由式(D.8)给出：

$$q_{vd} = q_{vn} - q_{vc} \quad \text{(D.8)}$$

因此，通过等量代换和整理式(D.7)和式(D.8)得：

$$q_{vc} = \frac{q_{vn}}{\left[1+\left(\frac{f_d}{f_c}\right)\left(\frac{p_d d_c}{p_c d_d}\right)^j\right]} \quad \text{(D.9)}$$

类似地，

$$q_{vd} = \frac{q_{vn}}{\left[1+\left(\frac{f_c}{f_d}\right)\left(\frac{p_c d_d}{p_d d_c}\right)^j\right]} \quad \text{(D.10)}$$

这样，如果整个气流、穿过谷床的压力降和谷床的相对厚度已知，那么总风量就可以在干燥段和冷却段之间分配。

此公式的推导忽略了当两个谷物区的谷温不同时风速随空气密度所发生的变化，这是合理的，因为还有一些其他因素也被忽略了。例如：

——非谷床因素引起的压力降；

——非线性流动的影响；

——式(D.2)和式(D.3)在接近环境温度条件下是有效的。

某一特定谷物的 j 值可以在科技文献中查到。对于小麦、大麦、燕麦来讲，j 值取 0.75 将是合理的。

要说明的是对于混流式干燥机，在空气进口处迎风的面积是和整个(全角管和半角管)进风管的数量成比例的。因此，要评价 f_c/f_d 就要对整个角状管的数量比进行计算。

D.3 标准进风锥管对风量的影响

如果穿过谷床的静压降的测量是在配置与没配置限风锥管的情况下进行的，那么受限风速 v_u 则为：

$$v_u = v_r (p_u/p_r)^j \quad \text{(D.11)}$$

在此，下标 r 和 u 分别指的是限定和非限定的情况。大风量也可以用同样方法计算。因为假设限制和非限定条件下的空气密度变化是可以忽略的。

D.4 排气湿度

排气湿度对于确定排气的饱和程度和通过测得的谷物失水量来校验风量是有用的。如果排气使用的是风机，那么整个湿度的测量就可以通过一个位于风机出口的传感器来实现，其作用像一空气混合器。如果不使用风机，传感器要尽可能在风道远端中的以便其充分混合。要注意的是避免外部空气进入排气中和在干燥机和传感器之间避免冷凝水形成。

还要注意保护好传感器以防干燥机附近空气中的灰尘和小颗粒，尤其是在排气中的灰尘和小颗粒。

排气可能接近或处于饱和状态，传感器在插入前要预热以防冷凝水在其上形成。传感器要在接近饱和的空气状态下工作，如果传感器要严格的限控流量，那么所使用的排气吸气系统应不能使吸气因冷凝而失水，或不能有其他空气进入。

附 录 E
（资料性附录）
试验报告样式

E.1 干燥机参数

E.1.1 品牌

E.1.2 型号及生产年份

E.1.3 形式

连续式□ 批式□ 谷物循环式□ 空气循环式□ 其他方式□

E.1.4 系列号

E.1.5 制造商

E.1.6 谷物干燥室

干燥机：

——类型、形状：

——长度（直径）/mm：

——高度/mm：

——宽度（谷层厚度）/mm：

——障碍物（角状管等）：

冷却机：

——类型、形状：

——长度（直径）/mm：

——高度/mm：

——宽度（谷层厚度）/mm：

——障碍物（角状管等）：

E.1.7 容量

谷物体积容量（批式干燥机湿谷容积）/m^3：

E.1.8 排料

计量装置：

——型号：

——元件的数量：

——控制元件设置：

E.1.9 风网

热风：

——形状：

——特点（挡风板、混合叶栅、风门等）：

——谷物通风装置（角状管、冲孔金属板等）：

——角状管的数量、位置和尺寸等：

——隔热：

　——形式：

　——位置：

冷风：

——形态：

——特性(控制阀、混合风机、风门等)：

——谷物通风装置(角状管、冲孔金属板等)：

——角状管的数量、位置和尺寸等：

E.1.10 风机

干燥机：

——数量：

——形式：

轴流□　　离心式□　　内置离心式□　　其他式□

——制造：

——型号：

——电机功率/kW：

——转速/(r/min)：

——压力/Pa 和流量/(m^3/min)：

——模式(即吸入式或压入式)：

冷却机：

——数量：

——形式：

轴流□　　离心式□　　内置离心式□　　其他式□

——制造：

——型号：

——电机功率/kW：

——转速/(r/min)：

——压力/Pa 和流量/(m^3/min)：

——模式(即吸入式或压入式)：

E.1.11 加热器和/或热交换器

——形式：

直接式□　　间接式□

——数量：

——燃料：

——形式(即压力喷嘴)：

——名义功率/kW：

——控制：

关/闭□　　比例式□　　其他□

E.1.12 仪器和控制

温度传感器：

——风温

——形式：

——位置：

——谷物

——形式：

——位置：

水分传感器：

——热风

——形式：

绝对湿度□ 露点□ 相对湿度□ 其他□

——位置：

——谷物：

——形式：

电容式□ 传导式□ 其他□

——位置：

压力/流量指示器：

——形式：

——位置：

出料水分控制：

——形式：

——制造：

——模式：

——谷物流量测量仪器：

E.1.13 选择项

E.1.14 其他特点或值得注意点：

E.2 系统说明(描述)

E.3 燃料参数

E.3.1 形式：

E.3.2 热值/(J/kg)：

E.3.3 温度/℃：

E.4 依据 GB/T 21163.2 测定的谷物参数

E.4.1 品种

E.4.2 湿基含水率为15%时的容重/(kg/m^3)：

E.4.3 湿基含水率为15%时的谷物千粒重/g：

E.4.4 纯度：

E.5 试验结果表格样式

E.5.1 连续式干燥机

表 E.1 连续式干燥机测试条件和结果

	测试时间				
	1	2	3	4	5
环境条件					
环境温度/℃					
环境相对湿度/%					
大气压/Pa					

表 E.1(续)

	测试时间				
	1	2	3	4	5
谷物					
进料含水率/% w.b.					
出料含水率/% w.b.					
生产率/(t/h)					
进料发芽率/%					
出料发芽率/%					
进料温度/℃					
出料温度/℃					
与干燥有关的温度、燃料消耗量和蒸发量					
热风温度/℃					
冷风温度/℃					
干燥机用于冷却的比例/%					
排气温度/℃					
燃料消耗量/(kg/h)					
热功率/W					
蒸发速率/(kg/h)					
电功率/W					
单位耗热量/(J/kg)					
单位总耗能量/(J/kg)					
特定谷物参照标准环境条件的修正结果					
进料含水率/% w.b.					
出料含水率/% w.b.					
热风温度/℃					
环境空气温度/℃					
环境空气湿度/%.r.h					
干燥谷物产量/(t/h)					
蒸发速率/(kg/h)					
电功率/W					
热功率/W					
单位耗热量/(J/kg)					
单位总耗能量/(J/kg)					
注：w.b.指的是“湿基”。					

E.5.2 批式干燥机

表 E.2 批式干燥机测试条件和结果

	测试时间				
	1	2	3	4	5
环境条件					
环境温度/℃					
环境相对湿度/%					
大气压/Pa					
谷物					
进料含水率/% w.b.					
出料含水率/% w.b.					
干燥谷物质量/t					
进料发芽率/%					
出料发芽率/%					
进料温度/℃					
出料温度/℃					
干燥机温度、干燥时间、燃料消耗量和蒸发量					
热风温度/℃					
进料时间/h					
干燥时间/h					
冷却时间/h					
出料时间/h					
燃料消耗量/(kg/h)					
热功率/W					
蒸发速率/(kg/h)					
电功率/W					
单位耗热量/(J/kg)					
单位总耗能量/(J/kg)					
特定谷物参照标准环境条件的修正结果					
进料含水率/% w.b.					
出料含水率/% w.b.					
热风温度/℃					
环境空气温度/℃					
环境空气湿度/%.r.h					
干燥时间/h					
蒸发速率/(kg/h)					
电功率/W					

表 E.2（续）

	测试时间				
	1	2	3	4	5
热功率/W					
单位耗热量/(J/kg)					
单位总耗能量/(J/kg)					
注：所有计算都只是以干燥时间为基础的。					

ICS 65.060.99
B 91

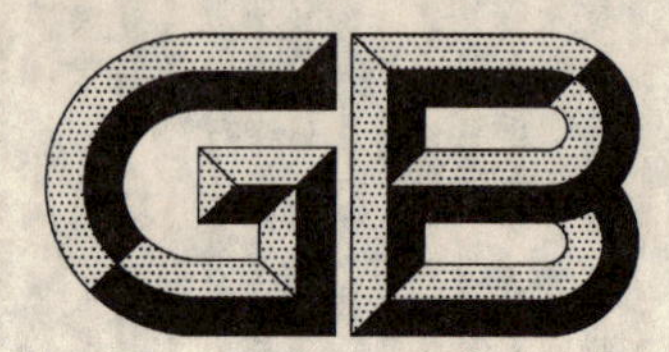

中华人民共和国国家标准

GB/T 21163.2—2007

农业谷物干燥机　干燥性能的测定
第2部分：附加测定规程和特定谷物要求

Agricultural grain driers—Determination of drying performance—Part 2: Additional procedures and crop-specific requirements

(ISO 11520-2:2001, MOD)

2007-11-01 发布　　　　2008-01-01 实施

中华人民共和国国家质量监督检验检疫总局
中国国家标准化管理委员会　发布

前　　言

GB/T 21163《农业谷物干燥机　干燥性能的测定》由以下几部分组成：

—— 第1部分：总则；

—— 第2部分：附加测定规程和特定谷物要求。

本部分是GB/T 21163的第2部分。

本部分修改采用国际标准ISO 11520-2:2001《农业谷物干燥机　干燥性能的测定　第2部分：附加测定规程和特定谷物要求》(英文版)。

本部分与ISO 11520-2:2001相比，主要修改内容如下：

——将“国际标准的本部分”改为“本部分”；

——删除了国际标准的前言；

——对ISO 11520-2:2001中引用的ISO 11520-1:1997，用等同采用为我国的GB/T 21163.1—2007代替；

——删除了术语和定义中部分注释内容；

——删除了谷物加湿中经验表明小麦、大麦和油菜可分别加湿到25%、25%和20%；

——将蒸发速率中修正干燥性能的标准环境条件由三个国家改为我国气候条件基本相当的三个典型地区。

本部分的附录C、附录D为规范性附录，附录A、附录B、附录E为资料性附录。

本部分由中国机械工业联合会提出。

本部分由全国农业机械标准化技术委员会归口。

本部分起草单位：中国农业机械化科学研究院、北京中农康元粮油技术发展有限公司、中国农业大学。

本部分主要起草人：牟仁生、张咸胜、陈俊宝、曹崇文。

引 言

GB/T 21163.1 只规定了连续式和批式干燥机干燥性能的评价方法，且其前提是干燥物料为重新加湿的小麦，其湿基含水率为 20%～15%。

GB/T 21163.2 规定的方法考虑了下列因素：

——较宽的进出料含水率范围；

——小麦以外的其他作物；

——某些谷物重新加湿方法的不可行性和其他热特性。

在不同的标准环境和特定谷物条件下，对蒸发速率测定结果进行修正，GB/T 21163.1 中列出了相应的修正公式，并且通过本部分的一系列表格进行了修正，本部分的表格中列出了各修正因素。

本部分规定了测定干燥设备水分蒸发速率的方法，在测试过程处于稳定状态下，对于干燥小麦或其他谷物该方法是可行的。本部分还对其他物料测定性能结果在标准环境条件下的修正方法做了说明。

农业谷物干燥机　干燥性能的测定
第 2 部分：附加测定规程和特定谷物要求

1　范围

本部分规定了连续式谷物干燥机和批式谷物干燥机对特定谷物，包括小麦、大麦、燕麦、玉米、水稻、高粱和油菜等的干燥性能测试与评价的附加规程和操作指南。本部分是 GB/T 21163.1 一般方法的补充。其一般方法是以干燥小麦为基本原料的，且限定其湿基含水率范围为 20%～15%。

规定方法和参数的目的是：

a）测定谷物干燥机处于稳定干燥状态条件下的水分蒸发速率。

b）参考标准和其他环境因素，修正干燥机的主要性能参数包括水分蒸发速率、谷物流量、干燥时间和单位耗能量和燃料消耗量。

规程还对进出料的取样方法进行了说明，以便评价谷物品质的变化。

2　规范性引用文件

下列文件中的条款通过 GB/T 21163 的本部分的引用而成为本部分的条款。凡是注日期的引用文件，其随后所有的修改单（不包括勘误的内容）或修订版均不适用于本部分，然而，鼓励根据本部分达成协议的各方研究是否可使用这些文件的最新版本。凡是不注日期的引用文件，其最新版本适用于本部分。

GB/T 21163.1—2007　农业谷物干燥机　干燥性能的测定　第 1 部分：总则

3　术语和定义

GB/T 21163.1 中确定的以及下列术语和定义适用于本部分。

3.1

标准环境条件　reference ambient conditions

干燥机试验结果修正的参照条件为环境温度、环境相对湿度和环境大气压。

3.2

风量比　airflow rate

单位时间内所流过单位体积谷物的气体体积（即单位时间内气体的变化量）。

注：有几种表达气流流量的方法，但比较而言，对于不同干燥机和不同谷物来说，此种方法最为适用。

3.3

干燥时间　drying period

谷物与热风接触的时间。

3.4

冷却时间　cooling period

谷物与冷风接触的时间。

3.5

缓苏　tempering

在此过程中，对干燥到一定程度的谷物不通风，暂时贮藏数小时，使谷粒水分趋于平衡、内应力造成裂纹最少。

注：当干燥水稻时，通常的做法是将干燥的水稻冷却到比环境温度高 2℃，然后再缓苏至少 4 h 以上。一般要进行一次或多次干燥、冷却和缓苏的过程。

3.6

干燥通风　dryeration

在此过程中，被干燥的谷物被直接从干燥机中取出并在缓慢冷却过程之前缓苏至少 4 h，这样可以再析出一部分的水分而无须再用燃料加热。

注：被干燥热的谷物一般是玉米、水稻、高粱、大豆或小麦。

3.7

试验期　test period

在此期间，一台连续式干燥机在稳定的干燥状态下，至少要工作一个干燥周期，或对于一台批式干燥机要完成一个干燥及冷却的全循环，此过程要进行监测以便能对其热力学性能进行评价。

注：多级干燥可能需要几个试验期。

3.8

小麦　wheat

小麦属禾本科植物，其中主要商用品种为夏季麦(面包麦)、硬质麦和棒状麦。

3.9

大麦　barley

大麦属草本植物，生长在温带地区，终端有花，常有带芒的长穗。

3.10

燕麦　oats

燕麦属禾本科植物，尤指野燕麦。

3.11

裸燕麦　naked oats

裸燕麦属谷物，脱粒时很容易掉壳。

注：裸燕麦含有很高的蛋白质和油脂成分，由于无壳其颗粒容易变腐。

3.12

玉米　maize

玉米属禾本科一年生的单子叶植物。

3.13

水稻　rice

水稻属禾本科植物。

3.14

稻谷　paddy rice，rough rice

带壳的水稻果实。

3.15

糙米　brown rice

加工的过程中已将稻壳脱掉或脱皮的稻米。

3.16

精米、白米　milled rice，white rice

脱壳(砻谷)、去糠(碾白)后的白米，胚芽可能被完全或部分脱掉，可能还留有部分糠。

注：某些用途稻子的干燥是在碾米后进行的。

3.17

整米　head rice

糙米或精米，不论是整粒还是碎粒其长度超过或等于整粒平均长度 3/4 的或未破碎的米粒。

3.18

全粒米　full head rice

无破碎的整米。

3.19

碎米　broken rice

无论是糙米还是精米，其长度不足整粒米平均长度的3/4。

3.20

高粱　sorghum

高粱属禾本科植物。

3.21

油菜籽　rape(canola)

油菜籽是一种云苔属草本植物。

4 符号

符号在表1中给出。

表1 符号

符号	描　述	单位
B	额定生产率	kg/s
E	水分蒸发量	kg
E'	水分蒸发速率	kg/s
F	燃料消耗量	kg/s
G	干燥机容量	kg
J	单位燃料消耗量	kg/kg
K	蒸发量的修正系数(定义在7.2.3)	—
M	谷物含水率，湿基(m.c.w.b)	%
N	计划试验次数	—
Q	单位耗热量	J/kg
S	单位耗能量	J/kg
V	干燥机容积	m^3
W	耗能量	J
q_v	风量(体积流量)	m^3/s
$c_{1\ldots3}$	公式(E.1)中的系数	—
$d_{1\ldots3}$	公式(E.2)中的系数	—
c_{pa}	空气定压比热	$kJ \cdot kg^{-1} \cdot K^{-1}$
c_{pw}	恒压下水蒸气比热	$kJ \cdot kg^{-1} \cdot K^{-1}$
d	谷床厚度	m
f	谷床进风口面积	m^2
h	比焓	J/kg
i	公式(E.3)中的系数	—

表 1(续)

符号	描　　述	单位
m	一批谷物质量或一轮试验通过连续式干燥机谷物质量	kg
m'	谷物质量流量	kg/s
n	公式(E.3)中的指数	—
p	压力或压降	Pa
$s(y)$	变量 y 的平均标准差	—
t	试验期时间	s
ρ	密度	kg/m²
τ	干燥周期	s
	其他下标	
e	电的	
f	干燥机出口	
i	干燥机进口	
o	观测值	
s	参考标准或规定条件的修正值	
p	预测值(模型)	
sys	干燥机管路和通风室系统	
t	热的	

5　试验方法

5.1　概述

此章应与 GB/T 21163.1—2007 的第 7 章一起使用。

注：试验规程、试验设备和试验的准备分别见 GB/T 21163.1—2007 的第 5、6、7 章。

干燥机是最常用的成熟谷物干燥设备。收获时谷物的含水率变化在很大程度上受气候环境条件影响。为了进行干燥机试验，谷物通常要重新加湿并且在非收获季节进行干燥试验更方便。此时优点是湿谷含水率的变化通常很小，即不超过±0.5%，这对于减小测试的不确定度是非常重要的。

然而，某些作物如玉米收获时是湿的，超过谷物合适的加湿水分，并且试验须在收获时进行。此时湿谷含水率变化很大且烘干干燥周期要更长。

GB/T 21163.1—2007 的 B.4 给出评估性能测试不确定度的方法。进料含水率的变化是左右试验不确定度的重要因素。如果降水幅度太小(见附录 A)，那么蒸发速率和相关量的不确定度将增加。因此建议降水幅度应大于 4%。相应规定在 5.4 中给出。

5.2　试验期

试验期对于连续式干燥机来讲至少要一个干燥周期，对于批式干燥机来讲则要一个干燥和冷却循环。

GB/T 21163.1 中并没有对试验期的时间做具体规定。尽管经验表明对于连续式干燥机来讲 1 h 一般足够用了，条件是：

a)　要求设备稳定期达到 1.5 倍的干燥周期；

b)　在试验期开始前对进料取样，使得试验期间排出干燥机谷物的原始水分是已知的。

当取得了质量流量的较准确估计值并测定了容积后，依据 GB/T 21163.1—2007 的 10.2.2 中给出的公式计算干燥周期。这些公式中额定生产率 B(kg/s)用来代替观测值谷物质量流量 q_m，另外，表 2 可以估计干燥周期见表 2。

表 2 给出了基于终水分为 15%的，综合考虑风量、风温、降水幅度和单位能耗的干燥周期估算法。

5.3 谷物取样次数

5.3.1 连续式干燥机

如果进料谷物的含水率的变化范围不小于 1%(见附录 A)，连续式干燥机进出料取样至少要取 20 个样，且这些取样要均匀分布在整个试验期内。

GB/T 21163.1—2007 第 8 章规定进出料取样次数至少要 12 次，且取样要均匀分布在整个试验期内。对于要重新加湿的小麦，其含水率变化不超过 1%，这些数据在干燥水分从 20%(w. b.)到 15%(w. b.)的情况下具有很高的精度。但对于所有谷物来讲并不都是这样，这样做的目的是降低平均标准差，以确保蒸发速率评估精度为±5%(见附录 A 和图 A.2)。

试验过程中的进料取样应和干燥机出料相对应(见 GB/T 21163.1—2007 的 8.2)。某些谷物取样之过后发现是没有必要的，虽然在快速水分测试方面的有用，为确定干燥的稳定化进程提供重要数据。

表 2 干燥机干燥周期指标

降水量/ % w. b.	单位耗热量/ (MJ/kg)	干燥周期/h					
		单位空气流量/m³ · s⁻¹ · m⁻³					
		0.3			3.0		
		干燥空气温度/℃					
		40	90	140	40	90	140
5	4	7	4	2	0.6	0.2	0.1
	10	17	7	5	1.4	0.5	0.4
25	4	34	13	9	3	1.1	0.7
	10	85	33	23	7	3	2

5.3.2 批式干燥机

由于批式干燥机的出料含水率的变化很大，所以出料至少要取样 50 个。

5.4 降水幅度

除了多级干燥以外，在一个试验周期内至少 4%的含水率要除去，要维持合理的精度来评估水分蒸发速率(见附录 A)。该最小降水幅度要随着进料水分的提高而提高。见表 3 或图 A.3。

特定谷物含水率的说明见附录 B。

表 3 最小降水幅度

进料含水率的变化范围/% w. b.	最小降水幅度/% w. b.
0.5	4
1	5
2	8
3	10
4	19
5	23

5.5 谷物加湿

如果不是新收获的谷物(即收获后不超过 6 周的谷物)加湿前谷物的含水率不应超过 17%，并且要求不是被干燥机处理超过一次的谷物。

5.6 多级干燥试验方法

5.6.1 概述

该方法描述了多级干燥试验的补充规定。

5.6.2 用料量

使用 GB/T 21163.1—2007 的 7.2 的公式可以计算出一次试验的最小用谷量。不同的是，N 代表的是多级干燥次数，而 t 代表每个循环的时间，如果是多级干燥试验，将公式乘以试验次数。

5.6.3 连续式干燥机干燥方法要点

干燥机上料，像单级干燥那样运行干燥机，将出料卸到贮料点。在试验开始时，把出料卸在试验临时贮料点，当试验完成时，把出料倒至缓冲仓并进行连续干燥，不作任何调节，直到所有谷物通过干燥机为止。

冷却试验贮仓和缓冲仓内的谷物温度应控制在比环境温度高 2℃的范围内，并要缓苏 4 h。

把前一级干燥过的谷物装入干燥机，并且进料要进行取样，用于试验前水分蒸发量的计算。重新启动干燥机，把谷物放到贮料点，并连续进行进料取样，当测试贮料仓空了时，从缓冲仓再运料过来。

当干燥机出料含水率稳定时，把出料倒至试验贮存点，启动新的试验，当试验完成时，把出料倒至新的缓冲仓贮存，并连续干燥直到所有谷物通过干燥机。

重复该过程直到各级干燥测试都完成。

5.6.4 批式干燥机干燥方法要点

5.6.4.1 静态谷物

干燥机在干燥时，谷物在干燥机中处于静止状态，而后续干燥要将干燥机清空，每一循环测试谷物的进、出料都要做含水率取样。试验过程中清除谷物的目的是有助于水分均匀化和消除水分梯度。

5.6.4.2 循环谷物

干燥机干燥谷物是循环的，试验时干燥机不能清空。试验谷物原始含水率与最终含水率都要由循环的谷物取样加以确定。

6 谷物品质

6.1 概述

假如干燥机试验用谷物质量很高，那么，相关谷物特性超过最低国家标准。谷物都是分级的，试验应使用 2 级和 3 级标准谷物。

6.2 进料

6.2.1 谷物状况

确定试验时进料谷物取样含水率。

记录所有有关谷物的来源、种类和杂交品种等详细的数据。

a) 按 GB/T 21163.1—2007 中 8.1 的说明，获得一 2 kg 的进料谷物的样品。

b) 如果谷物不是新收获的，而且没有静态的谷堆，除了按时间监测谷物水分变化取样外，还要从上料的料流中另外接取样品。

如果谷物是加湿的，加湿前后都要各取一 2 kg 的样品。

使用分样器，从每个 2 kg 的样品中分出一个 100 g 的小样，以测定该样品的含水率。

使用试验室干燥机以未加热的空气干燥 2 kg 样品的剩余部分或样品直到谷物和油料的含水率分别达到 15%和 10%。

使用标定过的仪器测定谷物的容重。

从样品中分出足够的子样品进行千粒重的测定，并采用 ISTA 的方法[1]测定样品的纯度和发芽率。

注 1：用 ISTA 的方法对有关检测纯度平均值及试验中发芽率下降是否在允许的范围内的做了说明。如果检测的结果不符合要求，就要进行重新试验测定；尤其重要的是精确评估发芽能力，因为一般来讲此特性是评价谷物质量好坏的最佳指标，也是干燥时热损伤的最敏感指示器(见 6.2.2)。

注 2：对于大麦，干燥可能会影响种子的休眠。

6.2.2 烘焙小麦

发芽率下降(6.2.1)将被看作为烘焙品质下降的一个标志。

注：一种简便快速测定蛋白质热损伤的方法已被用于烘焙品质的判别。

6.2.3 玉米

从 2 kg 剩余的样品中取出 4 个各 100 粒的样品，在谷物观测仪上观察每个籽粒并数出有裂纹籽粒，把 4 个样品的有裂纹籽粒数取平均值。

注：有裂纹籽粒降低了玉米湿磨的价值。

6.2.4 水稻

6.2.4.1 从 2 kg 剩余的样品中取出 4 个各 100 粒的样品，用手小心剥去稻壳，在谷物观测仪上观察每个籽粒并数出有裂纹籽粒，把 4 个样品的有裂纹籽粒数取平均值。

6.2.4.2 从 2 kg 剩余的样品中再取出 4 个各 200 g 的样品，用实验室砻谷机和碾米机加工，由设备的出料口可以得到：

a) 取 100 g 糙米，测定有裂纹籽粒的数量；

b) 取出 4 个各 100 粒的样品，按 6.2.4.1 的方法测定有裂纹籽粒的数量；

c) 把物料倒回 200 g 剩余的样品中送砻谷机砻谷。

分出比较完整的糙米来测定糙米的千粒重，把谷粒倒回到样品中。

使用实验室碾米机，碾磨糙米，从剩余的稻谷样品中分出整米和碎米，分别称其质量，单位为克，计算整米产出率。

取出 4 个各 100 粒的精米样品，考察其由于过热而造成灼伤、糊化或变色等损伤。记录受热损伤谷粒的百分比。

6.3 出料

6.3.1 谷物状况

测定试验时谷物出料取样含水率(见 6.2.1)。

混合剩余部分并取样，取出一个或多个 2 kg 的样品，作为谷物出料的代表性样品。

如果谷物出料含水率达不到 15%，油菜含水率达不到 10%，可以使用实验室干燥机干燥或允许其在实验室进行水分平衡。

按照 6.2.1 测定每百升谷物质量，1 000 粒谷粒的质量，谷物纯度和发芽率。

测定进料和出料间发芽率的降低量在 2.5% 的概率水平是否显著。使用附录 C 中的表 C.1。

注：原始发芽率低的谷物样品和原始发芽率高的谷物样品相比较，可能发芽率下降幅度更大。

6.3.2 烘焙小麦

其过程参照 6.2.2。

6.3.3 玉米

测定有裂纹粒百分比按 6.2.3。把出料相对进料裂纹粒增加量表示成进料量的百分比。

6.3.4 水稻

按 6.2.4 的方法，把谷物出料表示成谷物进料量的百分比。

7 试验结果修正方法

7.1 概述

试验结果的基本计算方法及标准条件的修正，要参考 GB/T 21163.1—2007 第 10 章。

7.2 蒸发速率

7.2.1 概述

水分蒸发速率要依照 GB/T 21163.1—2007 的 8.2.4 来测定，而且要参照标准条件利用计算机模拟试验干燥机(7.2.2)或用表格数据插值法(7.2.3)进行修正。

蒸发速率不仅受空气密度变化所引起的空气质量流量变化的影响，而且还直接受测试条件和规定条件差别的影响。如：

——干燥热风温度；

——谷物降水幅度；

——风量；

——环境空气湿度；

——环境空气温度；

——大气压。

此表，按对蒸发速率的影响程度排列，假设风量变化的原因是由谷物阻力变化引起的或是由风机的变速和截流所引起的，大气压影响空气的湿焓特性。

正常情况下，有必要对上述变量在规定条件下对干燥机性能进行修正和引用。

表 4 列出了三个典型地区的标准空气环境条件。

表 4 修正干燥性能的标准环境条件

地区	环境温度/℃	环境湿度/%
华东地区	15	80
东北地区	10	50
华南地区	27	80

7.2.2 计算机模型的应用

蒸发速率要通过把观测值 E'_o，乘以规定条件下的模型预测值 E'_{ps} 除以观测条件下的预测值 E'_{po} 来修正。

无论如何成熟，任何模型都不可能期望得出与试验观测结果完全一致的结果。这是因为：

a) 试验测试过程中存在随机性和系统误差；

b) 模型也存在系统误差。

因此，描述空气和谷物基本特性的模型参数和那些影响测试的参数(如温度)是不能进行调节的来使预测值与试验观测值相适应。

然而，当不能准确测量风量时，模拟过程中风量调节是允许的，无论怎样，间接方法计算值是没用的。

谷物热特性对模拟结果影响很大。如果设备和时间条件允许，模型中所用的传质系数和平衡含水率应采用所测试谷物的数据。

7.2.3 表格数据的应用

修正蒸发速率计算公式为：

$$E'_s = KE'_o \qquad \cdots\cdots (1)$$

这里，K 为规定的标准条件下的纯蒸发量和测试条件下由附录 D 中的表格用插值法得出的纯蒸发量的比值。

在附录 D 表格中，蒸发量即每千克干空气蒸发出水的质量，单位为克(g)。如计算机模拟预测的那样，连续式横流干燥机具有的干燥和冷却比是 3∶1。该值是通过对有限范围影响干燥机蒸发量的主要变量进行计算而得出的。假设在限定条件下，大多数干燥机蒸发速率的变化比例是相似的。尽管范围没有限定，但是不可在很宽的条件范围内利用此表格来预测干燥机的性能。在大多数情况下，线性插值是适用的。

表 5 列出了干燥小麦时的测试条件和规定的标准条件。此时,有必要进行列表插值以确定测试条件下和规定条件下的纯蒸发量,如表 6 所示。

表 5 测试条件和规定的参考条件示例

性能参数	测试条件	表 D.2 给出的测试条件插值	规定的标准条件	表 D.2 给出的标准条件插值
热风流量/$m^3 \cdot s^{-1} \cdot m^{-3}$	0.9	0.5～1.0	1	1
热风温度/℃	68	60～70	65	60～70
最终含水率/% w.b.	14.8	14～15	15	15
原始含水率/% w.b.	20.5	20～22	20	20

表 6 四个参数的插值示例

1	2	3	4	5	6	7	8	9
热风流量/$m^3 \cdot s^{-1} \cdot m^{-3}$	热风温度/℃	谷物最终含水率/% w.b.	谷物原始含水率/% w.b.	纯蒸发量				
				列表值/(g/kg)	原始含水率插值/(g/kg)	最终含水率插值/(g/kg)	热风温度插值/(g/kg)	气流流量插值/(g/kg)
			20	11.73				
		14	20.5		11.85			
			22	12.22				
	60	14.8	20.5			11.94		
			20	11.83				
		15	20.5		11.96			
			22	12.36				
0.5	68	14.8	20.5				14.22	
			20	14.62				
		14	20.5		14.77			
			22	15.20				
	70	14.8	20.5			14.79		
			20	14.62				
		15	20.5		14.79			
			22	15.29				
0.9	68	14.8	20.5					13.20
			20	10.26				
		14	20.5		10.42			
			22	10.88				
1	60	14.8	20.5			10.63		
			20	10.51				
		15	20.5		10.68			
			22	11.18				

表 6(续)

1	2	3	4	5	6	7	8	9
热风流量/ $m^3 \cdot s^{-1} \cdot m^{-3}$	热风温度/ ℃	谷物最终含水率/ % w. b.	谷物原始含水率/ % w. b.	纯蒸发量				
				列表值/ (g/kg)	原始含水率插值/ (g/kg)	最终含水率插值/ (g/kg)	热风温度插值/ (g/kg)	气流流量插值/ (g/kg)
1	68	14	20.5				12.94	
	70	14	20	13.21				
			20.5		13.4			
			22	13.95				
		14.8	20.5			13.52		
		15	20	13.34				
			20.5		13.55			
			22	14.18				

首先要通过插值,确定观测条件下纯蒸发量的预测值,因为四个值没有一个与表 D2 中列表值相符。因此有必要全都进行插补。从表格中抽取的数值数等于 2。此时参数增加后的乘方数为:$2^4=16$。表 6 中前四列给定了列表条件,给出了测试条件范围,纯蒸发量相应的列表值位于第五列、第六列中给出了八个数据,这些数据是对应第五列中谷物原始含水率 20.5%的插值。类似地,在第七列中这八个数据减少为四个,插入了对应谷物最终含水率 14.8%的插值;之后,在第八列插入温度 68℃后四个数据就减少成两个了。最后在第九列中插入流量就产生了唯一一个数值(13.20 g/kg),即观测条件下的纯蒸发量预测值 E'_{po}。

确定规定条件下的纯蒸发量的插值只需要在 60℃～70℃间插入一个纯蒸发量值,并给出一个纯蒸发量预测值 11.93 g/kg。

因此,$K=(11.93/13.20)=0.905$ 且此时 $E'_s=0.905$

用同样的方法,修正因谷物品种变化而引发的蒸发量的变化可使用表 D.3、表 D.4、表 D.5 或表 D.6 来确定。首先要评估流量因作物阻力差异而引起的变化。此方法在附录 E 中给出了。

表 D.1 尽管其对象是小麦,但同时也为其他作物提供了不同环境温度和相对湿度标准条件下的调整值。

7.3 谷物质量流量

对于连续式干燥机,计算干燥谷物的修正质量流量为:

$$m'_{fs}=E'_s\frac{M_{is}-M_{fs}}{100-M_{is}} \qquad \cdots\cdots(2)$$

7.4 修正的干燥时间

对批式干燥机,计算 E'_s 然后计算修正时间为:

$$t_{ds}=\frac{m_{fs}(M_{is}-M_{fs})}{E'_s(100-M_{is})} \qquad \cdots\cdots(3)$$

冷却时蒸发量被加到干燥段了,因为已计算在 E'_o 内了(见 GB/T 21163.1—2007 的 8.3.1)。

7.5 单位耗热量、总耗能量和燃料消耗量

计算单位耗热量的修正值:

$$Q_s=W_{ts}/E_s \qquad \cdots\cdots(4)$$

修正单位总耗能量:

$$S_s=(Q_{es}+Q_{ts})/E_s \qquad \cdots\cdots(5)$$

修正单位燃料消耗量：

$$J_s = F_s / E'_s \quad \cdots\cdots(6)$$

8 测试报告

干燥机测试报告应符合 GB/T 21163.1—2007 的第 11 章。

附 录 A
（资料性附录）
谷物含水率和取样

A.1 准备工作

蒸发速率估算精度取决于谷物干燥质量和降水幅度的估算精度。该附录推荐测量谷物含水率所需要的取样次数以及为获得±5%蒸发速率的估算精度所要求的降水量。

由 GB/T 21163.1—2007 的 B.4.1 得到蒸发量为：

$$E = m\frac{(M_i - M_f)}{(100 - M_i)} \qquad \cdots\cdots (A.1)$$

蒸发量平均综合标准差为：

$$\frac{s(E)}{e} = \sqrt{\left[\left(\frac{s(m)^2}{m}\right) + \left(\frac{100 - M_f}{(100 - M_i)(M_i - M_f)}s(M_i)\right)^2 + \left(\frac{-1}{(M_i - M_f)}s(M_f)\right)^2\right]} \cdots (A.2)$$

若干燥的谷物质量测量精度较高，使得其平均值的标准差小于总质量的 0.000 5，那么蒸发量的测定精度就取决于进出料含水率的变化程度[也就是平均标准差(SEM)]和降水量。

GB/T 21163.1 规定连续式干燥机进出料取样至少取 12 个，而批式干燥机要增加出料取样到 50 个以上。因为增加批式干燥机出料取样次数可以缩小干燥时所产生的水分梯度影响。对于连续式干燥机，假设干燥机一直处于稳定工作状态，那么出料含水率就不会有显著的波动，而对应进料含水率的变化谷物是要加湿的。

GB/T 21163.1 中试验物料为小麦，将其重新加湿至 20%的含水率，进料含水率的变化应该是很低的(即要求为±0.25%)，因此进出料取样最少 12 个是合适的。而本部分所涉及的测试用谷物是自然水份状态且含水率比所用小麦的要高。

所做的研究是：

a) 谷物含水率下降幅度受取样次数的影响，必要的取样次数有助于合理地评估平均含水率及其标准差。

b) 提高综合标准差的水平是为了保证蒸发量的精度当置信度为 95%时在±5%范围内。

A.2 取样次数

假如进料含水率的变化为正态分布的，进料含水率随机数值的产生通常分布在两个平均数 20%和 40%的 1%～6%范围内。测试要重复多次，并且取样次数也从 5 次到 50 次。

测试结果(见图 A.1)表明平均含水率标准差(SEM)取决于进料平均含水率的变化范围，而不取决于平均值本身。把 20%和 40%的平均值加在一起，SEM 可以表示为变化范围的线性函数：

$$\mathrm{SEM} = 0.003 + 0.073\,5 \qquad \cdots\cdots (A.3)$$

这里，0.003+0.073 5 为进料含水率的变化范围。

图 A.2 说明了 SEM 受取样次数影响状况。

尽管说如果平均含水率变化范围不超过 1%时 12 个取样可能就足够了，但平均含水率变化范围大时取样次数多能够减小 SEM。当取样次数从 35 增加到 50 时，SEM 几乎没有变化。从图 A.2 得出的合理解释即是所有的取样都要增加到 20 个而这里变化范围可能要加大到 3%，取样次数要增至 30 个以上。

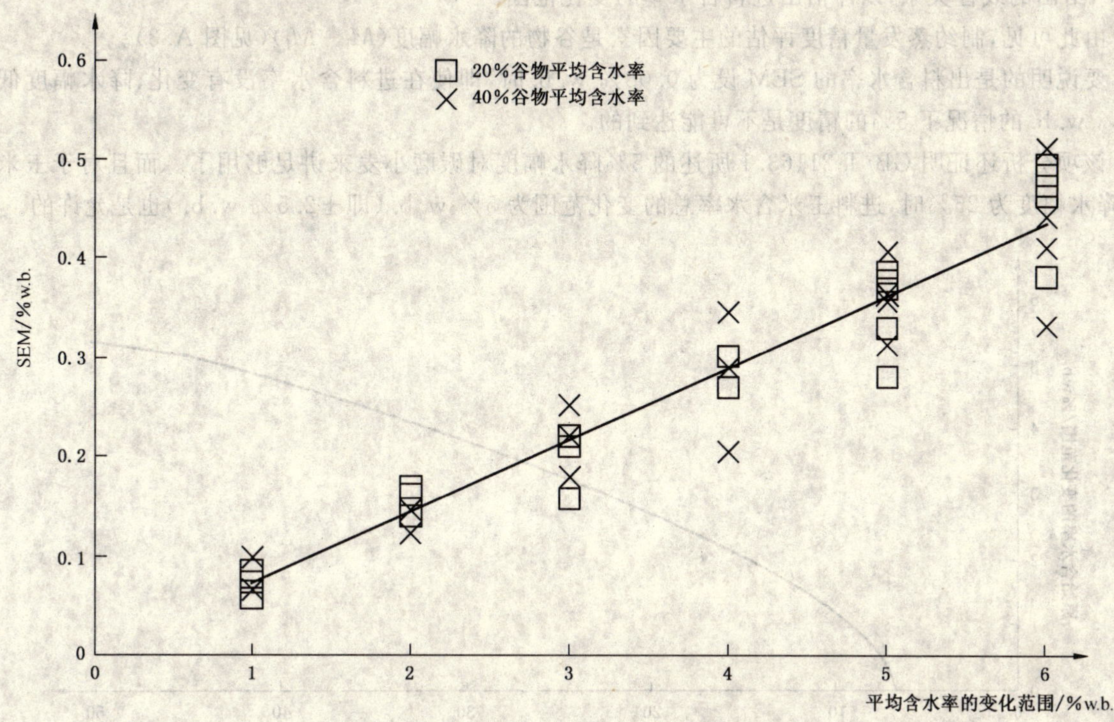

图 A.1 谷物含水率的变化范围对 15 个样品平均标准差的影响

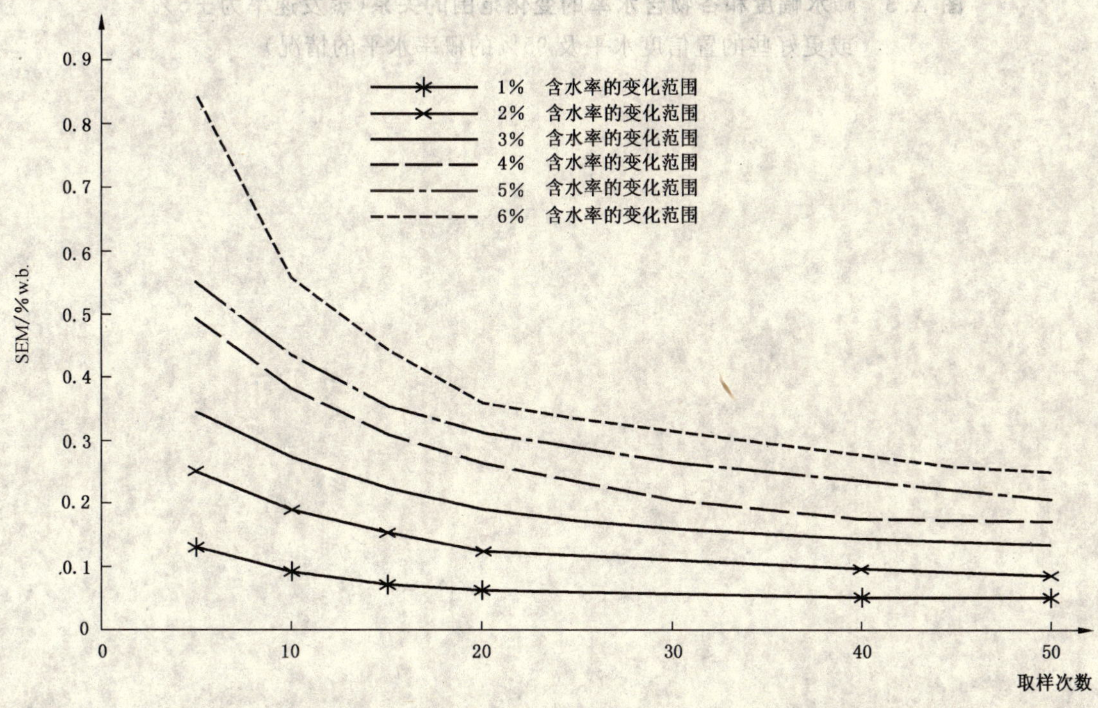

图 A.2 不同变化范围内取样次数对平均含水率标准差的影响

A.3 测试时可接受的谷物降水幅度

获取足够低 SEM 值的取样次数设立后，接下来就要研究一下公式(A.2)得出的平均蒸发量的综合标准差。这使得整个自由度的计算得到了一个分值 t，这样也就得到了 95% 概率水平下的评估误差。

最简单常用的方法是找出进料含水率的 SEM，这对于获得在 95% 置信度水平下 ±5% 平均蒸发量精度是必要的。为此，假设出料含水率的 SEM 为 0.08% w.b.，根据这些 SEM 值，就可以由公式

(A.3)给出的线性关系，以评估出进料含水率的变化范围。

由此可见，制约蒸发量精度评估的主要因素是谷物的降水幅度(M_i-M_f)(见图 A.3)。

要说明的是出料含水率的 SEM 设为 0.08% w.b. 时，即使在进料含水率没有变化、降水幅度低于 3.5% w.b. 的情况下 5%的精度是不可能达到的。

该项分析还证明 GB/T 21163.1 所述的 5%降水幅度对碾磨小麦来讲足够用了。而且对于玉米来讲，降水幅度为 25%时，进料玉米含水率总的变化范围为 5% w.b.(即±2.5% w.b.)也是允许的。

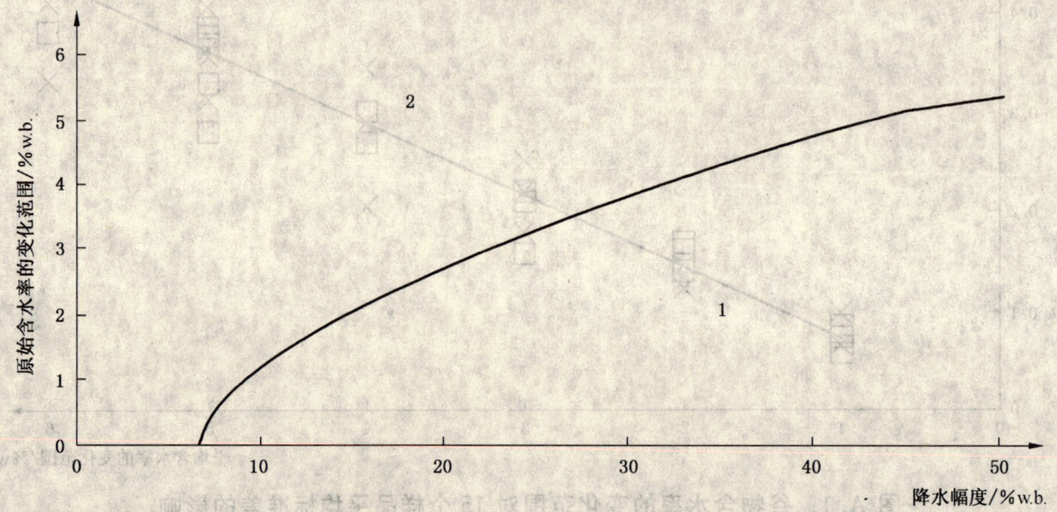

图 A.3　降水幅度和谷物含水率的变化范围的关系(蒸发速率为±5%或更好些的置信度水平及 95%的概率水平的情况)

附 录 B
（资料性附录）
特定谷物的降水幅度

B.1 小麦、大麦和燕麦

通常在测定干燥机干燥性能时，谷物含水率从21% w.b.到16% w.b.或从20% w.b.到15% w.b.，即降水幅度为5% w.b.。在有些地区，通常干燥谷物是从19.5% w.b.到14.5% w.b.。在一些地区，小麦的含水率高达30% w.b.时收获，此时，谷物要分两个阶段来干燥。

B.2 玉米

玉米是不适合加湿的。因此，所有试验都要在谷物完全成熟后处于自然水分状态下进行。在华北，玉米要降10% w.b.的水分，干燥过程含水率从25% w.b.到15% w.b.。在东北一些地方，玉米收获时含水率高达40% w.b.以上，而且要干燥到15% w.b.。如果采用干燥通风工艺时，干燥机出口玉米的含水率在缓苏前要提高至16% w.b.到16.5% w.b.范围内。

注：玉米种子通常要在脱粒前干燥玉米棒。GB/T 21163的这一部分只涉及了脱粒后的玉米干燥机。

B.3 油菜籽

不论所使用的谷物是新收获的还是人工加湿的，当进料含水率为15%时，5%的降水幅度是令人满意的。

B.4 水稻

水稻是不适合人工加湿的。因此，所有试验都要在谷物完全成熟后处于自然水分状态下进行。水稻在南部欧洲采用的是低温干燥，水稻可以一次从22%的含水率干燥到14%（即降水8%）。这取决于水稻品种，对于珍珠稻和玻璃态水稻品种来说，其最高热风温度分别是35℃和40℃。很多地区水稻干燥都是多级干燥的。每级降水2%到3%，热带地区在高温、高湿季节里干燥机适宜的进料含水率为25%±1.5%，在低温和干燥季节里则为20%±1.0%。

B.5 高粱

高粱收获时可以干燥和适度加湿以调整其含水率。在高粱收获时含水率大约为25%m.c.w.b.。

附 录 C
（规范性附录）
谷物发芽率下降的测试

测定干燥谷物发芽率因干燥而引起下降，将用到下列方法：

a） 分别计算进出料的发芽数相对总数的平均百分比。

b） 在表 C.1 中的第一列和第二列中列出的为平均值的范围，在其同行的第三列可以看到两个试验数据的允差。

c） 如果进出料发芽率差值超过此允差，该值在 2.5%的置信度条件下是显著的。

表 C.1 两个发芽率测试结果的允差

进出料平均发芽率范围/%		两个结果的允差/%
平均>50	平均<50	发芽率
98～99	2～3	2
95～97	4～6	3
91～94	7～10	4
85～90	11～16	5
77～84	17～24	6
60～76	25～41	7
51～59	42～50	8
这些数据是对 400 粒样品做发芽试验的结果。数据来源于 ISTA 方法[1]的第 15 章附表 5.2，其中对数据作了详细说明。		

例 1：如果进出料的发芽率分别为 95%和 90%时，它们的平均值则为 92.5%，其差值为 5%，参考表 C.1 可得其允差为 4。因此，差异是显著的。

例 2：如果进出料发芽率分别为 66%和 60%时，它们的平均值则为 63%，其差值为 6%，参考表 C.1 可得其允差为 7。因此，差异是不显著的。

附　录　D
（规范性附录）
干燥机性能修正表

本附录包括六个表格。它给出了简单的横流干燥机干燥和冷却比为 3∶1 时纯蒸发量[g(水)/kg(干空气)]。如果计算机模拟干燥无法实现，就要利用这六个表格并根据 7.2.3 中一系列影响干燥机蒸发性能的主要变量的数值变化范围并标准规定条件对蒸发量进行调整。

本附录的所有表格都考虑了热风流量、热风温度和最终谷物含水率等变量的影响。

表 D.1 涉及了环境空气温度和相对湿度变化对进料含水率为 20%小麦干燥的影响。

表 D.2～表 D.6 分别涉及了小麦、油菜籽、玉米、水稻和高粱等原始含水率变化的影响。表 D.4 分为两部分：第 1 部分为谷物原始含水率从 18%到 28%的情况；第 2 部分为谷物原始含水率从 30%到 40%的情况。对于小麦适用的数据对大麦和燕麦也适用。

表 D.1　小麦——环境温度和相对湿度的影响

（在谷物原始水分恒定的情况下）

热风流量（范围：0.25～3.0）/m³·s⁻¹·m⁻³	热风温度（范围：50～90）/℃	谷物最终含水率（范围：12～16）/% w.b.	环境空气湿度（范围：50～90）/%	纯蒸发量/[g(水)/kg(干空气)]				
				环境空气温度/℃				
				5	10	15	20	25
0.25	50	12	50	10.44	10.44	10.34	10.13	9.78
0.25	50	12	60	10.19	10.08	9.86	9.51	8.99
0.25	50	12	70	9.92	9.72	9.38	8.88	8.18
0.25	50	12	80	9.66	9.36	8.89	8.24	7.27
0.25	50	12	90	9.38	8.98	8.38	7.51	a
0.25	50	13	50	10.61	10.64	10.57	10.38	10.03
0.25	50	13	60	10.36	10.29	10.10	9.77	9.27
0.25	50	13	70	10.10	9.94	9.65	9.19	8.54
0.25	50	13	80	9.84	9.59	9.19	8.61	7.82
0.25	50	13	90	9.58	9.24	8.73	8.02	7.09
0.25	50	14	50	10.71	10.76	10.71	10.52	10.18
0.25	50	14	60	10.45	10.41	10.24	9.92	9.41
0.25	50	14	70	10.20	10.06	9.78	9.33	8.68
0.25	50	14	80	9.94	9.72	9.33	8.75	7.97
0.25	50	14	90	9.68	9.37	8.88	8.19	7.3
0.25	50	15	50	10.74	10.82	10.80	10.63	10.29
0.25	50	15	60	10.48	10.47	10.32	10.00	9.49
0.25	50	15	70	10.23	10.12	9.85	9.40	8.74
0.25	50	15	80	9.97	9.77	9.39	8.81	8.02
0.25	50	15	90	9.71	9.42	8.94	8.24	7.34

表 D.1(续)

热风流量(范围:0.25～3.0)/$m^3 \cdot s^{-1} \cdot m^{-3}$	热风温度(范围:50～90)/℃	谷物最终含水率(范围:12～16)/% w.b.	环境空气湿度(范围:50～90)/%	纯蒸发量/[g(水)/kg(干空气)]				
				环境空气温度/℃				
				5	10	15	20	25
0.25	50	16	50	10.70	10.83	10.84	10.71	10.4
0.25	50	16	60	10.45	10.47	10.35	10.06	9.57
0.25	50	16	70	10.19	10.11	9.87	9.44	8.79
0.25	50	16	80	9.93	9.76	9.40	8.83	8.05
0.25	50	16	90	9.67	9.41	8.94	8.25	7.35
0.25	60	12	50	13.11	13.2	13.2	13.11	12.89
0.25	60	12	60	12.88	12.88	12.77	12.55	12.18
0.25	60	12	70	12.64	12.55	12.34	11.99	11.48
0.25	60	12	80	12.39	12.22	11.91	11.44	10.79
0.25	60	12	90	12.15	11.89	11.47	10.88	10.09
0.25	60	13	50	13.24	13.36	13.39	13.31	13.09
0.25	60	13	60	13	13.04	12.96	12.75	12.38
0.25	60	13	70	12.77	12.71	12.53	12.2	11.7
0.25	60	13	80	12.53	12.39	12.11	11.67	11.04
0.25	60	13	90	12.29	12.07	11.69	11.14	10.39
0.25	60	14	50	13.29	13.44	13.5	13.44	13.22
0.25	60	14	60	13.05	13.12	13.06	12.86	12.49
0.25	60	14	70	12.82	12.79	12.63	12.31	11.79
0.25	60	14	80	12.58	12.47	12.21	11.76	11.12
0.25	60	14	90	12.34	12.15	11.78	11.23	10.47
0.25	60	15	50	13.26	13.45	13.55	13.51	13.33
0.25	60	15	60	13.03	13.13	13.10	12.93	12.57
0.25	60	15	70	12.79	12.8	12.66	12.35	11.85
0.25	60	15	80	12.55	12.47	12.23	11.79	11.15
0.25	60	15	90	12.31	12.15	11.8	11.25	10.49
0.25	60	16	50	13.13	13.38	13.52	13.56	13.44
0.25	60	16	60	12.89	13.05	13.08	12.96	12.66
0.25	60	16	70	12.66	12.72	12.63	12.36	11.9
0.25	60	16	80	12.42	12.39	12.19	11.79	11.17
0.25	60	16	90	12.18	12.06	11.75	11.23	10.48

表 D.1(续)

热风流量(范围:0.25~3.0)/ $m^3 \cdot s^{-1} \cdot m^{-3}$	热风温度(范围:50~90)/℃	谷物最终含水率(范围:12~16)/% w.b.	环境空气湿度(范围:50~90)/%	纯蒸发量/[g(水)/kg(干空气)]				
				环境空气温度/℃				
				5	10	15	20	25
0.25	70	12	50	15.84	16.01	16.11	16.12	16.01
0.25	70	12	60	15.62	15.71	15.71	15.6	15.35
0.25	70	12	70	15.4	15.41	15.31	15.08	14.7
0.25	70	12	80	15.17	15.1	14.91	14.57	14.07
0.25	70	12	90	14.94	14.79	14.51	14.07	13.45
0.25	70	13	50	15.92	16.13	16.26	16.29	16.19
0.25	70	13	60	15.7	15.83	15.86	15.76	15.51
0.25	70	13	70	15.48	15.53	15.46	15.24	14.86
0.25	70	13	80	15.26	15.23	15.06	14.73	14.23
0.25	70	13	90	15.03	14.92	14.66	14.23	13.61
0.25	70	14	50	15.92	16.16	16.33	16.39	16.3
0.25	70	14	60	15.7	15.86	15.92	15.85	15.61
0.25	70	14	70	15.48	15.56	15.52	15.32	14.94
0.25	70	14	80	15.26	15.26	15.11	14.79	14.29
0.25	70	14	90	15.03	14.95	14.71	14.28	13.65
0.25	70	15	50	15.82	16.11	16.32	16.43	16.4
0.25	70	15	60	15.6	15.81	15.91	15.87	15.68
0.25	70	15	70	15.38	15.5	15.49	15.33	14.98
0.25	70	15	80	15.15	15.2	15.09	14.8	14.31
0.25	70	15	90	14.93	14.89	14.68	14.27	13.65
0.25	70	16	50	15.57	15.92	16.22	16.41	16.47
0.25	70	16	60	15.35	15.62	15.79	15.84	15.73
0.25	70	16	70	15.13	15.31	15.38	15.28	15.01
0.25	70	16	80	14.91	15.01	14.96	14.74	14.3
0.25	70	16	90	14.69	14.7	14.55	14.2	13.63
0.25	80	12	50	18.6	18.86	19.06	19.16	19.16
0.25	80	12	60	18.4	18.58	18.68	18.67	18.53
0.25	80	12	70	18.19	18.30	18.3	18.18	17.92
0.25	80	12	80	17.98	18.01	17.93	17.7	17.32
0.25	80	12	90	17.76	17.72	17.55	17.22	16.73

表 D.1(续)

热风流量（范围：0.25～3.0）/ $m^3 \cdot s^{-1} \cdot m^{-3}$	热风温度（范围：50～90）/ ℃	谷物最终含水率（范围：12～16）/ % w.b.	环境空气湿度（范围：50～90）/%	纯蒸发量/[g(水)/kg(干空气)] 环境空气温度/℃ 5	10	15	20	25
0.25	80	13	50	18.64	18.93	19.16	19.29	19.31
0.25	80	13	60	18.43	18.65	18.78	18.8	18.66
0.25	80	13	70	18.23	18.37	18.4	18.3	18.04
0.25	80	13	80	18.02	18.08	18.03	17.81	17.43
0.25	80	13	90	17.8	17.8	17.65	17.33	16.83
0.25	80	14	50	18.57	18.91	19.18	19.35	19.4
0.25	80	14	60	18.36	18.62	18.79	18.84	18.74
0.25	80	14	70	18.16	18.34	18.41	18.34	18.09
0.25	80	14	80	17.95	18.06	18.03	17.84	17.46
0.25	80	14	90	17.74	17.77	17.64	17.34	16.85
0.25	80	15	50	18.38	18.78	19.11	19.34	19.47
0.25	80	15	60	18.17	18.48	18.71	18.82	18.78
0.25	80	15	70	17.97	18.2	18.32	18.3	18.11
0.25	80	15	80	17.76	17.91	17.94	17.91	17.46
0.25	80	15	90	17.55	17.62	17.54	17.28	16.82
0.25	80	16	50	18	18.47	18.90	19.24	19.48
0.25	80	16	60	17.79	18.18	18.5	18.71	18.76
0.25	80	16	70	17.59	17.9	18.11	18.17	18.08
0.25	80	16	80	17.38	17.61	17.71	17.65	17.41
0.25	80	16	90	17.18	17.32	17.32	17.13	16.74
0.25	90	12	50	21.4	21.74	22.02	22.22	22.31
0.25	90	12	60	21.21	21.47	21.66	21.75	21.71
0.25	90	12	70	21.01	21.21	21.31	21.29	21.13
0.25	90	12	80	20.81	20.93	20.95	20.83	20.55
0.25	90	12	90	20.61	20.66	20.59	20.37	19.99
0.25	90	13	50	21.37	21.75	22.07	22.31	22.43
0.25	90	13	60	21.18	21.49	21.72	21.83	21.82
0.25	90	13	70	20.99	21.22	21.35	21.36	21.22
0.25	90	13	80	20.79	20.95	20.99	20.89	20.63
0.25	90	13	90	20.59	20.68	20.63	20.43	20.04

表 D.1(续)

热风流量（范围：0.25～3.0）/$m^3 \cdot s^{-1} \cdot m^{-3}$	热风温度（范围：50～90）/℃	谷物最终含水率（范围：12～16）/% w.b.	环境空气湿度（范围：50～90）/%	纯蒸发量/[g(水)/kg(干空气)]				
				环境空气温度/℃				
				5	10	15	20	25
0.25	90	14	50	21.23	21.66	22.03	22.32	22.5
0.25	90	14	60	21.04	21.39	21.66	21.83	21.86
0.25	90	14	70	20.85	21.12	21.3	21.35	21.24
0.25	90	14	80	20.65	20.85	20.94	20.87	20.63
0.25	90	14	90	20.45	20.58	20.57	20.39	20.03
0.25	90	15	50	20.94	21.42	21.86	22.22	22.52
0.25	90	15	60	20.75	21.16	21.5	21.74	21.86
0.25	90	15	70	20.56	20.89	21.13	21.25	21.22
0.25	90	15	80	20.36	20.62	20.77	20.77	20.59
0.25	90	15	90	20.16	20.34	20.4	20.28	19.97
0.25	90	16	50	20.41	20.99	21.55	22.04	22.46
0.25	90	16	60	20.23	20.73	21.16	21.53	21.77
0.25	90	16	70	20.03	20.46	20.8	21.03	21.1
0.25	90	16	80	19.85	20.18	20.42	20.53	20.46
0.25	90	16	90	19.65	19.91	20.05	20.03	19.82
0.5	50	12	50	9.4	9.4	9.32	9.13	8.83
0.5	50	12	60	9.2	9.1	8.91	8.59	8.1
0.5	50	12	70	8.98	8.8	8.49	8.01	7.32
0.5	50	12	80	8.74	8.47	8.04	7.40	6.39
0.5	50	12	90	8.5	8.13	7.56	6.67	[a]
0.5	50	13	50	9.73	9.77	9.73	9.59	9.32
0.5	50	13	60	9.52	9.48	9.34	9.06	8.63
0.5	50	13	70	9.31	9.19	8.93	8.53	7.94
0.5	50	13	80	9.09	8.88	8.52	7.99	7.24
0.5	50	13	90	8.86	8.57	8.1	7.42	6.48
0.5	50	14	50	9.95	10.02	10.02	9.91	9.66
0.5	50	14	60	9.74	9.73	9.63	9.38	8.97
0.5	50	14	70	9.53	9.44	9.23	8.85	8.3
0.5	50	14	80	9.31	9.14	8.82	8.33	7.62
0.5	50	14	90	9.09	8.83	8.41	7.79	6.95

表 D.1(续)

热风流量(范围:0.25~3.0)/$m^3 \cdot s^{-1} \cdot m^{-3}$	热风温度(范围:50~90)/℃	谷物最终含水率(范围:12~16)/% w.b.	环境空气湿度(范围:50~90)/%	纯蒸发量/[g(水)/kg(干空气)] 环境空气温度/℃ 5	10	15	20	25
0.5	50	15	50	10.06	10.18	10.22	10.14	9.91
0.5	50	15	60	9.85	9.89	9.81	9.6	9.2
0.5	50	15	70	9.64	9.59	9.41	9.06	8.51
0.5	50	15	80	9.42	9.29	9.01	8.53	7.84
0.5	50	15	90	9.2	8.98	8.59	8	7.18
0.5	50	16	50	10.06	10.23	10.32	10.28	10.09
0.5	50	16	60	9.85	9.94	9.91	9.73	9.36
0.5	50	16	70	9.64	9.64	9.5	9.18	8.65
0.5	50	16	80	9.42	9.33	9.09	8.64	7.95
0.5	50	16	90	9.2	9.03	8.67	8.1	7.28
0.5	60	12	50	12.2	12.28	12.31	12.24	12.07
0.5	60	12	60	12.01	12.02	11.94	11.75	11.43
0.5	60	12	70	11.81	11.74	11.57	11.26	10.79
0.5	60	12	80	11.6	11.46	11.18	10.75	10.13
0.5	60	12	90	11.39	11.16	10.78	10.22	9.44
0.5	60	13	50	12.43	12.57	12.63	12.61	12.47
0.5	60	13	60	12.24	12.3	12.27	12.13	11.84
0.5	60	13	70	12.05	12.03	11.9	11.64	11.22
0.5	60	13	80	11.85	11.75	11.53	11.15	10.59
0.5	60	13	90	11.64	11.46	11.15	10.66	9.97
0.5	60	14	50	12.55	12.73	12.84	12.86	12.75
0.5	60	14	60	12.36	12.46	12.48	12.37	12.11
0.5	60	14	70	12.17	12.19	12.11	11.88	11.48
0.5	60	14	80	11.97	11.91	11.73	11.39	10.86
0.5	60	14	90	11.76	11.63	11.36	10.9	10.24
0.5	60	15	50	12.56	12.79	12.95	13.01	12.94
0.5	60	15	60	12.37	12.52	12.57	12.51	12.28
0.5	60	15	70	12.17	12.24	12.2	12.01	11.64
0.5	60	15	80	11.97	11.97	11.83	11.52	11
0.5	60	15	90	11.77	11.68	11.45	11.02	10.38

表 D.1(续)

热风流量(范围:0.25~3.0)/ $m^3 \cdot s^{-1} \cdot m^{-3}$	热风温度(范围:50~90)/ ℃	谷物最终含水率(范围:12~16)/ % w.b.	环境空气湿度(范围:50~90)/%	纯蒸发量/[g(水)/kg(干空气)] 环境空气温度/℃				
				5	10	15	20	25
0.5	60	16	50	12.42	12.71	12.94	13.06	13.05
0.5	60	16	60	12.22	12.43	12.56	12.56	12.38
0.5	60	16	70	12.03	12.16	12.18	12.04	11.71
0.5	60	16	80	11.83	11.88	11.8	11.54	11.06
0.5	60	16	90	11.63	11.6	11.42	11.04	10.42
0.5	70	12	50	14.98	15.16	15.29	15.34	15.29
0.5	70	12	60	14.81	14.91	14.95	14.89	14.7
0.5	70	12	70	14.62	14.66	14.6	14.43	14.12
0.5	70	12	80	14.43	14.4	14.26	13.97	13.53
0.5	70	12	90	14.24	14.13	13.9	13.51	12.94
0.5	70	13	50	15.13	15.36	15.53	15.63	15.61
0.5	70	13	60	14.95	15.11	15.19	15.17	15.03
0.5	70	13	70	14.77	14.86	14.85	14.72	14.45
0.5	70	13	80	14.58	14.6	14.5	14.27	13.87
0.5	70	13	90	14.39	14.33	14.15	13.81	13.29
0.5	70	14	50	15.15	15.43	15.66	15.8	15.83
0.5	70	14	60	14.98	15.18	15.32	15.34	15.23
0.5	70	14	70	14.79	14.93	14.97	14.89	14.64
0.5	70	14	80	14.61	14.67	14.62	14.43	14.06
0.5	70	14	90	14.42	14.41	14.27	13.97	13.47
0.5	70	15	50	15.05	15.38	15.67	15.87	15.96
0.5	70	15	60	14.87	15.13	15.32	15.4	15.34
0.5	70	15	70	14.69	14.87	14.97	14.94	14.74
0.5	70	15	80	14.5	14.62	14.62	14.48	14.14
0.5	70	15	90	14.31	14.36	14.27	14.01	13.54
0.5	70	16	50	14.76	15.15	15.52	15.81	15.98
0.5	70	16	60	14.57	14.91	15.17	15.34	15.35
0.5	70	16	70	14.4	14.65	14.82	14.86	14.74
0.5	70	16	80	14.22	14.4	14.48	14.4	14.12
0.5	70	16	90	14.03	14.14	14.12	13.93	13.51

表 D.1(续)

热风流量(范围：0.25～3.0)/$m^3 \cdot s^{-1} \cdot m^{-3}$	热风温度(范围：50～90)/℃	谷物最终含水率(范围：12～16)/% w.b.	环境空气湿度(范围：50～90)/%	纯蒸发量/[g(水)/kg(干空气)] 环境空气温度/℃				
				5	10	15	20	25
0.5	80	12	50	17.75	18.02	18.25	18.41	18.48
0.5	80	12	60	17.59	17.79	17.93	17.99	17.93
0.5	80	12	70	17.41	17.55	17.61	17.57	17.39
0.5	80	12	80	17.24	17.31	17.28	17.14	16.85
0.5	80	12	90	17.05	17.06	16.95	16.7	16.3
0.5	80	13	50	17.81	18.13	18.41	18.63	18.74
0.5	80	13	60	17.64	17.9	18.09	18.2	18.19
0.5	80	13	70	17.47	17.66	17.78	17.78	17.64
0.5	80	13	80	17.3	17.42	17.45	17.35	17.1
0.5	80	13	90	17.12	17.18	17.12	16.92	16.56
0.5	80	14	50	17.74	18.11	18.45	18.72	18.9
0.5	80	14	60	17.58	17.88	18.13	18.30	18.34
0.5	80	14	70	17.4	17.65	17.81	17.87	17.78
0.5	80	14	80	17.23	17.41	17.49	17.44	17.22
0.5	80	14	90	17.05	17.16	17.16	17.01	16.67
0.5	80	15	50	17.52	17.95	18.36	18.7	18.95
0.5	80	15	60	17.35	17.72	18.04	18.26	18.37
0.5	80	15	70	17.19	17.49	17.72	17.84	17.81
0.5	80	15	80	17.01	17.25	17.39	17.4	17.24
0.5	80	15	90	16.84	17	17.06	16.97	16.68
0.5	80	16	50	17.07	17.59	18.09	18.53	18.89
0.5	80	16	60	16.91	17.36	17.77	18.09	18.28
0.5	80	16	70	17.74	17.11	17.43	17.64	17.71
0.5	80	16	80	16.58	16.88	17.1	17.2	17.11
0.5	80	16	90	16.41	16.65	16.77	16.75	16.55
0.5	90	12	50	20.5	20.86	21.18	21.45	21.65
0.5	90	12	60	20.35	20.64	20.89	21.06	21.14
0.5	90	12	70	20.19	20.42	20.59	20.27	20.63
0.5	90	12	80	20.02	20.2	20.29	20.27	20.11
0.5	90	12	90	19.85	19.96	19.97	19.86	19.6

表 D.1(续)

热风流量（范围：0.25～3.0)/m³·s⁻¹·m⁻³	热风温度（范围：50～90)/℃	谷物最终含水率(范围：12～16)/% w.b.	环境空气湿度（范围：50～90)/%	纯蒸发量/[g(水)/kg(干空气)] 环境空气温度/℃				
				5	10	15	20	25
0.5	90	13	50	20.48	20.89	21.27	21.6	21.84
0.5	90	13	60	20.32	20.68	20.98	21.2	21.33
0.5	90	13	70	20.17	20.46	20.68	20.81	20.82
0.5	90	13	80	20	20.23	20.38	20.41	20.3
0.5	90	13	90	19.83	20	20.07	20.01	19.79
0.5	90	14	50	20.32	20.78	21.23	21.62	21.93
0.5	90	14	60	20.16	20.57	20.93	21.22	21.41
0.5	90	14	70	20.01	20.35	20.64	20.82	20.88
0.5	90	14	80	19.84	20.13	20.33	20.42	20.36
0.5	90	14	90	19.68	19.9	20.02	20.01	19.83
0.5	90	15	50	19.99	20.51	21.03	21.51	21.91
0.5	90	15	60	19.83	20.3	20.74	21.1	21.36
0.5	90	15	70	19.68	20.07	20.44	20.7	20.83
0.5	90	15	80	19.51	19.86	20.12	20.29	20.29
0.5	90	15	90	19.35	19.63	19.82	19.88	19.75
0.5	90	16	50	19.39	19.99	20.62	21.21	21.73
0.5	90	16	60	19.23	19.78	20.32	20.8	21.17
0.5	90	16	70	19.08	19.55	20	20.39	20.62
0.5	90	16	80	18.92	19.34	19.7	19.95	20.06
0.5	90	16	90	18.75	19.11	19.4	19.54	19.51
1	50	12	50	7.36	7.36	7.3	7.17	6.95
1	50	12	60	7.21	7.15	7.01	6.77	6.4
1	50	12	70	7.05	6.93	6.7	6.33	5.76
1	50	12	80	6.88	6.68	6.35	5.83	4.96
1	50	12	90	6.69	6.4	5.95	5.2	a
1	50	13	50	7.77	7.81	7.8	7.72	7.55
1	50	13	60	7.63	7.61	7.53	7.35	7.05
1	50	13	70	7.48	7.41	7.24	6.96	6.52
1	50	13	80	7.32	7.18	6.93	6.53	5.92
1	50	13	90	7.14	6.94	6.59	6.06	5.24

表 D.1(续)

热风流量(范围：0.25～3.0)/m³·s⁻¹·m⁻³	热风温度(范围：50～90)/℃	谷物最终含水率(范围：12～16)/% w.b.	环境空气湿度(范围：50～90)/%	纯蒸发量/[g(水)/kg(干空气)]				
				环境空气温度/℃				
				5	10	15	20	25
1	50	14	50	8.09	8.17	8.2	8.16	8.03
1	50	14	60	7.95	7.98	7.93	7.8	7.55
1	50	14	70	7.8	7.77	7.66	7.42	7.03
1	50	14	80	7.65	7.56	7.36	7.02	6.49
1	50	14	90	7.48	7.33	7.04	6.59	5.91
1	50	15	50	8.33	8.46	8.53	8.52	8.43
1	50	15	60	8.19	8.26	8.26	8.17	7.94
1	50	15	70	8.04	8.06	7.98	7.79	7.43
1	50	15	80	7.89	7.84	7.69	7.39	6.9
1	50	15	90	7.73	7.61	7.38	6.97	6.35
1	50	16	50	8.47	8.65	8.77	8.81	8.75
1	50	16	60	8.32	8.45	8.5	8.45	8.26
1	50	16	70	8.18	8.24	8.22	8.06	7.74
1	50	16	80	8.03	8.03	7.92	7.66	7.2
1	50	16	90	7.87	7.8	7.61	7.24	6.64
1	60	12	50	10.1	10.18	10.22	10.19	10.09
1	60	12	60	9.96	9.99	9.96	9.84	9.62
1	60	12	70	9.82	9.79	9.69	9.47	9.12
1	60	12	80	9.67	9.58	9.4	9.07	8.58
1	60	12	90	9.51	9.35	9.08	8.64	7.97
1	60	13	50	10.47	10.59	10.69	10.71	10.66
1	60	13	60	10.34	10.41	10.43	10.37	10.21
1	60	13	70	10.2	10.22	10.17	10.02	9.74
1	60	13	80	10.06	10.02	9.89	9.65	9.25
1	60	13	90	9.9	9.8	9.6	9.25	8.72
1	60	14	50	10.73	10.91	11.04	11.12	11.11
1	60	14	60	10.6	10.72	10.8	10.79	10.67
1	60	14	70	10.47	10.53	10.54	10.43	10.2
1	60	14	80	10.32	10.33	10.26	10.07	9.71
1	60	14	90	10.17	10.12	9.97	9.69	9.2

表 D.1(续)

热风流量(范围:0.25～3.0)/$m^3 \cdot s^{-1} \cdot m^{-3}$	热风温度(范围:50～90)/℃	谷物最终含水率(范围:12～16)/% w.b.	环境空气湿度(范围:50～90)/%	纯蒸发量/[g(水)/kg(干空气)]				
				环境空气温度/℃				
				5	10	15	20	25
1	60	15	50	10.88	11.11	11.3	11.43	11.47
1	60	15	60	10.75	10.93	11.05	11.09	11.02
1	60	15	70	10.62	10.73	10.79	10.74	10.54
1	60	15	80	10.47	10.54	10.51	10.37	10.05
1	60	15	90	10.32	10.33	10.23	9.98	9.54
1	60	16	50	10.88	11.18	11.44	11.61	11.72
1	60	16	60	10.75	10.98	11.17	11.26	11.24
1	60	16	70	10.61	10.79	10.9	10.9	10.76
1	60	16	80	10.47	10.59	10.62	10.53	10.26
1	60	16	90	10.32	10.38	10.34	10.14	9.75
1	70	12	50	12.95	13.12	13.26	13.34	13.36
1	70	12	60	12.83	12.95	13.02	13.03	12.94
1	70	12	70	12.7	12.77	12.77	12.69	12.5
1	70	12	80	12.57	12.58	12.51	12.34	12.03
1	70	12	90	12.42	12.38	12.23	11.96	11.54
1	70	13	50	12.25	13.47	13.66	13.81	13.88
1	70	13	60	13.13	13.3	13.43	13.49	13.46
1	70	13	70	13.01	13.12	13.18	13.16	13.03
1	70	13	80	12.87	12.94	12.93	12.82	12.58
1	70	13	90	12.73	12.74	12.66	12.46	12.11
1	70	14	50	13.43	13.7	13.95	14.15	14.27
1	70	14	60	13.31	13.53	13.71	13.83	13.85
1	70	14	70	13.18	13.35	13.47	13.5	13.41
1	70	14	80	13.05	13.16	13.21	13.15	12.96
1	70	14	90	12.91	12.97	12.95	12.8	12.49
1	70	15	50	13.46	13.79	14.1	14.35	14.55
1	70	15	60	13.33	13.61	13.85	14.03	14.1
1	70	15	70	13.2	13.43	13.6	13.69	13.65
1	70	15	80	13.07	13.24	13.34	13.34	13.19
1	70	15	90	12.93	13.05	13.08	12.98	12.72

表 D.1(续)

热风流量(范围:0.25~3.0)/$m^3 \cdot s^{-1} \cdot m^{-3}$	热风温度(范围:50~90)/℃	谷物最终含水率(范围:12~16)/% w.b.	环境空气湿度(范围:50~90)/%	纯蒸发量/[g(水)/kg(干空气)]				
				环境空气温度/℃				
				5	10	15	20	25
1	70	16	50	13.29	13.68	14.06	14.39	14.66
1	70	16	60	13.16	13.49	13.81	14.05	14.21
1	70	16	70	13.02	13.31	13.55	13.71	13.74
1	70	16	80	12.89	13.12	13.29	13.36	13.27
1	70	16	90	12.75	12.93	13.02	12.99	12.79
1	80	12	50	15.83	16.09	16.32	16.53	16.66
1	80	12	60	15.72	15.93	16.1	16.23	16.27
1	80	12	70	15.6	15.76	15.87	15.92	15.86
1	80	12	80	15.47	15.58	15.63	15.59	15.45
1	80	12	90	15.33	15.4	15.38	15.25	14.99
1	80	13	50	16.05	16.36	16.65	16.91	17.11
1	80	13	60	15.93	16.19	16.43	16.61	16.71
1	80	13	70	15.81	16.03	15.2	16.3	16.3
1	80	13	80	15.69	15.85	15.96	15.98	15.88
1	80	13	90	15.56	15.67	15.71	15.64	15.45
1	80	14	50	16.11	16.47	16.83	17.15	17.4
1	80	14	60	16	16.31	16.6	16.85	17
1	80	14	70	15.87	16.14	16.37	16.53	16.58
1	80	14	80	15.75	15.97	16.13	16.21	16.16
1	80	14	90	15.62	15.79	15.88	15.87	15.72
1	80	15	50	15.99	16.43	16.84	17.23	17.57
1	80	15	60	15.88	16.25	16.6	16.92	17.13
1	80	15	70	15.75	16.08	16.37	16.58	16.71
1	80	15	80	15.63	15.91	16.12	16.26	16.28
1	80	15	90	15.5	15.72	15.88	15.93	15.83
1	80	16	50	15.62	16.12	16.61	17.11	17.52
1	80	16	60	15.5	15.94	16.39	16.76	17.09
1	80	16	70	15.37	15.78	16.13	16.44	16.62
1	80	16	80	15.26	15.59	15.87	16.1	16.19
1	80	16	90	15.13	15.4	15.63	15.76	15.74

表 D.1(续)

热风流量(范围:0.25～3.0)/m³·s⁻¹·m⁻³	热风温度(范围:50～90)/℃	谷物最终含水率(范围:12～16)/% w.b.	环境空气湿度(范围:50～90)/%	纯蒸发量/[g(水)/kg(干空气)] 环境空气温度/℃ 5	10	15	20	25
1	90	12	50	18.69	19.03	19.36	19.67	19.94
1	90	12	60	18.58	18.88	19.16	19.39	19.56
1	90	12	70	18.47	18.72	18.94	19.1	19.18
1	90	12	80	18.35	18.56	18.72	18.8	18.78
1	90	12	90	18.22	18.38	18.48	18.49	18.37
1	90	13	50	18.8	19.2	19.59	19.97	20.29
1	90	13	60	18.69	19.05	19.38	19.68	19.91
1	90	13	70	18.58	18.89	19.17	19.39	19.52
1	90	13	80	18.46	18.73	18.94	19.09	19.13
1	90	13	90	18.34	18.56	18.71	18.77	18.72
1	90	14	50	18.75	19.2	19.65	20.1	20.48
1	90	14	60	18.63	19.04	19.45	19.8	20.1
1	90	14	70	15.52	18.89	19.22	19.51	19.63
1	90	14	80	18.4	18.72	18.99	19.2	19.29
1	90	14	90	18.24	18.55	18.76	18.88	18.88
1	90	15	50	18.47	19	19.51	20.05	20.5
1	90	15	60	18.36	18.83	19.31	19.73	20.11
1	90	15	70	18.24	18.68	19.07	19.41	19.69
1	90	15	80	18.12	18.51	18.84	19.11	19.29
1	90	15	90	18.01	18.33	18.61	18.79	18.85
1	90	16	50	17.91	18.49	19.13	19.74	20.28
1	90	16	60	17.78	18.35	18.9	19.38	19.9
1	90	16	70	17.66	18.18	18.65	19.1	19.45
1	90	16	80	17.57	18	18.4	18.77	19.04
1	90	16	90	17.44	17.82	18.19	18.43	18.58
1.5	50	12	50	5.97	5.97	5.9	5.79	5.62
1.5	50	12	60	5.86	5.81	5.69	5.49	5.19
1.5	50	12	70	5.74	5.63	5.44	5.14	4.68
1.5	50	12	80	5.6	5.43	5.16	4.73	3.99
1.5	50	12	90	5.44	5.2	4.81	4.18	[a]

表 D.1(续)

热风流量(范围：0.25～3.0)/m³·s⁻¹·m⁻³	热风温度(范围：50～90)/℃	谷物最终含水率(范围：12～16)/% w.b.	环境空气湿度(范围：50～90)/%	纯蒸发量/[g(水)/kg(干空气)] 环境空气温度/℃				
				5	10	15	20	25
1.5	50	13	50	6.37	6.39	6.37	6.3	6.18
1.5	50	13	60	6.26	6.24	6.17	6.03	5.8
1.5	50	13	70	6.14	6.08	5.95	5.73	5.38
1.5	50	13	80	6.01	5.9	5.7	5.38	4.89
1.5	50	13	90	5.87	5.7	5.42	4.98	4.29
1.5	50	14	50	6.69	6.75	6.76	6.73	6.64
1.5	50	14	60	6.58	6.6	6.57	6.47	6.28
1.5	50	14	70	6.47	6.44	6.36	6.18	5.89
1.5	50	14	80	6.35	6.28	6.13	5.87	5.46
1.5	50	14	90	6.21	6.09	5.87	5.51	4.97
1.5	50	15	50	6.95	7.04	7.09	7.09	7.04
1.5	50	15	60	6.84	6.9	6.9	6.84	6.69
1.5	50	15	70	6.73	6.75	6.7	6.56	6.31
1.5	50	15	80	6.61	6.58	6.47	6.26	5.89
1.5	50	15	90	6.48	6.4	6.22	5.92	5.43
1.5	50	16	50	7.13	7.27	7.35	7.4	7.38
1.5	50	16	60	7.02	7.13	7.17	7.14	7.03
1.5	50	16	70	6.91	6.97	6.97	6.87	6.66
1.5	50	16	80	6.79	6.8	6.74	6.57	6.25
1.5	50	16	90	6.66	6.63	6.5	6.24	5.8
1.5	60	12	50	8.5	8.56	8.59	8.56	8.47
1.5	60	12	60	8.4	8.42	8.39	8.3	8.11
1.5	60	12	70	8.29	8.26	8.18	8	7.72
1.5	60	12	80	8.17	8.09	7.94	7.68	7.27
1.5	60	12	90	8.03	7.9	7.67	7.31	6.76
1.5	60	13	50	8.89	8.99	9.06	9.08	9.04
1.5	60	13	60	8.79	8.85	8.87	8.83	8.71
1.5	60	13	70	8.68	8.7	8.67	8.56	8.34
1.5	60	13	80	8.57	8.54	8.45	8.26	7.95
1.5	60	13	90	8.44	8.36	8.2	7.93	7.5

表 D.1(续)

热风流量(范围:0.25~3.0)/m³·s⁻¹·m⁻³	热风温度(范围:50~90)/℃	谷物最终含水率(范围:12~16)/% w.b.	环境空气湿度(范围:50~90)/%	纯蒸发量/[g(水)/kg(干空气)]				
				环境空气温度/℃				
				5	10	15	20	25
1.5	60	14	50	9.19	9.33	9.45	9.51	9.52
1.5	60	14	60	9.09	9.19	9.26	9.27	9.19
1.5	60	14	70	8.99	9.05	9.06	9	8.84
1.5	60	14	80	8.87	8.89	8.85	8.72	8.46
1.5	60	14	90	8.75	8.72	8.62	8.41	8.05
1.5	60	15	50	9.4	9.59	9.75	9.86	9.91
1.5	60	15	60	9.3	9.45	9.56	9.62	9.59
1.5	60	15	70	9.19	9.3	9.37	9.36	9.24
1.5	60	15	80	9.08	9.14	9.15	9.07	8.87
1.5	60	15	90	8.96	8.98	8.92	8.77	8.46
1.5	60	16	50	9.49	9.76	9.96	10.11	10.21
1.5	60	16	60	9.38	9.59	9.76	9.87	9.89
1.5	60	16	70	9.27	9.44	9.56	9.61	9.54
1.5	60	16	80	9.16	9.28	9.34	9.32	9.16
1.5	60	16	90	9.04	9.11	9.11	9.01	8.76
1.5	70	12	50	11.26	11.39	11.5	11.58	11.6
1.5	70	12	60	11.16	11.26	11.32	11.34	11.28
1.5	70	12	70	11.06	11.12	11.13	11.08	10.93
1.5	70	12	80	10.95	10.96	10.92	10.79	10.55
1.5	70	12	90	10.83	10.8	10.68	10.48	10.13
1.5	70	13	50	11.6	11.79	11.95	12.08	12.15
1.5	70	13	60	11.51	11.65	11.77	11.85	11.85
1.5	70	13	70	11.41	11.52	11.58	11.59	11.52
1.5	70	13	80	11.3	11.37	11.38	11.32	11.16
1.5	70	13	90	11.19	11.21	11.16	11.03	10.77
1.5	70	14	50	11.84	12.08	12.29	12.48	12.06
1.5	70	14	60	11.75	11.94	12.11	12.24	12.3
1.5	70	14	70	11.65	11.8	11.92	11.99	11.97
1.5	70	14	80	11.54	11.66	11.73	11.72	11.62
1.5	70	14	90	11.43	11.5	11.51	11.44	11.23

表 D.1(续)

热风流量(范围:0.25～3.0)/$m^3 \cdot s^{-1} \cdot m^{-3}$	热风温度(范围:50～90)/℃	谷物最终含水率(范围:12～16)/% w.b.	环境空气湿度(范围:50～90)/%	纯蒸发量/[g(水)/kg(干空气)] 环境空气温度/℃				
				5	10	15	20	25
1.5	70	15	50	11.96	12.24	12.52	12.76	120.94
1.5	70	15	60	11.86	12.11	12.33	12.53	12.64
1.5	70	15	70	11.76	11.96	12.14	12.27	12.3
1.5	70	15	80	11.65	11.82	11.94	12	11.95
1.5	70	15	90	11.54	11.66	11.73	11.71	11.57
1.5	70	16	50	11.9	12.24	12.6	12.91	13.16
1.5	70	16	60	11.79	12.09	12.39	12.65	12.83
1.5	70	16	70	11.68	11.96	12.19	12.39	12.49
1.5	70	16	80	11.57	11.8	11.99	12.1	11.12
1.5	70	16	90	11.47	11.65	11.78	11.82	11.74
1.5	80	12	50	14.11	14.33	14.54	14.72	14.86
1.5	80	12	60	14.02	14.2	14.37	14.49	14.56
1.5	80	12	70	13.92	14.07	14.18	14.25	14.24
1.5	80	12	80	13.82	13.93	14	14	13.9
1.5	80	12	90	13.71	13.78	13.79	13.72	13.53
1.5	80	13	50	14.39	14.66	14.93	15.17	15.37
1.5	80	13	60	14.3	14.54	14.75	14.95	15.08
1.5	80	13	70	14.21	14.41	14.58	14.71	14.76
1.5	80	13	80	14.11	14.27	14.39	14.45	14.43
1.5	80	13	90	14	14.12	14.2	14.19	14.07
1.5	80	14	50	14.54	14.87	15.19	15.5	15.76
1.5	80	14	60	14.45	14.74	15.01	15.26	15.46
1.5	80	14	70	14.35	14.61	14.84	15.02	15.14
1.5	80	14	80	14.25	14.47	14.65	14.77	14.81
1.5	80	14	90	14.15	14.32	14.45	14.51	14.46
1.5	80	15	50	14.53	14.91	15.31	15.68	16.02
1.5	80	15	60	14.43	14.77	15.12	15.43	15.69
1.5	80	15	70	14.33	14.64	14.93	15.19	15.36
1.5	80	15	80	14.23	14.5	14.74	14.93	15.03
1.5	80	15	90	14.13	14.36	14.54	14.66	14.67

表 D.1(续)

热风流量(范围：0.25～3.0)/$m^3 \cdot s^{-1} \cdot m^{-3}$	热风温度(范围：50～90)/℃	谷物最终含水率(范围：12～16)/% w.b.	环境空气湿度(范围：50～90)/%	纯蒸发量/[g(水)/kg(干空气)]				
				环境空气温度/℃				
				5	10	15	20	25
1.5	80	16	50	14.28	14.73	15.18	15.67	16.04
1.5	80	16	60	14.18	14.59	15.01	15.39	15.75
1.5	80	16	70	14.08	14.44	14.81	15.12	15.39
1.5	80	16	80	13.97	14.3	14.61	14.87	15.05
1.5	80	16	90	13.87	14.16	14.4	14.59	14.67
1.5	90	12	50	16.98	17.29	17.59	17.89	18.15
1.5	90	12	60	16.89	17.17	17.43	17.67	17.86
1.5	90	12	70	16.81	17.05	17.27	17.44	17.57
1.5	90	12	80	16.72	16.92	17.09	17.21	17.26
1.5	90	12	90	16.61	16.78	16.9	16.96	16.92
1.5	90	13	50	17.18	17.54	17.91	18.27	18.59
1.5	90	13	60	17.09	17.42	17.74	18.05	18.31
1.5	90	13	70	17	17.3	17.58	17.82	18.01
1.5	90	13	80	16.91	17.17	17.4	17.58	17.69
1.5	90	13	90	16.81	17.03	17.22	17.34	17.37
1.5	90	14	50	17.21	17.64	18.06	18.5	18.88
1.5	90	14	60	17.13	17.52	17.9	18.26	18.6
1.5	90	14	70	17.04	17.39	17.73	18.03	18.28
1.5	90	14	80	16.95	17.26	17.55	17.8	17.97
1.5	90	14	90	16.85	17.13	17.36	17.55	17.64
1.5	90	15	50	17.06	17.53	18.04	18.53	19.03
1.5	90	15	60	16.96	17.4	17.87	18.28	18.7
1.5	90	15	70	16.87	17.29	17.68	18.06	18.37
1.5	90	15	80	16.78	17.15	17.49	17.81	18.06
1.5	90	15	90	16.67	17.01	17.31	17.55	17.72
1.5	90	16	50	16.59	17.17	17.73	18.34	18.9
1.5	90	16	60	16.5	17.03	17.53	18.09	18.54
1.5	90	16	70	16.4	16.89	17.34	17.81	18.24
1.5	90	16	80	16.32	16.75	17.18	17.54	17.88
1.5	90	16	90	16.22	16.6	16.99	17.31	17.52

表 D.1(续)

热风流量（范围：0.25～3.0）/ $m^3 \cdot s^{-1} \cdot m^{-3}$	热风温度（范围：50～90）/℃	谷物最终含水率（范围：12～16）/% w.b.	环境空气湿度（范围：50～90）/%	纯蒸发量/[g(水)/kg(干空气)] 环境空气温度/℃				
				5	10	15	20	25
2	50	12	50	5.02	5	4.94	4.85	4.7
2	50	12	60	4.93	4.88	4.77	4.6	4.35
2	50	12	70	4.83	4.73	4.57	4.31	3.91
2	50	12	80	4.71	4.56	4.33	3.96	3.32
2	50	12	90	4.57	4.37	4.03	3.48	a
2	50	13	50	5.38	5.39	5.36	5.31	5.2
2	50	13	60	5.29	5.28	5.2	5.09	4.9
2	50	13	70	5.2	5.14	5.03	4.83	4.55
2	50	13	80	5.1	5	4.82	4.55	4.13
2	50	13	90	4.97	4.82	4.58	4.2	3.6
2	50	14	50	5.69	5.72	5.72	5.69	5.62
2	50	14	60	5.6	5.61	5.57	5.49	5.34
2	50	14	70	5.51	5.49	5.41	5.26	5.02
2	50	14	80	5.41	5.35	5.22	5	4.66
2	50	14	90	5.3	5.18	5	4.7	4.24
2	50	15	50	5.94	6	6.03	6.03	5.99
2	50	15	60	5.86	5.89	5.88	5.83	5.72
2	50	15	70	5.77	5.77	5.73	5.61	5.42
2	50	15	80	5.67	5.64	5.55	5.37	5.08
2	50	15	90	5.56	5.49	5.34	5.09	4.69
2	50	16	50	6.13	6.22	6.28	6.31	6.31
2	50	16	60	6.05	6.12	6.14	6.12	6.05
2	50	16	70	5.96	6	5.99	5.92	5.75
2	50	16	80	5.86	5.87	5.82	5.68	5.43
2	50	16	90	5.75	5.72	5.62	5.41	5.06
2	60	12	50	7.34	7.38	7.38	7.35	7.27
2	60	12	60	7.26	7.26	7.23	7.14	6.98
2	60	12	70	7.16	7.14	7.05	6.9	6.66
2	60	12	80	7.06	6.99	6.85	6.63	6.27
2	60	12	90	6.94	6.82	6.62	6.31	5.83

表 D.1(续)

热风流量(范围:0.25～3.0)/ $m^3 \cdot s^{-1} \cdot m^{-3}$	热风温度(范围:50～90)/℃	谷物最终含水率(范围:12～16)/% w.b.	环境空气湿度(范围:50～90)/%	纯蒸发量/[g(水)/kg(干空气)]				
				环境空气温度/℃				
				5	10	15	20	25
2	60	13	50	7.72	7.8	7.84	7.84	7.81
2	60	13	60	7.64	7.68	7.69	7.64	7.54
2	60	13	70	7.55	7.56	7.53	7.43	7.25
2	60	13	80	7.45	7.43	7.34	7.18	6.92
2	60	13	90	7.34	7.27	7.14	6.9	6.53
2	60	14	50	8.03	8.14	8.21	8.25	8.26
2	60	14	60	7.94	8.02	8.07	8.07	8.01
2	60	14	70	7.86	7.9	7.91	7.86	7.73
2	60	14	80	7.76	7.77	7.74	7.63	7.42
2	60	14	90	7.66	7.63	7.54	7.36	7.07
2	60	15	50	8.26	8.4	8.52	8.59	8.64
2	60	15	60	8.17	8.29	8.38	8.42	8.4
2	60	15	70	8.08	8.17	8.23	8.22	8.13
2	60	15	80	7.99	8.04	8.05	7.99	8.83
2	60	15	90	7.89	7.9	7.86	7.73	7.49
2	60	16	50	8.39	8.58	8.75	8.85	8.95
2	60	16	60	8.3	8.46	8.61	8.69	8.72
2	60	16	70	8.2	8.34	8.44	8.49	8.45
2	60	16	80	8.11	8.21	8.27	8.27	8.15
2	60	16	90	8.01	8.07	8.08	8.01	7.82
2	70	12	50	9.95	10.06	10.15	10.2	10.2
2	70	12	60	9.87	9.95	10	10.01	9.95
2	70	12	70	9.79	9.83	9.84	9.79	9.67
2	70	12	80	9.69	9.7	9.66	9.55	9.35
2	70	12	90	9.59	9.55	9.46	9.28	8.98
2	70	13	50	10.32	10.47	10.6	10.69	10.74
2	70	13	60	10.24	10.36	10.45	10.51	10.51
2	70	13	70	10.15	10.24	10.3	10.3	10.24
2	70	13	80	10.06	10.12	10.13	10.08	9.95
2	70	13	90	9.96	9.98	9.94	9.83	9.62

表 D.1(续)

热风流量(范围:0.25～3.0)/m³·s⁻¹·m⁻³	热风温度(范围:50～90)/℃	谷物最终含水率(范围:12～16)/% w.b.	环境空气湿度(范围:50～90)/%	纯蒸发量/[g(水)/kg(干空气)] 环境空气温度/℃ 5	10	15	20	25
2	70	14	50	10.58	10.78	10.96	11.1	11.19
2	70	14	60	10.5	10.67	10.81	10.92	10.96
2	70	14	70	10.42	10.55	10.66	10.72	10.71
2	70	14	80	10.33	10.43	10.49	10.49	10.42
2	70	14	90	10.23	10.3	10.31	10.26	10.1
2	70	15	50	10.74	10.98	11.21	11.41	11.56
2	70	15	60	10.66	10.87	11.07	11.23	11.32
2	70	15	70	10.57	10.75	10.91	11.03	11.07
2	70	15	80	10.48	10.63	10.74	10.8	10.79
2	70	15	90	10.39	10.5	10.56	10.56	10.47
2	70	16	50	10.74	11.04	11.34	11.58	11.78
2	70	16	60	10.65	10.93	11.18	11.42	11.57
2	70	16	70	10.56	10.8	11.01	11.2	11.31
2	70	16	80	10.47	10.68	10.85	10.97	11.02
2	70	16	90	10.38	10.54	10.67	10.73	10.7
2	80	12	50	12.73	12.91	13.09	13.25	13.35
2	80	12	60	12.65	12.81	12.95	13.06	13.12
2	80	12	70	12.57	12.7	12.8	12.86	12.87
2	80	12	80	12.49	12.58	12.63	12.64	12.57
2	80	12	90	12.39	12.45	12.46	12.41	12.25
2	80	13	50	13.04	13.28	13.5	13.72	13.88
2	80	13	60	12.97	13.17	13.36	13.53	13.66
2	80	13	70	12.89	13.06	13.21	13.33	13.41
2	80	13	80	12.8	12.95	13.06	13.13	13.13
2	80	13	90	12.71	12.82	12.88	12.89	12.82
2	80	14	50	13.23	13.52	13.8	14.08	14.29
2	80	14	60	13.16	13.41	13.66	13.89	14.07
2	80	14	70	13.08	13.3	13.51	13.69	13.82
2	80	14	80	12.99	13.19	13.35	13.48	13.54
2	80	14	90	12.9	13.06	13.19	13.26	13.25

表 D.1(续)

热风流量(范围:0.25~3.0)/$m^3 \cdot s^{-1} \cdot m^{-3}$	热风温度(范围:50~90)/℃	谷物最终含水率(范围:12~16)/% w.b.	环境空气湿度(范围:50~90)/%	纯蒸发量/[g(水)/kg(干空气)] 环境空气温度/℃				
				5	10	15	20	25
2	80	15	50	13.28	13.62	13.96	14.3	14.59
2	80	15	60	13.2	13.51	13.82	14.1	14.35
2	80	15	70	13.12	13.39	13.66	13.91	14.09
2	80	15	80	13.03	13.28	13.5	13.69	13.82
2	80	15	90	12.94	13.15	13.33	13.46	13.52
2	80	16	50	13.12	13.52	13.94	14.34	14.69
2	80	16	60	13.03	13.41	13.78	14.14	14.44
2	80	16	70	12.95	13.29	13.61	13.92	14.2
2	80	16	80	12.85	13.16	13.44	13.69	13.9
2	80	16	90	12.76	13.04	13.28	13.47	13.59
2	90	12	50	15.57	15.84	16.11	16.37	16.61
2	90	12	60	15.5	15.74	15.97	16.19	16.38
2	90	12	70	15.42	15.64	15.83	16	16.13
2	90	12	80	15.34	15.53	15.69	15.81	15.87
2	90	12	90	15.26	15.41	15.52	15.59	15.59
2	90	13	50	15.81	16.14	16.46	16.79	17.09
2	90	13	60	15.74	16.04	16.33	16.61	16.86
2	90	13	70	15.67	15.93	16.19	16.42	16.61
2	90	13	80	15.59	15.82	16.04	16.22	16.36
2	90	13	90	15.51	15.71	15.88	16.01	16.07
2	90	14	50	15.91	16.28	16.68	17.06	17.43
2	90	14	60	15.83	16.18	16.53	16.88	17.18
2	90	14	70	15.76	16.08	16.39	16.68	16.94
2	90	14	80	15.68	15.97	16.24	16.48	16.68
2	90	14	90	15.59	15.85	16.08	16.24	16.41
2	90	15	50	15.82	16.25	16.72	17.16	17.61
2	90	15	60	15.74	16.14	16.56	16.98	17.35
2	90	15	70	15.66	16.04	16.41	16.78	17.09
2	90	15	80	15.58	15.93	16.25	16.57	16.84
2	90	15	90	15.49	15.81	16.1	16.35	16.55

表 D.1(续)

热风流量（范围：0.25～3.0）/ $m^3 \cdot s^{-1} \cdot m^{-3}$	热风温度（范围：50～90）/℃	谷物最终含水率（范围：12～16）/% w.b.	环境空气湿度（范围：50～90）/%	纯蒸发量/[g(水)/kg(干空气)]				
				环境空气温度/℃				
				5	10	15	20	25
2	90	16	50	15.47	15.96	16.5	17.02	17.57
2	90	16	60	15.38	15.84	16.34	16.85	17.28
2	90	16	70	15.3	15.75	16.16	16.63	17.04
2	90	16	80	15.21	15.63	16	16.4	16.75
2	90	16	90	15.12	15.5	15.84	16.16	16.44
2.5	50	12	50	4.33	4.3	4.25	4.17	4.04
2.5	50	12	60	4.25	4.2	4.1	3.96	3.74
2.5	50	12	70	4.16	4.08	3.93	3.71	3.37
2.5	50	12	80	4.06	3.94	3.73	3.4	2.84
2.5	50	12	90	3.94	3.76	3.47	2.97	[a]
2.5	50	13	50	4.66	4.66	4.63	4.58	4.49
2.5	50	13	60	4.59	4.56	4.5	4.39	4.23
2.5	50	13	70	4.51	4.46	4.35	4.18	3.93
2.5	50	13	80	4.42	4.33	4.18	3.94	3.57
2.5	50	13	90	4.31	4.17	3.96	3.63	3.1
2.5	50	14	50	4.94	4.96	4.95	4.93	4.87
2.5	50	14	60	4.88	4.87	4.83	4.76	4.63
2.5	50	14	70	4.8	4.77	4.7	4.57	4.36
2.5	50	14	80	4.71	4.65	4.54	4.35	4.05
2.5	50	14	90	4.61	4.51	4.35	4.08	3.68
2.5	50	15	50	5.18	5.22	5.24	4.24	5.21
2.5	50	15	60	5.11	5.13	5.12	5.07	4.98
2.5	50	15	70	5.04	5.04	4.99	4.89	4.73
2.5	50	15	80	4.96	4.92	4.84	4.69	4.44
2.5	50	15	90	4.86	4.79	4.66	4.45	4.11
2.5	50	16	50	5.38	5.43	5.48	5.5	5.5
2.5	50	16	60	5.31	5.35	5.37	5.35	4.28
2.5	50	16	70	5.23	5.26	5.24	5.18	5.04
2.5	50	16	80	5.15	5.15	5.1	4.98	4.77
2.5	50	16	90	5.06	5.02	4.93	4.76	4.45

表 D.1(续)

热风流量（范围：0.25～3.0）/$m^3 \cdot s^{-1} \cdot m^{-3}$	热风温度（范围：50～90）/℃	谷物最终含水率（范围：12～16）/% w.b.	环境空气湿度（范围：50～90）/%	纯蒸发量/[g(水)/kg(干空气)] 环境空气温度/℃ 5	10	15	20	25
2.5	60	12	50	6.46	6.49	6.47	6.44	6.37
2.5	60	12	60	6.39	6.39	6.35	6.26	6.12
2.5	60	12	70	6.31	6.28	6.2	6.06	5.84
2.5	60	12	80	6.22	6.15	6.02	5.83	5.51
2.5	60	12	90	6.11	6	5.83	5.54	5.1
2.5	60	13	50	6.83	6.88	6.9	6.89	6.86
2.5	60	13	60	6.76	6.78	6.78	6.73	6.64
2.5	60	13	70	6.68	6.68	6.65	6.55	6.39
2.5	60	13	80	6.59	6.57	6.49	6.35	6.11
2.5	60	13	90	6.5	6.43	5.3	6.1	5.77
2.5	60	14	50	7.13	7.21	7.25	7.28	7.29
2.5	60	14	60	7.06	7.12	7.14	7.13	7.08
2.5	60	14	70	6.98	7.02	7.02	6.96	6.85
2.5	60	14	80	6.9	6.9	6.87	6.77	6.59
2.5	60	14	90	6.81	6.78	6.69	6.53	6.28
2.5	60	15	50	7.36	7.48	7.55	7.61	7.65
2.5	60	15	60	7.29	7.39	7.44	7.46	7.45
2.5	60	15	70	7.21	7.28	7.32	7.3	7.23
2.5	60	15	80	7.13	7.17	7.18	7.12	6.99
2.5	60	15	90	7.04	7.05	7.01	6.9	6.7
2.5	60	16	50	7.51	7.67	7.77	7.87	7.95
2.5	60	16	60	7.43	7.57	7.67	7.73	7.75
2.5	60	16	70	7.36	7.47	7.55	7.58	7.55
2.5	60	16	80	7.27	7.36	7.4	7.4	7.31
2.5	60	16	90	7.19	7.24	7.24	7.18	7.03
2.5	70	12	50	8.93	9.02	9.08	9.1	9.1
2.5	70	12	60	8.86	8.92	8.96	8.95	8.89
2.5	70	12	70	8.79	8.82	8.82	8.77	8.65
2.5	70	12	80	8.7	8.7	8.66	8.56	8.38
2.5	70	12	90	8.61	8.58	8.48	8.31	8.05

表 D.1(续)

热风流量(范围：0.25～3.0)/$m^3 \cdot s^{-1} \cdot m^{-3}$	热风温度(范围：50～90)/℃	谷物最终含水率(范围：12～16)/% w.b.	环境空气湿度(范围：50～90)/%	纯蒸发量/[g(水)/kg(干空气)] 环境空气温度/℃				
				5	10	15	20	25
2.5	70	13	50	9.29	9.42	9.52	9.58	9.62
2.5	70	13	60	9.23	9.32	9.4	9.44	9.43
2.5	70	13	70	9.15	9.23	9.27	9.26	9.21
2.5	70	13	80	9.08	9.12	9.12	9.08	8.96
2.5	70	13	90	8.99	8.99	8.95	8.86	8.67
2.5	70	14	50	9.57	9.73	9.88	9.98	10.06
2.5	70	14	60	9.5	9.64	9.76	9.84	9.87
2.5	70	14	70	9.43	9.54	9.63	9.68	9.66
2.5	70	14	80	9.35	9.43	9.49	9.49	9.43
2.5	70	14	90	9.27	9.31	9.32	9.28	9.15
2.5	70	15	50	9.75	9.96	10.15	10.29	10.4
2.5	70	15	60	9.68	9.86	10.03	10.15	10.23
2.5	70	15	70	9.6	9.76	9.89	9.99	10.03
2.5	70	15	80	9.53	9.65	9.75	9.81	9.8
2.5	70	15	90	9.45	9.54	9.6	9.6	9.53
2.5	70	16	50	9.8	10.06	10.31	10.48	10.64
2.5	70	16	60	9.73	9.95	10.18	10.36	10.47
2.5	70	16	70	9.65	9.85	10.04	10.19	10.29
2.5	70	16	80	9.56	9.74	9.89	10	10.06
2.5	70	16	90	9.48	9.62	9.74	9.8	9.79
2.5	80	12	50	11.61	11.77	11.92	12.04	12.12
2.5	80	12	60	11.55	11.68	11.8	11.89	11.93
2.5	80	12	70	11.48	11.58	11.66	11.72	11.72
2.5	80	12	80	11.4	11.48	11.53	11.53	11.47
2.5	80	12	90	11.32	11.37	11.37	11.32	11.18
2.5	80	13	50	11.95	12.15	12.34	12.51	12.63
2.5	80	13	60	11.88	12.05	12.22	12.36	12.46
2.5	80	13	70	11.81	11.96	12.09	12.2	12.26
2.5	80	13	80	11.74	11.86	11.95	12.01	12.01
2.5	80	13	90	11.66	11.75	11.81	11.81	11.76

表 D.1(续)

热风流量(范围:0.25～3.0)/m³·s⁻¹·m⁻³	热风温度(范围:50～90)/℃	谷物最终含水率(范围:12～16)/% w.b.	环境空气湿度(范围:50～90)/%	纯蒸发量/[g(水)/kg(干空气)] 环境空气温度/℃				
				5	10	15	20	25
2.5	80	14	50	12.16	12.41	12.65	12.28	13.05
2.5	80	14	60	12.1	12.32	12.53	12.73	12.88
2.5	80	14	70	12.03	12.22	12.4	12.56	12.68
2.5	80	14	80	11.95	12.12	12.27	12.38	12.44
2.5	80	14	90	11.87	12.02	12.13	11.79	12.19
2.5	80	15	50	12.25	12.55	12.85	13.14	13.34
2.5	80	15	60	12.18	12.45	12.72	12.98	13.18
2.5	80	15	70	12.11	12.35	12.59	12.8	12.98
2.5	80	15	80	12.03	12.25	12.45	12.62	12.74
2.5	80	15	90	11.95	12.14	12.3	12.43	12.49
2.5	80	16	50	12.16	12.5	12.88	13.23	13.48
2.5	80	16	60	12.08	12.4	12.74	13.07	13.31
2.5	80	16	70	11.99	12.29	12.53	12.87	13.13
2.5	80	16	80	11.92	12.19	12.44	12.68	12.87
2.5	80	16	90	11.83	12.08	12.29	12.48	12.61
2.5	90	12	50	14.41	14.64	14.88	15.11	15.3
2.5	90	12	60	14.34	14.56	14.76	14.95	15.11
2.5	90	12	70	14.28	14.47	14.64	14.79	14.91
2.5	90	12	80	14.21	14.37	14.51	14.61	14.69
2.5	90	12	90	14.14	14.27	14.37	14.42	14.42
2.5	90	13	50	14.68	14.96	15.25	15.54	15.79
2.5	90	13	60	14.61	14.88	15.13	15.38	15.61
2.5	90	13	70	14.55	14.78	15.01	15.22	15.4
2.5	90	13	80	14.48	14.69	14.88	15.06	15.18
2.5	90	13	90	14.41	14.59	14.74	14.86	14.94
2.5	90	14	50	14.81	15.15	15.49	15.84	16.16
2.5	90	14	60	14.74	15.06	15.37	15.68	15.97
2.5	90	14	70	14.68	14.96	15.24	15.51	15.76
2.5	90	14	80	14.61	14.87	15.12	15.34	15.53
2.5	90	14	90	14.53	14.76	14.98	15.16	15.3

表 D.1(续)

热风流量(范围:0.25～3.0)/m³·s⁻¹·m⁻³	热风温度(范围:50～90)/℃	谷物最终含水率(范围:12～16)/% w.b.	环境空气湿度(范围:50～90)/%	纯蒸发量/[g(水)/kg(干空气)] 环境空气温度/℃ 5	10	15	20	25
2.5	90	15	50	14.77	15.17	15.58	15.98	16.37
2.5	90	15	60	14.7	15.07	15.45	15.81	16.17
2.5	90	15	70	14.63	14.97	15.32	15.64	15.94
2.5	90	15	80	14.56	14.87	15.18	15.47	15.72
2.5	90	15	90	14.48	14.77	15.04	15.29	15.48
2.5	90	16	50	14.5	14.95	15.43	15.94	16.35
2.5	90	16	60	14.42	14.83	15.29	15.75	16.14
2.5	90	16	70	14.34	14.75	15.13	15.55	15.95
2.5	90	16	80	14.26	14.64	14.99	15.36	15.71
2.5	90	16	90	14.18	14.53	14.85	15.16	15.44
3	50	12	50	3.8	3.78	3.73	3.65	3.54
3	50	12	60	3.74	3.69	3.6	3.47	3.28
3	50	12	70	3.66	3.58	3.45	3.25	2.96
3	50	12	80	3.57	3.46	3.27	2.98	2.48
3	50	12	90	3.47	3.3	3.04	2.58	a
3	50	13	50	4.11	4.1	4.08	4.03	3.95
3	50	13	60	4.05	4.02	3.96	3.87	3.73
3	50	13	70	3.98	6.93	3.83	3.68	3.46
3	50	13	80	3.9	3.82	3.68	3.47	3.15
3	50	13	90	3.8	3.68	3.49	3.2	2.71
3	50	14	50	4.37	4.38	4.37	4.35	4.3
3	50	14	60	4.31	4.3	4.27	4.2	4.09
3	50	14	70	4.25	4.22	4.15	4.03	3.86
3	50	14	80	4.17	4.12	4.01	3.84	3.58
3	50	14	90	4.09	3.99	3.84	3.61	3.25
3	50	15	50	4.59	4.62	4.63	4.63	4.6
3	50	15	60	4.54	4.55	4.53	4.49	4.41
3	50	15	70	4.47	4.47	4.42	4.34	4.19
3	50	15	80	4.4	4.37	4.3	4.16	3.94
3	50	15	90	4.32	4.26	4.14	3.95	3.64

表 D.1(续)

热风流量(范围:0.25～3.0)/$m^3 \cdot s^{-1} \cdot m^{-3}$	热风温度(范围:50～90)/℃	谷物最终含水率(范围:12～16)/% w.b.	环境空气湿度(范围:50～90)/%	纯蒸发量/[g(水)/kg(干空气)] 环境空气温度/℃				
				5	10	15	20	25
3	50	16	50	4.78	4.82	4.85	4.87	4.87
3	50	16	60	4.72	4.75	4.76	4.74	4.69
3	50	16	70	4.66	4.68	4.66	4.6	4.48
3	50	16	80	4.59	4.58	4.54	4.43	4.25
3	50	16	90	4.51	4.47	4.39	4.24	3.97
3	60	12	50	5.77	5.78	5.77	5.73	5.67
3	60	12	60	5.71	5.7	5.66	5.58	5.45
3	60	12	70	5.64	5.61	5.53	5.4	5.21
3	60	12	80	5.56	5.5	5.38	5.2	4.91
3	60	12	90	5.47	5.36	5.19	4.94	4.54
3	60	13	50	6.12	6.15	6.16	6.16	6.13
3	60	13	60	6.06	6.08	6.06	6.02	5.93
3	60	13	70	5.99	5.99	5.95	5.86	5.72
3	60	13	80	5.92	5.89	5.81	5.68	5.47
3	60	13	90	5.84	5.77	5.65	5.46	5.16
3	60	14	50	6.41	6.47	6.5	6.52	6.52
3	60	14	60	6.35	6.39	6.4	6.39	6.34
3	60	14	70	6.28	6.31	6.3	6.24	6.14
3	60	14	80	6.21	6.21	6.17	6.08	5.91
3	60	14	90	6.13	6.13	6.02	5.88	5.65
3	60	15	50	6.64	6.72	6.78	6.83	6.86
3	60	15	60	6.58	6.65	6.69	6.71	6.69
3	60	15	70	6.51	6.57	6.59	6.57	6.51
3	60	15	80	6.44	6.47	6.47	6.42	6.29
3	60	15	90	6.36	6.36	6.32	6.23	6.04
3	60	16	50	6.8	6.91	7	7.08	7.14
3	60	16	60	6.73	6.84	6.92	6.96	6.99
3	60	16	70	6.67	6.76	6.82	6.83	6.81
3	60	16	80	6.6	6.66	6.7	6.69	6.61
3	60	16	90	6.52	6.56	6.56	6.5	6.36

表 D.1(续)

热风流量（范围：0.25～3.0)/m³·s⁻¹·m⁻³	热风温度（范围：50～90)/℃	谷物最终含水率(范围：12～16)/% w.b.	环境空气湿度（范围：50～90)/%	纯蒸发量/[g(水)/kg(干空气)]				
				环境空气温度/℃				
				5	10	15	20	25
3	70	12	50	8.11	8.17	8.21	8.22	8.22
3	70	12	60	8.05	8.09	8.11	8.09	8.04
3	70	12	70	7.98	8	7.99	7.94	7.83
3	70	12	80	7.91	7.9	7.85	7.75	7.59
3	70	12	90	7.82	7.79	7.69	7.55	7.29
3	70	13	50	8.47	8.57	8.64	8.68	8.71
3	70	13	60	8.41	8.48	8.54	8.56	8.54
3	70	13	70	8.34	8.4	8.43	8.42	8.36
3	70	13	80	8.27	8.3	8.3	8.25	8.15
3	70	13	90	8.19	8.19	8.15	8.05	7.89
3	70	14	50	8.75	8.88	8.98	8.06	9.13
3	70	14	60	8.69	8.8	8.89	8.95	8.97
3	70	14	70	8.62	8.71	8.78	8.82	8.8
3	70	14	80	8.55	8.62	8.66	8.66	8.6
3	70	14	90	8.48	8.52	8.52	8.46	8.35
3	70	15	50	8.94	9.11	9.25	9.37	9.47
3	70	15	60	8.88	9.03	9.16	9.25	9.32
3	70	15	70	8.81	8.94	9.05	9.13	9.15
3	70	15	80	8.74	8.85	8.93	8.97	8.96
3	70	15	90	8.67	8.75	8.79	8.79	8.73
3	70	16	50	9.02	9.24	9.41	9.57	9.72
3	70	16	60	8.95	9.15	9.33	9.46	9.57
3	70	16	70	8.88	9.06	9.22	9.34	9.41
3	70	16	80	8.81	8.96	9.09	9.19	9.23
3	70	16	90	8.73	8.86	8.95	9.01	9
3	80	12	50	10.7	10.83	10.95	11.04	11.1
3	80	12	60	10.64	10.75	10.84	10.91	10.94
3	80	12	70	10.58	10.66	10.73	10.76	10.75
3	80	12	80	10.51	10.57	10.61	10.61	10.54
3	80	12	90	10.43	10.46	10.46	10.4	10.29

表 D.1(续)

热风流量(范围：0.25～3.0)/ $m^3 \cdot s^{-1} \cdot m^{-3}$	热风温度(范围：50～90)/℃	谷物最终含水率(范围：12～16)/% w.b.	环境空气湿度(范围：50～90)/%	纯蒸发量/[g(水)/kg(干空气)] 环境空气温度/℃ 5	10	15	20	25
3	80	13	50	11.04	11.21	11.37	11.5	11.6
3	80	13	60	10.98	11.13	11.27	11.38	11.45
3	80	13	70	10.91	11.04	11.15	11.24	11.28
3	80	13	80	10.85	10.95	11.03	11.09	11.09
3	80	13	90	10.78	10.85	10.89	10.9	10.84
3	80	14	50	11.27	11.48	11.69	11.86	12.01
3	80	14	60	11.21	11.4	11.59	11.75	11.86
3	80	14	70	11.15	11.32	11.47	11.61	11.71
3	80	14	80	11.08	11.23	11.35	11.45	11.51
3	80	14	90	11.01	11.13	11.22	11.28	11.28
3	80	15	50	11.38	11.65	11.9	12.12	12.31
3	80	15	60	11.32	11.56	11.8	12.01	12.17
3	80	15	70	11.25	11.47	11.68	11.86	12.01
3	80	15	80	11.19	11.38	11.56	11.71	11.82
3	80	15	90	11.11	11.28	11.42	11.54	11.59
3	80	16	50	11.32	11.65	11.97	12.22	12.47
3	80	16	60	11.25	11.55	11.85	12.11	12.33
3	80	16	70	11.18	11.46	11.73	11.98	12.17
3	80	16	80	11.11	11.36	11.59	11.81	11.99
3	80	16	90	11.04	11.26	11.46	11.63	11.76
3	90	12	50	13.43	13.64	13.84	14.04	14.19
3	90	12	60	13.38	13.56	13.74	13.9	14.04
3	90	12	70	13.31	13.48	13.63	13.76	13.86
3	90	12	80	13.25	13.4	13.52	13.61	13.66
3	90	12	90	13.18	13.29	13.39	13.45	13.45
3	90	13	50	13.72	13.97	14.23	14.48	14.67
3	90	13	60	13.66	13.89	14.12	14.34	14.54
3	90	13	70	13.6	13.81	14.01	14.2	14.36
3	90	13	80	13.54	13.72	13.9	14.05	14.17
3	90	13	90	13.47	13.63	13.77	13.89	13.96

表 D.1(续)

热风流量(范围:0.25~3.0)/$m^3 \cdot s^{-1} \cdot m^{-3}$	热风温度(范围:50~90)/℃	谷物最终含水率(范围:12~16)/% w.b.	环境空气湿度(范围:50~90)/%	纯蒸发量/[g(水)/kg(干空气)] 环境空气温度/℃				
				5	10	15	20	25
3	90	14	50	13.88	14.14	14.48	14.79	15.04
3	90	14	60	13.82	14.1	14.38	14.65	14.9
3	90	14	70	13.76	14.01	14.27	14.51	14.72
3	90	14	80	13.69	13.93	14.15	14.36	14.53
3	90	14	90	13.63	13.83	14.03	14.19	14.32
3	90	15	50	13.88	14.23	14.6	14.97	15.26
3	90	15	60	13.82	14.14	14.48	14.83	15.14
3	90	15	70	13.75	14.05	14.36	14.67	14.96
3	90	15	80	13.68	13.97	14.24	14.51	14.75
3	90	15	90	13.61	13.87	14.12	14.34	14.54
3	90	16	50	13.65	14.07	14.52	14.92	15.28
3	90	16	60	13.58	13.97	14.39	14.8	15.14
3	90	16	70	13.51	13.88	14.25	14.63	14.95
3	90	16	80	13.45	13.77	14.12	14.46	14.77
3	90	16	90	13.37	13.67	13.99	14.28	14.54

[a] 此状态下无法实现谷物最终含水率要求。

表 D.2 小麦——谷物原始和最终含水率、热风温度和体积流量的影响

热风流量(范围:0.25~3.0)/$m^3 \cdot s^{-1} \cdot m^{-3}$	热风温度(范围:50~90)/℃	谷物最终含水率(范围:12~16)/% w.b.	纯蒸发量/[g(水)/kg(干空气)] 谷物原始含水率/%						
			18	20	22	24	26	28	30
0.25	50	12	8.41	8.89	9.21	9.39	9.46	9.42	9.04
0.25	50	13	8.65	9.19	9.55	9.79	9.95	10.05	10.05
0.25	50	14	8.75	9.33	9.72	9.98	10.17	10.3	10.34
0.25	50	15	8.73	9.39	9.79	10.06	10.25	10.38	10.42
0.25	50	16	8.49	9.4	9.82	10.09	10.27	10.39	10.42
0.25	60	12	11.35	11.91	12.29	12.53	12.69	12.77	12.74
0.25	60	13	11.49	12.11	12.53	12.81	13.01	13.14	13.18
0.25	60	14	11.5	12.21	12.65	12.95	13.16	13.32	13.37
0.25	60	15	11.34	12.23	12.7	13.01	13.22	13.36	13.41
0.25	60	16	10.84	12.19	12.72	13.03	13.23	13.37	13.41

表 D.2(续)

热风流量(范围:0.25~3.0)/$m^3 \cdot s^{-1} \cdot m^{-3}$	热风温度(范围:50~90)/℃	谷物最终含水率(范围:12~16)/% w.b.	纯蒸发量/[g(水)/kg(干空气)]						
			谷物原始含水率/%						
			18	20	22	24	26	28	30
0.25	70	12	14.25	14.91	15.35	15.64	15.82	15.96	15.99
0.25	70	13	14.31	15.06	15.54	15.86	16.08	16.25	16.32
0.25	70	14	14.21	15.11	15.63	15.98	16.2	16.38	16.46
0.25	70	15	13.9	15.09	15.67	16.02	16.24	16.41	16.47
0.25	70	16	13.11	14.96	15.66	16.03	16.26	16.42	16.48
0.25	80	12	17.14	17.93	18.43	18.77	18.98	19.16	19.22
0.25	80	13	17.11	12.03	18.58	18.96	19.2	19.4	19.5
0.25	80	14	16.9	18.03	18.65	19.05	19.3	19.51	19.6
0.25	80	15	16.41	17.94	18.66	19.08	19.33	19.53	19.61
0.25	80	16	15.3	17.71	18.63	19.09	19.34	19.54	19.62
0.25	90	12	20.01	20.95	21.54	21.93	22.17	22.38	22.47
0.25	90	13	19.87	20.99	21.66	23.09	22.36	22.59	22.71
0.25	90	14	19.52	20.94	21.7	23.16	22.45	22.68	22.8
0.25	90	15	18.85	20.77	21.68	23.18	22.47	22.7	22.8
0.25	90	16	17.44	20.42	21.59	22.18	22.49	22.7	22.81
0.5	50	12	7.49	8.04	8.45	8.74	8.94	9.04	9.04
0.5	50	13	7.94	8.52	8.95	9.26	9.47	9.61	9.66
0.5	50	14	8.2	8.82	9.26	9.56	9.77	9.92	9.98
0.5	50	15	8.28	9.01	9.45	9.75	9.96	10.11	10.17
0.5	50	16	8.06	9.09	9.57	9.88	10.09	10.24	10.31
0.5	60	12	10.54	11.18	11.64	11.97	12.2	12.35	12.39
0.5	60	13	10.84	11.53	12	12.33	12.56	12.71	12.77
0.5	60	14	10.95	11.73	12.22	12.55	12.78	12.94	13.01
0.5	60	15	10.83	11.83	12.36	12.7	12.94	13.11	13.18
0.5	60	16	10.28	11.8	12.44	12.8	13.05	13.22	13.31
0.5	70	12	13.52	14.26	14.76	15.11	15.36	15.52	15.59
0.5	70	13	13.68	14.5	15.03	15.39	15.64	15.81	15.88
0.5	70	14	13.63	14.62	15.2	15.57	15.83	16.01	16.1
0.5	70	15	13.29	14.62	15.29	15.7	15.97	16.17	16.27
0.5	70	16	12.38	14.48	15.32	15.78	16.07	16.28	16.38

表 D.2(续)

热风流量（范围：0.25～3.0)/ $m^3 \cdot s^{-1} \cdot m^{-3}$	热风温度（范围：50～90)/℃	谷物最终含水率（范围:12～16)/ % w.b.	纯蒸发量/[g(水)/kg(干空气)]						
			谷物原始含水率/%						
			18	20	22	24	26	28	30
0.5	80	12	16.42	17.28	17.85	18.24	18.5	18.68	18.77
0.5	80	13	16.45	17.45	18.06	18.47	18.75	18.95	19.05
0.5	80	14	16.24	17.49	18.19	18.63	18.93	19.14	19.26
0.5	80	15	15.67	17.39	18.24	18.74	19.06	19.28	19.41
0.5	80	16	14.42	17.1	18.21	18.79	19.15	19.38	19.52
0.5	90	12	19.27	20.29	20.93	21.37	21.67	21.88	22
0.5	90	13	19.15	20.38	21.11	21.58	21.91	22.13	22.26
0.5	90	14	18.78	20.33	21.19	21.72	22.07	22.31	22.46
0.5	90	15	18	20.12	21.19	21.8	22.19	22.45	22.6
0.5	90	16	16.45	19.7	21.09	21.83	22.27	22.54	22.7
1	50	12	5.82	6.35	6.82	7.22	7.55	7.83	8.02
1	50	13	6.36	6.93	7.42	7.84	8.2	8.48	8.69
1	50	14	6.76	7.36	7.87	8.3	8.65	8.93	9.14
1	50	15	6.99	7.69	8.22	8.65	9	9.28	9.46
1	50	16	6.96	7.92	8.49	8.93	9.28	9.54	9.72
1	60	12	8.71	9.4	9.97	10.47	10.87	11.19	11.42
1	60	13	9.17	9.9	10.49	10.98	11.39	11.7	11.91
1	60	14	9.45	10.26	10.88	11.38	11.77	12.07	12.27
1	60	15	9.5	10.51	11.18	11.69	12.07	12.36	12.55
1	60	16	9.12	10.62	11.39	11.92	12.3	12.58	12.75
1	70	12	11.68	12.51	13.19	13.74	14.17	14.5	14.74
1	70	13	12.02	12.93	13.63	14.18	14.6	14.92	15.14
1	70	14	12.14	13.21	13.95	14.51	14.93	15.24	15.44
1	70	15	11.95	13.34	14.18	14.76	15.18	15.48	15.66
1	70	16	11.19	13.29	14.3	14.93	15.36	15.65	15.83
1	80	12	14.64	15.63	16.4	16.99	17.45	17.79	18.03
1	80	13	14.84	15.96	16.77	17.37	17.82	18.15	18.36
1	80	14	14.77	16.13	17.02	17.64	18.09	18.41	18.61
1	80	15	14.29	16.12	17.16	17.83	18.28	18.6	18.8
1	80	16	13.11	15.88	17.18	17.93	18.41	18.73	18.93

表 D.2(续)

热风流量(范围:0.25～3.0)/m³·s⁻¹·m⁻³	热风温度(范围:50～90)/℃	谷物最终含水率(范围:12～16)/% w.b.	纯蒸发量/[g(水)/kg(干空气)] 谷物原始含水率/%						
			18	20	22	24	26	28	30
1	90	12	17.54	18.72	19.58	20.22	20.7	21.05	21.3
1	90	13	17.58	18.94	19.87	20.53	21.01	21.36	21.58
1	90	14	17.32	18.99	20.04	20.74	21.23	21.57	21.79
1	90	15	16.59	18.84	20.09	20.87	21.38	21.72	21.94
1	90	16	15.05	18.4	20	20.9	21.46	21.83	22.05
1.5	50	12	4.7	5.16	5.58	5.97	6.32	6.65	6.94
1.5	50	13	5.2	5.7	6.15	6.57	6.96	7.3	7.61
1.5	50	14	5.59	6.13	6.6	7.03	7.43	7.78	8.09
1.5	50	15	5.86	5.47	6.97	7.41	7.81	8.17	8.48
1.5	50	16	5.94	6.74	7.28	7.73	8.14	8.5	8.8
1.5	60	12	7.31	7.94	8.5	9.01	9.48	9.9	10.25
1.5	60	13	7.78	8.45	9.03	9.56	10.03	10.45	10.8
1.5	60	14	8.11	8.85	9.46	10	10.47	10.89	11.23
1.5	60	15	8.26	9.15	9.81	10.36	10.84	11.25	11.58
1.5	60	16	8.05	9.34	10.08	10.66	11.15	11.56	11.88
1.5	70	12	10.12	10.92	11.61	12.22	12.76	13.22	13.6
1.5	70	13	10.51	11.38	12.1	12.72	13.26	13.72	14.08
1.5	70	14	10.73	11.73	12.49	13.12	13.67	14.12	14.47
1.5	70	15	10.66	11.94	12.79	13.45	14	14.45	14.79
1.5	70	16	10.09	11.99	12.99	13.71	14.27	14.72	15.05
1.5	80	12	13.01	14	14.81	15.5	16.1	16.59	16.98
1.5	80	13	13.3	14.39	15.25	15.96	16.55	17.03	17.4
1.5	80	14	13.35	14.65	15.58	16.32	16.91	17.39	17.75
1.5	80	15	13.02	14.74	15.81	16.59	17.2	17.68	18.02
1.5	80	16	12.05	14.61	15.92	16.79	17.43	17.91	18.25
1.5	90	12	15.92	17.09	18.03	18.8	19.44	19.95	20.34
1.5	90	13	16.06	17.4	18.4	19.2	19.84	20.34	20.72
1.5	90	14	15.91	17.55	18.66	19.51	20.16	20.66	21.02
1.5	90	15	15.3	17.49	18.8	19.72	20.4	20.9	21.26
1.5	90	16	13.94	17.19	18.8	19.85	20.57	21.09	21.44

表 D.2(续)

热风流量(范围:0.25~3.0)/$m^3 \cdot s^{-1} \cdot m^{-3}$	热风温度(范围:50~90)/℃	谷物最终含水率(范围:12~16)/% w.b.	纯蒸发量/[g(水)/kg(干空气)] 谷物原始含水率/%						
			18	20	22	24	26	28	30
2	50	12	3.93	4.33	4.7	5.06	5.39	5.72	6.02
2	50	13	4.38	4.82	5.23	5.61	5.97	6.32	6.65
2	50	14	4.74	5.22	5.65	6.05	6.42	6.78	7.11
2	50	15	5.01	5.55	6	6.41	6.8	7.16	7.5
2	50	16	5.14	5.82	6.3	6.73	7.12	7.49	7.83
2	60	12	6.28	6.85	7.38	7.86	8.32	8.75	9.15
2	60	13	6.73	7.34	7.89	8.39	8.86	9.3	9.7
2	60	14	7.07	7.74	8.31	8.82	9.3	9.74	10.15
2	60	15	7.26	8.05	8.86	9.19	9.68	10.12	10.53
2	60	16	7.15	8.27	8.95	9.51	10	10.45	10.85
2	70	12	8.91	9.66	10.32	10.92	11.47	11.99	12.45
2	70	13	9.32	10.13	10.82	11.43	11.99	12.5	12.96
2	70	14	9.57	10.49	11.21	11.85	12.42	12.93	13.38
2	70	15	9.59	10.74	11.54	12.2	12.78	13.29	13.74
2	70	16	9.18	10.85	11.78	12.49	13.09	13.61	14.05
2	80	12	11.71	12.63	13.44	14.14	14.77	15.35	15.84
2	80	13	12.03	13.06	13.89	14.62	15.26	15.83	16.31
2	80	14	12.14	13.35	14.26	15.01	15.66	16.23	16.71
2	80	15	11.94	13.5	14.52	15.32	15.99	16.57	17.04
2	80	16	11.12	13.44	14.69	15.56	16.27	16.85	17.32
2	90	12	14.55	15.69	16.62	17.43	18.14	18.75	19.27
2	90	13	14.76	16.04	17.04	17.87	18.58	19.2	19.7
2	90	14	14.7	16.24	17.34	18.21	18.95	19.56	20.06
2	90	15	14.24	16.25	17.53	18.48	19.24	19.86	20.36
2	90	16	13.02	16	17.6	18.65	19.47	20.11	20.61
2.5	50	12	3.37	3.73	4.07	4.39	4.7	4.99	5.28
2.5	50	13	3.78	4.18	4.54	4.89	5.22	5.55	5.86
2.5	50	14	4.11	4.54	4.93	5.29	5.64	5.98	6.3
2.5	50	15	4.37	4.85	5.25	5.64	6	6.34	6.67
2.5	50	16	4.51	5.1	5.54	5.93	6.3	6.66	6.99

表 D.2(续)

热风流量(范围:0.25～3.0)/ $m^3 \cdot s^{-1} \cdot m^{-3}$	热风温度(范围:50～90)/℃	谷物最终含水率(范围:12～16)/ % w.b.	纯蒸发量/ [g(水)/kg(干空气)] 谷物原始含水率/%						
			18	20	22	24	26	28	30
2.5	60	12	5.51	6.02	6.51	6.97	7.4	7.81	8.21
2.5	60	13	5.92	6.49	6.99	7.47	7.91	8.34	8.74
2.5	60	14	6.26	6.87	7.4	7.88	8.34	8.77	9.18
2.5	60	15	6.46	7.18	7.74	8.24	8.71	9.14	9.55
2.5	60	16	6.43	7.41	8.03	8.55	9.03	9.47	9.89
2.5	70	12	7.96	8.66	9.29	9.87	10.41	10.91	11.39
2.5	70	13	8.37	9.12	9.77	10.37	10.91	11.42	11.9
2.5	70	14	8.64	9.49	10.17	10.78	11.34	11.85	12.33
2.5	70	15	8.71	9.75	10.5	11.13	11.7	12.22	12.71
2.5	70	16	8.38	9.89	10.76	11.43	12.02	15.55	13.04
2.5	80	12	10.65	11.53	12.29	12.98	13.62	14.21	14.75
2.5	80	13	10.99	11.95	12.76	13.47	14.11	14.7	15.24
2.5	80	14	11.14	12.27	13.13	13.87	14.52	15.12	15.65
2.5	80	15	11	12.45	13.42	14.2	14.87	15.47	16.01
2.5	80	16	10.35	12.44	13.61	14.46	15.16	15.78	16.32
2.5	90	12	13.43	14.51	15.42	16.22	16.94	17.6	18.19
2.5	90	13	13.67	14.88	15.85	16.68	17.4	18.06	18.65
2.5	90	14	13.66	15.12	16.18	17.04	17.79	18.45	19.03
2.5	90	15	13.26	15.18	16.4	17.33	18.11	18.79	19.37
2.5	90	16	12.26	14.99	16.5	17.54	18.37	19.07	19.66
3	50	12	2.95	3.28	3.58	3.87	4.15	4.43	4.69
3	50	13	3.32	3.68	4.01	4.33	4.64	4.94	5.23
3	50	14	3.62	4.01	4.37	4.7	5.03	5.34	5.65
3	50	15	3.87	4.3	4.67	5.02	5.36	5.68	5.99
3	50	16	4.02	4.54	4.94	5.3	5.65	5.98	6.3
3	60	12	4.9	5.38	5.83	6.26	6.66	7.05	7.43
3	60	13	5.3	5.81	6.28	6.73	7.14	7.55	7.94
3	60	14	5.61	6.17	6.67	7.12	7.55	7.97	8.36
3	60	15	5.82	6.47	6.99	7.47	7.91	8.33	8.73
3	60	16	5.83	6.7	7.27	7.77	8.22	8.65	9.05

表 D.2(续)

热风流量(范围:0.25～3.0)/ $m^3 \cdot s^{-1} \cdot m^{-3}$	热风温度(范围:50～90)/℃	谷物最终含水率(范围:12～16)/% w.b.	纯蒸发量/[g(水)/kg(干空气)] 谷物原始含水率/%						
			18	20	22	24	26	28	30
3	70	12	7.21	7.86	8.45	9	9.52	10.01	10.48
3	70	13	7.6	8.3	8.92	9.48	10.01	10.51	10.98
3	70	14	7.88	8.66	9.31	9.89	10.43	10.93	11.41
3	70	15	7.98	8.93	9.63	10.24	10.79	11.3	11.78
3	70	16	7.72	9.09	9.9	10.54	11.11	11.63	12.11
3	80	12	9.77	10.61	11.34	12.01	12.63	13.21	13.76
3	80	13	10.12	11.04	11.8	12.49	13.12	13.7	14.25
3	80	14	10.3	11.35	12.18	12.89	13.53	14.12	14.67
3	80	15	10.22	11.56	12.47	13.22	13.88	14.48	15.04
3	80	16	9.64	11.59	12.68	13.5	14.19	14.8	15.36
3	90	12	12.48	13.52	14.4	15.18	15.89	16.56	17.17
3	90	13	12.74	13.9	14.83	15.64	16.37	17.03	17.64
3	90	14	12.79	14.15	15.17	16.02	16.76	17.44	18.04
3	90	15	12.47	14.24	15.41	16.32	17.09	17.78	18.4
3	90	16	11.53	14.12	15.54	16.55	17.37	18.07	18.7

环境空气条件:
——温度 15℃;
——相对湿度 80%;
——单位湿含量 8.505 g/kg。

表 D.3 油菜籽——谷物原始和最终含水率、热风温度和体积流量的影响

热风流量(范围:1～3)/ $m^3 \cdot s^{-1} \cdot m^{-3}$	热风温度(范围:40～90)/℃	谷物最终含水率(范围:6～10)/% w.b.	纯蒸发量/[g(水)/kg(干空气)] 谷物原始含水率/%							
			10	11	12	14	16	18	20	22
1	40	8	5.65	—	6.08	6.34	6.58	6.77	6.89	6.99
1	40	9	5.11	—	6.43	6.78	6.99	7.16	7.26	7.35
1	50	8	7.85	—	8.94	9.25	9.49	9.72	9.84	9.97
1	50	9	6.77	—	9.01	9.63	9.87	10.07	10.17	10.3
1	60	8	9.87	—	11.69	12.2	12.51	12.74	12.92	13.05
1	60	9	8.17	—	11.41	12.46	12.83	13.07	13.22	13.34

表 D.3(续)

热风流量(范围:1～3)/ $m^3 \cdot s^{-1} \cdot m^{-3}$	热风温度(范围:40～90)/℃	谷物最终含水率(范围:6～10)/% w.b.	纯蒸发量/[g(水)/kg(干空气)] 谷物原始含水率/%							
			10	11	12	14	16	18	20	22
1	70	8	11.74	—	14.26	15.13	15.53	15.83	16.07	16.2
1	70	9	9.55	—	13.78	15.03	15.7	16.08	16.33	16.45
1	80	8	13.53	—	16.61	17.79	18.63	18.98	19.28	19.42
1	80	9	10.78	—	15.8	17.38	18.68	19.16	19.47	15.59
1	90	8	15.3	—	19.01	20.98	21.71	22.15	22.52	22.67
1	90	9	11.99	—	18.15	20.52	21.64	22.24	22.62	22.77
1.5	40	6	3.03	—	2.98	3.23	3.53	3.73	3.56	3.56
1.5	40	7	4.48	—	4.47	4.68	4.94	5.17	5.34	5.5
1.5	40	8	5.4	—	5.45	5.59	5.77	5.96	6.1	6.25
1.5	40	9	4.99	—	6.15	6.29	6.39	6.55	6.65	6.77
1.5	40	10	—	5.34	6.25	6.77	6.84	6.98	7.04	7.15
1.5	50	6	5.79	—	5.88	6.18	6.58	6.9	7.16	7.37
1.5	50	7	7.19	—	7.21	7.43	7.71	7.99	9.21	8.4
1.5	50	8	7.67	—	8.22	8.37	8.59	8.78	8.95	9.11
1.5	50	9	6.57	—	8.79	9.12	9.26	9.4	9.52	9.65
1.5	50	10	—	6.96	8.44	9.56	9.75	9.85	9.94	10.04
1.5	60	6	8.52	—	8.67	9.03	9.48	9.86	10.19	10.45
1.5	60	7	9.75	—	10.03	10.28	10.63	10.93	11.19	11.41
1.5	60	8	9.59	—	10.98	11.28	11.53	11.75	11.96	12.12
1.5	60	9	7.91	—	11.17	12	12.23	12.38	12.53	12.66
1.5	60	10	—	8.33	10.48	12.24	12.71	12.84	12.96	13.05
1.5	70	6	11.28	—	11.57	11.99	12.49	12.95	13.33	13.62
1.5	70	7	12.13	—	12.88	13.25	13.64	14	14.32	14.55
1.5	70	8	11.41	—	13.64	14.21	14.54	14.82	15.07	15.25
1.5	70	9	9.17	—	13.37	14.79	15.23	15.45	15.65	15.78
1.5	70	10	—	9.61	12.33	14.71	15.62	15.91	16.08	16.18

表 D.3(续)

热风流量(范围:1~3)/ $m^3 \cdot s^{-1} \cdot m^{-3}$	热风温度(范围:40~90)/℃	谷物最终含水率(范围:6~10)/ % w.b.	纯蒸发量/[g(水)/kg(干空气)]							
			谷物原始含水率/%							
			10	11	12	14	16	18	20	22
1.5	80	6	13.92	—	14.53	15.07	15.61	16.11	16.57	16.88
1.5	80	7	14.3	—	15.7	16.27	16.75	17.14	17.54	17.79
1.5	80	8	13.12	—	16.13	17.16	17.64	17.97	18.27	18.46
1.5	80	9	10.36	—	15.47	17.53	18.26	18.56	18.84	18.98
1.5	80	10	—	10.8	14.13	17.18	18.49	18.96	19.26	19.37
1.5	90	6	16.44	—	17.47	18.17	18.8	19.37	19.87	20.21
1.5	90	7	16.25	—	18.44	19.33	19.92	20.38	20.81	21.08
1.5	90	8	14.75	—	18.5	20.04	20.75	21.17	21.53	21.74
1.5	90	9	11.36	—	17.52	20.1	21.24	21.73	20.09	22.26
1.5	90	10	—	12.01	15.95	19.52	21.26	22.04	22.46	22.62
2	40	8	5.04	—	4.85	4.91	5.08	5.23	5.38	5.54
2	40	9	4.89	—	5.74	5.72	5.79	5.89	6	6.13
2	50	8	7.34	—	7.48	7.51	7.68	7.85	8.03	8.21
2	50	9	6.38	—	8.36	8.43	8.5	8.6	8.72	8.85
2	60	8	9.32	—	10.15	10.26	10.47	10.66	10.88	11.08
2	60	9	7.72	—	10.8	11.22	11.37	11.47	11.62	11.77
2	70	8	11.1	—	12.79	13.11	13.42	13.63	13.91	14.13
2	70	9	8.96	—	13.04	14.01	14.33	14.44	14.68	14.84
2	80	8	12.75	—	15.32	16.02	16.44	16.75	17.07	17.32
2	80	9	10.05	—	15.15	16.78	17.32	17.56	17.83	18.02
2	90	8	14.22	—	17.73	18.93	19.51	19.9	20.31	20.59
2	90	9	11.12	—	17.12	19.46	20.33	20.7	21.06	21.27
2.5	40	8	4.66	—	4.34	4.36	4.5	4.63	4.78	4.93
2.5	40	9	4.81	—	5.33	5.21	5.23	5.31	5.41	5.53
2.5	50	8	6.95	—	6.78	6.75	6.88	7.03	7.21	7.39
2.5	50	9	6.28	—	7.87	7.77	7.77	7.83	7.94	8.07

表 D.3(续)

热风流量（范围：1～3）/ $m^3 \cdot s^{-1} \cdot m^{-3}$	热风温度（范围：40～90）/℃	谷物最终含水率（范围：6～10）/ % w.b.	纯蒸发量/[g(水)/kg(干空气)] 谷物原始含水率/% 10	11	12	14	16	18	20	22
2.5	60	8	8.95	—	9.35	9.35	9.51	9.68	9.88	10.09
2.5	60	9	7.54	—	10.3	10.46	10.5	10.57	10.69	10.85
2.5	70	8	10.73	—	11.94	12.08	12.32	12.53	12.78	13.02
2.5	70	9	8.64	—	12.56	13.19	13.38	13.49	13.66	13.83
2.5	80	8	12.4	—	14.44	14.93	15.26	15.56	15.85	16.12
2.5	80	9	9.8	—	14.72	15.91	16.33	16.54	16.76	16.97
2.5	90	8	13.87	—	16.89	17.8	18.27	18.69	19.06	19.37
2.5	90	9	10.79	—	16.67	18.61	19.29	19.66	19.96	20.2
3	40	8	4.33	—	3.9	3.9	4.02	4.14	4.28	4.42
3	40	9	4.72	—	4.94	4.76	4.75	4.8	4.9	5.02
3	50	8	6.56	—	6.19	6.11	6.21	6.35	6.51	6.68
3	50	9	6.17	—	7.38	7.16	7.1	7.14	7.25	7.38
3	60	8	8.58	—	8.62	8.54	8.66	8.82	9	9.21
3	60	9	7.36	—	9.77	9.73	9.7	9.73	9.85	10
3	70	8	10.37	—	11.13	11.16	11.38	11.53	11.76	12
3	70	9	8.53	—	12.02	12.4	12.46	12.54	12.69	12.86
3	80	8	12.05	—	13.62	13.92	14.17	14.44	14.72	15.01
3	80	9	9.59	—	14.19	15.09	15.35	15.5	15.7	15.92
3	90	8	13.52	—	16.04	16.75	17.13	17.48	17.85	18.17
3	90	9	10.53	—	16.15	17.75	18.28	18.57	18.86	19.12

环境空气条件：

——温度 15℃；

——相对湿度 80%；

——单位湿含量 8.505 g/kg。

表 D.4 玉米——谷物原始和最终含水率、热风温度和体积流量的影响

热风流量（范围：0.25～3）/ $m^3 \cdot s^{-1} \cdot m^{-3}$	热风温度（范围：40～140）/℃	谷物最终含水率（范围：14～16）/ % w.b.	纯蒸发量[a]/ [g(水)/kg(干空气)]					
			谷物原始含水率/%					
			18	20	22	24	26	28
谷物原始含水率从18%到28%								
0.25	40	14	—	—	—	—	—	—
0.25	40	14.5	3.1	—	—	—	—	—
0.25	40	15	3.93	3.26	—	—	—	—
0.25	40	15.5	4.46	4.1	3.6	—	—	—
0.25	40	16	4.83	4.65	4.32	4.06	3.73	—
0.25	60	14	7.92	7.7	7.24	—	—	—
0.25	60	14.5	8.21	7.96	8.07	7.75	7.18	—
0.25	60	15	8.7	8.85	8.69	8.51	8.22	7.86
0.25	60	15.5	8.91	9.26	9.2	9.09	8.9	8.68
0.25	60	16	9.01	9.59	9.63	9.58	9.44	9.28
0.25	80	14	12.93	13.39	13.54	13.54	13.43	13.25
0.25	80	14.5	13.12	13.75	14	14.06	14.02	13.91
0.25	80	15	13.22	14.03	14.38	14.5	14.49	14.44
0.25	80	15.5	13.21	14.25	14.7	14.88	14.92	14.9
0.25	80	16	13.05	14.4	14.96	15.2	15.28	15.29
0.25	100	14	17.7	18.69	19.23	19.48	19.60	19.65
0.25	100	14.5	17.73	18.9	19.52	19.82	19.97	20.05
0.25	100	15	17.65	19.06	19.77	20.11	20.3	20.4
0.25	100	15.5	17.44	19.17	19.98	20.37	20.59	20.71
0.25	100	16	17	19.23	20.16	20.59	20.83	20.98
0.25	120	14	22.41	23.8	24.59	25.01	25.27	25.44
0.25	120	14.5	22.31	23.93	24.82	25.27	25.55	25.73
0.25	120	15	22.06	24.02	25.02	25.52	26.06	25.99
0.25	120	15.5	21.62	24.05	25.20	27.75	26.06	26.25
0.25	120	16	20.83	24.02	25.35	25.96	26.3	26.5

表 D.4(续)

热风流量(范围：0.25～3)/ m³·s⁻¹·m⁻³	热风温度(范围：40～140)/℃	谷物最终含水率(范围：14～16)/% w.b.	纯蒸发量[a]/[g(水)/kg(干空气)]					
			谷物原始含水率/%					
			18	20	22	24	26	28
0.25	140	14	27.08	28.83	29.9	30.44	30.79	31.03
0.25	140	14.5	26.83	28.91	30.11	30.7	31.07	31.31
0.25	140	15	26.4	28.94	30.29	30.95	31.34	31.59
0.25	140	15.5	25.69	28.91	30.45	31.18	31.6	31.86
0.25	140	16	24.54	28.79	30.56	31.39	31.85	32.12
0.5	40	14	—	—	—	—	—	—
0.5	40	14.5	2.68	—	—	—	—	—
0.5	40	15	3.24	2.69	—	—	—	—
0.5	40	15.5	3.73	3.2	2.81	2.47	—	—
0.5	40	16	4.16	3.64	3.26	3	2.79	2.6
0.5	60	14	0.95	6.59	6.24	5.91	5.54	—
0.5	60	14.5	7.41	7.11	6.8	6.53	6.27	6.01
0.5	60	15	7.82	7.59	7.3	7.04	6.82	6.63
0.5	60	15.5	8.14	8.02	7.76	7.51	7.3	7.13
0.5	60	16	8.35	8.42	8.18	7.95	7.74	7.58
0.5	80	14	12.03	12.24	12.27	12.24	12.2	12.14
0.5	80	14.5	12.29	12.63	12.7	12.7	12.67	12.64
0.5	80	15	12.46	12.97	13.1	13.12	13.11	13.09
0.5	80	15.5	12.49	13.26	13.47	13.51	13.52	13.5
0.5	80	16	12.31	13.5	13.8	13.88	13.9	13.89
0.5	100	14	17	17.9	18.4	18.71	18.93	19.11
0.5	100	14.5	17.03	18.14	18.72	19.06	19.3	19.49
0.5	100	15	16.91	18.32	19	19.38	19.65	19.84
0.5	100	15.5	16.6	18.44	19.24	19.68	19.97	20.18
0.5	100	16	15.98	18.47	19.44	19.94	20.26	20.49
0.5	120	14	21.79	23.41	24.38	25.02	25.5	25.87
0.5	120	14.5	21.57	23.51	24.58	25.28	25.78	26.17
0.5	120	15	21.16	23.53	24.75	25.51	26.04	26.44
0.5	120	15.5	20.49	23.46	24.87	25.7	26.28	26.69
0.5	120	16	19.41	23.29	24.94	25.87	26.48	26.93

表 D.4(续)

热风流量(范围:0.25~3)/$m^3\cdot s^{-1}\cdot m^{-3}$	热风温度(范围:40~140)/℃	谷物最终含水率(范围:14~16)/% w.b.	纯蒸发量[a]/[g(水)/kg(干空气)]					
			谷物原始含水率/%					
			18	20	22	24	26	28
0.5	140	14	26.44	28.79	30.19	31.13	31.83	32.36
0.5	140	14.5	25.97	28.74	30.29	31.31	32.04	32.59
0.5	140	15	25.26	28.6	30.36	31.45	32.23	32.8
0.5	140	15.5	24.21	28.36	30.36	31.45	32.23	32.98
0.5	140	16	22.73	27.98	30.32	31.65	32.52	33.15
1	40	14	1.36	—	—	—	—	—
1	40	14.5	1.85	1.33	—	—	—	—
1	40	15	2.26	1.78	1.43	—	—	—
1	40	15.5	2.67	2.12	1.81	1.59	1.26	—
1	40	16	3.12	2.45	2.11	1.89	1.75	1.63
1	60	14	5.22	4.75	4.41	4.16	3.94	3.72
1	60	14.5	5.69	5.18	4.82	4.56	4.37	4.2
1	60	15	6.15	5.61	5.22	4.94	4.74	4.59
1	60	15.5	6.59	6.03	5.61	5.3	5.09	4.94
1	60	16	6.94	6.46	5.99	5.66	5.42	5.26
1	80	14	9.84	9.69	9.53	9.4	9.31	9.26
1	80	14.5	10.2	10.1	9.94	9.81	9.72	9.66
1	80	15	10.49	10.5	10.35	10.21	10.11	10.04
1	80	15.5	10.64	10.88	10.74	10.59	10.49	10.41
1	80	16	10.57	11.22	11.12	10.97	10.86	10.78
1	100	14	14.54	15.03	15.3	15.47	15.63	15.79
1	100	14.5	14.65	15.37	15.66	15.85	16.01	16.17
1	100	15	14.63	15.64	16	16.21	16.38	16.54
1	100	15.5	14.38	15.86	16.33	16.55	16.73	16.89
1	100	16	13.83	15.99	16.62	16.88	17.07	17.23
1	120	14	19.04	20.42	21.2	21.76	22.23	22.64
1	120	14.5	18.86	20.59	21.48	22.07	22.56	22.98
1	120	15	18.48	20.68	21.72	22.37	22.88	23.3
1	120	15.5	17.83	20.67	21.92	22.64	23.17	23.61
1	120	16	16.82	20.55	22.07	22.89	23.45	23.91

表 D.4(续)

热风流量（范围：0.25～3)/$m^3 \cdot s^{-1} \cdot m^{-3}$	热风温度（范围：40～140)/℃	谷物最终含水率（范围：14～16)/% w.b.	纯蒸发量[a]/[g(水)/kg(干空气)]					
			谷物原始含水率/%					
			18	20	22	24	26	28
1	140	14	23.37	25.7	27.08	28.06	28.84	29.51
1	140	14.5	22.89	25.69	27.25	28.3	29.12	29.8
1	140	15	22.17	25.57	27.37	28.52	29.37	30.07
1	140	15.5	21.14	25.33	27.42	28.7	29.6	30.33
1	140	16	19.68	24.22	27.41	28.84	29.82	30.57
1.5	40	14	1.04	—	—	—	—	—
1.5	40	14.5	1.4	1	—	—	—	—
1.5	40	15	1.73	1.32	1.06	—	—	—
1.5	40	15.5	2.08	1.59	1.33	1.16	0.97	—
1.5	40	16	2.48	1.85	1.55	1.38	1.27	1.18
1.5	60	14	4.16	3.7	3.4	3.17	3	2.84
1.5	60	14.5	4.59	4.06	3.72	3.5	3.32	3.19
1.5	60	15	5.03	4.43	4.05	3.8	3.62	3.49
1.5	60	15.5	5.47	4.81	4.37	4.09	3.89	3.76
1.5	60	16	5.87	5.2	4.71	4.38	4.16	4.01
1.5	80	14	8.22	7.94	7.72	7.57	7.47	7.41
1.5	80	14.5	8.6	8.34	8.1	7.93	7.82	7.76
1.5	80	15	8.93	8.74	8.48	8.29	8.17	8.09
1.5	80	15.5	9.16	9.13	8.86	8.65	8.51	8.42
1.5	80	16	9.2	9.49	9.23	9	8.85	8.74
1.5	100	14	12.48	12.8	12.92	13.02	13.13	13.25
1.5	100	14.5	12.66	13.14	13.29	13.38	13.49	13.61
1.5	100	15	12.71	13.44	13.64	13.74	13.85	13.96
1.5	100	15.5	12.57	13.69	13.98	14.1	14.2	14.3
1.5	100	16	12.19	13.88	14.3	14.44	14.54	14.64
1.5	120	14	16.61	17.76	18.4	18.87	19.28	19.66
1.5	120	14.5	16.51	17.96	18.7	19.2	19.62	20
1.5	120	15	16.25	18.1	18.97	19.52	19.95	20.33
1.5	120	15.5	15.75	18.15	19.21	19.82	20.27	20.66
1.5	120	16	14.94	18.09	19.4	20.09	20.58	20.97

表 D.4(续)

热风流量（范围：0.25～3）/ $m^3 \cdot s^{-1} \cdot m^{-3}$	热风温度（范围：40～140）/℃	谷物最终含水率（范围：14～16）/ % w.b.	纯蒸发量[a]/ [g(水)/kg(干空气)]					
			谷物原始含水率/%					
			18	20	22	24	26	28
1.5	140	14	20.63	22.72	23.98	24.89	25.63	26.29
1.5	140	14.5	20.24	22.75	24.18	25.16	25.94	26.61
1.5	140	15	19.66	22.68	24.33	25.41	26.22	26.91
1.5	140	15.5	18.8	22.5	24.43	25.62	26.49	27.2
1.5	140	16	17.6	22.19	24.45	25.8	26.74	27.47
2	40	14	0.84	—	—	—	—	—
2	40	14.5	1.12	0.8	—	—	—	—
2	40	15	1.39	1.05	0.84	—	—	—
2	40	15.5	1.7	1.27	1.05	0.91	0.77	—
2	40	16	2.05	1.48	1.23	1.09	0.99	0.92
2	60	14	3.45	3.03	2.76	2.57	2.42	2.29
2	60	14.5	3.83	3.34	3.03	2.83	2.68	2.57
2	60	15	4.24	3.66	3.31	3.08	2.93	2.81
2	60	15.5	4.66	4	3.59	3.33	3.16	3.04
2	60	16	5.07	4.36	3.88	3.58	3.39	3.25
2	80	14	7.03	6.71	6.49	6.33	6.24	6.17
2	80	14.5	7.41	7.09	6.83	6.66	6.55	6.47
2	80	15	7.74	7.46	7.18	6.98	6.85	6.77
2	80	15.5	8.01	7.83	7.53	7.31	7.16	7.06
2	80	16	8.12	8.2	7.88	3.63	7.46	7.35
2	100	14	10.88	11.07	11.13	11.2	11.28	11.39
2	100	14.5	11.1	11.41	11.49	11.55	11.62	11.72
2	100	15	11.21	11.72	11.83	11.89	11.96	12.05
2	100	15.5	11.16	11.99	12.17	12.23	12.3	12.38
2	100	16	10.9	12.21	12.49	12.57	12.63	12.7
2	120	14	14.67	15.61	16.16	16.57	16.94	17.28
2	120	14.5	14.64	15.84	16.47	16.9	17.27	17.63
2	120	15	14.47	16.01	16.75	17.22	17.6	17.96
2	120	15.5	14.09	16.11	17	17.52	17.92	18.28
2	120	16	13.45	16.12	17.21	17.81	18.23	18.59

表 D.4(续)

热风流量(范围:0.25～3)/$m^3 \cdot s^{-1} \cdot m^{-3}$	热风温度(范围:40～140)/℃	谷物最终含水率(范围:14～16)/% w.b.	纯蒸发量[a]/[g(水)/kg(干空气)]					
			谷物原始含水率/%					
			18	20	22	24	26	28
2	140	14	18.42	20.25	21.39	22.23	22.93	23.56
2	140	14.5	18.12	20.32	21.61	22.51	23.24	23.88
2	140	15	17.66	20.31	21.78	22.77	23.54	24.19
2	140	15.5	16.95	20.18	21.9	23	23.81	24.49
2	140	16	15.93	19.95	21.97	23	24.07	24.78
2.5	40	14	0.7	—	—	—	—	—
2.5	40	14.5	0.94	0.66	—	—	—	—
2.5	40	15	0.17	0.87	0.69	—	—	—
2.5	40	15.5	1.43	1.05	0.87	0.75	0.63	—
2.5	40	16	1.75	1.24	1.02	0.9	0.82	0.76
2.5	60	14	2.94	2.56	2.32	2.15	2.03	1.92
2.5	60	14.5	3.29	2.83	2.56	2.38	2.25	2.15
2.5	60	15	3.66	3.11	2.8	2.6	2.46	2.36
2.5	60	15.5	4.06	3.42	3.05	2.81	2.66	2.55
2.5	60	16	4.45	3.75	3.3	3.03	2.86	2.73
2.5	80	14	6.13	5.81	5.59	5.44	5.35	5.3
2.5	80	14.5	6.49	6.15	5.9	5.35	5.63	5.56
2.5	80	15	6.83	6.5	6.22	6.03	5.9	5.82
2.5	80	15.5	7.11	6.85	6.54	6.32	6.18	6.09
2.5	80	16	7.27	7.2	6.87	6.62	6.46	6.35
2.5	100	14	9.62	9.74	9.77	9.81	9.88	9.97
2.5	100	14.5	9.85	10.06	10.1	10.14	10.2	10.28
2.5	100	15	10	10.37	10.43	10.46	10.52	10.59
2.5	100	15.5	10.01	10.64	10.75	10.78	10.83	10.89
2.5	100	16	9.84	10.88	11.06	11.1	11.14	11.19
2.5	120	14	13.1	13.9	14.37	14.73	15.07	15.4
2.5	120	14.5	13.13	14.13	14.67	15.05	15.4	15.72
2.5	120	15	13.05	14.32	14.95	15.36	15.72	16.04
2.5	120	15.5	12.77	14.45	15.2	15.66	16.03	16.35
2.5	120	16	12.25	14.51	15.43	15.95	16.33	16.66

表 D.4(续)

热风流量(范围：0.25～3)/ $m^3 \cdot s^{-1} \cdot m^{-3}$	热风温度(范围：40～140)/℃	谷物最终含水率(范围：14～16)/ % w.b.	纯蒸发量[a]/ [g(水)/kg(干空气)] 谷物原始含水率/%					
			18	20	22	24	26	28
2.5	140	14	16.64	18.24	19.25	20.03	20.69	21.29
2.5	140	14.5	16.43	18.34	19.48	20.31	21	21.61
2.5	140	15	16.04	18.37	19.67	20.57	21.29	21.92
2.5	140	15.5	15.47	18.31	19.82	20.81	21.57	22.21
2.5	140	16	14.56	18.13	19.91	21.02	21.83	22.5
3	40	14	0.6	—	—	—	—	—
3	40	14.5	0.8	0.57	—	—	—	—
3	40	15	1.01	0.74	0.59	—	—	—
3	40	15.5	1.24	0.9	0.74	0.64	0.54	—
3	40	16	1.52	1.06	0.87	0.76	0.69	0.64
3	60	14	2.57	2.22	2	1.85	1.74	1.65
3	60	14.5	2.88	2.46	2.21	2.05	1.94	1.85
3	60	15	3.22	2.71	2.42	2.24	2.12	2.03
3	60	15.5	3.59	2.98	2.64	2.43	2.29	2.2
3	60	16	3.96	3.28	2.87	2.63	2.47	2.36
3	80	14	5.43	5.12	4.9	4.77	4.69	4.64
3	80	14.5	5.77	5.43	5.19	5.03	4.94	4.87
3	80	15	6.09	5.76	5.48	5.3	5.18	5.11
3	80	15.5	6.37	6.08	5.78	5.57	5.43	5.35
3	80	16	6.57	6.41	6.09	5.84	5.69	5.59
3	100	14	8.61	8.68	8.69	8.73	8.79	8.87
3	100	14.5	8.84	8.99	9	9.03	9.08	9.16
3	100	15	9.01	9.28	9.32	9.33	9.37	9.44
3	100	15.5	9.07	9.55	9.62	9.63	9.67	9.72
3	100	16	8.99	9.79	9.92	9.94	9.96	10.01
3	120	14	11.83	12.5	12.92	13.25	13.56	13.86
3	120	14.5	11.91	12.74	13.2	13.55	13.86	14.17
3	120	15	11.87	12.94	13.48	13.85	14.17	14.47
3	120	15.5	11.67	13.09	13.73	14.14	14.47	14.77
3	120	16	11.22	13.18	13.96	14.42	14.76	15.07

表 D.4(续)

热风流量(范围:0.25～3)/$m^3 \cdot s^{-1} \cdot m^{-3}$	热风温度(范围:40～140)/℃	谷物最终含水率(范围:14～16)/% w.b.	纯蒸发量[a]/[g(水)/kg(干空气)]					
			谷物原始含水率/%					
			18	20	22	24	26	28
3	140	14	15.16	16.58	17.49	18.2	18.83	19.4
3	140	14.5	15.03	16.7	17.72	18.48	19.13	19.71
3	140	15	14.42	16.76	17.92	18.74	19.41	20.01
3	140	15.5	14.21	16.73	18.08	18.97	19.69	20.3
3	140	16	13.46	16.61	18.19	19.19	19.95	20.58

热风流量(范围:0.25～3)/$m^3 \cdot s^{-1} \cdot m^{-3}$	热风温度(范围:40～140)/℃	谷物最终含水率(范围:14～16)/% w.b.	纯蒸发量[a]/[g(水)/kg(干空气)]					
			谷物原始含水率/%					
			30	32	34	36	38	40
谷物原始含水率从30%到40%								
0.25	40	14	—	—	—	—	—	—
0.25	40	14.5	—	—	—	—	—	—
0.25	40	15	—	—	—	—	—	—
0.25	40	15.5	—	—	—	—	—	—
0.25	40	16	—	—	—	—	—	—
0.25	60	14	—	—	—	—	—	—
0.25	60	14.5	—	—	—	—	—	—
0.25	60	15	7.19	—	—	—	—	—
0.25	60	15.5	8.44	8.15	7.69	—	—	—
0.25	60	16	9.11	8.95	8.78	8.6	8.39	8.05
0.25	80	14	12.98	12.56	—	—	—	—
0.25	80	14.5	13.76	13.56	13.29	12.83	—	—
0.25	80	15	14.35	14.24	14.09	13.91	13.67	13.26
0.25	80	15.5	14.84	14.76	14.67	14.56	14.44	14.31
0.25	80	16	15.26	15.21	15.15	15.08	15	14.93
0.25	100	14	19.65	19.61	19.54	19.44	19.27	19.02
0.25	100	14.5	20.08	20.08	20.05	20	19.93	19.83
0.25	100	15	20.45	20.47	20.46	20.45	20.42	20.39
0.25	100	15.5	20.78	20.81	20.82	20.82	20.82	20.81
0.25	100	16	21.06	21.1	21.13	21.15	21.16	21.17

表 D.4(续)

热风流量(范围:0.25～3)/ $m^3 \cdot s^{-1} \cdot m^{-3}$	热风温度(范围:40～140)/℃	谷物最终含水率(范围:14～16)/% w.b.	纯蒸发量[a]/[g(水)/kg(干空气)]					
			谷物原始含水率/%					
			30	32	34	36	38	40
0.25	120	14	25.56	25.64	25.7	25.75	25.79	25.82
0.25	120	14.5	25.86	25.95	26.03	26.09	26.15	26.21
0.25	120	15	26.12	26.23	26.31	26.39	26.46	26.54
0.25	120	15.5	26.38	26.47	26.56	26.65	26.73	26.81
0.25	120	16	26.63	26.72	26.8	26.88	26.96	27.05
0.25	140	14	31.21	31.38	31.53	31.67	31.81	31.96
0.25	140	14.5	31.49	31.65	31.79	31.94	32.09	32.24
0.25	140	15	31.77	31.91	32.05	32.18	32.33	32.48
0.25	140	15.5	32.04	32.18	32.31	32.43	32.56	32.7
0.25	140	16	32.3	32.44	32.56	32.68	32.79	32.93
0.5	40	14	—	—	—	—	—	—
0.5	40	14.5	—	—	—	—	—	—
0.5	40	15	—	—	—	—	—	—
0.5	40	15.5	—	—	—	—	—	—
0.5	40	16	—	—	—	—	—	—
0.5	60	14	—	—	—	—	—	—
0.5	60	14.5	5.7	—	—	—	—	—
0.5	60	15	6.46	6.26	6.04	5.56	—	—
0.5	60	15.5	6.99	6.86	6.74	6.61	6.48	6.3
0.5	60	16	7.44	7.34	7.24	7.16	7.09	7.02
0.5	80	14	12.09	12.04	11.97	11.89	11.78	11.61
0.5	80	14.5	12.6	12.57	12.53	12.49	12.44	12.38
0.5	80	15	13.07	13.05	13.03	13	12.98	12.95
0.5	80	15.5	13.49	13.48	13.47	13.46	13.45	13.44
0.5	80	16	13.89	13.88	13.88	13.87	13.87	13.88
0.5	100	14	19.26	19.37	19.47	19.55	19.62	19.68
0.5	100	14.5	19.64	19.77	19.87	19.96	20.04	20.11
0.5	100	15	20.01	20.14	20.25	20.34	20.42	20.5
0.5	100	15.5	20.35	20.48	20.59	20.69	20.78	20.85
0.5	100	16	20.66	20.8	20.92	20.02	21.1	21.18

表 D.4(续)

热风流量(范围:0.25～3)/$m^3 \cdot s^{-1} \cdot m^{-3}$	热风温度(范围:40～140)/℃	谷物最终含水率(范围:14～16)/% w.b.	纯蒸发量[a]/[g(水)/kg(干空气)]					
			谷物原始含水率/%					
			30	32	34	36	38	40
0.5	120	14	25.17	26.42	26.63	26.8	26.96	27.09
0.5	120	14.5	26.48	26.73	26.94	27.11	27.26	27.4
0.5	120	15	26.76	27.01	27.22	27.4	27.55	27.68
0.5	120	15.5	27.02	27.28	27.49	27.67	27.82	27.95
0.5	120	16	27.27	27.53	27.74	27.92	28.06	28.19
0.5	140	14	32.78	33.13	33.41	33.65	33.85	34.03
0.5	140	14.5	33.02	33.37	33.66	33.89	34.09	34.27
0.5	140	15	33.24	33.6	33.88	34.12	34.32	34.49
0.5	140	15.5	33.45	33.8	34.21	34.33	34.53	34.7
0.5	140	16	33.62	33.99	34.28	34.52	34.72	34.89
1	40	14	—	—	—	—	—	—
1	40	14.5	—	—	—	—	—	—
1	40	15	—	—	—	—	—	—
1	40	15.5	—	—	—	—	—	—
1	40	16	1.53	—	—	—	—	—
1	60	14	3.4	—	—	—	—	—
1	60	14.5	4.05	3.9	3.67	—	—	—
1	60	15	4.47	4.36	4.27	4.18	4.05	3.77
1	60	15.5	4.82	4.73	4.65	4.6	4.55	4.5
1	60	16	5.13	5.05	4.98	4.93	4.9	4.88
1	80	14	9.23	9.21	9.2	9.21	9.22	9.23
1	80	14.5	9.63	9.62	9.62	9.63	9.65	9.68
1	80	15	10.01	10	10	10.02	10.04	10.08
1	80	15.5	10.38	10.36	10.36	10.38	10.41	10.45
1	80	16	10.73	10.71	10.71	10.73	10.76	10.79
1	100	14	15.94	16.11	16.27	16.43	16.59	16.75
1	100	14.5	16.32	16.48	16.64	16.05	16.97	17.13
1	100	15	16.69	16.85	17	17.16	17.33	17.49
1	100	15.5	17.04	17.2	17.35	17.51	17.67	17.83
1	100	16	17.38	17.54	17.69	17.84	18	18.16

表 D.4(续)

热风流量(范围:0.25～3)/$m^3 \cdot s^{-1} \cdot m^{-3}$	热风温度(范围:40～140)/℃	谷物最终含水率(范围:14～16)/% w.b.	纯蒸发量[a]/[g(水)/kg(干空气)]					
			谷物原始含水率/%					
			30	32	34	36	38	40
1	120	14	23.02	23.37	23.7	24.2	24.32	24.61
1	120	14.5	23.36	23.71	24.04	24.35	24.65	24.94
1	120	15	23.68	24.04	24.36	24.67	24.97	25.25
1	120	15.5	24	24.35	24.67	24.98	25.57	25.55
1	120	16	24.3	24.65	24.97	25.28	25.56	25.84
1	140	14	30.09	30.62	31.1	31.54	31.96	32.33
1	140	14.5	30.39	30.92	31.4	31.84	32.24	32.62
1	140	15	30.67	31.21	31.68	32.12	32.52	32.89
1	140	15.5	30.94	31.48	31.96	32.39	32.79	33.15
1	140	16	31.2	31.74	32.22	32.65	33.05	33.4
1.5	40	14	—	—	—	—	—	—
1.5	40	14.5	—	—	—	—	—	—
1.5	40	15	—	—	—	—	—	—
1.5	40	15.5	—	—	—	—	—	—
1.5	40	16	1.1	—	—	—	—	—
1.5	60	14	2.66	—	—	—	—	—
1.5	60	14.5	3.08	2.97	2.85	2.56	—	—
1.5	60	15	3.39	3.31	3.24	3.18	3.11	3.01
1.5	60	15.5	3.66	3.58	3.53	3.48	3.45	3.42
1.5	60	16	3.91	3.83	3.77	3.74	3.71	3.69
1.5	80	14	7.38	7.36	7.36	7.37	7.39	7.42
1.5	80	14.5	7.72	7.7	7.7	7.72	7.74	7.78
1.5	80	15	8.05	8.02	8.03	8.04	8.07	8.11
1.5	80	15.5	8.37	8.34	8.34	8.35	8.37	8.42
1.5	80	16	8.68	8.64	8.64	8.65	8.67	8.71
1.5	100	14	13.38	13.53	13.68	13.84	14.01	14.18
1.5	100	14.5	13.74	13.88	14.03	14.19	14.36	14.53
1.5	100	15	14.08	14.22	14.37	14.53	14.69	14.86
1.5	100	15.5	14.42	14.55	14.7	14.85	15.01	15.18
1.5	100	16	14.75	14.88	15.02	15.17	15.33	15.49

表 D.4(续)

热风流量（范围：0.25～3)/ $m^3 \cdot s^{-1} \cdot m^{-3}$	热风温度（范围：40～140)/℃	谷物最终含水率(范围：14～16)/ % w.b.	纯蒸发量[a]/ [g(水)/kg(干空气)]					
			谷物原始含水率/%					
			30	32	34	36	38	40
1.5	120	14	20.02	20.37	20.72	21.06	21.4	21.73
1.5	120	14.5	20.36	20.71	21.06	21.39	21.73	22.06
1.5	120	15	20.69	21.04	21.38	21.72	22.05	22.38
1.5	120	15.5	21.02	21.37	21.7	22.05	22.36	22.68
1.5	120	16	21.34	21.68	22.02	22.35	22.66	22.99
1.5	140	14	26.89	27.46	27.99	28.5	28.99	29.46
1.5	140	14.5	27.21	27.77	28.31	28.81	29.3	29.76
1.5	140	15	27.52	28.08	28.62	29.12	29.6	30.06
1.5	140	15.5	27.82	28.85	28.92	29.42	29.89	30.35
1.5	140	16	28.1	28.68	29.21	29.7	30.17	30.63
2	40	14	—	—	—	—	—	—
2	40	14.5	—	—	—	—	—	—
2	40	15	—	—	—	—	—	—
2	40	15.5	—	—	—	—	—	—
2	40	16	0.86	—	—	—	—	—
2	60	14	2.15	1.9	—	—	—	—
2	60	14.5	2.48	2.4	2.3	2.15	—	—
2	60	15	2.73	2.66	2.61	2.56	2.51	2.45
2	60	15.5	2.95	2.88	2.84	2.8	2.78	2.76
2	60	16	3.16	3.09	3.04	3.01	2.99	2.97
2	80	14	6.14	6.12	6.13	6.14	6.16	6.19
2	80	14.5	6.43	6.42	6.41	6.43	6.46	6.49
2	80	15	6.72	6.7	6.69	6.71	6.74	6.77
2	80	15.5	7	6.97	6.97	6.98	7	7.04
2	80	16	7.28	7.25	7.23	7.24	7.26	7.29
2	100	14	11.51	11.64	11.78	11.93	12.09	12.26
2	100	14.5	11.84	11.96	12.1	12.25	12.41	12.57
2	100	15	12.16	12.28	12.41	12.56	12.72	12.88
2	100	15.5	12.48	12.59	12.72	12.86	13.02	13.18
2	100	16	12.79	12.9	13.02	13.16	13.31	13.47

表 D.4(续)

热风流量(范围:0.25~3)/m³·s⁻¹·m⁻³	热风温度(范围:40~140)/℃	谷物最终含水率(范围:14~16)/% w.b.	纯蒸发量ᵃ/[g(水)/kg(干空气)]					
			谷物原始含水率/%					
			30	32	34	36	38	40
2	120	14	17.63	17.97	18.31	18.65	18.99	19.33
2	120	14.5	17.96	18.3	18.64	18.97	19.31	19.65
2	120	15	18.29	18.63	18.96	19.29	19.62	19.96
2	120	15.5	18.61	18.94	19.27	19.6	19.93	20.26
2	120	16	18.93	19.26	19.58	19.9	20.23	20.56
2	140	14	24.15	24.71	25.25	25.78	26.29	26.8
2	140	14.5	24.48	25.03	25.57	26.1	26.61	27.11
2	140	15	24.79	25.35	25.89	26.41	26.91	27.41
2	140	15.5	25.1	25.66	26.19	26.71	27.22	27.71
2	140	16	25.39	25.96	26.49	27.01	27.51	28
2.5	40	14	—	—	—	—	—	—
2.5	40	14.5	—	—	—	—	—	—
2.5	40	15	—	—	—	—	—	—
2.5	40	15.5	—	—	—	—	—	—
2.5	40	16	0.71	—	—	—	—	—
2.5	60	14	1.8	1.63	—	—	—	—
2.5	60	14.5	2.08	2	1.93	1.81	—	—
2.5	60	15	2.28	2.23	2.18	2.14	2.1	2.05
2.5	60	15.5	2.47	2.42	2.38	2.35	2.32	2.31
2.5	60	16	2.65	2.59	2.55	2.52	2.5	2.49
2.5	80	14	5.26	5.25	5.25	5.26	5.28	5.31
2.5	80	14.5	5.53	5.51	5.51	5.52	5.54	5.57
2.5	80	15	5.78	5.75	5.75	5.76	5.78	5.82
2.5	80	15.5	6.03	6	5.99	6	6.02	6.05
2.5	80	16	6.28	6.24	6.23	6.23	6.25	6.28
2.5	100	14	10.08	10.2	10.34	10.48	10.63	10.78
2.5	100	14.5	10.38	10.5	10.63	10.77	10.92	11.08
2.5	100	15	10.68	10.8	10.92	11.06	11.21	11.36
2.5	100	15.5	10.98	11.09	11.21	11.34	11.48	11.64
2.5	100	16	11.27	11.38	11.49	11.62	11.76	11.91

表 D.4(续)

热风流量(范围:0.25～3)/m³·s⁻¹·m⁻³	热风温度(范围:40～140)/℃	谷物最终含水率(范围:14～16)/% w.b.	纯蒸发量[a]/[g(水)/kg(干空气)]					
			谷物原始含水率/%					
			30	32	34	36	38	40
2.5	120	14	15.72	16.47	16.37	16.7	17.03	17.37
2.5	120	14.5	16.05	16.36	16.69	17.15	17.34	17.68
2.5	120	15	16.36	16.68	17	17.32	17.65	17.98
2.5	120	15.5	16.67	16.98	17.3	17.62	17.94	18.27
2.5	120	16	16.98	17.29	17.6	17.92	18.23	18.56
2.5	140	14	21.86	22.41	22.94	23.47	23.99	24.5
2.5	140	14.5	22.18	22.73	23.26	23.78	24.3	24.81
2.5	140	15	22.49	23.04	23.57	24.09	24.61	25.11
2.5	140	15.5	22.8	23.35	23.88	24.4	24.91	25.08
2.5	140	16	23.1	23.65	24.18	24.69	25.2	25.7
3	40	14	—	—	—	—	—	—
3	40	14.5	—	—	—	—	—	—
3	40	15	—	—	—	—	—	—
3	40	15.5	—	—	—	—	—	—
3	40	16	0.6	—	—	—	—	—
3	60	14	1.55	1.41	—	—	—	—
3	60	14.5	1.78	1.72	1.66	1.56	—	—
3	60	15	1.97	1.91	1.87	1.84	1.81	1.76
3	60	15.5	2.13	2.08	2.04	2.02	2	1.98
3	60	16	2.28	2.23	2.19	2.17	2.15	2.14
3	80	14	4.61	4.59	4.59	4.6	4.62	4.65
3	80	14.5	4.84	4.82	4.82	4.83	4.85	4.88
3	80	15	5.07	5.05	5.04	5.05	5.07	5.1
3	80	15.5	5.3	5.27	5.26	5.26	5.28	5.31
3	80	16	5.52	5.49	5.47	5.47	5.49	5.51
3	100	14	8.97	9.08	9.2	9.34	9.48	9.63
3	100	14.5	9.25	9.36	9.48	9.61	9.75	9.9
3	100	15	9.53	9.63	9.75	9.87	10.01	10.16
3	100	15.5	9.8	9.9	10.01	10.14	10.27	10.42
3	100	16	10.08	10.17	10.28	10.39	10.53	10.67

表 D.4(续)

热风流量(范围:0.25~3)/ $m^3 \cdot s^{-1} \cdot m^{-3}$	热风温度(范围:40~140)/℃	谷物最终含水率(范围:14~16)/% w.b.	纯蒸发量[a]/[g(水)/kg(干空气)]					
			谷物原始含水率/%					
			30	32	34	36	38	40
3	120	14	14.17	14.48	14.8	15.11	15.44	15.76
3	120	14.5	14.47	14.79	15.1	15.41	15.73	16.05
3	120	15	14.78	15.08	15.39	15.7	16.02	16.34
3	120	15.5	15.77	15.38	15.68	15.99	16.3	16.62
3	120	16	15.37	15.67	15.97	16.27	16.58	16.9
3	140	14	19.94	20.47	21	21.51	22.03	22.53
3	140	14.5	20.26	20.79	21.31	21.82	2.33	22.84
3	140	15	20.56	21.09	21.61	22.13	22.63	23.14
3	140	15.5	20.86	21.39	21.91	22.42	22.93	23.43
3	140	16	21.15	21.69	22.21	22.71	23.22	23.72

环境空气条件:

——温度 15℃;

——相对湿度 80%;

——单位湿含量 8.505 g/kg。

a 表中热风温度 40℃~60℃的缺口为干燥不支持区域,此区域内谷物干燥周期长,将使冷却过程中过度湿化。

表 D.5 水稻——谷物含水率的影响

(热风温度和多循环体积流量)

热风流量(范围:0.25~3.0)/ $m^3 \cdot s^{-1} \cdot m^{-3}$	热风温度(范围:35~60)/℃	纯蒸发量/[g(水)/kg(干空气)]						
		谷物原始含水率范围/%						
		28~25	25~23	23~21	21~19	19~17	17~15	15~13
0.25	35	5.49	5.28	5.27	5.25	5.23	5.21	5.18
0.25	40	6.63	6.31	6.29	6.26	6.24	6.21	6.17
0.25	45	7.75	7.3	7.28	7.25	7.22	7.18	7.13
0.25	50	8.86	8.28	8.25	8.22	8.18	8.13	8.07
0.25	55	9.95	9.24	9.2	9.16	9.11	9.06	8.98
0.25	60	11.03	10.18	10.13	10.09	10.03	9.97	9.88
0.5	35	5.45	5.22	5.21	5.19	5.16	5.13	5.09
0.5	40	6.57	6.23	6.2	6.17	6.14	6.1	6.05
0.5	45	7.67	7.2	7.17	7.14	7.09	7.04	6.98
0.5	50	8.76	8.16	8.12	8.08	8.03	7.96	7.88
0.5	55	9.85	9.1	9.05	9	8.94	8.87	8.77
0.5	60	10.91	10.02	9.96	9.9	9.84	9.76	9.66

表 D.5(续)

热风流量（范围：0.25～3.0)/ $m^3 \cdot s^{-1} \cdot m^{-3}$	热风温度（范围：35～60)/℃	纯蒸发量/[g(水)/kg(干空气)]						
		谷物原始含水率范围/%						
		28～25	25～23	23～21	21～19	19～17	17～15	15～13
1	35	5.39	5.14	5.12	5.09	5.06	5.02	4.97
1	40	6.48	6.12	6.08	6.05	6	5.95	5.88
1	45	7.56	7.06	7.02	6.97	6.91	6.85	6.76
1	50	8.62	7.98	7.93	7.88	7.81	7.72	7.62
1	55	9.68	8.9	8.83	8.76	8.68	8.59	8.47
1	60	10.72	9.78	9.72	9.64	9.55	9.44	9.3
1.5	35	5.34	5.08	5.06	5.02	4.98	4.94	4.88
1.5	40	6.41	6.03	6	5.95	5.9	5.83	5.75
1.5	45	7.47	6.96	6.91	6.85	6.78	6.7	6.6
1.5	50	8.51	7.86	7.79	7.72	7.64	7.55	7.43
1.5	55	9.55	8.74	8.66	8.59	8.49	8.39	8.24
1.5	60	10.57	9.62	9.54	9.44	9.33	9.2	9.05
2	35	5.3	5.03	5	4.97	4.92	4.87	4.8
2	40	6.36	5.97	5.92	5.87	5.81	5.74	5.65
2	45	7.39	6.87	6.81	6.75	6.67	6.58	6.47
2	50	8.42	7.75	7.68	7.6	7.52	7.41	7.28
2	55	9.43	8.61	8.54	8.45	8.35	8.22	8.07
2	60	10.44	9.47	9.38	9.28	9.16	9.01	8.84
2.5	35	5.27	4.99	4.96	4.92	4.87	4.81	4.74
2.5	40	6.31	5.91	5.86	5.8	5.74	5.66	5.56
2.5	45	7.33	6.79	6.73	6.66	6.58	6.48	6.37
2.5	50	8.34	7.65	7.58	7.5	7.41	7.29	7.15
2.2	55	9.33	8.51	8.42	8.33	8.21	8.08	7.91
2.5	60	10.33	9.34	9.25	9.14	9.01	8.86	8.67
3	35	5.24	4.95	4.92	4.87	4.82	4.76	4.64
3	40	6.26	5.85	5.8	5.74	5.67	5.59	5.48
3	45	7.27	6.73	6.66	6.58	6.5	6.4	6.27
3	50	8.26	7.58	7.49	7.41	7.31	7.18	7.03
3	55	9.25	8.42	8.32	8.22	8.1	7.96	7.78
3	60	10.23	9.24	9.13	9.02	8.88	8.72	8.52

环境空气条件：

——温度 15℃；

——相对湿度 80%；

——单位湿含量 8.505 g/kg。

表 D.6　高粱——谷物原始和最终含水率、热风温度和体积流量的影响

热风流量(范围：0.25～3)/ $m^3 \cdot s^{-1} \cdot m^{-3}$	热风温度(范围：40～140)/℃	谷物最终含水率(范围：10～15)/% w.b.	纯蒸发量[a]/[g(水)/kg(干空气)]					
			谷物原始含水率/%					
			18	20	22	24	26	28
0.25	40	10	—	—	—	—	—	—
0.25	40	11	—	—	—	—	—	—
0.25	40	12	—	—	—	—	—	—
0.25	40	13	—	—	—	—	—	—
0.25	40	14	4.64	4.73	4.73	4.63	4.35	—
0.25	40	15	5.26	5.51	5.63	5.68	5.68	5.66
0.25	60	10	—	—	—	—	—	—
0.25	60	11	—	—	—	—	—	—
0.25	60	12	8.73	8.9	8.94	8.86	8.61	7.66
0.25	60	13	9.56	9.89	10.08	10.16	10.18	10.15
0.25	60	14	10.06	10.56	10.83	10.97	11.05	11.09
0.25	60	15	10.25	10.99	11.37	11.55	11.66	11.73
0.25	80	10	13.41	13.64	13.72	13.63	13.3	11.37
0.25	80	11	14.54	14.9	15.14	15.26	15.31	15.3
0.25	80	12	15.26	15.76	16.06	16.23	16.34	16.41
0.25	80	13	15.64	16.31	16.71	16.92	17.06	17.15
0.25	80	14	15.74	16.62	17.12	17.39	17.57	17.69
0.25	80	15	15.54	16.77	17.4	17.73	17.94	18.09
0.25	100	10	20.69	21.14	21.46	21.63	21.77	21.85
0.25	100	11	21.41	21.98	22.35	22.56	22.7	22.8
0.25	100	12	21.74	22.48	22.95	23.23	23.39	23.51
0.25	100	13	21.81	22.77	23.31	23.64	23.87	24.02
0.25	100	14	21.65	22.89	23.57	23.96	24.22	24.41
0.25	100	15	21.11	22.87	23.73	24.2	24.51	24.74
0.25	120	10	27.97	28.59	28.96	28.23	29.38	29.48
0.25	120	11	28.26	29.04	29.56	29.87	30.12	30.19
0.25	120	12	28.25	29.26	29.82	30.18	30.51	30.69
0.25	120	13	28.01	29.31	30.07	30.5	30.79	31
0.25	120	14	27.53	29.22	30.12	30.69	31.03	31.27
0.25	120	15	26.49	28.95	30.23	30.78	31.22	31.52

表 D.6(续)

热风流量(范围:0.25～3)/ $m^3 \cdot s^{-1} \cdot m^{-3}$	热风温度(范围:40～140)/℃	谷物最终含水率(范围:10～15)/% w.b.	纯蒸发量[a]/[g(水)/kg(干空气)]					
			谷物原始含水率/%					
			18	20	22	24	26	28
0.25	140	10	34.91	35.79	36.29	36.61	36.79	36.91
0.25	140	11	34.84	35.86	36.49	36.88	37.12	37.3
0.25	140	12	34.55	35.84	36.59	37.06	37.37	37.6
0.25	140	13	34.03	35.7	36.64	37.21	37.61	37.84
0.25	140	14	33.15	35.39	36.57	37.29	37.77	38.09
0.25	140	15	31.68	34.87	36.42	37.31	37.88	38.22
0.5	40	10	—	—	—	—	—	—
0.5	40	11	—	—	—	—	—	—
0.5	40	12	—	—	—	—	—	—
0.5	40	13	2.76	2.56	—	—	—	—
0.5	40	14	3.61	3.59	3.56	3.53	3.48	3.38
0.5	40	15	4.25	4.28	4.3	4.33	4.34	4.36
0.5	60	10	4.38	—	—	—	—	—
0.5	60	11	6.28	6.15	5.96	5.63	—	—
0.5	60	12	7.46	7.47	7.45	7.42	7.38	7.3
0.5	60	13	8.34	8.43	8.49	8.52	8.55	8.56
0.5	60	14	9	9.2	9.3	9.37	9.42	9.46
0.5	60	15	9.43	9.81	9.97	10.07	10.13	10.18
0.5	80	10	12.21	12.28	1232	12.31	12.29	12.23
0.5	80	11	13.42	13.58	13.69	13.78	13.85	13.91
0.5	80	12	14.32	14.56	14.73	14.85	14.96	15.04
0.5	80	13	14.92	15.33	15.56	15.71	15.83	15.93
0.5	80	14	15.23	15.87	16.21	16.4	16.54	16.65
0.5	80	15	15.18	16.19	16.68	16.94	17.11	17.24
0.5	100	10	19.78	20.09	20.36	20.57	20.75	20.9
0.5	100	11	20.75	21.14	21.41	21.63	21.82	21.99
0.5	100	12	21.35	21.91	22.25	22.48	22.67	22.83
0.5	100	13	21.36	22.4	22.84	23.13	23.34	23.5
0.5	100	14	21.5	22.63	23.24	23.58	23.83	24.02
0.5	100	15	20.86	22.59	23.38	23.83	24.15	24.4

表 D.6(续)

热风流量(范围:0.25～3)/$m^3 \cdot s^{-1} \cdot m^{-3}$	热风温度(范围:40～140)/℃	谷物最终含水率(范围:10～15)/% w.b.	纯蒸发量[a]/[g(水)/kg(干空气)]					
			谷物原始含水率/%					
			18	20	22	24	26	28
0.5	120	10	27.74	28.19	28.44	28.73	28.99	29.22
0.5	120	11	28.25	28.94	29.32	29.52	29.84	30.07
0.5	120	12	28.28	29.23	29.77	30.17	30.39	30.63
0.5	120	13	28.01	29.26	29.26	30.46	30.77	31.03
0.5	120	14	27.4	29.11	30.02	30.6	30.95	31.27
0.5	120	15	26.15	28.73	29.94	30.61	31.07	31.38
0.5	140	10	35.17	36	36.47	36.94	34.14	37.37
0.5	140	11	35.1	36.21	36.84	37.35	37.59	37.89
0.5	140	12	34.79	36.09	36.9	37.41	37.81	38.11
0.5	140	13	34.18	35.89	36.83	37.44	37.86	38.23
0.5	140	14	33.18	35.47	36.68	37.4	37.91	38.29
0.5	140	15	31.31	34.88	36.42	37.35	37.9	38.36
1	40	10	—	—	—	—	—	—
1	40	11	—	—	—	—	—	—
1	40	12	—	—	—	—	—	—
1	40	13	1.84	1.71	1.56	—	—	—
1	40	14	2.44	2.35	2.29	2.25	2.22	2.19
1	40	15	2.98	2.88	2.82	2.81	2.8	2.81
1	60	10	3.43	3.07	—	—	—	—
1	60	11	4.67	4.47	4.32	4.16	3.99	3.74
1	60	12	5.69	5.51	5.38	5.29	5.23	5.17
1	60	13	6.59	6.4	6.28	6.2	6.16	6.13
1	60	14	7.38	7.21	7.08	6.99	6.94	6.92
1	60	15	8.05	7.93	7.8	7.71	7.65	7.62
1	80	10	9.93	9.7	9.54	9.43	9.36	9.29
1	80	11	11.34	11.12	10.95	10.85	10.79	10.75
1	80	12	12.52	12.33	12.17	12.06	12	11.96
1	80	13	13.46	13.36	13.22	13.12	13.05	13.01
1	80	14	14.07	14.19	14.12	14.04	13.98	13.93
1	80	15	14.02	14.82	14.87	14.83	14.79	14.74

表 D.6(续)

热风流量(范围:0.25～3)/$m^3 \cdot s^{-1} \cdot m^{-3}$	热风温度(范围:40～140)/℃	谷物最终含水率(范围:10～15)/% w.b.	纯蒸发量[a]/[g(水)/kg(干空气)]					
			谷物原始含水率/%					
			18	20	22	24	26	28
1	100	10	17.54	17.47	17.4	17.38	17.39	17.44
1	100	11	18.97	18.9	18.83	18.79	18.79	18.82
1	100	12	20.04	20.09	20.04	20	19.99	20
1	100	13	20.61	21.01	21.05	21.04	21.03	21.03
1	100	14	20.32	21.74	21.83	21.89	21.91	21.93
1	100	15	19.22	21.78	22.43	22.54	22.63	22.67
1	120	10	26.01	26.03	26.13	26.24	26.37	23.51
1	120	11	27.26	27.32	27.35	27.44	27.57	27.69
1	120	12	27.38	28.37	28.47	28.46	28.57	28.68
1	120	13	26.77	28.66	29.26	29.41	29.39	29.5
1	120	14	25.65	28.38	29.51	29.95	30.04	30.27
1	120	15	23.9	27.62	29.4	30.13	30.54	30.78
1	140	10	34.41	34.93	35.23	35.38	35.48	35.71
1	140	11	34.17	35.64	36.07	36.34	36.6	36.67
1	140	12	33.45	35.6	36.43	36.85	37.23	37.46
1	140	13	32.33	35.14	36.5	37.06	37.47	37.88
1	140	14	30.79	34.35	36.2	37.11	37.71	38.07
1	140	15	28.55	32.8	35.75	36.99	37.64	38.12
1.5	40	10	—	—	—	—	—	—
1.5	40	11	—	—	—	—	—	—
1.5	40	12	—	—	—	—	—	—
1.5	40	13	1.37	1.27	1.17	1.01	—	—
1.5	40	14	1.84	1.75	1.69	1.65	1.63	1.6
1.5	40	15	2.3	2.17	2.1	2.07	2.06	2.06
1.5	60	10	2.72	2.47	2.11	—	—	—
1.5	60	11	3.73	3.52	3.37	3.24	3.12	2.97
1.5	60	12	4.63	4.38	4.23	4.12	4.05	3.99
1.5	60	13	5.5	5.21	5.02	4.9	4.82	4.77
1.5	60	14	6.34	6	5.77	5.62	5.51	5.45
1.5	60	15	7.08	6.76	6.48	6.29	6.17	6.09

表 D.6(续)

热风流量(范围:0.25～3)/m³·s⁻¹·m⁻³	热风温度(范围:40～140)/℃	谷物最终含水率(范围:10～15)/% w.b.	纯蒸发量[a]/[g(水)/kg(干空气)]					
			谷物原始含水率/%					
			18	20	22	24	26	28
1.5	80	10	8.35	8	7.77	7.61	7.5	7.42
1.5	80	11	9.84	9.41	9.11	8.92	8.78	8.7
1.5	80	12	11.21	10.73	10.37	10.13	9.96	9.85
1.5	80	13	12.33	11.93	11.55	11.26	11.05	10.9
1.5	80	14	12.88	12.96	12.61	12.3	12.06	11.89
1.5	80	15	12.83	13.65	13.53	13.25	13	12.81
1.5	100	10	15.72	15.32	15.05	14.89	14.82	14.77
1.5	100	11	17.45	16.99	16.65	16.44	16.31	16.22
1.5	100	12	18.57	18.5	18.12	17.85	17.68	17.55
1.5	100	13	19	19.59	19.43	19.16	18.95	18.77
1.5	100	14	18.75	20.14	20.48	20.29	20.08	19.89
1.5	100	15	17.76	20.14	21.07	21.23	21.08	20.89
1.5	120	10	24.16	14.15	24.03	23.92	23.88	23.98
1.5	120	11	25.21	25.64	25.58	25.43	25.34	25.31
1.5	120	12	25.4	26.63	26.91	26.76	26.64	26.58
1.5	120	13	24.81	26.93	27.88	27.89	27.79	27.71
1.5	120	14	23.73	26.54	28.15	28.82	28.74	28.68
1.5	120	15	21.97	25.77	27.94	29.13	29.67	29.56
1.5	140	10	32.15	33.26	33.44	33.5	33.6	33.71
1.5	140	11	31.91	33.86	34.73	34.91	34.8	34.88
1.5	140	12	31.14	33.64	35.16	35.91	36.03	36.09
1.5	140	13	29.98	32.99	34.98	36.18	36.57	36.94
1.5	140	14	28.39	32.1	34.48	36.06	37.11	37.61
1.5	140	15	26.16	30.91	33.77	35.7	36.94	37.79
2	40	10	—	—	—	—	—	—
2	40	11	—	—	—	—	—	—
2	40	12	0.53	—	—	—	—	—
2	40	13	1.1	1.01	0.93	0.83	—	—
2	40	14	1.48	1.39	1.34	1.31	1.28	1.26
2	40	15	1.87	1.74	1.68	1.65	1.63	1.63

表 D.6(续)

热风流量(范围:0.25～3)/m³·s⁻¹·m⁻³	热风温度(范围:40～140)/℃	谷物最终含水率(范围:10～15)/% w.b.	纯蒸发量[a]/[g(水)/kg(干空气)]					
			谷物原始含水率/%					
			18	20	22	24	26	28
2	60	10	2.26	2.04	1.81	—	—	—
2	60	11	3.11	2.91	2.77	2.66	2.55	2.44
2	60	12	3.93	3.67	3.51	3.39	3.32	3.26
2	60	13	4.76	4.42	4.2	4.07	3.98	3.91
2	60	14	5.6	5.17	4.89	4.71	4.59	4.52
2	60	15	6.4	5.93	5.58	5.35	5.19	5.09
2	80	10	7.22	6.83	6.57	6.39	6.27	6.18
2	80	11	8.72	8.18	7.81	7.58	7.42	7.32
2	80	12	10.2	9.52	9.05	8.73	8.52	8.38
2	80	13	11.33	10.83	10.27	9.87	9.59	9.39
2	80	14	11.93	11.94	11.44	10.97	10.63	10.38
2	80	15	11.96	12.64	12.48	12.02	11.63	11.33
2	100	10	14.27	13.67	13.29	13.04	12.88	12.79
2	100	11	16.01	15.47	14.95	14.59	14.37	14.22
2	100	12	17.23	17.07	16.55	16.11	15.79	15.58
2	100	13	17.71	18.23	18.03	17.54	17.16	16.88
2	100	14	17.61	18.81	19.13	18.89	18.46	18.12
2	100	15	16.35	18.96	19.73	19.91	19.66	19.29
2	120	10	22.38	22.38	22.1	21.9	21.78	21.69
2	120	11	23.43	23.84	23.83	23.6	23.41	23.27
2	120	12	23.86	24.81	25.14	25.13	24.9	24.7
2	120	13	23.45	25.32	26.04	26.35	26.28	26.03
2	120	14	22.42	25.11	26.58	27.16	27.39	27.25
2	120	15	20.76	24.42	26.48	27.69	28.2	28.26
2	140	10	30.12	31.02	31.6	31.85	31.81	31.79
2	140	11	30.19	31.89	32.65	33.15	33.28	33.22
2	140	12	29.46	31.9	33.46	34.2	34.42	34.47
2	140	13	28.37	31.36	33.34	34.69	35.39	35.71
2	140	14	26.85	30.52	32.92	34.6	35.73	36.5
2	140	15	24.64	29.32	32.23	34.27	35.67	36.7

表 D.6(续)

热风流量(范围:0.25~3)/$m^3 \cdot s^{-1} \cdot m^{-3}$	热风温度(范围:40~140)/℃	谷物最终含水率(范围:10~15)/% w.b.	纯蒸发量[a]/[g(水)/kg(干空气)]					
			谷物原始含水率/%					
			18	20	22	24	26	28
2.5	40	10	—	—	—	—	—	—
2.5	40	11	—	—	—	—	—	—
2.5	40	12	0.48	—	—	—	—	—
2.5	40	13	0.91	0.84	0.78	0.69		
2.5	40	14	1.24	1.16	1.11	1.08	1.06	1.04
2.5	40	15	1.58	1.46	1.4	1.37	1.35	1.34
2.5	60	10	1.92	1.74	1.56	—	—	—
2.5	60	11	2.68	2.49	2.35	2.25	2.16	2.07
2.5	60	12	3.43	3.16	3	2.89	2.81	2.75
2.5	60	13	4.21	3.85	3.63	3.49	3.39	3.33
2.5	60	14	5.05	4.56	4.26	4.07	3.95	3.87
2.5	60	15	5.76	5.31	4.92	4.67	4.5	4.38
2.5	80	10	6.35	5.96	5.69	5.51	5.39	5.31
2.5	80	11	7.83	7.23	6.84	6.6	6.43	6.32
2.5	80	12	9.33	8.57	8.05	7.7	7.45	7.29
2.5	80	13	10.51	9.94	9.26	8.8	8.48	8.25
2.5	80	14	11.21	11.06	10.5	9.92	9.51	9.21
2.5	80	15	11.32	11.83	11.57	11.03	10.53	10.17
2.5	100	10	13.04	12.37	11.91	11.62	11.42	11.3
2.5	100	11	14.75	14.18	13.58	13.16	12.87	12.68
2.5	100	12	16.09	15.78	15.23	14.69	14.29	14.03
2.5	100	13	16.78	17.05	16.72	16.21	15.7	15.35
2.5	100	14	16.76	17.8	17.92	17.59	17.09	16.64
2.5	100	15	16	18.04	18.68	18.71	18.38	17.91
2.5	120	10	20.86	20.78	20.52	20.18	19.96	19.85
2.5	120	11	22.07	22.3	22.22	21.98	21.69	21.48
2.5	120	12	22.69	23.43	23.6	23.53	23.3	23.03
2.5	120	13	22.43	24.1	24.63	24.78	24.7	24.48
2.5	120	14	21.53	24.02	25.25	25.74	25.87	25.79
2.5	120	15	19.95	23.43	25.36	26.34	26.75	26.86

表 D.6(续)

热风流量(范围:0.25～3)/$m^3 \cdot s^{-1} \cdot m^{-3}$	热风温度(范围:40～140)/℃	谷物最终含水率(范围:10～15)/% w.b.	纯蒸发量[a]/[g(水)/kg(干空气)]					
			谷物原始含水率/%					
			18	20	22	24	26	28
2.5	140	10	28.15	29.27	29.74	30	30.12	30.08
2.5	140	11	28.83	30.21	30.89	31.34	31.6	31.67
2.5	140	12	28.27	30.54	31.81	32.36	32.79	32.99
2.5	140	13	27.22	30.18	32.03	33.21	33.59	34.04
2.5	140	14	25.76	29.37	31.72	33.3	34.39	35.02
2.5	140	15	23.63	28.22	31.11	33.07	34.39	35.5
3	40	10	—	—	—	—	—	—
3	40	11	—	—	—	—	—	—
3	40	12	0.42	—	—	—	—	—
3	40	13	0.78	0.72	0.64	0.6	—	—
3	40	14	1.07	0.99	0.95	0.92	0.9	0.89
3	40	15	1.37	1.25	1.2	1.17	1.15	1.15
3	60	10	1.68	1.52	1.37	—	—	—
3	60	11	2.35	2.17	2.05	1.95	1.88	1.8
3	60	12	3.04	2.79	2.63	2.52	2.44	2.39
3	60	13	3.78	3.42	3.2	3.06	2.96	2.9
3	60	14	4.59	4.09	3.79	3.6	3.47	3.39
3	60	15	5.3	4.82	4.41	4.15	3.98	3.86
3	80	10	5.7	5.29	5.03	4.86	4.74	4.65
3	80	11	7.11	6.48	6.11	5.85	5.68	5.56
3	80	12	8.59	7.8	7.24	6.87	6.63	6.47
3	80	13	9.82	9.16	8.45	7.95	7.61	7.37
3	80	14	10.61	10.33	9.7	9.06	8.61	8.29
3	80	15	10.81	11.17	10.8	10.2	9.64	9.23
3	100	10	11.98	11.31	10.81	10.48	10.27	10.13
3	100	11	13.69	13.08	12.45	11.99	11.66	11.45
3	100	12	15.12	14.68	14.1	13.51	13.07	12.76
3	100	13	16.01	16.03	15.59	15.04	14.49	14.08
3	100	14	16.12	16.96	16.85	16.43	15.9	15.39
3	100	15	15.44	17.3	17.78	17.62	17.2	16.71

表 D.6(续)

热风流量(范围:0.25～3)/m³·s⁻¹·m⁻³	热风温度(范围:40～140)/℃	谷物最终含水率(范围:10～15)/% w.b.	纯蒸发量[a]/[g(水)/kg(干空气)]					
			谷物原始含水率/%					
			18	20	22	24	26	28
3	120	10	19.56	19.39	19.1	18.75	18.45	18.28
3	120	11	20.9	20.97	20.81	20.53	20.2	19.94
3	120	12	21.67	22.23	22.25	22.09	21.84	21.54
3	120	13	21.63	23	23.41	23.42	23.26	23.04
3	120	14	20.79	22.81	24.16	24.49	24.48	24.35
3	120	15	19.32	22.63	24.46	25.21	25.49	25.49
3	140	10	27.1	27.8	28.15	28.33	28.44	28.46
3	140	11	27.67	28.81	29.41	29.75	29.95	30.05
3	140	12	27.32	29.41	30.31	30.86	31.2	31.39
3	140	13	26.37	29.16	30.89	31.68	32.21	32.51
3	140	14	24.99	28.44	30.74	32.19	33.03	33.41
3	140	15	22.86	27.4	30.2	32.1	33.21	34.31

环境空气条件:

——温度 15℃;

——相对湿度 80%;

——单位湿含量 8.505 g/kg。

a 表中热风温度 40℃～60℃的缺口为干燥不支持区域,此区域内谷物干燥周期长,将使冷却过程中过度湿化。

附 录 E
（资料性附录）
气流的计算

E.1 气流的计算

GB/T 21163.1—2007 附录 A 的指导说明如下：

a) 干燥机干燥床和冷却床气体流量分配公式推导；

b) 标准进风口对气流量的影响；

c) 从排气湿含量估算总风量。

E.2 谷物改变时对干燥机风压和风量的影响

干燥机风机输送的风量变化速度由风机特性曲线和系统阻力曲线交点确定。系统曲线表示谷物干燥机风道、风管的综合阻力、谷物类型的变化将改变系统曲线的位置，因而与风机特性曲线产生新的交点。

可以用下述方法确定（风机）新的工作条件。

找出生产商风机特性数据，如果数据为表格形式，使用多元线性回归曲线（或其他数学方法），把风机的静压 p(Pa)看成是风量 a(m^3/s)的二次函数风量，反之亦然。

$$p = c_1 + c_2 a + c_3 a^2 \quad \text{(E.1)}$$

$$a = d_1 + d_2 p + d_3 p^2 \quad \text{(E.2)}$$

注：二次方程式常被用来表示通常工作条件下的风机特性曲线的曲率。公式由独立和非独立的变量所组成，当然其数值是不同的，但误差很小。

要获得空载系统压降评估的方法是干燥机清空后，空运转风机并测量风机静压和通过干燥机的压降，通过风机进出口的外部阀门的调节来获得最少四个流量值。将系统压力 p_{sys}(Pa)看成是热风体积流量 a(m^3/s)的指数函数。

$$p_{sys} = i_{sys} a^{n,sys} \quad \text{(E.3)}$$

将风机的静压 p_o 换成风机特性公式(E.2)得到风机输送的气流体积 a_o。

风机：

$$p_o = c_1 + c_2 a_o + c_3 a_o^2 \quad \text{(E.4)}$$

$$p_s = c_1 + c_2 a_s + c_3 a_s^2 \quad \text{(E.5)}$$

系统：

$$p_o = di_o \left(\frac{a_o}{f}\right)^{n,o} + i_{sys} a_o^{n,sys} \quad \text{(E.6)}$$

$$p_s = di_s \left(\frac{a_s}{f}\right)^{n,s} + i_{sys} a_s^{n,sys} \quad \text{(E.7)}$$

这里，特定谷物的参数 i 和 n 的数值可测知，或从下面的表格中查得。

表 E.1 指数函数公式(E.6)和公式(E.7)中的参数 i 和 n 的数值反映了谷物压力阻力对风速的影响

谷物类型	i	n
大麦	6 281	1.39
玉米	4 963	1.53
油菜	18 378	1.21

表 E.1(续)

谷物类型		i	n
水稻		7 543	1.39
水稻	长粒稻	4 832	1.17
	中粒稻	9 261	1.46
	短粒稻	7 319	1.5
高粱		9 558	1.53
大豆		2 839	1.43
小麦		9 036	1.32

使风机和系统的压力相等可得：

$$c_1 + c_2 a_o + c_3 a_o^2 = d i_o \left(\frac{a_o}{f}\right)^{n,o} + i_{sys} a_o^{n,sys} \quad \cdots\cdots(E.8)$$

$$c_1 + c_2 a_s + c_3 a_s^2 = d i_s \left(\frac{a_s}{f}\right)^{n,s} + i_{sys} a_s^{n,sys} \quad \cdots\cdots(E.9)$$

相除并整理得：

$$\frac{c_1 + c_2 a_o + c_3 a_o^2 - i_{sys} a_o^{n,sys}}{c_1 + c_2 a_s + c_3 a_s^2 - i_{sys} a_s^{n,sys}} = \frac{i_o a_o^{n,o} f^{m_s - n_o}}{i_s a_s^{n,s}} \quad \cdots\cdots(E.10)$$

或

$$\frac{c_1 + c_2 a_o + c_3 a_o^2 - i_{sys} a_o^{n,sys}}{a_o^{n,o}} \times \frac{i_s}{i_o f^{n,s-n,o}} = \frac{c_1 + c_2 a_s + c_3 a_s^2 - i_{sys} a_s^{n,sys}}{a_s^{n,s}} \quad \cdots\cdots(E.11)$$

公式(E.11)可以用不同的方法计算 a_s，因为公式的左侧是已知的，使左右侧等值的 a_s 可以通过试差法计算得到。

注：最简单的方法是使用扩表法或类似的软件包设定左侧和右侧的差值为 0。

参 考 文 献

[1] ISTA, International Seed Testing Association, International rules for seed testing. Seed Science and Technology (suppl.), 1993.

ICS 67.180.10
B 47

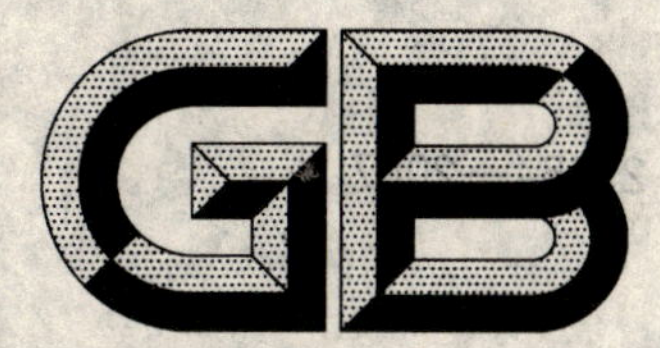

中华人民共和国国家标准

GB/T 21164—2007

蜂王浆中链霉素、双氢链霉素残留量测定 液相色谱法

Determination of streptomycin、dihydrostreptomycin residues in royal jelly—Liquid chromatography method

2007-10-31 发布　　2008-04-01 实施

中华人民共和国国家质量监督检验检疫总局
中国国家标准化管理委员会　发布

前 言

本标准的附录 A 为资料性附录。

本标准由中华人民共和国国家质量监督检验检疫总局提出并归口。

本标准起草单位:中华人民共和国江苏出入境检验检疫局、中国兽医药品监察所。

本标准主要起草人:陈惠兰、吴斌、赵增运、沈崇钰、丁涛、黄娟、朱成晶、徐锦忠、蒋原、陶宏锦、朱馨乐。

蜂王浆中链霉素、双氢链霉素残留量测定
液相色谱法

1 范围

本标准规定了蜂王浆中链霉素和双氢链霉素残留的液相色谱-柱后衍生化荧光测定方法。

本标准适用于蜂王浆中链霉素和双氢链霉素残留量的测定。

2 规范性引用文件

下列文件中的条款通过本标准的引用而成为本标准的条款。凡是注日期的引用文件,其随后所有的修改单(不包括勘误的内容)或修订版均不适用于本标准,然而,鼓励根据本标准达成协议的各方研究是否可使用这些文件的最新版本。凡是不注日期的引用文件,其最新版本适用于本标准。

GB/T 6682 分析实验室用水规格和试验方法(GB/T 6682—1992,neq ISO 3696:1987)

3 方法提要

蜂王浆样品中链霉素和双氢链霉素用庚烷磺酸钠-磷酸钠混合提取液提取,提取液用 C_{18} 固相萃取柱净化,甲醇洗脱,旋转蒸发至干,用 0.01 mol/L 庚烷磺酸钠溶液溶解定容,样品溶液经高效液相色谱-柱后衍生,荧光检测器检测,外标法定量。

4 试剂和材料

4.1 甲醇:色谱纯。

4.2 水:应符合 GB/T 6682 规定的一级水。

4.3 乙腈:色谱纯。

4.4 氢氧化钠:分析纯。

4.5 三氯甲烷:分析纯。

4.6 1,2-萘醌-4-磺酸钠:色谱纯。

4.7 叔丁基甲基醚:色谱纯。

4.8 正己烷:分析纯。

4.9 庚烷磺酸钠:色谱纯。

4.10 磷酸钠:分析纯。

4.11 磷酸:分析纯。

4.12 链霉素和双氢链霉素标准物质:纯度≥99%。

4.13 C_{18} 固相萃取柱:500 mg,3 mL。使用前用 5 mL 甲醇 10 mL 水预洗并保持柱体湿润。

4.14 庚烷磺酸钠-磷酸钠混合提取液:称取 10.10 g 庚烷磺酸钠、4.10 g 磷酸钠,溶于 1 000 mL 水中,用磷酸(4.11)调溶液 pH 3.3。

4.15 叔丁基甲基醚-正己烷溶液:取 10 mL 正己烷、40 mL 叔丁基甲基醚,混匀。

4.16 庚烷磺酸钠溶液:0.01 mol/L。称取 2.02 g 庚烷磺酸钠,溶于 1 000 mL 水中,用磷酸(4.11)调 pH3.3。

4.17 氢氧化钠溶液:0.2 mol/L。称取 8 g 氢氧化钠(4.4),溶于 1 000 mL 水中,过 0.45 μm 的滤膜,抽滤脱气。

4.18　1,2-萘醌-4-磺酸钠溶液：0.6 mmol/L。称取 0.078 g 1,2-萘醌-4-磺酸钠(4.6)，用 500 mL 水溶解，过 0.45 μm 的滤膜，抽滤脱气。

4.19　链霉素和双氢链霉素标准储备溶液：0.10 mg/mL。准确称取适量的链霉素和双氢链霉素标准品，用水溶解定容，配制成 0.10 mg/mL 的标准储备液。储备液贮存在 4℃冰箱中，保存期一年。

4.20　链霉素和双氢链霉素标准工作溶液：根据试验需要，用庚烷磺酸钠溶液(4.16)稀释标准储备液(4.19)，配成适当浓度的标准工作溶液，现用现配。

5　仪器

5.1　高效液相色谱仪配柱后衍生装置和荧光检测器，Pekering 双通道柱后衍生装置或相当者。

5.2　旋涡混匀器。

5.3　固相萃取装置。

5.4　旋转蒸发器。

5.5　离心机。

5.6　真空泵：真空度应达到 80 kPa。

5.7　pH 计：测量精度±0.02。

5.8　具塞离心管：50 mL。

5.9　移液管：20.0 mL、10.0 mL、1.0 mL。

5.10　滤膜过滤器：0.45 μm，水相。

6　试样的制备与保存

6.1　试样的制备

将样品解冻搅拌均匀，分出 0.5 kg 作为试样。制备好的试样置于样品瓶中，密封，并标明标记。

6.2　试样保存

将试样于－18℃以下保存。

7　测定步骤

7.1　提取

称取 5 g 试样，精确到 0.01 g，置于 50 mL 离心管中。准确加入 20.0 mL 提取液(4.14)，10 mL 三氯甲烷(4.5)，在混匀器上混合 2 min，混匀后于 2 000 r/min 下离心 5 min，上清液待净化。

7.2　净化

将储液器装在预洗好的 C_{18} 固相萃取柱(4.13)上。准确移取 10.0 mL 上清液(7.1)于储液器中，使溶液以 1.5 mL/min 的流速通过 C_{18} 固相萃取柱。用 10 mL 水淋洗 C_{18} 固相萃取柱，在真空泵 70 kPa 的负压下，负压抽干 5 min，再用 4 mL 叔丁基甲醚-正己烷混合溶液(4.15)淋洗固相萃取柱，负压抽干 5 min，弃去全部淋洗液。用 10 mL 甲醇以 1.5 mL/min 的流速洗脱链霉素和双氢链霉素于 50 mL 离心管中，用旋转蒸发器于 45℃水浴上将其减压蒸发至干。准确加入 1.0 mL 庚烷磺酸钠溶液(4.16)溶解残渣，溶液过 0.45 μm 的滤膜，供液相色谱测定。

7.3　测定

7.3.1　液相色谱条件

a)　色谱柱：Kromasil C_8 5 μm，250 mm×4.6 mm(内径)，或相当者；

b)　流动相：0.01 mol/L 庚烷磺酸钠(4.16)＋乙腈(77＋23)；

c)　流速：1.0 mL/min；

d)　柱温：45℃；

e)　进样量：100 μL；

f) 荧光检测器：激发波长 263 nm，发射波长 447 nm。

7.3.2 柱后衍生化条件

a) 柱后衍生剂 1:0.6 mmol/L 1,2-萘醌-4-磺酸钠(4.18)，流速 0.3 mL/min；

b) 柱后衍生剂 2:0.2 mol/L 氢氧化钠(4.17)，流速 0.3 mL/min；

c) 衍生温度:50℃。

7.3.3 色谱测定

根据样品溶液中链霉素和双氢链霉素的残留量，选择峰面积相近的标准工作溶液。标准工作溶液和样品溶液中链霉素和双氢链霉素的响应值均应在仪器测定的线性范围内。对标准工作溶液和样品溶液等体积参插进样进行测定，在上述色谱条件下，链霉素的保留时间约为 34.2 min，双氢链霉素的保留时间约为 35.6 min。

链霉素和双氢链霉素标准物质的色谱图见图 A.1。

7.4 空白试验

除不加入试样外，均按上述步骤进行。

8 结果计算

结果用色谱数据处理机或按式(1)计算，计算结果需扣除空白值：

$$X = \frac{A \cdot c \cdot V}{A_s \cdot m} \quad \cdots\cdots (1)$$

式中：

X——试样中链霉素(双氢链霉素)的含量，单位为毫克每千克(mg/kg)；

A——样液中链霉素(双氢链霉素)的峰面积；

c——标准工作溶液中链霉素(双氢链霉素)浓度，单位为微克每毫升(μg/mL)；

V——样液定容体积，单位为毫升(mL)；

A_s——标准溶液中链霉素(双氢链霉素)的峰面积；

m——最终样液代表的试样质量，单位为克(g)。

9 检测低限、回收率

9.1 检测低限

蜂王浆中链霉素的检测低限为 0.020 mg/kg，双氢链霉素的检测低限为 0.080 mg/kg。

9.2 回收率

蜂王浆中链霉素在添加水平 0.020 mg/kg～0.100 mg/kg，其回收率范围为 87.4%～93.0 %；双氢链霉素在添加水平 0.080 mg/kg～0.400 mg/kg，其回收率范围为 80.4%～90.9%。

附 录 A
（资料性附录）
标准物质色谱图

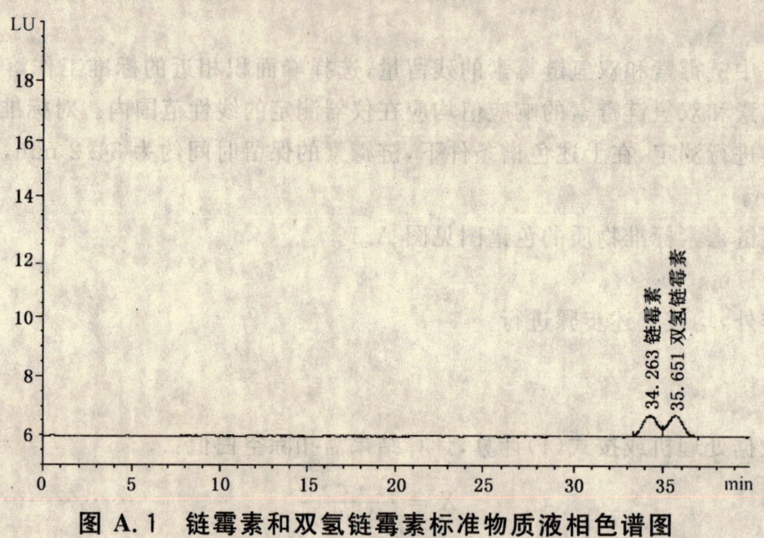

图 A.1 链霉素和双氢链霉素标准物质液相色谱图

ICS 67.120.99
B 45

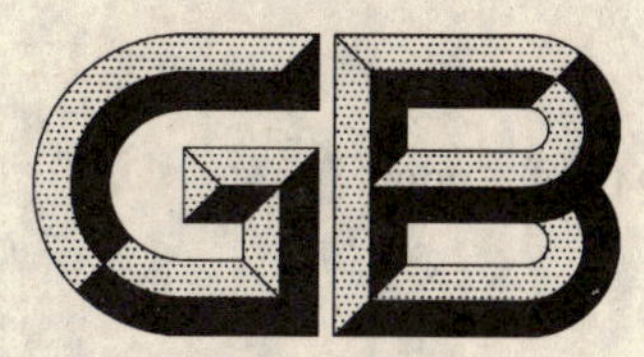

中华人民共和国国家标准

GB/T 21165—2007

肠衣中氯霉素残留量的测定 液相色谱-串联质谱法

Determination of chloramphenicol residues in casing—LC-MS/MS method

2007-10-31 发布 2008-04-01 实施

中华人民共和国国家质量监督检验检疫总局
中国国家标准化管理委员会 发布

前　言

本标准的附录 A 为资料性附录。

本标准由中华人民共和国国家质量监督检验检疫总局提出并归口。

本标准起草单位：中华人民共和国江苏出入境检验检疫局。

本标准主要起草人：徐锦忠、吴斌、李丽花、沈崇钰、赵增运、丁涛、陈惠兰、张扬、蒋原、蔡宝亮、陶宏锦。

肠衣中氯霉素残留量的测定
液相色谱-串联质谱法

1 范围

本标准规定了肠衣中氯霉素残留量的液相色谱-串联质谱测定方法。

本标准适用于肠衣中氯霉素残留量的测定。

2 规范性引用文件

下列文件中的条款通过本标准的引用而成为本标准的条款。凡是注日期的引用文件，其随后所有的修改单(不包括勘误的内容)或修订版均不适用于本标准，然而，鼓励根据本标准达成协议的各方研究是否可使用这些文件的最新版本。凡是不注日期的引用文件，其最新版本适用于本标准。

GB/T 6682 分析实验室用水规格和试验方法(GB/T 6682—1992，neq ISO 3696:1987)

3 方法提要

试样加入内标后用乙酸乙酯提取，蒸干提取溶液，利用液相色谱-串联质谱仪测定，梯度洗脱去除基质干扰，内标法定量。

4 试剂和材料

4.1 水：应符合 GB/T 6682 规定的一级水。

4.2 甲醇：HPLC 级。

4.3 乙酸乙酯：分析纯。

4.4 氘代氯霉素内标：纯度≥99%。

4.5 氯霉素标准物质：纯度≥99%。

4.6 氯霉素标准储备溶液：0.1 mg/mL。准确称取适量的氯霉素标准物质(4.5)，用甲醇配成 0.1 mg/mL的标准储备液。储备液贮存在 4℃冰箱中，可使用 2 个月。

4.7 氘代氯霉素内标储备溶液：0.1 mg/mL。准确称取适量的氘代氯霉素标准物质(4.4)，用甲醇配成 0.1 mg/mL 的标准储备液。储备液贮存在 4℃冰箱中。

4.8 氘代氯霉素内标工作溶液：取适量内标储备液稀释成 50.0 ng/mL 工作溶液，内标工作溶液在4℃保存。

4.9 氯霉素标准工作溶液：用空白样品提取液分别配成氯霉素浓度为 0.2 ng/mL、0.5 ng/mL、1.0 ng/mL、2.0 ng/mL、5.0 ng/mL、10.0 ng/mL 标准工作溶液，标准工作溶液中内标物浓度均为 5.0 ng/mL。标准工作溶液在 4℃保存，可使用一周。

5 仪器

5.1 液相色谱-串联质谱仪：配有电喷雾离子源。

5.2 分析天平：感量 0.1 mg 和 0.01 g 各一台。

5.3 旋转蒸发器。

5.4 旋涡混匀器。

5.5 离心机。

5.6 移液器:10 mL 和 200 μL。

5.7 离心管:50 mL,具塞。

5.8 浓缩瓶:50 mL。

6 试样的制备与保存

6.1 试样制备

将实验室样品绞碎均匀,分出 0.5 kg 作为试样。制备好的试样置于样品瓶中,密封,并做上标记。

6.2 试样保存

将试样于－18℃下保存。

7 测定步骤

7.1 样品处理

称取 5 g 试样,精确到 0.01 g。置于 50 mL 具塞离心管中,加入 0.100 mL 50.0 ng/mL 的内标物(4.8),加入 10 mL 乙酸乙酯,于旋涡混匀器上快速混合 2 min,以 2 000 r/min 离心 5 min,收集上层清液于干净浓缩瓶中,再次加入 6 mL 乙酸乙酯,于旋涡混匀器上快速混合 2 min,以 2 000 r/min 离心 5 min,合并上清液,于 40℃水浴中旋转蒸发至干,用甲醇＋水(30＋70)定容至 1.0 mL,溶液过0.45 μm 滤膜到进样瓶中,供液相色谱-串联质谱仪测定。

7.2 测定

7.2.1 液相色谱条件

a) 色谱柱:ODS C_{18}, 5 μm, 150 mm×2.1 mm (内径),或相当者;

b) 流动相:甲醇(A)＋水(B),0 min～3.0 min 30%～90% A, 3.0 min～6.0 min 90% A, 6.0 min～6.1 min 30% A, 6.1 min～8.0 min 30% A;

c) 流速:0.2 mL/min;

d) 柱温:30 ℃;

e) 进样量:25 μL。

7.2.2 串联质谱条件

a) 离子源:电喷雾离子源(ESI),正离子监测;

b) 扫描方式:选择离子检测(SRM);

c) 雾化气、鞘气为高纯氮气,碰撞气为高纯氦气;

d) 电喷雾电压、碰撞电压等自动优化至最佳值;

e) 定性离子对、定量离子对和碰撞气能量见表 1。

表 1 定性离子对、定量离子对和碰撞气能量

定性离子对(m/z)	定量离子对(m/z)	碰撞气能量/eV
321/176	321/152	－17
321/152		－19
321/194		－16
326/157(内标)	326/157(内标)	－19

7.3 液相色谱-质谱测定

氯霉素标准工作溶液(4.9)在液相色谱-串联质谱设定条件下分别进样,以标准与内标物峰面积比值为纵坐标,工作溶液浓度(ng/mL)为横坐标,绘制 6 点标准工作曲线,用标准工作曲线对样品进行定量,样品溶液中氯霉素的响应值均应在仪器测定的线性范围内。在上述色谱条件下,氯霉素参考保留时间为 3.60 min±0.2 min。氯霉素标准物质色谱图和质谱图参见图 A.1。

7.4 空白试验

除不加入试样外，均按上述步骤进行。

8 结果计算

结果用色谱数据处理机或按式(1)计算，计算结果需扣除空白值：

$$c_x = \frac{R_x \cdot m_s}{R_s \cdot m} \quad \cdots\cdots (1)$$

式中：

c_x——样品中氯霉素的浓度，单位为微克每千克(μg/kg)；

R_x——样品中氯霉素的峰面积与相应内标峰面积比值；

m_s——氯霉素标准品的质量，单位为纳克(ng)；

R_s——标准品中氯霉素的峰面积与相应内标峰面积比值；

m——样品质量，单位为克(g)。

9 检测低限和回收率

9.1 检测低限

本方法对肠衣中氯霉素残留量的检测低限为0.1 μg/kg。

9.2 回收率

肠衣中氯霉素添加浓度及平均回收率(内标校正)的试验数据：

在0.1 μg/kg时，回收率范围为74.0%～130.0%；

在0.3 μg/kg时，回收率范围为91.8%～136.0%；

在1.0 μg/kg时，回收率范围为93.7%～134.1%。

附 录 A
（资料性附录）
标准物质色谱-质谱图

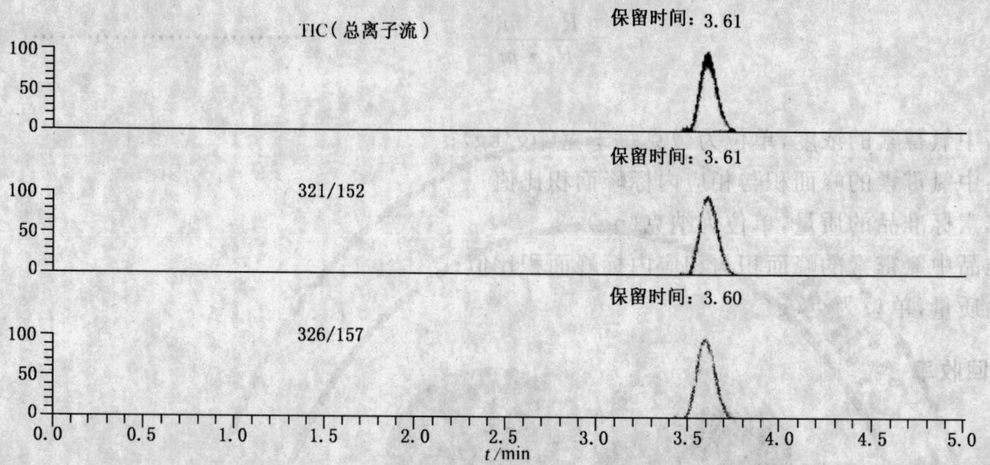

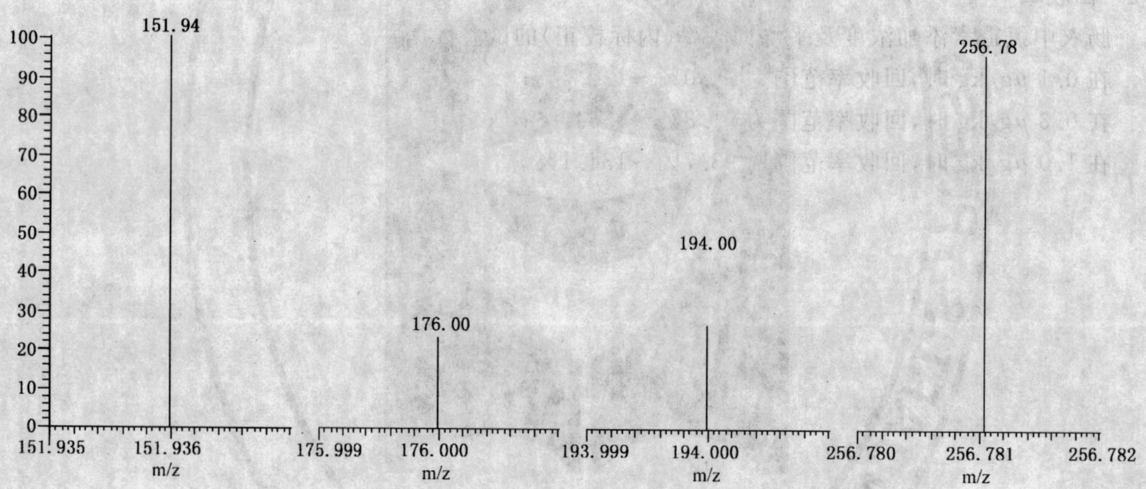

图 A.1 氯霉素标准溶液的液相色谱-串联质谱的总离子流和氯霉素与氯霉素内标的选择离子色谱图及选择离子棒状图

ICS 67.120.99
B 45

中华人民共和国国家标准

GB/T 21166—2007

肠衣中硝基呋喃类代谢物残留量的测定 液相色谱-串联质谱法

Determination of nitrofuran metabolites residues in casing—LC-MS/MS method

2007-10-31 发布

2008-04-01 实施

中华人民共和国国家质量监督检验检疫总局
中国国家标准化管理委员会
发布

前　言

本标准的附录 A 为资料性附录。

本标准由中华人民共和国国家质量监督检验检疫总局提出并归口。

本标准起草单位:中华人民共和国江苏出入境检验检疫局。

本标准主要起草人:陈惠兰、丁涛、沈崇钰、吴斌、徐锦忠、林宏、李公海、张扬、蒋原、蔡宝亮、陶宏锦。

肠衣中硝基呋喃类代谢物残留量的测定 液相色谱-串联质谱法

1 范围

本标准规定了肠衣中呋喃它酮的代谢物5-甲基吗啉-3-氨基-2-噁唑烷基酮(简称AMOZ)、呋喃西林的代谢物氨基脲(简称SEM)、呋喃妥因的代谢物1-氨基-2-内酰脲(简称AHD)和呋喃唑酮的代谢物3-氨基-2-噁唑烷基酮(简称AOZ)残留量的液相色谱-串联质谱的测定方法。

本标准适用于肠衣中硝基呋喃类代谢物残留量的测定。

2 规范性引用文件

下列文件中的条款通过本标准的引用而成为本标准的条款。凡是注日期的引用文件,其随后所有的修改单(不包括勘误的内容)或修订版均不适用于本标准,然而,鼓励根据本标准达成协议的各方研究是否可使用这些文件的最新版本。凡是不注日期的引用文件,其最新版本适用于本标准。

GB/T 6682 分析实验室用水规格和试验方法(GB/T 6682—1992,neq ISO 3696:1987)

3 方法提要

硝基呋喃类药物在动物体内迅速分解,其原位稳定性只有数小时,而其代谢物在动物体内容易和蛋白组织结合,十分稳定。在酸性条件下,与蛋白质组织键合的硝基呋喃类药物代谢物游离出来,与衍生化试剂避光衍生化16 h,乙酸乙酯提取后,浓缩定容,用液相色谱-串联质谱仪测定,内标法定量。

4 试剂和材料

4.1 水:应符合GB/T 6682规定的一级水。

4.2 甲醇:HPLC级。

4.3 乙酸乙酯:HPLC级。

4.4 乙酸铵:HPLC级。

4.5 无水磷酸氢二钾:分析纯。

4.6 二甲基亚砜:分析纯。

4.7 邻硝基苯甲醛:分析纯。

4.8 盐酸:36%~38 %分析纯。

4.9 同位素内标:AHD-$^{13}C3$,AMOZ-D5,AOZ-D4,SEM·HCl-(^{13}C,$^{15}N2$),100 μg/mL,纯度≥98%。

4.10 AOZ、SEM·HCl、AMOZ和AHD·HCl标准品:纯度≥98%。

4.11 AOZ、SEM、AMOZ和AHD标准储备溶液:1 mg/mL。准确称取适量的AOZ、SEM·HCl、AMOZ和AHD·HCl标准品(4.10),用甲醇(4.2)配成1.0 mg/mL的标准储备液。储备液贮存在4℃冰箱中,1年有效。

4.12 AOZ、SEM、AMOZ和AHD标准工作溶液:用甲醇分别配成浓度为100 ng/mL、10 ng/mL标准工作溶液,标准工作溶液在4℃保存,3个月有效。

4.13 内标溶液:用甲醇配制浓度为50 ng/mL四种内标混合溶液,内标混合溶液在4℃保存,1年有效。

4.14 衍生化溶液:50 mmol/L邻硝基苯甲醛。称取0.037 8 g的邻硝基苯甲醛(4.7)到50 mL烧杯中，加入 5 mL 二甲基亚砜(4.6)溶解，现配。

4.15　磷酸氢二钾缓冲液(1 mol/L)：称取 87.1 g 无水磷酸氢二钾(4.5)，加入 500 mL 水溶解。

5　仪器

5.1　液相色谱-串联质谱仪(串联四极杆)：配有电喷雾离子源。

5.2　分析天平：感量 0.01 g 和 0.1 mg 各一台。

5.3　旋转蒸发仪或相当者。

5.4　水浴振荡器。

5.5　旋涡混匀器。

5.6　贮液器：50 mL。

5.7　真空泵：真空度应达到 80 kPa。

5.8　离心机。

5.9　移液器：5 mL，200 μL。

5.10　离心管：50 mL，具塞。

6　试样的制备与保存

6.1　试样制备

将实验室样品绞碎均匀，分出 0.5 kg 作为试样。制备好的试样置于样品袋中，密封，并做上标记。

6.2　试样保存

将试样于冷冻状态下保存(−18℃)。

7　测定步骤

7.1　提取

准确称取 2.00 g 试样，置于 50 mL 具塞离心管中，准确加入 0.100 mL 50 ng/mL 四种内标混合溶液(4.13)、4 mL 水、0.5 mL 1 mol/L HCl、150 μL 邻硝基苯甲醛溶液(4.14)，于旋涡混匀器上快速混合 30 s，37℃水浴振荡过夜(16 h)。取出样品，冷却到室温后，加入 3.5 mL 磷酸氢二钾缓冲溶液(4.15)，调节样品溶液 pH 7～7.5。加入 8 mL 乙酸乙酯，混合 30 s，2 500 r/min 离心 5 min，取上层乙酸乙酯溶液到 50 mL 玻璃试管中，再加入 8 mL 乙酸乙酯，重复上述提取步骤，合并提取液，40℃水浴旋转蒸发干。用甲醇水溶液(4+6)1.0 mL 定容，过 0.45 μm 的滤膜到进样瓶中，供液相色谱-串联质谱仪测定。

7.2　标准溶液的衍生化

分别准确移取 100 ng/mL 和 10 ng/mL 四种标准混合溶液(4.12)0.20 mL、0.10 mL 和 0.050 mL 到相应干净的 50 mL 玻璃离心管中，准确加入 0.100 mL 四种标准内标混合溶液(4.13)、0.5 mL 1 mol/L HCl、150 μL 邻硝基苯甲醛溶液(4.14)，于旋涡混匀器上快速混合 30 s，37℃水浴振荡过夜(16 h)。按照样品提取步骤处理(7.1)后，供液相色谱-串联质谱仪测定。

7.3　测定

7.3.1　参考液相色谱条件

a)　色谱柱：C_{18}，5 μm，150 mm×2.1 mm(内径)，或相当者；

b)　流动相：甲醇(A)＋0.5 mmol/L 乙酸铵水溶液(B)；

c)　流速：0.25 mL/min；

d)　梯度洗脱程序：0 min～6.0 min 20%～60%A，6 min～8 min 60%A，8 min～9 min 60%～80%A，9 min～9.1 min 80%～20%A，9.1 min～10.5 min 20%A；

e)　柱温：室温；

f)　进样量：25 μL。

7.3.2 串联质谱条件

a) 离子源:电喷雾离子化电离源(ESI),正离子监测;

b) 扫描方式:选择离子检测(SRM);

c) 雾化气、鞘气为高纯氮气,碰撞气为高纯氩气;

d) 喷雾电压、碰撞电压等电压值均优化至最佳灵敏度;

e) 选择离子对见表 1。

表 1 选择离子对

测定物质	母离子 (m/z)	子离子 (m/z)
AOZ	236.0	134.0[a]
		104.0
AOZ-D4	240.0	134.0[a]
SEM	209.0	166.0[a]
		192.0
SEM-(^{13}C,^{15}N2)	212.0	168.0[a]
AHD	249.0	134[a]
		178
AHD-^{13}C3	252.0	134[a]
AMOZ	335.0	291[a]
		262
AMOZ-D5	340.0	296.0[a]

[a] 定量离子。

7.3.3 液相色谱-串联质谱测定

衍生化后的标准工作溶液(7.2)在液相色谱-串联质谱设定条件下分别进样,以标准与内标物峰面积比值为纵坐标,工作溶液浓度(ng/mL)为横坐标,绘制 6 点标准工作曲线(0.5 ng/mL～20 ng/mL),用标准工作曲线对样品进行定量,样品溶液中标准的响应值均应在仪器测定的线性范围内。在上述色谱条件下,其相应的标准物质、内标色谱图和串联质谱图参见图 A.1 和图 A.2。

7.4 空白试验

除不加入试样外,按上述步骤进行。

8 结果计算

结果用色谱数据处理机或按式(1)计算样品中硝基呋喃代谢物的浓度,结果需扣除空白值:

$$c_x = \frac{A_x \cdot m_s}{A_s \cdot m} \quad \cdots\cdots\cdots\cdots (1)$$

式中:

c_x——样品中硝基呋喃代谢物的浓度,单位为微克每千克(μg/kg);

A_x——样品中硝基呋喃代谢物的峰面积与相应内标峰面积比值;

m_s——硝基呋喃代谢物标准的质量,单位为纳克(ng);

A_s——标准品中硝基呋喃代谢物的峰面积与相应内标峰面积比值;

m——样品质量,单位为克(g)。

9 测定低限和回收率范围

本方法中四种硝基呋喃类代谢物测定低限均为 0.5 μg/kg。

肠衣中四种硝基呋喃类代谢物添加浓度及回收率范围(内标校正)的试验数据(n=10):

0.5 μg/kg 添加水平,回收率范围在 92%～104%;

1.0 μg/kg 添加水平,回收率范围在 87%～120%;

2.0 μg/kg 添加水平,回收率范围在 91%～112%。

附 录 A
（资料性附录）
标准品色谱图及二级质谱碎片图

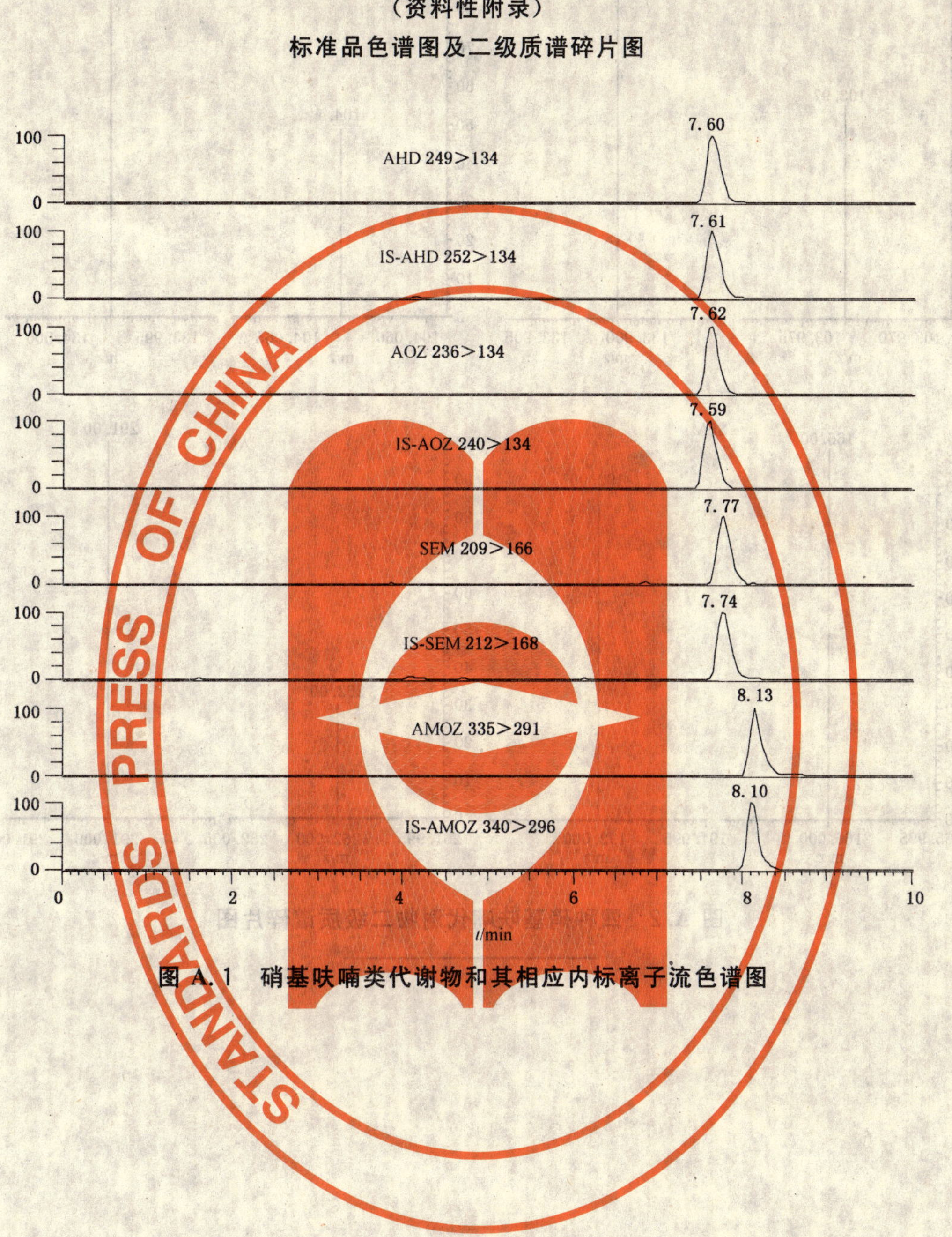

图 A.1 硝基呋喃类代谢物和其相应内标离子流色谱图

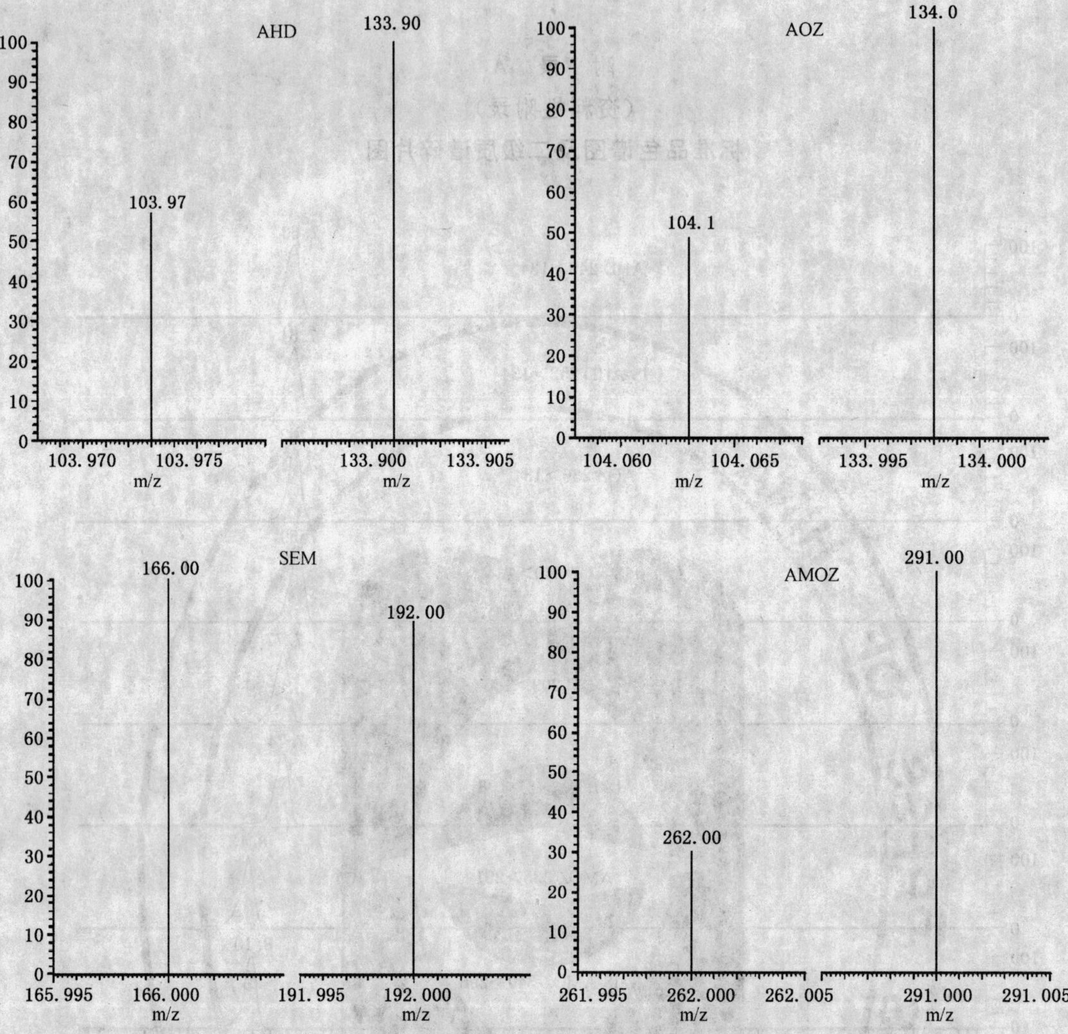

图 A.2 四种硝基呋喃代谢物二级质谱碎片图

ICS 67.180.10
B 47

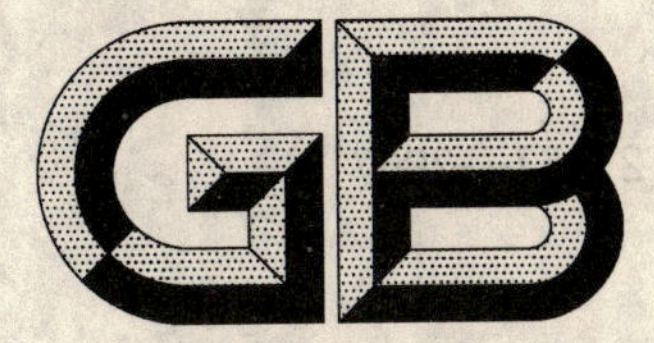

中华人民共和国国家标准

GB/T 21167—2007

蜂王浆中硝基呋喃类代谢物残留量的测定 液相色谱-串联质谱法

Determination of nitrofuran metabolites residues in royal jelly—LC-MS/MS method

2007-10-31 发布

2008-04-01 实施

中华人民共和国国家质量监督检验检疫总局
中国国家标准化管理委员会 发布

前　言

本标准的附录 A 为资料性附录。

本标准由中华人民共和国国家质量监督检验检疫总局提出并归口。

本标准起草单位：中华人民共和国江苏出入境检验检疫局。

本标准主要起草人：丁涛、徐锦忠、沈崇钰、吴斌、陈惠兰、赵增运、张扬、朱春、蒋原、陶宏锦。

蜂王浆中硝基呋喃类代谢物残留量的测定
液相色谱-串联质谱法

1 范围

本标准规定了蜂王浆中呋喃它酮的代谢物 5-甲基吗啉-3-氨基-2-噁唑烷基酮(简称 AMOZ)、呋喃西林的代谢物氨基脲(简称 SEM)、呋喃妥因的代谢物 1-氨基-2-内酰脲(简称 AHD)和呋喃唑酮的代谢物 3-氨基-2-噁唑烷基酮(简称 AOZ)残留量的液相色谱-串联质谱的测定。

本标准适用于蜂王浆中硝基呋喃类代谢物残留量的测定。

2 规范性引用文件

下列文件中的条款通过本标准的引用而成为本标准的条款。凡是注日期的引用文件,其随后所有的修改单(不包括勘误的内容)或修订版均不适用于本标准,然而,鼓励根据本标准达成协议的各方研究是否可使用这些文件的最新版本。凡是不注日期的引用文件,其最新版本适用于本标准。

GB/T 6682 分析实验室用水规格和试验方法(GB/T 6682—1992,neq ISO 3696:1987)

3 方法提要

硝基呋喃类药物在动物体内迅速分解,其原位稳定性只有数小时,而其代谢物在动物体内容易和蛋白组织结合,十分稳定。利用三氯乙酸溶液沉淀王浆中蛋白质后,邻硝基苯甲醛作为衍生化试剂避光衍生化 16 h,乙酸乙酯提取浓缩后,用液相色谱-串联质谱仪测定,内标法定量。

4 试剂和材料

4.1 水:应符合 GB/T 6682 规定的一级水。

4.2 甲醇:HPLC 级。

4.3 乙酸乙酯:HPLC 级。

4.4 乙酸铵:HPLC 级。

4.5 三氯乙酸:分析纯。

4.6 无水磷酸氢二钾:分析纯。

4.7 二甲基亚砜:分析纯。

4.8 邻硝基苯甲醛:分析纯。

4.9 同位素内标:AHD-^{13}C3,AMOZ-D5,AOZ-D4,SEM·HCl-(^{13}C,^{15}N2),100 μg/mL,纯度≥98%。

4.10 AOZ、SEM·HCl、AMOZ 和 AHD·HCl 标准品:纯度≥98%。

4.11 AOZ、SEM、AMOZ 和 AHD 标准储备溶液:1 mg/mL。准确称取适量的 AOZ、SEM·HCl、AMOZ 和 AHD·HCl 标准品(4.10),用甲醇(4.2)配成 1.0 mg/mL 的标准储备液。储备液贮存在 4℃冰箱中,1 年有效。

4.12 AOZ、SEM、AMOZ 和 AHD 标准工作溶液:用流动相分别配成浓度为 100 ng/mL、10 ng/mL 标准工作溶液,标准工作溶液在 4℃保存,3 个月有效。

4.13 内标溶液:用流动相配制浓度为 50 ng/mL 四种内标混合溶液,内标混合溶液在 4℃保存,1 年有效。

4.14 衍生化溶液：50 mmol/L 邻硝基苯甲醛。称取 0.037 8 g 的邻硝基苯甲醛(4.8)到 50 mL 烧杯中，加入 5 mL 二甲基亚砜(4.7)溶解，现配。

4.15 磷酸氢二钾缓冲液(1 mol/L)：称取 87.1 g 无水磷酸氢二钾(4.6)，加入 500 mL 水溶解。

4.16 三氯乙酸溶液[25%（质量浓度)]：称取 25 g 三氯乙酸溶解于 100 mL 水中。

5 仪器

5.1 液相色谱-串联质谱仪(串联四极杆)：配有电喷雾离子源。

5.2 分析天平：感量 0.01 g 和 0.1 mg 各一台。

5.3 旋转蒸发仪或相当者。

5.4 水浴振荡器。

5.5 旋涡混匀器。

5.6 真空泵：真空度应达到 80 kPa。

5.7 离心机。

5.8 移液器：5 mL，200 μL。

5.9 离心管：50 mL，具塞。

6 试样的制备与保存

6.1 试样制备

将实验室样品搅拌均匀，分出 0.5 kg 作为试样。制备好的试样置于样品瓶中，密封，并做上标记。

6.2 试样保存

将试样于冷冻状态下保存(−18℃)。

7 测定步骤

7.1 提取

准确称取 2.00 g 试样，置于 50 mL 具塞离心管中，准确加入 0.100 mL 四种标准内标混合溶液(4.13)、2 mL 25%三氯乙酸溶液、3 mL 水，于液体混匀器上快速混合 1 min，室温下振荡 60 min。2 500 r/min离心 5 min，转移上层清液于干净 50 mL 玻璃离心管中，加入 150 μL 邻硝基苯甲醛溶液，37℃水浴振荡过夜(16 h)。取出样品，冷却到室温后，加入 4 mL 磷酸氢二钾缓冲溶液(4.15)，调节样品溶液 pH 7～7.5。加入 10 mL 乙酸乙酯，混合 30 s，2 500 r/min 离心 5 min，取上层乙酸乙酯溶液到 50 mL玻璃试管中，再加入 8 mL 乙酸乙酯，重复上述提取步骤，合并提取液，40℃水浴旋转蒸发干。用甲醇水溶液(4+6)1.0 mL 定容，过 0.45 μm 的滤膜到进样瓶中，供液相色谱-串联质谱仪测定。

7.2 标准溶液的衍生化

分别准确移取 100 ng/mL 和 10 ng/mL 四种标准混合溶液(4.12)0.20 mL、0.10 mL 和 0.050 mL 到干净的 50 mL 玻璃离心管中，准确加入 0.100 mL 四种标准内标混合溶液(4.13)、0.5 mL 1 mol/L HCl、150 μL 邻硝基苯甲醛溶液(4.14)，于旋涡混匀器上快速混合 30 s，37 ℃水浴振荡过夜(16 h)。按照样品提取步骤处理(7.1)后，供液相色谱-串联质谱仪测定。

7.3 测定

7.3.1 液相色谱条件

a) 色谱柱：C_{18}，5 μm，150 mm×2.1 mm（内径)，或相当者；

b) 流动相：甲醇(A) +0.5 mmol/L 乙酸铵水溶液(B)；

c) 流速：0.25 mL/min；

d) 梯度洗脱程序：0 min～6.0 min 20%～60%A，6 min～8 min 60%A，8 min～9 min 60%～80%A，9 min～9.1 min 80%～20%A，9.1 min～10.5 min 20%A；

e) 柱温:室温;

f) 进样量:25 μL。

7.3.2 **串联质谱条件**

a) 离子源:电喷雾离子化电离源(ESI),正离子监测;

b) 扫描方式:选择离子检测(SRM);

c) 雾化气、鞘气为高纯氮气,碰撞气为高纯氦气;

d) 喷雾电压、碰撞电压等电压值均优化至最佳灵敏度;

e) 选择离子对见表 1。

表 1 选择离子对

测定物质	母离子 (m/z)	子离子 (m/z)
AOZ	236.0	134.0[a]
		104.0
AOZ - D4	240.0	134.0[a]
SEM	209.0	166.0[a]
		192.0
SEM- (^{13}C,^{15}N2)	212.0	168.0[a]
AHD	249.0	134[a]
		178
AHD-^{13}C3	252.0	134[a]
AMOZ	335.0	291[a]
		262
AMOZ - D5	340.0	296.0[a]

[a] 定量离子。

7.3.3 **液相色谱-串联质谱测定**

衍生化后的标准工作溶液(7.2)在液相色谱-串联质谱设定条件下分别进样,以标准与内标物峰面积比值为纵坐标,工作溶液浓度(ng/mL)为横坐标,绘制 6 点标准工作曲线,用标准工作曲线对样品进行定量,样品溶液中标准的响应值均应在仪器测定的线性范围内。在上述色谱条件下,其相应的标准物质、内标色谱图和串联质谱图参见图 A.1 和图 A.2。

7.4 **空白试验**

除不加入试样外,按上述步骤进行。

8 结果计算

结果用色谱数据处理机或按式(1)计算样品中硝基呋喃代谢物的浓度,结果需扣除空白值:

$$c_x = \frac{A_x \cdot m_s}{A_s \cdot m} \quad \cdots\cdots(1)$$

式中:

c_x——样品中硝基呋喃代谢物的浓度,单位为微克每千克(μg/kg);

A_x——样品中硝基呋喃代谢物的峰面积与相应内标峰面积比值;

m_s——硝基呋喃代谢物标准的质量,单位为纳克(ng);

A_s——标准品中硝基呋喃代谢物的峰面积与相应内标峰面积比值;

m——样品质量,单位为克(g)。

9 测定低限和回收率范围

本方法中四种硝基呋喃类代谢物测定低限均为 0.5 μg/kg。

蜂王浆中四种硝基呋喃类代谢物添加浓度及回收率范围(内标校正)的试验数据(n=10)：

0.5 μg/kg 添加水平，回收率在 92%～116%；

1.0 μg/kg 添加水平，回收率在 87%～112%；

2.0 μg/kg 添加水平，回收率在 92%～109%。

附 录 A
（资料性附录）
标准品色谱图及二级质谱碎片图

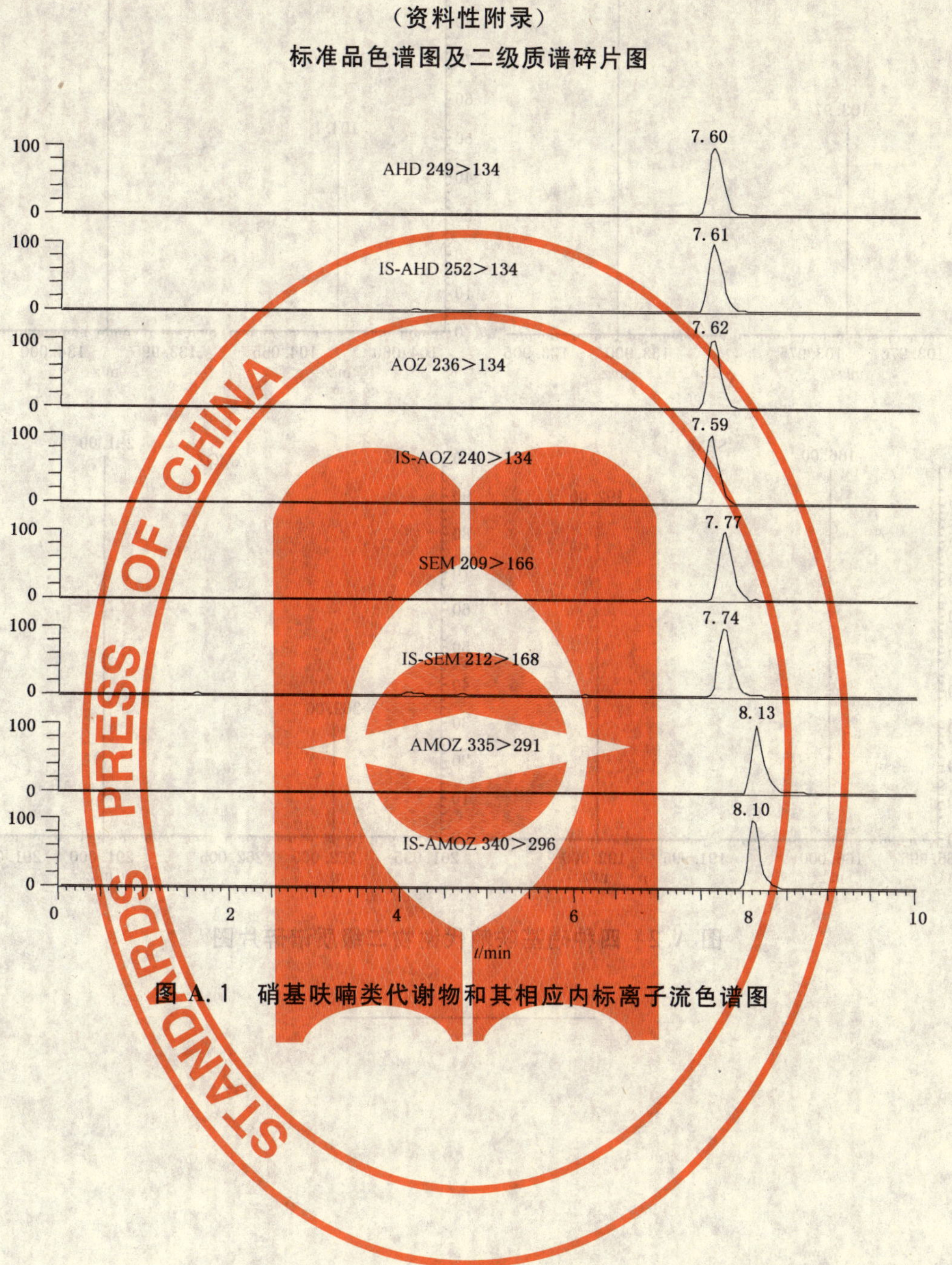

图 A.1 硝基呋喃类代谢物和其相应内标离子流色谱图

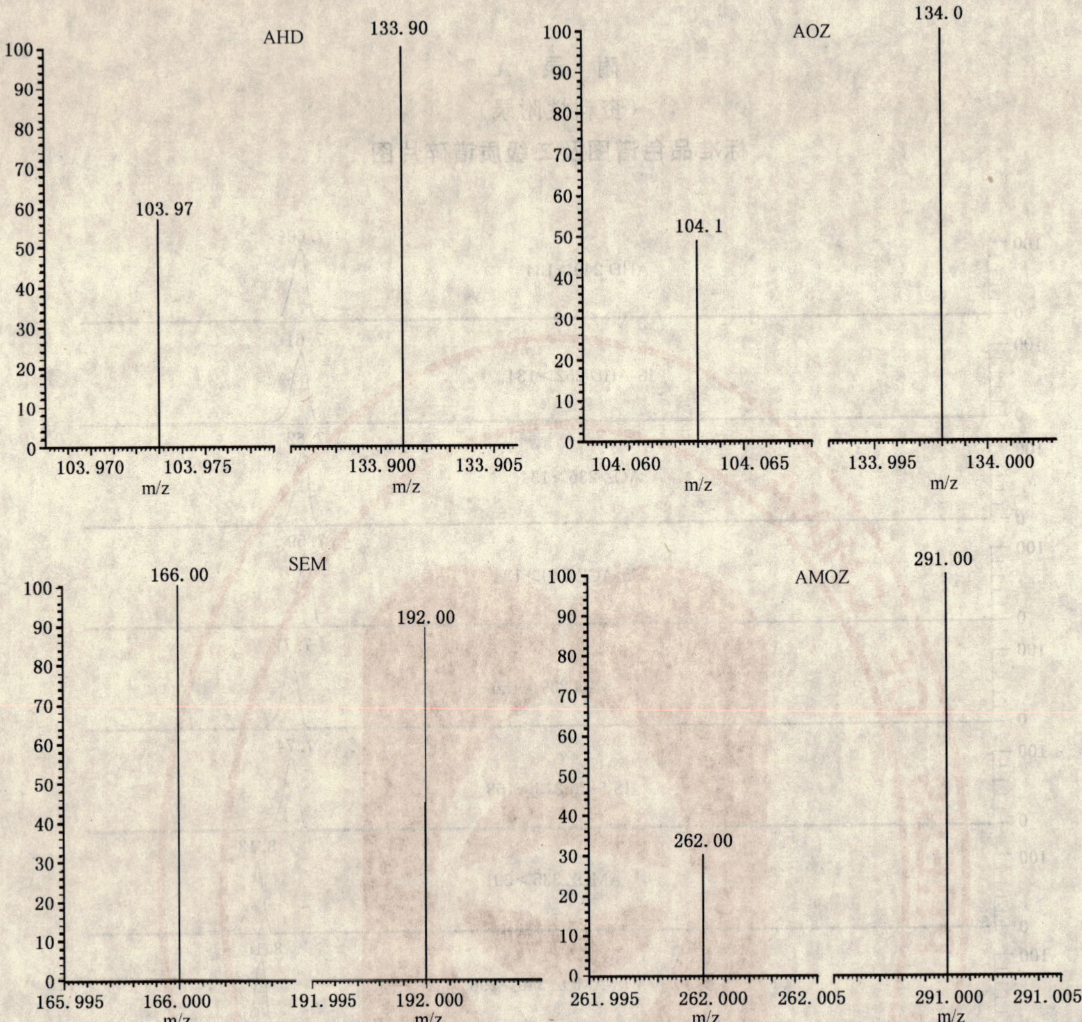

图 A.2 四种硝基呋喃代谢物二级质谱碎片图

ICS 67.180.10
B 47

中华人民共和国国家标准

GB/T 21168—2007

蜂蜜中泰乐菌素残留量的测定 液相色谱-串联质谱法

Determination of tylosin residues in honey—
LC-MS/MS method

2007-10-31 发布 2008-04-01 实施

中华人民共和国国家质量监督检验检疫总局
中国国家标准化管理委员会 发布

前　言

本标准的附录A为资料性附录。

本标准由中华人民共和国国家质量监督检验检疫总局提出并归口。

本标准起草单位：中华人民共和国江苏出入境检验检疫局、中华人民共和国河南出入境检验检疫局。

本标准主要起草人：吴斌、魏蔚、沈伟健、徐锦忠、陈惠兰、沈崇钰、赵增运、黄娟、蒋原、陶宏锦。

蜂蜜中泰乐菌素残留量的测定
液相色谱-串联质谱法

1 范围

本标准规定了蜂蜜中泰乐菌素A残留量液相色谱-串联质谱测定方法提要、测定步骤和结果计算。

本标准适用于蜂蜜中泰乐菌素A残留量的测定。

2 规范性引用文件

下列文件中的条款通过本标准的引用而成为本标准的条款。凡是注日期的引用文件，其随后所有的修改单(不包括勘误的内容)或修订版均不适用于本标准，然而，鼓励根据本标准达成协议的各方研究是否可使用这些文件的最新版本。凡是不注日期的引用文件，其最新版本适用于本标准。

GB/T 6682　分析实验室用水规格和试验方法(GB/T 6682—1992,neq ISO 3696:1987)

3 方法提要

试样用碱性溶液溶解后，泰乐菌素药物残留用固相萃取柱萃取，洗脱液浓缩后用甲醇溶液定容，液相色谱-串联质谱仪测定，外标法定量。

4 试剂和材料

4.1　水：应符合GB/T 6682规定的一级水。

4.2　甲醇：HPLC级。

4.3　碳酸钠：分析纯。

4.4　碳酸氢钠：分析纯。

4.5　甲醇＋水(2＋8)：量取20 mL甲醇(4.2)与80 mL水混合。

4.6　固相萃取柱：HLB或相当者，60 mg，3 mL。

4.7　泰乐菌素A标准：纯度≥95%。

4.8　泰乐菌素A标准储备溶液：1.0 mg/mL。准确称取适量的泰乐菌素标准物质(4.7)，用甲醇配成1.0 mg/mL的标准储备液。储备液贮存在4 ℃冰箱中，可使用两个月。

4.9　泰乐菌素A标准工作溶液：用空白样品提取液分别配成泰乐菌素浓度为2.0 ng/mL、5.0 ng/mL、10.0 ng/mL、50.0 ng/mL、100.0 ng/mL、200.0 ng/mL标准工作溶液。标准工作溶液在4 ℃保存，可使用一周。

4.10　Na_2CO_3-$NaHCO_3$缓冲液(0.1 mol/L)：称取5.3 g碳酸钠和4.2 g碳酸氢钠用适量水溶解后，稀释至1 000 mL。

5 仪器

5.1　液相色谱-串联质谱仪：配有电喷雾离子源。

5.2　分析天平：感量0.1 mg和0.01 g各一台。

5.3　氮吹仪。

5.4　旋涡混匀器。

5.5　贮液器：50 mL。

5.6 真空泵:真空度应达到 80 kPa。

5.7 移液器:10 mL。

5.8 离心管:50 mL,具塞。

5.9 刻度离心管:10 mL。

5.10 滤膜过滤器:0.45 μm,有机相。

6 试样的制备与保存

6.1 试样制备

对无结晶的实验室样品,将其搅拌均匀。对有结晶的样品,在密闭情况下,置于不超过 60℃的水浴中温热,振荡,待样品全部融化后搅匀,冷却至室温。分出 0.5 kg 作为试样。制备好的试样置于样品瓶中,密封,并做上标记。

6.2 试样保存

将试样于常温状态下保存。

注:在取样和制样操作过程中,应防止样品受到污染或发生残留物含量的变化。

7 测定步骤

7.1 提取

称取 5 g 试样,精确到 0.01 g。置于 50 mL 具塞离心管中,加入 10 mL 0.1 mol/L Na_2CO_3-$NaHCO_3$ 缓冲溶液,于液体混匀器上快速混合 1 min,使试样完全溶解。将混合液倒入下接Oasis HLB 柱(4.6)的贮液器中,使用前分别用 3 mL 甲醇和 5 mL 水预处理,保持柱体湿润。溶液以不高于 2 mL/min 的流速通过 Oasis HLB 固相萃取柱,待溶液完全流出后,用 5 mL 水洗离心管和贮液管并过柱,然后再用 5 mL甲醇+水(4.5)洗柱,弃去全部淋出液。在 65 kPa 的负压下,减压抽干 10 min,最后用 5 mL 甲醇(4.2)洗脱,收集洗脱液于 10 mL 刻度离心管(5.9)中,于 50 ℃用氮气吹干仪吹干,用甲醇(4.2)+水(4.1)(30+70)定容至 1.0 mL,过 0.45 μm 的滤膜到进样瓶中,供液相色谱-质谱仪测定。

7.2 测定

7.2.1 液相色谱条件

a) 色谱柱:C_{18},5 μm,150 mm×2.1 mm(内径)或相当者;

b) 流动相:水(A)+甲醇(B);

c) 流速:0.25 mL/min;

d) 梯度:0 min~5.0 min 20%~90%B,5.0 min~7.0 min 90%B,7.1 min~9.0 min 20%B;

e) 柱温:30 ℃;

f) 进样量:25 μL。

7.2.2 串联质谱条件

a) 离子源:电喷雾离子源(ESI),正离子监测;

b) 扫描方式:选择离子检测(SRM);

c) 雾化气、鞘气为高纯氮气,碰撞气为高纯氮气;

d) 电喷雾电压、碰撞电压等自动优化至最佳值;

e) 定性离子对、定量离子对和碰撞气能量见表 1。

表 1 定性离子对、定量离子对和碰撞气能量

定性离子对(m/z)	定量离子对(m/z)	碰撞气能量/eV
916.5/174	916.5/174	38
916.5/772.5		16

7.3 液相色谱-串联质谱测定

泰乐菌素A标准工作溶液(4.9)在液相色谱-质谱设定条件下分别进样,以样品峰面积为纵坐标,工作溶液浓度(ng/mL)为横坐标,绘制6点标准工作曲线,用标准工作曲线对样品进行定量,样品溶液中泰乐菌素的响应值均应在仪器测定的线性范围内。在上述色谱条件下,泰乐菌素A参考保留时间为6.53 min。泰乐菌素标准物质色谱、质谱图分别参见图A.1、图A.2。

7.4 空白试验

除不称取试样外,均按上述步骤进行。

8 结果计算

结果用色谱数据处理机或按式(1)计算,计算结果需扣除空白值:

$$X = c \cdot \frac{V}{m} \qquad \cdots\cdots(1)$$

式中:

X——试样中被测组分残留量,单位为微克每千克(μg/kg);

c——从标准工作曲线上得到的被测组分溶液浓度,单位为纳克每毫升(ng/mL);

V——样品溶液定容体积,单位为毫升(mL);

m——样品溶液所代表试样的质量,单位为克(g)。

9 检测低限和回收率

9.1 检测低限

本方法对蜂蜜中泰乐菌素A残留量的检测低限为1.0 μg/kg。

9.2 回收率

蜂蜜中泰乐菌素A添加浓度及平均回收率的试验数据:

在1.0 μg/kg时,回收率范围为78.4%~107.8%;

在5.0 μg/kg时,回收率范围为70.1%~89.5%;

在10.0 μg/kg时,回收率范围为77.2%~101.1%;

在40.0 μg/kg时,回收率范围为73.4%~94.8%。

附 录 A
（资料性附录）
标准物质总离子流图及质谱图

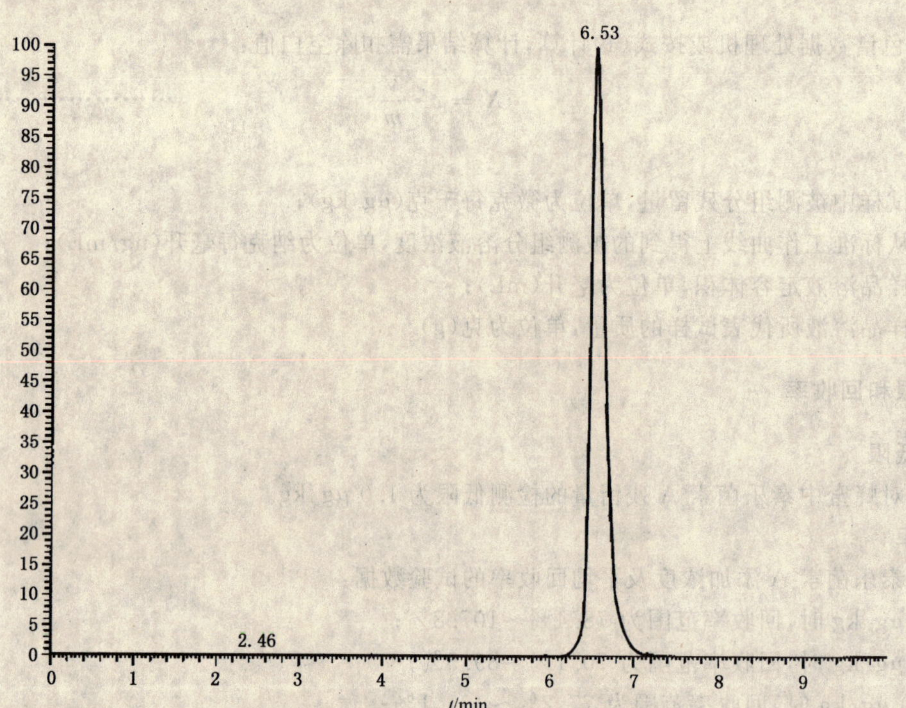

图 A.1 泰乐菌素 A 标准物质总离子流图

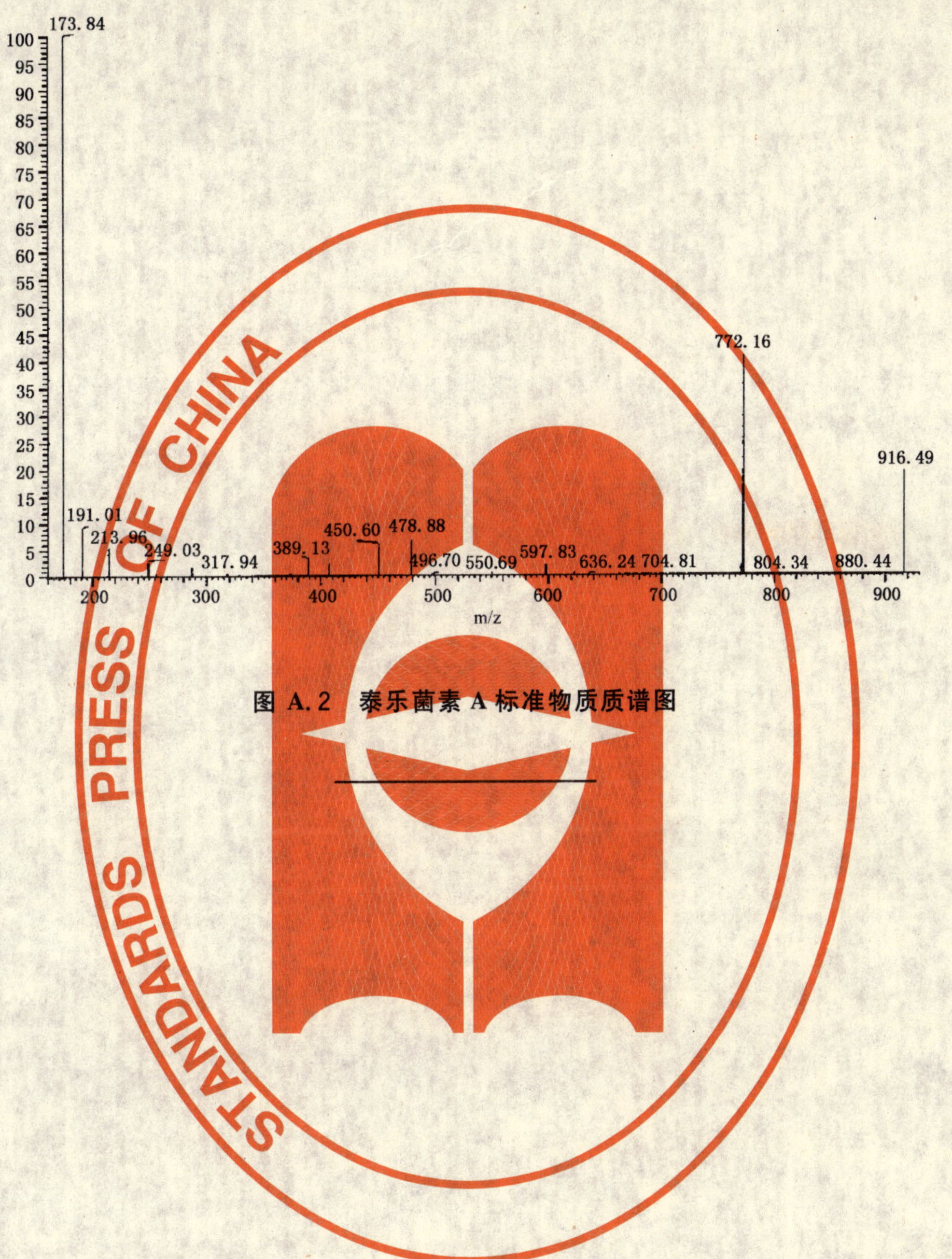

图 A.2　泰乐菌素 A 标准物质质谱图

ICS 67.180.10
B 47

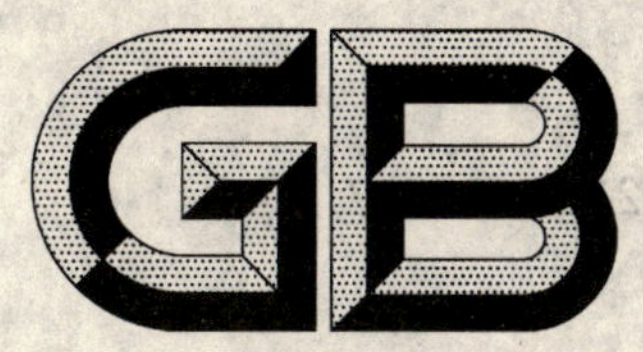

中华人民共和国国家标准

GB/T 21169—2007

蜂蜜中双甲脒及其代谢物残留量测定 液相色谱法

Determination of amitraz and metabolite residues in honey—Liquid chromatography

2007-10-31 发布　　　　2008-04-01 实施

中华人民共和国国家质量监督检验检疫总局
中国国家标准化管理委员会　发布

前　言

本标准的附录A为资料性附录。

本标准由中华人民共和国国家质量监督检验检疫总局提出并归口。

本标准起草单位:中华人民共和国江苏出入境检验检疫局。

本标准主要起草人:赵增运、陈惠兰、林宏、吴斌、丁涛、徐锦忠、沈崇钰、朱成晶、蒋原、陶宏锦。

蜂蜜中双甲脒及其代谢物残留量测定 液相色谱法

1 范围

本标准规定了蜂蜜中双甲脒及其代谢物残留量液相色谱测定方法提要、测定步骤、结果计算。

本标准适用于蜂蜜中双甲脒及其代谢物残留量的测定。

2 规范性引用文件

下列文件中的条款通过本标准的引用而成为本标准的条款。凡是注日期的引用文件,其随后所有的修改单(不包括勘误的内容)或修订版均不适用于本标准,然而,鼓励根据本标准达成协议的各方研究是否可使用这些文件的最新版本。凡是不注日期的引用文件,其最新版本适用于本标准。

GB/T 6682　分析实验室用水规格和试验方法(GB/T 6682—1992,neq ISO 3696:1987)

3 方法提要

蜂蜜样品中双甲脒及其代谢物用正己烷、异丙醇混合提取液提取,提取液浓缩后,依次用乙腈、水定容,用配有紫外检测器的高效液相色谱仪测定,外标法定量。

4 试剂和材料

4.1　水:应符合 GB/T 6682 规定的一级水。

4.2　乙腈:HPLC 级。

4.3　正己烷:优级纯。

4.4　异丙醇:分析纯。

4.5　混合提取液:将 60 mL 的正己烷与 30 mL 的异丙醇混合。

4.6　氢氧化钠:分析纯。

4.7　氢氧化钠溶液:0.1 mol/L。称取 4.0 g 氢氧化钠,溶于 1 000 mL 水中。

4.8　乙酸铵溶液:0.02 mol/L。称取 1.54 g 乙酸铵,溶于 1 000 mL 水中。

4.9　双甲脒标准品(纯度>99%)。

4.10　2,4-二甲基苯胺标准品(纯度>99%)。

4.11　双甲脒标准储备溶液:0.1 mg/mL。准确称取适量的双甲脒标准物质(4.9),用乙腈配成 0.1 mg/mL的标准储备液。储备液保存于 4℃ 冰箱中,根据需要再用乙腈稀释成适当浓度的标准工作液。保存 3 个月。

4.12　2,4-二甲基苯胺标准储备溶液:0.1 mg/mL。准确称取适量的 2,4-二甲基苯胺标准物质(4.10),用乙腈配成 0.1 mg/mL 的标准储备液。储备液保存于 4℃ 冰箱中,根据需要再用乙腈稀释成适当浓度的标准工作液。保存 3 个月。

5 仪器

5.1　高效液相色谱仪:配有紫外检测器。

5.2　分析天平:感量 0.1 mg。

5.3　天平:感量 0.01 g。

5.4 旋转蒸发器或相当者。

5.5 旋涡混匀器。

5.6 移液管:10 mL,5 mL,1 mL。

5.7 有机滤膜:0.45 μm 。

5.8 离心机:3 000 r/min,10 000 r/min。

5.9 具塞离心管:50 mL,1.5 mL。

6 试样的制备与保存

6.1 试样制备

对无结晶的实验室样品,将其搅拌均匀。对有结晶的样品,在密闭情况下,置于不超过60℃的水浴中温热,振荡,待样品全部融化后搅匀,冷却至室温。均分成两份,分别装入样品瓶内作为原始样品。密封并标明标记。

6.2 试样保存

将试样于常温状态下保存。

注:在取样和制样的操作过程中,应防止样品受到污染或发生残留物含量的变化。

7 测定步骤

7.1 提取

称取5 g试样(精确至0.01 g)。置于50 mL具塞离心管中,加入5.0 mL氢氧化钠溶液,旋涡混匀1 min,再加入15.0 mL混合提取液,旋涡混匀1 min,混匀后于3 000 r/min下离心5 min,吸取上层液转移至50 mL离心管中;再加入10.0 mL正己烷,旋涡混匀1 min,混匀后于3 000 r/min下离心5 min,吸取上清液转移至50 mL离心管中,于35℃～40℃的水浴中旋转蒸发浓缩至干,用0.50 mL乙腈溶解残渣,转移至1.5 mL离心管;再加入0.50 mL水溶解残渣,合并转移至1.5 mL离心管,在10 000 r/min离心5 min,溶液过0.45 μm的滤膜到进样瓶中,供液相色谱仪测定。

7.2 测定

7.2.1 液相色谱条件

a) 色谱柱:C_{18}, 5 μm, 150 mm×4.6 mm(内径),或相当者;

b) 流动相:乙腈(A)+0.02 mol/L乙酸铵水溶液(B);

c) 梯度洗脱程序:0 min～6.0 min 35%A,6 min～8.5 min 35%～90%A,8.5 min～16 min 90%A,16.0 min～16.1 min 90%～35%A,16.1 min～20.0 min 35%A;

d) 流速:1.0 mL/min;

e) 柱温:30℃;

f) 进样量:20 μL;

g) 检测波长:235 nm(0 min～10.0 min);289 nm(10.0 min～20.0 min);

h) 检测器:紫外检测器。

7.2.2 液相色谱测定

根据样液中双甲脒残留量情况,选定峰面积相近的标准工作溶液。标准工作溶液和样液中双甲脒及其代谢物响应值均应在仪器检测线性范围内。对标准工作溶液和样液等体积参插进样进行测定。在上述色谱条件下,双甲脒的保留时间约为13.44 min,其代谢物的保留时间约为7.24 min。标准品色谱图参见图A.1。

7.3 空白试验

除不称取试样外,均按上述步骤进行。

8 结果计算

8.1 结果用色谱数据处理机或按式(1)计算试样中双甲脒残留量,计算结果需扣除空白值。

$$X_1 = \frac{A_1 \cdot c_1 \cdot V_1}{A_{S1} \cdot m_1} \quad \cdots\cdots(1)$$

式中:

X_1——试样中双甲脒残留含量,单位为毫克每千克(mg/kg);

A_1——样液中双甲脒的峰面积;

c_1——标准工作溶液中双甲脒的浓度,单位为微克每毫升(μg/mL);

V_1——样液最终定容体积,单位为毫升(mL);

A_{S1}——标准工作溶液中双甲脒的峰面积;

m_1——最终样液代表的试样量,单位为克(g)。

8.2 结果用色谱数据处理机或按式(2)计算试样中代谢物换算成双甲脒残留量,计算结果需扣除空白值。

$$X_2 = \frac{A_2 \cdot c_2 \cdot V_2}{A_{S2} \cdot m_2} \times 1.21 \quad \cdots\cdots(2)$$

式中:

X_2——试样中代谢物换算成双甲脒残留含量,单位为毫克每千克(mg/kg);

A_2——样液中双甲脒代谢物(2,4-二甲基苯胺)的峰面积;

c_2——标准工作溶液中双甲脒代谢物(2,4-二甲基苯胺)的浓度,单位为微克每毫升(μg/mL);

V_2——样液最终定容体积,单位为毫升(mL);

A_{S2}——标准工作溶液中双甲脒代谢物(2,4-二甲基苯胺)的峰面积;

m_2——最终样液代表的试样量,单位为克(g);

1.21——由2,4-二甲基苯胺分子质量换算为双甲脒分子质量的转换系数。

8.3 双甲脒残留总量按式(3)计算。

$$X_3 = X_1 + X_2 \quad \cdots\cdots(3)$$

式中:

X_3——试样中双甲脒残留总含量,单位为毫克每千克(mg/kg);

X_1——试样中双甲脒残留含量,单位为毫克每千克(mg/kg);

X_2——试样中代谢物换算成双甲脒残留含量,单位为毫克每千克(mg/kg)。

9 检测低限、回收率

9.1 检测低限

本方法的检测低限双甲脒为0.01 mg/kg,双甲脒代谢物(2,4-二甲基苯胺)为0.02 mg/kg。

9.2 回收率

蜂蜜中双甲脒在添加水平0.010 mg/kg～0.100 mg/kg范围内,其回收率为99.8%～100.0%;双甲脒代谢物(2,4-二甲基苯胺)在添加水平0.020 mg/kg～0.100 mg/kg范围内,其回收率为71.7%～73.6%。

附 录 A
（资料性附录）
标准品色谱图

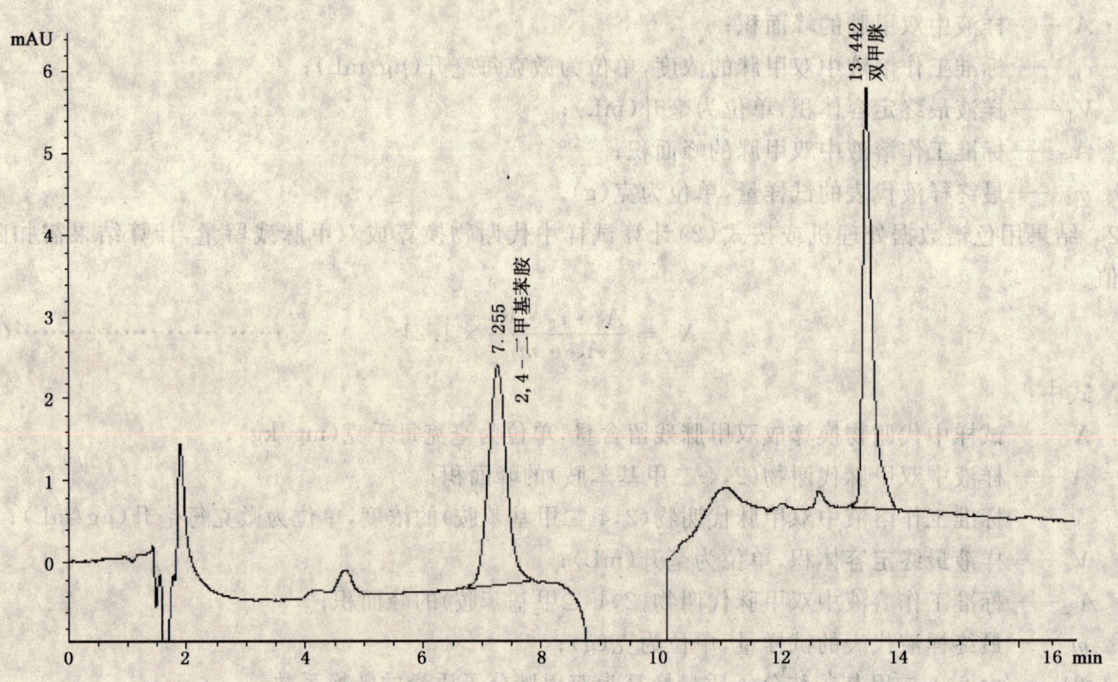

图 A.1 双甲脒及双甲脒代谢物(2,4-二甲基苯胺)标准品的液相色谱图

ICS 81.040.01
N 64

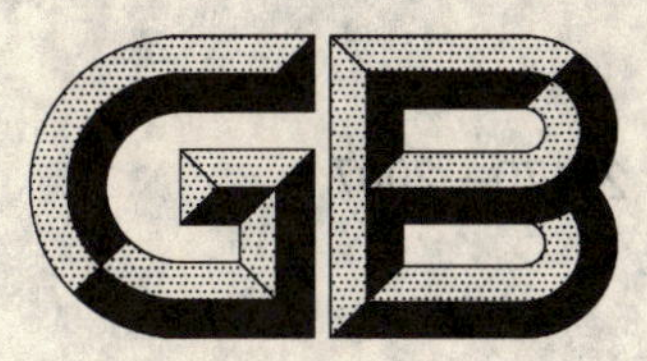

中华人民共和国国家标准

GB/T 21170—2007

玻璃容器　铅、镉溶出量的测定方法

Glass hollowware—Test method for lead and cadmium release

(ISO 7086-1:2000,MOD)

2007-10-31 发布　　　　2008-04-01 实施

中华人民共和国国家质量监督检验检疫总局
中国国家标准化管理委员会　发布

前言

本标准修改采用国际标准 ISO 7086-1:2000《接触食物玻璃制品铅、镉溶出量　第 1 部分:测试方法》,本标准与 ISO 7086-1:2000 的主要差异如下:

——本标准增加了耐热玻璃容器铅、镉溶出量的测定方法;

——本标准增加了试样在 98℃±1℃的温度条件下加热 2 h±10 min 的萃取条件。

本标准由中国轻工业联合会提出。

本标准由全国玻璃仪器标准化技术委员会归口。

本标准起草单位:国家轻工业玻璃产品质量监督检测中心。

本标准主要起草人:李美英、袁春梅。

本标准为首次制定。

玻璃容器　铅、镉溶出量的测定方法

1　范围

本标准规定了玻璃容器铅、镉溶出量的测定方法。

本标准适用于盛装食品、药品、酒、饮用水等各类的玻璃容器。

2　规范性引用文件

下列文件中的条款通过本标准的引用而成为本标准的条款。凡是注日期的引用文件，其随后所有的修改单(不包括勘误的内容)或修改版均不适用于本标准，然而，鼓励根据本标准达成协议的各方研究是否可使用这些文件的最新版本。凡是不注日期的引用文件，其最新版本适用于本标准。

GB/T 6682　分析实验室用水规格和试验方法

3　术语和定义

下列术语和定义适用于本标准。

3.1

包装玻璃容器　packing glass hollowware

用于盛装食品、药品、酒、饮用水等直接进入人体物料的玻璃或微晶玻璃容器。

3.2

扁平容器　flatware

从容器内部最低平面至口缘水平面的深度小于 25 mm 的玻璃容器。

3.3

小容器　small hollowware

容器小于 600 mL 的容器。

3.4

大容器　large hollowware

容器介于 600 mL 和 3 L 之间的容器。

3.5

储存罐　storage hollowware

容器大于 3 L 的容器。

3.6

耐热玻璃容器　resistance heating glass hollowware

盛装食品后进行加热的容器，如微波炉烤盘、咖啡壶、火锅等玻璃容器。

3.7

原子吸收分光光度计　atomic absorption spectrometry

通过测定被测物质基态原子对特定光谱的吸收程度来确定其含量的仪器。

3.8

原子吸收　atomic absorption

通过对气相中基态原子的电辐射的吸收程度进行测定，获得某一原子特定的吸收光谱线。

3.9

内插法 bracketing technique

一种分析方法,即取 2 份上下紧密相邻的标准溶液与被测原子的萃取液同时进行测定,得出每 1 份溶液的吸收值或仪器读数,进行计算。

3.10

标准曲线法 calibration function

一种分析方法。将标准系列溶液在原子吸收分光光度计上测定其吸光度,绘制出浓度标准曲线。在相同仪器工作条件下,对被测原子的萃取液进行测定,直接在标准曲线上查得浓度,进行计算。

4 原理

用 4%乙酸溶液(体积分数),在 22℃±2℃温度,浸泡 24 h±10 min,萃取玻璃容器表面溶出的铅、镉,用原子吸收分光光度计进行测定。

5 试剂

注意:只准用化学纯或化学纯以上的试剂。

5.1 二次蒸馏水:蒸馏水或去离子水(要求符合 GB/T 6682 分析实验室用水规格和试验方法)。

5.2 冰乙酸:分析纯(密度 1.05 g/cm^3)(GB/T 676)。

5.3 4%乙酸(体积分数):取 40 mL 密度为 1.05 g/cm^3 的冰乙酸用蒸馏水稀释至 1 000 mL(该溶液使用时配制)。

5.4 硝酸铅[$Pb(NO_3)_2$]:优级纯(HG/T 3470)。

5.5 氧化镉(CdO):优级纯。

6 标准溶液的配制

6.1 1 000 mg/L 铅标准溶液

精确称取经 105℃~110℃烘 2 h 的硝酸铅 1.598 5 g±0.000 1 g 置于 400 mL 烧杯中,用 40 mL 冰乙酸温热溶解后,冷却,移入 1 000 mL 容量瓶中,用蒸馏水稀释到刻度,摇匀备用。或购买标准溶液。

6.1.1 100 mg/L 铅标准溶液

准确移取浓度为 1 000 mg/L 的铅标准溶液 100 mL 于 1 000 mL 容量瓶中,以 4%乙酸溶液稀释到刻度,摇匀。

6.1.2 铅标准系列溶液

移取 100 mg/L 铅标准溶液 0.0 mL、0.5 mL、1.0 mL、2.0 mL、3.0 mL、4.0 mL、5.0 mL、6.0 mL、7.0 mL 分别置于 100 mL 容量瓶中,用 4%乙酸稀释至刻度,即得到含铅量分别为 0.0 mg/L、0.5 mg/L、1.0 mg/L、2.0 mg/L、3.0 mg/L、4.0 mg/L、5.0 mg/L、6.0 mg/L、7.0 mg/L 标准系列溶液。

6.2 1 000 mg/L 镉标准溶液

精确称取经 105℃~110℃烘 2 h 的氧化镉 1.142 3 g±0.000 1 g 置于 400 mL 烧杯中,用 40 mL 冰乙酸温热溶解后,冷却,移入 1 000 mL 容量瓶中,用蒸馏水稀释到刻度,摇匀备用。或购买标准溶液。

6.2.1 10 mg/L 镉标准溶液

准确移取浓度为 1 000 mg/L 的镉标准溶液 10 mL 于 1 000 mL 容量瓶中,以 4%乙酸溶液稀释到刻度,摇匀。

6.2.2 镉标准系列溶液

移取 10 mg/L 镉标准溶液 0.0 mL、0.5 mL、1.0 mL、2.0 mL、3.0 mL、4.0 mL、5.0 mL、6.0 mL、7.0 mL 分别置于 100 mL 容量瓶中,用 4%乙酸稀释至刻度,即得到含镉量分别为 0.00 mg/L、

0.05 mg/L、0.10 mg/L、0.20 mg/L、0.30 mg/L、0.40 mg/L、0.50 mg/L、0.60 mg/L、0.70 mg/L 标准系列溶液。

注：溶液使用四周后应更换新溶液。

7 仪器、设备及用具

7.1 原子吸收分光光度计：仪器灵敏度是 1% 铅（波长 217.0 nm）为 0.2 mg/L 或 1% 铅（波长 283.3 nm）为 0.45 mg/L，1% 镉（波长 228.8 nm）为 0.02 mg/L。

7.2 铅、镉空心阴极灯。

7.3 用具：应具有耐化学腐蚀且不含铅、镉物质的硼硅质玻璃或聚氯乙烯等类似器皿。

8 取样

8.1 取样要求

应选择表面积与体积比率最高，与食物接触而彩色装饰最多的产品，从每批产品中分别随机抽取相同装饰的不同外形规格的六件样品代表件进行检验。

8.2 试样清洗

用弱碱性洗涤剂将试样清洗干净。然后用自来水反复冲洗，再用蒸馏水或去离子水漂洗干净。

注意：经清洗干净后的试样浸泡面不得用手触摸。

9 测定程序

9.1 试样的萃取

距制品口边缘（沿上边缘线测量）5 mm 内有装饰颜色或容积小于 20 mL 的试样，用 4% 乙酸溶液注至溢出口边缘，其余制品注至离口边缘 5 mm 处，必要时测定浸泡液的体积，准确到 ±3%。

9.2 试样的萃取条件

一般玻璃容器在 22℃±2℃ 室温条件下，浸泡 24 h±10 min，用满足 7.3 要求的器皿将试样遮盖，以防溶液蒸发，在浸泡镉时应避免光照。

如果是耐热玻璃容器，用满足 7.3 要求的器皿将试样遮盖后在 98℃±1℃ 的温度条件下加热2 h±10 min。

9.3 萃取液的提取

用符合 7.3 的玻璃棒将萃取液搅拌均匀（搅拌时应避免萃取液的损失），然后将混匀后的萃取液移入容器中保存，并尽快进行测定，以免溶液中的铅、镉被器壁吸附。

9.4 仪器校准

按仪器说明书要求认真调整仪器，使其灵敏度达到 7.1 规定的要求。

9.5 铅、镉溶出量的测定与计算

9.5.1 标准曲线法

将 6.1.2（或 6.2.2）的铅（或镉）标准系列溶液，在原子吸收分光光度计上测量其吸光度，绘制吸光度-浓度标准曲线。同时，在仪器工作条件相同的情况下测量试样溶液的吸光度，直接由标准曲线上查得试样中铅或镉的浓度。

9.5.2 紧密内插法

根据溶液大概含量取上、下紧密相邻的标准溶液与试样溶液同时比较测定，记下每份溶液三次以上吸光度（A）读数，取平均值，按式（1）计算。

$$c = \frac{A - A_1}{A_2 - A_1}(c_2 - c_1) + c_1 \qquad \cdots\cdots(1)$$

式中：

c——浸泡液铅或镉的含量，单位为毫克每升(mg/L)；

A——浸泡液铅或镉的吸光度；

A_1——较低浓度标准溶液的吸光度；

A_2——较高浓度标准溶液的吸光度；

c_2——较高浓度标准溶液的浓度，单位为毫克每升(mg/L)；

c_1——较低浓度标准溶液的浓度，单位为毫克每升(mg/L)。

9.6 精确度

铅结果精确到 0.1 mg/L，镉结果精确到 0.01 mg/L。

10 试验报告

试验报告应包括以下内容：

a) 送样单位、送样日期、检验性质；

b) 试样名称、编号、要求检验项目；

c) 检验依据的本国家标准编号、名称；

d) 检验结果；

e) 检验结果报告日期；

f) 其他对检验结果有关的说明。

ICS 71.100.60
Y 41

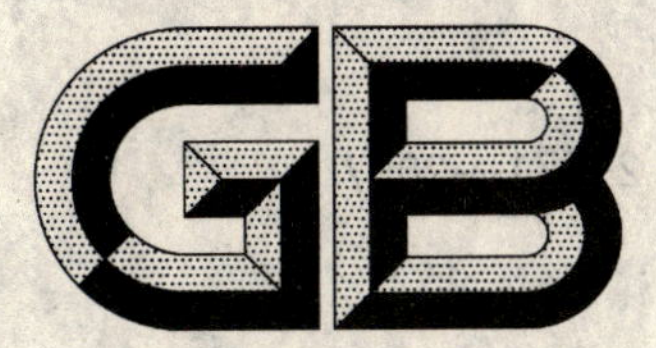

中华人民共和国国家标准

GB/T 21171—2007

香料香精术语

Technical terms of fragrances and flavors

(ISO 9235:1997,Aromatic natural raw materials—Vocabulary,MOD)

2007-10-31 发布　　2008-04-01 实施

中华人民共和国国家质量监督检验检疫总局
中国国家标准化管理委员会　发布

前　言

本标准修改采用国际标准 ISO 9235:1997《芳香天然原料　词汇》,在 ISO 9235:1997、IOFI(食用香料工业国际组织)和 IFRA(国际日用香料工业协会)实践法规术语的基础上,增加了合成香料术语、调香术语。本标准与 ISO 9235:1997 的主要差异如下:

——本标准的名称为香料香精术语;

——本标准香料部分增加了术语香料、超临界流体提取物及合成香料(包括半合成香料、全合成香料)的定义,其余内容与 ISO 9235:1997 完全相同;

——增加香精术语和定义;

——增加调香术语和定义;

——增加其他术语和定义。

本标准由中国轻工业联合会提出。

本标准由全国香料香精化妆品标准化技术委员会归口。

本标准由上海香料研究所负责起草。

本标准主要起草人:金其璋、徐易、康薇、杜世祥、王群。

本标准为首次发布。

香 料 香 精 术 语

1 范围

本标准规定了香料、香精和调香的术语和定义。

本标准适用于规范香料香精工业用语。

2

香料　fragrance/flavor substance

适合人类消费的具有香气和/或香味的物质。前者指能被人类嗅觉感知的物质，后者指使人类产生滋味(香气、味道和口感的综合效果)的物质。分子量一般小于300，具有相当大的挥发性，一般不直接消费，而是配制成香精用于加香产品后间接消费。按用途可将香料分为日用和食用两大类。

2.1

天然香料　natural fragrance/flavor substance

以植物、动物或微生物为原料，经物理方法、生物技术法或经传统的食品工艺法加工所得的香料。

2.1.1

天然原料　natural raw material

来自植物、动物或微生物的原料，包括从这类原料经酶法加工或传统的制备工艺(例如干燥、焙烤或发酵)所得的产物。

2.1.2

渗出物　exudate

由植物自发渗出或受损后渗出的**天然原料**(2.1.1)。

2.1.2.1

天然油树脂　natural oleoresin

主要由挥发物和树脂状物质组成的**渗出物**(2.1.2)。例如松脂(pine oleoresin)，古芸脂(gurjum)。

2.1.2.1.1

香膏　balsam

天然油树脂(2.1.2.1)之一种。其特征是存在苯甲酸和/或肉桂酸衍生物。例如秘鲁香膏(peru balsam)，吐鲁香膏(tolu balsam)，安息香(benzoin)，苏合香(styrox)。

2.1.2.2

树胶　gum

主要由多糖组成的**渗出物**(2.1.2)。例如阿拉伯胶(gum Arabic)，黄蓍胶(tragacanth gum)。

2.1.2.3

胶性树脂　gum resin

主要由树脂状物质和树胶组成的**渗出物**(2.1.2)。例如紫(虫)胶(shellac gum)。

2.1.2.4

胶性油树脂　gum oleoresin

主要由树脂状物质、树胶和一定数量的挥发物组成的**渗出物**(2.1.2)。例如没药(myrrh)，乳香(olibanum)，防风(opoponax)，格蓬(galbanum)。

2.2　**衍生产品:树脂状材料　derived products:resinous materials**

2.2.1

树脂　resin

从**天然油树脂**(2.1.2.1)尽可能多的除去挥发性组分后得到的产物。例如松香(rosin)。

2.3 衍生产品:挥发性产品 **derived products:volatile products**

2.3.1

精油 essential oil

从植物原料经下列任何一种方法所得的产物:

——水蒸馏或水蒸气蒸馏;

——柑橘类水果的外果皮经机械法加工;

——干馏。

注:随后用物理方法使精油与水相分离。

2.3.1.1

水蒸气蒸馏精油 essential oil obtained by steam distillation

不管蒸锅中是否有水,通入水蒸气用蒸馏法所得的**精油**(2.3.1)。例如胡椒油(pepper oil)(有水),薰衣草油(lavender oil)(无水)。

2.3.1.2

冷榨(压)精油 cold-pressed essential oil

从柑橘类水果的外果皮经室温下机械加工法所得的**精油**(2.3.1)。

2.3.1.3

果汁精油 essence oil

从果汁浓缩加工或超高温瞬时灭菌(UHT)处理中所得的**精油**(2.3.1)。

2.3.2 组成没有明显改变的精油 **essential oil obtained without significant changes in their composition**

2.3.2.1

精馏精油 rectified essential oil

为了改变某些组分的含量而经过分馏的**精油**(2.3.1)。例如薄荷类精油(mint essential oils)。

2.3.3 组成明显改变的精油 **essential oil obtained with significant changes in their composition**

2.3.3.1

无萜精油 "terpene-less"essential oil

单萜烃类已被大部分除去的**精油**(2.3.1)。

2.3.3.2

除单萜和倍半萜精油 "terpene-and sesquiterpene-less"essential oil

单萜烃类和倍半萜烃类已被大部分除去的**精油**(2.3.1)。

2.3.3.3

除X精油 "X-less"essential oil

X成分已被部分或完全除去的**精油**(2.3.1)。例如5-甲氧基补骨脂素(bergapten)含量已被部分降低的香柠檬油(essential oil of bergamot);薄荷脑(menthol)含量已被部分降低的亚洲薄荷油(essential oil of mentha arvensis)。

2.3.3.4

浓缩精油 folded oil,concentrated oil

用物理方法使某些感兴趣的成分经过浓缩的**精油**(2.3.1)。

2.3.3.5

干馏油 dry-distilled oil

在不加水或水蒸气情况下木材、树皮或根经干馏所得的**精油**(2.3.1)。例如杜松油(essential oil of cade),桦树皮油(essential oil of the bark of the birch tree)。

2.3.4

挥发性浓缩物　volatile concentrate

从果汁或蔬菜汁挥发出的水中回收的水溶性挥发物质的浓缩物。

2.3.5

馏出液　distillate

一种天然原料(2.1.1)经蒸馏后所得的冷凝产物。

2.3.6

乙醇化馏出液　alcoholate

一种天然原料(2.1.1)在可变浓度的乙醇存在下经蒸馏所得的**馏出液**(2.3.5)。

2.3.7

芳香水　aromatic water

水蒸气蒸馏后已分去**精油**(2.3.1)的水质**馏出液**(2.3.5)。

2.3.8

萜烯　terpenes

主要由烃类构成的产物,作为副产物得自**精油**(2.3.1)的浓缩或蒸馏,或其他分离技术。

2.4　**衍生产品:提取产品　derived products:extraction products**

2.4.1

酊剂　tincture

一种天然原料(2.1.1)在可变浓度的乙醇存在下经浸渍所得的溶液。例如安息香酊剂(tincture of benzoin),灰琥珀酊剂(tincture of grey amber)。

注:在香料工业中,术语"浸剂(infusion)"被不正确地用来代替"酊剂(tincture)"。例如香荚兰豆荚浸剂(vanilla infusion)。

2.4.2

提取物　extract

一种天然原料(2.1.1)经溶剂处理,随后过滤,用蒸馏法除去溶剂(使用非挥发性溶剂时除外)所得的产品。

注:在香料工业中,提取物是配制香精的一种成分,它本身是天然原料和/或化学合成物的混合物,并用乙醇稀释得到的。

2.4.2.1

浸膏　concrete

一种新鲜的植物原料经用一非水溶剂提取所得的具有特征香气的**提取物**(2.4.2)。

2.4.2.2

花香脂　pomade

它是一种有特征香气的脂肪,由花朵经"冷吸"(cold enfleurage)(花朵的香气成分扩散进入脂肪)或"热吸"(hot enfleurage)(花朵浸渍于熔化的脂肪中)而得。

2.4.2.3

香树脂　resinoid

一种干燥的植物原料经用一非水溶剂提取所得的具有特征香气的**提取物**(2.4.2)。

2.4.2.4

净油　absolute

浸膏(2.4.2.1)、**花香脂**(2.4.2.2)或**香树脂**(2.4.2.3)在室温下用乙醇提取后所得的一种有香气的产物。

注：通常乙醇溶液经冷却和过滤以除去蜡质，随后用蒸馏法除去乙醇。

2.4.2.5

油树脂　oleoresin

具有特征香气和/或香味的辛香料(spice)或香草(aromatic herbs)的**提取物**(2.4.2)。例如胡椒油树脂(pepper oleoresin)，姜油树脂(ginger oleoresin)。

注：残留溶剂量应符合食品使用要求。

2.4.2.6

未浓缩提取物　non-concentrated extract，single-fold extract

一种**天然原料**(2.1.1)用一种不必除去的溶剂处理后所得到的产物。例如可可粒(cocoa nibs)的丙二醇提取物，阿魏(asafoetida)的花生油提取物，香荚兰豆荚(vanilla)的乙醇提取物。

2.4.2.7

超临界流体提取物　extract obtained by using supercritical fluid technology

一种**天然原料**(2.1.1)用超临界流体(主要为超临界二氧化碳)处理所得的提取物。处理过程中可以加也可以不加其他助溶剂。

2.5

合成香料　synthetic fragrance/flavor substance，synthetic aroma chemical

天然动植物原料或煤炭石油原料经用化学方法加工所得的香料。

2.5.1

半合成香料　semi-synthetic aroma chemical

天然动植物原料经用化学方法加工所得的香料。

2.5.2

全合成香料　total-synthetic aroma chemical

煤炭石油原料经用化学方法加工所得的香料。

3

香精　fragrance compound/flavoring

由香料和相应辅料构成的具有特定香气和/或香味的复杂混合物，一般不直接消费，而是用于加香产品后被消费。

3.1

日用香精　fragrance compound

由**日用香精成分**(3.1.1)组成的混合物，代表了一特定的香精配方(fragrance formula)。

3.1.1

日用香精成分　fragrance ingredient

用于配制日用香精、利用其香气性质(odour properties)、增香性质(odour-enhancing properties)或调配性质(blending properties)的任何基本物质。它可以是化学合成物也可以是天然物。例如**天然香料**(2.1)，**合成香料**(2.5)，**日用香精辅料**(3.1.2)等。

3.1.2　**日用香精辅料　adjuncts for fragrance compound**

3.1.2.1

日用香精溶剂　solvent for fragrance compound

为日用香精生产或贮存或使用方便而必须加入的符合安全要求的液体。

3.1.2.2

日用香精载体　carrier for fragrance compound

为日用香精生产或贮存或使用方便而必须加入的符合安全要求的固体。

3.2

食用香精　flavoring

用来起香味作用的浓缩配制品(只产生咸味、甜味或酸味的配制品除外),它可以含有也可以不含有**食用香精辅料**(3.2.4)。通常它们不直接用于消费。食用香精包括**食品用香精**(3.3.1)、**饲料用香精**(3.3.2)和**接触口腔和嘴唇用香精**(3.3.3)。

3.2.1

香味物质　flavoring substance

具有香味性质的化学结构明确的组分,通常它们不直接用于消费。例如香兰素(vanillin),乙基香兰素(ethyl vanillin),柠檬醛(citral)。

3.2.1.1

天然香味物质　natural flavoring substance

化学结构明确的应用其香味性质的物质,通常它们不直接用于消费。它在其应用浓度上适合人类消费,它是用适当的物理法、微生物法或酶法从食物或动植物材料(未经加工或经过食品制备过程加工)获得的。含 NH_4^+,Na^+,K^+,Ca^{2+},Fe^{3+} 阳离子或 Cl^-,SO_4^{2-},CO_3^{2-} 阴离子的天然香味物质的盐类通常被划为天然香味物质。

3.2.1.2

天然等同香味物质　natural-identical flavoring substance

化学合成的或用化学手段(工艺)从天然香原料中分离得到的香味物质,它与存在于用作人类消费的天然产品(不管其是否加工过)中的物质在化学结构上完全一样。含 NH_4^+,Na^+,K^+,Ca^{2+},Fe^{3+} 阳离子或 Cl^-,SO_4^{2-},CO_3^{2-} 阴离子的天然等同香味物质的盐类通常被划为天然等同香味物质。

3.2.1.3

人造香味物质　artificial flavoring substance

尚未从用于人类消费的天然产品(不管其是否加工过)中鉴定出的香味物质。如乙基香兰素。

3.2.2

香味增效剂　flavor enhancer

在其应用浓度上很少有或没有香味的物质,它的主要目的是增加某些组分的香味,其作用远超过该物质本身对任何香味的直接贡献。例如味精(MSG)。

3.2.3

天然香味浓缩物　natural flavor concentrate

应用其香味特征的一种制剂(即非单一化合物),通常它们不直接用于消费,它在其应用浓度上适合人类消费,它是用适当的物理法、微生物法或酶法从食物或动植物材料(未经加工或经过食品制备过程加工)获得的。

3.2.4

食用香精辅料　flavor adjuncts

对食用香精生产、贮存和应用所必须的食品添加剂和食品配料。在最终加香产品中它们无功能。

3.2.5

非酶褐变产物　maillard reaction products, non-enzyme browning reaction products

用法规允许使用的含羰基的化合物(如还原糖等)与含氨基的化合物(如氨基酸、肽等)在法规允许的工艺条件(温度和时间)下反应所得的产物。它有特定的香气和/或香味和颜色。可用于配制**热反应食用香精**(3.3.8)。

3.3　食用香精分类　flavoring classification

3.3.1

食品用香精　food flavoring

专门用于人类各类食品加香的**食用香精**(3.2)。

3.3.2

饲料用香精　feed flavoring

专门用于各类动物饲料加香的**食用香精**(3.2)。

3.3.3

接触口腔和嘴唇用香精　flavoring contacted with oral cavity and lips

专门用于接触或有可能接触口腔和嘴唇制品加香的**食用香精**(3.2)。如牙膏用香精,漱口水用香精,唇膏用香精,餐具洗涤剂用香精。

3.3.4

天然食用香精　natural flavoring

食用香精(3.2)的发香部分(aromatic part)只含有**天然原料**(2.1.1)、**天然香味物质**(3.2.1.1)和/或**天然香味浓缩物**(3.2.3)。

3.3.5

人造食用香精　artificial flavoring

含有一种或多种**人造香味物质**(3.2.1.3)的**食用香精**(3.2)。

3.3.6

重组××××食用香精　reconstituted××××flavoring

为**天然香味物质**(3.2.1.1)和/或**天然等同香味物质**(3.2.1.2)组成的混合物。其组成应与所说香味的组成大致相当并具有类似的比例,不准加入其他物质。

3.3.7

强化食用香精　reinforced flavoring

含有一定比例的作为**天然食用香精**(3.3.4)增强剂的**天然等同香味物质**(3.2.1.2)的**食用香精**(3.2)。

3.3.8

热反应食用香精　process flavoring, thermal reaction flavoring

为其香味特性而制备的一种产品或混合物。由其本身允许用作食物或天然存在于食物或允许用于热反应食用香精的组分或组分混合物经过适合人类消费的食品制备工艺制得的产品。热反应食用香精中可以加入**食用香精辅料**(3.2.4)。

注:本定义不适用于香味提取物(flavoring extract)、加工过的天然食品物质(natural food substances)或**香味物质**(3.2.1)的混合物。

3.3.9

咸味食用香精　savory flavoring

由**非酶褐变产物**(3.2.5)和/或**香味物质**(3.2.1)与**食用香精辅料**(3.2.4)和/或**辛香料**(5.1)(或其提取物)构成的混合物,用于咸味食品加香。

3.3.10

烟熏食用香精　smoke flavoring

用于使食物产生烟熏香味的浓缩制剂,其中可以加入**食用香精辅料**(3.2.4)。但这种制剂不是从烟熏食品原料中得到的。

烟熏食用香精可按下列一种或多种方法制备:

1. 未处理的硬木经a)控制性燃烧;b)适当温度(通常在300℃~800℃)下干馏;或c)通常在300℃~500℃温度下用过热水处理。冷凝和捕集有理想香味的那部分产物。
2. 对1中的产物作进一步分离以得到对香味起重要作用的部分或成分。
3. 用化学结构明确的香味物质进行调配。

注:烟熏食用香精中多环芳烃的含量应符合法规要求。

3.4

烟用香精　tobacco flavoring

适合烟草制品加香的香精。它又可以分为表香香精(top flavoring for tobacco)及加料香精(casing sauce)。前者是以挥发性香料混合物对各种原料烟叶经加湿、混合、切细、干燥后加香,目的是使制品的烟味或香气多样化,显出制品的特色,修正原料的不良性质,加强其良好性质。后者是调和烟味或发挥某种香味特殊性的水溶性混合物,可含多种不挥发成分(如糖、甘草、可可、巧克力、天然提取物等),大多在切细原料烟叶前使用。

3.5

其他香精　others

其他工业产品(如塑料、涂料、纺织品等)加香用的香精。

3.6

液体香精　liquid fragrance compound/flavoring

以液体形态出现的各类香精。

3.6.1

油溶性液体香精　oil-soluble liquid fragrance compound/flavoring

以油类或油溶性物质为溶剂的**液体香精**(3.6)。

3.6.2

水溶性液体香精　water-soluble liquid fragrance compound/flavoring

以水或水溶性物质为溶剂的**液体香精**(3.6)。

3.7

乳化香精　emulsified fragrance compound/flavoring

以乳浊液形态出现的各类香精。

3.8

粉末(固体)香精　powder (solid) fragrance compound/flavoring

以粉末(或固体)形态出现的各类香精。

3.8.1

拌和型粉末香精　blended powder fragrance compound/flavoring

香气和/或香味成分与固体粉末载体拌合在一起的香精。

3.8.2

微胶囊粉末香精　encapsulated fragrance compound/flavoring

香气和/或香味成分以微小芯材的形式被包裹于固体壁材之内的微细颗粒型香精。

3.9

浆膏状香精　paste fragrance compound/flavoring

以浆膏状形态出现的各类香精。

4　调香术语和定义

4.1

评香　evaluation of odor

人们利用本身的嗅觉器官对香料、香精或加香产品的香气质量进行的感官评价。

4.2

评味　evaluation of taste

人们利用本身的味觉器官对食用香料、食用香精或加香产品的口味质量进行的感官评价。

4.3

阈值 threshold

某一香料在一定介质中能被人们感官器官感知的最低浓度。同一香料在不同介质中有不同的阈值,它可以分为嗅觉阈值和味觉阈值。

4.4

头香 top note,head note,outgoing note

亦称顶香。对香料或香精嗅辨中最初片刻时的香气印象,也就是人们首先能嗅到的香气特征,持续时间一般只有几分钟。头香一般由香气扩散力强、沸点低的香料所产生。

4.5

体香 middle note,medium note

亦称中段香,是香料或香精的主体香气。体香是**头香**(4.4)之后立即被嗅觉感到的香气,而且在相当长的时间内(一般为 4 h 或更长)保持稳定或一致。

4.6

基香 lower note,low note,base note,body note,back note,depth note,dry-away

亦称尾香或底香,是香料或香精的**头香**(4.4)和**体香**(4.5)挥发过后留下来的最后香气,其香气基本上由**定香剂**(4.8)**提供**。

4.7

香基 base

亦称香精基,由多种香料组合而成的香精的主剂。香基具有一定的香气特征或代表某种香型。香基一般不在加香产品中直接使用,而是作为香精的一种原料来使用,是一种不完善的香精。

4.8

定香剂 fixer, fixative

延长**日用香精**(3.1)香气保留时间的**日用香精成分**(3.1.1),其作用是减缓香料挥发速度。它们大多是含有**树胶**(2.1.2.2),**树脂**(2.2.1),**香膏**(2.1.2.1.1)或低挥发**精油**(2.3.1)的植物材料或高沸点的**合成香料**(2.5)。

4.9

谐香 accord

在日用调香中谐香是指两种或多种不同香气调和在一起而产生的一种新香气。类似于调色中黄、蓝两种色调和在一起产生绿色。

5 其他术语和定义

5.1

辛香料 spice

一类植物性调味赋香原料。多为植物的全草、叶、根、茎、树皮、果、籽、花等,具有芳香辛辣味,加于食品中以增加香气、香味。例如胡椒、肉桂皮、姜、辣椒。可直接使用,也可加工成粉末或**油树脂**(2.4.2.5)等使用。

5.2

香气类别 fragrance classes

用来描述某一种**日用香精**(3.1)香气类型的术语。对香气类别的认定历史上从未有过一种统一的意见,而且随着时间的推移而有变化。

中文索引

英文索引

A

B

C

D

E

F

G

L

M

N

O

ICS 67.240
B 04

中华人民共和国国家标准

GB/T 21172—2007/ISO 11037:1999

感官分析　食品颜色评价的总则和检验方法

Sensory analysis—General guidance and test method for assessment of the colour of foods

(ISO 11037:1999,IDT)

2007-10-29 发布　　2008-06-01 实施

中华人民共和国国家质量监督检验检疫总局
中国国家标准化管理委员会　发布

前　言

本标准等同采用国际标准 ISO 11037:1999,在技术内容和文本结构上与原国际标准完全相同,仅作少量编缉性修改。

本标准的附录 B 为规范性附录,附录 A 为资料性附录。

本标准由中国标准化研究院提出并归口。

本标准主要起草单位:中国标准化研究院、北京理工大学颜色科学与工程国家专业实验室、中国农业大学、北京汇源食品有限公司等。

本标准主要起草人:刘文、赵镭、闫海洁、胡威捷、战吉宬、李绍振。

本标准首次制定。

引　言

规范的颜色感官评价，应由一名具有正常色觉的评价员在可重复的照明条件和评价条件下进行。通常样品与标准颜色的匹配在日光下进行，但日光的光谱组成变化较大。而人造日光光源尽管其光谱分布也很难精确控制，但在规定时间内却比日光更稳定，因此可保证颜色评价结果有更好的重复性。除非另有被认可的方法，本标准描述的方法是，采用漫射日光或人造日光光源来代表日光的一个时相，用于常规比较时，时相的相关色温为 6 504K(CIE 标准照明体 D65)。如存在争议时，颜色评价在特定的人造日光光源下进行。

为了国家标准实施的协调一致，光源和照明体数据应依据相关的国家标准。此外，需要指出的是，在与视觉评价相关的文件中，“观察者”一词在本标准中由“评价员”代替。

感官分析　食品颜色评价的总则和检验方法

1　范围

本标准规定了通过与标准颜色视觉比较对食品颜色进行感官评价的总则和测试方法。

本标准适用于不透明的、半透明的、浑浊的、透明的、无光泽的和有光泽的固体、半固体、粉末和液态食品。

本标准给出了用于感官分析(如:由优选评价员组成的评价小组或者在特定情况下由独立专家进行的差异检验、剖面分析及分等方法)中各种情况的评价和照明条件要求。

本标准不涉及消费者测试或食品颜色的同色异谱评价,但有关同色异谱匹配的主要内容可参考附录A。

2　规范性引用文件

下列文件中的条款通过本标准的引用而成为本标准的条款。凡是注日期的引用文件,其随后所有的修改单(不包括勘误的内容)或修订版均不适用于本标准,然而,鼓励根据本标准达成协议的各方研究是否可使用这些文件的最新版本。凡是不注日期的引用文件,其最新版本适用于本标准。

GB/T 2900.65　电工术语　照明(GB/T 2900.65—2004,IEC 60050-845:1987,MOD)

GB/T 10220　感官分析方法总论(GB/T 10220:1988,neq ISO 6658:1985)

GB/T 10221　感官分析　术语(GB/T 10221—1998,idt ISO 5492:1992)

GB/T 13868　感官分析　建立感官分析实验室的一般导则(GB/T 13868—1992,eqv ISO 8589:1988)

GB/T 14195　感官分析　选拔与培训感官分析优选评价员导则

GB/T 15608　中国颜色体系

GB/T 16291　感官分析　专家的选拔、培训和管理导则(GB/T 16291—1996,idt ISO 8586-2)

3　术语和定义

为方便本标准的使用,对引用GB/T 10221和GB/T 2900.65的部分定义加以注释,但这些注释仅适用于本标准特定用途。

本标准还选择一部分术语进行了定义,详见附录B。

4　检验条件

4.1　总则

颜色评价宜在一严格控制照明条件(如:照明类型、水平、方向)、周围环境和几何条件(如:光源、样品和眼睛的相对位置)的适宜场所中进行。理想的评价场所应为一个专为进行色匹配而设计的标准光源箱。当颜色评价精度要求不高,或无标准光源箱,或检验样品不适宜使用标准光源箱时,评价可在评价间或者开放的空间进行。

4.2　检验室

应符合GB/T 13868规定的感官分析实验室的设计要求。

4.3 工作区

为了避免光的色对比效应、评价员的色适应以及反射光源和漫射光源对色彩特性的影响，工作区域内及其周围的所有表面宜为非彩色的，大多数表面宜采用反射率在0.3到0.5之间的淡灰色。

工作区亮度宜中度且均匀，墙亮度接近100 cd/m^2(坎德拉/平方米)为最佳。

评价间的亮度宜等同或者略高于周围环境。

评价间应尽量满足上述要求，但对周围环境的要求可适当放松(尤其当样品评价是在标准光源箱中进行时)。

一般情况下，评价间内部应涂成无光泽的、光亮度因数15%左右的中性灰色(如：孟塞尔色卡N4至N5，对应的中国颜色体系号为N4至N4.5)。当评价间主要用来比较浅色和近似白色的样品时，为使待测颜色与评价间产生较低的亮度对比，其内部亮度因数可为30%或者更高(孟塞尔色卡N6，对应的中国颜色颜色体系号也为N6)。

4.4 照明

4.4.1 总则

由于同色异谱的存在，在一种照明体下看起来颜色一致的样品，在另一种照明体下可能颜色不一致，因此感官实验室内用于颜色评价光源的最小显色指数应为90。

常规的色匹配可采用自然日光或者人造日光。但由于自然日光色相容易发生变化，而且评价员的判断可能会受到周围有色物体的影响，因此进行色匹配的评价间应使用严格控制的人工照明以便于对照。评价员在评价区内也应穿中性颜色的衣服，并且衣服的色彩不应比被检样品更强烈。

4.4.2 自然日光照明

最好使用漫射日光，如对于北半球最好来自于北部多云天空；而对于南半球最好来自于南部多云天空，并且这种日光不被任何色彩强烈的物体(如：红色砖墙或绿树)反射。应避免使用直射日光。

4.4.3 人造日光照明

应使用以下几种人造光源：

a) 接近CIE标准照明体D65的光源(代表包括紫外区段的昼光，相关色温约6 500K)。

注1：目前尚无经过认证的CIE标准照明体D65光源，但通用电气公司生产的显色指数为92的人造日光灯被广泛用作接近D65的光源。此外，接近D65的光源应是实际光源(如：色度学用的日光模拟器)，其模拟日光特性不仅已被CIE出版物中描述的No.51方法评价，而且光源的照明质量应符合目录BC(CIELAB)或者更高要求的规定。生产这些光源不仅应达到有关产品技术规范的要求，而且生产商还应声明该产品符合规范要求的平均运行时间。

b) CIE标准光源C(接近标准照明体C，代表相关色温为6 770K的平均昼光)。

该光源仅在特定要求下使用，如用颜色图谱进行食品样品的色匹配时。

注2：CIE标准照明体D65的光谱对自然日光的接近程度优于CIE标准照明体C。

注3：在实际的感官评价中很难做到在一个大的空间内提供适当照明水平的光源C。

4.4.4 其他的人造光源

CIE标准光源A是一个充气钨丝灯，代表温度约为2 856K的普朗克辐射体的辐射，仅在特定要求下使用，如评价有色材料的条件配色(参见附录A)。

4.5 光照度

样品和任一标准颜色的光照度宜在800 lx～4 000 lx之间。该范围的上限仅适用于评价黑色样品，而对大多数颜色而言，光照度的适宜范围为1 000 lx～1 500 lx之间。

无论是来自光源还是反射面的眩光，都不应干扰评价员的视觉。

4.6 照明和评价的几何条件

4.6.1 不透明或半透明样品

为使样品对光线的直接反射最小化，评价员与样品表面之间的视角应不同于照明体的光照入射角。

由于照明和评价的几何条件不同会对评价结果产生影响,因此应规范照明和评价的几何条件。

当使用标准光源箱或在评价间评价样品时,要求照明体与样品表面垂直,评价员的视线与样品表面成45°;而当使用日光或在开放的空间评价样品时,要求照明体与样品表面成45°,评价员的视线与样品表面垂直。

在一些特定情形下,允许甚至鼓励评价员移动样品和标准颜色以获得最佳评价条件。但如果与以上推荐的标准照明和评价的几何条件(45°,0°)发生偏离时,应注明所采用的特定条件。

4.6.2 透明或澄清液体

见5.5.2.8规定的几何条件。

4.7 评价员

4.7.1 评价员的招收和选择

按GB/T 14195和GB/T 16291中规定的方法招收和选择评价员。

应注意的是,参与颜色评价的评价员应具有正常的色觉,因为有相当一部分人群具有非正常的色觉。正常色觉的可接受水平,通常采用假等色测试法(pseudo-isochromatic test),如Stilling,Rjabkin,Velhagen或者Ishihara方法来确定,并要求严格依据上述方法来测试和说明。评价员辨别色调的能力可通过法兹沃斯-孟塞尔100色调测试法(Farnsworth—Munsell 100-hue test)来评价。如要求评价员具有较高能力进行严格色匹配选择时,需对其进行更敏感的测试(例如色盲测定器测定)。如若有评价员配戴矫正视觉的眼镜,则可见光在通过镜片传播时应有一致的光谱。由于人的色觉会随年龄增长而发生较大改变,因此40岁以上的评价员均应参加色盲测定器测试或者参加从条件色谱的颜色系列中选择最优匹配的测试。

对评价小组而言,没有特别的要求。但若进行样品等级规格检验时,则要求选择有经验、接受过严格培训并具备较强颜色辨别能力的评价员。

4.7.2 培训

宜对评价员进行包括对色调、明度和饱和度变化的样品进行比较、命名以及定性评价的训练,以期通过培训而提高其颜色辨别能力。

4.7.3 感官适应和疲劳

只有当评价员的视觉很好地适应了光源的照明水平和光谱特性后,其评价的结果才有效。因此,如果评价员经过一个与其视觉具有不同亮度的环境(如明亮的阳光),则宜让其先适应检验环境后再进行颜色评价。此外,评价员宜停留在已经适应的照明条件下直到完成所有的颜色评价。但若评价员连续工作,其视觉评判的质量会严重下降,因此评价员在评价期间应间歇休息几分钟。

评价饱和度高的颜色之后不应立即评价饱和度低的颜色或者补色。当评价明亮的饱和色时,如不能立即做出判断,评价员可对周围环境的中性灰色观察几秒钟后,再进行评价。

5 检验方法

5.1 基本原理

在规定的评价条件下,由具有正常色觉的评价员对被检样品与标准颜色进行比较。

5.2 标准颜色(参比样)

当对某种食品进行视觉评价时,参比样可以是以下几种:

——选自某些颜色分类系统,如孟塞尔(Munsell)颜色体系,自然颜色体系(NCS),德国标准化学会(DIN)颜色体系,法国标准化协会(NF-AFNOR)颜色体系的标准颜色(色卡图册);

——专门设计的用于模拟食品颜色甚至有可能也模拟食品外观的参比样;

——选择食品样品本身作为参比样。

注1:目前尚无国际认可的统一的颜色图谱和颜色名称系统。

注2:中国颜色体系(见GB/T 15608)也可作为参比样。

5.3 仪器和设备

5.3.1 带有玻璃罩的容器或者盘子,适用于粉末样品。

5.3.2 底部有矩形观察窗的容器,适用于澄清液体。

5.3.3 透明玻璃制成的平底瓶子、试管和三角瓶。

5.3.4 带矩形开口的中性灰色小屏。

5.3.5 三孔灰色大屏,中间为样品孔,两侧为标准品孔。

5.4 被检样品

取样和样品制备按 GB/T 10220 规定的方法进行。

5.5 检验步骤

5.5.1 样品的制备

5.5.1.1 干粉末样品

轻轻堆积至少 2 mm 厚的待测样品于一干净容器(5.3.1)中,置一干净、无色、约 1 mm 厚的玻璃盖在容器上,通过容器和玻璃盖之间的摩擦力,旋转压下玻璃盖至恰当位置。

对非常细的粉末样品,可能需要设计一个特殊的容器,以免容器对样品施加压力的不同对评价结果造成较大的影响。例如,在某些粉末颜色测定中,可能会因对样品施加的压力不当而导致其颜色变化超过允许偏差的几倍。

5.5.1.2 不透明固体样品

一般来说,评价不透明固体样品时,不宜改变其外形。如必要时,可适度轻微改变,如压平样品,均匀样品或将样品制备成特定的粒度大小。

5.5.1.3 液体样品

将不透明液体置于干净的玻璃容器(5.3.3)中,采用评价固体样品的方法评价其颜色。

对于澄清的液体样品,应适当地选择其深度,因为样品的深度对样品的颜色特性影响较大。

颜色较深的液体宜采用较浅的深度。倾倒适当深度(从凹液面的底部测量)的液体于一干净、平底且侧面透明的玻璃瓶(5.3.3)中,以一个标准照明光源下的白色背景为对照,从顶部向下观察。

5.5.2 通过比较评价颜色

5.5.2.1 总则

将样品与标准颜色进行比较所需的步骤,在一定程度上取决于样品的大小和样品的表面特性。样品的处理方法和观察方法也取决于样品是固体、粉末还是液体。但本标准中描述的原理适用于所有此类比较。

当被检样品的表面是具有光泽的(例如部分反射的),或者被检样品是不透明液体和被玻璃罩覆盖的固体粉末时,应尽量减少镜面反射。如评价员是从一个非垂直角度观察样品,则需要在评价员视线的对面放一个无光泽的具有黑色表面的物体。

样品和标准颜色的照明条件应保持一致,但即使是在相同的照明条件下,也宜在颜色比较过程中互相交换样品和标准颜色的位置。

5.5.2.2 不透明粉末样品

按 5.5.1.1 的要求制备样品。

为了在样品和标准颜色之间寻找最佳匹配,应把标准颜色放在样品的两侧,用灰色小屏(5.3.4)盖住。如果使用三孔的大屏(5.3.5),应把标准颜色置于两侧观察窗下,样品置于中心观察窗下,通过在标准颜色间外插或者内插,来确定样品的色度、明度和饱和度。

5.5.2.3 不透明固体和平的、表面无光泽样品

样品较小时,用手指或者镊子夹住样品,使其在标准颜色之上,并与之保持一定距离,移动样品直至达到最佳匹配。注意不要在标准颜色或样品上投射阴影。将标准颜色按顺序排列,以减少比较次数和因比较而产生的标准颜色污染和磨损。如样品大且平,可将小屏(5.3.4)置于样品之上以便于比较。

照明光源宜以45°入射角照射样品，垂直观察样品，尽量保证样品与标准颜色的照明条件相同，并注意保持样品的观察面水平并接近标准颜色表面。无意地倾斜或抬高样品，以及样品或者标准颜色上存在阴影时都会造成评价结果的误差。

如果在一个大工作区的上部采用漫射均匀的人造日光光源，或颜色评价是在大部分漫射光来自于天空的状况下进行，样品和光源的相对位置就不是非常重要。

表面无光泽的样品，依据上述程序检测。因表面无光泽的样品颜色，随角度条件的改变而发生的变化不大，故不需要严格遵循上述照明和观察角度的要求。

如果食品的颜色特性是通过视觉评价(而不是与标准颜色匹配)获得的，则通常以食品陈列的背景进行对照评价，背景颜色可以是白色或其他颜色，一般不采用灰色。

5.5.2.4 有光泽、无规则表面的不透明样品

应注意照明和观察的角度，只有避免镜面反射才能确定样品的特征颜色。

5.5.2.5 有光泽、有规则表面的不透明样品

对于那些不能避免镜面反射的样品，可通过在平面上变换样品的位置以将反射降低到最小，来确定样品的特征颜色。

5.5.2.6 颜色不均一的不透明样品

某些样品如焙烤咖啡豆，由不同颜色的颗粒组成，可以一定速度旋转盛有样品的平底容器，来观察整个样品的均匀混合色。

5.5.2.7 不透明、半透明和浑浊的液体样品

对不透明液体样品，可将液体样品置于玻璃容器中，参照不透明固体的评价方法(5.5.2.3)进行颜色评价。

有时，半透明样品或者浑浊样品(如样品既透射光线又反射光线)可通过透射光进行颜色评价。但是，不透明样品一般采用反射光进行颜色评价。因为样品的厚度会显著影响评价的结果，因此应对其加以限定。

5.5.2.8 澄清的液体样品

将澄清的液体置于玻璃瓶(5.3.3)中，玻璃瓶置于底部带有矩形开口的容器(5.3.2)内，并距被照明光源照亮的白色小屏之上20 cm处。评价员通过矩形开口观察液体，并与平板下颜色相近的标准颜色进行颜色比较。通过连续移动小屏和摆放成对的标准颜色，进行如5.5.2.2中描述的评价。若仅进行液体色调评价，可将盛有液体的试管、三角瓶或玻璃瓶置于5.5.2.3中所述的小屏之上来进行。表1显示了用于描述近似白色的不透明样品和近似无色的澄清液体样品颜色名称之间的对应关系。

表1 不透明样品和澄清样品的颜色名称

不透明样品	澄清样品
白色	无色
粉白色	淡粉色
黄白色	淡黄色
绿白色	淡绿色
蓝白色	淡蓝色
紫白色	淡紫色

6 结果的表达

样品的颜色评价结果可以是测定样品的平均颜色，或者是符合匹配颜色范围的对应颜色名称。色匹配的差异可能会因色调、明度、饱和度，或其两者、三者综合的结果引起。如果差异主要涉及明度和饱和度的变化，而且对评价结果影响不大，可采用不加修饰的颜色名称来描述，如橙色。这样描述的颜色名称就可能包括浅橙色、亮橙色、橙色、浓橙色、鲜橙色、深橙色等。

样品的平均颜色(颜色均值),由单个评价员或者一个评价小组经重复比较后,根据颜色索引原则确定。

7 检验报告

检验报告应包括以下内容:

——注明是根据本标准进行检验的;

——检验参数和检验条件(例如:光源、色卡图册、颜色名称体系、评价员数量和特点等);

——如有不同于本标准所规范的检验方法的作法应予以说明;

——检验结果;

——检验日期;

——检验负责人的姓名;

——鉴定样品所必需的全部信息。

附 录 A
（资料性附录）
同色异谱匹配

当两个有色表面具有相同的光谱反射曲线时，在任何照明体下，无论其光谱特性如何，在视觉上它们是匹配的，这样的匹配为“光谱匹配”。

具有不同光谱反射曲线的两个表面有可能在给定的光源下达到视觉匹配，但在另一具有不同光谱特性的光源下不匹配，这样的匹配为“同色异谱匹配”。

判定某一色匹配是否为同色异谱匹配的最简单方法是，将样品先置于钨丝灯下检验，然后再置于荧光灯下检验。如果在两种照明条件下都保持匹配，则不可能是同色异谱匹配。

在符合本标准的人造日光光源下判定的同色异谱匹配，在某些特定日光条件下（如来自晴空的从北面投射的光线或者太阳位置较低时的光线）可能不匹配，但是在最常出现的日光时相下是匹配的。当同色异谱匹配现象出现时，评价员的视觉差异可能会影响他们做出两种颜色是否匹配的评价结果。

如对同色异谱匹配进行量化描述，宜采用 CIE 标准照明体 D65 和 A（钨丝灯）进行光谱测定，用 CIE 出版物 No. 15 的 No. 1 增补计算色差（特殊同色异谱指数法）。

附 录 B
（规范性附录）
选择的术语和定义

B.1

色调 hue

表面呈现出类似知觉颜色红、黄、绿和蓝中的一种或其中两种色的组合的视觉属性。

[GB/T 2900.65(845-02-35)]

B.2

明视觉 photipic vision

正常眼睛的适应亮度高于几个 cd/m^2 时的视觉。

注：在明视觉中锥体细胞是起主要作用的光感受器。

[GB/T 2900.65(845-02-09)]

B.3

同色异谱刺激 metameric colour stimuli

同色异谱 metamers

光谱不同但有相同三刺激值的颜色刺激。

注：相应的性质称为"同色异谱性"。

[GB/T 2900.65(845-03-05)]

B.4

显色性 colour rendering

照明体对物体色貌的影响。这种影响是观察者有意或无意地将它与参照照明体下的色貌相比较产生的。

[GB/T 2900.65(845-02-59)]

B.5

显色指数 colour rendering index

由被测照明体照明物体所呈现的心理物理色与由参照照明体照明同一物体所呈现的心理物理色一致程度的度量(应适当考虑色适应状态)。

[GB/T 2900.65(845-02-61)]

B.6

色匹配 colour matching

使一种色刺激与给定色刺激呈现相同颜色的操作。

[GB/T 2900.65(845-03-16)]

B.7

光亮度阈值 luminance threshold

可察觉刺激的最低光亮度。

注：该值取决于视野大小，背景，适应状态和其他评价条件。

[GB/T 2900.65(845-02-45)]

B.8

色觉缺陷 defective colour vision

辨别一些或全部颜色的能力降低的视觉异常。

[GB/T 2900.65(845-02-13)]

B.9

评价条件　viewing conditions

视觉观察时的条件，包括光源、样品和眼睛的几何关系，光源的光度测定和光谱特性，样品周围视野的光度测定和光谱特性，以及眼睛的适应状态。

[ASTM E284]

B.10

彩色　chromatic colour

具有色调的知觉色。

注1：日常用语中，“颜色(colour)”一词常用来与白色，灰色和黑色相区别。

注2：形容词“有色的(coloured)”常指彩色而言。

[GB/T 2900.65(845-02-27)]

B.11

色适应　chromatic adaptation

不同相对光谱分布的刺激为主要效应的适应。

[GB/T 2900.65(845-02-08)]

B.12

日光照明体　daylight illuminant

具有与一种时相的日光相同或近似相同的相对光谱功率分布的照明体。

[GB/T 2900.65(845-03-11)]

ICS 67.050
X 04

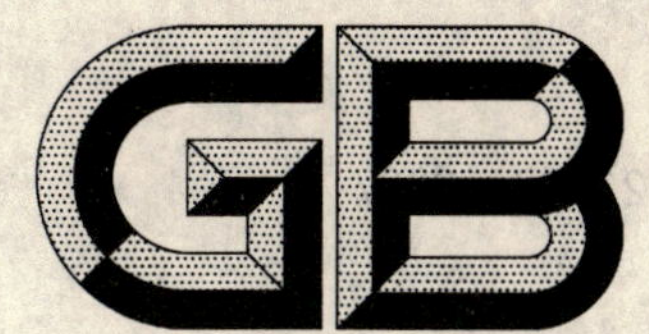

中华人民共和国国家标准

GB/T 21173—2007

动物源性食品中磺胺类药物残留测定方法　放射受体分析法

Determination of sulfa drugs residues in animal derived food—Radio-receptor assay method

2007-10-29 发布　　2008-04-01 实施

中华人民共和国国家质量监督检验检疫总局
中国国家标准化管理委员会　发布

前　言

本标准的附录 A 为规范性附录。

本标准由国家认证认可监督管理委员会提出并归口。

本标准起草单位：中华人民共和国福建出入境检验检疫局。

本标准主要起草人：黄晓蓉、林杰、郑晶、杨方、陈彬、陈健、翁国柱。

本标准系首次发布。

动物源性食品中磺胺类药物残留测定方法　放射受体分析法

1　范围

本标准规定了肉类和水产品中磺胺类药物残留测定的制样和放射受体分析方法。

本标准适用于肉类和水产品中磺胺类药物残留的筛选测定。

2　规范性引用文件

下列文件中的条款通过本标准的引用而成为本标准的条款。凡是注日期的引用文件，其随后所有的修改单(不包括勘误的内容)或修订版均不适用于本标准，然而，鼓励根据本标准达成协议的各方研究是否可使用这些文件的最新版本。凡是不注日期的引用文件，其最新版本适用于本标准。

GB/T 6682　分析实验室用水规格和试验方法(GB/T 6682—1992,neq ISO 3696:1987)

3　试样制备和保存

3.1　试样制备

从原始样品中取出部分有代表性样品，应尽可能将脂肪剔除。将可食部分放入高速组织捣碎机均质，充分混匀，用四分法缩分不少于500 g试样。装入清洁容器内，并标明标记。

制样操作过程中应防止样品受到污染或发生残留物含量的变化，用于测定的样品细菌数不能超过10^6个/g。

3.2　试样保存

试样于－18℃以下保存，新鲜或冷冻的组织样品可在2℃～6℃贮存72 h。

4　测定方法

4.1　原理

测定的基础是竞争性受体免疫反应，[^{3}H]标记的磺胺二甲嘧啶和样品中残留的磺胺类药物与微生物细胞上的特异性受体竞争性结合。用液体闪烁计数仪测定样品中[^{3}H]含量的计数值(cpm)，计数值与样品中的磺胺类药物残留量成反比。

4.2　试剂和材料

除非另有说明，所用试剂均为分析纯，水为GB/T 6682规定的一级水。

4.2.1　Charm Ⅱ组织中的磺胺类药物测定试剂盒[1)]。

4.2.1.1　阴性对照浓缩干粉：贮存于2℃～6℃。使用时用10 mL水溶解，配制成阴性组织液。阴性组织液可在2℃～6℃中保存48 h。如长时间不用，可于－15℃以下冷冻保存2个月，使用时将其解冻，解冻后的溶液可在2℃～6℃保存24 h。

4.2.1.2　MSU多种抗生素标准品：贮存于2℃～6℃。使用时用10 mL水溶解，配制成MSU多种抗生素标准溶液(其中磺胺二甲嘧啶浓度为1 000 μg/L)。MSU多种抗生素标准溶液保存方法同4.2.1.1。

---

1) Charm Ⅱ组织中的磺胺类药物测定试剂盒和Charm Ⅱ液体闪烁计数仪是由Charm Science公司提供的产品的商品名。给出这一信息是为了方便本标准的使用者，并不表示对该产品的认可。如果其他等效产品具有相同的效果，则可使用这些等效产品。

4.2.1.3 MSU 萃取缓冲液浓缩干粉：使用时用 1 000 mL 水溶解，配制成 MSU 萃取缓冲液，可在 2℃～6℃保存 2 个月。

4.2.1.4 M2 缓冲液浓缩干粉：使用时用 50 mL 水溶解，配制成 M2 缓冲液，可在 2℃～6℃保存 2 个月。

4.2.1.5 受体试剂片剂：白色药片，于－15℃以下冷冻保存。

4.2.1.6 [^{3}H]标记的磺胺二甲嘧啶药物片剂：粉红色药片，于－15℃以下冷冻保存。

4.2.2 1 mol/L 盐酸：8.32 mL 浓盐酸加水定容至 1 000 mL。

4.2.3 闪烁液。

4.2.4 pH 试条。

4.2.5 离心管：50 mL。

4.2.6 硅硼酸盐玻璃试管及试管塞。

4.2.7 药片压杆。

4.3 仪器和设备

4.3.1 Charm Ⅱ液体闪烁计数仪[1]。

4.3.2 离心机：4 000 r/min。

4.3.3 高速组织捣碎机。

4.3.4 涡旋混合器。

4.3.5 加热器：90℃。

4.3.6 移液器：1 mL～5 mL，100 μL～1 000 μL。

5 分析步骤

5.1 对照液的配制

5.1.1 阴性对照液的配制：取 2 mL 阴性组织液(4.2.1.1)，加入 6 mL MSU 萃取缓冲溶液(4.2.1.3)中混匀，制成阴性对照液，该对照液可在室温下保存 6 h。

5.1.2 阳性对照液的配制：取 0.3 mL MSU 多种抗生素标准溶液(4.2.1.2)，加入 6 mL 阴性组织液(4.2.1.1)中混匀，然后从中取 2 mL 混合溶液加入到 6 mL MSU 萃取缓冲溶液(4.2.1.3)中混匀，制成阳性对照液，该对照液可在室温下保存 6 h。

5.2 试样提取

5.2.1 称取 10 g(精确到 0.1 g)均质好的试样于 50 mL 离心管，加入 30 mL MSU 萃取缓冲溶液(4.2.1.3)，涡旋振荡 5 min。

5.2.2 将离心管置 80℃±2℃孵育器内孵育 45 min，再将离心管置冰水内 10 min 后，3 300 r/min 离心 10 min。

5.2.3 吸出上清液，注意不要将漂浮的脂肪颗粒混入上清液内。恢复室温后，用 pH 试条检查 pH 是否为 7.5。如不准确，用 M2 缓冲液(4.2.1.4)或 1 mol/L 盐酸调整至 pH 7.5，即为样品测试液。

5.3 测定

5.3.1 用药片压杆的平端将受体试剂片剂(4.2.1.5)压入一洁净的玻璃试管内，加 300 μL 水到试管内用涡旋混合器振荡 10 s，使药片振碎均匀。

5.3.2 用移液器加 4 mL 样品测试液，或阴性对照液(5.1.1)或阳性对照液(5.1.2)到试管内。

5.3.3 用药片压杆的平端压入[^{3}H]标记的磺胺二甲嘧啶药物片剂(4.2.1.6)，用涡旋混合器振荡 15 s，上下来回 10 次。置 65℃±1℃孵育器内，孵育 3 min。

5.3.4 取出试管，于 3 300 r/min 离心 3 min。离心停止后立即取出试管，倒掉上清液，用吸水材料吸干管口边缘处的污渍。

5.3.5 加 300 μL 水到试管内，振荡并混合均匀，再加入 3 mL 闪烁液(4.2.3)到试管内，将试管塞盖上后，涡旋混匀。

5.3.6 将试管放入液体闪烁计数仪内，读[^{3}H]项的计数值。

注：建议1次同时进行6支试管以下的测定。

5.4 控制点的确定

5.4.1 控制点是判断样品阴性与初筛阳性的一个界定值，可根据筛选水平自行设定。

5.4.2 筛选水平为20 μg/kg时，控制点设定步骤：称取10 g均质好的同类空白组织样品，加入0.2 mL MSU多抗生素标准溶液，充分混匀制成标准样品，按5.2和5.3进行测定。测定6个非重复的加标样品的计数值，求出平均值乘上系数1.2，即为筛选水平20 μg/kg的控制点。

5.4.3 当筛选水平大于20 μg/kg的样品时，可将样品测试液适当稀释后测定。

5.5 结果判定

5.5.1 当样品的计数值大于控制点时，判定为"阴性"。

5.5.2 当样品的计数值小于或等于控制点时，应重新测定样品，且同时需要测定阴性对照液和阳性对照液。阴性对照液和阳性对照液的计数值，需在正常范围波动(见第A.3章)。当重新测定样品的计数值大于控制点时，判定为"阴性"；小于或等于控制点时，则判定为"初筛阳性"。

6 确证

本方法为初筛方法，阳性结果应用其他方法进行确证。

7 检测限

在肉类和水产品中，本方法检测限以磺胺二甲嘧啶计磺胺类药物(包括磺胺甲基嘧啶、磺胺二甲基嘧啶、磺胺间甲氧嘧啶、磺胺间二甲氧嘧啶、磺胺喹噁啉、磺胺甲噻二唑、磺胺吡啶、磺胺异噁唑、磺胺甲基异噁唑、磺胺嘧啶、磺胺噻唑、磺胺甲氧哒嗪、磺胺氯哒嗪)总量为20 μg/kg。

附 录 A
(规范性附录)
仪器和试剂日常监测

A.1 Charm Ⅱ液体闪烁计数仪零点校准

取空的专用试管放入液体闪烁计数仪计数,计数值需小于50,否则需调零。如测得的计数值偏大,可能由于液体闪烁计数仪有大量静电存在所引起,可用湿抹布将试管外壁湿润后放入液体闪烁计数仪进行测定,重复几次后可以达到正常值。

A.2 [^{3}H]通道校准

取[^{3}H]标记的磺胺二甲嘧啶药物片剂加入玻璃试管,加 300 μL 水到试管内,振荡使沉淀物完全破碎。加 3 mL 闪烁液到试管内涡旋混匀至试管内没有不均一的云状物。将试管放入液体闪烁计数仪内,读[^{3}H]项和[^{14}C]项的计数值。[^{3}H]项的计数值应大于 15 000,且[^{14}C]项与[^{3}H]项的计数值的比值应小于 0.1。

A.3 试剂监测

A.3.1 对每一批新的试剂需测定零质控标准,测定 3 次阴性对照液计数值,其平均值即为零质控标准。当遇到样品怀疑"初筛阳性"时,通过测定阴性对照液和阳性对照液计数值与作为零质控标准的计数值比较,可确定试剂和液体闪烁计数仪是否正常。

A.3.2 正常情况下,阴性对照液计数值在零质控标准计数值上下波动,幅度约±20%。

A.3.3 正常情况下,阳性对照液计数值小于控制点。

A.3.4 如果测定结果与 A.3.2 或 A.3.3 不相符,应重新测定零质控标准和控制点,并重新测定样品。

ICS 67.050
X 04

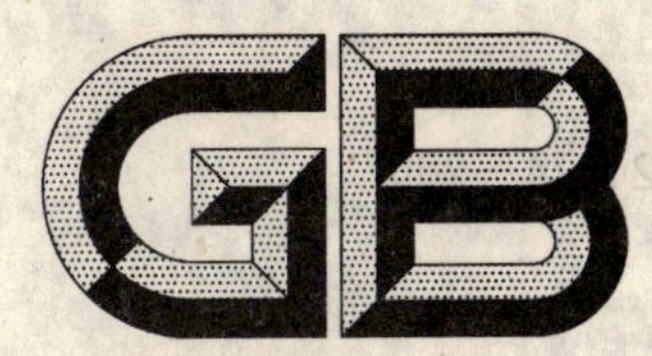

中华人民共和国国家标准

GB/T 21174—2007

动物源性食品中β-内酰胺类药物残留测定方法　放射受体分析法

Determination of β-Lactams residues in animal derived food—Radio-receptor assay method

2007-10-29 发布　　2008-04-01 实施

中华人民共和国国家质量监督检验检疫总局
中国国家标准化管理委员会　发布

前　言

本标准的附录A为规范性附录。

本标准由国家认证认可监督管理委员会提出并归口。

本标准起草单位：中华人民共和国福建出入境检验检疫局。

本标准主要起草人：郑晶、林杰、黄晓蓉、杨方、陈彬、翁国柱、陈健。

本标准系首次发布。

动物源性食品中β-内酰胺类药物残留测定方法 放射受体分析法

1 范围

本标准规定了肉类和水产品中β-内酰胺类药物残留测定的制样和放射受体分析方法。

本标准适用于肉类和水产品中β-内酰胺类药物残留的筛选测定。

2 规范性引用文件

下列文件中的条款通过本标准的引用而成为本标准的条款。凡是注日期的引用文件,其随后所有的修改单(不包括勘误的内容)或修订版均不适用于本标准,然而,鼓励根据本标准达成协议的各方研究是否可使用这些文件的最新版本。凡是不注明日期的引用文件,其最新版本适用于本标准。

GB/T 6682 分析实验室用水规格和试验方法(GB/T 6682—1992,neq ISO 3696:1987)

3 试样制备和保存

3.1 试样制备

从原始样品中取出部分有代表性样品,应尽可能将脂肪剔除。将可食部分放入高速组织捣碎机均质,充分混匀,用四分法缩分不少于 500 g 试样。装入清洁容器内,并标明标记。

制样操作过程中应防止样品受到污染或发生残留物含量的变化,用于测定的样品细菌数不能超过 10^6 个/g。

3.2 试样保存

试样于−18℃以下保存,新鲜或冷冻的组织样品可在 2℃～6℃贮存 72 h。

4 测定方法

4.1 原理

测定的基础是连续性受体免疫反应,样品中残留的β-内酰胺类药物和[^{14}C]标记的青霉素 G 分别与微生物细胞上的特异性受体结合。用液体闪烁计数仪测定样品中的[^{14}C]含量的计数值(cpm),计数值与样品中的β-内酰胺类药物残留量成反比。

4.2 试剂和材料

除非另有说明,所用试剂均为分析纯,水为 GB/T 6682 规定的一级水。

4.2.1 CharmⅡ组织中的β-内酰胺类药物测定试剂盒1)。

4.2.1.1 阴性对照浓缩干粉:贮存于 2℃～6℃。使用时用 10 mL 水溶解,配制成阴性组织液。阴性组织液可在 2℃～6℃中保存 48 h。如长时间不用,可于−15℃以下冷冻保存 2 个月,使用时将其解冻,解冻后的溶液可在 2℃～6℃保存 24 h。

4.2.1.2 MSU 多种抗生素标准品:贮存于 2℃～6℃。使用时用 10 mL 水溶解,配制成 MSU 多种抗生素标准溶液(其中青霉素 G 浓度为 1 000 μg/L)。MSU 多种抗生素标准溶液保存方法同 4.2.1.1。

4.2.1.3 MSU 萃取缓冲液浓缩干粉:使用时用 1 000 mL 水溶解,配制成 MSU 萃取缓冲液,可在

1) CharmⅡ组织中的β-内酰胺类药物测定试剂盒和 CharmⅡ液体闪烁计数仪是由 Charm Science 公司提供的产品的商品名。给出这一信息是为了方便本标准的使用者,并不表示对该产品的认可。如果其他等效产品具有相同的效果,则可使用这些等效产品。

2℃～6℃保存2个月。

4.2.1.4　M2缓冲液浓缩干粉：使用时用50 mL水溶解，配制成M2缓冲液，可在2℃～6℃保存2个月。

4.2.1.5　受体试剂片剂：绿色片剂，于−15℃以下冷冻保存。

4.2.1.6　[^{14}C]标记的青霉素G片剂：黄色药片，于−15℃以下冷冻保存。

4.2.2　1 mol/L盐酸：8.32 mL浓盐酸加水定容至1 000 mL。

4.2.3　闪烁液。

4.2.4　pH试条。

4.2.5　离心管：50 mL。

4.2.6　硅硼酸盐玻璃试管及试管塞。

4.2.7　药片压杆。

4.3　仪器和设备

4.3.1　Charm Ⅱ液体闪烁计数仪[1]。

4.3.2　离心机：4 000 r/min。

4.3.3　高速组织捣碎机。

4.3.4　涡旋混合器。

4.3.5　加热器：90℃。

4.3.6　移液器：1 mL～5 mL，100 μL～1 000 μL。

5　分析步骤

5.1　对照液的配制

5.1.1　阴性对照液的配制：取2 mL阴性组织液(4.2.1.1)，加入6 mL MSU萃取缓冲溶液(4.2.1.3)中混匀，制成阴性对照液，该对照液可在室温下保存6 h。

5.1.2　阳性对照液的配制：取0.3 mL MSU多种抗生素标准溶液(4.2.1.2)，加入6 mL阴性组织液(4.2.1.1)中混匀，然后从中取2 mL混合溶液加入到6 mL MSU萃取缓冲溶液(4.2.1.3)中混匀，制成阳性对照液，该对照液可在室温下保存6 h。

5.2　试样提取

5.2.1　称取10 g(精确到0.1 g)均质好的试样于50 mL离心管，加入30 mL MSU萃取缓冲溶液(4.2.1.3)，涡旋振荡5 min。

5.2.2　将离心管置80℃±2℃孵育器内孵育30 min，再将离心管置冰水内10 min后，3 300 r/min离心10 min。

5.2.3　吸出上清液，注意不要将漂浮的脂肪颗粒混入上清液内。恢复室温后，用pH试条检查pH是否为7.5。如不准确，用M2缓冲液(4.2.1.4)或1 mol/L盐酸调整至pH7.5，即为样品测试液。

5.3　测定

5.3.1　用药片压杆的平端将受体试剂片剂(4.2.1.5)压入一洁净的玻璃试管内，加300 μL水到试管内用涡旋混合器振荡10 s，使药片振碎均匀。

5.3.2　用移液器加2.0 mL样品测试液，或阴性对照液(5.1.1)或阳性对照液(5.1.2)到试管内。用涡旋混合器振荡10 s，上下来回10次。于55℃±1℃孵育2 min。

5.3.3　从孵育器中取出试管，用药片压杆的平端压入[^{14}C]标记的青霉素G片剂(4.2.1.6)，用涡旋混合器振荡10 s，上下来回10次。置55℃±1℃孵育2 min。

5.3.4　取出试管，于3 300 r/min离心3 min。离心停止后立即取出试管，倒掉上清液，用吸水材料吸干管口边缘处的污渍。

5.3.5　加300 μL水到试管内，振荡并混合均匀(新鲜牛肉组织样品用300 μL 10%L-抗坏血酸溶液)。

再加入 3 mL 闪烁液(4.2.3)到试管内。将试管塞盖上后,涡旋混匀。

5.3.6 将试管放入液体闪烁计数仪内,读[^{14}C]项的计数值。

注:建议 1 次同时进行 6 支试管以下的测定。

5.4 控制点的确定

5.4.1 控制点是判断样品阴性与初筛阳性的一个界定值,可根据筛选水平自行设定。

5.4.2 筛选水平为 25 μg/kg 时,控制点设定步骤:称取 10 g 均质好的同类空白组织样品,加入 0.25 mL MSU 多抗生素标准溶液,充分混匀制成标准样品,按 5.2 和 5.3 进行测定。测定 6 个非重复的加标样品的计数值,求出平均值乘上系数 1.2,即为筛选水平 25 μg/kg 的控制点。

5.4.3 当筛选水平大于 25 μg/kg 的样品时,可将样品测试液适当稀释后测定。

5.5 结果判定

5.5.1 当样品的计数值大于控制点时,判定为“阴性”。

5.5.2 当样品的计数值小于或等于控制点时,应重新测定样品,且同时需要测定阴性对照液和阳性对照液。阴性对照液和阳性对照液的计数值,需在正常范围波动(见第 A.3 章)。当重新测定样品的计数值大于控制点时,判定为“阴性”;小于或等于控制点时,则判定为“初筛阳性”。

6 确证

本方法为初筛方法,阳性结果应用其他方法进行确证。

7 检测限

在肉类和水产品中,本方法检测限以青霉素 G 计 β-内酰胺类药物(包括青霉素 G、氨苄西林、阿莫西林、邻氯青霉素、双氯青霉素、头孢噻呋)总量为 25 μg/kg。

附 录 A
（规范性附录）
仪器和试剂日常监测

A.1 Charm Ⅱ液体闪烁计数仪零点校准

取空的专用试管放入液体闪烁计数仪计数，计数值需小于50，否则需调零。如测得的计数值偏大，可能由于液体闪烁计数仪有大量静电存在所引起，可用湿抹布将试管外壁湿润后放入液体闪烁计数仪进行测定，重复几次后可以达到正常值。

A.2 [^{14}C]通道校准

取[^{14}C]标记的青霉素G片剂加入玻璃试管，加300 μL水到试管内，振荡使沉淀物完全破碎。加3 mL闪烁液到试管内涡旋混匀至试管内没有不均一的云状物。将试管放入液体闪烁计数仪内，读[^{14}C]项和[^{3}H]项的计数值。[^{14}C]项的计数值应大于5 000，且[^{3}H]项与[^{14}C]项的计数值的比值应小于0.3。

A.3 试剂监测

A.3.1 对每一批新的试剂需测定零质控标准，测定3次阴性对照液计数值，其平均值即为零质控标准。当遇到样品怀疑“初筛阳性”时，通过测定阴性对照液和阳性对照液计数值与作为零质控标准的计数值比较，可确定试剂和液体闪烁计数仪是否正常。

A.3.2 正常情况下，阴性对照液计数值在零质控标准计数值上下波动，幅度约±20%。

A.3.3 正常情况下，阳性对照液计数值小于控制点。

A.3.4 如果测定结果与A.3.2或A.3.3不相符，应重新测定零质控标准和控制点，并重新测定样品。

ICS 13.300
G 09

中华人民共和国国家标准

GB 21175—2007

危险货物分类定级基本程序

Procedure of classification for hazardous products

2007-11-20 发布　　2008-06-01 实施

中华人民共和国国家质量监督检验检疫总局
中国国家标准化管理委员会　发布

前　言

本标准第4章、第5章、第6章和第7章为强制性的,其余为推荐性的。

本标准与联合国《关于危险货物运输的建议书·规章范本》(第十四修订版)的一致性程度为非等效,其有关技术内容与上述规章完全一致,在标准文本格式上按GB/T 1.1—2000做了编辑性修改。

本标准的附录A为规范性附录。

本标准由全国危险化学品管理标准化技术委员会(SAC/TC 251)提出并归口。

本标准负责起草单位:国家质量监督检验检疫总局危险品中心实验室。

本标准参加起草单位:天津出入境检验检疫局。

本标准主要起草人:王利兵、庞震、冯智劼、书军、周磊、郑群。

本标准为首次制定。

危险货物分类定级基本程序

1 范围

本标准规定了危险货物的定义、分类、要求、试验、标志。

本标准适用于危险货物危险特性的分类定级。

2 规范性引用文件

下列文件中的条款通过本标准的引用而成为本标准的条款。凡是注日期的引用文件，其随后所有的修改单(不包括勘误的内容)或修订版均不适用于本标准，然而，鼓励根据本标准达成协议的各方研究是否可使用这些文件的最新版本。凡是不注日期的引用文件，其最新版本适用于本标准。

GB 190 危险货物包装标志

GB 13690 常用危险化学品的分类及标志

联合国《关于危险货物运输的建议书·规章范本》(第十四修订版)

3 术语和定义

GB 13690 和联合国《关于危险货物运输的建议书·规章范本》(第十四修订版)确立的以及下列术语和定义适用于本标准。

3.1

爆炸品 explosive

爆炸品是固体或液体物质，在外界作用下(如受热、受压、撞击等)，能发生剧烈的化学反应，瞬时产生大量的气体和热量，使周围压力急骤上升，发生爆炸，对周围环境造成破坏的物品，也包括无整体爆炸危险，但具有燃烧、抛射及较小爆炸危险的物品。

3.2

气体 gas

气体是指在 50℃时蒸气压大于 300 kPa 的物质。或在包括 20℃时在 101.3 kPa 标准压力下完全是气态的物质。包括压缩气体、液化气体、溶解气体、冷冻液化气体、气体混合物、一种或多种气体与一种或多种其他类别物质蒸气的混合物、充有气体的物品和烟雾剂。

3.3

易燃液体 flammable liquid

易燃液体是指易燃的液体、液体混合物或含有固体物质的液体，但不包括由于其危险特性已列入其他类别的液体。其闭杯试验闪点等于或低于 61℃。

3.4

易燃固体、易于自燃的物质、遇水放出易燃气体的物质 flammable solid, spontaneously combustible, contact water emit flammable gases

易燃固体是指燃点低，对热、撞击、摩擦敏感，易被外部火源点燃、燃烧迅速，并可能散发有毒烟雾或有毒气体的固体，但不包括已列入爆炸品的物品。

易于自燃的物质指自燃点低，在空气中易发生氧化反应，放出热量而自行燃烧的物质。

遇水放出易燃气体的物质是指遇水作用易变成自燃物质或放出危险数量的易燃气体的物质。

3.5

氧化性物质和有机过氧化物　oxidizer,organic peroxide

氧化性物质是指本身未必燃烧,通常因释放氧引起或促使其他物质燃烧的物质。

有机过氧化物是指分子组成中含有过氧基的有机物,其本身易燃易爆,极易分解,对热、震动或摩擦极为敏感。

3.6

毒性物质和感染性物质　toxic,infectious substance

毒性物质是指经口、吸入或与皮肤接触后能造成死亡或严重受伤或损害的物质。

感染性物质是指已知或有理由认为含有病原体的物质。

3.7

放射性物质　radioactive

放射性物质是指放射性比活度大于 7.4×10^4 Bq/kg 的物质。

3.8

腐蚀性物质　corrosive

腐蚀性物质是指通过化学作用在接触生物组织时会造成严重损伤、或在渗漏时会严重损害甚至破坏其他物质或运输工具的物质。

3.9

杂项危险物质和物品　miscellaneous

杂项危险物质和物品是在运输中会产生其他类别不包括的危险物质和物品。除其他外,这类还包括温度大于或等于100℃条件下提交运输的液体物质或温度大于或等于240℃条件下提交运输的固体物质。

4　分类

4.1　危险货物分类

4.1.1　按危险货物具体的危险性或最主要的危险性分成9个类别。有些类别再分成项别。类别和项别的号码顺序并不是危险程度的顺序。

4.1.2　第1类:爆炸品

——1.1项:有整体爆炸危险的物质和物品;

——1.2项:有迸射危险但无整体爆炸危险的物质和物品;

——1.3项:有燃烧危险并有局部爆炸危险或局部迸射危险或这两种危险都有、但无整体爆炸危险的物质和物品;

——1.4项:不呈现重大危险的物质和物品;

——1.5项:有整体爆炸危险的非常不敏感物质;

——1.6项:无整体爆炸危险的极端不敏感物品。

4.1.3　第2类:气体

——2.1项:易燃气体;

——2.2项:非易燃无毒气体;

——2.3项:毒性气体。

4.1.4　第3类:易燃液体

4.1.5　第4类:易燃固体;易于自燃的物质;遇水放出易燃气体的物质

——4.1项:易燃固体、自反应物质及退敏爆炸品;

——4.2项:易于自燃的物质;

——4.3项:遇水放出易燃气体的物质。

4.1.6 第5类:氧化性物质和有机过氧化物

——5.1项:氧化性物质;

——5.2项:有机过氧化物。

4.1.7 第6类:毒性物质和感染性物质

——6.1项:毒性物质;

——6.2项:感染性物质。

4.1.8 第7类:放射性物质

4.1.9 第8类:腐蚀性物质

4.1.10 第9类:杂项危险物质和物品

4.2 危险货物包装分类

除第1、2、7类和第5.2项、第6.2项危险货物外,其他各类危险货物的包装可按危险程度划分为三种包装等级,即:

Ⅰ级包装——高危险性的物质;

Ⅱ级包装——中等危险性的物质;

Ⅲ级包装——轻度危险性的物质。

各类危险货物危险程度的划分可通过有关危险特性的试验来确定。

5 要求

5.1 安全要求

5.1.1 新产品生产者或者申请该产品分类委托方应提供一切可得的有关该产品的安全数据,例如毒性数据。

5.1.2 当怀疑有爆炸性时,应首先进行小规模的初步试验后,再进行较大量物质的试验。初步试验包括确定物质对机械刺激(撞击和摩擦)以及对热和火焰的敏感度。

5.1.3 在涉及引发潜在的爆炸性物质或物品的试验中,引发后应保持一段安全等候时间。

5.1.4 在处理试验过的样品时应格外小心,试验过的样品应在试验后尽快销毁。

5.2 试验要求

5.2.1 危险特性的试验应按试验条件进行。

5.2.2 试验样品应和运输的物质一致。试验报告中应列明各种活性物质和各种稀释剂的含量,准确度至少在±2%(质量计)之内。对试验结果可能产生重大影响的成分,应在试验报告中准确列明。

5.2.3 与试验物质接触的所有试验材料应不影响试验结果。如果不能排除影响,应采取预防措施防止影响试验结果。所采取的预防措施应在试验报告中列明。

5.2.4 试验应在代表运输情况的条件(温度、密度)下进行。如列明的试验条件不包括运输条件,需进行预定运输条件的补充试验。

5.2.5 如果试验结果与物质的粒度有关,试验报告中应列明相关的物理状况。

6 试验

6.1 按联合国《关于危险货物运输的建议书·规章范本》(第十四修订版)规定的9大类危险货物分类试验逐项进行检验,除非确有依据可免除部分项目。

6.2 当一种物质、混合物或溶液有一种以上危险性,而其名称又未列入联合国《关于危险货物运输的建议书·规章范本》(第十四修订版)第3.2章危险货物一览表时,应按附录A确定其危险类别。下列危险性没有在附录A中危险性先后顺序表中论及,因为这些主要危险性总是占优先地位。

a) 第1类物质和物品;

b) 第2类气体;

c) 第3类的退敏液体爆炸物；

d) 4.1项自反应物质及退敏爆炸品；

e) 4.2项发火物质；

f) 5.2项物质；

g) 具有Ⅰ类包装吸入毒性的6.1项物质；

h) 6.2项物质；

i) 第7类物质，除了例外包件中的放射性物质，具有其他危险性质的放射性物质应划入第7类，次要危险也应确定。

6.3 对于具有多种危险性而在联合国《关于危险货物运输的建议书·规章范本》（第十四修订版）第3.2章的危险货物一览表中没有具体列出名称的货物，表示该货物有关危险性的最严格包装类别优于其他包装类别。

7 标志

危险货物危险特性的标志按GB 190的有关规定执行。

附 录 A
（规范性附录）
危险性先后顺序

表 A.1 危险性先后顺序表

	4.2	4.3	5.1 Ⅰ	5.1 Ⅱ	5.1 Ⅲ	6.1，Ⅰ 皮肤	6.1，Ⅰ 口服	6.1 Ⅱ	6.1 Ⅲ	8，Ⅰ 液体	8，Ⅰ 固体	8，Ⅱ 液体	8，Ⅱ 固体	8，Ⅲ 液体	8，Ⅲ 固体
3，Ⅰ[a]		4.3				3	3	3	3	3	—	3	—	3	—
3，Ⅱ[a]		4.3				3	3	3	3	8	—	3	—	3	—
3，Ⅲ[a]		4.3				6.1	6.1	6.1	3[b]	8	—	8	—	3	—
4.1，Ⅱ[a]	4.2	4.3	5.1	4.1	4.1	6.1	6.1	4.1	4.1	—	8	—	4.1	—	4.1
4.1，Ⅲ[a]	4.2	4.3	5.1	4.1	4.1	6.1	6.1	6.1	4.1	—	8	—	8	—	4.1
4.2，Ⅱ		4.3	5.1	4.2	4.2	6.1	6.1	4.2	4.2	8	8	4.2	4.2	4.2	4.2
4.2，Ⅲ		4.3	5.1	5.1	4.2	6.1	6.1	6.1	4.2	8	8	8	8	4.2	4.2
4.3，Ⅰ			5.1	4.3	4.3	6.1	4.3	4.3	4.3	4.3	4.3	4.3	4.3	4.3	4.3
4.3，Ⅱ			5.1	4.3	4.3	6.1	4.3	4.3	4.3	8	8	4.3	4.3	4.3	4.3
4.3，Ⅲ			5.1	5.1	4.3	6.1	6.1	6.1	4.3	8	8	8	8	4.3	4.3
5.1，Ⅰ						5.1	5.1	5.1	5.1	5.1	5.1	5.1	5.1	5.1	5.1
5.1，Ⅱ						6.1	5.1	5.1	5.1	8	8	5.1	5.1	5.1	5.1
5.1，Ⅲ						6.1	6.1	6.1	5.1	8	8	8	8	5.1	5.1
6.1，Ⅰ，皮肤										8	6.1	6.1	6.1	6.1	6.1
6.1，Ⅰ，口服										8	6.1	6.1	6.1	6.1	6.1
6.1，Ⅱ，吸入										8	6.1	6.1	6.1	6.1	6.1
6.1，Ⅱ，皮肤										8	6.1	8	6.1	6.1	6.1
6.1，Ⅱ，口服										8	8	8	6.1	6.1	6.1
6.1，Ⅲ										8	8	8	8	8	8

a 自反应物质和固态退敏爆炸品以外的4.1项物质以及液态退敏爆炸品以外的第3类物质。

b 农药为6.1。

— 表示不可能组合。

ICS 13.300
G 09

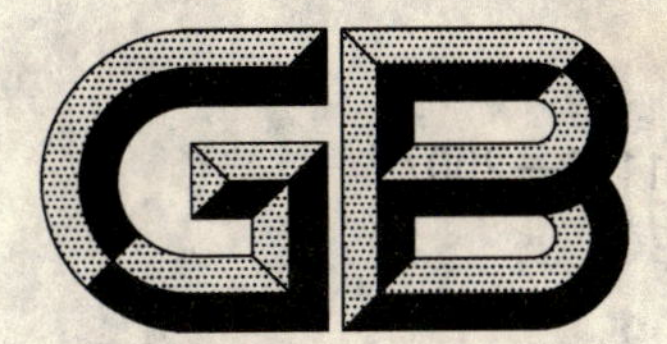

中华人民共和国国家标准

GB 21176—2007

液化石油气危险货物危险特性检验安全规范

Safety code for inspection of hazardous properties for dangerous goods of liquefied petroleum gas

2007-11-20 发布　　2008-06-01 实施

中华人民共和国国家质量监督检验检疫总局
中国国家标准化管理委员会 发布

前　言

本标准第5章、第6章为强制性的，其余为推荐性的。

本标准与联合国《关于危险货物运输的建议书·规章范本》(第十四修订版)的一致性程度为非等效，其有关技术内容与上述规章范本中一致，在标准文本格式上按GB/T 1.1—2000做了编辑性修改。

本标准由全国危险化学品管理标准化技术委员会(SAC/TC 251)提出并归口。

本标准负责起草单位：国家质量监督检验检疫总局危险品中心实验室。

本标准参加起草单位：天津出入境检验检疫局。

本标准主要起草人：于艳军、李秀平、吕刚、刘军、杜宇、马军。

本标准为首次制定。

液化石油气危险货物危险特性检验安全规范

1 范围

本标准规定了液化石油气危险货物危险特性检验的要求、试验和检验规则。

本标准适用于对液化石油气危险货物危险特性的检验。

2 规范性引用文件

下列文件中的条款通过本标准的引用而成为本标准的条款。凡是注日期的引用文件，其随后所有的修改单(不包括勘误的内容)或修订版均不适用于本标准，然而，鼓励根据本标准达成协议的各方研究是否可使用这些文件的最新版本。凡是不注日期的引用文件，其最新版本适用于本标准。

GB 19458 危险货物危险特性检验安全规范 通则

GB 19521.3—2004 易燃气体危险货物危险特性检验安全规范

GB 19521.8 毒性气体危险货物危险特性检验安全规范

联合国《关于危险货物运输的建议书·试验和标准手册》(第四修订版)

3 术语和定义

联合国《关于危险货物运输的建议书·试验和标准手册》(第四修订版)确立的以及下列术语和定义适用于本标准。

3.1

液化石油气 liquefied petroleum gas(LPG)

以丙烷、丁烷为主要成分的液态石油产品，一般有商品丙烷、商品丁烷和商品丙、丁烷混合物。

3.2

易燃气体 flammable air

在大气压力下，20℃时，于空气中可以点燃的气体。

3.3

急性吸入毒性 LC_{50} 值 LC_{50} for acute toxicity on inhalation

使雌雄成年白鼠连续吸入气体 24 h(或更短时间)后，最可能引起这些试验动物在 14 d 内死亡一半的蒸气、烟雾或粉尘的浓度。

4 要求

4.1 易燃气体包装上铸印、印刷或粘贴的标记、标志，应符合 GB 19458 有关规定要求。

4.2 液化石油气应装入液化石油气储罐或液化石油气专用钢瓶储存。

4.3 液化石油气储罐应设在储罐区。储罐应有符合规定的标志和标牌。储存场所应设“易燃物品”、“严禁烟火”等醒目的标志牌。

5 试验

5.1 试验一般要求

5.1.1 待测液化石油气中水分的含量应不大于 10 g/m³。

5.1.2 气体易燃试验中，用于试验的压缩空气应不含有水分。

5.1.3 试验前，气体应充分混匀，并用色谱或单一的氧气分析仪精确分析混合气体的组成。

5.1.4 气体易燃试验中，反应管应由壁厚不小于 5 mm 的硼硅酸玻璃（pyrex）制成，内径至少为 50 mm，长度至少为内径的 5 倍。在测试过程中反应管应保持洁净，避免杂质特别是水分的污染。

5.1.5 气体易燃试验中，点火系统的火花发生器（可选择 15 kV 的电极电压）应能提供每个火花 10 J 的能量（建议电极间距为 5 mm）。

5.2 易燃性试验

按 GB 19521.3—2004 试验方法进行易燃性试验。

5.3 毒性试验

按 GB 19521.8 试验方法进行毒性试验。

5.4 类别判定

5.4.1 液化石油气易燃性判定

5.4.1.1 试验判定

按 GB 19521.3—2004 中 5.4.1 进行判定。

5.4.1.2 计算判定

按 GB 19521.3—2004 中 5.4.2 进行判定。

5.4.2 液化石油气毒性判定

5.4.2.1 试验判定

根据试验结果对液化石油气的毒性进行判定，判定方法见 GB 19521.8 。

5.4.2.2 计算判定

液化石油气的 LC_{50} 值（mL/m^3）可以通过式(1)进行计算：

$$LC_{50} = \frac{1}{\sum_i \frac{C_i}{LC_{50i}}} \quad \cdots\cdots (1)$$

式中：

C_i——为液化石油气中第 i 种毒性组分的摩尔分数；

LC_{50i}——为液化石油气中第 i 种毒性组分的半致死浓度，单位为毫升每立方米（mL/m^3）。

根据上式计算出液化石油气的 LC_{50}，如 $LC_{50} < 5\ 000\ mL/m^3$ 则判定该液化石油气为毒性气体。

5.4.3 液化石油气分类判定

根据上述判定结果，将液化石油气分类为 2.1 项易燃气体和 2.3 项毒性气体，其中 2.3 项毒性气体优先 2.1 项易燃气体。

6 检验规则

6.1 检验项目：按本标准第 4 章、第 5 章的要求逐项进行检验。

6.2 检验条件：

有下列情况之一时，应进行危险特性检验：

——新产品投产时；

——在正常生产时，每年一次；

——产品长期停产后，恢复生产时；

——国家质量监督机构提出进行危险特性检验。

6.3 判定规则：

按照本标准 5.2～5.4 进行试验和计算，依据试验和计算结果对液化石油气的危险特性进行判定。

ICS 13.300
G 09

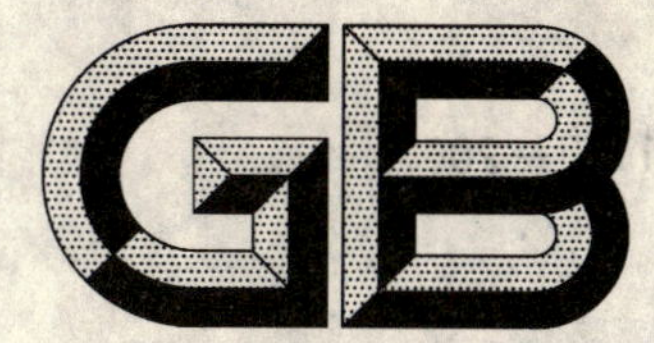

中华人民共和国国家标准

GB 21177—2007

涂料危险货物危险特性检验安全规范

Safety code for inspection of hazardous properties for dangerous goods of paint

2007-11-20 发布　　2008-06-01 实施

中华人民共和国国家质量监督检验检疫总局
中国国家标准化管理委员会　发布

前　言

本标准第5章和第6章为强制性的，其余为推荐性的。

本标准与联合国《关于危险货物运输建议书·试验和标准手册》(第四修订版)的一致性程度为非等效，其有关技术内容与上述规章范本中一致，在标准文本格式上按GB/T 1.1—2000做编辑性修改。

本标准由全国危险化学品管理标准化技术委员会(SAC/TC 251)提出并归口。

本标准负责起草单位：国家质量监督检验检疫总局危险品中心实验室。

本标准参加起草单位：天津出入境检验检疫局、亚太地区危险品协会、江南大学。

本标准主要起草人：王利兵、李秀平、李宁涛、李学洋、马军、蒋雪枫。

本标准为首次制定。

涂料危险货物危险特性检验安全规范

1 范围

本标准规定了液态涂料危险货物危险特性的要求、试验和检验规则。

本标准适用于液态涂料危险货物危险特性的检验。

2 规范性引用文件

下列文件中的条款通过本标准的引用而成为本标准的条款。凡是注日期的引用文件，其随后所有的修改单(不包括勘误的内容)或修订版均不适用于本标准，然而，鼓励根据本标准达成协议的各方研究是否可使用这些文件的最新版本。凡是不注日期的引用文件，其最新版本适用于本标准。

GB/T 616 化学试剂 沸点测定通用方法

GB/T 9750 涂料产品包装标志

GB 19458 危险货物危险特性检验安全规范 通则

ASTM D93 宾斯基-马丁闭式仪测定闪点标准

ASTM D6450 连续闭杯闪点测定标准方法

联合国《关于危险货物运输的建议书·试验和标准手册》(第四修订版)

3 术语和定义

联合国《关于危险货物运输的建议书·试验和标准手册》(第四修订版)确立的以及下列术语和定义适用于本标准。

3.1

放射性发光涂料 radioactive luminescent paint

发光基质与放射性核素相结合并在其射线的激发作用下会发出可见光的粉末状制品与粘合剂混合的发光物质。

3.2

易燃液体 flammable liquid

本类化学品系指易燃的液体、液体混合物或含有固体物质的液体，但不包括由于其危险特性已列入其他类别的液体，其闭杯闪点试验闪点等于或低于60℃。

3.3

闪点 flash point

试样在规定条件下加热到其蒸气与空气的混合物接触火焰发生闪火时的最低温度。

4 要求

4.1 涂料的包装应符合GB/T 9750和GB 19458有关规定的要求。对于由双组分或多组分配套组成的涂料，包装标志上应明确各组分配比。对于施工时需要稀释的涂料，包装标志上应明确稀释比例。

4.2 涂料样品应存放在通风、干燥、防止日光直接照射的地方，存放温度为5℃～40℃，贮存有效期不低于半年。

5 试验

5.1 闭杯闪点试验

5.1.1 试验仪器

闭杯闪点试验仪。

5.1.2 试验方法

按 ASTM D93 或 ASTM D6450 的方法测定液体的闪点。

5.2 持续燃烧试验

5.2.1 试验仪器

持续燃烧试验仪,包括温度计、气压计、电炉、计时装置、注射器、燃料气等。

5.2.2 试验方法

按联合国《关于危险货物运输建议书·试验和标准手册》(第四修订版)第 32 节的方法进行试验。

5.3 液体初沸点测定试验

按 GB/T 616 的标准方法进行测定。

5.4 溶剂分离试验

5.4.1 试验仪器

100 mL 量筒(总高度约为 25 cm,刻度段的内直径大小一致,约为 3 cm)。

5.4.2 试验方法

5.4.2.1 将闪点低于 23℃的黏性液体涂料样品搅拌均匀。

5.4.2.2 将搅拌后的液体倒入量筒 100 mL 刻度处。将塞子塞好后使量筒静置 24 h。在 24 h 之后,测量上部分离层的高度。

5.4.2.3 使用量筒中溶液上部分离层的高度占试样总高度的百分比表示试验结果。

5.5 黏度试验

5.5.1 试验仪器

黏度试验仪(喷嘴直径:4 mm 和 6 mm),计时装置。

5.5.2 试验方法

5.5.2.1 将闪点低于 23℃的黏性液体涂料样品搅拌均匀。

5.5.2.2 将搅拌后的液体小心注入黏度试验仪的 4 mm 直径喷嘴当中,马上开始计时,记录试样全部流过黏度试验仪所用的时间。如果流过时间超过 100 s,则将试样小心注入黏度试验仪的 6 mm 直径喷嘴当中,进行计时。记录试样全部流过黏度试验仪所用的时间。

5.6 类别判定

5.6.1 危险性类别的判定

经过闭杯闪点试验测定,闪点等于或低于 60.5℃的涂料样品属于第 3 类易燃液体。但是,如果闪点高于 35℃,不持续燃烧的涂料则不属于第 3 类易燃液体。

5.6.2 适用包装类别的判定

5.6.2.1 危险化学品涂料的包装类别判定如表 1 所示。

表 1 按易燃性划分的危险类别

闪点(闭杯)	初沸点	包装类别
—	≤35℃	Ⅰ
<23℃	>35℃	Ⅱ
≥23℃,≤60℃	>35℃	Ⅲ
注:闪点低于 23℃的黏性易燃涂料的包装类别判定见 5.6.2.2。		

5.6.2.2 闪点低于23℃的黏性涂料如符合下列条件则划入Ⅲ类包装：

a) 在溶剂分离试验中，清澈的溶剂上部分离层的高度小于总高度的3%；

b) 混合物不含有任何主要危险性或次要危险性属于第6.1项有毒物质或第8类腐蚀性物质的物质；

c) 试验结果应符合表2。

表2 闭杯闪点及黏度试验结果

喷嘴直径/mm	流过时间 t/s	闪点/℃
4	20＜t≤60	＞17℃
4	60＜t≤100	＞10℃
6	20＜t≤32	＞5℃
6	32＜t≤44	＞－1℃
6	44＜t≤100	＞－5℃
6	100＜t	≤－5℃

6 检验规则

6.1 检验项目

按本标准第4章、第5章的要求逐项进行检验。

6.2 检验条件

有下列情况之一时，应进行危险特性检验：

——新产品投产或老产品转产时；

——正式生产后，如材料、工艺有较大改变，可能影响产品性能时；

——在正常生产时，每年一次；

——产品长期停产后，恢复生产时；

——出厂检验结果与上次危险特性检验结果有较大差异时；

——国家质量监督机构提出进行危险特性检验。

6.3 判定规则

按照本标准5.1～5.5进行试验，依据试验结果与5.6对危险化学品涂料危险特性及适用包装类别进行判定。

ICS 13.300
G 09

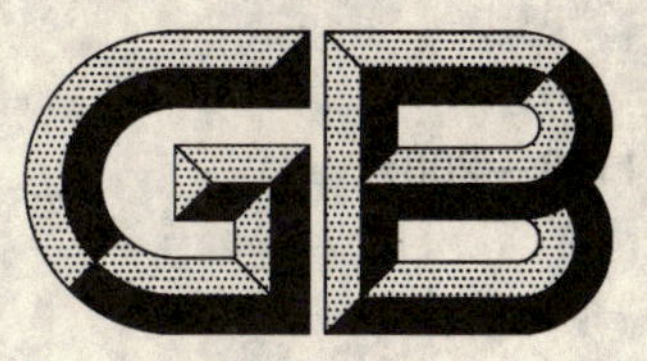

中华人民共和国国家标准

GB 21178—2007

自反应物质和有机过氧化物分类程序

Classification procedure for self-reactive substances and organic peroxides

2007-11-20 发布　　　　2008-06-01 实施

中华人民共和国国家质量监督检验检疫总局
中国国家标准化管理委员会　发布

前言

本标准第4章、第5章、第6章为强制性的，其余为推荐性的。

本标准与联合国《关于危险货物运输的建议书·规章范本》(第十四修订版)及《关于危险货物运输的建议书·试验和标准手册》(第四修订版)的一致性程度为非等效，其有关技术内容与上述规章一致，在标准文本格式上按GB/T 1.1—2000做了编辑性修改。

本标准附录A为规范性附录。

本标准由全国危险化学品管理标准化技术委员会(SAC/TC 251)提出并归口。

本标准负责起草单位：国家质量监督检验检疫总局危险品中心实验室。

本标准参加起草单位：天津出入境检验检疫局。

本标准主要起草人：冯智颉、庞震、张江萍、向雪洁、曹丽静、周磊。

本标准为首次制定。

自反应物质和有机过氧化物分类程序

1 范围

本标准规定了自反应物质和有机过氧化物的分类、要求和试验。

本标准适用于对自反应物质和有机过氧化物进行分类。

2 规范性引用文件

下列文件中的条款通过本标准的引用而成为本标准的条款。凡是注日期的引用文件，其随后所有的修改单(不包括勘误的内容)或修订版均不适用于本标准，然而，鼓励根据本标准达成协议的各方研究是否可使用这些文件的最新版本。凡是不注日期的引用文件，其最新版本适用于本标准。

GB/T 4472 化工产品密度、相对密度测定通则

GB 19455 民用爆炸品危险货物危险特性检验安全规范

GB 19521.12—2004 有机过氧化物危险货物危险特性检验安全规范

ISO 3679 闪点的测定 快速平衡法闭杯法

联合国《关于危险货物运输的建议书・规章范本》(第十四修订版)

联合国《关于危险货物运输的建议书・试验和标准手册》(第四修订版)

3 术语和定义

联合国《关于危险货物运输的建议书・规章范本》(第十四修订版)确立的以及下列术语和定义适用于本标准。

3.1

过氧化物 peroxide

含有过氧基-O-O-结构的氧化物。

3.2

有机过氧化物 organic peroxide

一种有机物质，它含有两价的-O-O-结构，可看作是过氧化氢的衍生物，即其中一个或两个氢原子被有机原子团所取代。

3.3

自加速分解温度 self-accelerating decomposition temperature (SADT)

是物质装在运输所用的容器里可能发生自加速分解的最低环境温度。

3.4

有机过氧化物配制品 organic peroxide product

其有机过氧化物的有效氧质量分数不超过 1.0%，而且过氧化氢质量分数不超过 1.0%；或其有机过氧化物的有效氧质量分数不超过 0.5%，而且过氧化氢质量分数超过 1.0%，但不超过 7.0%。

3.5

自燃固体 pyrophoric solid

本类化学品系指自燃点低、接触空气易于发生氧化反应放出热量而自行燃烧的固体，其中包括发火固体与自热固体两类。

4 分类

4.1 有机过氧化物的分类原则

4.1.1 有机过氧化物按其危险性程度分为七种类型，从A型到G型；有些类型再分成项别，类别和项别的号码顺序并不代表危险程度的顺序。

4.1.2 A型有机过氧化物

任何有机过氧化物配制品，如装在供运输的容器中时能起爆或迅速爆燃。（附录A出口框A）

4.1.3 B型有机过氧化物

任何具有爆炸性质的有机过氧化物配制品，如装在供运输的容器中既不起爆也不迅速爆燃，但在该容器中可能发生热爆炸。这种有机过氧化物装在容器中的数量最高可达25 kg，但为了排除在包件中起爆或爆燃而需要把最高数量限制在较低数量者除外。（附录A出口框B）

4.1.4 C型有机过氧化物

任何具有爆炸性质的有机过氧化物配制品，如装在供运输的容器（最多50 kg）内不可能起爆或迅速爆燃或发生热爆炸。（附录A出口框C）

4.1.5 D型有机过氧化物

4.1.5.1 如果在实验室试验中，部分起爆，不迅速爆燃，在封闭条件下加热时不显示任何激烈效应。

4.1.5.2 如果在实验室试验中，根本不起爆，缓慢爆燃，在封闭条件下加热时不显示激烈效应。

4.1.5.3 如果在实验室试验中，根本不起爆，在封闭条件下加热时显示中等效应可以接受装在净含量不超过50 kg的包装中运输。（附录A出口框D）

4.1.6 E型有机过氧化物

任何有机过氧化物配制品，如在实验室试验中，既不起爆也不爆燃，在封闭条件下加热时只显示微弱效应或无效应。（附录A出口框E）

4.1.7 F型有机过氧化物

任何有机过氧化物配制品，如在实验室试验中，既不在空化状态下起爆也不爆燃，在封闭条件下加热时只显示微弱效应或无效应，以及爆炸力弱或无爆炸力。（附录A出口框F）

包装的附加要求应符合《关于危险货物运输的建议书·规章范本》（第十四修订版）4.1.7和4.2.1.12的规定。

4.1.8 G型有机过氧化物

4.1.8.1 任何有机过氧化物配制品，在实验室试验中既不在空化状态下起爆也不爆燃，在封闭条件下加热时不显示任何效应，以及没有任何爆炸力，应免予被划入5.2项，但配制品必须是热稳定的（50 kg包装的自加速分解温度为60℃或更高），液体配制品须用A型稀释剂退敏。（附录A出口框D）

4.1.8.2 如果配制品不是热稳定的，或者A稀释剂以外的稀释剂退敏，配制品应定F型有机过氧化物。

4.1.9 非有机过氧化物配制品

其有机过氧化物的有效氧质量分数不超过1.0%，而且过氧化氢质量分数不超过1.0%；或其有机过氧化物的有效氧质量分数不超过0.5%，而且过氧化氢质量分数超过1.0%，但不超过7.0%。

5 要求

5.1 自反应物质和有机过氧化物危险货物危险特性试验应按附录A的判别流程进行。

5.2 温度控制要求

5.2.1 下列有机过氧化物在运输过程中必须控制温度：

a) 自加速分解温度（SADT）$t \leqslant 50$℃的B型和C型有机过氧化物。

b) 自加速分解温度$t \leqslant 50$℃，在封闭条件下加热时显示中等效应或自加速分解温度$t \leqslant 45$℃，在封闭条件下加热时显示微弱或无效应的D型有机过氧化物。

c) 自加速分解温度 $t \leqslant 45℃$ 的E型和F型有机过氧化物。

5.2.2 确定自加速分解温度需进行试验系列H，选择的试验应以能代表待运包件的大小和材料的方式进行。

6 试验

6.1 一般性能检测

6.1.1 有机过氧化物配制品的有效氧含量(质量分数)按式(1)计算：

$$X=16\times\sum\left(\frac{n_i\times C_i}{m_i}\right)\times 100\% \quad \cdots\cdots (1)$$

式中：

X——有效含氧量；

n_i——有机过氧化物 i 每个分子的过氧基数目；

C_i——有机过氧化物 i 的质量分数；

m_i——有机过氧化物 i 的相对分子质量。

6.1.2 密度的测定

按GB/T 4472的规定进行测定。

6.1.3 闪点的测定

按ISO 3679的规定进行测定。

6.2 预备试验

6.2.1 试验项目

用较少的样品进行小规模试验来确定物质的稳定性和敏感性；包括确定物质对机械刺激(撞击和摩擦)以及对热和火焰的敏感性。

6.2.2 试验类型

用四类小规模试验做初步安全评估：

a) 落锤试验，用于确定对撞击的敏感性；

b) 摩擦或撞击摩擦试验，用于确定对摩擦的敏感性；

c) 确定热稳定性和放热能的试验；

d) 确定点火效应的试验。

6.2.3 试验方法按照GB 19455的规定。

6.3 分类试验

6.3.1 试验系列A

按GB 19521.12—2004中6.3.1进行试验。

6.3.2 试验系列B

按GB 19521.12—2004中6.3.2进行试验。

6.3.3 试验系列C

按GB 19521.12—2004中6.3.3进行试验。

6.3.4 试验系列D

按GB 19521.12—2004中6.3.4进行试验。

6.3.5 试验系列E

按GB 19521.12—2004中6.3.5进行试验。

6.3.6 试验系列F

按GB 19521.12—2004中6.3.6进行试验。

6.3.7 **试验系列 G**

按 GB 19521.12—2004 中 6.3.7 进行试验。

6.3.8 **试验系列 H**

按 GB 19521.12—2004 中 6.3.8 进行试验。

6.4 判定准则

按附录 A 要求的试验顺序进行试验，试验结果判定见表 1。

表 1 危险特性试验标准

试验系列	危险特性试验的项目	危险特性的试验标准
试验系列 A	是否传播爆炸(附录 A 中图框 1)	“是”：钢管全长破裂。 “部分”：钢管并未全长破裂，但平均钢管破裂长度(两次试验的平均)大于用相同物理状态的惰性物质做试验时的平均破裂长度的 1.5倍。 “否”：钢管并未全长破裂，而且平均钢管破裂长度(两次试验的平均)不大于用相同物理状态的惰性物质做试验时的平均破裂长度的 1.5倍。
试验系列 B	在运输包件中能否传播爆炸(附录 A 中图框 2)	“是”：试验现场出现一个坑或产品下面的验证板穿孔；加上大部分封闭材料分裂和四散；或包件下半部中的传播速度是等速，而且高于声音在物质中的速度。 “否”：试验现场没有出现一个坑，产品下面的验证板没有穿孔，速度测量(如果有)显示传播速度低于声音在物质中的速度，对于固体，在试验后可收回未反应物质。
试验系列 C	在运输包件中是否传播爆燃(附录 A 中图框 3、4、5)	1. 时间/压力试验(试验 1) “是，很快”：压力从 690 kPa 上升至 2 070 kPa 的时间小于 30 ms。 “是，很慢”：压力从 690 kPa 上升至 2 070 kPa 的时间大于或等于 30 ms。 “否”：压力没有上升至比大气压高 2 070 kPa。 注：必要时，应当进行爆燃试验来区分“是”、“很慢”和“否”。 2. 爆燃试验(试验 2) “是，很快”：爆燃速度大于 5.0 mm/s。 “是，很慢”：爆燃速度小于或等于 5.0 mm/s，大于或等于 0.35 mm/s。 “否”：爆燃速度小于 0.35 mm/s，或反应在达到下刻度之前停止。 注：如果没有得到“是，很快”的结果，应进行时间/压力试验。 A. 试验 1、2 的结果都是“是，很快”。　　即为“是，很快”。 B. 试验 1 的结果不是“是，很快”； 试验 2 的结果是“是，很慢”。　　即为“是，很慢”。 C. 试验 1 的结果不是“是，很快”； 试验 2 的结果是“否”。　　即为“否”。
试验系列 D	在运输包件中是否迅速爆燃(附录 A 中图框 6)	“是”：内容器或外容器裂成三块以上(容器底部和顶部除外)表明试验物质在该包件中迅速爆燃。 “否”：内容器或外容器没有破裂或裂成三块以下(容器底部和顶部除外)表明试验物质在该包件中不迅速爆燃。

表 1(续)

试验系列	危险特性试验的项目	危险特性的试验标准
试验系列 E	在规定的封闭条件下加热的效应(附录 A 中图框 7、8、9、13)	1. 克南试验 “激烈”：极限直径大于或等于 2.0 mm。 “中等”：极限直径等于 1.5 mm。 “微弱”：极限直径等于或小于 1.0 mm，在任何试验中得到的效应都不是“0”型效应。 “无”：极限直径小于 1.0 mm，在所有试验中得到的效应都是“0”型效应。 2. 荷兰压力容器试验 “激烈”：用 9.0 mm 或更大的孔板和 10.0 g 的试样进行试验时防爆盘破裂。 “中等”：用 9.0 mm 的孔板进行试验时防爆盘没有破裂，但用 3.5 mm 或 6.0 mm 的孔板和 10.0 g 的试样进行试验时防爆盘破裂。 “微弱”：用 3.5 mm 的孔板和 10.0 g 的试样进行试验时防爆盘没有破裂，但用 1.0 mm 或 2.0 mm 的孔板和 10.0 g 的试样进行试验时防爆盘破裂，或者用 1.0 mm 的孔板和 50.0 g 的试样进行试验时防爆盘破裂。 “无”：用 1.0 mm 的孔板和 50.0 g 的试样进行试验时防爆盘没有破裂。 两试验中最高的危险级别应用于分类。
试验系列 F	考虑用中型散装货集装箱或罐体运输或考虑予以豁免的物质的爆炸力(附录 A 中图框 12)	“不低”：平均净铅块膨胀等于或大于 12 cm^3。 “低”：平均净铅块膨胀小于 12 cm^3，但大于 3 cm^3。 “无”：平均净铅块膨胀等于或小于 3 cm^3。
试验系列 G	在运输包件中热爆炸效应(附录 A 中图框 10)	“是”：内容器和/或外容器裂成三片以上(不包括容器底部和顶部)，表明试验物质能造成该包件爆炸。 “否”：没有破裂或破裂碎片在三片以下，表明试验物质在包件中不爆炸。
试验系列 H	有机过氧化物和自反应物质或潜在的自反应物质的自加速分解温度	自加速分解温度是试样稳定超过烤炉温度 6℃ 或更多的最低烤炉温度。如果在任何一次试验中试样温度都没有超过烤炉温度 6℃ 或更多，自加速分解温度记为大于所使用的最高烤炉温度。

附 录 A
（规范性附录）
自反应物质和有机过氧化物分类流程

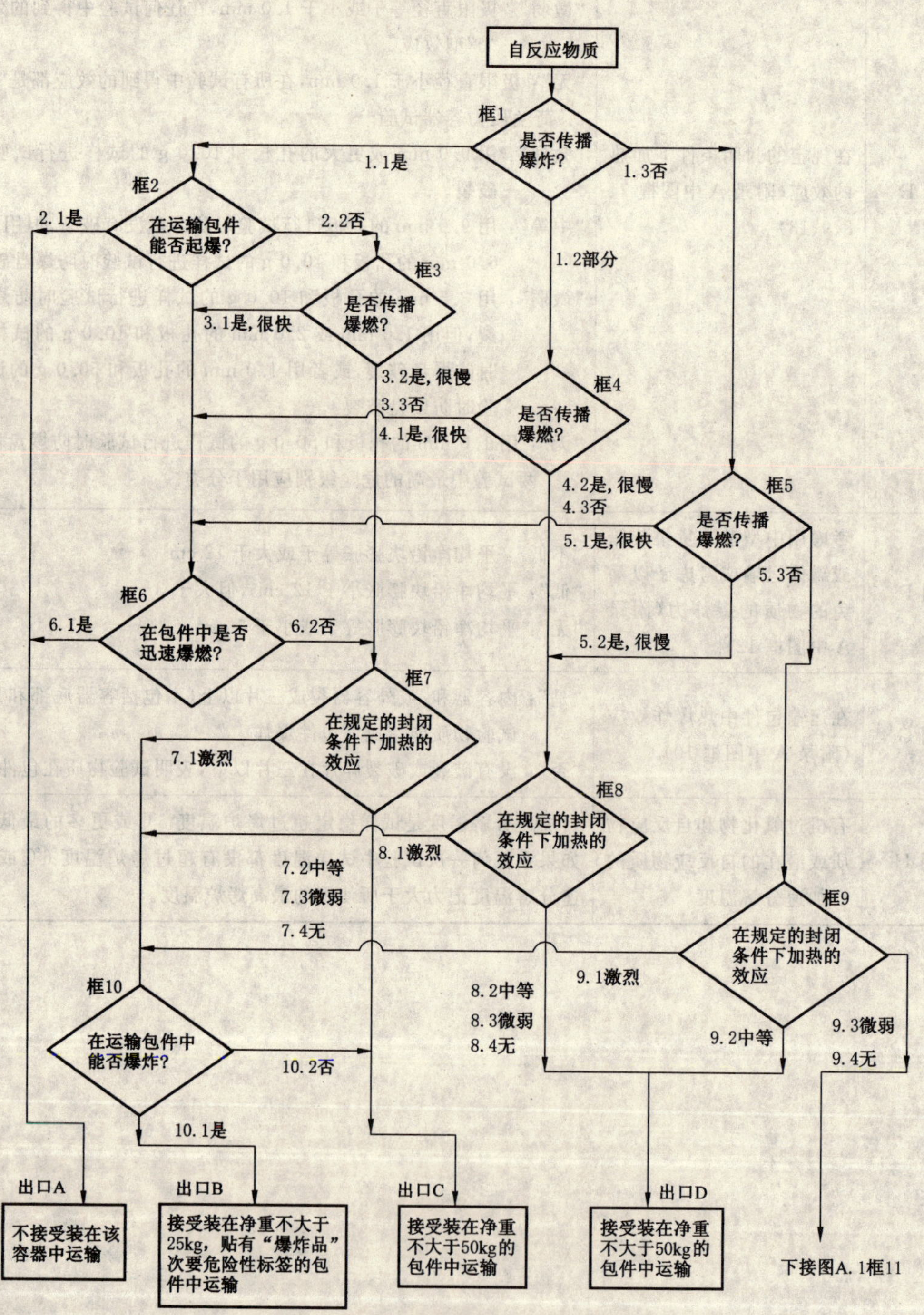

图 A.1 自反应物质分类流程图

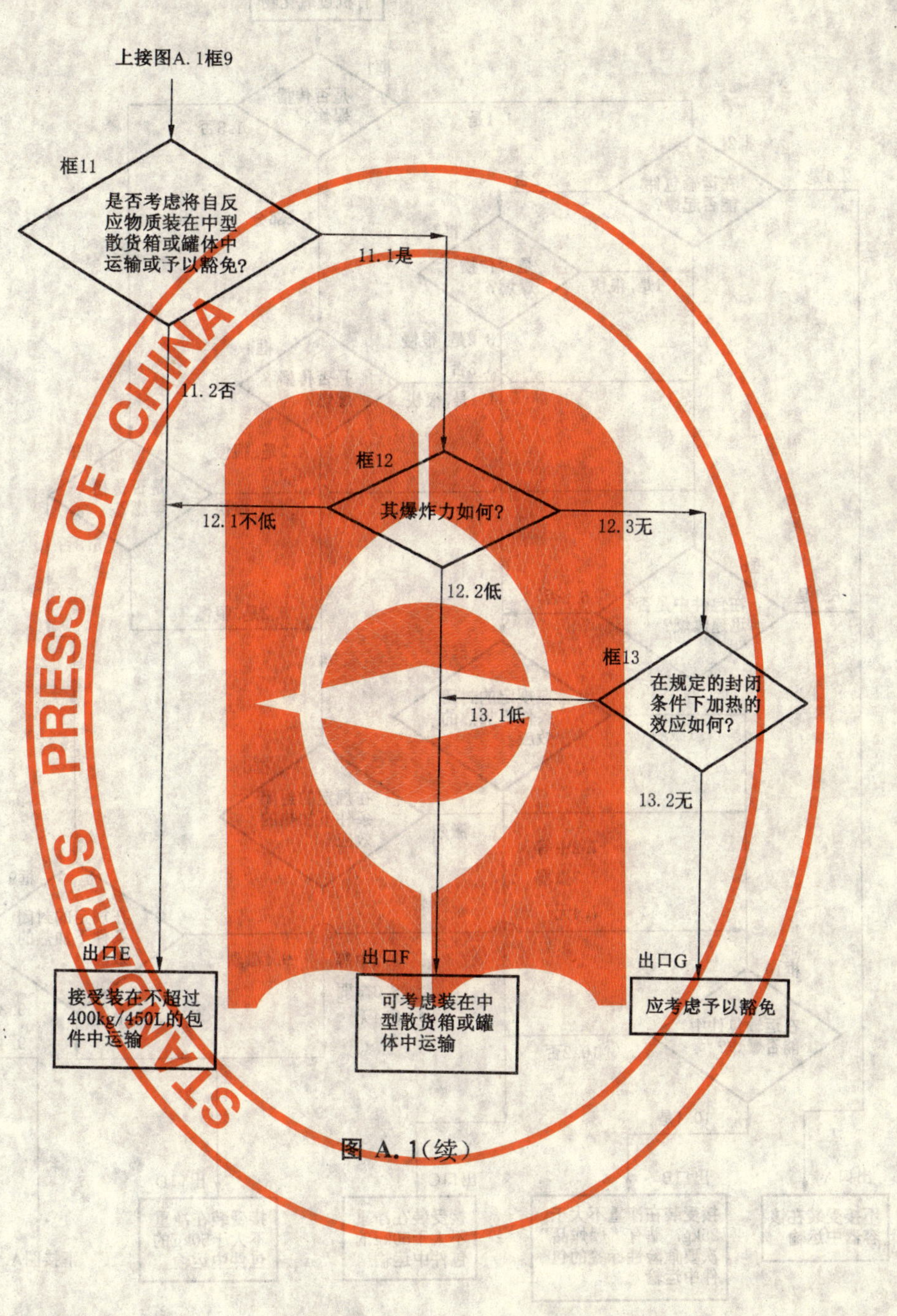
上接图A.1框9
框11
是否考虑将自反应物质装在中型散货箱或罐体中运输或予以豁免?
11.1是
11.2否
框12
其爆炸力如何?
12.1不低
12.2低
12.3无
框13
在规定的封闭条件下加热的效应如何?
13.1低
13.2无
出口E
接受装在不超过400kg/450L的包件中运输
出口F
可考虑装在中型散货箱或罐体中运输
出口G
应考虑予以豁免

图 A.1(续)

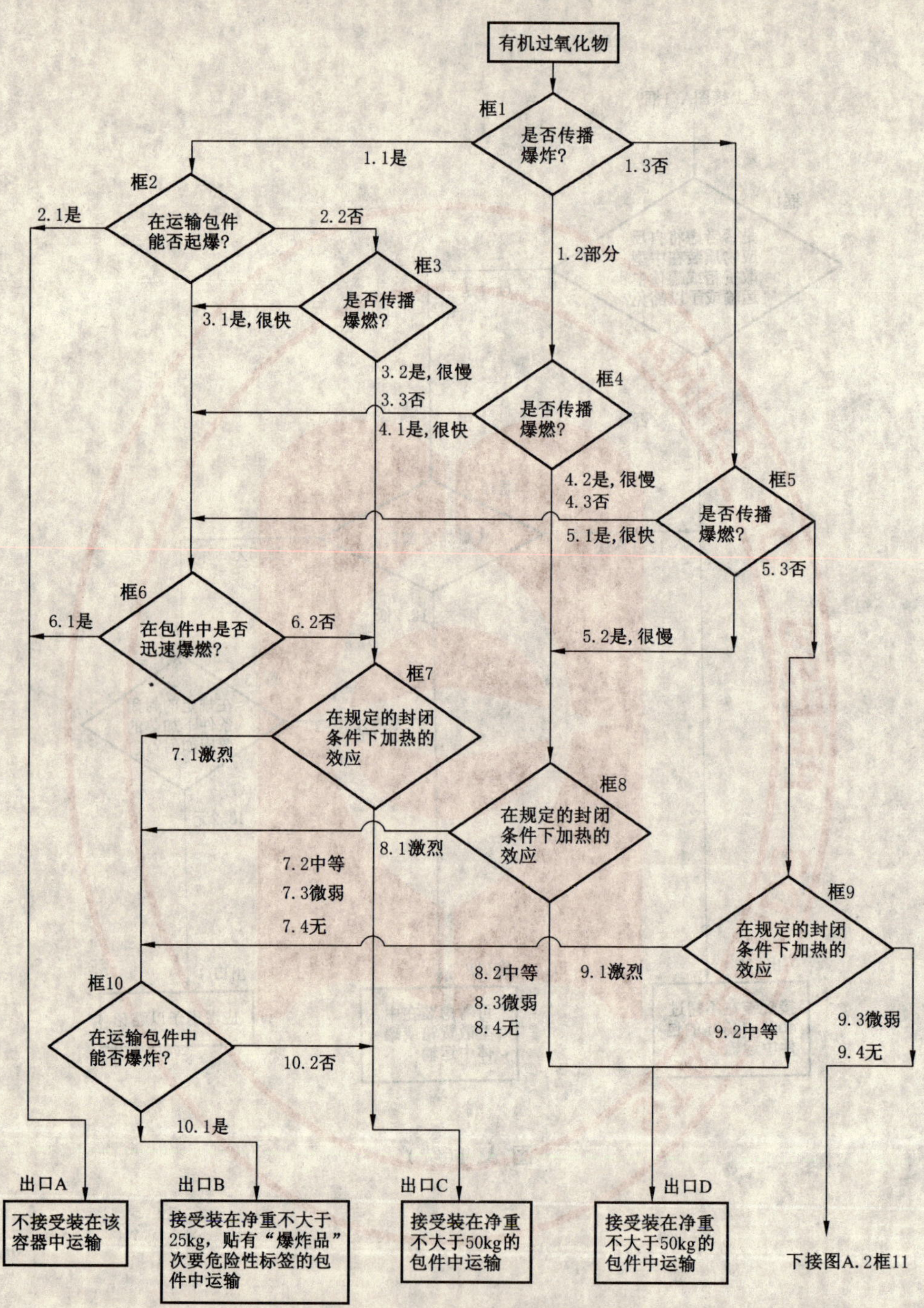

图 A.2 有机过氧化物分类流程图

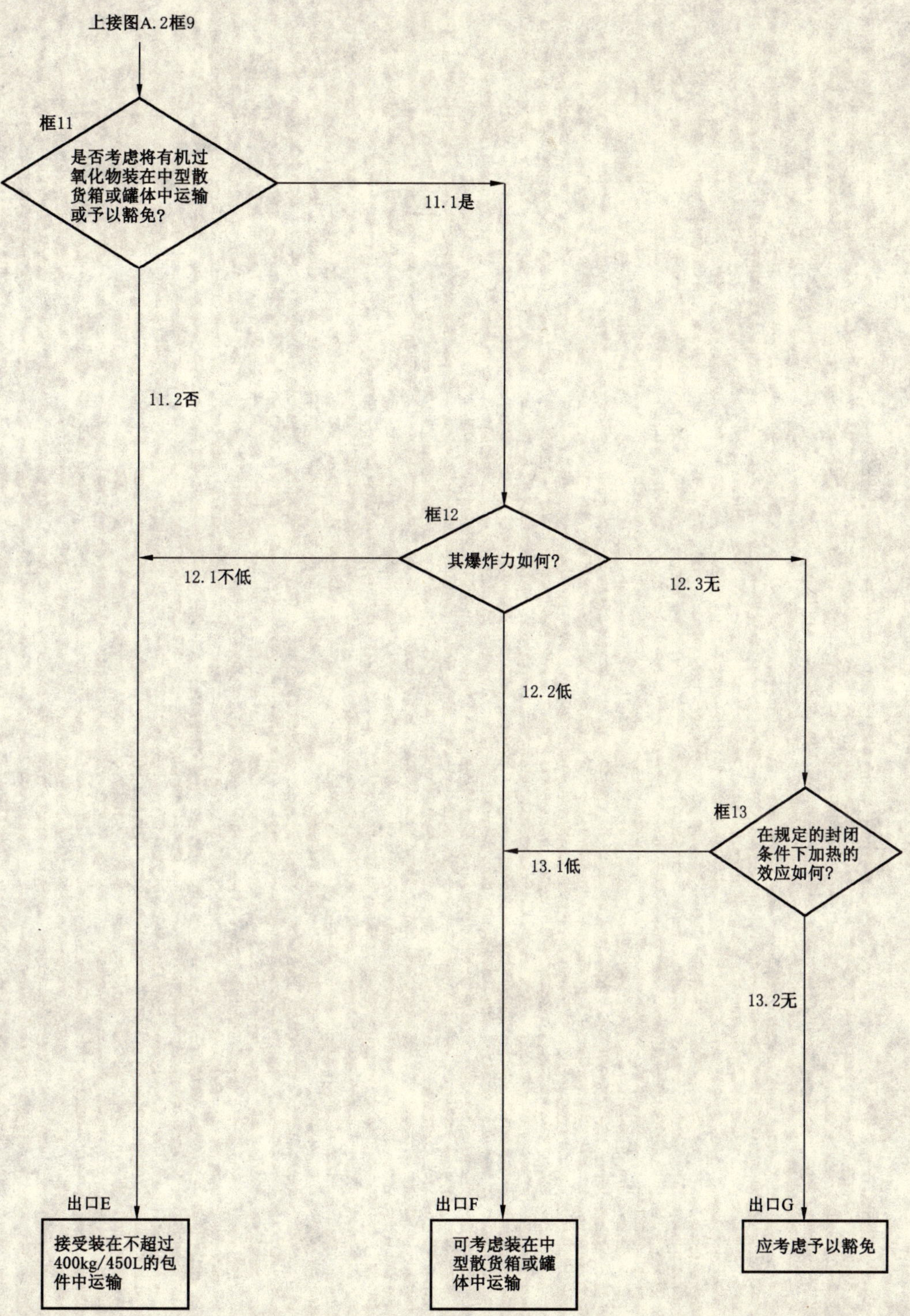
上接图A.2框9
框11
是否考虑将有机过氧化物装在中型散货箱或罐体中运输或予以豁免?
11.1是
11.2否
框12
其爆炸力如何?
12.1不低
12.3无
12.2低
框13
在规定的封闭条件下加热的效应如何?
13.1低
13.2无
出口E
接受装在不超过400kg/450L的包件中运输
出口F
可考虑装在中型散货箱或罐体中运输
出口G
应考虑予以豁免

图 A.2(续)

ICS 77.150.60
H 69

中华人民共和国国家标准

GB/T 21179—2007

镍及镍合金废料

Scraps of nickel and nickel alloy

2007-11-23 发布　　2008-06-01 实施

中华人民共和国国家质量监督检验检疫总局
中国国家标准化管理委员会　发布

前　言

本标准由中国有色金属工业协会提出。

本标准由全国有色金属标准化技术委员会归口。

本标准由金川集团有限公司负责起草。

本标准由深圳市格林美高新技术股份有限公司、重庆市全泰再生资源有限公司参加起草。

本标准主要起草人：林秀英、关乐忠、于晓霞、韩红涛、许开华、欧阳志坚。

镍及镍合金废料

1 范围

本标准规定了镍及镍合金废料(以下统称镍废料)的分类、要求、检验方法、检验规则和包装、标志、运输和贮存。

本标准适用于镍废料的国内外贸易、再生有色金属熔炼企业,也适用于加工制造企业使用的镍废料。

2 规范性引用文件

下列文件中的条款通过本标准的引用而成为本标准的条款。凡是注日期的引用文件,其随后所有的修改单(不包括勘误的内容)或修订版均不适用于本标准。然而,鼓励根据本标准达成协议的各方研究是否可使用这些文件的最新版本。凡是不注日期的引用文件,其最新版本适用于本标准。

GB 16487.2 进口废物环境保护控制标准 冶炼渣

GB 16487.7 进口废物环境保护控制标准 废有色金属

3 分类

镍废料按照状态性质和用途分为八类,即:Ⅰ类:纯镍废料、Ⅱ类:镍合金废料、Ⅲ类:废镍粉、Ⅳ类:电池废料、Ⅴ类:镍泥、Ⅵ类:触媒、Ⅶ类:粗镍盐、Ⅷ类:含镍灰渣。每类镍废料的要求见表1。

表1 镍废料分类

类别	组别	要求
Ⅰ类:纯镍废料	纯镍废料	无铸件和铜焊接接头,无油漆材料、其他金属薄层、不同类型物质和任何其他的污染; Ni≥98.0%;Cu≤0.50%
Ⅱ类:镍合金废料	镍合金废料	包括不锈钢废料、镍铁合金废料、镍锰合金废料、镍铜合金废料、镍硅合金废料、镍钨合金废料、镍铬合金废料、奥氏体耐热钢废料、精密电阻合金废料、电热合金废料、耐蚀合金废料、高温合金废料和精密合金废料等; 1级:由同一牌号或化学成分相近的镍合金废料组成; 2级:由不同牌号的镍合金废料组成; 3级:由不同类型的镍合金废料组成
Ⅲ类:废镍粉	废镍粉	无不同类型物质和任何其他污染; 1级:Ni≥98.0%; 2级:90.0%≤Ni<98.0%
Ⅳ类:电池废料	镍氢电池废料 镍锰电池废料 镍镉电池废料	由同一组别的电池废料组成; 1级:Ni≥40.0%; 2级:20.0%≤Ni<40.0%; 3级:5.0%≤Ni<20.0%
	混合电池废料	由不同组别的电池废料组成; 1级:Ni≥40.0%; 2级:20.0%≤Ni<40.0%; 3级:5.0%≤Ni<20.0%

表 1（续）

类别	组 别	要 求
Ⅴ类：镍泥	镍污泥	镍电解、电镀过程产生的含镍污泥等； 1 级：Ni≥10.0%； 2 级：5.0%≤Ni<10.0%； 3 级：1.0%≤Ni<5.0%
	黄渣	铜电解过程产生的含镍黄渣等； 1 级：Ni≥5.0%； 2 级：1.0%≤Ni<5.0%
Ⅵ类：触媒废料	触媒废料	石油、食品等行业产生的废催化剂； 1 级：Ni≥30.0%； 2 级：10.0%≤Ni<30.0%； 3 级：1.0%≤Ni<10.0%
Ⅶ类：镍盐	粗镍盐	各类镍盐和镍氧化物，主要包括：硫酸镍、氯化镍、氢氧化镍及氧化镍等，Ni≥10.0%
Ⅷ类：含镍灰渣	镍灰	含镍灰尘、烟尘等； 1 级：Ni≥5.0%； 2 级：1.0%≤Ni<5.0%
	镍渣	含镍渣等； 1 级：Ni≥10.0%； 2 级：5.0%≤Ni<10.0%； 3 级：1.0%≤Ni<5.0%

4 要求

4.1 镍废料应按照本标准规定的类别、组别、级别（或牌号）进行回收和贸易，不同类别、组别和级别（或牌号）的废料不应相互混合。本标准未列入的其他镍废料归入相近的类别中。

4.2 镍废料中不允许混有密封容器、易燃、易爆物品、有毒、腐蚀性、医疗废物和带有放射性物品。

4.3 废旧武器零部件应由供方做安全检查处理后方可供货。

4.4 混入镍废料中的文物，应按照国家有关规定处理。

4.5 镍废料表面的泥块、杂物应尽量予以清除。

4.6 块状镍废料单件的最大外形尺寸，本标准不作具体规定，供需双方可在不妨碍运输的情况下协商确定，并在合同中注明。

4.7 镍合金废料中的镍含量是指以金属或合金状态存在的镍，不含镍的化合物。

4.8 需方有其他特殊要求时，可由供需双方协商确定，并在合同中注明。

5 检验方法

5.1 镍废料的洁净程度由目视检查。

5.2 镍废料的化学成分应进行分析，分析方法由供需双方协商确定，并在合同中注明。未确定分析方法时，可按国家标准或行业标准规定的相关牌号的分析方法进行。

5.3 镍废料的供应方式、扣除杂质的方法、外形尺寸及单块重量的测量方式由供需双方协商确定，并在合同中注明。

5.4 镍废料中对环境造成影响的夹杂物和放射性污染的控制按照 GB 16487.2、GB 16487.7 的规定进行。

6 检验规则

6.1 检查和验收

6.1.1 镍废料由供方质量检验部门进行检验，也可委托其他检验机构进行检验，应保证其质量符合本标准或订货单(或合同)的规定，并填写质量证明书。

6.1.2 需方对收到的镍废料按照本标准或订货单(或合同)的规定进行检验，如检验结果与本标准或合同的规定不相符时，应单独封存，在自收到之日起 30 天内向供方提出，由供需双方协商解决。

6.2 组批

镍废料应成批提交检验，每批应由同一类别、同一组别、同一级别(或牌号)的镍废料组成。批重不限。

6.3 取、制样方法以及其他

镍废料的取、制样方法以及其他有关事宜由供需双方协商确定并在合同中注明。

7 包装、标志、运输和贮存

7.1 标志

镍废料发运时须附有标志，其上注明：

a) 供方名称；
b) 镍废料名称；
c) 批号；
d) 批重。

7.2 包装

7.2.1 镍废料粉料均应有包装。轻薄或散碎镍合金废料可以打包或压块方式供货。

7.2.2 包装方式、尺寸和重量由供需双方协商确定，并在合同中注明。

7.3 运输和贮存

7.3.1 不同类别的镍废料在运输过程中不应混装。

7.3.2 镍废料在运输、装卸、堆放过程中，应严禁混入爆炸物、易燃物、垃圾、腐蚀物和有毒、放射性物品，也不得用被以上物品污染的装卸工具装运，应有必要的防雨、防雪、防水设施。

7.4 质量证明书

每批镍废料交货时，应附有质量证明书，其上注明：

a) 供方名称；
b) 镍废料名称；
c) 镍废料类别、组别、级别；
d) 批号及批重；
e) 发货日期；
f) 检验结果质量检验部门的印记；
g) 本标准编号。

8 订货单(或合同)内容

本标准所列产品的订货单(或合同)内应包括下列内容：

a) 镍废料名称；
b) 类别、组别、级别；

c) 杂质元素含量等特殊要求；

d) 重量；

e) 本标准编号；

f) 其他。

ICS 77.150.60
H 69

中华人民共和国国家标准

GB/T 21180—2007

锡及锡合金废料

Scraps of tin and tin alloy

2007-11-23 发布 2008-06-01 实施

中华人民共和国国家质量监督检验检疫总局
中国国家标准化管理委员会 发布

前　言

本标准由中国有色金属工业协会提出。

本标准由全国有色金属标准化技术委员会归口。

本标准由云南锡业集团有限责任公司负责起草。

本标准由中国有色金属工业标准计量质量研究所参加起草。

本标准主要起草人:白健、曹靖、起永林、孙超、赵军锋。

锡及锡合金废料

1 范围

本标准规定了锡及锡合金废料的分类、要求、试验方法、检验规则和包装、标志、运输及贮存。

本标准适用于锡及锡合金废料的国内外贸易、再生有色金属熔炼企业,也适用于加工制造企业产生的锡及锡合金废料。

2 规范性引用文件

下列文件中的条款通过本标准的引用而成为本标准的条款。凡是注日期的引用文件,其随后所有的修改单(不包括勘误的内容)或修订版均不适用于本标准。然而,鼓励根据本标准达成协议的各方研究是否可使用这些文件的最新版本。凡是不注日期的引用文件,其最新版本适用于本标准。

GB 16487.2 进口废物环境保护控制标准 冶炼渣(试行)

GB 16487.7 进口废物环境保护控制标准 废有色金属(试行)

GB/T 1819(所有部分) 锡精矿化学分析方法

GB/T 3260(所有部分) 锡化学分析方法

GB/T 10574(所有部分) 锡铅焊料化学分析方法

YS/T 475.1 铸造轴承合金化学分析方法

3 分类

根据锡及锡合金产品在各行业生产、加工和使用后产生的废料,结合锡及锡合金废料收购企业提供的分检情况及废料加工处理技术要求,按废料的化学成分、物理形态、存在方式分为4个大类,即:

Ⅰ类 锡及锡合金块状废料;

Ⅱ类 含锡焊料废料;

Ⅲ类 锡及锡合金屑状废料;

Ⅳ类 锡及锡合金渣、尘、泥废料。

按四类废料中的类型分成不同组别,每组按锡及锡合金废料的名称来区别不同级别,详见表1所示。

表 1 锡及锡合金废料分类表

分类			要求
类别	组别	废料名称	
Ⅰ锡及锡合金块状废料	纯锡废料	浮法玻璃废锡料 化学镀废锡料	1级:Sn≥95%,无其他夹杂物及油污; 2级:90%≤Sn<95%,无其他夹杂物及油污; 3级:80%≤Sn<90%,无其他夹杂物及油污
	锡合金废料	锡基合金废料	1级:Sn≥90%,无其他夹杂物及油污; 2级:70%≤Sn<90%,无其他夹杂物及油污; 3级:50%≤Sn<70%,无其他夹杂物及油污
		其他含锡合金废料	1级:30%≤Sn≤50%,无其他夹杂物及油污; 2级:10%≤Sn<30%,无其他夹杂物及油污

表 1（续）

分类			要求	
类别	组别	废料名称		
Ⅱ含锡焊料废料	锡铅焊料	重熔废料	1 级：Sn≥85%，无其他夹杂物及油污； 2 级：55%≤Sn＜85%，无其他夹杂物及油污； 3 级：25%≤Sn＜55%，无其他夹杂物及油污	
		边角残料		
	无铅焊料	重熔废料	1 级：Sn≥90%，无其他夹杂物及油污； 2 级：70%≤Sn＜90%，无其他夹杂物及油污； 3 级：45%≤Sn＜70%，无其他夹杂物及油污	
		边角残料		
Ⅲ锡及锡合金屑废料	锡及锡合金屑状	纯锡屑	1 级：Sn≥99%，无其他夹杂物及油污； 2 级：97%≤Sn＜99%，无其他夹杂物及油污； 3 级：95%≤Sn＜97%，无其他夹杂物及油污	
		锡合金屑	1 级：Sn≥80%，无其他夹杂物及油污； 2 级：60%≤Sn＜80%，无其他夹杂物及油污； 3 级：40%≤Sn＜60%，无其他夹杂物及油污； 4 级：20%≤Sn＜40%，无其他夹杂物及油污	
Ⅳ锡及锡合金渣、尘、泥废料	锡渣	精炼渣	粒度≤30 mm 水份≤10%	1 级：Sn≥60%，无其他夹杂物及油污； 2 级：40%≤Sn＜60%，无其他夹杂物及油污； 3 级：5%≤Sn＜40%，无其他夹杂物及油污
		炉渣	粒度≤100 mm 水份≤10%	1 级：Sn≥30%，无其他夹杂物及油污； 2 级：15%≤Sn＜30%，无其他夹杂物及油污； 3 级：1%≤Sn＜15%，无其他夹杂物及油污
		湿法、电镀渣	粒度≤15 mm 水份≤40%	1 级：Sn≥80%，无其他夹杂物及油污； 2 级：60%≤Sn＜80%，无其他夹杂物及油污； 3 级：40%≤Sn＜60%，无其他夹杂物及油污； 4 级：5%≤Sn＜40%，无其他夹杂物及油污
	锡尘	锡尘	粒度≤1 mm 水份≤20%	1 级：Sn≥60%，无其他夹杂物及油污； 2 级：40%≤Sn＜60%，无其他夹杂物及油污； 3 级：5%≤Sn＜40%，无其他夹杂物及油污
	锡泥	锡泥	粒度≤1 mm 水份≤60%	1 级：Sn≥60%，无其他夹杂物及油污； 2 级：20%≤Sn＜60%，无其他夹杂物及油污； 3 级：5%≤Sn＜20%，无其他夹杂物及油污

4 要求

4.1 锡及锡合金废料应按本标准规定的类别、组别和级别进行回收和贸易，不同的类别、组别和级别不应相互混合。本标准未列入的其他锡废料归入相近的类别中。

4.2 锡及锡合金废料中不允许混有密封容器、易燃、易爆物品、有毒、腐蚀性、医疗废物和带有放射性物品。

4.3 含锡的废旧武器零部件应由供方做安全检查处理方可供货。

4.4 混入废锡的国家文物，应按照国家有关规定处理。

4.5 锡及锡合金废料表面的杂物应予以清除。

4.6 锡及锡合金块状废料的最大外形尺寸，本标准不作具体规定，但可在不妨碍运输的情况下，由供需双方协商确定，并在合同中注明。

4.7 需方有其他特殊要求时可由供需双方商定，并在合同中注明。

5 试验方法

5.1 锡及锡合金废料的洁净程度用目视检验。

5.2 各种锡及锡合金废料根据化学成分不同，分别按GB/T 1819、GB/T 3260、GB/T 10574、YS/T 475.1的方法进行分析。

5.3 锡及锡合金废料中杂质的扣除方法、外形尺寸及单块重量的测量方法等本标准中未规定的试验方法，由供需双方协商确定。

5.4 锡及锡合金废料中对环境造成影响的夹杂物和放射性污染物的控制按照GB 16487.2、GB 16487.7的规定进行。

6 检验规则

6.1 检查和验收

6.1.1 锡及锡合金废料应由供方质量检验部门进行检验，也可委托其他质量检验部门进行检验，保证其质量符合本标准的规定，并提供质量证明书。

6.1.2 需方应对收到的锡及锡合金废料按照本标准或订货单(或合同)的规定进行检验，如检验结果与本标准或订货单(或合同)的规定不符时，应单独封存，并在收到之日起30天内向供方提出，由供需双方协商解决。

6.2 组批

锡及锡合金废料应成批提交检验，每批应由同一类别、同一组别、同一名称和同一级别组成。

6.3 取、制样及其他

锡及锡合金废料的取样、制样方法以及其他相关事宜由供需双方协商确认。

7 标志、包装、运输和贮存

7.1 标志

每批锡及锡合金废料要附有标签，其上注明：

a) 供方名称；

b) 锡及锡合金废料名称；

c) 批号；

d) 批重。

7.2 包装

7.2.1 经供需双方协商确定，锡及锡合金块状废料可以打包或压块方式供货，锡及锡合金屑、锡渣、锡灰、锡泥等均应包装后交货。

7.2.2 锡及锡合金废料的包装方式、尺寸和重量由供需双方协商确定，并在合同中注明。

7.3 运输和贮存

7.3.1 不同类别的锡及锡合金废料在运输过程中不应混装。

7.3.2 化工废锡渣(泥)在运输、装卸、堆放过程中，严禁混入爆炸物、易燃物、垃圾、腐蚀物和有毒、放射性物品，也不得用以上物品污染的装卸工具装运，应有必要的防雨、防雪、防火设施。

7.4 质量证明书

锡及锡合金废料交货时，应附有质量证明书，其上注明：

a) 供方名称；

b) 锡及锡合金废料名称；

c) 锡及锡合金废料类别、组别、级别；

d） 批号及批重；

e） 发货日期；

f） 检验结果质量检验部门的印记；

g） 本标准编号。

8 订货单(或合同)内容

本标准所列产品的订货单(或合同)内应包括下列内容：

a） 锡及锡合金废料名称；

b） 类别、组别、级别、供应状态；

c） 杂质元素含量等特殊要求；

d） 重量；

e） 本标准编号；

f） 其他。

ICS 77.150.60
H 69

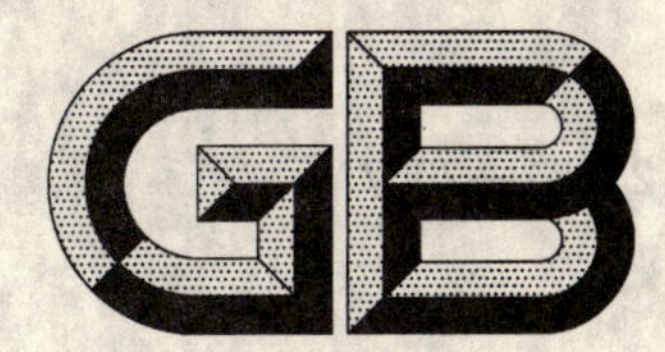

中华人民共和国国家标准

GB/T 21181—2007

再生铅及铅合金锭

Secondarily lead and lead alloy ingots

2007-11-23 发布　　　　2008-06-01 实施

中华人民共和国国家质量监督检验检疫总局
中国国家标准化管理委员会　发布

前 言

本标准在制定中部分参照了 BSEN 12659:1999《铅和铅合金——铅》中的相关内容。

本标准根据再生铅有别于原生矿铅的特点，按照经济、环保以及精练提纯、蓄电池生产和化工部门的应用需要，规定了二类八个牌号。

本标准由中国有色金属工业协会提出。

本标准由全国有色金属标准化技术委员会归口。

本标准由安徽华鑫铅业集团有限公司负责起草。

本标准由安徽省冶金科学研究所有限公司参加起草。

本标准主要起草人：段克祥、朱贵贤、张保兴、朱玉民、韩健民、黄宪法。

再生铅及铅合金锭

1 范围

本标准规定了再生铅及铅合金锭的要求、试验方法、检验规则及标志、包装、运输、贮存。

本标准适用于以含铅的废料为原料经冶炼加工生产的再生铅及其合金锭，主要应用于电解精炼、蓄电池、合金和化工等领域。

2 规范性引用文件

下列文件中的条款通过本标准的引用而成为本标准的条款。凡是注日期的引用文件，其随后所有的修改单(不包括勘误的内容)或修订版均不适用于本标准，然而，鼓励根据本标准达成协议的各方研究是否可使用这些文件的最新版本。凡是不注日期的引用文件，其最新版本适用于本标准。

GB/T 1250 极限数值的表示方法和判定方法

GB/T 4103(所有部分) 铅及铅合金化学分析方法

GB/T 8170 数值修约规则

3 要求

3.1 产品分类

再生铅及铅合金锭按化学成分分为8个牌号：ZSPb99.98、ZSPb99.95、ZSPb98.00、ZSPbSb1、ZSPbSb2、ZSPbCa、ZSPbSn1、ZSPbSn2。

3.2 化学成分

3.2.1 再生铅及铅合金锭的化学成分应符合表1的规定。

3.2.2 当需方对合金元素和杂质有特殊要求时，供需双方可以协商确定。

3.2.3 铅(Pb)的含量为100%减去实际测得表2中所列其他元素总和的余量。

3.3 物理规格

3.3.1 再生铅及铅合金锭为长方梯形，底部有打捆凹槽，两端有突出耳部。

3.3.2 每锭单重可为：48 kg±2 kg、40 kg±2 kg、24 kg±1 kg，或由供需双方协商确定。

3.3.3 需方如对再生铅及铅合金锭的规格形状有特殊要求，可由供需双方商定。

3.4 表面质量

3.4.1 再生铅及铅合金锭表面不得有溶渣、粒状氧化物、夹杂物及外来污染。

3.4.2 再生铅及铅合金锭不得有冷隔，不得有大于10 mm的飞边毛刺(允许修整)。

3.4.3 需方如对铅及铅合金锭的表面质量有特殊要求时，可由供需双方商定。

4 试验方法

4.1 再生铅及铅合金锭的化学成分仲裁分析方法按GB/T 4103的规定进行，或按供需双方认可的分析方法进行。

4.2 再生铅及其合金锭的表面质量用目视法检验。

5 检验规则

5.1 检查与验收

5.1.1 再生铅及铅合金锭应由供方技术监督部门进行检验，保证产品质量符合本标准或订货单(或合

表 1 再生铅及铅合金锭化学成分

类别		牌号	化学成分/%																用途
			主要成分					杂质含量,不大于											
			Pb	Sb	Ca	Sn	Al	Ag	Cu	Bi	As	Sb	Sn	Zn	Fe	Cd	Ni	杂质总和	
再生铅		ZSPb99.98	≥99.98	—	—	—	—	0.001	0.000 5	0.01	0.000 5	0.003	0.001	0.000 5	0.000 5	0.000 2	0.000 2	0.02	制造合金、化工产品等
		ZSPb99.95	≥99.95	—	—	—	—	0.002	0.001	0.015	0.002	0.004	0.002	0.001	0.002	0.000 3	0.000 5	0.05	电解精炼
		ZSPb98.00	≥98	—	—	—	—	—	0.01	—	0.4	0.6	0.001	—	—	—	—	2	
再生铅合金	铅锑合金	ZSPbSb1	余量	1.5~3.5	—	0.10~0.25	—	0.01	0.03	0.02	0.01	—	—	0.001	0.001	0.001	0.001	—	蓄电池和焊接材料
		ZSPbSb2	余量	3.6~7.5	—	0.26~0.50	—	0.02	0.05	0.03	0.02	—	—	0.001	0.001	0.001	0.001	—	
	铅钙合金	ZSPbCa	余量	—	0.08~0.20	0.50~0.80	0.01~0.04	0.001	0.002	0.03	0.001	0.005	—	0.001	0.001	0.001	0.001	—	
	铅锡合金	ZSPbSn1	余量	—	—	1.5~3.5	—	—	0.03	0.03	0.03	0.1	—	0.002	0.02	—	—	—	
		ZSPbSn2	余量	—	—	3.6~7.5	—	—	0.03	0.03	0.03	0.1	—	0.002	0.02	—	—	—	

注：牌号表示方法：“ZS”为“再生”的汉语拼音首字母。

同)的规定,并填写质量证明书。

5.1.2 需方应对收到的产品按本标准的规定进行检验,如检验结果与本标准或订货单(或合同)的规定不符时,应在收到产品之日起15天内向供方提出,由供需双方协商解决。如需仲裁,仲裁取样在需方由供需双方共同进行。

5.2 组批

5.2.1 再生铅及铅合金锭应成批提交检验,每批应由同一熔炼号的产品组成,批量不大于120 t。

5.2.2 根据需方需要,允许由同一牌号的多个生产批组成一个检验批。批量按需方要求执行。

5.3 检验项目

每批再生铅及铅合金锭应进行化学成分和表面质量的检验。

5.4 仲裁取样和制样

5.4.1 仲裁取样数量:随机抽取再生铅及铅合金锭的2%作为样锭,样锭总数应为6的倍数,以便分组。分组后不足6锭时,应从再生铅及铅合金锭中补足,但不得舍弃。

5.4.2 仲裁取样方法:将抽取的样锭按每6个锭为一组。用钻孔或锯切法采取试样。钻孔或锯切时,不得使用任何润滑剂,其速度不得使试样氧化。取样时应除去表皮,钻、锯深度不小于锭厚的三分之二。

a) 钻孔法:用直径10 mm~15 mm的钻头取样,将浇注面A与底面B依次排列成长方形,在长方形上划2条对角线,与每锭纵向中心线相交的两点为该锭的取样点,如图1所示。

b) 锯切法:锯条于再生铅及铅合金锭垂直,通过钻孔法取样点横向锯切。

5.4.3 试样的制备:将取得的试样制成不大于4 mm屑状,用磁体除净加工时带入的铁屑,仔细混匀后以四分法缩至不小于360 g,作为仲裁分析样品。

图1 再生铅锭钻孔布点图

5.5 检验结果判定

5.5.1 杂质的修约规则,按GB/T 8170中的有关规定进行;修约后的数值的判定,按GB/T 1250中的有关规定进行。

5.5.2 再生铅及铅合金锭化学成分仲裁分析结果与本标准或订货单(或合同)的规定不符时,按批判不合格。

5.5.3 再生铅及铅合金锭的物理规格和表面质量不符合本标准或订货单(或合同)的规定,按锭判不合格。

6 标志、包装、贮存和运输

6.1 标志

6.1.1 每块再生铅及铅合金锭上应浇铸或打印上牌号、商标和批号。

6.1.2 每捆再生铅及铅合金锭都应有醒目的不易脱落的标识,注明生产厂名称、产品名称、牌号、批号和净重。

6.2 包装

6.2.1 每捆产品应用相应强度且不易锈蚀的包装带捆扎包装。

6.2.2 需方对产品包装有特殊要求时，可由供需双方商定。

6.3 运输与贮存

6.3.1 再生铅及铅合金锭应用无腐蚀性物质的运输工具装运，防止被雨淋。

6.3.2 再生铅及铅合金锭应贮存在通风、干燥、无腐蚀性物质的库房内。

6.3.3 再生铅及铅合金锭在运输与贮存过程中，表面生成的白色、灰白色或黄白色薄膜，系由铅的自然氧化性质决定的，不作报废依据。

6.4 质量证明书

每批再生铅及铅合金锭都应附有质量证明书，其上注明：

a) 供方名称和商标、地址、电话或传真；

b) 产品名称和牌号；

c) 批号；

d) 净重和件数；

e) 分析检验结果和技术监督部门印记；

f) 本标准编号；

g) 出厂日期。

7 订货单（或合同）内容

本标准所列产品的订货单（或合同）内应包括下列内容：

a) 产品名称；

b) 牌号；

c) 化学成分、物理规格、表面质量等特殊要求；

d) 数量；

e) 本标准编号；

f) 其他。

ICS 77.120
H 69

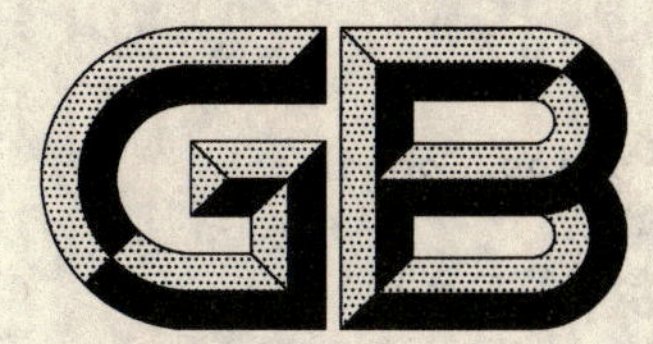

中华人民共和国国家标准

GB/T 21182—2007

硬质合金废料

Scraps of cemented carbide

2007-11-23 发布 2008-06-01 实施

中华人民共和国国家质量监督检验检疫总局
中国国家标准化管理委员会 发布

前　言

本标准由中国有色金属工业协会提出。

本标准由全国有色金属标准化技术委员会归口。

本标准由自贡科瑞德新材料有限责任公司负责起草。

本标准由自贡硬质合金有限责任公司、深圳市格林美高新技术股份有限公司参加起草。

本标准主要起草人:张平、梁小华、李洪全、周明智、许开华。

硬质合金废料

1 范围

本标准规定了硬质合金废料的要求、试验方法、检验规则、包装、标志、运输、贮存及订货单(或合同)内容。

本标准适用于再生硬质合金用硬质合金废料。

2 规范性引用文件

下列文件中的条款通过本标准的引用而成为本标准的条款。凡是注日期的引用文件,其随后所有的修改单(不包括勘误的内容)或修订版均不适用于本标准,然而,鼓励根据本标准达成协议的各方研究是否可使用这些文件的最新版本。凡是不注日期的引用文件,其最新版本适用于本标准。

GB/T 5124(所有部分) 硬质合金化学分析方法

GB/T 18376.1 硬质合金牌号 第1部分:切削工具用硬质合金牌号

GB/T 18376.2 硬质合金牌号 第2部分:地质、矿山工具用硬质合金牌号

GB/T 18376.3 硬质合金牌号 第3部分:耐磨零件用硬质合金牌号

3 要求

3.1 硬质合金废料的分类与要求见表1。

表1

类别	组别	品种	要 求
I类:常规硬质合金块状废料	顶锤、压缸	顶锤	洁净的顶锤构成的废料,不允许混入其他金属和非金属物品
		压缸	洁净的压缸构成的废料,不允许混入其他金属和非金属物品
	辊环	热轧用辊环	洁净的热轧用辊环构成的废料,不允许混入其他金属和非金属物品
		冷轧用辊环	洁净的冷轧用辊环构成的废料,不允许混入其他金属和非金属物品
	无涂层的机夹切削刀具、耐磨零件、地质矿山工具用合金	机夹刀片及整体刀具	洁净的、无涂层的机夹刀片及整体刀具构成的废料,不允许混入其他金属和非金属物品
		拉制模具	洁净的、无涂层的拉制模具构成的废料,不允许混入其他金属和非金属物品
		冷压冷镦模具	洁净的、无涂层的冷压冷镦模具构成的废料,不允许混入其他金属和非金属物品
		其他耐磨零件	洁净的、无涂层的其他耐磨零件构成的废料,不允许混入其他金属和非金属物品
		地矿合金	洁净的地质矿山用合金构成的废料,不允许混入其他金属和非金属物品
	涂层机夹切削刀具和涂层耐磨零件	涂层机夹刀片及涂层整体刀具	表面涂层的机夹刀片及整体刀具耐磨零件构成的废料,不允许混入其他金属和非金属物品

表 1(续)

类别	组别	品种	要　求
I 类:常规硬质合金块状废料		涂层耐磨零件	表面涂层的耐磨零件构成的废料,不允许混入其他金属和非金属物品
	表面粘铜的硬质合金	表面粘铜的刀片	表面粘铜的刀片构成的废料,不允许混入其他金属和非金属物品
		表面粘铜的地矿合金	表面粘铜的地矿合金构成的废料,不允许混入其他金属和非金属物品
		表面粘铜的其他合金	表面粘铜的其他合金构成的废料,不允许混入其他金属和非金属物品
II 类:碳化钨基钢结硬质合金废料	碳化钨钢结硬质合金	碳化钨基钢结硬质合金	碳化钨基钢结硬质合金构成的废料,不允许混入碳化钛基硬质合金及其他金属和非金属物品
III 类:硬质合金粉状废料	硬质合金磨削料	硬质合金磨削料	硬质合金磨削加工过程中与砂轮灰渣一同构成的废料,不允许混带其他固体夹杂物
	硬质合金地沟料	硬质合金地沟料	硬质合金生产过程中流入下水道与其他杂物一同构成的废料,金属比例不限
IV 类:其他硬质合金废料	其他硬质合金废料	其他硬质合金废料	硬质合金生产、使用过程中构成的废料,金属比例不限

3.2　本标准对硬质合金废料的牌号一般不作规定。如供需双方对牌号有要求时,由供需双方协商确定,并在合同中注明,其化学成分应符合 GB/T 18376.1、GB/T 18376.2、GB/T 18376.3 的要求。

4　试验方法

4.1　硬质合金废料的品种和要求用目视检验。

4.2　硬质合金废料化学成分分析按 GB/T 5124 的规定进行。

5　检验规则

5.1　检查与验收

5.1.1　硬质合金废料应由供方技术监督部门进行检验,也可委托其他检验部门进行检验,保证其质量符合本标准的规定。

5.1.2　需方应对收到的硬质合金废料按照本标准以及合同的规定进行检验,如检验结果与本标准以及合同的规定不符时,应单独封存,并在收到之日起 30 天内向供方提出,由供需双方协商解决。

5.2　组批

硬质合金废料应成批提交验收,每批应由同一品种的废料组成,批重不限。

5.3　检验项目

硬质合金废料每批应进行品种和要求的检验,合同有规定时还应进行化学成分分析检验。

5.4　取样

硬质合金废料的取样方法以及其他有关事宜由供需双方商定。

5.5　检验结果的判定

5.5.1　硬质合金废料的品种和要求不合格时,判该批不合格。

5.5.2　化学成分检验不合格时,允许加倍取样进行重复试验。若重复试验结果有一个不合格,则判该批废料不合格。

6 标志、包装、运输、贮存

6.1 标志

每批硬质合金废料应附有标签，并注明：

a) 供方名称；

b) 硬质合金废料品种；

c) 批号；

d) 重量；

e) 本标准编号。

6.2 包装

硬质合金废料包装方式经供需双方协商确定，并在合同中注明。

6.3 运输及贮存

硬质合金废料运输时应防止受潮，贮存时应置于干燥处，不得露天放置。

6.4 质量证明书

每批硬质合金废料交货时，必须附有质量证明书，应写明：

a) 供方名称；

b) 硬质合金废料品种；

c) 批号；

d) 重量；

e) 出厂日期；

f) 检验结果；

g) 技术监督部门检验印记；

h) 本标准编号。

7 订货单(或合同)内容

本标准所列硬质合金废料的订货单(或合同)应包括下列内容：

a) 硬质合金废料品种；

b) 重量；

c) 本标准编号；

d) 其他。

ICS 77.120.99
H 63

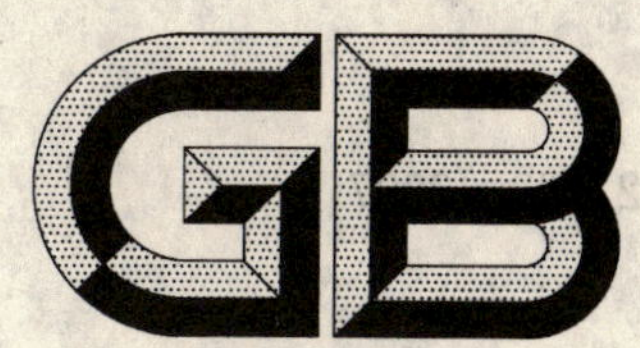

中华人民共和国国家标准

GB/T 21183—2007

锆及锆合金板、带、箔材

Zirconium and zirconium alloy sheet, strip and foil

2007-11-23 发布　　2008-06-01 实施

中华人民共和国国家质量监督检验检疫总局
中国国家标准化管理委员会　发布

前　言

本标准参考了美国 ASTM B551M-02《锆和锆合金带材、薄板和中厚板》和 ASTM B352M-02《核工业用锆和锆合金薄板、带材和中厚板材》的内容，结合国内实际生产情况制定。

本标准的附录 A 为规范性附录。

本标准由中国有色金属工业协会提出。

本标准由全国有色金属标准化技术委员会归口。

本标准由西北有色金属研究院负责起草。

本标准由西部金属材料股份有限公司参加起草。

本标准主要起草人：张建军、李中奎、朱梅生、周青山、艾建玲、杨永福。

锆及锆合金板、带、箔材

1 范围

本标准规定了锆及锆合金板、带、箔材的要求、试验方法、检验规则和标志、包装、运输、贮存及订货单(或合同)内容。

本标准适用于核工业以及其他行业用锆和锆合金板、带、箔材。

2 规范性引用文件

下列文件中的条款通过本标准的引用而成为本标准的条款。凡是注日期的引用文件,其随后所有的修改单(不包括勘误的内容)或修订版均不适用于本标准,然而,鼓励根据本标准达成协议的各方研究是否可使用这些文件的最新版本。凡是不注日期的引用文件,其最新版本适用于本标准。

GB/T 228 金属材料 室温拉伸试验方法

GB/T 4338 金属材料 高温拉伸试验

GB/T 6394 金属平均晶粒度测定方法

GB/T 13747(所有部分) 锆及锆合金化学分析方法

3 要求

3.1 产品分类

3.1.1 产品牌号、品种、状态和规格

产品牌号、品种、状态和规格见表1。

表 1

牌号	品种	状态	厚度×宽度×长度(mm)
Zr01 Zr-1 ZrSn1.4-0.1 ZrSn1.4-0.2 ZrNb2.5	箔材	冷轧(Y) 再结晶退火(M) 消除应力退火(m)	(0.01～0.13)×(50～300)×(≥500)
	带材		(>0.13～2.50)×(50～300)×(≥300)
	板材		(>0.3～10.0)×(300～1 000)×(≥500)

3.1.2 标记示例

示例 1:

用 Zr01 制造、再结晶退火状态、厚度为 0.05 mm、宽度为 100 mm、长度为 600 mm 箔材,标记为:

箔 Zr01 M 0.05×100×600 GB/T 21183—2007

示例 2:

用 ZrSn1.4-0.1 制造、消除应力退火状态、厚度为 1.0 mm、宽度为 100 mm、长度为 500 mm 带材,标记为:

带 ZrSn1.4-0.1 m 1.0×100×500 GB/T 21183—2007

示例 3

用 ZrSn1.4-0.2 制造、冷轧状态、厚度为 3.0 mm、宽度为 600 mm、长度为 1 000 mm 板材,标记为:

板 ZrSn1.4-0.2 Y 3.0×600×1000 GB/T 21183—2007

3.2 化学成分

3.2.1 锆及锆合金的化学成分应符合表 2 的规定。

3.2.2 需方从产品上取样进行化学成分分析时,其允许偏差应符合表 3 的规定。

表 2

质量分数/%

产品牌号			纯锆		锆合金		
			Zr01 (Zr-0)	Zr-1	ZrSn1.4-0.1 (Zr-2)	ZrSn1.4-0.2 (Zr-4)	ZrNb2.5 (Zr-2.5Nb)
化学成分	主要成分	Zr	基	基	基	基	基
		Sn	—	—	1.20～1.70	1.20～1.70	—
		Fe	—	—	0.07～0.20	0.18～0.24	—
		Ni	—	—	0.03～0.08	—	—
		Cr	—	—	0.05～0.15	0.07～0.13	—
		Nb	—	—	—	—	2.40～2.80
		0	—	—	0.09～0.16	0.09～0.16	0.09～0.15
		Fe+Ni+Cr	—	—	0.18～0.38	—	—
		Fe+Cr	—	—	—	0.28～0.37	—
	杂质含量，不大于	Al	0.007 5	0.010	0.007 5	0.007 5	0.007 5
		B	0.000 05	—	0.000 05	0.000 05	0.000 05
		Cd	0.000 05	—	0.000 05	0.000 05	0.000 05
		Pb	0.013	0.005	0.013	0.013	—
		Co	0.002	—	0.002	0.002	0.002
		Cu	0.005	—	0.005	0.005	0.005
		Cr	0.020	0.020	—	—	0.020
		Fe	0.15	—	—	—	0.15
		Hf	0.010	2.5～3.0	0.010	0.010	0.010
		Mg	0.002	0.060	0.002	0.002	0.002
		Mn	0.005	0.010	0.005	0.005	0.005
		Mo	0.005	—	0.005	0.005	0.005
		Ni	0.007	0.010	—	0.007	0.007
		Si	0.012	0.010	0.012	0.012	0.012
		Sn	0.005	—	—	—	0.010
		Ti	0.005	0.005	0.005	0.005	0.005
		U	0.000 35	—	0.000 35	0.000 35	0.000 35
		V	0.005	0.005	0.005	0.005	0.005
		W	0.010	—	0.010	0.010	0.010
		Cl	0.010	0.120	0.010	0.010	—
		C	0.027	0.050	0.027	0.027	0.027
		N	0.008	0.010	0.008	0.008	0.008
		H	0.002 5	0.012 5	0.002 5	0.002 5	0.002 5
		0	0.16	0.10	—	—	—

注 1：Zr-1 为工业用锆；其余牌号为核工业用锆，也可用于其他工业。

注 2：U 含量出厂时可不做分析，但必须保证。

注 3：需方对 0 含量有特殊要求时，需在合同中注明。

3.3 尺寸及允许偏差

3.3.1 板、带、箔材尺寸允许偏差见表4。

3.3.2 带材、箔材应平直，侧边的弯曲度应不大于3 mm/m。退火态的箔材，允许有轻微的波浪。

3.3.3 板材的不平度应不大于15 mm/m。

3.3.4 经剪切的板、带、箔材边部应切齐，无裂口、卷边、分层，允许有轻微的毛刺；箔材可不切边交货；板材各角应尽量切成直角，切斜时应不超过板材长度和宽度的允许偏差。

3.4 力学性能

板、带、箔材的力学性能应符合表5的规定。

表 3

元素	规定范围的允许偏差/%
Sn	0.050
Fe	0.020
Cr	0.010
Ni	0.010
Fe+Cr	0.020
Fe+Cr+Ni	0.020
Nb	0.050
O	0.02
其他杂质元素	0.002 0 或规定极限的20%，取较小者

表 4

单位为毫米

厚度	厚度允许偏差	宽度	宽度允许偏差	长度	长度允许偏差
0.01～0.02	±0.003	≤300	+1.5 0	≤1 000	+10 0
>0.02～0.05	±0.005				
>0.05～0.07	±0.007				
>0.07～0.1	±0.010				
>0.1～0.13	±0.025				
>0.13～0.2	±0.04				
>0.2～0.4	±0.05				
>0.40～0.65	±0.08				
>0.65～1.0	±0.10	>300	+4.0 0	>1 000	+15 0
>1.0～1.5	±0.13				
>1.5～1.8	±0.15				
>1.8～2.5	±0.18				
>2.5～3.0	±0.23				
>3.0～3.5	±0.25				
>3.5～4.0	±0.30				
>4.0～5.0	±0.35				
>5.0～6.0	±0.40				
>6.0～8.0	±0.45				
>8.0～10.0	±0.50				

注：至少距离边缘9.5 mm处测量厚度。

3.5 **腐蚀性能**

核工业用的 Zr01、ZrSn1.4-0.1、ZrSn1.4-0.2、ZrNb2.5 板、带材应进行腐蚀性能试验。试样在(400±3)℃、(10.3±0.5)MPa 的水蒸气中进行 72 h 或 336 h 腐蚀。经腐蚀试验后，试样表面应具有黑色、致密、光泽均匀的氧化膜。试样 72 h 腐蚀的增重量应不大于 22 mg/dm²。当 72 h 试验结果不合格时，可继续进行累计时间(或重新加倍取样进行)336 h 的腐蚀试验，其增重量应不大于 38 mg/dm²。

表 5

牌号	状态	试样方向	试验温度/℃	抗拉强度 R_m/MPa	规定非比例延伸强度 $R_{p0.2}$/MPa	断后伸长率 A_{50}/%
Zr01 Zr-1	M	纵向	室温	≥290	≥140	≥18
		横向		≥290	≥205	≥18
ZrSn1.4-0.1 ZrSn1.4-0.2	M	纵向	室温	≥400	≥240	≥25
		横向	室温	≥385	≥300	≥25
		纵向	290℃	≥185	≥100	≥30
		横向	290℃	≥180	≥120	≥30
Zr-Nb2.5	M	纵向	室温	≥450	≥310	≥20
		横向		≥450	≥345	≥20
注：一般只做纵向力学性能试验，需方对横向力学性能有要求时，需在合同中注明。						

3.6 **晶粒度**

核工业用厚度不大于 4.8 mm 的板、带材的再结晶退火态产品，平均晶粒度应不低于 GB/T 6394 中的 7 级；其它锆材的晶粒度由供需双方协商，并在合同中注明。

3.7 **表面状况**

带、箔材表面粗糙度 *Ra* 应不大于 1.25 μm。

3.8 **外观质量**

3.8.1 产品表面应光洁，不得有油污、氧化、酸斑、沾污、裂纹、起皮、折迭、金属或非金属压入等宏观缺陷。

3.8.2 产品不应有分层和夹杂。

3.8.3 箔材表面应平整，允许有轻微的波浪，但当卷在直径为 50 mm～60 mm 的卷筒上时，其波浪应能消除。

4 试验方法

4.1 化学成分检验按 GB/T 13747 进行，Nb 的分析按供需双方协商的方法进行。

4.2 尺寸检验用相应精度的量具进行。

4.3 室温拉伸试验按 GB/T 228 进行。

4.4 高温拉伸试验按 GB/T 4338 进行。

4.5 腐蚀试验按附录 A 进行。

4.6 再结晶退火态成品晶粒度评级按 GB/T 6394 进行。

4.7 表面状况采用表面粗糙度仪或对比试块进行测量。

4.8 外观质量采用目测检查。

5 检验规则

5.1 检查和验收

5.1.1 产品应由供方质量检验部门进行检验,保证产品质量符合本标准规定,并填写产品质量证明书。

5.1.2 需方可对收到的产品进行检验,如检验结果与本标准规定不符时,在收到产品之日起3个月内向供方提出,双方协商解决。

5.2 组批

产品应成批提交验收。每批应由同一牌号、熔炼炉号,同一规格,相同制造方法、状态、热处理炉(批)的产品组成。批重不限。

5.3 检验项目

每批产品应进行化学成分、尺寸、腐蚀性能、力学性能、晶粒度、表面状况和外观质量的检验。

5.4 取样

产品的取样应符合表6的规定。

表6

检验项目	取样规定	要求的章节号	试验方法的章条号
化学成分[a]	每批1份	3.2	4.1
尺寸	逐张、卷检验	3.3	4.2
力学性能	每批取2个试样	3.4	4.3、4.4
腐蚀性能	每批取3个试样	3.5	4.5
晶粒度	每批纵、横向各取1个试样	3.6	4.6
表面状况	逐张、卷检验	3.7	4.7
外观质量	逐张、卷检验	3.8	4.8
[a] 氮、氢、氧在成品上取样,其他成分以铸锭的化学成分报出。			

5.5 检验结果的判定

5.5.1 化学成分不合格时,判该批产品不合格;力学性能、腐蚀性能及晶粒度检验中,如果有1个试样的试验结果不合格时,应从该批产品中取双倍试样,进行该不合格项目的重复试验。若重复试验结果仍有1个试样不合格,则判该批产品判为不合格。但允许供方逐张或逐卷进行检验,合格者重新组批验收。

5.5.2 尺寸、表面状况、外观质量不合格时,判单件不合格。

6 标志、包装、运输、贮存

6.1 标志

6.1.1 每批合格的产品应有标签或标牌,注明:产品牌号、规格、状态、批号、数量。

6.1.2 带、箔材应在其外侧标上相同的标记;板材逐张单面或双面做标记。

6.2 包装、运输、贮存

6.2.1 每张板材之间用软纸隔开,然后用箱包装。

6.2.2 带材需用防潮纸包好,放在干燥的箱内,各卷之间用填充材料塞紧,防止窜动。

6.2.3 成卷供货的箔材应加芯轴,并用塑料布和塑料袋包裹牢固,然后用箱包装。

6.2.4 箱内应衬防潮纸,箱外注明“防潮”、“轻放”等字样或标志。

6.2.5 运输和储存时,要防止碰撞、受潮和活性化学物质的腐蚀。

6.3 质量证明书

每批产品应附有质量证明书,其上应注明:

a） 供方名称；

b） 产品名称、牌号、规格和状态；

c） 熔炼炉号、批号、批重和件数；

d） 分析检验结果及检验部门印记；

e） 本标准编号；

f） 包装日期。

7 订货单或合同内容

订货单或合同应包括下列内容：

a） 产品名称；

b） 牌号、状态；

c） 产品规格；

d） 数量；

e） 本标准编号；

f） 其他。

附 录 A
（规范性附录）
锆及锆合金在400℃蒸汽中腐蚀试验方法

A.1 术语

A.1.1 标样：已知性能的用来判别试验有效性的试样。

A.1.2 A级水：电阻率大于1.0 MΩ·cm，pH=5.0～8.0的纯水。

A.1.3 B级水：电阻率大于0.5 MΩ·cm的去离子水。

A.2 设备与仪器

A.2.1 高压釜：高压釜为300系列不锈钢或镍基合金制作的压力容器，应装有压力、温度测量和控制装置、安全装置和放汽阀。压力和温度控制系统应满足本试验要求，试样夹具及其它内部附件均用300或400系列不锈钢或镍基合金材料制造。

A.2.2 酸洗容器：聚乙烯或聚丙烯制作的酸洗槽。

A.2.3 测量设备：感量天平（精度为1×10^{-4} g）、千分尺。

A.3 试剂

A.3.1 A级水、B级水。

A.3.2 丙酮和乙醇、硝酸（化学纯）、氢氟酸（化学纯）。

A.4 试样、标样

A.4.1 试样的长×宽一般为30 mm×20 mm，表面经过水洗或酸洗。

A.4.2 每批试样和标样应分别标识。

A.5 试验要求

A.5.1 水质：腐蚀试验用水为A级水。

A.5.2 试样数量：每次置于高压釜内试样的总面积不超过0.1 m^2/L。

A.5.3 试验条件

A.5.3.1 温度：(400±3)℃。

A.5.3.2 压力：(10.3±0.5)MPa。

A.5.3.3 时间：在规定的温度和压力下，腐蚀总时间最多可比规定时间延长8 h，时间可以不连续。

A.6 试样制备

A.6.1 用丙酮或乙醇除油。

A.6.2 对试样逐个进行编号（打钢印）。

A.6.3 用180#、300#、400#、500#砂纸，从粗到细磨制试样表面，去除变形层。

A.6.4 酸洗

A.6.4.1 酸洗液的体积百分比为：HNO_3：HF：H_2O(B级水)=(2～10)：(30～45)：余量。

A.6.4.2 每升酸洗液酸洗样品的表面积不大于4 dm^2，酸液温度32℃～45℃，酸洗时间15 s～30 s，酸液颜色呈黄色时应报废，重新配制新酸液。

A.6.5 用自来水冲洗后，用室温的B级水冲洗。

A.6.6 用80℃左右的B级水清洗10 min左右。

A.6.7 烘干：用热风吹干试样表面。

A.7 操作步骤

A.7.1 试样检查：检查腐蚀试样应无折叠、裂纹、鼓泡、异物、光泽及褐色酸污点等。

A.7.2 尺寸测量：测量每个试样尺寸，精确到0.01 mm；表面积计算后修约到1×10^4 dm^2。

A.7.3 称重：用感量天平称重，精确至1×10^4 g，每称5个试样调零一次。

A.7.4 高压釜腐蚀检测

A.7.4.1 将高压釜内壁用B级水冲洗两次。

A.7.4.2 将试样装在干净的试样架上，试样之间不得接触，用B级水冲洗试样和试样架。

A.7.4.3 将冲洗过的试样及试样架放入高压釜内，加入A级水到高压釜容积的3/4，扣上主螺栓和压紧螺栓密闭后，开始加热。

A.7.4.4 排气：升温到150～190℃时，开始进行放气，少量多次放气直到温度和压力达到规定值。

A.7.4.5 温度到达400℃后开始保温，保温72 h或336 h。

A.7.4.6 保温结束后，戴上干净的手套(或用干净的镊子)取出试样，用B级水或乙醇冲洗并凉干后，将试样放入干燥箱中，在(60±5)℃干燥1 h～1.5 h，取出试样，冷却到室温后，对试样进行称重。

A.8 腐蚀结果

A.8.1 计算

计算腐蚀增重按下列公式：

$$\Delta W = (W_2 - W_1)/A$$

式中：

ΔW——腐蚀增重，单位为克每平方分米(g/dm^2)；

W_1——腐蚀前试样重量，单位为克(g)；

W_2——腐蚀后试样重量，单位为克(g)；

A——试样总表面积，单位为平方分米(dm^2)。

A.8.2 表面观察

腐蚀试验后检查每个试样表面的颜色、光泽、均匀度、腐蚀产物，并与标样进行对比，记录结果，外观检查应在明亮的环境下进行。

A.9 报告

试验报告内容：

a) 实验室名称；

b) 高压釜编号和试验日期；

c) 试验前水的pH值和电阻率；

d) 试验温度、压力、时间；

e) 腐蚀增重；

f) 试样表面状况。

ICS 83.040.20
G 70

中华人民共和国国家标准

GB/T 21184—2007

橡胶配合剂 次磺酰胺促进剂试验方法

Rubber compounding ingredienets—Sulfenamide accelerators—Test methods

(ISO 11235:1999,NEQ)

2007-11-28 发布 2008-06-01 实施

中华人民共和国国家质量监督检验检疫总局
中国国家标准化管理委员会 发布

前　言

本标准与国际标准 ISO 11235:1999《橡胶配合剂　次磺酰胺促进剂　试验方法》的一致性程度为非等效。

本标准与 ISO 11235:1999 的主要技术差异如下：

——本标准规定的纯度试验方法仅采用了以巯基苯并噻唑溶液还原滴定法中的 A 法和 B 法(ISO 11235:1999 的 4.1;本标准的 5.6);

——本标准规定的熔点试验方法仅采用了毛细管法(ISO 11235:1999 的 6.1;本标准的 5.2);

——本标准规定的筛余物试验方法采用干法,未规定湿筛分的试验方法。

本标准由中国石油和化学工业协会提出。

本标准由全国橡胶与橡胶制品标准化技术委员会化学助剂分技术委员会(SAC/TC 35/SC 12)归口。

本标准主要负责起草单位:中国石油兰州石油化工公司有机厂。

本标准主要起草人:刘铤元、周锁兰、纪莉、王得忠、安方。

橡胶配合剂　次磺酰胺促进剂 试验方法

警告：使用本标准的人员应有正规实验室工作的实践经验。本标准并未指出所有可能的安全问题。使用者有责任采取适当的安全和健康措施，并保证符合国家有关法规规定的条件。

1　范围

本标准规定了测定次磺酰胺促进剂外观、初熔点、加热减量、灰分、不溶物、游离胺、纯度、干法筛余物的试验方法。

本标准适用于次磺酰胺促进剂的测定。

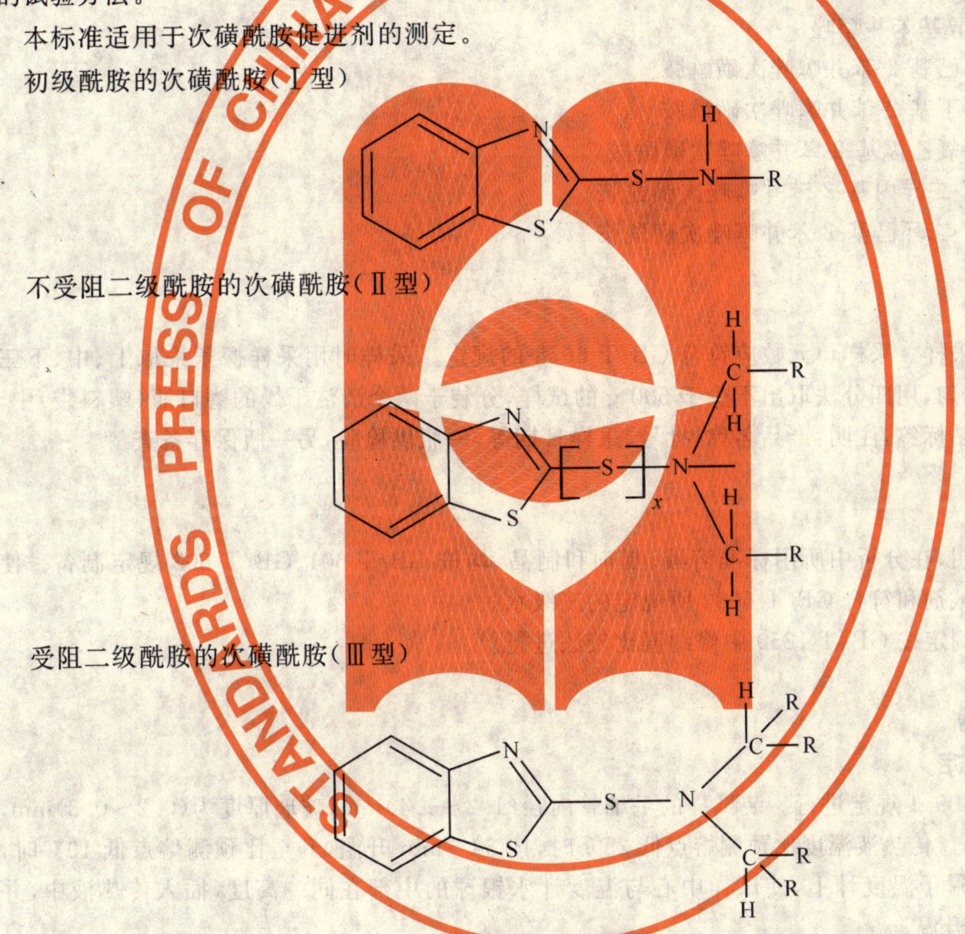

初级酰胺的次磺酰胺（Ⅰ型）

不受阻二级酰胺的次磺酰胺（Ⅱ型）

受阻二级酰胺的次磺酰胺（Ⅲ型）

R为环己基、叔丁基、二异丙基、二环己基、二氧乙撑基；x为1或2。

2　规范性引用文件

下列文件中的条款通过本标准的引用而成为本标准的条款。凡是注日期的引用文件，其随后所有的修改单（不包括勘误的内容）或修订版均不适用于本标准，然而，鼓励根据本标准达成协议的各方研究是否可使用这些文件的最新版本。凡是不注日期的引用文件，其最新版本适用于本标准。

GB/T 601　化学试剂　标准滴定溶液的制备

GB/T 603　化学试剂　试验方法中所用制剂及制品的制备（GB/T 603—2002，ISO 6353-1：1982，NEQ）

GB/T 1250 极限数值的表示方法和判定方法

GB/T 6003.1 金属丝编织网 试验筛(GB/T 6003.1—1997,eqv ISO 3310-1:1990)

GB/T 6678 化工产品采样总则

GB/T 6682 分析实验室用水规格和试验方法(GB/T 6682—1992,neq ISO 3696:1987)

GB/T 9725 化学试剂 电位滴定法通则(GB/T 9725—1988,eqv ISO 6353-1:1982)

GB/T 11409.1 橡胶防老剂、硫化促进剂 熔点测定方法

GB/T 11409.4 橡胶防老剂、硫化促进剂 加热减量的测定方法

GB/T 11409.5 橡胶防老剂、硫化促进剂 筛余物的测定方法

GB/T 11409.7 橡胶防老剂、硫化促进剂 灰分的测定方法

3 缩略语

下列缩略语适用于本标准:

MBT 2-硫醇基苯并噻唑

CBS *N*-环己基-2-苯并噻唑次磺酰胺

TBBS *N*-叔丁基-2-苯并噻唑次磺酰胺

MBS *N*-二氧乙撑基-2-苯并噻唑次磺酰胺

DIBS *N*,*N*-二异丙基-2-苯并噻唑次磺酰胺

DCBS *N*,*N*-二环己基-2-苯并噻唑次磺酰胺

4 采样

以批为单位采样。采样单元数应符合 GB/T 6678 的规定。采样时用采样探子采取上、中、下三部分的样品,混合均匀,用四分法取出不少于 600 g 的试样,分装于两个清洁干燥的磨口瓶(塑料袋)中,密封。瓶(袋)上粘贴标签,注明:产品名称、批号、采样日期等,一瓶供检验,另一瓶保存备查。

5 试验方法

除非另有说明,在分析中所用标准溶液、制剂和制品,均按 GB/T 601、GB/T 603 规定制备。使用确认为分析纯的试剂和符合 GB/T 6682 所规定的三级水。

检验结果的判定按 GB/T 1250 中修约值比较法进行。

5.1 外观

用目视法判断。

5.2 初熔点的测定

按 GB/T 11409.1 规定进行。装试样的毛细管内径(1.2~1.4)mm,玻璃厚度为(0.2~0.3)mm,填装试样(3~6)mm。传热液温度比预测熔点低 25℃时,按 3℃/min 升温,升至比预测熔点低 10℃时,将装试样的毛细管附于温度计上,使试样中心与温度计水银球的中部在同一高度,插入传热液中,并以(1±0.2)℃/min 升温。

5.3 加热减量的测定

按 GB/T 11409.4 的规定进行,称样量约 2 g(精确到 0.1 mg),电热恒温干燥箱的温度控制在(70±2)℃,加热时间为 3 h。

5.4 灰分的测定

按 GB/T 11409.7 的规定进行,称样量约 3 g(精确到 0.1 mg),高温炉温度控制在(750±25)℃,加热时间为 2 h。

5.5 不溶物的测定

5.5.1 试剂

5.5.1.1 甲醇[*67-56-1*],用于以下试样:CBS,TBBS,MBS,DIBS。

5.5.1.2 环己烷[*110-82-7*],用于试样:DCBS。

5.5.2 仪器

5.5.2.1 表面皿:直径 150 mm。

5.5.2.2 烧杯:500 mL。

5.5.2.3 砂芯坩埚:G_4。

5.5.2.4 磁力搅拌器。

5.5.2.5 烘箱:能保持温度在(70±2)℃。

5.5.2.6 吸滤瓶:容量 500 mL。

5.5.2.7 洗瓶:容量 500 mL。

5.5.3 分析步骤

称取研细的试样 5 g(精确到 0.1 mg)于烧杯中,用一块表面皿盖住杯口,加入 250 mL 甲醇(如测 DCBS,环己烷代替甲醇),在磁力搅拌器上于(25±5)℃搅拌 30 min,溶解后,用预先在(70±2)℃下恒重的砂芯坩埚抽真空过滤,用约 25 mL 甲醇分三次洗涤烧杯,过滤结束后,用约 25 mL 甲醇洗涤砂芯坩埚两次,保持 2 min 后立即用真空抽吸,此时砂芯坩埚壁应无可见残渣。将砂芯坩埚置于(70±2)℃的烘箱中干燥 1 h,取出,在干燥器中冷却至室温,称量(精确到 0.1 mg)。

5.5.4 结果的计算

不溶物以质量分数 X_1 计,数值以%表示,按式(1)计算:

$$X_1 = \frac{m_2 - m_1}{m} \times 100 \quad \cdots\cdots(1)$$

式中:

m_1——空砂芯坩埚的质量的数值,单位为克(g);

m_2——空砂芯坩埚和不溶物的质量的数值,单位为克(g);

m——试样的质量的数值,单位为克(g)。

5.6 游离胺和纯度的测定

5.6.1 原理

中和游离胺后的次磺酰胺被巯基苯并噻唑(MBT)溶液还原。加入过量盐酸,然后以氢氧化钠溶液滴定未反应的盐酸。

——方法 A:电位滴定法;

——方法 B:指示剂滴定法;

——方法 C:高效液相色谱法。

5.6.2 方法 A

5.6.2.1 试剂

5.6.2.1.1 无水乙醇[*64-17-5*]

5.6.2.1.2 巯基苯并噻唑:纯度不小于 99.0%。

5.6.2.1.3 盐酸[*7641-01-0*]标准滴定溶液:$c(HCl)=0.1$ mol/L,$c(HCl)=0.5$ mol/L。

5.6.2.1.4 氢氧化钠[*1310-73-2*]标准滴定溶液:$c(NaOH)=0.1$ mol/L,$c(NaOH)=0.5$ mol/L。

5.6.2.1.5 溴酚蓝指示液(10 g/L):溶解 1 g 溴酚蓝于少量无水乙醇(5.6.2.1.1)中,用 0.1 mol/L 氢氧化钠标准滴定溶液(5.6.2.1.4)中和至绿色,转移至一个 100 mL 的容量瓶中,用无水乙醇(5.6.2.1.1)稀释至刻度。

5.6.2.1.6 巯基苯并噻唑(40 g/L),新制备的溶液。

称取适量的巯基苯并噻唑(精确到 0.1 g)(5.6.2.1.2),溶于无水乙醇中(5.6.2.1.1)。如果不能完全溶解,可在(55±2)℃的温度下加热至溶解。冷却至室温后转移至容量瓶中,用无水乙醇(5.6.2.1.1)稀释至刻度。

5.6.2.2 仪器

5.6.2.2.1 电位滴定仪。

5.6.2.2.2 滴定管：25 mL，分度值 0.05 mL。

5.6.2.2.3 烧杯：250 mL。

5.6.2.2.4 恒温水浴：能够保持温度在(55±2)℃。

5.6.2.2.5 秒表。

5.6.2.2.6 磁力搅拌器。

5.6.2.3 分析步骤

按 GB/T 9725 规定进行。称取约 2 g 的试样（精确到 0.1 mg），加入 50 mL 无水乙醇(5.6.2.1.1)，搅拌至溶解。如果需要，在(55±2)℃的温度下加热此溶液，可保留轻微的浑浊。冷却至温室，加 3 滴溴酚蓝指示液(5.6.2.1.5)，用 0.1 mol/L 的盐酸标准滴定溶液(5.6.2.1.3)滴定至蓝绿色，记录盐酸标准滴定溶液(5.6.2.1.3)的体积(V_1)。加入 50 mL 新制备的巯基苯并噻唑溶液(5.6.2.1.6)，然后立即准确加入 25 mL 0.5 mol/L 的盐酸标准滴定溶液(5.6.2.1.3)(V_2)，于(55±2)℃的恒温水浴中并搅拌此溶液 5 min，用秒表精确地控制。以 0.5 mol/L 的氢氧化钠标准滴定溶液(5.6.2.1.4)，用电位滴定仪滴定未反应的盐酸。接近终点时，记录每次加入 0.1 mL 氢氧化钠标准滴定溶液滴定后的电势，直到终点，记录氢氧化钠标准滴定溶液(5.6.2.1.4)的体积(V_3)。

5.6.3 方法 B

5.6.3.1 试剂

5.6.3.1.1 无水乙醇[*64-17-5*]。

5.6.3.1.2 巯基苯并噻唑：纯度不小于 99.0%。

5.6.3.1.3 盐酸[*7641-01-0*]标准滴定溶液：$c(HCl)=0.1$ mol/L，$c(HCl)=0.5$ mol/L。

5.6.3.1.4 氢氧化钠[*1310-73-2*]标准滴定溶液：$c(NaOH)=0.1$ mol/L，$c(NaOH)=0.5$ mol/L。

5.6.3.1.5 溴酚蓝指示液(10 g/L)：溶解 1 g 溴酚蓝于少量无水乙醇中(5.6.3.1.1)，用 0.1 mol/L 氢氧化钠标准滴定溶液(5.6.3.1.4)中和至绿色，转移至一个 100 mL 的容量瓶中，用无水乙醇(5.6.3.1.1)稀释至刻度。

5.6.3.1.6 甲苯[*108-88-3*]。

5.6.3.1.7 无水乙醇(5.6.3.1.1)：甲苯(5.6.3.1.6)＝5：3(体积比)，新制备的溶液。

5.6.3.1.8 巯基苯并噻唑(40 g/L)，新制备的溶液。

称取适量的巯基苯并噻唑(5.6.3.1.2)，准确至 0.1 g，溶于 5.6.3.1.7 规定的溶液。如果巯基苯并噻唑不能完全溶解，可在不高于(55±2)℃的温度下加热，确保全部溶解。冷却至室温后转移至容量瓶中用 5.6.3.1.7 规定的溶液稀释至刻度。

5.6.3.2 仪器

5.6.3.2.1 磁力搅拌器。

5.6.3.2.2 滴定管：25 mL，分度值 0.05 mL。

5.6.3.2.3 烧杯：250 mL。

5.6.3.2.4 恒温水浴：能够保持温度在(55±2)℃。

5.6.3.2.5 秒表。

5.6.3.3 分析步骤

称取约 2 g 的试样（精确到 0.1 mg），移入烧杯中。加入 50 mL 5.6.3.1.7 规定的溶液搅拌至溶解，如果需要，在(55±2)℃温度下加热此溶液，可以保留轻微的浑浊。冷却至室温，加 3 滴溴酚蓝指示液(5.6.3.1.5)，用 0.1 mol/L 盐酸标准滴定溶液(5.6.3.1.3)滴定至蓝绿色，记录盐酸标准滴定溶液(5.6.3.1.3)的体积(V_1)，加入 50 mL 新制备的巯基苯并噻唑溶液(5.6.3.1.8)，然后立即准确地加入 25 mL 0.5 mol/L 的盐酸(5.6.3.1.3)(V_2)于(55±2)℃的恒温水浴中并搅拌此溶液 5 min，用秒表精确地控制。加溴酚蓝指示液(5.6.3.1.5)并以0.5 mol/L的氢氧化钠标准滴定溶液(5.6.3.1.4)滴定未反应的盐酸到蓝绿色，然后连续地滴至蓝色，记录氢氧化钠标准滴定溶液(5.6.3.1.4)的体积(V_3)。

5.6.3.4 游离胺结果的计算(方法A和方法B)

游离胺以质量分数 X_2 计，数值以%表示，按式(2)计算：

$$X_2 = \frac{V_1 c_1 M_1}{1\,000 \times m} \times 100 \quad \cdots\cdots(2)$$

式中：

V_1——加入0.1 mol/L盐酸标准滴定溶液的体积的数值，单位为毫升(mL)；

c_1——加入0.1 mol/L盐酸标准滴定溶液的浓度的准确数值，单位为摩尔每升(mol/L)；

m——试样质量的数值，单位为克(g)；

M_1——有关胺的摩尔质量(见表1)的数值，单位为克每摩尔(g/mol)。

表1 有关胺的摩尔质量

次磺酰胺	有关胺的摩尔质量/(g/mol)
CBS	99.18
DCBS	181.32
MBS	87.12
TBBS	73.14

5.6.3.5 纯度

次磺酰胺纯度以质量分数 X_3 计，数值以%表示，按式(3)计算：

$$X_3 = \frac{(V_2 c_2 - V_3 c_3) M_2}{1\,000 \times m} \times 100 \quad \cdots\cdots(3)$$

式中：

V_2——加入0.5 mol/L盐酸标准滴定溶液的体积的数值，单位为毫升(mL)；

c_2——加入0.5 mol/L盐酸标准滴定溶液的浓度的准确数值，单位为摩尔每升(mol/L)；

V_3——消耗0.5 mol/L氢氧化钠标准滴定溶液的体积的数值，单位为毫升(mL)；

c_3——消耗0.5 mol/L氢氧化钠标准滴定溶液的浓度的准确数值，单位为摩尔每升(mol/L)；

m——试样的质量的数值，单位为克(g)；

M_2——次磺酰胺促进剂的摩尔质量(见表2)的数值，单位为克每摩尔(g/mol)。

表2 次磺酰胺促进剂的摩尔质量

次磺酰胺	次磺酰胺促进剂的摩尔质量/(g/mol)
CBS	264.40
DCBS	346.58
MBS	252.30
TBBS	238.37

5.6.4 方法C

5.6.4.1 原理

将样品溶于乙腈中，以高效液相色谱仪(HPLC)分析，用一个温度控制的 C_{18}(ODS)反相柱及紫外(UV)可变波长的检测器测定，被分析的样品纯度由外标法计算。

5.6.4.2 试剂

5.6.4.2.1 冰醋酸[*64-19-7*]：色谱纯。

5.6.4.2.2 乙腈[*75-05-8*]：色谱纯。

5.6.4.2.3 甲醇[*67-56-1*]：色谱纯。

5.6.4.2.4 水:经过 0.45 μm 孔径过滤膜过滤的水。

5.6.4.3 仪器

5.6.4.3.1 高效液相色谱仪。

5.6.4.3.2 记录仪:色谱数据处理机。

5.6.4.3.3 检测器:紫外检测器。

5.6.4.3.4 柱子:C_{18}(ODS)4.6 mm×200 mm,5 μm(粒度),能提供 40 000 理论板/m。

5.6.4.3.5 微量注射器:50 μL 或自动进样器。

5.6.4.4 色谱条件

高效液相色谱操作条件如表 3 所示。

表 3 高效液相色谱操作条件

色谱柱		C_{18},5 μm		
柱规格		4.6 mm×200 mm		
柱温		(35±1)℃		
检测波长		275 nm		
进样量		20 μL		
流速	DCBS	2.5 mL/min		
	CBS	2.0 mL/min		
	TBBS	1.7 mL/min		
	MBS	1.4 mL/min		
	DIBS	1.0 mL/min		
流动相/%(体积分数)	次磺酰胺	水[a]	乙腈[a]	甲醇[a]
	DCBS	5	95	0
	CBS	20	80	0
	TBBS	30	70	0
	MBS	45	55	0
	DIBS	15	0	85
[a] 含有 0.001 mol/L 冰醋酸。				

5.6.4.5 标准物的制备

标准物可通过对次磺酰胺的反复重结晶加以提纯。将 100 g 次磺酰胺溶于 200 mL 分析纯试剂(AR)甲苯中,轻微加热(50℃)。加 2 g 的活性炭并搅拌 30 min。于一个冰/丙酮的冷却浴中以重力过滤热溶液,真空过滤结晶。从第二次开始的(甲苯)结晶物溶解于热的甲醇中,于冰/丙酮浴中冷却,并真空过滤。重复此醇结晶并在 50℃的真空干燥箱中保持一个晚上。重复此步骤,直到获得希望的纯度。标准纯度的估计由杂质的 HPLC 分析及差热分析(DTA)的水平而定。称取约 20 mg(精确到 0.1 mg)的次磺酰胺标准物于一个 100 mL 的容量瓶中,用乙腈稀释至刻度。如果需要,用乙腈连续地稀释,调节标准组分直到获得一个最大的吸光率(峰高)(色谱系统的直线范围)。待仪器稳定,被稀释标准物在 4 h 之内分析。以每 90 d 进行的杂质的 HPLC 分析,进行标准物的纯度(X_s)评价。于 5℃或更低的温度下储藏标准物。

按表 3 规定的操作条件对仪器进行正确设定。采用微量进样器或自动进样器进样测试。平行测定两次。典型色谱图见图 1、图 2。

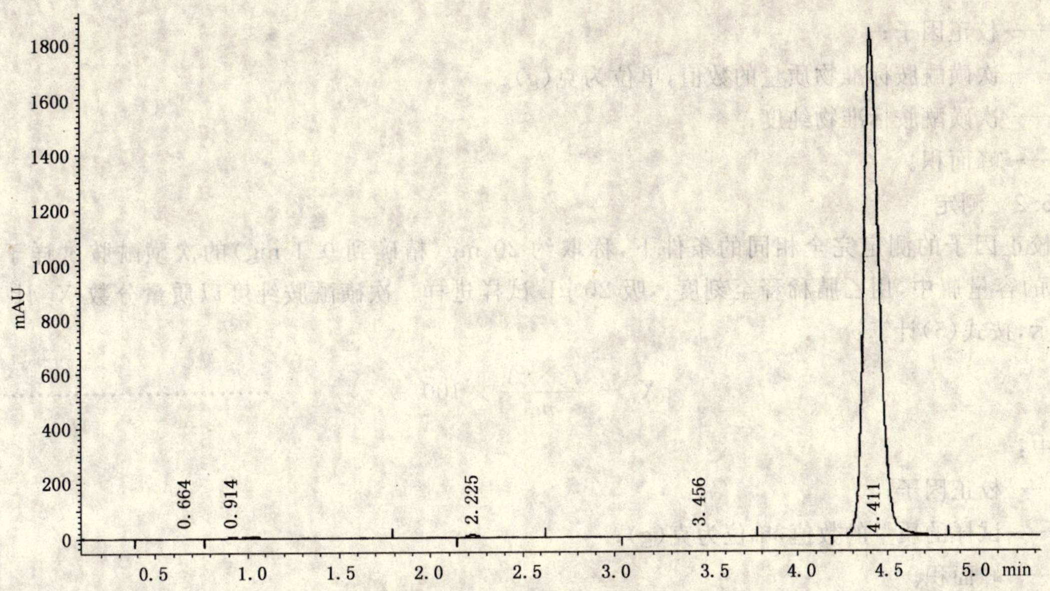

注：4.411 min——硫化促进剂 CBS。

图 1　硫化促进剂 CBS 典型高效液相色谱图

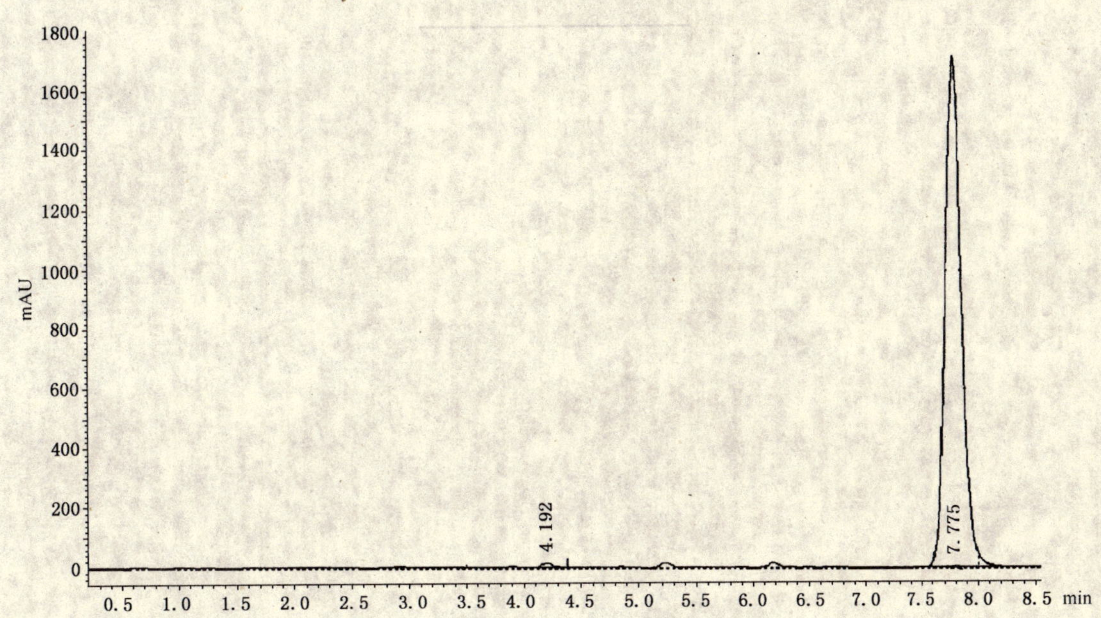

注：7.775 min——硫化促进剂 NOBS。

图 2　硫化促进剂 NOBS 典型高效液相色谱图

5.6.4.6　测定步骤

5.6.4.6.1　校正因子的测定

称取约 20 mg(精确到 0.1 mg)的次磺酰胺标准物于一个 100 mL 的容量瓶中，用乙腈稀释至刻度。[如果需要，用乙腈连续地稀释，调节标准物峰直到获得一个最大的吸光率(峰高)(液相色谱系统的直线范围)]。待仪器稳定，吸 20 μL 试样进样，标样测定两次，测其峰面积，计算其校正因子。

$$f_s = \frac{m_s}{A_s} \times X_s \quad \cdots\cdots\cdots\cdots (4)$$

式中：

f_s——校正因子；

m_s——次磺酰胺标准物质量的数值，单位为克(g)；

X_s——次磺酰胺标准物纯度；

A_s——峰面积。

5.6.4.6.2 **测定**

与校正因子的测定完全相同的条件下，称取约 20 mg（精确到 0.1 mg）的次磺酰胺试样于一个 100 mL的容量瓶中，用乙腈稀释至刻度。吸 20 μL 试样进样。次磺酰胺纯度以质量分数 X_4 计，数值以%表示，按式(5)计算：

$$X_4 = \frac{f_s \times A_i}{m_i} \times 100 \quad \cdots\cdots(5)$$

式中：

f_s——校正因子；

m_i——试样的质量的数值，单位为克(g)；

A_i——峰面积。

5.7 筛余物的测定

按 GB/T 11409.5 的干法规定进行测定，试验筛（GB/T 6003.1）：ϕ200 mm×50 mm/150 μm。

ICS 37.100.01
N 47

中华人民共和国国家标准

GB/T 21185—2007/ISO/IEC 15775:1999

信息技术 办公设备 用模拟测试版评价彩色复印机图像印品性能的方法 制作和应用

Information technology—Office machines—Method of specifying image reproduction of colour copying machines by analog test charts—Realisation and application

(ISO/IEC 15775:1999,IDT)

2007-11-14 发布 2008-04-01 实施

中华人民共和国国家质量监督检验检疫总局
中国国家标准化管理委员会 发布

前言

本标准等同采用ISO/IEC 15775:1999《信息技术　办公设备　用模拟测试版评价彩色复印机图像印品性能的方法　制作和应用》(英文版)。

为了便于使用,本标准做了下列编辑性修改:

a) “本国际标准”一词改为“本标准”;

b) 用小数点“.”代替作为小数点的逗号“,”;

c) 删除国际标准的前言;

d) 增加了4.2.4中分辨率的单位dpi;

e) 表H.6中A3改为C3,表H.7中C2改为D2,表H.8中C2改为D2,表H.9中C2改为D2,表H.10中A2和C6改为C2和D6,表H.11中C1改为D1;

f) 表L.1和表L.2中“彩色测试版3”和“黑白测试版4”改为“黑白测试版3”和“彩色测试版4”;

g) 删除了资料性附录M。

本标准的附录A～附录F均为规范性附录,附录G～附录L均为资料性附录。

本标准由中国机械工业联合会提出。

本标准由全国复印机械标准化技术委员会(SAC/TC 147)归口。

本标准起草单位:上海富士施乐有限公司、佳能(中国)有限公司、珠海天威飞马打印耗材有限公司、天津大学精密仪器与光电子工程学院、国家复印机质量监督检验中心、北京印刷学院印刷与包装工程学院。

本标准起草人:仇相如、冯晓川、鲁俊和、汤付根、刘文耀、徐艳芳。

本标准为首次制定。

信息技术 办公设备 用模拟测试版评价彩色复印机图像印品性能的方法 制作和应用

1 范围

本标准适用于彩色复印机测试版的制作和应用。本标准作为彩色复印机图像印品性能的测试标准，是为了更好地确认和比较各种复印机之间的性能和局限性。

使用本标准测试复印机时，至少应使用8张测试版中的2张测试版(1张黑白的和1张彩色的)。复印品可做目视检查，也可与测试版相比较，还可以对这些复印品进行客观测量。

本标准的8张测试版，包括4张半色调测试版(1张照相，3张胶印)，4张连续色调测试版(照相)。根据本标准生产的所有模拟测试版，有效期为三年。

2 规范性引用文件

下列文件中的条款通过本标准的引用而成为本标准的条款。凡是注明日期的引用文件，其随后所有的修改单(不包括勘误的内容)或修订版均不适用于本标准，然而，鼓励根据本标准达成协议的各方研究是否可使用这些文件的最新版本。凡是未注明日期的引用文件，其最新版本适用于本标准。

GB/T 148—1997 印刷、书写和绘图纸幅面尺寸(neq ISO 216:1975)

GB/T 451.2—2002 纸和纸板定量的测定(ISO 536:1995,EQV)

GB/T 456—2002 纸和纸板平滑度的测定(别克法)(ISO 5627:1995,IDT)

GB/T 1543—2005 纸和纸板 不透明度(纸背衬)的测定(漫反射法)(ISO 2471:1998,MOD)

GB/T 5032—2002 纸、纸板和纸浆表示性能的单位(ISO 5651:1989,EQV)

GB/T 5702—2003 光源显色性评价方法(neq CIE NO.13.3:1995)

GB/T 7705—1987 平版装潢印刷品(neq ISO 5737:1983)

GB/T 7706—1987 凸版装潢印刷品(neq ISO 5737:1983)

GB/T 7707—1987 凹版装潢印刷品(neq ISO 5737:1983)

GB/T 7973—2003 纸，纸板和纸浆 漫反射因数的测定(漫射/垂直法)(ISO 2469:1994,NEQ)

GB/T 11186.1—1989 涂膜颜色的测量方法 第一部分:原理(eqv ISO 7724-1:1984)

GB/T 11186.3—1989 涂膜颜色的测量方法 第三部分:色差计算(eqv ISO 7724-3:1984)

CY/T 31—1999 印刷技术 四色印刷油墨颜色和透明度 第一部分:单张纸和热固型卷筒纸胶印(eqv ISO 2846-1:1997)

ISO 554:1976 调节和/或试验用标准大气 规格

ISO 8596:1994 眼科光学 视觉敏锐度测验 标准验光字体及其演示

ISO 8597:1994 光学和光学仪器 视觉敏锐度测试 与验光字体相关的方法

ISO /CIE 10526:1991 比色法用CIE光源标准

ISO /CIE 10527:1991 标准色度观测者

ISO 12641:1997 制图技术 印前数据交换 用于输入扫描仪校准的色标

CIE publ. 15.2:1986 比色法

DIN 6160:1996 诊断红绿色觉障碍用色盲检查镜

DIN 33866-2:1998 信息技术 办公设备 彩色图像复印设备 第二部分:用模拟测试版评价彩

色复印机图像印品性能的方法　制作和应用

DIN 58220-5:1996　视力测试　第五部分:一般视力检查

ITU-R BT. 709-2:1995　用于生产和国际程序交换的 HDTV 标准参数值

3　术语和定义

下列术语和定义适用于本标准。

3.1

色彩再现　colour rendering

在专有光源或附加光源照射下,通过某种传递过程,再现物体的原始色彩和复制品色彩之间的关系。

注:本标准中有关色彩计算,见附录 G。

3.2

原始色彩　original colour

在参考条件下观测到的用于评价再现色彩的物体色彩。

3.3

无光(观测)色彩　non-luminous(perceived)colour

无光色彩,即需要由反射光呈现其色貌的区域。

3.4

标准三刺激值　standard tristimulus values

X、Y、Z

色彩的心理物理描述量。

注1:标准三刺激值已经被广泛接受并作为色彩测量的一种直接结果。

注2:标准三刺激值只描述两种颜色的等同性,而其他描述量则可关联到颜色的种类和色差大小,这里首先需要将 X、Y、Z 非线性地转换为其他色度系统,色度参数 L^*、a^*、b^* 为首选。

3.5

色差　colour difference

ΔE^*_{ab}

两种颜色刺激引起的颜色感知差异的大小。

3.6

明度　lightness

L^*

光的感知能量(与观测到的色彩密不可分)。

3.7

彩度　chroma

C^*

与等明度无色光之间感知颜色的差异。

注:饱和度即彩度与明度之比(C^*/L^*)。

3.8

缺口环　landolt-ring

标准视力表字体定义为一个有开口的环,开口可以位于 8 个不同的位置。

4　测试版

本标准介绍了测试版的制作。包括半色调和连续色调各 4 张测试版。依据本标准进行测试时,应使用 8 张测试版中的 2 张或 2 张以上测试版，其中至少应包括 1 张黑白的测试版(1 或 3)和 1 张彩色的测试版(2 或 4)。

每一张测试版上有一个图像区和环绕在图像周围的边框区，见图 1。每一张测试版 1、2、3 和 4 包含一个用于图像区目视检查的表格(相应见附录 A、附录 B、附录 C 和附录 D)，和两个用于环绕在图像周围的边框区检查的表格(见附录 E 和附录 F)。

使用时，至少要填写四个表格：2 张黑白测试版的表格(测试版 1：表 A.1 和表 E.1 或测试版 3：表 C.1 和表 E.1)，2 张彩色测试版的表格(测试版 2：表 B.1 和表 F.1 或测试版 4：表 D.1 和表 F.1)。半色调测试版和连续色调测试版都应按以上方法填写四个表格。

注：彩色复印机常用于黑白测试版的复印，因此黑白测试版也应用于测试彩色复印机。

4.1 测试版的材料

测试版的材料取决于测试版是半色调还是连续色调。

4.1.1 可用于半色调测试版材料的举例

测试版 1：用于黑白照片的照相纸、光滑、85 g/m²

测试版 2：优质美术纸、光滑、自然白、不褪色、100%非氯化物漂白、150 g/m²

测试版 3：优质美术纸、光滑、自然白、不褪色、100%非氯化物漂白、150 g/m²

测试版 4：优质美术纸、光滑、自然白、不褪色、100%非氯化物漂白、150 g/m²

列举的产品特性见附录 L 中的表 L.1。

4.1.2 可用于连续色调测试版材料的举例

测试版 1：用于彩色照片的照相纸、光滑、225 g/m²

测试版 2：用于彩色照片的照相纸、光滑、225 g/m²

测试版 3：用于彩色照片的照相纸、光滑、225 g/m²

测试版 4：用于彩色照片的照相纸、光滑、225 g/m²

列举的产品特性见附录 L 中的表 L.2。

4.2 测试版的版面设计

测试版版面设计定义为 A4(297 mm×210 mm)标准格式的 PostScript(PS)文件(或等效的文件)。图 1～图 3 为测试版的结构示意图，图 4～图 7 为测试版的图样。

4.2.1 图像区的基本版面设计和边框区

图 1 图像区和边框区的结构示意图

图 1 给出了测试版的基本版面设计，它包含位于中心区域的 16 幅图像和位于边框区域的文字和其他要素。外边框的基本尺寸为 A4(297 mm×210 mm)。内边框的线宽为 0.30 mm，基本尺寸为 282 mm×194 mm。

图 1 A4 版上的所有测试要素用左下角标注的 x 值和 y 值坐标点表示，以 mm 为单位。用 x 值和 y 值表示的地方有：

- 16 幅图像的左下角；
- 4 个圆环标记；
- 4 个 5 阶灰度级(含黑色 N)的正方形的中心；
- 5 个矩形组成的边框区：每一个内边框与相邻的外边框比较，每一个矩形单边递减 2 mm，左右(上下)共减 4 mm。

注 1：箭头用于检测 A4 版外边框到纸边的距离，本标准中没有关于箭头的目视检查。

注 2：边框另外四条线将 A4 版划分成 4 等份的 A6 版。在专门应用于幻灯片和底片的 A6 版中，必须包括像素图像 B1(相当于 D1)。为了方便专门应用，4 个 A6 版在 A4 版中的位置没有特别规定。

注 3：位置标记用来精确色度计的定位，以测量测试版中彩色样本的色度值 $L^* a^* b^*$。图 2 和图 3 包含了所有测试版中样本的定位数据和简化色度的测量。

4.2.2 测试版 1～4 中图像区和边框区的版面设计

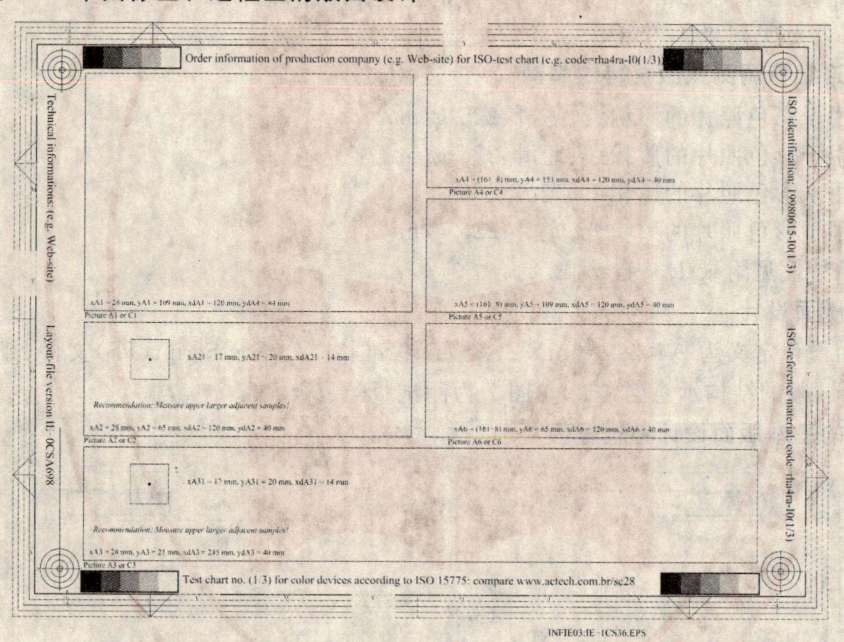

图 2 测试版 1 和测试版 3 中图像区和边框区的结构示意图

图 2 给出了测试版 1 和测试版 3 中 6 幅图像和边框区的版面设计。其中图像区和边框区的版面设计与图 1的版面设计基本相似。不同之处只是测试版 1 和测试版 3 由 6 幅图像 A1～A6 和 C1～C6 分别代替了图 1 的 16 幅图像。

在 A2 和 A3 图像区各有一个正方形，分别代表 5 阶灰度级和 16 阶灰度级的第一个样本(黑色)。正方形中心的 x 值和 y 值是针对图像 A2 和 A3 的左下角处给出的。5 阶或 16 阶灰度级样本的边长均为 14 mm。

注：另外的两个样本包括黑色(N_0)和白色(W_1)。可以使用 PS 文件(或等效的文件)中绝对或相对的色度空间明度 L^* 或 $l_{相对}=(L^*-L_N^*)/(L_W^*-L_N^*)$。色度值 $L^*=0$ 和 $L^*=100$，能在所使用的材料上产生最暗的黑色(N_0)和最亮的白色(W_1)，它们相对于 L_N^* 和 L_W^* 的对比范围会有所不同。

图 3 给出了测试版 2 和 4 中 7 幅图像和边框区的版面设计。其中图像区和边框区的版面设计与图 1的版面设计基本相似。不同之处只是测试版 2 和测试版 4 由 7 幅图像 B1～B7 和 D1～D7 分别代替了图 1 的 16 幅图像。

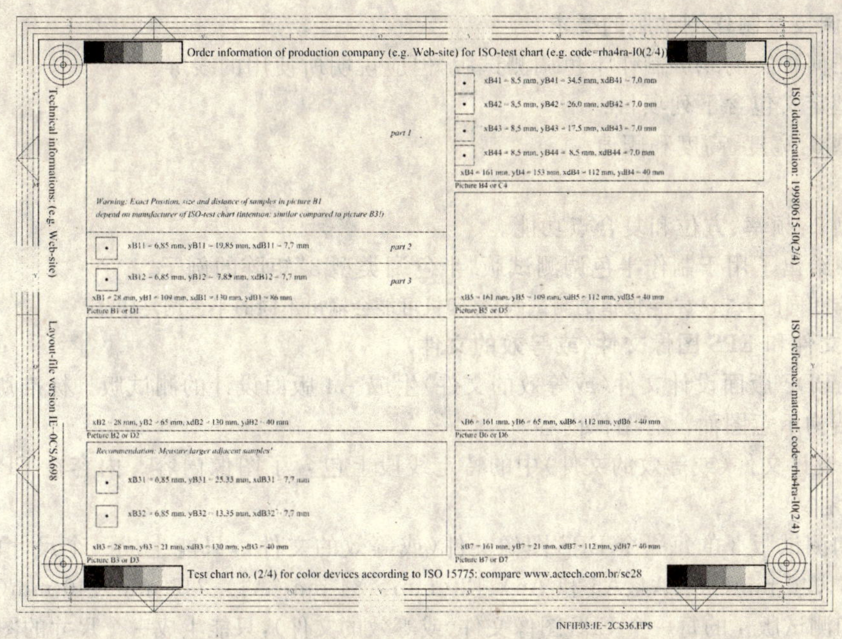

图 3 测试版 2 和测试版 4 中图像区和边框区的结构示意图

在 B1 和 B3(或 D1 和 D3)图像区各有两个正方形,分别代表第一个 CIE 测试色和 16 阶灰度级的黑色样本。正方形中心的 x 值和 y 值是针对图像 B1 和 B3(D1 和 D3)的左下角处给出的。各灰度级样本的边长均为 7.7 mm。

在 B4(或 D4)图像区里有四个正方形代表色度级 W-C、W-M、W-Y 和 W-N(或 W-O、W-L、W-V 和 W-N)的第一个样本。各色彩级的样本的边长为 7.0 mm。

4.2.3 图像 B1 的版面设计和内容要求

测试版 2 的图像 B1(与测试版 4 中图像 D1 相同)的主要内容应满足下列要求:

图像 B1 由三部分组成(见图 5)。

第一部分:图像的上部(130 mm×60 mm)必须包含尽可能多的色彩。

第二部分:14 种 CIE 测试色,加上黑色 N_0(最暗的黑色)和白色 W_1(最亮的白色)(130 mm×11 mm)。

第三部分:在黑色 N($L_N^*=10$)和白色 W($L_W^*=94$)之间的 16 阶等间距灰度级(130 mm×15 mm)。

B1 中目标的 14 种 CIE 测试色的色度值和 16 阶等间距灰度级样本应与图像 B3 中颜色的目标值相同。

注 1:用照相方法(底片材料,采取光源曝光,冲洗)获得的图像 B1(三个部分一次曝光),与扫描过程产生的数字图像 B3 会导致图像 B1 和 B3 中的 CIE 测试色和灰度级的样本不同。

注 2:通过最小平方法,将数字图像数据进行转换(例如 RGB)用于计算 $L^* a^* b^*$ 色度值。如果图像 B1 的 $L^* a^* b^*$ 数据和图像 B3 的 $L^* a^* b^*$ 数据在 3 个 CIELAB 单位内相等,那么图像 B1 和 B3 中的颜色相等。

4.2.4 图像 B1 的数字图像数据和分辨率的要求

图像 B1 的 RGB 图像数据在印刷时应采用以下 5 个分辨率:8×5,15×10,30×20,60×40,121×81,单位为点/mm(即 192×128,384×256,768×512,1536×1024,3072×2048,单位为 dpi)。

注 1:这 5 个分辨率的 RGB 图像数据可以通过 KODAK－photo－CD－process 选择“用 24 位色彩转换成 EPS(封装 PostScript 语言)(或等效的语言)”来获得。

注 2:推荐将 RGB 图像数据转换为 $L^* a^* b^*$ 图像数据。

注 3:测试版在图像 B1 的 EPS 文件(或等效的文件)的页眉中给出用数字表示的 3×4 阶矩阵变换的数据。从 RGB 图像数据到 $L^* a^* b^*$ 图像数据的转换可以通过 PS 解释程序(或等效的程序)计算。

注 4:从 RGB 图像数据到 $L^* a^* b^*$ 图像数据的转换适用于所有图像的分辨率。最低分辨率可以用于得到 32 色(14 种 CIE 测试色＋N_0＋W_1 和 16 阶灰度级样本)的 RGB 图像数据的表格。

注 5:已知目标的 CIE 测试色和灰度级,可以计算从 RGB 图像数据到 $L^* a^* b^*$ 图像数据的最优化转换。

注 6:胶卷底片在 2 级光圈曝光不足和 3 级光圈感光过度之间,RGB 图像数据差距很大。最优化转换会使 $L^* a^* b^*$ 图像数据产生非常相似的结果。

4.2.5 用半色调技术制作测试版的要求

可以使用任何种类的线屏制作半色调测试版，但应说明所使用的线屏。

半色调类型定义包含下列项目：

半色调类型 3：宽度、高度和阈值

和/或

半色调类型 1：频率、方位和复合点功能。

在附录 J 中给出了用于制作半色调测试版"半色调类型 3"矩阵的例子。

注：使用具有相同的 $L^* a^* b^*$ 色度值的测试版，复印机可能会输出不同的半色调复印品。

4.3 版面设计文件和 EPS 图像文件（或等效的文件）

标准 PS 和 PDF 版面设计文件（或等效的文件）生成 A4 版面设计的测试版。标准版面设计文件只有构成版面的结构示意图而没有图像内容。

在 PS 版面设计文件（或等效的文件）中的特定线段上包含了图像内容。内容在 EPS 图像文件（或等效的文件）里定义。

测试版 1 和测试版 3 的每一个 EPS 图像文件（或等效的文件），只能生成一个尺寸的图像，其尺寸范围为 120 mm×40 mm（A2、A4、A5 和 A6）、120 mm×84 mm（A1）、245 mm×40 mm（A3）（见图 2）。

测试版 2 和测试版 4 的每一个 EPS 图像文件（或等效的文件），只能生成一个尺寸的图像，其尺寸范围为 130 mm×86 mm（B1）、130 mm×40 mm（B2 和 B3）、112 mm×40 mm（B4、B5、B6 和 B7）（见图 3）。

标准 EPS 图像文件生成的图像内容距离输出纸张左下角 x 和 y 方向各 25.4 mm。

4.4 用于测试版的 PS 文件和 PDF 文件（或等效的文件）

综合的 PS 文件（或等效的文件）包含版面设计的规格和图像内容。PS 文件（或等效的文件）称为"数字式"测试版 1 到测试版 4。图 4 到图 7 中给出缩小尺寸的图样。

注：图像 A5、A6、C5 和 C6 中线光栅的输出经常不同于 PS 和 PDF 文件（或等效的文件）。测试版 1 和测试版 3 给出了线光栅输出的参考值。

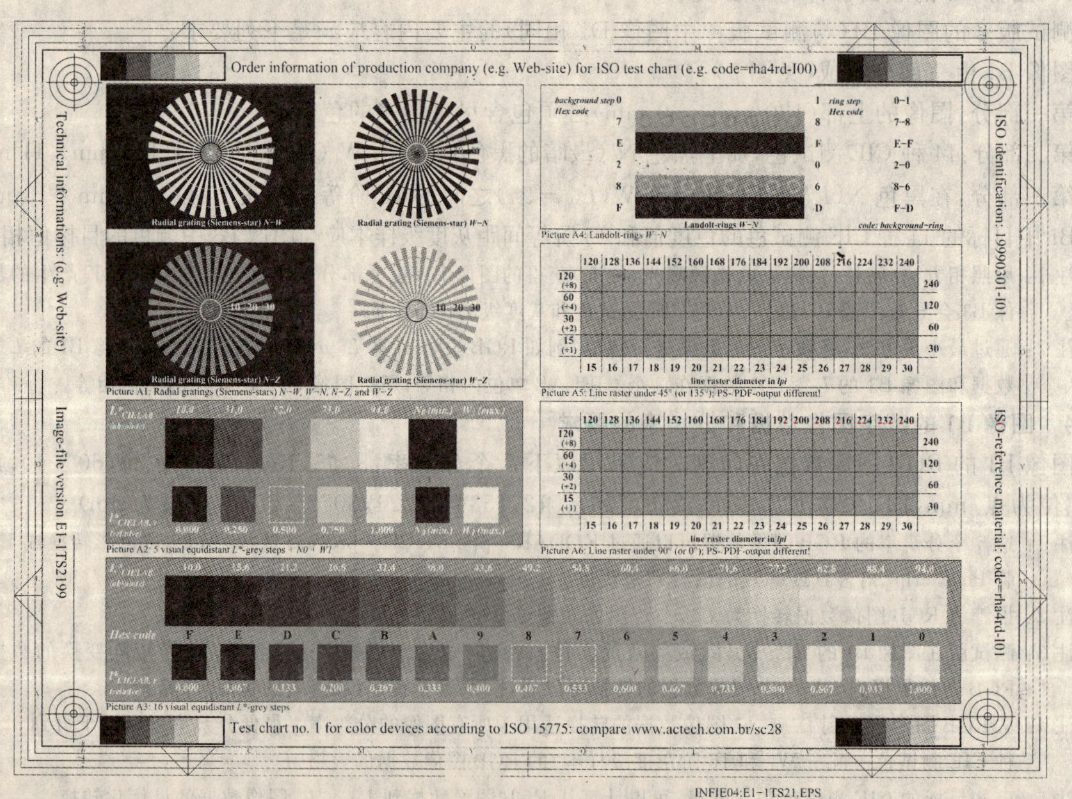

图 4 数字式测试版 1 的 PS 文件（或等效的文件）输出的图样（缩小尺寸）

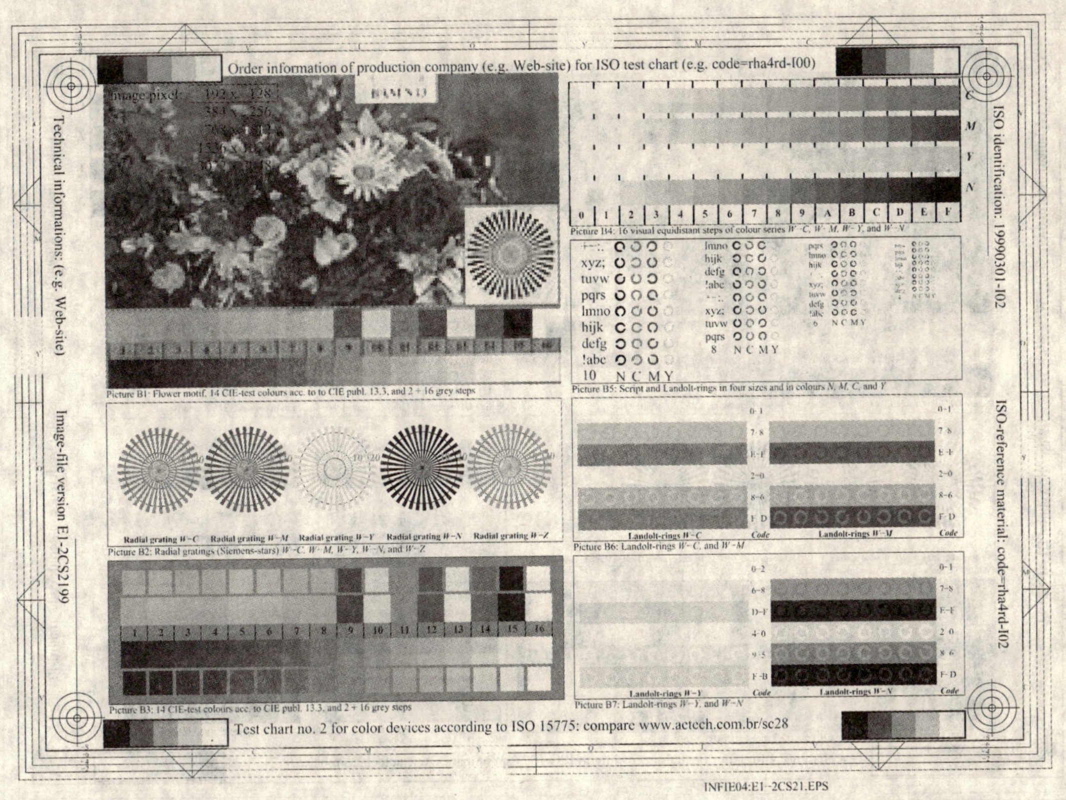

图5 数字式测试版2的PS文件(或等效的文件)输出的图样(缩小尺寸)

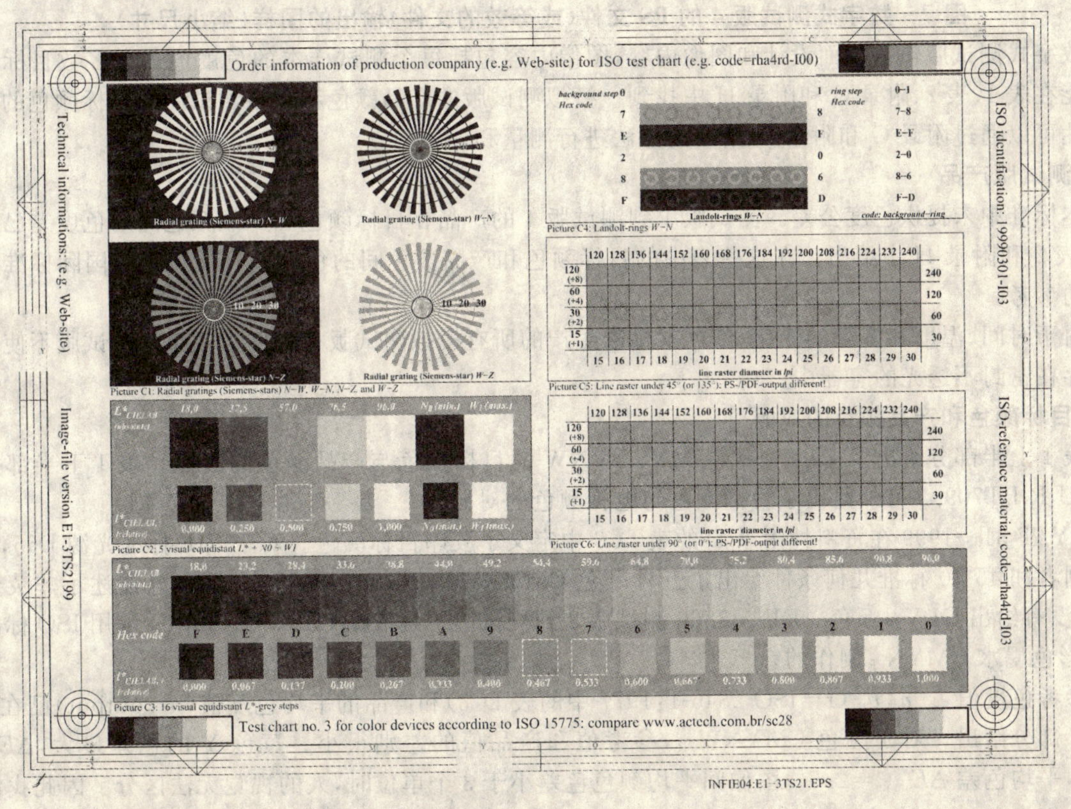

图6 数字式测试版3的PS文件(或等效的文件)输出的图样(缩小尺寸)

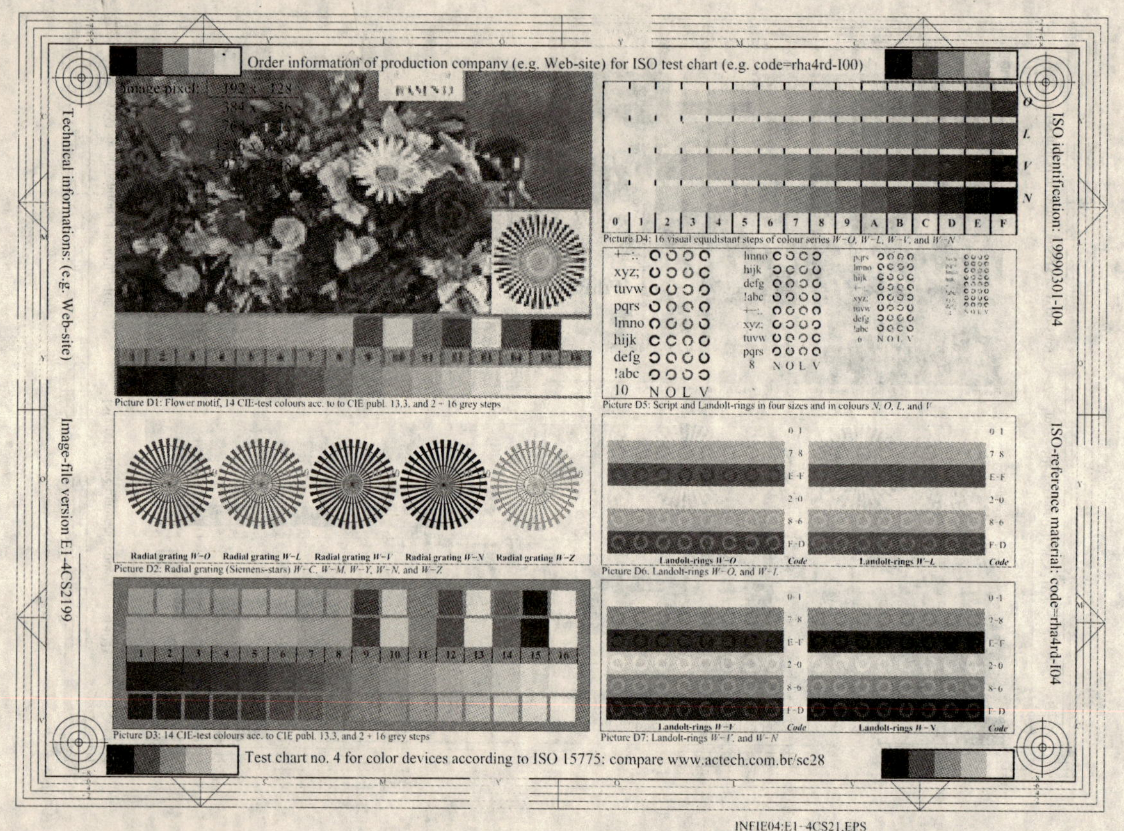

图 7　数字式测试版 4 的 PS 文件(或等效的文件)输出的图样(缩小尺寸)

数字式测试版包括版面设计和图像内容,图像内容包括每个测试样本的色度值。大多数目标的色度值能在表 1、表 2、附录 G 和附录 H 中找到。模拟测试版的产品颜色和数字测试版的目标颜色的色度一致性可以通过附录 G 和附录 H 给出的方法进行测量和评估。

4.5　测试版产品

本标准中未提供色度公差。测试版 1 到测试版 4 的产品在目标颜色和产品颜色间的色度差已经在表 1、表 2 和附录 H 中给出。在这些表中的目标颜色和产品颜色间的色度差可能将作为国际标准色度公差的参考。

由于时间、温度和湿度的变化,依据本标准生产的所有模拟测试版有效期为三年。测试版不使用时应保存在密封不透光的容器中。

4.6　目标颜色和产品颜色的对照

表 1 上半部分给出了 DIN 33866CMYOLVNW 的目标颜色与产品颜色的对照。表 1 下半部分根据 ITU R BT709.2 另外给出了目标颜色与电视颜色的对照。

CY/T 31—1999 在资料性附录 D 的表 D.3 中定义了胶印目标颜色。对于 CIE 标准光源 D65,2°标准观测者和 45°/0°标准几何条件给出了五种颜色 $CMYNW_{PR}$(PR=PRINT)。还额外描述了非荧光参考纸,没有给出 OLV_{PR}颜色。DIN 33866 测试版 2 到测试版 4 是依据 CY/T 31—1999 采用 ISO 标准纸 W 和彩色墨水 $CMYN_{PR}$制作的。

参考色度值 $L^*a^*b^*$(r=ISO 2846-1:1977 中的表 D.3)和产品的平均色度值(o=output)已在表 1 的上半部分给出。对于颜色 $CMYNW_{PR}$,参考值和产品值的差别很小。黄色 Y 的色差最大,$\Delta E^*_{ab}=11.43$,平均色差 $\Delta E^*_{ab,m}=2.5$。图像间平均颜色色差小于 3 个单位时,人的视觉无法区分。因此我们可以增加产品的 OLV 颜色而得到全部目标颜色为 $CMYOLVNW_{PR}$的色度值 $L^*a^*b^*$。

本标准用于彩色复印机,所以重点关注复印品与参考值之间的差别,而不必关注绝对的色度值 $L^*a^*b^*$。

DIN 33866 中颜色 OLV_{PR}缩写为 OLV。颜色 OLV_{PR}与颜色 OLV_{TV}比较有很大区别，OLV_{TV}在标准中通常缩写为 RGB。缩写 RGB 用于表示显视器的颜色，它与用于表示基色的字母 R、G、B 不同(见附录 K)。

表 1　CMYOLVNW 的目标颜色和产品颜色的对照

基本测试颜色名称	CIELAB 目标值 ISO 2846(CMYNW) DIN 33866(OLV)			CIELAB 产品值 DIN-33866(所有) ITU RBT709.2(所有)			测试颜色的 CIELAB 差值 差值(o-r)			CIELAB 测试色 色差
	L_r^*	a_r^*	b_r^*	L_o^*	a_o^*	b_o^*	$\Delta L_{o\text{-}r}^*$	$\Delta\ a_{o\text{-}r}^*$	$\Delta b_{o\text{-}r}^*$	ΔE_{ab}^*
C	58.62	−30.62	−42.74	59.96	−27.8	−43.15	1.34	2.82	−0.4	3.15
M	48.13	75.2	−6.79	49.19	74.03	−7.4	1.06	−1.16	−0.6	1.69
Y	90.37	−11.15	96.17	87.12	−5.58	105.61	−3.24	5.57	9.44	11.43
O	47.94	65.31	52.07	47.94	65.31	52.07	0.0	0.0	0.0	0.01
L	50.9	−62.96	36.71	50.9	−62.96	36.71	0.0	0.0	0.0	0.01
V	25.72	31.45	−44.35	25.72	31.45	−44.35	0.0	0.0	0.0	0.01
N	18.01	0.5	−0.46	17.16	−0.06	−2.71	−0.84	−0.56	−2.24	2.47
W	95.41	−0.98	4.76	94.98	−0.58	3.28	−0.42	0.4	−1.47	1.59　2.5
C	58.62	−30.62	−42.74	86.88	−46.17	−13.56	28.26	−15.54	29.18	43.5
M	48.13	75.2	−6.79	57.3	94.35	−20.7	9.17	19.15	−13.9	25.38
Y	90.37	−11.15	96.17	92.66	−20.7	90.75	2.29	−9.54	−5.41	11.22
O	47.94	65.31	52.07(R)	50.5	76.92	64.55	2.56	11.61	12.48	17.24
L	50.9	−62.96	36.71(G)	83.63	−82.76	79.9	32.73	−19.79	43.19	57.69
V	25.72	31.45	−44.35(B)	30.39	76.06	−103.59	4.67	44.61	−59.23	74.31
N	18.01	0.5	−0.46	1.57	0.0	0.0	−16.43	−0.49	0.47	16.45
W	95.41	−0.98	4.76	95.41	0.01	0.01	0.0	1.0	−4.74	4.85　31.5

表 1 下半部分给出了在 CIE 标准光源 D65 和 2°标准观测者条件下，目标颜色与 ITU RBT709.2 中定义的电视颜色的比较。如 ISO 2846 中对于白色的定义，标准值 $L^*=95.41$ 用于白色 D65 的使用(见 DIN 33866-1 中表格)。这部分给出了颜色 $CMYOLVNW_{PR}$和 $CMYOLVNW_{TV}$的差别。紫罗兰色 V(电视蓝色 B)的色差最大，$\Delta E_{ab}^*=74$，平均色差 $\Delta E_{ab,m}^*=31.5$。

表 2　CIE 测试色的目标值和产品值的对照

CIE 测试色序号	CIELAB 目标值 CIE publ. 13.3 参考值(r)			CIELAB 产品值 DIN 33866、图像 B6 输出值(o)			测试颜色的 CIELAB 差值 差值(o-r)			CIELAB 测试色 色差
	L_r^*	a_r^*	b_r^*	L_o^*	a_o^*	b_o^*	$\Delta L_{o\text{-}r}^*$	$\Delta\ a_{o\text{-}r}^*$	$\Delta b_{o\text{-}r}^*$	ΔE_{ab}^*
1	61.45	17.53	11.74	56.8	12.93	19.6	−4.64	−4.59	7.86	10.23
2	60.69	0.08	28.92	55.0	−2.42	35.85	−5.68	−2.5	6.93	9.31
3	62.02	−20.58	44.41	56.74	−24.61	42.51	−5.27	−4.02	−1.89	6.91
4	61.2	33.16	17.07	60.9	−48.14	23.62	−0.29	−14.97	6.55	16.35
5	62.4	−17.47	−8.55	58.17	−19.98	−13.31	−4.22	−2.5	−4.75	6.84
6	61.51	−0.36	−28.39	57.44	0.1	−31.83	−4.06	0.47	−3.43	5.35
7	61.12	20.15	−24.55	56.85	18.29	−25.86	−4.26	−1.85	−1.3	4.84
8	62.77	27.42	−13.63	57.87	27.63	−21.75	−4.89	0.21	−8.11	9.49
9	39.92	58.74	27.99	41.87	38.7	33.27	1.95	−20.03	5.28	20.82
10	81.26	−2.89	71.56	75.56	4.2	74.01	−5.69	7.0	2.45	9.43
11	52.23	−42.42	13.6	47.15	−47.28	18.53	−5.07	−4.85	4.93	8.59
12	30.57	1.41	−46.47	34.8	1.37	−28.6	4.23	−0.03	17.87	18.36
13	80.23	11.37	21.04	77.59	15.62	29.57	−2.63	4.25	8.53	9.89
14	40.75	−13.8	24.23	36.07	−18.23	23.81	−4.67	−4.42	−0.41	6.46
CIELAB 平均色差：$\Delta E_{ab,m}^*=10.2$										

表 2 给出了 DIN 33866 测试版 2 中图像 B6 的 CIE 测试颜色目标值与产品值的对照。CIELAB 平均色差 $\Delta E^*_{ab,m}=10.2$。最大色差出现在 CIE 测试颜色红色(no. 9)和蓝色(no. 12)上，色差分别为 $\Delta E^*_{ab}=20.82$ 和 $\Delta E^*_{ab}=18.36$。

目标颜色和产品颜色会有差别。因此同一张测试版印出的复印品只能用于相互比较，或与测试版比较。

4.7 ISO 识别编码、ISO 参考材料编码和 ISO 图像版本编码

不同的 ISO 编码有助于管理、分类和辨别不同的 ISO 测试版。

图 1 到图 7 包含了下列编码的例子：

- 位于右下部的 ISO 参考材料编码；
- 位于右上部的 ISO 识别编码；
- 位于左下部的 ISO 图像版本编码。

ISO 参考材料编码的说明见表 3。

表 3 彩色复印机 ISO 参考材料编码举例

<table>
<tr><th colspan="4">用于不同尺寸和模式的彩色复印机的 ISO 参考材料</th></tr>
<tr><td colspan="4">1. 不同尺寸：A4、A6、36 mm×24 mm 幻灯片或底片
2. 不同色调技术：连续色调或半色调
3. 不同模式：反射或透射模式
4. PS 程序编码(数字)或可视和测量的图像(模拟)</td></tr>
<tr><td colspan="4">例 1：复印半色调测试版 2 和测试版 3 并比较</td></tr>
<tr><td>测试版 1</td><td>测试版 2</td><td>测试版 3</td><td>测试版 4</td></tr>
<tr><td>N-照相</td><td>CMYN-胶印</td><td>N-胶印</td><td>OLVN-胶印</td></tr>
<tr><td>iha4ra＝rha4ra</td><td>iha4ra＝rha4ra</td><td>iha4ra＝rha4ra</td><td>iha4ra＝rha4ra</td></tr>
<tr><td>oha4ra<>rha4ra</td><td>oha4ra<>rha4ra</td><td>oha4ra<>rha4ra</td><td>oha4ra<>rha4ra</td></tr>
<tr><td colspan="4">例 2：复印连续色调测试版 1 和测试版 2 并比较</td></tr>
<tr><td>测试版 1</td><td>测试版 2</td><td>测试版 3</td><td>测试版 4</td></tr>
<tr><td>N-照相</td><td>CMYN-照相</td><td>N-照相</td><td>OLVN-照相</td></tr>
<tr><td>ica4ra＝rca4ra</td><td>ica4ra＝rca4ra</td><td>ica4ra＝rca4ra</td><td>ica4ra＝rca4ra</td></tr>
<tr><td>oha4ra<>rca4ra</td><td>oha4ra<>rca4ra</td><td>oha4ra<>rca4ra</td><td>oha4ra<>rca4ra</td></tr>
<tr><td colspan="4">编码位置缩写：(<>表示……和……比较)
通常用来测试的测试版：黑体、频繁使用：斜体
位置 1：　i＝输入；o＝输出；r＝参考
位置 2：　c＝连续色调；h＝半色调
位置 3 和 4：　a4＝A4；a6＝A6；sf＝幻灯片或 nf＝底片
位置 5：　r＝反射模式；t＝透射模式
位置 6：　a＝模拟模式；d＝数字模式</td></tr>
</table>

表 3 给出了彩色复印机 ISO 参考材料编码和两个实例的信息。表 3 下半部分给出了编码位置 1 到编码位置 6 的缩写。表的中部给出了彩色复印机使用不同测试版的编码实例。

ISO 识别编码由日期组成(年、月、日)，例如 19980615，字母 I(＝ISO)和 ISO 测试版号(＝01～04)。详细说明见附录 I。

注：识别编码中的日期应是测试版的生产日期。日期有助于判定测试版在生产 3 年后是继续使用还是作废。

ISO 图像版本编码由字母 E(E=英文)、数字 1～5(5 个不同的分辨率:从 192×128 到 3072×2048,单位为 dpi。即从 8×5 到 121×81,单位点/mm)、字母 T(文本模式)或 C(彩色模式)、字母 S(PostScript 格式)或 D(PDF 格式)和两位数的版本号组成。详细说明见附录 I。

4.8 测试版边框区的内容和目的

测试版 1 到测试版 4 包括图像区和边框区。

在边框区里有不同的文本和图像元素:用于识别的文本编码、边框、5 阶灰度级和位置标记。

注:如果测试版在稿台玻璃上的放置位置不适当,会使边框区的一些内容起不到正确的作用。

4.8.1 用于识别的文本编码的使用

内容:

边框区中的文本描述了测试版的序号、ISO 识别编码、ISO 参考材料编码、测试版的图像版本编码、版权单位名称(国家复印机械标准化技术委员会秘书处)和标准编号(国家标准和国际标准)。

目的:

文本是用来识别测试版的。为填写附录 E 和附录 F 的表格,必需填写下列信息:标准编号(底部文本)、识别编码、参考材料编码、测试版图像版本编码。

目视检查:

边框区里的文本不作目视检查。

4.8.2 边框线条的测试

注:按本标准规定,至少内边框(粗线)是完整的线条。因此在一张测试版上应有 4～20 条线。

内容:

测试版上共有五个边框,最外侧边框定义为 A4 规格(297 mm×210 mm),每一个内边框与相邻的外边框比较,左右(上下)差 4 mm。

目的:

5 个边框有助于目视检查复印机的复印范围。

目视检查:

目视检查中用"是/否"来判定测试版有多少条线和印了多少条线。

4.8.3 5 阶灰度级的测试

内容:

在 4 个位置标记处有 4 个等间距灰度级(准确位置见 4.2.1)。

注:测试版 1 和测试版 3 中灰度级的样本分别和图像 A2 或图像 C2 的 5 阶灰度级的样本一致。测试版 2 和测试版 4 中没有用于直接比较的 5 阶灰度级的图像。

目的:

4 个灰度级的一致性测试。通过目视比较识别 4 个灰度级的差别。

目视检查:

如果能清晰地分辨出 4 个灰度级的视觉差,则在近似测试中作出是或否的判定。如果 4 个灰度级有差别,则判定必须表明与平均值差距最大的灰度级。也必须指出与平均值比较的偏离方向(变暗或变亮)。

4.8.4 位置标记 x 和 y 坐标值的测试

内容:

四个位置标记由中心处有十字交叉的圆环(直径分别为 2 mm、4 mm、6 mm、8 mm)组成。它们分别位于距离 A4(297 mm×210 mm)规格纸四角 x 和 y 方向各 17 mm 处。

目的:

位置标记用于测量复印机的 x 和 y 坐标值。

测试：

测量位置标记的差值，即分别是测量测试版和复印品上 x 和 y 方向上的毫米数，并计算 x 和 y 坐标值。

注 1：参考位置标记的差值在 PS 文件里的定义是 x 方向 264 mm，y 方向 176 mm。为了更精确的测量 2 个坐标值，建议测量测试版和复印品时使用同一刻度尺。

注 2：位置标记经常用于色度仪进行色度值 $L^* a^* b^*$ 自动测量的定位和在 4 色印刷中的稿台定位。

4.8.5 彩色线条位移的测试

注 1：通常测试版是用彩色材料以彩色模式(C)制作的。测试版 1 和测试版 3 的产品完全是黑白文本模式(T)，例如：测试版 1 是用黑白照相纸制作的。

注 2：对于完全黑白的产品，“彩色线条位移的测试”标准可以忽略不计，因此可不作以下测试。

内容：

内边框的线条用不同的颜色绘制，在黑色 N 和彩色 C、M、Y、O、L、V 之间选择颜色。

目的：

目视判定内边框的彩色线条 C、M、Y、O、L、V 和黑色线条 N，并比较在水平和垂直方向上的位移。

目视检查：

判定彩色(C、M、Y、O、L、V)线条与黑色(N)线条比较后的位移是否≥0.2 mm(大于内边框定义的半个线宽)。

4.9 测试版图像区的内容和目的

4.9.1 测试版 1(黑白测试版：高明度对比)

4.9.1.1 图像 A1：放射光栅(西门子星)N-W、W-N、N-Z、W-Z

内容：

放射光栅(西门子星)由 N-W、W-N、N-Z、W-Z，直径为 6 mm、10 mm、20 mm 的标志环组成。

目的：

测试彩色复印机的分辨力。通过比较测试版和复印品的图像找出差别。

目视检查：

判定复印品上放射光栅模糊区域的直径在所有方向上是否不超过所选标志环的尺寸。

精确测定时，应该使用光学仪器对模糊区域的最大直径进行检查，例如用 6 倍放大镜。

注 1：用直径为 6 mm、10 mm、20 mm 的环作基准。

注 2：某些情况下无法估计 6 mm 环内面积。原稿模糊区域可能比 6 mm 环内的面积大。

4.9.1.2 图像 A2 和图像 A3：5 阶或 16 阶可视等间距 L^* 灰度级

内容：

图像 A2 包含两行黑白之间的 5 阶可视等间距灰度级、黑色 N_0 和白色 W_1。图像 A3 包含两行 16 阶等间距灰度级。

上一行灰度级是相邻的，下一行灰度级是用灰色背景隔开的。

图像 A2 和图像 A3 中灰度级之间和周围的灰色背景，选择亮度 $L^*=50\pm2$ 的中等灰度(依据 CIE publ. 15.2，0.2 的反射系数和 Y=20 的亮度反射系数)。

在上一行中 CIELAB 颜色体系的明度 L^* 被标明在各个灰度级上。半色调测试版 1 的灰度级只能通过黑白照相过程制作，而不能通过 CMYN 四色照相过程制作，因为它不能精确的产生用于制作测试版的黑色。连续色调测试版 1 的灰度级通过 CMY 三色照相过程制作。

注 1：理论上，黑色 N_0 和白色 W_1 值不能达到 $L^*=0$ 和 $L^*=100$，因为表面不能完全的吸收或反射。黑色(N)和白色(W)在 5 阶和 16 阶灰度级中的明度值表示为 L_N^* 和 L_W^*。在半色调测试版 1 中这两个值大约分别为 10 和 94，在连续色调测试版 1 中这两个值大约分别为 7 和 91。

各行中的 0.00 和 1.00 之间的数字表示与灰度级有关的黑色和白色之间的相对亮度 $I_{relative}^*$。

注 2：CIELAB 明度 L^* 的 $I_{relative}^*$ 计算结果：

$$I_{relative}^* = (L^* - L_N^*)/(L_W^* - L_N^*) \quad \cdots\cdots(1)$$

在图像 A3 下一行中单个灰度级上面标注有十六进制编码。

注 3：在印刷技术里，以纸的白色作为基准描述黑色量，灰度级从十六进制编码为 0 的白色开始，以十六进制编码为 F 的黑色结束。

目的：

判定图像 A2 和图像 A3 的复印品的上一行能否区分开。如果上一行中有些灰度看似相等但难以区分，则可选择下一行进行测量。

注：对于许多应用领域，5 阶灰度级的区分已经足够了，然而对于照片图像的复印品希望得到尽可能多的 16 阶灰度级的区分。把从白色到黑色之间的灰度并排放置的话，人类可以分辨 200 个灰度级。

目视检查：

在复印品的上一行中，分别判定 5 阶灰度级（图像 A2）、16 阶灰度级（图像 A3）有多少阶能被分辨出来。

4.9.1.3 图像 A4：缺口环 N-W

内容：

图像包含 6 行，每行有 8 个缺口环。选取图像 A4 的 16 阶灰度级的不同灰度级用于缺口环和背景。

注：图像 A4 中定义了与缺口环和背景的灰度级相应的十六进制编码。

目的：

图像 A4 用于对复印品的浅度、中度和深度灰色区域进行判定。上三行中的缺口环和背景相差 1 阶灰度级，下三行和背景相差 2 阶灰度级。

目视检查：

通过 5.2.2 来判断缺口环的分辨力。

4.9.1.4 图像 A5 和图像 A6 在 45°和 90°之内的不同线光栅直径

内容：

图像包含 45°（图像 A5）和 90°（图像 A6）内的线元和，直径从 6 线/cm 到 94 线/cm（即从 15 lpi 到 240 lpi）的光栅。

注：半色调测试版 1 采用 9 线/mm(240 lpi)。连续色调测试版 1 中有一个由用于产品的 12 点/mm(300 dpi)数字图像调节器确定的 3 线/mm(75 lpi)技术限值。

目的：

图像 A5 和图像 A6 用于测试线的再现性。

目视检查：

通过分析图像 A1 中的放射光栅，目视检查判定可视的最高空间频率。

光学仪器用于精确检查，例如用 6 倍放大镜检查可分辨的规则的单位直径的线光栅。

注 1：彩色复印机有一个固定的扫描角度（通常是水平或垂直）。得到的复印品与标记有图案结构的复印图案的角度一致，在复印区域被认为是波纹图案且小于 45°。因为测试版 1 包含两个不同角度的图像。

注 2：从 3 线/mm 到 9 线/mm（即从 80 lpi 到 240 lpi）线光栅直径只能使用光学仪器区分，例如用放大镜。

注 3：复印机分辨力是指在图像 A5 和图像 A6 中的线条和间隔都能被分辨出的每寸最多的线数，lpi 或线/mm。

注 4：复印品中，测试图像 A5 和图像 A6 大于 2 线/mm(60 lpi)的区域出现缺陷不是很严重。

注 5：建议将测试图像 A5 和图像 A6 在稿台上的不同位置进行旋转和移动，可能会暴露出其他的复印品缺陷。

4.9.2 测试版 2（彩色测试版：CMYN 颜色）

4.9.2.1 图像 B1：花朵图像、14 种 CIE 测试色加上 N_0 和白色 W_1、16 阶灰度级

注 1：图像 B1 等同于测试版 4 中的图像 D1。

注 2：花朵图像为 DIN 33866 中采用的图像，在此作为举例。

内容：

彩色测试版中花朵图像特别表现了中度灰色背景下自然中的色彩。用于判定色彩的真实再现性。

而且图像中包含金色和银色的金属球。另外的 14 种 CIE 测试色加上黑色 N_0 和白色 W_1、16 阶灰度级用于判定复印品的逼真度(见 4.2.4)。

目的:

图像 B1 用于比较测试版和复印品之间的色彩逼真度。中度灰色背景用于识别色彩的位移。大部分的中度灰色背景上有各种阴影。

注 1:测试版不适用于个别偏好颜色和肤色的判定,不同的国家可能有不同的判定。

注 2:测试版 4 中的可选择的放射光栅(西门子星 N-W),用于获得图像分辨率像素的信息。

目视检查:

判定测试版和复印品之间明显的差别。

4.9.2.2 图像 B2:放射光栅(西门子星)W-C、W-M、W-Y、W-N 和 W-Z

内容:

放射光栅(西门子星)由 W-C、W-M、W-Y、W-N 和 W-Z,直径为 6 mm、10 mm 和 20 mm 的标志环组成。

目的:

图像 B2 用于判定分辨力。用直径为 6 mm、10 mm 和 20 mm 的环作为基准。

目视检查:

判定复印品上放射光栅模糊区域的直径在所有方向上是否不超过所选标志环的尺寸。

精确测定时,应该使用光学仪器对模糊区域的最大直径进行检查,例如用 6 倍放大镜。

注 1:用直径为 6 mm、10 mm、20 mm 的环作基准。

注 2:某些情况下无法估计 6 mm 环内面积。原稿模糊区域可能比 6 mm 环内的面积大。

注 3:由于白色和黄色之间的对比度较低,所以 W-Y 放射光栅的分辨力通常最低。

4.9.2.3 图像 B3:14 种 CIE 测试色、黑色 N_0 和白色 W_1、16 阶等间距灰度级

注:图像 B3 等同于测试版 4 中的图像 D3。

内容:

图像上两行包含依据 CIE publ. 13.3 的 14 种 CIE 测试色、黑色 N_0 和白色 W_1,下两行包含 16 阶等间距灰度级。

16 阶灰度级中上一行灰度级是相邻的,下一行灰度级是用灰色背景隔开的。

图像 B3 中灰度级之间和周围的灰色背景,选择亮度 $L^* = 50 \pm 2$ 的中等灰度(依据 CIE publ. 15.2,0.2 的反射系数和 $Y = 20$ 的亮度反射系数)。

目的:

图像 B3 用于判定复印品的色彩逼真度。

目视检查:

判定测试版和复印品之间的 14 种颜色之间是否有明显的差别。如果无明显差别,应注明能辨别出的等级数。

注:制作的测试版的测试色与 CIE publ. 13.3 定义的测试色相比较颜色差别很小。当目视检查测试版和复印品之间的颜色差别时,这一差别可以忽略。

4.9.2.4 图像 B4:W-C、W-M、W-Y 和 W-N 的 16 阶可视等间距色度级

内容:

图像包含四行,每一行都是 16 阶色度级,颜色为 C、M、Y 和 N,从十六进制编码为 0 的白色开始,到十六进制编码为 F 的黑色结束。

目的:

图像 B4 用于判定不同的色度级。

目视检查：

目视检查每一行颜色，判定每行中所有的16阶色度级是否都有明显的差别。如果无明显差别，应注明能辨别出的等级数。

注1：对于照片图像的复印品，期望16阶色度级之间的差别尽可能多。

注2：对于测试版2中的W-Y行，不是所有的16阶色度级都能够被测试人员辨别出来。

4.9.2.5 图像B5：字符和四种尺寸的缺口环

内容：

图像包括32个黑色字符和8个缺口环（四组相对尺寸10、8、6和4），每一组的颜色分别为N、C、M和Y。

目的：

图像B5通过识别字符的尺寸和颜色来判定复印品。

目视检查：

判定每一组中每一列的字符、缺口环的分辨力是否分别超过50%（见5.2.2）。

注：随着尺寸10、8、6和4依次递减，识别起来会更加困难。测试版中尺寸为10的缺口环Y可能不能被有些测试者分辨。

4.9.2.6 图像B6和B7：缺口环W-C、W-M、W-Y和W-N

内容：

图像包括C、M、Y和N四种颜色区域，每一种颜色区域中包含6行，每行带有8个缺口环。对于缺口环和背景，每行都选用了与图像B4中相应的16阶色度级中的不同色度级。在W-C、W-M和W-N区域中缺口环和背景相差1阶或2阶色度级，在W-Y区域中相差2阶或4阶色度级。

注：缺口环和背景的色度级和图像B4中的十六进制编码一一对应。

目的：

依据图像B6和图像B7中字符和背景的不同色彩级，判定在不同背景下字符的再现情况。

目视检查：

根据5.2.2判定缺口环的分辨力。

4.9.3 测试版3(黑白测试版：中等明度对比)

4.9.3.1 图像C1：放射光栅(西门子星)N-W、W-N、N-Z、W-Z

内容：

放射光栅（西门子星）由N-W、W-N、N-Z、W-Z，直径为6 mm、10 mm、20 mm和30 mm的标志环组成。

目的：

测试彩色复印机的分辨力。通过比较测试版和复印品的图像，找出差别。

目视检查：

判定复印品上放射光栅模糊区域的直径在所有方向上是否不超过所选标志环的尺寸。

精确测定时，应该使用光学仪器对模糊区域的最大直径进行检查，例如用6倍放大镜。

注1：用直径为6 mm、10 mm、20 mm和30 mm的环作基准。

注2：某些情况下无法估计6 mm环内面积。原稿模糊区域可能比6 mm环内的面积大。

4.9.3.2 图像C2和图像C3：5阶或16阶可视等间距 L^* 灰度级

内容：

图像C2包含两行黑白之间的5阶可视等间距灰度级、黑色 N_0 和白色 W_1。图像C3包含两行16阶等间距灰度级。

上一行灰度级是相邻的，下一行灰度级是用灰色背景隔开的。

图像C2和图像C3中灰度级之间和周围的灰色背景，选择亮度 $L^*=50\pm2$ 的中等灰度（依据CIE publ. 15.2,0.2的反射系数和Y=20的亮度反射系数）。

在上一行中 CIELAB 颜色体系的明度 L^* 被标明在各个灰度级上。半色调测试版 3 的灰度级只能通过黑白照相过程制作，而不是 CMYN 四色照相过程制作，因为它不能精确的产生用于制作测试版的黑色。连续色调测试版 3 的灰度级通过 CMY 三色照相过程制作。

注 1：理论上，黑色 N_0 和白色 W_1 值不能达到 $L^*=0$ 和 $L^*=100$，因为表面不能完全的吸收或反射。黑色(N)和白色(W)在 5 阶和 16 阶灰度级中的明度值表示为 L_N^* 和 L_W^*。在半色调测试版 3 中这两个值大约分别为 10 和 94。在连续色调测试版 3 中这两个值大约分别为 7 和 91。

各行中的 0.00 和 1.00 之间的数字表示与灰度级有关的黑色和白色之间的相对亮度 $I_{relative}^*$。

注 2：CIELAB 明度 L^* 的 $I_{relative}^*$ 计算结果：

$$I_{relative}^* = (L^* - L_N^*)/(L_W^* - L_N^*) \quad \cdots\cdots(2)$$

在图像 C3 下行中单个灰度级上面标注有十六进制编码。

注 3：印刷技术里，以纸的白色作为基准描述黑色量，灰度级从十六进制编码为 0 的白色开始，以十六进制编码为 F 的黑色结束。

目的：

判定图像 C2 和图像 C3 的复印品的上一行能否区分开。如果上一行中有些灰度看似相等但难以区分，则可选择下一行进行测量。

注：对于许多应用领域，5 阶灰度级的区分已经足够了，然而对于照片图像的复印品希望得到尽可能多的 16 阶灰度级的区分。把从白色到黑色之间的灰度并排放置的话，人类可以分辨 200 个灰度级。

目视检查：

在复印品的上一行中，分别判定 5 阶灰度级(图像 C2)、16 阶灰度级(图像 C3)有多少阶能被分辨出来。

4.9.3.3 图像 C4：缺口环 N-W

内容：

图像包含 6 行，每行有 8 个缺口环。选取图像 C4 的 16 阶灰度级的不同灰度级用于缺口环和背景。

注：图像 C4 中定义了与缺口环和背景的灰度级相应的十六进制编码。

目的：

图像 C4 用于对复印品的浅度、中度和深度灰色区域进行判定。缺口环和背景有差异，上三行中缺口环和背景相差 1 阶灰度级，下三行相差 2 阶灰度级。

目视检查：

通过 5.2.2 来判断缺口环的分辨力。

4.9.3.4 图像 C5 和图像 C6 在 45°和 90°之内的不同线光栅直径

内容：

图像包含 45°(图像 C5)和 90°(图像 C6)内的线元和直径从 6 线/cm 到 94 线/cm(从 15 lpi 到 240 lpi)的光栅。

注：半色调测试版 3 采用 9 线/mm(240 lpi)。连续色调测试版 3 中有一个用于产品的取决于 12 点/mm(300 dpi)数字图像调节器的 3 线/mm(75 lpi)技术限值。

目的：

图像 C5 和图像 C6 用于测试线的再现性。

目视检查：

通过分析图像 C1 中的放射光栅，目视检查判定可视的最高空间频率。

光学仪器用于精确检查，例如用 6 倍放大镜检查可分辨的规则的单位直径的线光栅。

注 1：彩色复印机有一个固定的扫描角度(通常是水平或垂直)。得到的复印品与标记有图案结构的复印图案的角度一致，在复印区域被认为是波纹图案且小于 45°。因为测试版 1 包含两个不同角度的图像。

注 2：从 3 线/mm 到 9 线/mm(从 80 lpi 到 240 lpi)线光栅直径只能使用光学仪器区分，例如用放大镜。

注 3：复印机分辨力是指在图像 C5 和图像 C6 中的线条和间隔都能被分辨出的每寸最多的线数/lpi 或线/mm。

注 4：在复印品中，测试图像 C5 和图像 C6 大于 2 线/mm(60 lpi)的区域出现缺陷不是很严重。

注 5：建议将测试图像 C5 和图像 C6 在稿台上的不同位置进行旋转和移动，可能会暴露出其他的复印品缺陷。

4.9.4 测试版4(彩色测试版:OLVN颜色)

4.9.4.1 图像D1:花朵图像、14种CIE测试色加上黑色N_0和白色W_1、16阶灰度级

注1:图像D1等同于测试版2中的图像B1。

注2:花朵图像为DIN 33866中采用的图像,在此作为举例。

内容:

彩色测试版中花朵图像特别表现了中度灰色背景下自然中的色彩。用于判定色彩的真实再现性。而且图像中包含金色和银色的金属球。另外的14种CIE测试色加上N_0和白色W_1、16阶灰度级用于判定复印品的逼真度(见4.2.4)。

目的:

图像D1用于比较测试版和复印品之间的色彩逼真度。中度灰色背景用于识别色彩的位移。大部分的中度灰色背景上有各种阴影。

注1:测试版不适用于个别偏好颜色和肤色的判定,不同的国家可能有不同的判定。

注2:测试版4中的可选择的放射光栅(西门子星 N-W),用于获得图像分辨率像素的信息。

目视检查:

判定测试版和复印品之间明显的差别。

4.9.4.2 图像D2:放射光栅(西门子星)W-O、W-L、W-V、W-N和W-Z

内容:

放射光栅(西门子星)由W-O、W-L、W-V、W-N和W-Z,直径为6 mm、10 mm和20 mm的标志环组成。

目的:

图像D2用于判定分辨力。用直径为6 mm、10 mm和20 mm的环作为基准。

目视检查:

判定复印品上放射光栅模糊区域的直径在所有方向上是否不超过所选标志环的尺寸。

精确测定时,应该使用光学仪器对模糊区域的最大直径进行检查,例如用6倍放大镜。

注1:用直径为6 mm、10 mm、20 mm的环作基准。

注2:某些情况下无法估计6 mm环内面积。原稿模糊区域可能比6 mm环内的面积大。

4.9.4.3 图像D3:14种CIE测试色、黑色N_0和白色W_1、16阶等间距灰度级

注:图像D3等同于测试版2中图像B3。

内容:

图像上两行包含依据CIE publ. 13.3的14种CIE测试色、黑色N_0和白色W_1,下两行包含16阶等间距灰度级。

16阶灰度级中上一行灰度级是相邻的,下一行灰度级是用灰色背景隔开的。

图像D3中灰度级之间和周围的灰色背景,选择亮度$L^* = 50 \pm 2$的中等灰度(依据CIE publ. 15.2,0.2的反射系数和$Y = 20$的亮度反射系数)。

目的:

图像D3用于判定复印品的色彩逼真度。

目视检查:

判定测试版和复印品之间14种颜色之间是否有明显的差别。如果无明显差别,应注明能辨别出的等级数。

注:制作的测试版的测试色与CIE publ. 13.3定义的测试色相比较颜色差别很小。当目视检查测试版和复印品之间的颜色差别时,这一差别可以忽略。

4.9.4.4 图像D4:W-O、W-L、W-V和W-N的16阶可视等间距色度级

内容:

图像包含四行,每一行都是16阶色度级,颜色为O、L、V和N,从十六进制编码为0的白色开始,到

十六进制编码为 F 的黑色结束。

目的:

图像 D4 用于判定不同的色度级。

目视检查:

目视检查每一行颜色,判定每行中所有的 16 阶色度级是否都有明显的差别。如果无明显差别,应注明能辨别出的等级数。

注 1:对于照片图像的复印品,期望 16 阶色度级之间的差别尽可能多。

4.9.4.5 图像 D5:字符和 4 种尺寸的缺口环

内容:

图像包括 32 个黑色字符和 8 个缺口环(四组相对尺寸 10、8、6 和 4),每一组的颜色分别为 N、O、L 和 V。

目的:

图像 D5 通过识别字符的尺寸和颜色来判定复印品。

目视检查:

判定每一组中每一列的字符、缺口环的分辨力是否分别超过 50%(见 5.2.2)。

注:随着尺寸 10、8、6 和 4 依次递减,识别起来会更加困难。测试版中尺寸为 10 的缺口环 Y 可能不能被有些测试者分辨。

4.9.4.6 图像 D6 和 D7:缺口环 W-O、W-L、W-V 和 W-N

内容:

图像包括 O、L、V 和 N4 种颜色区域,每一种颜色区域中包含 6 行,每行带有 8 个缺口环。对于缺口环和背景,每行都选用了与图像 D4 中相应的 16 阶色度级中的不同色度级。在 W-O、W-L、W-V 和 W-N 区域中缺口环和背景相差 1 阶或 2 阶色度级。

注:缺口环和背景的色度级和图像 D4 中的十六进制编码一一对应。

目的:

依据图像 D6 和图像 D7 中字符和背景的不同色度级,判定在不同背景下字符的再现情况。

目视检查:

根据 5.2.2 判定缺口环的分辨力。

5 测试

5.1 总则

依据本标准,用一套各含 2 张彩色和 2 张黑白的测试版以 1:1 的比例复印,并对复印品进行测试。这些复印品依次由测试版 1、2、3 和 4 复印得来,对彩色复印机不作任何调整。

复印时应使用 1 张黑白测试版(1 或 3)和 1 张半色调类型或连续色调类型的彩色测试版(2 或 4)。

应符合彩色复印机操作条件的要求,例如:媒介和附件(纸张,彩色油墨等)。复印后的复印品应立即测试。可以使用的两个测试方法是:

- 目视检查,如果有必要可使用光学仪器,例如:使用 6 倍放大镜。
- 色度规范(见附录 G)。

附录 A、附录 B、附录 C 和附录 D 中的表格用于记录目视检查测试版 1 到测试版 4 复印品的结果。测试版中的图像编号为 A1~A6、B1~B7 等,指定作为各个测试版的图像(见 4.9)。

附录 E 和附录 F 用于记录目视检查测试版边框区的文字和编码,以及线条、5 阶灰度级和坐标值的结果(见 4.8)。

5.2 目视检查

目视检查已经在与测试版上各个图像的定义相关的 4.8 和 4.9 中介绍过。

5.2.1 测试条件

测试时,应符合下列条件:

- 测试物体的光照角度为 45°,最小额定照度为 1 000 lux。
- 被测物体放在不透明的白色纸基上进行观察(在被测物体下放置三张白纸)。

测试人员必须具有正常的颜色视觉和视觉敏锐度。

应用适宜的标准测试颜色视觉和视觉敏锐度:

- 为测试正常的颜色视觉,可以测试颜色视觉缺陷(依据 DIN 6160 或等效标准,使用色盲检查镜进行测试)。
- 使用视力辅助设备检测视觉敏锐度(依据 DIN 58220-5 或等效标准)。

5.2.2 缺口环分辨力的应用

依据 ISO 8596,不同图像中的每组缺口环的八个环呈现各不相同的方向。每组视觉评定的测试标准是缺口环的分辨力。依据 ISO 8597,应有超过 50%能被分辨。分辨力超过 50%是指 8 个环中至少有 5 个能被分辨。

5.3 色度规范

色度规范的数据包括(见附录 G):

- 规整度 g^*;
- 明度域 f^*;
- 平均明度差 ΔL^*_m;
- 平均色差 $\Delta E^*_{ab,m}$;
- 平均彩色再现指数 $R^*_{ab,m}$。

5.3.1 色度计

色度计应依据 CIE publ. 15.2(ISO/CIE 10526 和 10527)中规定的 CIE 2°标准观测者、CIE 标准光源 D65 和 CIE 45°/0°标准几何条件的要求,来测定 CIELAB 色度参数 L^*、a^*、b^*(色度三刺激值 x、y 和 z)。

5.3.2 测量

在复印品和测试版上,图像 A2(或 C2)的 5 种黑白测试色和图像 B6(或 D6)的 14 种彩色 CIE 测试色的明度 L^* 与这些颜色表面的色度参数 a^* 和 b^* 一样都需要测量。

注 1:建议使用同一仪器测量测试版和复印品。PS 文件(或等效的文件)(见表 G.2)可以由编辑者加入测量数据。任何 PS 解释程序(或等效的程序)会生成一个与表格 G.2 相似的备份表格。

注 2:使用其他色度级的测量数据可以得到附录 H 中相似的表格,表格适用于 DIN 测试版所有色度级。

5.3.3 评定

依据附录 G 进行评定,附录 G 中介绍了每个色度参数,依据色度测量数据计算结果的程序及举例。

6 测试报告

测试报告至少应包含下列内容:

- 彩色复印机的型号。
- 选择的复印模式和/或选择调整的规格。

警告:单色测试图案的结果取决于彩色复印机的操作模式或设定,例如,是否选择自动文本模式、自动黑白模式,或全彩色模式。

- 所使用的复印纸。

- 所使用的其他材料。
- 测试方法。
- 依据本标准附录 A(或附录 C)和附录 E、附录 B(或附录 D)和附录 F 的 4 个表格,填写彩色复印机测试版 1、2、3 和 4 复印品的目视检查结果。
- 依据 5.2.1,说明测试人员的正常颜色视觉和正常视觉敏锐度。

附 录 A
（规范性附录）
图像区目视检查表 A

表 A.1 （可以使用本表格的复印件）

图像 A1:放射光栅的测试

N-W 放射光栅：分辨力直径<6 mm? 是/否

使用放大镜(例如 6 倍)测试 分辨力直径：______ mm

W-N 放射光栅：分辨力直径<6 mm? 是/否

使用放大镜(例如 6 倍)测试 分辨力直径：______ mm

N-Z 放射光栅：分辨力直径<6 mm? 是/否

使用放大镜(例如 6 倍)测试 分辨力直径：______ mm

W-Z 放射光栅：分辨力直径<6 mm? 是/否

使用放大镜(例如 6 倍)测试 分辨力直径：______ mm

图像 A2:5 阶可视等间距 L^* 灰度级的测试

上一行中的 5 阶是否都能被鉴别出? 是/否

如果“否”:能鉴别出几阶? 5 阶中的：______阶

图像 A3:16 阶可视等间距 L^* 灰度级的测试

上一行中的 16 阶是否都能被鉴别出? 是/否

如果“否”:能鉴别出几阶? 16 阶中的：______阶

图像 A4:缺口环 N-W 的测试

缺口环的分辨力是否>50%(8 个中至少辨别出 5 个)?

背景—环	
0—1	是/否
7—8	是/否
E—F	是/否
2—0	是/否
8—6	是/否
F—D	是/否

图像 A5:45°线光栅的测试

是否能辨别出等距线? 是/否

目视检查:从 6 线/cm 到 24 线/cm(即从 15 lpi 到 60 lpi)的线条

使用放大镜(例如 6 倍)测试 从 6 线/cm(15 lpi)：到______线/cm(lpi)

图像 A6:90°线光栅的测试

是否能辨别出等距线? 是/否

目视检查:从 6 线/cm 到 24 线/cm(即从 15 lpi 到 60 lpi)的线条

使用放大镜(例如 6 倍)测试 从 6 线/cm(15 lpi)：到______线/cm(lpi)

表 A.1 适用于彩色复印机测试版 1 的复印品的目视检查。

附 录 B
（规范性附录）
图像区目视检查表 B

表 B.1 （可以使用本表格的复印件）

图像 B1:花朵图像的测试

测试版和复印品之间是否有明显的差别？ 是/否

关于花朵图像,CIE 测试色和 16 阶灰度级的色彩再现性的主观评论：

…………………………………………………………………………

…………………………………………………………………………

…………………………………………………………………………

图像 B2:放射光栅 W-C、W-M、W-Y、W-N 和 W-Z 的分辨力测试

	W-C	W-M	W-Y	W-N	W-Z
目视检查:分辨力直径是否<6 mm?	是/否	是/否	是/否	是/否	是/否
使用放大镜测试:分辨力直径	____ mm	____ mm	____ mm	____ mm	____ mm

图像 B3:14 种 CIE 测试色的测试

测试版和复印品之间是否有明显的差别？ 是/否

如果是:多少种颜色有明显的差别？ 14 种颜色中的:______种

图像 B3:16 阶可视等间距 L^* 灰度级的测试

上一行中的 16 阶是否都能被鉴别出？ 是/否

如果"否":能鉴别出几阶？ 16 阶中的:______阶

图像 B4:W-C、W-M、W-Y 和 W-N 的 16 阶可视等间距色度级的测试

W-C 白色－青色:是否能鉴别出所有的阶？ 是/否

如果否:能鉴别出几阶？ 16 阶中的:______阶

W-M 白色－品红:是否能鉴别出所有的阶？ 是/否

如果否:能鉴别出几阶？ 16 阶中的:______阶

W-Y 白色－黄色:是否能鉴别出所有的阶？ 是/否

如果否:能鉴别出几阶？ 16 阶中的:______阶

W-N 白色－黑色:是否能鉴别出所有的阶？ 是/否

如果否:能鉴别出几阶？ 16 阶中的:______阶

图像 B5:四种尺寸的字符和缺口环的测试

字符(32 个字符中至少辨别出 17 个)和缺口环(8 个中至少辨别出 5 个)的分辨力是否>50%？

相对尺寸	字符	N 环	C 环	M 环	Y 环
10	是/否	是/否	是/否	是/否	是/否
8	是/否	是/否	是/否	是/否	是/否
6	是/否	是/否	是/否	是/否	是/否
4	是/否	是/否	是/否	是/否	是/否

图像 B6 和 B7:缺口环 W-C、W-M、W-Y 和 W-N 分辨力的测试

缺口环的分辨力是否>50%（8 个中至少辨别出 5 个）？

W-C		W-M		W-Y		W-N	
背景－环		背景－环		背景－环		背景－环	
0－1	是/否	0－1	是/否	0－2	是/否	0－1	是/否
7－8	是/否	7－8	是/否	6－8	是/否	7－8	是/否
E－F	是/否	E－F	是/否	D－F	是/否	E－F	是/否
2－0	是/否	2－0	是/否	4－0	是/否	2－0	是/否
8－6	是/否	8－6	是/否	9－5	是/否	8－6	是/否
F－D	是/否	F－D	是/否	F－B	是/否	F－D	是/否

表 B.1 适用于彩色复印机测试版 2 的复印品的目视检查。

附　录　C
（规范性附录）
图像区目视检查表 C

表 C.1 （可以使用本表格的复印件）

检查项目		结果
图像 C1:放射光栅的测试		
N-W 放射光栅:分辨力直径<6 mm?		是/否
使用放大镜(例如 6 倍)测试		分辨力直径:______ mm
W-N 放射光栅:分辨力直径<6 mm?		是/否
使用放大镜(例如 6 倍)测试		分辨力直径:______ mm
N-Z 放射光栅:分辨力直径<6 mm?		是/否
使用放大镜(例如 6 倍)测试		分辨力直径:______ mm
W-Z 放射光栅:分辨力直径<6 mm?		是/否
使用放大镜(例如 6 倍)测试		分辨力直径:______ mm
图像 C2:5 阶可视等间距 L^* 灰度级的测试		
上一行中的 5 阶是否都能被鉴别出?		是/否
如果“否”:能鉴别出几阶?		5 阶中的:______阶
图像 C3:16 阶可视等间距 L^* 灰度级的测试		
上一行中的 16 阶是否都能被鉴别出?		是/否
如果“否”:能鉴别出几阶?		16 阶中的:______阶
图像 C4:缺口环 N-W 的测试		
缺口环的分辨力是否>50%(8 个中至少辨别出 5 个)?		
	背景—环	
	0—1	是/否
	7—8	是/否
	E—F	是/否
	2—0	是/否
	8—6	是/否
	F—D	是/否
图像 C5:45°线光栅的测试		
是否能辨别出等距线?		是/否
目视检查:从 6 线/cm 到 24 线/cm(从 15 lpi 到 60 lpi)的线条		
使用放大镜(例如 6 倍)测试	从 6 线/cm(15 lpi):到______线/cm(lpi)	
图像 C6:90°线光栅的测试		
是否能辨别出等距线?		是/否
目视检查:从 6 线/cm 到 24 线/cm(从 15 lpi 到 60 lpi)的线条		
使用放大镜(例如 6 倍)测试	从 6 线/cm(15 lpi):到______线/cm(lpi)	

表 C.1 适用于彩色复印机测试版 3 的复印品的目视检查。

附 录 D
（规范性附录）
图像区目视检查表 D

表 D.1 （可以使用本表格的复印件）

图像 D1：花朵图像的测试

测试版和复印品之间是否有明显的差别？ 是/否

关于花朵图像，CIE 测试色和 16 阶灰度级的色彩再现性的主观评论：

....

....

....

图像 D2：放射光栅 W-O、W-L、W-V、W-N 和 W-Z 的分辨力测试

	W-O	W-L	W-V	W-N	W-Z
目视检查：分辨力直径是否<6 mm？	是/否	是/否	是/否	是/否	是/否
使用放大镜测试：分辨力直径	____ mm	____ mm	____ mm	____ mm	____ mm

图像 D3：14 种 CIE 测试色的测试

测试版和复印品之间是否有明显的差别？ 是/否

如果是：多少种颜色有明显的差别？ 14 种颜色中的：______种

图像 D3：16 阶可视等间距 L^* 灰度级的测试

上一行中的 16 阶是否都能被鉴别出？ 是/否

如果"否"：能鉴别出几阶？ 16 阶中的：______阶

图像 D4：W-O、W-L、W-V 和 W-N 的 16 阶可视等间距色度级的测试

W-O 白色－橘红：是否能鉴别出所有的阶？ 是/否

如果否：能鉴别出几阶？ 16 阶中的：______阶

W-L 白色－叶绿：是否能鉴别出所有的阶？ 是/否

如果否：能鉴别出几阶？ 16 阶中的：______阶

W-V 白色－紫罗兰：是否能鉴别出所有的阶？ 是/否

如果否：能鉴别出几阶？ 16 阶中的：______阶

W-N 白色－黑色：是否能鉴别出所有的阶？ 是/否

如果否：能鉴别出几阶？ 16 阶中的：______阶

图像 D5：4 种尺寸的字符和缺口环的测试

字符（32 个字符中至少辨别出 17 个）和缺口环（8 个中至少辨别出 5 个）的分辨力是否>50%？

相对尺寸	字符	N 环	O 环	L 环	V 环
10	是/否	是/否	是/否	是/否	是/否
8	是/否	是/否	是/否	是/否	是/否
6	是/否	是/否	是/否	是/否	是/否
4	是/否	是/否	是/否	是/否	是/否

图像 D6 和 D7：缺口环 W-O、W-L、W-V 和 W-N 分辨力的测试

缺口环的分辨力是否>50%（8 个中至少辨别出 5 个）？

W-O		W-L		W-V		W-N	
背景－环		背景－环		背景－环		背景－环	
0－1	是/否	0－1	是/否	0－2	是/否	0－1	是/否
7－8	是/否	7－8	是/否	6－8	是/否	7－8	是/否
E－F	是/否	E－F	是/否	D－F	是/否	E－F	是/否
2－0	是/否	2－0	是/否	4－0	是/否	2－0	是/否
8－6	是/否	8－6	是/否	9－5	是/否	8－6	是/否
F－D	是/否	F－D	是/否	F－B	是/否	F－D	是/否

表 D.1 适用于彩色复印机测试版 4 的复印品的目视检查。

附　录　E
（规范性附录）
边框区目视检查表 E

表 E.1　（可以使用本表格的复印件）

用(×)填写或标注:

"半色调(h)"测试版(　)"连续色调(c)"测试版(　)

黑白测试版(1 或 3)的测试

测试版:例依据 ISO 15775 用于彩色复印机的测试版 3(位于测试版底部的文本)

....

ISO 识别编码:　　例 19980615-10(1/3)　　(位于右上部的编码)................

ISO 参考材料编码:　例 .r(h/c)a4ra-10(1/3)　　(位于右下部的编码)................

ISO 图像版本编码:　例 E2-(1/3)CS2198　　(在于左下部的编码)................

边框区内边框线条的测试

注:按本标准规定,至少内边框(粗线)是完整的线条,因此在一张测试版上应有 4 到 20 条线。

测试版上有多少条线?　　最多 20 条线中:给出......条线

测试版上有多少条线被复印?　　给出......条线中:复印......条线

内边框的 4 条线(粗线)是否被完整的复印?　　是 / 否

如果"否":有多少条内边框线被完整的复印?　　给出的 4 条线中:复印......条线

边框区内 4 个 5 阶灰度级一致性的测试

注:边框区四个拐角附近共有 4 个 5 阶灰度级。测试版 1 和测试版 3 中相应的图像 A2 和图像 C2 中的 5 阶灰度级是相等的。一致性可通过测量法进行附加测试。

四个拐角附近的 4 个 5 阶灰度级之间是否有明显的差别?　　是 / 否

如果"是":指出在拐角中与 4 个灰度级的平均值偏离最多的那个灰度级,同时指出这个灰度级比平均值是暗还是亮。

用(×)标注哪一个灰度级偏离最多,且这个灰度等级是暗还是亮(只用一个(×))

顶部左侧　(　)　　如果(×):暗(　)或亮(　)?

顶部右侧　(　)　　如果(×):暗(　)或亮(　)?

底部左侧　(　)　　如果(×):暗(　)或亮(　)?

底部右侧　(　)　　如果(×):暗(　)或亮(　)?

边框区位置标记坐标值的测试

位置标记的差值,即分别测量测试版(Δx_r 和 Δy_r)和复印品(Δx_o 和 Δy_o)在 x 和 y 方向上的毫米数。在 x 和 y 方向上的坐标值必须通过比率来计算,单位 mm,保留三位数,例如 $s_x=1.01$ 和 $s_y=0.98$;$s_x=\Delta x_o/\Delta x_r$,$s_y=\Delta y_o/\Delta y_r$。

注:参考位置标记的差值在 PS 文件里的定义是 x 方向 264 mm,y 方向 176 mm。为了更精确的测量 2 个坐标值,建议测量测试版和复印品时使用同一刻度尺。

内边框彩色线条相对于黑色线条位移的测试

测试版上彩色线条(C、M、Y、O、L、V)是否在边框内部?　　是 / 否

如果"是":(只回答以下问题)

注:内侧框线条宽度为 0.3 mm。大于半个线宽(≥0.2 mm)的位移能被清楚看见。

从两条水平线中选出一条,用(×)标注是底线还是顶线:

底部水平线(　)　　顶部水平线(　)

彩色线条(C、M、Y、O、L、V)相对黑色线条 N 的位移是否明显(≥0.2 mm)?

C 是/否　M 是/否　Y 是/否　O 是/否　L 是/否　V 是/否

如果"是":0.....mm　0.....mm　0.....mm　0.....mm　0.....mm　0.....mm

从两条垂直线中选出一条,用(×)标注是左侧线还是右侧线:

左侧垂直线(　)　　右侧垂直线(　)

彩色线条(C、M、Y、O、L、V)相对黑色线条 N 的位移是否明显(≥0.2 mm)?

C 是/否　M 是/否　Y 是/否　O 是/否　L 是/否　V 是/否

如果"是":0.....mm　0.....mm　0.....mm　0.....mm　0.....mm　0.....mm

表 E.1 适用于彩色复印机测试版(1 或 3)复印品的目视检查。

附 录 F
（规范性附录）
边框区目视检查表 F

表 F.1 （可以使用本表格的复印件）

用(×)填写或标注：
“半色调(h)”测试版(　)　　“连续色调(c)”测试版(　)
彩色测试版(2 或 4)的测试
测试版：例依据 ISO 15775 用于彩色复印机的测试版 3(位于测试版底部的文本)

ISO 识别编码：　例 19980615-10(1/3)　(位于右上部的编码)
ISO 参考材料编码：　例 .r(h/c)a4ra-10(1/3)　(位于右下部的编码)
ISO 图像版本编码：　例 E2-(1/3)CS2198　(在于左下部的编码)

边框区内边框线条的测试

注：按本标准规定，至少内边框(粗线)是完整的线条，因此在一张测试版上应有 4 到 20 条线。

测试版上有多少条线？　最多 20 条线中：给出______条线
测试版上有多少条线被复印？　给出______条线中：复印______条线
内边框的 4 条线(粗线)是否被完整的复印？　是/否
如果“否”：有多少条内边框线被完整的复印？　给出的 4 条线中：复印______条线

边框区内 4 个 5 阶灰度级一致性的测试

注：边框区四个拐角附近共有 4 个 5 阶灰度级。测试版 1 和测试版 3 中相应的图像 B2 和图像 D2 中的 5 阶灰度级是相等的。一致性可通过测量法进行附加测试。

四个拐角附近的 4 个 5 阶灰度级之间是否有明显的差别？　是/否
如果“是”：指出在拐角中与 4 个灰度级的平均值偏离最多的那个灰度级，同时指出这个灰度级比平均值是暗还是亮。
用(×)标注哪一个灰度级偏离最多，且这个灰度等级是暗还是亮(只用一个(×))
顶部左侧　(　)　如果(×)：暗(　)或亮(　)？
顶部右侧　(　)　如果(×)：暗(　)或亮(　)？
底部左侧　(　)　如果(×)：暗(　)或亮(　)？
底部右侧　(　)　如果(×)：暗(　)或亮(　)？

边框区位置标记坐标值的测试

位置标记的差值，即分别测量测试版(Δx_r 和 Δy_r)和复印品(Δx_o 和 Δy_o)在 x 和 y 方向上的毫米数。在 x 和 y 方向上的坐标值必须通过比率来计算，单位 mm，保留三位数，例如 $s_x=1.01$ 和 $s_y=0.98$；$s_x=\Delta x_o/\Delta x_r$，$s_y=\Delta y_o/\Delta y_r$。

注：参考位置标记的差值在 PS 文件里的定义是 x 方向 264 mm，y 方向 176 mm。为了更精确的测量 2 个坐标值，建议测量测试版和复印品时使用同一刻度尺。

内边框彩色线条相对于黑色线条位移的测试

测试版上彩色线条(C、M、Y、O、L、V)是否在边框内部？　是/否
如果“是”：(只回答以下问题)

注：内侧框线条宽度为 0.3 mm。大于半个线宽(≥0.2 mm)的位移能被清楚看见。

从两条水平线中选出一条，用(×)标注是底线还是顶线：
底部水平线(　)　顶部水平线(　)
彩色线条(C、M、Y、O、L、V)相对黑色线条 N 的位移是否明显(≥0.2 mm)？
C 是/否　M 是/否　Y 是/否　O 是/否　L 是/否　V 是/否
如果“是”：0.___mm　0.___mm　0.___mm　0.___mm　0.___mm　0.___mm
从两条垂直线中选出一条，用(×)标注是左侧线还是右侧线：
左侧垂直线(　)　右侧垂直线(　)
彩色线条(C、M、Y、O、L、V)相对黑色线条 N 的位移是否明显(≥0.2 mm)？
C 是/否　M 是/否　Y 是/否　O 是/否　L 是/否　V 是/否
如果“是”：0.___mm　0.___mm　0.___mm　0.___mm　0.___mm　0.___mm

表 F.1 适用于彩色复印机测试版(2 或 4)复印品的目视检查。

附 录 G
（资料性附录）
色度计算的说明

本附录为彩色复印机测试版 1、2、3 和 4 的复印品的色度计算的说明。

G.1 依据图像 A2（或 C2）的灰度级计算规整度 g^*

测试版 1（或测试版 3）的图像 A2（或 C2）中的相邻灰度级之间的视觉明度差是相等的（可视等间距灰度级）。对于复印品上不同的灰度级，这种差别通常不会出现。明度级差值通过测量 g^* 来计算。g^* 描述了印品明度的规整度。

规整度 g^* 的计算

为计算规整度 g^*，应测量复印品 L^*_{K1} 到 L^*_{K5} 上 5 阶灰度级 1 到 5 的 CIELAB 明度。

注 1：灰度级 1 是黑色（N="Noir"），灰度级 5 是白色（W=White）。表示如下：

$$L^*_{K1}=L^*_{KN} \text{ 和 } L^*_{K5}=L^*_{KW}$$

明度差（$\Delta L^*_{K1}\cdots\Delta L^*_{K4}$）根据相邻灰度级的明度来计算：

$$\Delta L^*_{K1} = |L^*_{K2}-L^*_{K1}| = |L^*_{K2}-L^*_{KN}| \quad \cdots\cdots(G.1)$$

$$\Delta L^*_{K2} = |L^*_{K3}-L^*_{K2}| \quad \cdots\cdots(G.2)$$

$$\Delta L^*_{K3} = |L^*_{K4}-L^*_{K3}| \quad \cdots\cdots(G.3)$$

$$\Delta L^*_{K4} = |L^*_{K5}-L^*_{K4}| = |L^*_{KW}-L^*_{K4}| \quad \cdots\cdots(G.4)$$

明度级的规整度 g^* 定义为最小和最大明度差（分别为 ΔL^*_{min}、ΔL^*_{max}）相除乘以 100：

$$g^* = 100\Delta L^*_{min}/\Delta L^*_{max} \quad \cdots\cdots(G.5)$$

注 2：理论上，规整度 $g^*=100$。如果有两个相邻灰度级的明度相等，那么 $g^*=0$。

规整度 g^* 的举例

$L^*_{K1}=L^*_{KN}=24$；　$L^*_{K2}=40$；　$L^*_{K3}=56$；　$L^*_{K4}=74$；　$L^*_{K5}=L^*_{KW}=90$

$\Delta L^*_{K1}=|L^*_{K2}-L^*_{K1}|=|L^*_{K2}-L^*_{KN}|=16=\Delta L^*_{min}$

$\Delta L^*_{K2}=|L^*_{K3}-L^*_{K2}|=16=\Delta L^*_{min}$

$\Delta L^*_{K3}=|L^*_{K4}-L^*_{K3}|=18=\Delta L^*_{max}$

$\Delta L^*_{K4}=|L^*_{K5}-L^*_{K4}|=|L^*_{KW}-L^*_{K4}|=16=\Delta L^*_{min}$

$g^*=100\Delta L^*_{min}/\Delta L^*_{max}=100\times(16/18)=89$

G.2 依据图像 A2（或 C2）的灰度级计算明度域 f^*

复印品和测试版比较，黑色和白色的明度有差别。明度域 f^* 规定为白色和黑色之间的明度差。

明度域 f^* 的计算

测试版（V）和复印品（K）中黑色（N）和白色（W）的 CIELAB 明度 L^* 用于计算明度域 f^*。

计算公式如下：

$$f^* = 100(L^*_{KW}-L^*_{KN})/(L^*_{VW}-L^*_{VN}) \quad \cdots\cdots(G.6)$$

注：理论上，当测试版上的白色和黑色以同一明度复印在印品上时，应使用下列值：$L^*_{VW}=94$ 和 $L^*_{VN}=10$。

$$f^*=100(L^*_{KW}-L^*_{KN})/(L^*_{VW}-L^*_{VN})=100\times(94-10)/(94-10)=100$$

通常 f^* 小于100。

明度域 f^* 的举例

$$L_{K1}^*=L_{KN}^*=24;\quad L_{K5}^*=L_{KW}^*=90;\quad L_{VN}^*=10;\quad L_{VW}^*=94$$

$$f^*=100(L_{KW}^*-L_{KN}^*)/(L_{VW}^*-L_{VN}^*)=100\times(90-24)/(94-10)=79$$

G.3 依据图像A2(或C2)的灰度级计算平均明度差 ΔL_m^*

通常在复印品和测试版上,5阶等间距灰度级应显示不同的明度差。可以计算黑白测试版1(或测试版3)的平均明度差 ΔL_m^*。

平均明度差 ΔL_m^* 的计算

测试版(V)和复印品(K)中5阶灰度级的CIELAB明度 L^* 用于计算平均明度差 ΔL_m^*。复印品中灰度级的明度 L_K^* 应位于测试版的明度范围中心,得到中心明度 L_{KZ}^*。

$$L_{KZ}^*=L_K^*-0.5\times[(L_{KN}^*-L_{VN}^*)-(L_{VW}^*-L_{KW}^*)] \quad \cdots\cdots\cdots\cdots(G.7)$$

平均明度差 ΔL_m^* 通过复印品 L_{KZ}^* 和测试版 L_V^* 的五个明度差来计算。

$$\Delta L_m^*=0.2\times(|L_{KZ1}^*-L_{V1}^*|+|L_{KZ2}^*-L_{V2}^*|+\cdots+|L_{KZ5}^*-L_{V5}^*|)\cdots\cdots(G.8)$$

注1:理论上,平均明度差 $\Delta L_m^*=0$。

注2:复印品相对于测试版($L_{VN}^*=10$ 或7、$L_{VW}^*=94$ 或91)的明度的纯属规律性位移不会影响视觉,也不会改变平均明度差 ΔL_m^* 的计算结果(对照表G.3)。

平均明度差 ΔL_m^* 的举例

$L_{V1}^*=L_{VN}^*=10$; $L_{V2}^*=31$ $L_{V3}^*=52$ $L_{V4}^*=73$; $L_{V5}^*=L_{VW}^*=94$

$L_{K1}^*=L_{KN}^*=24$; $L_{K2}^*=40$ $L_{K3}^*=56$ $L_{K4}^*=74$; $L_{K5}^*=L_{KW}^*=90$

$L_{KN}^*-L_{VN}^*=24-10=14$

$L_{VW}^*-L_{KW}^*=94-90=4$

带入式中:

$L_{KZ1}^*=L_{K1}^*-0.5\times[(L_{KN}^*-L_{VN}^*)-(L_{VW}^*-L_{KW}^*)]$

$L_{KZ1}^*=24-0.5\times(14-4)=19$

$L_{KZ2}^*=40-0.5\times(14-4)=35$

$L_{KZ3}^*=56-0.5\times(14-4)=51$

$L_{KZ4}^*=74-0.5\times(14-4)=69$

$L_{KZ5}^*=90-0.5\times(14-4)=85$

明度差和平均明度差:

$\Delta L_1^*=L_{KZ1}^*-L_{V1}^*=19-10=9$

$\Delta L_2^*=L_{KZ2}^*-L_{V2}^*=35-31=4$

$\Delta L_3^*=L_{KZ3}^*-L_{V3}^*=51-52=-1$

$\Delta L_4^*=L_{KZ4}^*-L_{V4}^*=69-73=-4$

$\Delta L_5^*=L_{KZ5}^*-L_{V5}^*=85-94=-9$

$\Delta L_m^*=0.2\times(|L_{KZ1}^*-L_{V1}^*|+|L_{KZ2}^*-L_{V2}^*|+\cdots+|L_{KZ5}^*-L_{V5}^*|)$

$=0.2\times(9+4+1+4+9)=5.4$

G.4 依据图像 B6(或 D6)的测试色计算平均色差 $\Delta E^*_{ab,m}$

通常,复印品的 14 种测试色相对于测试版上的颜色应显示不同的色差。

差值表示为平均色差 $\Delta E^*_{ab,m}$。

平均色差 $\Delta E^*_{ab,m}$ 的计算

为计算平均色差 $\Delta E^*_{ab,m}$,需测量测试版(V)和复印品(K)中图像 B6(或 D6)的 14 种 CIE 测试色的 CIELAB 明度值 L^* 和红绿色度值 a^* 和黄蓝色度值 b^*。

复印品和测试版的 14 种特殊色差 $\Delta E^*_{ab,i}(i=1,2,\cdots,14)$ 计算如下:

$$\Delta E^*_{ab,i}=[(L^*_{Ki}-L^*_{Vi})^2+(a^*_{Ki}-a^*_{Vi})^2+(b^*_{Ki}-b^*_{Vi})^2]^{1/2} \quad\cdots\cdots(G.9)$$

特殊色差 $\Delta E^*_{ab,i}$ 用于确定平均色差 $\Delta E^*_{ab,m}$:

$$\Delta E^*_{ab,m}=0.0714\times(\Delta E^*_{ab,1}+\Delta E^*_{ab,2}+\Delta E^*_{ab,3}+\cdots+\Delta E^*_{ab,14}) \quad\cdots\cdots(G.10)$$

注:理论上,平均色差 $\Delta E^*_{ab,m}=0$。

平均色差 $\Delta E^*_{ab,m}$ 的举例

平均色差 $\Delta E^*_{ab,m}$ 通过测试版(V)和复印品(K)的色度参数 $L^*a^*b^*$ 和 14 种特殊色差 $\Delta E^*_{ab,i}(i=1,2,\cdots,14)$ 共同计算。

表 G.1 给出了 CIE 测试色的目标和产品的 $L^*a^*b^*$ 值以及它们的 CIELAB 色差。

表 G.1 测试版和复印品的 CIE 测试色的色度参数对照

CIE 测试色序号	CIELAB 目标值 CIE publ. 13.3 测试版(V)			复印品颜色的 CIELAB 产品值 复印品(K)			测试颜色的 CIELAB 差值 差值(K-V)			CIELAB 测试色色差
	L^*_V	a^*_V	b^*_V	L^*_K	a^*_K	b^*_K	ΔL^*_{K-V}	Δa^*_{K-V}	Δb^*_{K-V}	ΔE^*_{ab}
1	61.45	17.53	11.74	60.71	18.5	9.5	−0.73	0.97	−2.23	2.55
2	60.69	0.08	28.92	58.84	3.24	23.57	−1.84	3.16	−5.34	6.48
3	62.02	−20.58	44.41	61.79	−21.49	44.33	−0.22	−0.9	−0.07	0.94
4	61.2	33.16	17.07	62.06	−35.43	19.12	0.86	−2.26	2.05	3.18
5	62.4	−17.47	−8.55	61.7	−15.02	−10.62	−0.69	2.45	−2.06	3.28
6	61.51	−0.36	−28.39	60.17	2.47	−29.72	−1.33	2.84	−1.32	3.41
7	61.12	20.15	−24.55	63.11	17.05	−23.55	1.99	−3.09	1.0	3.82
8	62.77	27.42	−13.63	62.66	27.66	−13.57	−0.1	0.24	0.06	0.27
9	39.92	58.74	27.99	39.37	55.26	24.74	−0.54	−3.47	−3.24	4.79
10	81.26	−2.89	71.56	82.06	−2.84	81.13	0.8	0.05	9.57	9.6
11	52.23	−42.42	13.6	53.43	−44.12	16.49	1.2	−1.69	2.89	3.56
12	30.57	1.41	−46.47	29.63	4.84	−42.36	−0.93	3.43	4.11	5.44
13	80.23	11.37	21.04	78.28	12.32	20.43	−1.94	0.95	−0.6	2.25
14	40.75	−13.8	24.23	41.47	−12.47	24.78	0.72	1.33	0.55	1.61
CIELAB 平均色差:$\Delta E^*_{ab,m}=3.7$										

G.5 平均彩色再现指数 $R^*_{ab,m}$

复印品上的 5 阶等间距灰度级(图像 A2 和图像 C2)和 14 种测试色(图像 B6 和图像 D6)的显示了

与测试版上相应等级比较的不同色差。差值表示为平均彩色再现指数 $R^*_{ab,m}$。认为平均明度差 ΔL^*_m（对于灰度级）和平均色差 $\Delta E^*_{ab,m}$（对于彩色颜色）相同。

平均彩色再现指数 $R^*_{ab,m}$ 的计算

依据附录 G.3 得出平均明度差 ΔL^*_m 和依据附录 G.4 得出的平均色差 $\Delta E^*_{ab,m}$ 用于平均彩色再现指数的计算。

$$R^*_{ab,m} = 100 - 4.6 \times (0.263\Delta L^*_m + 0.737\Delta E^*_{ab,m}) \qquad \text{(G.11)}$$

注：理论上，平均彩色再现指数 $R^*_{ab,m}=100$。当明度和测试色差增大时，平均彩色再现指数会减小。

平均彩色再现指数 $R^*_{ab,m}$ 的举例

将依据 G.3 例中得出的平均明度差 ΔL^*_m 和依据 G.4 例中得出的平均色差 $\Delta E^*_{ab,m}$ 带入下式中：

$$\begin{aligned} R^*_{ab,m} &= 100 - 4.6 \times (0.263\Delta L^*_m + 0.737\Delta E^*_{ab,m}) \\ &= 100 - 4.6 \times (0.263 \times 5.4 + 0.737 \times 3.7) \\ &= 100 - (4.6 \times 4.12) \\ &= 81 \end{aligned} \qquad \text{(G.12)}$$

注：G.1～G.5 的计算结果保留两位有效数字。

G.6 由 PS 文件（或等效的文件）生成的表格

表 G.2 $L^* a^* b^*$ 举例，表 G.1 和 G.3 例中的数据比较

i	LAB* ref			LAB* out			LAB* ouc			ΔE^*	
1	61.45	17.53	11.74	60.71	18.5	9.5	60.71	18.5	9.5	2.55	
2	60.69	0.08	28.92	58.84	3.24	23.57	58.84	3.24	23.57	6.48	依据本标准附
3	62.02	−20.58	44.41	61.79	−21.49	44.33	61.79	−21.49	44.33	0.94	录 G 的说明
4	61.2	−33.16	17.07	62.06	−35.43	19.12	62.06	−35.43	19.12	3.18	
5	62.4	−17.47	−8.55	61.7	−15.02	−10.62	61.7	−15.02	−10.62	3.28	
6	61.51	−0.36	−28.39	60.17	2.47	−29.72	60.17	2.47	−29.72	3.41	规整度 $g^*=88.9$
7	61.12	20.15	−24.55	63.11	17.05	−23.55	63.11	17.05	−23.55	3.82	
8	62.77	27.42	−13.63	62.66	27.66	−13.57	62.66	27.66	−13.57	0.27	
9	39.92	58.74	27.99	39.37	55.26	24.74	39.37	55.26	24.74	4.79	明度域 $f^*=78.6$
10	81.26	−2.89	71.56	82.06	−2.84	81.13	82.06	−2.84	81.13	9.6	
11	52.23	−42.42	13.6	53.43	−44.12	16.49	53.43	−44.12	16.49	3.56	
12	30.57	1.41	−46.47	29.63	4.84	−42.36	29.63	4.84	−42.36	5.44	平均色差
13	80.23	11.37	21.04	78.28	12.32	20.43	78.28	12.32	20.43	2.25	（14 个样本）
14	40.75	−13.8	24.23	41.47	−12.47	24.78	41.47	−12.47	24.78	1.61	$\Delta E^*_{CIELAB}=3.7$
15	10.0	0.01	0.01	24.0	0.0	0.0	24.0	0.0	0.0	14.0	
16	94.0	0.01	0.01	90.0	0.0	0.0	90.0	0.0	0.0	4.0	
17	10.0	0.01	0.01	24.0	0.0	0.0	19.0	0.0	0.0	9.0	平均明度差
18	31.0	0.01	0.01	40.0	0.0	0.0	35.0	0.0	0.0	4.0	（5 阶）
19	52.0	0.01	0.01	56.0	0.0	0.0	51.0	0.0	0.0	1.0	$\Delta L^*_{CIELAB}=5.4$
20	73.0	0.01	0.01	74.0	0.0	0.0	69.0	0.0	0.0	4.0	
21	94.0	0.01	0.01	90.0	0.0	0.0	85.0	0.0	0.0	9.0	
平均彩色再现指数：$R^*_{ab,m}=81$											

表 G.3 $L^* a^* b^*$ 举例，半色调参考数据和连续色调技术的输出数据

i	LAB* ref			LAB* out			LAB* ouc			ΔE^*
1	10.0	0.0	0.0	7.0	0.0	0.0	7.0	0.0	0.0	3.0
2	15.6	0.0	0.0	12.6	0.0	0.0	12.6	0.0	0.0	3.0
3	21.2	0.0	0.0	18.2	0.0	0.0	18.2	0.0	0.0	3.0
4	26.8	0.0	0.0	23.8	0.0	0.0	23.8	0.0	0.0	3.0
5	32.4	0.0	0.0	29.4	0.0	0.0	29.4	0.0	0.0	3.0
6	38.0	0.0	0.0	35.0	0.0	0.0	35.0	0.0	0.0	3.0
7	43.6	0.0	0.0	40.6	0.0	0.0	40.6	0.0	0.0	3.0
8	49.2	0.0	0.0	46.2	0.0	0.0	46.2	0.0	0.0	3.0
9	54.8	0.0	0.0	51.8	0.0	0.0	51.8	0.0	0.0	3.0
10	60.4	0.0	0.0	57.4	0.0	0.0	57.4	0.0	0.0	3.0
11	66.0	0.0	0.0	63.0	0.0	0.0	63.0	0.0	0.0	3.0
12	71.6	0.0	0.0	68.6	0.0	0.0	68.6	0.0	0.0	3.0
13	77.2	0.0	0.0	74.2	0.0	0.0	74.2	0.0	0.0	3.0
14	82.8	0.0	0.0	79.8	0.0	0.0	79.8	0.0	0.0	3.0
15	88.4	0.0	0.0	85.4	0.0	0.0	85.4	0.0	0.0	3.0
16	94.0	0.0	0.0	91.0	0.0	0.0	91.0	0.0	0.0	3.0
17	10.0	0.0	0.0	7.0	0.0	0.0	10.0	0.0	0.0	0.01
18	31.0	0.0	0.0	28.0	0.0	0.0	31.0	0.0	0.0	0.01
19	52.0	0.0	0.0	49.0	0.0	0.0	52.0	0.0	0.0	0.01
20	73.0	0.0	0.0	70.0	0.0	0.0	73.0	0.0	0.0	0.01
21	94.0	0.0	0.0	91.0	0.0	0.0	94.0	0.0	0.0	0.01
平均彩色再现指数：$R^*_{ab,m}=89$										

依据本标准附录 G 的说明

规整度 $g^*=100.0$

明度域 $f^*=100.0$

平均色差（16 个样本）$\Delta E^*_{CIELAB}=3.0$

平均明度差（5 阶）$\Delta L^*_{CIELAB}=0.0$

表 G.4 $L^* a^* b^*$ 举例，连续色调参考数据和连续色调技术的输出数据

i	LAB* ref			LAB* out			LAB* ouc			ΔE^*
1	7.0	0.0	0.0	7.0	0.0	0.0	7.0	0.0	0.0	0.01
2	12.6	0.0	0.0	12.6	0.0	0.0	12.6	0.0	0.0	0.01
3	18.2	0.0	0.0	18.2	0.0	0.0	18.2	0.0	0.0	0.01
4	23.8	0.0	0.0	23.8	0.0	0.0	23.8	0.0	0.0	0.01
5	29.4	0.0	0.0	29.4	0.0	0.0	29.4	0.0	0.0	0.01
6	35.0	0.0	0.0	35.0	0.0	0.0	35.0	0.0	0.0	0.01
7	40.6	0.0	0.0	40.6	0.0	0.0	40.6	0.0	0.0	0.01
8	46.2	0.0	0.0	46.2	0.0	0.0	46.2	0.0	0.0	0.01
9	51.8	0.0	0.0	51.8	0.0	0.0	51.8	0.0	0.0	0.01
10	57.4	0.0	0.0	57.4	0.0	0.0	57.4	0.0	0.0	0.01
11	63.0	0.0	0.0	63.0	0.0	0.0	63.0	0.0	0.0	0.01
12	68.6	0.0	0.0	68.6	0.0	0.0	68.6	0.0	0.0	0.01
13	74.2	0.0	0.0	74.2	0.0	0.0	74.2	0.0	0.0	0.01
14	79.8	0.0	0.0	79.8	0.0	0.0	79.8	0.0	0.0	0.01
15	85.4	0.0	0.0	85.4	0.0	0.0	85.4	0.0	0.0	0.01
16	91.0	0.0	0.0	91.0	0.0	0.0	91.0	0.0	0.0	0.01
17	7.0	0.0	0.0	7.0	0.0	0.0	7.0	0.0	0.0	0.01
18	28.0	0.0	0.0	28.0	0.0	0.0	28.0	0.0	0.0	0.01
19	49.0	0.0	0.0	49.0	0.0	0.0	49.0	0.0	0.0	0.01
20	70.0	0.0	0.0	70.0	0.0	0.0	70.0	0.0	0.0	0.01
21	91.0	0.0	0.0	91.0	0.0	0.0	91.0	0.0	0.0	0.01
平均彩色再现指数：$R^*_{ab,m}=100$										

依据本标准附录 G 的说明

规整度 $g^*=100.0$

明度域 $f^*=100.0$

平均色差（16 个样本）$\Delta E^*_{CIELAB}=0.0$

平均明度差（5 阶）$\Delta L^*_{CIELAB}=0.0$

表 G.2 给出了表 G.1 和 G.3 例中数据比较的 $L^* a^* b^*$ 举例。

表 G.3 给出了半色调复印品参考数据和连续色调复印品的(理论)输出数据的 $L^* a^* b^*$ 举例。对于颜色 17 到 21,明度值与中心明度值有偏离(见 G.3 中的计算),导致平均明度值 $\Delta L_m^* = 0$。

表 G.4 给出了连续色调复印品参考数据和连续色调复印品的输出数据的 $L^* a^* b^*$ 举例。对于颜色 17 到 21,明度值与中心明度值没有偏离,导致平均明度值 $\Delta L_m^* = 0$。

表 G.1 到表 G.4 设计为 PS 文件(或等效的文件)。由 PS 文件(或等效的文件)编码确定的术语有:规整度 g^*、明度域 f^*、平均色差 $\Delta E_{ab,m}^*$、平均明度差 ΔL_m^* 和平均彩色再现指数 $R_{ab,m}^*$。

注 1:正常情况下在 EPS 程序文件(或等效的文件)开始处包含带有一个文本编辑器的 $L^* a^* b^*$ 色度值。PS 文件(或等效的文件)可以发送到能格式化表格和计算结果(规整度、平均明度差、平均色差、平均彩色再现指数)的 PS 打印机上。

注 2:PS 格式化和 PS 计算(或等效的文件)通过显视器上的 PS 阅读器和 Display—PostScript 系统(或等效的系统)来完成。在显视器上显示或打印输出的结果与本标准中表 G.2 到表 G.4、和表 H.1 到表 H.11 非常相似。每个表格下都有一个文件名,能够找到相应的文件。

注 3:Adobe Acrobat Distiller 软件能将 PS 或 EPS 格式转换成 PDF 格式(或等效的格式)。PDF 文件能通过 Adobe Acrobat Distiller 软件显示和打印,几乎对于任何操作系统(Mac、Unix、Windows),Adobe Acrobat Distiller 软件已经被许可免费使用。

附 录 H
（资料性附录）
目标颜色和产品颜色

目的：给出目标颜色和实际制作的测试版1、2、3和4的平均CIELAB色度值。

本附录H给出了信息目标颜色和实际制作的DIN测试版1、2、3和4的平均CIELAB色度值。图像中包括14种CIE测试色和不同的16阶色度级W-N、W-C、W-M、W-Y、W-O、W-L和W-V。在测试版1（或测试版3）上只有一个5阶灰度级。

注：5阶灰等级的$L^* a^* b^*$色度值被线性插入到表H.1到表H.11的PS文件的16阶数据中。当使用16阶插入数据和在图像A2（2个CIELAB单元的最大变化）中测量的5阶数据计算平均色差（5个样本）时没有显著差异。那么可以使用插入数据。

在实际打印时，5阶色度级附加打印在DIN测试版2测试区的外部。对于5阶灰度级，这些测量数据和插入数据比较没有显著差异（2个CIELAB单元的最大变化）。因此可以使用插入数据。

表H.1给出黑白DIN测试版1中图像A3的16阶和5阶灰度级白-黑（W-N）的数据。右侧给出平均色差和平均明度差（见附录G）。数据计算采用附录G中的方法。

表H.2到表H.4给出了彩色DIN测试版2中图像B2的16阶和5阶色度级白-青（W-C）、白-品红（W-M）、和白-黄（W-Y）的数据。右侧给出16个和5个样本的平均色差（见附录G）。数据计算采用附录G中的方法。

注：DIN测试版2的图像B2只包含16阶色度级而不包含5阶色度级。

表H.5给出DIN测试版2中图像B6的14种CIE测试色的数据和DIN测试版1中图像A2的5阶灰度级白-黑（W-N）的数据。表H.5中$i=15$和$i=16$的黑色和白色（17号和21号）使用两次。右侧给出14种CIE测试色和5种黑白色的平均色差和平均明度差（见附录G）。数据计算采用附录G中的方法。

表H.6给出黑白DIN测试版3中图像C3的16阶和5阶灰度级白-黑（W-N）的数据。右侧给出平均色差和平均明度差（见附录G）。数据计算采用附录G中的方法。

表H.7到表H.9给出彩色DIN测试版4中图像D2的16阶和5阶色度级白-橘红（W-O）、白-叶绿（W-L）、和白色—紫罗兰（W-V）的数据。右侧给出16阶和5阶色度级的平均色差（见附录G）。数据计算采用附录G中的方法。

注：DIN测试版4的图像C2只包含16阶色度级而不包含5阶色度级。

表H.10给出DIN测试版4中图像D6的14种CIE测试色的数据和DIN测试版3中图像A2（胶印）的5阶灰度级白-黑（W-N）的数据。表H.10中$i=15$和$i=16$的黑色和白色（17号和21号）使用两次。右侧给出14种CIE测试色和5种黑白色的平均色差和平均明度差（见附录G）。数据计算采用附录G中的方法。

表H.11给出DIN测试版4中图像D1（像素图像）的14种CIE测试色的数据和DIN测试版1中图像A2的5阶灰度级白-黑（W-N）的数据。表H.11中$i=15$和$i=16$的黑色和白色（17号和21号）使用两次。右侧给出14种CIE测试色和5种黑白色的平均色差和平均明度差（见附录G）。数据计算采用附录G中的方法。

注1：PS文件使用附录G和附录H中的数据，并在PS打印机（或等效的打印机）上，或通过PS解释程序（或等效的程序），或Adobe Acrobat Distiller软件（或等效的软件）计算附录G和附录H的结果。可以通过这些PS文件（或等效的文件）的不同应用来计算色差。

注2：Adobe Acrobat Distiller软件能将PS或EPS格式（或等效的格式）转换成PDF格式（或等效的格式）。PDF文件能通过Adobe Acrobat Distiller软件显示和打印，几乎对于任何操作系统（Mac、Unix、Windows），Adobe Acrobat Distiller软件已经被许可免费使用。

表 H.1 DIN 33866 测试版 1 中图像 A3 的 W-N 色度值

i	LAB* ref			LAB* out			LAB* ouc			ΔE^*	
1	10.0	0.0	0.0	10.12	1.8	4.51	10.12	1.8	4.51	4.68	
2	15.6	0.0	0.0	14.89	1.26	3.34	14.89	1.26	3.34	3.64	依据本标准附
3	21.2	0.0	0.0	20.63	0.73	2.2	20.63	0.73	2.2	2.39	录 G 的说明
4	26.8	0.0	0.0	26.45	0.47	1.18	26.45	0.47	1.18	1.32	
5	32.4	0.0	0.0	32.27	0.3	0.48	32.27	0.3	0.48	0.58	
6	38.0	0.0	0.0	36.67	0.22	0.09	36.67	0.22	0.09	1.35	规整度 $g^*=82.2$
7	43.6	0.0	0.0	41.1	0.18	−0.33	41.1	0.18	−0.33	2.53	
8	49.2	0.0	0.0	46.45	0.15	−0.75	46.45	0.15	−0.75	2.86	明度域 $f^*=99.3$
9	54.8	0.0	0.0	52.06	0.12	−1.14	52.06	0.12	−1.14	2.97	
10	60.4	0.0	0.0	57.79	0.13	−1.49	57.79	0.13	−1.49	3.01	
11	66.0	0.0	0.0	63.85	0.14	−1.71	63.85	0.14	−1.71	2.76	平均色差
12	71.6	0.0	0.0	69.73	0.21	−1.77	69.73	0.21	−1.77	2.59	(16 个样本)
13	77.2	0.0	0.0	75.19	0.27	−1.74	75.19	0.27	−1.74	2.68	
14	82.8	0.0	0.0	80.74	0.37	−1.57	80.74	0.37	−1.57	2.62	$\Delta E^*_{CIELAB}=2.5$
15	88.4	0.0	0.0	88.06	0.54	−1.45	88.06	0.54	−1.45	1.59	
16	94.0	0.0	0.0	93.54	0.66	−1.45	93.54	0.66	−1.45	1.67	平均明度差
17	10.0	0.0	0.0	10.12	1.8	4.51	10.29	1.8	4.51	4.86	
18	31.0	0.0	0.0	30.82	0.34	0.66	30.99	0.34	0.66	0.74	(5 个样本)
19	52.0	0.0	0.0	49.26	0.14	−0.95	49.43	0.14	−0.95	2.75	$\Delta L^*_{CIELAB}=2.5$
20	73.0	0.0	0.0	71.1	0.23	−1.76	71.27	0.23	−1.76	2.49	
21	94.0	0.0	0.0	93.54	0.66	−1.45	93.71	0.66	−1.45	1.63	
平均彩色再现指数：$R^*_{ab,m}=89$											

表 H.2 DIN 33866 测试版 2 中图像 B2 的 W-C 色度值

i	LAB* ref			LAB* out			LAB* ouc			ΔE^*	
1	58.62	−30.62	−42.74	59.96	−27.81	−43.16	59.96	−27.81	−43.16	3.14	
2	61.07	−28.64	−39.57	63.24	−27.48	−39.6	63.24	−27.48	−39.6	2.46	依据本标准附
3	63.53	−26.67	−36.41	67.36	−25.2	−34.41	67.36	−25.2	−34.41	4.57	录 G 的说明
4	65.98	−24.69	−33.24	70.03	−23.12	−30.98	70.03	−23.12	−30.98	4.9	
5	68.43	−22.72	−30.07	71.43	−21.85	−29.08	71.43	−21.85	−29.08	3.28	
6	70.88	−20.74	−26.9	73.73	−20.17	−25.99	73.73	−20.17	−25.99	3.04	规整度 $g^*=63.5$
7	73.34	−18.76	−23.74	75.98	−18.49	−22.98	75.98	−18.49	−22.98	2.76	
8	75.79	−16.79	−20.57	78.81	−15.97	−19.01	78.81	−15.97	−19.01	3.5	明度域 $f^*=41.9$
9	78.24	−14.81	−17.4	81.34	−13.97	−15.66	81.34	−13.97	−15.66	3.65	
10	80.69	−12.84	−14.23	83.36	−12.12	−12.58	83.36	−12.12	−12.58	3.22	
11	83.15	−10.86	−11.07	85.7	−10.37	−9.91	85.7	−10.37	−9.91	2.85	平均色差
12	85.6	−8.88	−7.9	87.13	−9.15	−8.02	87.13	−9.15	−8.02	1.56	(16 个样本)
13	88.05	−6.91	−4.73	90.94	−5.11	−2.55	90.94	−5.11	−2.55	4.04	
14	90.5	−4.93	−1.56	92.49	−3.34	−0.39	92.49	−3.34	−0.39	2.8	$\Delta E^*_{CIELAB}=3.0$
15	92.96	−2.96	1.59	93.79	−1.93	1.59	93.79	−1.93	1.59	1.32	
16	95.41	−0.98	4.76	95.14	−0.6	3.26	95.14	−0.6	3.26	1.57	平均明度差
17	58.62	−30.62	−42.74	59.96	−27.81	−43.16	59.43	−27.81	−43.16	2.95	
18	67.82	−23.21	−30.86	71.08	−22.17	−29.56	70.55	−22.17	−29.56	3.2	(5 个样本)
19	77.02	−15.8	−18.98	80.07	−14.97	−17.34	79.54	−14.97	−17.34	3.13	$\Delta L^*_{CIELAB}=2.5$
20	86.21	−8.39	−7.11	88.08	−8.14	−6.65	87.55	−8.14	−6.65	1.43	
21	95.41	−0.98	4.76	95.14	−0.6	3.26	94.61	−0.6	3.26	1.74	
平均彩色再现指数：$R^*_{ab,m}=87$											

表 H.3　DIN 33866 测试版 2 中图像 B2 的 W-M 色度值

i	LAB* ref			LAB* out			LAB* ouc			ΔE^*	
1	48.13	75.2	−6.79	49.19	74.03	−7.41	49.19	74.03	−7.41	1.7	
2	51.28	70.12	−6.02	53.16	66.88	−9.5	53.16	66.88	−9.5	5.11	依据本标准附
3	54.43	65.04	−5.25	57.04	59.38	−9.11	57.04	59.38	−9.11	7.33	录 G 的说明
4	57.59	59.96	−4.48	61.14	51.84	−8.47	61.14	51.84	−8.47	9.72	
5	60.74	54.88	−3.71	63.23	47.81	−7.82	63.23	47.81	−7.82	8.55	
6	63.89	49.8	−2.94	65.47	44.4	−7.62	65.47	44.4	−7.62	7.32	规整度 $g^*=71.64$
7	67.04	44.72	−2.17	68.64	38.96	−6.82	68.64	38.96	−6.82	7.58	
8	70.19	39.64	−1.4	71.98	33.83	−5.92	71.98	33.83	−5.92	7.58	明度域 $f^*=54.3$
9	73.35	34.57	−0.62	75.23	28.99	−4.99	75.23	28.99	−4.99	7.33	
10	76.5	29.49	0.14	78.16	24.54	−3.99	78.16	24.54	−3.99	6.66	
11	79.65	24.41	0.91	81.06	20.35	−3.26	81.06	20.35	−3.26	5.99	平均色差
12	82.8	19.33	1.68	83.97	15.51	−2.19	83.97	15.51	−2.19	5.57	(16 个样本)
13	85.95	14.25	2.45	88.52	9.34	−0.22	88.52	9.34	−0.22	6.15	
14	89.11	9.17	3.22	91.58	4.61	1.42	91.58	4.61	1.42	5.49	$\Delta E^*_{CIELAB}=6.0$
15	92.26	4.09	3.99	93.12	2.03	2.31	93.12	2.03	2.31	2.79	
16	95.41	−0.98	4.76	94.78	−0.6	3.36	94.78	−0.6	3.36	1.58	
17	48.13	75.2	−6.79	49.19	74.03	−7.41	48.98	74.03	−7.41	1.57	平均明度差
18	59.95	56.15	−3.9	62.71	48.82	−7.98	62.49	48.82	−7.98	8.77	(5 个样本)
19	71.77	37.11	−1.01	73.61	31.41	−5.46	73.39	31.41	−5.46	7.4	$\Delta L^*_{CIELAB}=5.0$
20	83.59	18.06	1.87	85.11	13.97	−1.7	84.89	13.97	−1.7	5.59	
21	95.41	−0.98	4.76	94.78	−0.6	3.36	94.57	−0.6	3.36	1.68	
平均彩色再现指数：$R^*_{ab,m}=73$											

表 H.4　DIN 33866 测试版 2 中图像 B2 的 W-Y 色度值

i	LAB* ref			LAB* out			LAB* ouc			ΔE^*	
1	90.37	−11.15	96.17	87.12	−5.59	105.61	87.12	−5.59	105.61	11.43	
2	90.71	−10.47	90.08	87.68	−6.88	101.04	87.68	−6.88	101.04	11.93	依据本标准附
3	91.04	−9.79	83.98	88.13	−7.59	94.37	88.13	−7.59	94.37	11.01	录 G 的说明
4	91.38	−9.12	77.89	88.6	−7.93	86.35	88.6	−7.93	86.35	8.98	
5	91.71	−8.44	71.79	89.06	−7.88	76.07	89.06	−7.88	76.07	5.06	
6	92.05	−7.76	65.7	89.78	−7.7	68.8	89.78	−7.7	68.8	3.84	规整度 $g^*=70.6$
7	92.39	−7.08	59.61	90.06	−7.22	59.16	90.06	−7.22	59.16	2.37	
8	92.72	−6.4	53.51	90.32	−7.3	55.33	90.32	−7.3	55.33	3.14	明度域 $f^*=9.8$
9	93.06	−5.73	47.42	90.95	−7.04	49.91	90.95	−7.04	49.91	3.52	
10	93.39	−5.05	41.32	91.52	−6.57	43.07	91.52	−6.57	43.07	2.98	
11	93.73	−4.37	35.23	92.41	−6.0	35.41	92.41	−6.0	35.41	2.11	平均色差
12	94.07	−3.69	29.14	92.75	−5.3	28.29	92.75	−5.3	28.29	2.24	(16 个样本)
13	94.4	−3.01	23.04	93.46	−4.32	21.25	93.46	−4.32	21.25	2.41	
14	94.74	−2.34	16.95	94.4	−2.86	13.19	94.4	−2.86	13.19	3.81	$\Delta E^*_{CIELAB}=4.9$
15	95.07	−1.66	10.85	94.65	−2.02	9.31	94.65	−2.02	9.31	1.64	
16	95.41	−0.98	4.76	95.32	−0.58	3.35	95.32	−0.58	3.35	1.47	
17	90.37	−11.15	96.17	87.12	−5.59	105.61	88.79	−5.59	105.61	11.07	平均明度差
18	91.63	−8.61	73.32	88.95	−7.89	78.64	90.62	−7.89	78.64	5.47	(5 个样本)
19	92.89	−6.07	50.47	90.63	−7.17	52.62	92.3	−7.17	52.62	2.49	$\Delta L^*_{CIELAB}=4.6$
20	94.15	−3.52	27.61	92.93	−5.06	26.53	94.6	−5.06	26.53	1.93	
21	95.41	−0.98	4.76	95.32	−0.58	3.35	96.99	−0.58	3.35	2.16	
平均彩色再现指数：$R^*_{ab,m}=78$											

表 H.5 DIN 33866 测试版 2 中图像 B6 的 CIE 色和 DIN 33866 测试版 1 中图像 A2 的 W-N 色度值

i	LAB* ref			LAB* out			LAB* ouc			ΔE^*	
1	61.45	17.53	11.74	56.8	12.93	19.6	56.8	12.93	19.6	10.23	
2	60.69	0.08	28.92	55.0	−2.42	35.85	55.0	−2.42	35.85	9.31	依据本标准附
3	62.02	−20.58	44.41	56.74	−24.61	42.51	56.74	−24.61	42.51	6.91	录 G 的说明
4	61.2	−33.16	17.07	60.9	−48.14	23.62	60.9	−48.14	23.62	16.35	
5	62.4	−17.47	−8.55	58.17	−19.98	−13.31	58.17	−19.98	−13.31	6.84	
6	61.51	−0.36	−28.39	57.44	0.1	−31.83	57.44	0.1	−31.83	5.35	规整度 $g^*=90.5$
7	61.12	20.15	−24.55	56.85	18.29	−25.86	56.85	18.29	−25.86	4.84	
8	62.77	27.42	−13.63	57.87	27.63	−21.75	57.87	27.63	−21.75	9.49	明度域 $f^*=99.2$
9	39.92	58.74	27.99	41.87	38.7	33.27	41.87	38.7	33.27	20.82	
10	81.26	−2.89	71.56	75.56	4.2	74.01	75.56	4.2	74.01	9.43	
11	52.23	−42.42	13.6	47.15	−47.28	18.53	47.15	−47.28	18.53	8.59	平均色差
12	30.57	1.41	−46.47	34.8	1.37	−28.6	34.8	1.37	−28.6	18.36	(14 个样本)
13	80.23	11.37	21.04	77.59	15.62	29.57	77.59	15.62	29.57	9.89	
14	40.75	−13.8	24.23	36.07	−18.23	23.81	36.07	−18.23	23.81	6.46	$\Delta E^*_{\mathrm{CIELAB}}=10.2$
15	10.0	0.0	0.0	10.07	1.83	4.48	10.07	1.83	4.48	4.84	
16	94.0	0.0	0.0	93.39	0.76	−1.63	93.39	0.76	−1.63	1.91	平均明度差
17	10.0	0.0	0.0	10.07	1.83	4.48	10.34	1.83	4.48	4.85	
18	31.0	0.0	0.0	29.99	0.35	0.8	30.26	0.35	0.8	1.14	(5 个样本)
19	52.0	0.0	0.0	50.74	0.15	−1.23	51.01	0.15	−1.23	1.59	$\Delta L^*_{\mathrm{CIELAB}}=2.4$
20	73.0	0.0	0.0	71.39	0.27	−1.88	71.66	0.27	−1.88	2.33	
21	94.0	0.0	0.0	93.39	0.76	−1.63	93.66	0.76	−1.63	1.84	
平均彩色再现指数：$R^*_{\mathrm{ab,m}}=63$											

表 H.6 DIN 33866 测试版 3 中图像 C3 的 W-N 色度值(胶印)

i	LAB* ref			LAB* out			LAB* ouc			ΔE^*	
1	18.01	0.5	−0.46	17.16	−0.07	−2.72	17.16	−0.07	−2.72	2.48	
2	23.17	0.4	−0.11	24.07	−0.15	−2.75	24.07	−0.15	−2.75	2.84	依据本标准附
3	28.33	0.3	0.23	30.85	−0.23	−2.54	30.85	−0.23	−2.54	3.79	录 G 的说明
4	33.49	0.2	0.58	38.41	−0.43	−2.3	38.41	−0.43	−2.3	5.74	
5	38.65	0.1	0.92	42.77	−0.48	−2.13	42.77	−0.48	−2.13	5.17	
6	43.81	0.0	1.27	47.15	−0.74	−1.64	47.15	−0.74	−1.64	4.5	规整度 $g^*=69.2$
7	48.97	−0.09	1.62	52.89	−0.79	−1.44	52.89	−0.79	−1.44	5.03	
8	54.13	−0.19	1.97	56.25	−0.79	−1.25	56.25	−0.79	−1.25	3.91	明度域 $f^*=92.6$
9	59.29	−0.28	2.32	61.07	−0.8	−1.07	61.07	−0.8	−1.07	3.87	
10	64.45	−0.38	2.67	66.47	−0.74	−0.63	66.47	−0.74	−0.63	3.89	
11	69.61	−0.48	3.02	70.36	−0.79	−0.12	70.36	−0.79	−0.12	3.25	平均色差
12	74.77	−0.58	3.37	75.35	−0.7	0.4	75.35	−0.7	0.4	3.02	(16 个样本)
13	79.93	−0.68	3.71	79.87	−0.71	0.98	79.87	−0.71	0.98	2.73	
14	85.09	−0.78	4.06	87.58	−0.66	2.11	87.58	−0.66	2.11	3.17	$\Delta E^*_{\mathrm{CIELAB}}=3.6$
15	90.25	−0.88	4.41	91.78	−0.6	2.74	91.78	−0.6	2.74	2.28	
16	95.41	−0.98	4.76	94.98	−0.59	3.28	94.98	−0.59	3.28	1.59	平均明度差
17	18.01	0.5	−0.46	17.16	−0.07	−2.72	17.8	−0.07	−2.72	2.34	
18	37.36	0.13	0.84	41.68	−0.47	−2.17	42.32	−0.47	−2.17	5.84	(5 个样本)
19	56.71	−0.24	2.15	58.66	−0.8	−1.16	59.3	−0.8	−1.16	4.24	$\Delta L^*_{\mathrm{CIELAB}}=3.4$
20	76.06	−0.61	3.45	76.48	−0.7	0.55	77.12	−0.7	0.55	3.1	
21	95.41	−0.98	4.76	94.98	−0.59	3.28	95.62	−0.59	3.28	1.54	
平均彩色再现指数：$R^*_{\mathrm{ab,m}}=84$											

表 H.7　DIN 33866 测试版 4 中图像 D2 的 W-O 色度值

i	LAB* ref			LAB* out			LAB* ouc			ΔE^*	
1	47.94	65.31	52.07	47.94	65.31	52.07	47.94	65.31	52.07	0.01	
2	51.1	60.89	48.92	50.89	59.79	54.27	50.89	59.79	54.27	5.47	依据本标准附
3	54.27	56.47	45.76	54.06	53.38	54.48	54.06	53.38	54.48	9.25	录 G 的说明
4	57.43	52.05	42.61	58.01	45.94	51.53	58.01	45.94	51.53	10.83	
5	60.6	47.63	39.45	60.4	41.71	46.8	60.4	41.71	46.8	9.44	
6	63.76	43.21	36.3	62.24	38.64	42.92	62.24	38.64	42.92	8.19	规整度 $g^*=82.9$
7	66.93	38.79	33.15	65.28	33.73	39.02	65.28	33.73	39.02	7.93	
8	70.09	34.37	29.99	68.69	28.62	35.04	68.69	28.62	35.04	7.78	明度域 $f^*=56.6$
9	73.26	29.95	26.84	71.86	23.14	32.75	71.86	23.14	32.75	9.13	
10	76.42	25.53	23.68	74.86	19.22	29.35	74.86	19.22	29.35	8.62	
11	79.59	21.11	20.53	78.27	15.77	24.44	78.27	15.77	24.44	6.75	平均色差
12	82.75	16.69	17.38	81.66	11.94	20.14	81.66	11.94	20.14	5.6	（16 个样本）
13	85.92	12.27	14.22	86.43	6.51	16.02	86.43	6.51	16.02	6.06	
14	89.08	7.85	11.07	90.57	2.64	11.3	90.57	2.64	11.3	5.42	$\Delta E^*_{\mathrm{CIELAB}}=6.6$
15	92.25	3.43	7.91	93.09	0.6	8.22	93.09	0.6	8.22	2.97	
16	95.41	−0.98	4.76	95.49	−0.59	3.2	95.49	−0.59	3.2	1.61	
17	47.94	65.31	52.07	47.94	65.31	52.07	47.9	65.31	52.07	0.04	平均明度差
18	59.81	48.74	40.24	59.8	42.77	47.98	59.76	42.77	47.98	9.77	（5 个样本）
19	71.68	32.16	28.42	70.28	25.88	33.9	70.24	25.88	33.9	8.46	$\Delta L^*_{\mathrm{CIELAB}}=5.1$
20	83.54	15.58	16.59	82.85	10.58	19.11	82.81	10.58	19.11	5.65	
21	95.41	−0.98	4.76	95.49	−0.59	3.2	95.45	−0.59	3.2	1.61	
平均彩色再现指数：$R^*_{\mathrm{ab,m}}=71$											

表 H.8　DIN 33866 测试版 4 中图像 D2 的 W-L 色度值

i	LAB* ref			LAB* out			LAB* ouc			ΔE^*	
1	50.9	−62.96	36.71	50.9	−62.96	36.71	50.9	−62.96	36.71	0.01	
2	53.87	−58.83	34.58	54.71	−59.34	42.44	54.71	−59.34	42.44	7.92	依据本标准附
3	56.83	−54.7	32.45	59.18	−51.75	45.69	59.18	−51.75	45.69	13.77	录 G 的说明
4	59.8	−50.56	30.32	62.76	−45.88	44.85	62.76	−45.88	44.85	15.55	
5	62.77	−46.43	28.19	64.73	−42.59	39.37	64.73	−42.59	39.37	11.98	
6	65.74	−42.3	26.06	66.92	−39.23	36.48	66.92	−39.23	36.48	10.93	规整度 $g^*=70.8$
7	68.7	−38.17	23.93	70.03	−34.38	30.48	70.03	−34.38	30.48	7.68	
8	71.67	−34.04	21.8	73.49	−29.69	29.08	73.49	−29.69	29.08	8.67	明度域 $f^*=53.0$
9	74.64	−29.9	19.67	76.75	−25.35	26.21	76.75	−25.35	26.21	8.24	
10	77.61	−25.77	17.54	79.78	−21.49	23.54	79.78	−21.49	23.54	7.69	
11	80.57	−21.64	15.41	82.5	−18.23	19.56	82.5	−18.23	19.56	5.71	平均色差
12	83.54	−17.51	13.28	84.87	−15.16	15.06	84.87	−15.16	15.06	3.23	（16 个样本）
13	86.51	−13.38	11.15	89.33	−9.27	14.69	89.33	−9.27	14.69	6.11	
14	89.48	−9.24	9.02	91.64	−5.89	9.61	91.64	−5.89	9.61	4.04	$\Delta E^*_{\mathrm{CIELAB}}=7.2$
15	92.44	−5.11	6.89	93.68	−3.38	7.81	93.68	−3.38	7.81	2.32	
16	95.41	−0.98	4.76	95.43	−0.63	3.31	95.43	−0.63	3.31	1.49	平均明度差
17	50.9	−62.96	36.71	50.9	−62.96	36.71	50.89	−62.96	36.71	0.01	
18	62.03	−47.47	28.72	64.24	−43.41	40.74	64.23	−43.41	40.74	12.87	（5 个样本）
19	73.16	−31.97	20.74	75.12	−27.52	27.65	75.11	−27.52	27.65	8.45	$\Delta L^*_{\mathrm{CIELAB}}=5.4$
20	84.28	−16.48	12.75	85.99	−13.69	14.97	85.98	−13.69	14.97	3.95	
21	95.41	−0.98	4.76	95.43	−0.63	3.31	95.42	−0.63	3.31	1.49	
平均彩色再现指数：$R^*_{\mathrm{ab,m}}=69$											

表 H.9 DIN 33866 测试版 4 中图像 D2 的 W-V 色度值

i	LAB* ref			LAB* out			LAB* ouc			ΔE^*	
1	25.72	31.45	−44.35	25.72	31.45	−44.35	25.72	31.45	−44.35	0.01	
2	30.37	29.29	−41.08	31.69	26.38	−42.58	31.69	26.38	−42.58	3.53	依据本标准附
3	35.01	27.12	−37.8	37.74	24.19	−38.7	37.74	24.19	−38.7	4.11	录 G 的说明
4	39.66	24.96	−34.53	42.72	21.13	−35.99	42.72	21.13	−35.99	5.12	
5	44.3	22.8	−31.25	45.93	19.37	−33.83	45.93	19.37	−33.83	4.59	
6	48.95	20.64	−27.98	49.58	18.09	−31.26	49.58	18.09	−31.26	4.2	规整度 $g^*=81.8$
7	53.6	18.47	−24.7	53.47	16.15	−28.52	53.47	16.15	−28.52	4.47	
8	58.24	16.31	−21.43	58.97	14.32	−24.7	58.97	14.32	−24.7	3.9	明度域 $f^*=82.8$
9	62.89	14.15	−18.15	63.03	12.58	−22.12	63.03	12.58	−22.12	4.27	
10	67.53	11.99	−14.88	67.84	10.83	−18.83	67.84	10.83	−18.83	4.13	
11	72.18	9.82	−11.6	71.85	9.27	−15.8	71.85	9.27	−15.8	4.25	平均色差
12	76.83	7.66	−8.33	75.7	6.71	−13.31	75.7	6.71	−13.31	5.19	(16 个样本)
13	81.47	5.5	−5.05	83.0	5.1	−7.0	83.0	5.1	−7.0	2.51	
14	86.12	3.34	−1.78	88.02	1.7	−3.1	88.02	1.7	−3.1	2.83	$\Delta E^*_{CIELAB}=3.5$
15	90.76	1.17	1.49	91.95	0.59	0.34	91.95	0.59	0.34	1.75	
16	95.41	−0.98	4.76	95.31	−0.59	3.3	95.31	−0.59	3.3	1.51	
17	25.72	31.45	−44.35	25.72	31.45	−44.35	25.77	31.45	−44.35	0.05	平均明度差
18	43.14	23.34	−32.07	45.13	19.81	−34.37	45.18	19.81	−34.37	4.68	(5 个样本)
19	60.57	15.23	−19.79	61.0	13.45	−23.41	61.05	13.45	−23.41	4.06	$\Delta L^*_{CIELAB}=2.9$
20	77.99	7.12	−7.51	77.52	6.31	−11.73	77.57	6.31	−11.73	4.32	
21	95.41	−0.98	4.76	95.31	−0.59	3.3	95.36	−0.59	3.3	1.51	
平均彩色再现指数:$R^*_{ab,m}=84$											

表 H.10 DIN 33866 测试版 3 中图像 C2 的 W-N 和 DIN 33866 测试版 4 中图像 D6 的 CIE 色色度值

i	LAB* ref			LAB* out			LAB* ouc			ΔE^*	
1	61.45	17.53	11.74	56.8	12.93	19.6	56.8	12.93	19.6	10.23	
2	60.69	0.08	28.92	55.0	−2.43	35.85	55.0	−2.43	35.85	9.31	依据本标准附
3	62.02	−20.58	44.41	56.74	−24.62	42.51	56.74	−24.62	42.51	6.91	录 G 的说明
4	61.2	−33.16	17.07	60.9	−48.15	23.62	60.9	−48.15	23.62	16.36	
5	62.4	−17.47	−8.55	58.17	−19.99	−13.32	58.17	−19.99	−13.32	6.86	
6	61.51	−0.36	−28.39	57.44	0.1	−31.84	57.44	0.1	−31.84	5.36	规整度 $g^*=79.4$
7	61.12	20.15	−24.55	56.85	18.29	−25.87	56.85	18.29	−25.87	4.84	
8	62.77	27.42	−13.63	57.87	27.63	−21.76	57.87	27.63	−21.76	9.49	明度域 $f^*=90.8$
9	39.92	58.74	27.99	41.87	38.7	33.27	41.87	38.7	33.27	20.82	
10	81.26	−2.89	71.56	75.56	4.2	74.01	75.56	4.2	74.01	9.43	
11	52.23	−42.42	13.6	47.15	−47.29	18.53	47.15	−47.29	18.53	8.59	平均色差
12	30.57	1.41	−46.47	34.8	1.37	−28.61	34.8	1.37	−28.61	18.35	(14 个样本)
13	80.23	11.37	21.04	77.59	15.62	29.57	77.59	15.62	29.57	9.89	
14	40.75	−13.8	24.23	36.07	−18.24	23.81	36.07	−18.24	23.81	6.46	$\Delta E^*_{CIELAB}=10.2$
15	18.01	0.5	−0.45	18.88	−0.06	−2.96	18.88	−0.06	−2.96	2.72	
16	95.41	−0.97	4.76	95.12	−0.58	3.29	95.12	−0.58	3.29	1.55	
17	18.01	0.5	−0.45	18.88	−0.06	−2.96	18.59	−0.06	−2.96	2.64	平均明度差
18	37.36	0.13	0.84	41.13	−0.54	−2.28	40.84	−0.54	−2.28	4.73	(5 个样本)
19	56.71	−0.23	2.15	59.1	−0.76	−1.09	58.81	−0.76	−1.09	3.91	$\Delta L^*_{CIELAB}=3.1$
20	76.06	−0.6	3.45	76.76	−0.78	0.8	76.47	−0.78	0.8	2.69	
21	95.41	−0.97	4.76	95.12	−0.58	3.29	94.83	−0.58	3.29	1.63	
平均彩色再现指数:$R^*_{ab,m}=62$											

表 H.11 DIN 33866 测试版 4 中图像 D1 的像素图像中 14 种 CIE 色和 5 种灰色的色度值

i	LAB* ref			LAB* out			LAB* ouc			ΔE^*	
1	61.45	17.53	11.74	61.99	9.42	8.41	61.99	9.42	8.41	8.78	
2	60.69	0.08	28.92	62.81	−4.14	24.41	62.81	−4.14	24.41	6.54	依据本标准附
3	62.02	−20.58	44.41	65.47	−29.58	56.54	65.47	−29.58	56.54	15.49	录 G 的说明
4	61.2	−33.16	17.07	65.59	−28.55	8.96	65.59	−28.55	8.96	10.31	
5	62.4	−17.47	−8.55	63.63	−4.23	−27.12	63.63	−4.23	−27.12	22.84	
6	61.51	−0.36	−28.39	61.65	3.93	−26.69	61.65	3.93	−26.69	4.63	规整度 $g^*=43.3$
7	61.12	20.15	−24.55	63.43	15.43	−20.52	63.43	15.43	−20.52	6.62	
8	62.77	27.42	−13.63	70.22	33.52	−7.18	70.22	33.52	−7.18	11.59	明度域 $f^*=79.8$
9	39.92	58.74	27.99	49.61	64.68	27.38	49.61	64.68	27.38	11.38	
10	81.26	−2.89	71.56	87.46	−7.54	99.25	87.46	−7.54	99.25	28.75	
11	52.23	−42.42	13.6	55.78	−21.39	4.93	55.78	−21.39	4.93	23.02	平均色差
12	30.57	1.41	−46.47	45.57	5.17	−38.81	45.57	5.17	−38.81	17.26	(14 个样本)
13	80.23	11.37	21.04	80.85	13.33	19.86	80.85	13.33	19.86	2.37	$\Delta E^*_{CIELAB}=12.8$
14	40.75	−13.8	24.23	47.09	−18.99	29.83	47.09	−18.99	29.83	9.92	
15	18.01	0.5	−0.45	27.31	−9.94	4.37	27.31	−9.94	4.37	14.8	
16	95.41	−0.97	4.76	94.38	0.33	3.53	94.38	0.33	3.53	2.07	平均明度差
17	18.01	0.5	−0.45	27.31	−9.94	4.37	23.18	−9.94	4.37	12.62	(5 个样本)
18	37.36	0.13	0.84	37.43	−7.88	4.38	33.3	−7.88	4.38	9.66	$\Delta L^*_{CIELAB}=10.1$
19	56.71	−0.23	2.15	56.85	−2.21	2.12	52.72	−2.21	2.12	4.46	
20	76.06	−0.6	3.45	71.03	3.56	−12.1	66.9	3.56	−12.1	18.53	
21	95.41	−0.97	4.76	94.38	0.33	3.53	90.25	0.33	3.53	5.47	
平均彩色再现指数:$R^*_{ab,m}=44$											

附 录 I
（资料性附录）
测试版使用指南

本附录包含依据本标准生产测试版的信息。

注：在 ISO 12641 中用于彩色扫描仪校准的相似颜色测试版是通过物理版面设计和目标色度值来定义的。产品色度代表产品的测量值和一组数据的平均值。

采用 DIN 半色调技术生产的黑白测试版 1 所使用的图像调节器在照相纸上的分辨率为 142 点/mm(3 600 dpi)。生产测试版 2 到测试版 4 使用相同分辨率的用于制作胶印胶片的图像调节器 142 点/mm(3 600 dpi)。所有采用半色调技术生产的测试版的分辨力都超出了实际彩色复印机的分辨力。彩色照片的分辨率更高。

德国材料研究和测试联合会(BAM)采用连续色调技术生产的四种测试版，在彩色照相纸上使用的数字图像调节器的分辨率为 12 点/mm(300 dpi)，这个分辨率符合 12×12 的半色调单元(0.083 mm×0.083 mm)。这个分辨率较小一点，分辨率为 22×22 的半色调单元(0.152 mm×0.152 mm)用于采用半色调技术生产的 DIN 测试版(见附录 J)。

采用连续色调技术生产的测试版是首次测试的产品，为了检测版面设计和色度值与本标准中的规格是否相符。在 DIN 33866 中采用半色调技术生产的 DIN 测试版与本标准中测试项目的版面设计有所不同，但是几乎包含了相同的测试项目。

表 I.1 ISO 识别编码和 ISO 图像版本编码

ISO 识别编码和 ISO 图像版本编码
位于彩色复印机测试版的不同位置： ISO 识别编码位于右上部 ISO 图像版本编码位于左下部 ISO 识别编码：例如 19981006-I01 缩写编码位置： 位置 1～4： 1998＝年 位置 5～6： 01～12＝月 位置 7～8： 01～31＝日 位置 9： －＝分隔符 位置 10： I＝ISO；其他：例如 D＝DIN 位置 11～12： 01～04＝测试版号 1～4；其他… ISO 图像版本编码：例如 E1-2CS21 缩写编码位置： 位置 1： E＝英文；其他：例如 G＝德语；J＝日语 位置 2： 1～5＝分辨率 192×128～3072×2048 位置 3： －＝分隔符 位置 4： 1～4＝测试版 1～4 位置 5： T＝文本模式；C＝彩色模式；其他模式… 位置 6： S＝PS 文件；D＝PDF 文件；其他文件… 位置 7 和 8：11；21＝版本 11；21；其他版本…

图 4～图 7 中给出的测试版包含 ISO 识别编码和 ISO 图像版本编码。这些编码在表 I.1 中有所描述。

下列条款可以作为生产指南和主要要求：

1. 采用半色调或连续色调技术或同时采用两种技术生产(见 4.5)。

2. 采用何种测试版、何种材料、何种格式生产(见表 3)。

3. 对于半色调生产，应标明生产使用的线屏(见 4.2.5)。

4. 测试版版权的信息(见图 4～图 7)。

5. 测试版 2 和测试版 4 中图像 B1(等同于图像 D1)生产的必要条件(见 4.2.4)。

6. 制作商应将结果和信息(条款 1～条款 5)发送至 ISO。

7. 每个制造商会从 ISO 得到用于生产的 ISO 识别编码，ISO 图像版本编码和 ISO 参考材料编码(见表 3 和附录 I 的表 I.1)。

8. 本标准中规定的用于生产的版面设计和颜色(见图 1～图 7，表 1 和表 2，及附录 H)。

9. 应保持产品的差别小于表 1 和表 2，及附录 H 中介绍的 DIN 产品的“定向色度差”。

10. 制作结束后，公司可以将测试版产品信息的样本连同表格中的复印差别发送给 ISO。这些信息有助于 ISO 技术委员会对本标准及其完善负责。

对于产品，以 PostScript 文件格式或等效的格式在设备上使测试版成像时可能会出现一些问题。图像文件适用于许多设备，但不适用于所有设备的输出。

如果输出失败，有两个可能的原因：

1. 设备和软件不能使用设备独立的 $L^* a^* b^*$ 坐标(例如：在图像 A2、A3、B1、B3、C2、C3、D1、D3 中使用的)。

2. 设备和软件不能根据设备坐标调整线条(例如：在图像 A5、A6、C5、C6 中使用的)。

如果有成像问题，可以试着将图像文件分开成像。如果已知图像有问题，则重启可能会有助于该图像文件的成像。如果成功，则这个图像的照片文件编码会被新编码替换。

为应用本标准，应注意五个具有代表性的产品测试方法和每批产品的平均值。

附 录 J
（资料性附录）
半色调光栅单元数据

本附录内容包括用于制造DIN测试版1到测试版4的光栅单元阈值数据信息。有时复印机会产生不同的颜色输出，这种颜色人类视觉系统难以区分，并且具有相同的$L^{*}a^{*}b^{*}$色度值。复印机内部的扫描装置有时会以10倍的放大系数放大半色调单元（尺寸0.16 mm×0.16 mm），同时会产生非常多的人类视觉系统难以察觉的人工影响（真正的半色调结构和波纹干扰）。人类视觉系统不能解决复印机能放大半色调单元这些细节问题。

专业图像调节器和一些打印机都包括PostScript语言的解释程序，通过“半色调类型3”的运算器能分辨半色调单元。这种运算器允许将黑点沿空间分辨率设备定义的任意x轴和y轴分布。可以将相同的PS文件（或等效的文件）发送到图像调节器或发送到包括“半色调类型3”的运算器的PS打印机（或等效的设备）上。具有142点/mm（3 600 dpi）分辨率的图像调节器和特殊半色调清晰度被用作DIN测试版的生产。许多公司在其PS设备（或等效的设备）的软件里具有保密性的半色调清晰度。在不知道“半色调类型3”清晰度的情况下重复生产测试版是不可能的。

任何以半色调技术生产测试版的公司必须将“半色调类型3”信息公布于众。DIN的信息将作为其他产品的范例。

具有142点/mm（3 600 dpi）分辨率的用于生产DIN测试版的BAM-PS图像调节器，设置光栅设备中点的空间距为7 μm，点直径为21 μm（三倍光栅距离）。

具有12点/mm（300 dpi）分辨率的PS打印机（或等效的设备）设置光栅设备中点的空间距为12×4 μm =48 μm，点直径为3×84 μm=252 μm（三倍光栅距离）。

表J.1给出水平“半色调类型3”光栅单元的PS文件（或等效的文件）的定义。宽和高是24×24，其通过22×22点来填充0.168 mm×0.168 mm光栅单元。光栅单元阈值数据通过16步使用00和F0之间的十六进制进行编码。光栅单元依据像素图像数据的256步进行填充。“半色调类型3”数据在水平方向填充“线性”光栅单元。这些内容通过具有12点/mm（300 dpi）分辨率的PS打印机（或等效的设备）的输出显示在表J.2中。

表J.3给出用于生产DIN 33866测试版的“半色调类型3”光栅单元的定义。宽和高是22×22，其通过22×22点来填充0.154 mm×0.154 mm光栅单元。光栅单元阈值数据通过64步使用00到FC之间的十六进制进行编码。光栅单元依据像素图像数据的256步进行填充。“半色调类型3”数据在垂直方向填充“线性”光栅单元。这些内容通过具有12点/mm（300 dpi）分辨率的PS打印机（或等效的设备）的输出显示在表J.4中。

具有142点/mm（3 600 dpi）分辨率的PS图像调节器（或等效的设备）的输出不允许在正常可视距离内检测光栅单元的方向。可以通过看DIN测试版1的16阶灰度级来检测光栅方向，显示完全一致。

在每一个EPS图像文件（或等效的文件）里有两行PS编码是用来描述没有规定半色调类型的。因此采用设备未知的半色调类型。

```
/Halbt    {
          }  def
```

这两行中的其中一行可以用生产DIN测试版的“半色调类型3”信息所代替。

“半色调类型3”信息对于在四个方向上四种颜色的分离是必要的。为生产DIN测试版有必要在中间灰度区域内有一个具有不规则间隙的连续灰度色调级。不允许采用椭圆（或圆）填充半色调单元，椭圆（或圆）能在中间灰度区域内产生两个（或一个）间隙。如果相临的两个椭圆互相接触就会产生间隙，这样打印机的油墨就会出现颜色跳跃。根据图像调节器的分辨率，间隙在4个和8个CIELAB不同单元间产生。

DIN 测试版在中间灰度区域使用纯线性光栅单元。在灰度级两端有两个跳跃，这两个跳跃能被很好地控制以避免干扰在中间重要区域内等距离样本的灰度等级。

为产生 22×22 光栅单元阈值数据，规定将垂直方向上的线屏转化成水平和两个对角线方向。44×44 超大光栅单元被允许用于 256 而不是 64 灰度级。可以替换在 PS 图像文件(或等效的文件)中的三个“虚拟半色调类型 3”线条，来得到由光栅(超大)单元阈值数据定义的数据为基础的输出。

表 J.5 显示的是测试版 1 的 PS 打印机的输出[12 点/mm(300 dpi)]。光栅单元数据在对角线方向上是定向的。以“半色调类型 3”数据为基础的 PS 输出通过一个 44×44 超大光栅单元用于半色调技术的 DIN 测试版 1 到测试版 4 的生产。

表 J.1　PS 文件中对水平“半色调类型 3”光栅单元的定义

PSL2-Program code: raster cell-threshold data (24 × 24, 8 bit, horizontal)

```
%!PS-Adobe-3.0 INFIE10:B7211-7n.eps  13.10.98
%%BoundingBox: 72 80 226 204
/FS {findfont exch scalefont setfont} bind def
/MM {72 25.4 div mul} def /str {8 string } bind def
/languagelevel where {pop languagelevel} {1} ifelse
2 ge {[/HalftoneType 3 /Width 24 /Height 24 /Thresholds
<F0F0F0F0F0F0F0F0F0F0F0F0F0F0F0F0F0F0F0F0F0F0F0F0
 E0E0E0E0E0E0E0E0E0E0E0E0E0E0E0E0E0E0E0E0E0E0E0E0
 D0D0D0D0D0D0D0D0D0D0D0D0D0D0D0D0D0D0D0D0D0D0D0D0
 C0C0C0C0C0C0C0C0C0C0C0C0C0C0C0C0C0C0C0C0C0C0C0C0
 B0B0B0B0B0B0B0B0B0B0B0B0B0B0B0B0B0B0B0B0B0B0B0B0
 A0A0A0A0A0A0A0A0A0A0A0A0A0A0A0A0A0A0A0A0A0A0A0A0
 909090909090909090909090909090909090909090909090
 808080808080808080808080808080808080808080808080
 606060606060606060606060606060606060606060606060
 404040404040404040404040404040404040404040404040
 303030303020202010101010101010102020203030303030
 303030303020202010101010101010102020203030303030
 303030303020202010101010101010102020203030303030
 303030303020202010101010101010102020203030303030
 303030303020202010101010101010102020203030303030
 505050505050505050505050505050505050505050505050
 707070707070707070707070707070707070707070707070
 909090909090909090909090909090909090909090909090
 A0A0A0A0A0A0A0A0A0A0A0A0A0A0A0A0A0A0A0A0A0A0A0A0
 B0B0B0B0B0B0B0B0B0B0B0B0B0B0B0B0B0B0B0B0B0B0B0B0
 C0C0C0C0C0C0C0C0C0C0C0C0C0C0C0C0C0C0C0C0C0C0C0C0
 D0D0D0D0D0D0D0D0D0D0D0D0D0D0D0D0D0D0D0D0D0D0D0D0
 E0E0E0E0E0E0E0E0E0E0E0E0E0E0E0E0E0E0E0E0E0E0E0E0
 F0F0F0F0F0F0F0F0F0F0F0F0F0F0F0F0F0F0F0F0F0F0F0F0>
 counttomark 2 idiv dup dict begin {def} repeat
 pop currentdict end sethalftone} if %Def.Dictionary
%%EndProlog

72 90 translate 0.01 MM 0.01 MM scale 15 setlinewidth
0 0  moveto 5400 0 rlineto 0 4000 rlineto
          -5400 0 rlineto closepath stroke
/xyw {4000 24 div} bind def /xw {16 xyw mul} bind def
/x0 {8 xyw mul} bind def /y0 {5 xyw mul} bind def
0 1 15 {dup 0.0666 mul 1 exch sub setgray
        xyw mul y0 add x0 exch moveto
        xw 0 rlineto 0 xyw rlineto
        xw neg 0 rlineto closepath fill} for
200 /Times-ISOL1 FS 0 setgray /D16str (0123456789ABCDEF) def
0 1 15 {/nr exch def nr xyw mul y0 add x0 250 sub exch
        moveto D16str nr 1 getinterval show} for

 xyw 3.5 xyw mul moveto
(<</HalftoneType 3 /Width 24 /Height 24 /Thresholds) show
 xyw 2.0 xyw mul moveto
(%center 7 x 5 "10", 13 x 5 "20", 24 x 5 "30", etc.) show
 xyw 0.5 xyw mul moveto
(>> sethalftone %<<, >> compare PSL2-handbook, page 361) show
showpage
```

INFIE10:IEAJ011.EPS

表 J.2　以表 J.1 中水平“半色调类型 3”定义为基础的打印输出[12 点/mm(300 dpi) 分辨率]

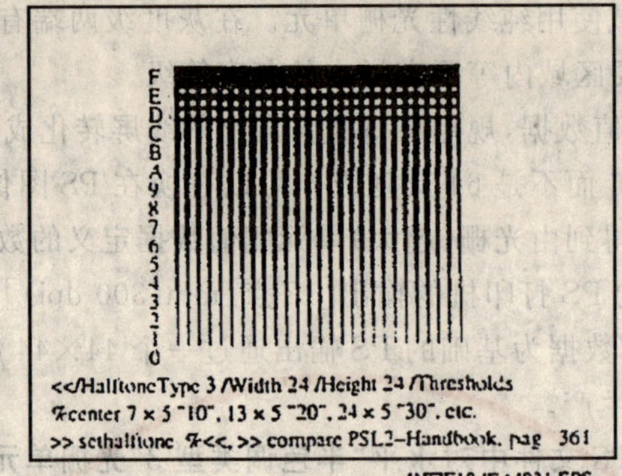

INFIE10 IEAJ021.EPS

表 J.3　PS 文件中对用于 DIN 33866 的垂直“半色调类型 3”光栅单元的定义

PSL2-Program code: raster cell-threshold data (22 × 22, DIN 33866) 13.10.98

```
%!PS-Adobe-3.0 B7219-7n.eps raster cell 13.10.98
%%BoundingBox: 72 90 226 204
/FS {findfont exch scalefont setfont} bind def
/MM {72 25.4 div mul} def /str {8 string } bind def
/languagelevel where {pop languagelevel} {1} ifelse
2 eq {[/HalftoneType 3 /Width 22 /Height 22 /Thresholds
<F0F0  F0E0D0C0B0A0908070605040302010OO  00000000 %delete
 F0F0  F0E0D0C0B0A09080706050403020100O  00000000 %empty lines
 F0F0  F0E0D0C0B0A0908070605040302010O0  00000000 %and
 F0F0  F0E0D0C0B0A090807060504030201000  00000000 %blank rows
                                                  %for
 F0F0  F0E0D0C0B0A090807060504030201000  00000000 %PS-output!
 F0F0  F0E0D0C0B0A090807060504030201000  00000000
 F0F0  F0E0D0C0B0A090807060504030201000  00000000 %cell
 F0F0  F0E0D0C0B0A090807060504030201000  00000000 %with 16x16-
 F4F4  F4E4D4C4B4A494847464544434241404  04040404 %matrix in
 F4F4  F4E4D4C4B4A494847464544434241404  04040404 %the center
 F4F4  F4E4D4C4B4A494847464544434241404  04040404
 F4F4  F4E4D4C4B4A494847464544434241404  04040404 %4 steps
 F8F8  F8E8D8C8B8A898887868584838281808  08080808 %00,04,08,0C
 F8F8  F8E8D8C8B8A898887868584838281808  08080808 %in matrix
 F8F8  F8E8D8C8B8A898887868584838281808  08080808
 F8F8  F8E8D8C8B8A898887868584838281808  08080808 %interim
 FCFC  FCECDCCCBCAC9C8C7C6C5C4C3C2C1C0C  0C0C0C0C %steps
 FCFC  FCECDCCCBCAC9C8C7C6C5C4C3C2C1C0C  0C0C0C0C %01,02,03,
 FCFC  FCECDCCCBCAC9C8C7C6C5C4C3C2C1C0C  0C0C0C0C %11,12,.. in
 FCFC  FCECDCCCBCAC9C8C7C6C5C4C3C2C1C0C  0C0C0C0C %supercell
                                                  %with 44x44-
 FCFC  FCECDCCCBCAC9C7C7C6C5C4C3C2C1C0C  0C0C0C0C %matrix
 FCFC  FCECDCCCBCAC9C7C7C6C5C4C3C2C1C0C  0C0C0C0C>%see Annex G
 counttomark 2 idiv dup dict begin {def} repeat
 pop currentdict end sethalftone} if %Def.Dictionary
%%EndProlog

72 90 translate 0.01 MM 0.01 MM scale 15 setlinewidth
0 0  moveto 5400 0 rlineto 0 4000 rlineto
        -5400 0 rlineto closepath stroke
/xyw {4000 24 div} bind def /xw {16 xyw mul} bind def
/x0 {8 xyw mul} bind def /y0 {5 xyw mul} bind def
0 1 15 {dup 0.0666 mul 1 exch sub setgray
        xyw mul y0 add x0 exch moveto
        xw 0 rlineto 0 xyw rlineto
        xw neg 0 rlineto closepath fill} for
200 /Times-ISOL1 FS 0 setgray /D16str (0123456789ABCDEF) def
0 1 15 {/nr exch def nr xyw mul y0 add x0 250 sub exch
        moveto D16str nr 1 getinterval show} for

 xyw 3.5 xyw mul moveto
(<</HalftoneType 3 /Width 22 /Height 22 /Thresholds) show
 xyw 2.0 xyw mul moveto
(%center 16 x 16 matrix, 64 steps "00", "04" ,..., "FC") show
 xyw 0.5 xyw mul moveto
(>> sethalftone %<<, >> compare PSL2-handbook, page 361) show
showpage
```

INFIE10:IEAJ031.EPS

表 J.4　以表 J.3 中垂直“半色调类型 3”定义为基础的打印输出[12 点/mm(300 dpi) 分辨率]

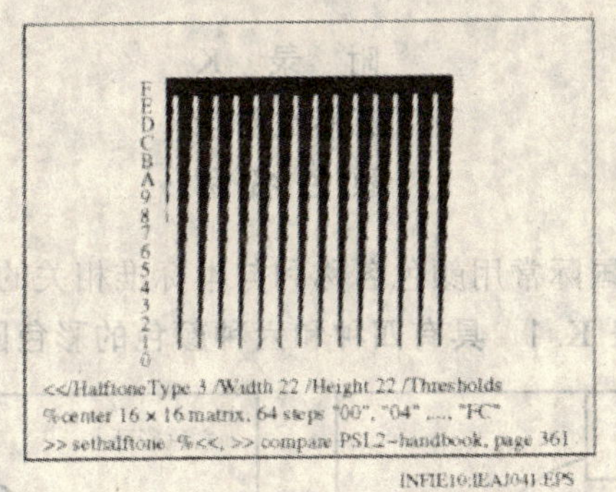

表 J.5　旋转 45°的垂直“半色调类型 3”定义的测试版 1 的打印输出图[12 点/mm(300 dpi) 分辨率]

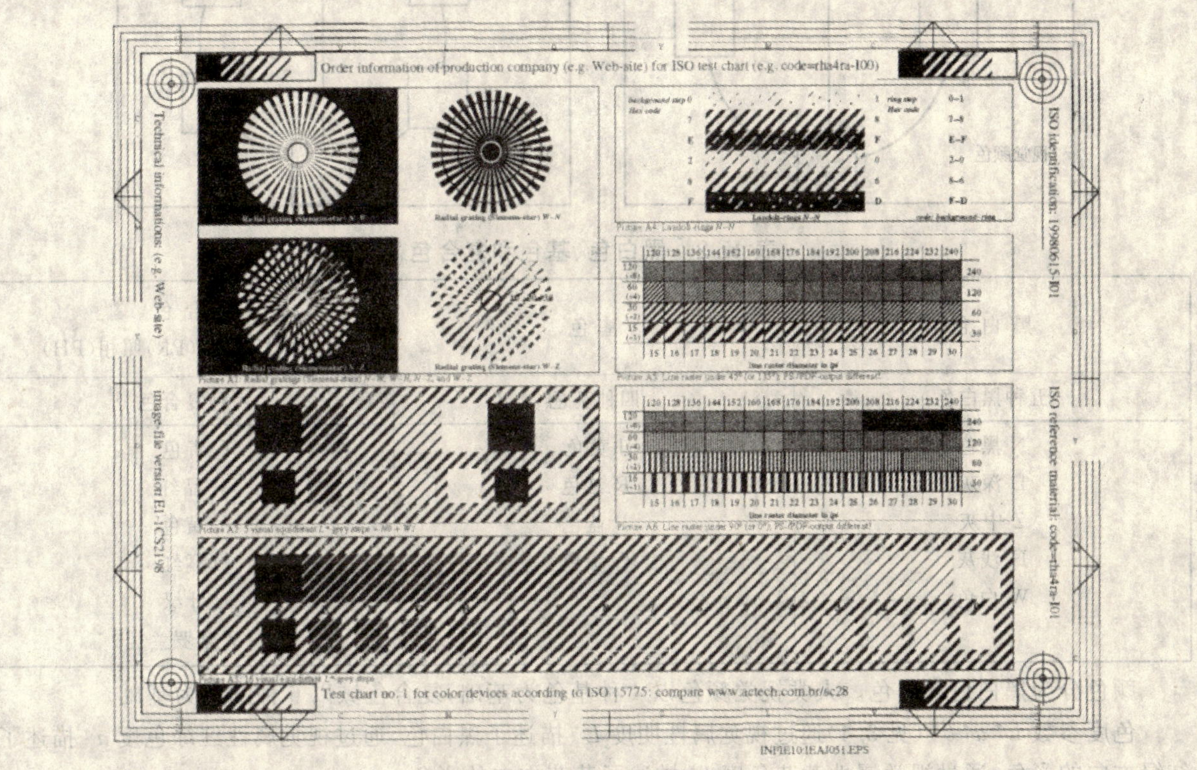

附 录 K
（资料性附录）
颜 色 名 称

表 K.1 和表 K.2 给出部分国际常用颜色名称和与本标准相关的颜色名称缩写。

表 K.1 具有四种和六种颜色的彩色圆环

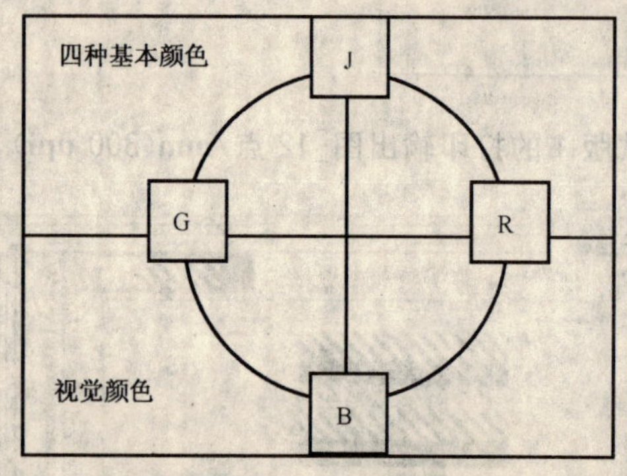

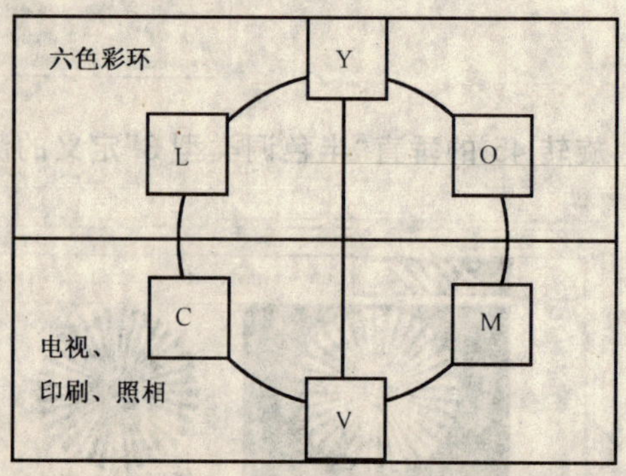

表 K.2 黑白色、基色和复合色

黑白色	基色	复合色 电视(TV)印刷(PR)照相(PH)
五种黑白色	四种基色	六种复合色
N 黑色 D 深灰 Z 中灰 H 浅灰 W 白色	J 黄色 R 红色 B 蓝色 G 绿色	C 青色 M 品红 Y 黄色 O 橘红 L 叶绿 V 紫罗兰

颜色分为黑白色和彩色。人类视觉颜色以 4 种基色为基础，复合色域以 6 种颜色为基础。

色度参数 $L^* a^* b^*$（见 3.4）通过视觉属性明度 L^* 描述了黑白色，通过视觉属性红绿色度 a^* 描述了红绿方向的彩色，通过视觉属性黄蓝色度 b^* 描述了黄蓝方向的彩色。

附　录　L
（资料性附录）
测试版的材料

L.1　测试版的材料

测试版材料根据生产技术的不同分为“半色调”和“连续色调”。以采用半色调技术生产 DIN 测试版的材料和采用连续色调技术生产 BAM 测试版为例。这些例子在本标准的不同表格中定义了目标颜色和产品颜色的数据。

L.1.1　用于 DIN 33866 半色调测试版的材料

测试版 1：用于黑白照片的照相纸、光滑的、85 g/m^2。

测试版 2：优质美术纸、光滑、自然白、不褪色、100%非氯化物漂白，150 g/m^2。

测试版 3：优质美术纸、光滑、自然白、不褪色、100%非氯化物漂白，150 g/m^2。

测试版 4：优质美术纸、光滑、自然白、不褪色、100%非氯化物漂白，150 g/m^2。

特性见表 L.1：

表 L.1　测试版 1～4 的特性（h＝半色调类型）

特性 h＝半色调	符号	单位	黑白 测试版 1	彩色[b,d] 测试版 2	黑白[b,d] 测试版 3	彩色[b,d] 测试版 4	引用标准
规格	—	—	A4	A4	A4	A4	ISO 216
参考质量 （面积重量）	m_A	g/m^2	85	150	150	150	ISO 536
光滑度	$GL(Bekk)_B$	s	＞600	＞600	＞600	＞600	ISO 5627
不透明性	O	%	＞90	＞90	＞90	＞90	ISO 2471
反射系数	R_{457}	%	＞84	＞84	＞84	＞84	ISO 1469
黑色 N 明度	L^*_{CIELAB}	—	≤10	≤18	≤18	≤18	a
白色 W 明度	L^*_{CIELAB}	—	≥94	≥96	≥96	≥96	a
印刷胶片 的分辨率	r	点/mm(dpi)	142(3 600)	142(3 600)	142(3 600)	142(3 600)	
光栅距离	d_r	μm	7	7	7	7	—
斑点尺寸	d_s	μm	21	21	21	21	—
平均彩色 再现指数	$R^*_{ab,m}$	—	＞87	＞60	＞87	＞60	c

[a] 测试依据 CIE pub. 15.2，标准光源 D65、2°标准观察者、0°/45°几何角度。

[b] 胶印使用印刷油墨和 ISO 纸。依据 ISO 2846 对比范围 $L^*_N=18$、$L^*_W=96$。

[c] 依据附录 G 中的方法进行计算。

[d] 依据 ISO 2846 生产测试版 2～4，使用参考基片，见标准中注释。

注：参考材料是采用德国 Scheufelen、D-73250 Lenningen 的具有光泽表面的木浆纸 Phoenix Imperial APCO Ⅱ/Ⅱ。

L.1.2 用于ISO连续色调测试版的材料

测试版1:用于彩色照片的照相纸、光滑、225 g/m²。

测试版2:用于彩色照片的照相纸、光滑、225 g/m²。

测试版3:用于彩色照片的照相纸、光滑、225 g/m²。

测试版4:用于彩色照片的照相纸、光滑、225 g/m²。

特性见表L.2:

表L.2 测试版1～4的特性(c=连续色调类型)

特性 h=半色调	符号	单位	黑白 测试版1	彩色[b] 测试版2	黑白[b] 测试版3	彩色[b] 测试版4	引用标准
规格	—	—	A4[d]	A4[d]	A4[d]	A4[d]	ISO 216
参考质量 (面积重量)	m_A	g/m²	225	225	225	225	ISO 536
光滑度	$GL(Bekk)_B$	s	>3 000	>3 000	>3 000	>3 000	ISO 5627
不透明性	O	%	>95	>95	>95	>95	ISO 2471
反射系数	R_{457}	%	>83	>83	>83	>83	ISO 1469
黑色N明度	L^*_{CIELAB}	—	≤7	≤7	≤7	≤7	a
白色W明度	L^*_{CIELAB}	—	≥91	≥91	≥91	≥91	a
印刷胶片的 分辨率	r	点/mm(dpi)	12(300)	12(300)	12(300)	12(300)	
光栅距离	d_r	μm	84	84	84	84	—
斑点尺寸	d_s	μm	168	168	168	168	—
平均彩色 再现指数	$R^*_{ab,m}$	—	>87	>60	>87	>60	c

a 测试依据CIE pub. 15.2,标准光源D65、2°标准观察者、0°/45°几何角度。

b 数字成像在照相纸上,对比范围$L^*_N=7$、$L^*_W=96$。

c 依据附录G中的方法进行计算。

d 一些图像复印设备只能输出小于A4尺寸的复印品,该尺寸应包含边框区的内边框。

ICS 71.040.01
N 53

中华人民共和国国家标准

GB/T 21186—2007

傅立叶变换红外光谱仪

Fourier transform infrared spectrometer

2007-09-12 发布

2008-05-01 实施

中华人民共和国国家质量监督检验检疫总局
中国国家标准化管理委员会
发布

前　言

本标准由中国机械工业联合会提出。

本标准由全国工业过程测量和控制标准化技术委员会分析仪器分技术委员会(SAC/TC 124/SC 6)归口。

本标准起草单位:北京瑞利分析仪器公司、天津大学、北京大学、北京华夏科创仪器技术有限公司、北京市计量检测科学研究院、中国石化石油化工科学研究院。

本标准主要起草人:王百华、高学军、范世福、翁诗甫、张新民、臧甲鹏、徐广通。

本标准为首次发布。

傅立叶变换红外光谱仪

1 范围

本标准规定了傅立叶变换红外光谱仪的要求、试验方法、检验规则、标志、包装、运输及贮存、质量保证等。

本标准适用于测量波段在中红外区的傅立叶变换红外光谱仪(以下简称"仪器")。

2 规范性引用文件

下列文件中的条款通过本标准的引用而成为本标准的条款。凡是注日期的引用文件，其随后所有的修改单(不包括勘误的内容)或修订版均不适用于本标准，然而，鼓励根据本标准达成协议的各方研究是否可使用这些文件的最新版本。凡是不注日期的引用文件，其最新版本适用于本标准。

GB/T 191—2000 包装储运图示标志(eqv ISO 780:1997)

GB/T 2829—2002 周期检验计数抽样程序及表(适用于对过程稳定性的检验)

GB/T 15464—1995 仪器仪表包装通用技术条件

JB/T 9329—1999 仪器仪表运输、运输贮存基本环境条件及试验方法

3 要求

3.1 仪器正常工作条件

a) 温度 15℃~30℃，相对湿度应小于 70%；

b) 仪器应放在平稳的工作台上，附近应无强电磁场干扰源，电源接地良好；

c) 仪器工作环境应清洁，无腐蚀性气体；

d) 供电电源：电压 220 V±22 V，频率 50 Hz±1 Hz。

3.2 本底光谱能量分布

4 000 cm^{-1}处能量值应不小于最高点能量值的 20%。

3.3 100%τ 线倾斜范围

仪器多波段 100%τ 线的倾斜范围见表 1。

表 1 100%τ 线倾斜范围

波数范围/cm^{-1}	100%τ 线倾斜范围/%τ
800~500	98.0~102.0
2 200~1 900	99.5~100.5
3 200~2 800	99.5~100.5
4 400~4 000	98.5~101.5

3.4 100%τ 线噪声

仪器 100%τ 线噪声见表 2。

表 2 100%τ 线噪声

波数范围/cm^{-1}	均方根值 RMS
4 100~4 000	≤1∶2 500
2 200~2 100(或 2 100~2 000)	≤1∶8 000
1 000~900	≤1∶2 500

3.5　透过率重复性

仪器透过率重复性应不大于 0.5%τ。

3.6　分辨率

仪器最高分辨率应在 4 cm^{-1}、2 cm^{-1}、1 cm^{-1}、0.5 cm^{-1}、0.25 cm^{-1}、0.125 cm^{-1}中选择。

3.7　波数准确度

仪器波数准确度对优于 0.5 cm^{-1}(含 0.5 cm^{-1})分辨率的仪器应小于设定分辨率的 1/2;对低于 0.5 cm^{-1}分辨率的仪器应不超过±1 cm^{-1}。

3.8　波数重复性

仪器波数重复性对优于 0.5 cm^{-1}(含 0.5 cm^{-1})分辨率的仪器应小于设定分辨率的 1/2;对低于 0.5 cm^{-1}分辨率的仪器应不超过±1 cm^{-1}。

3.9　安全要求

3.9.1　绝缘电阻

在正常工作条件下,仪器的绝缘电阻应不小于 20 MΩ。

3.9.2　绝缘强度

在正常工作条件下,仪器应能承受 1 500 V 交流有效值连续 1 min 的电压试验,不应出现飞弧和击穿现象。

3.9.3　泄漏电流

在正常工作条件下,仪器的泄漏电流应不大于 5 mA。

3.10　仪器外观

a)　仪器所有电镀表面不应有脱皮现象;

b)　喷漆或喷塑表面应色泽均匀,不应有明显的擦伤、露底、裂纹、起泡现象;

c)　外露零部件结合处应整齐,无粗糙不平现象;

d)　面板上的文字、符号、标志应端正清晰。

3.11　仪器成套性

按具体仪器标准规定。

3.12　运输、运输贮存

仪器在运输包装状态下,应按 JB/T 9329—1999 表 1 中序号 1～5 的项目内容进行试验。其中高温 55℃,低温 −40℃;交变湿热:相对湿度 95%,温度 40℃;倾斜跌落高度 250 mm。全部试验完成后,解除运输包装状态,将仪器置于正常工作条件下进行检验,仪器应符合 3.2～3.11 要求。

4　试验方法

4.1　试验条件

a)　本标准试验方法均应在 3.1 所规定条件下进行。

b)　仪器试验用设备:

1)　0.05 mm 厚聚苯乙烯标准膜;

2)　内部充有一氧化碳(大于 99.9%分析纯)气体的 100 mm 气体池;

3)　500 V 直流绝缘电阻表;

4)　耐电压测试仪;

5)　泄漏电流测量仪。

c)　仪器在试验前应预热 30 min。

4.2　本底光谱能量分布

设定分辨率为 4 cm^{-1},扫描速度置于最佳位置,扫描次数为 32。采集空气本底光谱,分别测量本底光谱中能量最高点波数处本底光谱的能量 τ_{max} 和 4 000cm^{-1}处的能量 $\tau_{4\,000}$。计算 $\tau_{4\,000}/\tau_{max}$。

4.3 100%τ线倾斜范围

同4.2设定。采集空气本底光谱和空气样品光谱，测100%τ线。分别测量800 cm^{-1}～500 cm^{-1}，2 200 cm^{-1}～1 900 cm^{-1}，3 200 cm^{-1}～2 800 cm^{-1}和4 400 cm^{-1}～4 000 cm^{-1}各波数段的透过率。

4.4 100%τ线噪声

同4.2设定。采集空气本底光谱和空气样品光谱，得到100%τ线，计算1 000 cm^{-1}～900 cm^{-1}，2 200 cm^{-1}～2 100 cm^{-1}（或2 100 cm^{-1}～2 000 cm^{-1}），4 100 cm^{-1}～4 000 cm^{-1}各波数段的透过率的均方根(RMS)值。

4.5 透过率重复性

同4.2设定。采集空气本底光谱，放入0.05 mm聚苯乙烯薄膜标样，采集样品光谱，得到该样品透过率光谱，连续重复测量6次，分别测出906 cm^{-1}，1 942 cm^{-1}两谱带的透过率，取其透过率的最大值τ_{max}及最小值τ_{min}，其重复性为$\tau_{max}-\tau_{min}$。

4.6 分辨率

4.6.1 设定仪器最高分辨率，扫描速度置于最佳位置，扫描次数为32，截趾函数为BOXCOR，仪器光阑为最小档。对优于0.5 cm^{-1}（含0.5 cm^{-1}）分辨率的仪器采用充有一氧化碳气体池测定，采集本底光谱；放入充有一氧化碳气体的气体池（一氧化碳气体检定分辨率时的气体压强见表3），采集样品透过率光谱，采用峰的半高宽定义，测一氧化碳气体2 193.36 cm^{-1}谱线的半高宽。

表3 一氧化碳气体压强的适用范围

分辨率/cm^{-1}	压强/kPa
0.5	4.0
0.125	1.2

4.6.2 同4.6.1设定。对低于0.5 cm^{-1}分辨率的仪器采用空气中水峰测定，采集本底光谱，获得本底光谱能量图，采用峰的半高宽定义，计算所选择1 900 cm^{-1}～1 700 cm^{-1}范围内对称水峰谱线的半高宽。

4.7 波数准确度

4.7.1 对优于0.5 cm^{-1}（含0.5 cm^{-1}）分辨率的仪器，设定仪器最高分辨率，扫描速度置于最佳位置，扫描次数为32，截趾函数为BOXCOR，仪器光阑为最小档，采集本底光谱；然后放入充有一氧化碳气体的气体池，采集样品透过率光谱，一氧化碳气体特征峰位为2 193.36 cm^{-1}。测量3次，计算每次与特征峰位之差并取最大值。

4.7.2 对低于0.5 cm^{-1}分辨率的仪器，设定仪器分辨率4 cm^{-1}，扫描速度置于最佳位置，扫描次数为32，采集本底光谱；然后放入0.05 mm厚的聚苯乙烯薄膜标样，采集样品透过率光谱，测量聚苯乙烯薄膜的3个特征峰位（峰位见表4）的实测值。测量3次，计算每次与特征峰位之差并取最大值。

表4 聚苯乙烯薄膜峰位

序号	吸收峰峰位/cm^{-1}
1	3 081.87
2	1 601.15
3	906.62

4.8 波数重复性

4.8.1 对优于0.5 cm^{-1}（含0.5 cm^{-1}）分辨率的仪器，设定仪器最高分辨率，扫描速度置于最佳位置，扫描次数为32，截趾函数为BOXCOR，仪器光阑为最小档，采集本底光谱；放入充有一氧化碳气体的气体池(压强见表3),采集样品透过率光谱,测一氧化碳气体2 193.36cm^{-1}的准确度,连续重复测量6次,取最大值与最小值之差。

4.8.2 对低于0.5 cm^{-1}分辨率的仪器,设定仪器分辨率为4 cm^{-1},扫描速度置于最佳位置,扫描次数为32,采集本底光谱;放入0.05 mm厚的聚苯乙烯薄膜标样,采集样品透过率光谱,连续重复测量6次,测量聚苯乙烯薄膜的3个峰位的实测值,每个峰位的最大值与最小值之差,取最大值。

4.9 安全试验

4.9.1 绝缘电阻

仪器的电源插头不接入电网,电源开关置于接通位置,用绝缘电阻表在电源插头的相、中联线与地线之间,施加500 V直流试验电压,稳定5 s后,测量绝缘电阻。

4.9.2 绝缘强度

仪器的电源插头不接入电网,电源开关置于接通位置,将耐电压测试仪的输出电流置于5 mA档,在电源插头的相、中联线与地线之间施加试验电压,试验电压应在5 s~10 s内从零开始逐渐上升到1 500 V,并保持1 min,然后在5 s~10 s内平稳下降到零。

4.9.3 泄漏电流

将仪器置于绝缘的工作台上,其电源插头与泄漏电流测量仪输出端相联,泄漏电流测量仪接入电网并通电,仪器电源开关置于接通位置,将电压调至242 V,测量1次,记录电流值。变换电源极性,重复测量1次,记录电流值,取两次中的最大值。

4.10 仪器外观

用目视和手感检查。

4.11 仪器成套性

目测检查。

4.12 运输、运输贮存

按JB/T 9329—1999中的4.1~4.5的方法进行。

5 检验规则

5.1 检验分类

仪器的检验分为出厂检验和型式检验。

5.2 出厂检验

5.2.1 每台仪器应经检验合格,并附有仪器合格证方能出厂。

5.2.2 出厂的每台仪器均应按本标准3.2~3.11的要求进行检验。

5.3 型式检验

5.3.1 仪器在下列情况之一时,应按3.2~3.12要求进行型式检验。

a) 新仪器和老仪器转厂生产试制定型鉴定;

b) 正式生产后,如结构、材料、工艺有较大改变,可能影响仪器性能时;

c) 正常生产时,定期或累计一定产量后,应周期进行一次检验;

d) 仪器长期停产后,恢复生产时;

e) 出厂检验结果与上次型式检验有较大差异时;

f) 国家质量监督机构提出进行型式检验的要求时。

5.3.2 型式检验的样品应从出厂检验合格的仪器中随机抽取。

5.3.3 型式检验应按GB/T 2829—2002的规定进行,采用一次抽样方案。仪器的检验项目、不合格分类、不合格质量水平(RQL)、判别水平(DL)按表5规定进行。批质量以每百单位仪器不合格数表示。

表 5　型式检验

序号	不合格分类	检验项目及章条			不合格质量水平(RQL)	判别水平(DL)	抽样方案	
		项目	要求章条	试验方法章条			样本量 n	判别数组(Ac,Re)
1	A	绝缘电阻	3.9.1	4.9.1	30	I	3	(0,1)
2		绝缘强度	3.9.2	4.9.2				
3		泄漏电流	3.9.3	4.9.3				
4	B	光谱本底能量分布	3.2	4.2	65		3	(1,2)
5		100%τ 线倾斜范围	3.3	4.3				
6		100%τ 噪声	3.4	4.4				
7		透过率重复性	3.5	4.5				
8		分辨率	3.6	4.6				
9		波数准确度	3.7	4.7				
10		波数重复性	3.8	4.8				
11		运输、运输贮存	3.12	4.12				
12	C	仪器外观	3.10	4.10	100			(2,3)
13		仪器成套性	3.11	4.11				

5.3.4　若型式检验不合格，应分析原因，找出问题并落实措施，重新进行型式检验。若再次型式检验不合格，则应停产整顿，仪器停止出厂，待问题解决，型式检验合格后方可恢复出厂检验。

5.3.5　若型式检验合格，经出厂检验合格的批，作为合格品可以出厂或入库。若入库超过 12 个月再出厂，则应重新进行出厂检验。

6　标志、包装、运输及贮存

6.1　标志

6.1.1　仪器标志

a)　制造厂名称；

b)　仪器型号；

c)　仪器名称；

d)　商标；

e)　制造日期出厂编号；

f)　制造计量器具许可证标志和编号。

6.1.2　包装标志

a)　制造厂名称及地址；

b)　仪器型号；

c)　仪器名称；

d)　商标；

e)　制造计量器具许可证标志和编号；

f)　仪器质量，单位为 kg；体积为长×宽×高，单位为 mm×mm×mm；

g)　包装贮运图示标志："易碎物品"、"向上"、"怕雨"等应符合 GB/T 191—2000 规定；

h)　发货、收货单位名称及地址。

6.2 包装

6.2.1 仪器包装应符合 GB/T 15464—1995 中防潮、防震包装规定。

6.2.2 仪器随机文件

a) 装箱单；

b) 使用说明书；

c) 质量合格证。

6.3 运输

仪器在包装完整的情况下，可用一般的交通工具运输。运输过程中应按印刷的运输标志要求进行运输作业，应防止雨淋、翻倒、曝晒及剧烈冲击。

6.4 贮存

仪器在包装状态下，应贮存在环境温度 0℃～40℃，相对湿度不应大于 85%，且空气中不应含有腐蚀性气体的室内。

7 质量保证

在用户遵守保管和使用规则的条件下，仪器自发货之日起 12 个月内，因制造质量不良而不能正常工作时，制造厂应无偿为用户修理或更换零部件(不包括易损易耗件的调换)。

ICS 71.040.01
N 53

中华人民共和国国家标准

GB/T 21187—2007

原子吸收分光光度计

Atomic absorption spectrophotometer

2007-09-12 发布　　2008-05-01 实施

中华人民共和国国家质量监督检验检疫总局
中国国家标准化管理委员会　发布

前　言

本标准由中国机械工业联合会提出。

本标准由全国工业过程测量和控制标准化技术委员会分析仪器分技术委员会(SAC/TC 124/SC 6)归口。

本标准起草单位:北京瑞利分析仪器公司、清华大学、国家地质实验测试中心、国家有色金属及电子材料分析测试中心、北京市计量检测科学研究院、上海精密科学仪器有限公司、北京市北分仪器技术公司。

本标准主要起草人:章诒学、邓勃、杨啸涛、郑永章、臧甲鹏、单继烈、陶崇文。

本标准为首次发布。

原子吸收分光光度计

1 范围

本标准规定了原子吸收分光光度计的要求、试验方法、检验规则和标志、包装、运输及贮存、质量保证等。

本标准适用于具有火焰原子化、电热原子化功能的原子吸收分光光度计(以下简称“仪器”)。

2 规范性引用文件

下列文件中的条款通过本标准的引用而成为本标准的条款。凡是注日期的引用文件,其随后所有的修改单(不包括勘误的内容)或修订版均不适用于本标准,然而,鼓励根据本标准达成协议的各方研究是否可使用这些文件的最新版本。凡是不注日期的引用文件,其最新版本适用于本标准。

GB/T 191—2000 包装储运图示标志(eqv ISO 780:1977)

GB/T 2829—2002 周期检验计数抽样程序及表(适用于对过程稳定性的检验)

GB/T 15464—1995 仪器仪表包装通用技术条件

JB/T 9329—1999 仪器仪表运输、运输贮存基本环境条件及试验方法

JB/T 9355—1999 原子吸收测量用校准溶液的制备方法

3 要求

3.1 正常工作条件

仪器工作环境应满足:

a) 环境温度 15℃~30℃;

b) 相对湿度不应大于 75%;

c) 无影响仪器使用的振动和电磁干扰;

d) 室内无腐蚀性气体,有良好的通风装置;

e) 供电电源:电压 220 V±22 V,频率 50 Hz±1 Hz。

3.2 波长准确度与波长重复性

a) 波长准确度不应超过±0.5 nm;

b) 波长重复性不应大于 0.3 nm。

3.3 分辨率

0.2 nm 光谱带宽时测量谱线半宽度不应超过 0.2 nm±0.02 nm。

3.4 基线稳定性

a) 基线漂移在 30 min 内不应大于 0.005 Abs;

b) 基线最大瞬时噪声在 30 min 内不应大于 0.005 Abs。

3.5 灵敏度

3.5.1 火焰法

铜质量浓度 2.0 μg/mL 标准溶液测量的吸光度不应小于 0.200 Abs(塞曼型仪器为 0.06 Abs)。

3.5.2 石墨炉法

铜质量浓度 20 ng/mL,20 μL 进样量,标准溶液测量的吸光度不应小于 0.08 Abs;10 μL 进样量,标准溶液测量的吸光度不应小于 0.04 Abs。

3.6 检出限

3.6.1 火焰法

铜元素检出限不应大于质量浓度 0.008 μg/mL(塞曼型仪器为质量浓度 0.010 μg/mL)。

3.6.2 石墨炉法

铜元素检出限不应大于 25 pg(塞曼型仪器为 30 pg)。

3.7 重复性

3.7.1 火焰法

铜元素测量的相对标准偏差不应大于 1%。

3.7.2 石墨炉法

铜元素测量的相对标准偏差不应大于 4%。

3.8 吸光度误差

仪器吸光度误差不应超过透过率标定值对应吸光度的±2%。

3.9 边缘波长噪声

仪器对边缘波长砷 193.7 nm、铯 852.1 nm 谱线进行测量,当峰值能量满度时,其瞬时噪声应小于 0.02 Abs。

3.10 背景校正能力

3.10.1 氘灯背景校正法

在背景吸收值接近 1 Abs 时,背景校正能力不应小于 30 倍。

3.10.2 自吸背景校正法和塞曼效应背景校正法

在背景吸收值接近 1 Abs 时,背景校正能力不应小于 60 倍。

3.11 狭缝换档定位误差

狭缝换档所引起的波长误差不应大于 0.3 nm。

3.12 仪器外观

所有电镀表面不应有脱皮现象;喷漆表面色泽应均匀,不应有明显的擦伤、露底、裂纹、起泡等现象;外部零件结合处应整齐,表面无粗糙不平现象。

3.13 安全要求

3.13.1 电气系统安全

3.13.1.1 绝缘电阻

仪器在正常工作条件下,绝缘电阻应大于 20 MΩ。

3.13.1.2 绝缘强度

仪器在正常工作条件下,应能承受 1 500 V 交流有效值连续 1 min 的电压试验,不应出现飞弧和击穿现象。

3.13.1.3 泄漏电流

仪器在正常工作条件下,泄漏电流不应大于 5 mA。

3.13.2 火焰原子化系统安全

火焰原子化系统应具有准确可靠的气路保护、火焰监控系统,在火焰熄灭情况下,应能自动切断气源并有自动报警或提示。

3.13.3 气路系统密封性

在气路系统处于正常工作压力并密闭条件下,在 15 min 内,助燃气系统压力下降不应大于 0.01 MPa,燃气系统压力下降不应大于 0.005 MPa。

3.14 仪器成套性

按具体仪器标准规定。

3.15 运输、运输贮存

仪器在运输包装状态下，按 JB/T 9329—1999 表 1 中序号 1～5 的项目内容进行试验。其中高温 55℃，低温 −40℃；交变湿热：相对湿度 95%、温度 40℃；倾斜跌落高度 250 mm。全部试验完成后，将仪器置于正常工作条件下进行检验，应符合 3.2～3.14 要求。

4 试验方法

4.1 试验条件

4.1.1 本试验方法均应在 3.1 所规定条件下进行。

4.1.2 仪器在试验前应预热 30 min。

4.2 波长准确度与波长重复性

4.2.1 试验设备

空心阴极灯：汞。

4.2.2 试验程序

仪器光谱带宽 0.2 nm，在汞或氖 253.7 nm、365.0 nm、435.8 nm、546.1 nm、724.5 nm、871.6 nm 谱线中，从短波至长波均匀选择 3～5 条谱线，进行单向 3 次测量，读出各谱线能量为峰值时的波长值。3 次测量的平均值与波长名义值之差即为波长准确度。3 次测量中最大值与最小值之差，即为波长重复性。

4.3 分辨率

4.3.1 试验设备

空心阴极灯：汞。

4.3.2 试验程序

仪器光谱带宽 0.2 nm，用汞 253.7 nm 谱线在能量档测量。调节光电倍增管高压，使谱线峰值能量为 100%±1%，扫描 253.5 nm～253.9 nm，测量谱线两侧能量为 50%时所对应波长值，计算其差值。如图 1 所示。

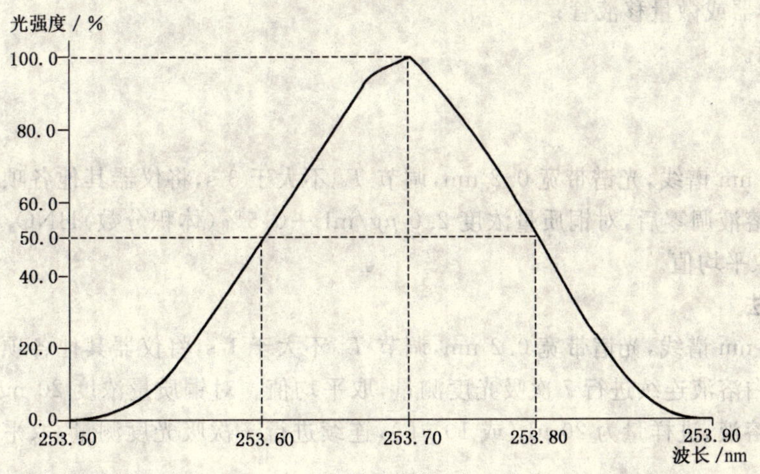

图 1 谱线半宽度

4.4 基线稳定性

4.4.1 试验设备

空心阴极灯：铜。

4.4.2 试验程序

选择铜 324.8 nm 谱线，光谱带宽 0.2 nm，用挡光方法测量仪器的 90%响应时间 T_{90}，调节 T_{90} 不大于 0.5 s。仪器与空心阴极灯同时预热 30 min。在不点火状态下，连续测量 30 min 内的吸光度，基线中心位置读数的最大值与最小值之差，即为基线漂移，最大瞬时峰-峰值即为基线最大瞬时噪声。

注：90%响应时间定义：从被测特性值发生阶跃变化的瞬间起，到示值变化通过且保持在超过其稳态振幅值之差的90%所经过的时间，即：$T_{90}=T_{10}+T_{\tau}$（或 T_{t}）。如图 2 所示。

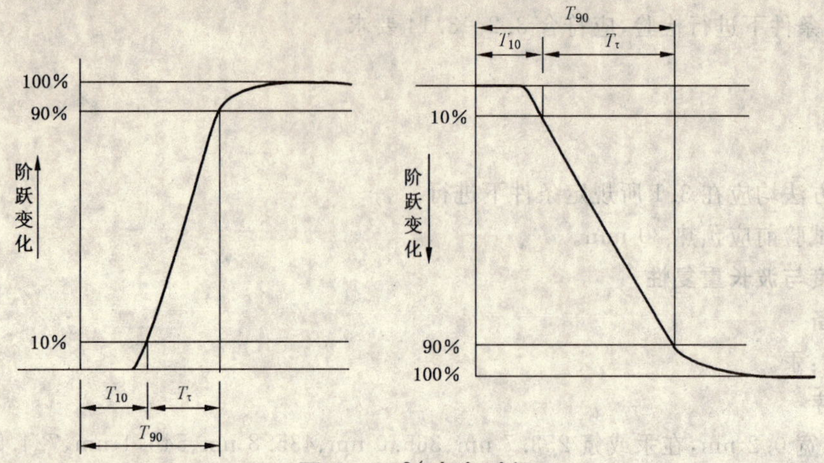

图 2　90%响应时间

4.5　灵敏度

4.5.1　试验设备

a)　空心阴极灯：铜；

b)　标准溶液：铜质量浓度 2.0 μg/mL＋0.5%（体积分数）HNO_3 水溶液、铜质量浓度 20 ng/mL＋0.5%（体积分数）HNO_3 标准溶液，按 JB/T 9355—1999 方法制备；

c)　空白溶液：0.5%（体积分数）HNO_3 水溶液；

d)　空压机或钢瓶空气；

e)　纯度≥99%的分析用钢瓶乙炔气；

f)　纯度≥99.99%的钢瓶氩气或氮气；

g)　自动进样器或微量移液管；

h)　冷却水源。

4.5.2　试验程序

4.5.2.1　火焰法

选择铜 324.8 nm 谱线，光谱带宽 0.2 nm，调节 T_{90} 不大于 3 s，将仪器其他各项参数调到火焰最佳工作状态，用空白溶液调零后，对铜质量浓度 2.0 μg/mL＋0.5%（体积分数）HNO_3 标准溶液连续进行 7 次吸光度测量，取平均值。

4.5.2.2　石墨炉法

选择铜 324.8 nm 谱线，光谱带宽 0.2 nm，调节 T_{90} 不大于 1 s，将仪器其他各项参数调到石墨炉最佳工作状态，对空白溶液连续进行 7 次吸光度测量，取平均值。对铜质量浓度 20 ng/mL＋0.5%（体积分数）HNO_3 标准溶液，进样量为 20 μL（或 10 μL），连续进行 7 次吸光度测量，取平均值。两值之差即为灵敏度。

4.6　检出限

4.6.1　试验设备

a)　空心阴极灯：铜；

b)　空白溶液：0.5%（体积分数）HNO_3 水溶液；

c)　空压机或钢瓶空气；

d)　纯度≥99%的分析用钢瓶乙炔气；

e)　纯度≥99.99%的钢瓶氩气或氮气；

f) 自动进样器或微量移液管；

g) 冷却水源。

4.6.2 试验程序

4.6.2.1 火焰法

仪器各项参数同4.5.2.1的工作状态，对空白溶液连续进行7次吸光度测量，按公式(1)计算其标准偏差，根据4.5.2.1测量标准溶液吸光度平均值，按公式(2)计算检出限。

$$S_0=\sqrt{\frac{\sum_{i=1}^{n}(A_i-\overline{A})^2}{n-1}} \qquad \cdots\cdots(1)$$

式中：

S_0——空白溶液7次测量标准偏差；

A_i——单次测量的吸光度值；

$\overline{A}$——空白溶液7次测量的吸光度平均值；

n——测量次数。

$$C_L=\frac{3S_0\times C_1}{\overline{A}_1} \qquad \cdots\cdots(2)$$

式中：

C_L——检出限，单位为微克每毫升(μg/mL)；

C_1——被测标准溶液浓度值，单位为微克每毫升(μg/mL)；

$\overline{A}_1$——标准溶液7次测量的吸光度平均值。

4.6.2.2 石墨炉法

仪器各项参数同4.5.2.2条的工作状态，根据4.5.2.2测量空白溶液吸光度值，按公式(1)计算其标准偏差，根据4.5.2.2测量标准溶液吸光度平均值，按公式(3)计算检出限。

$$C_L=\frac{3S_0\times C_2}{\overline{A}_1}\times V \qquad \cdots\cdots(3)$$

式中：

V——进样体积，单位为微升(μL)。

C_2——被测标准溶液浓度值，单位为纳克每毫升(ng/mL)。

4.7 重复性

4.7.1 试验设备

与4.5.1相同。

4.7.2 试验程序

4.7.2.1 火焰法

根据4.5.2.1测量的标准溶液吸光度，按公式(1)进行标准偏差计算，按公式(4)进行相对标准偏差计算。

4.7.2.2 石墨炉法

根据4.5.2.2测量的标准溶液吸光度，按公式(1)进行标准偏差计算，按公式(4)进行相对标准偏差计算。

$$\mathrm{RSD}=\frac{S}{\overline{A}_1}\times 100\% \qquad \cdots\cdots(4)$$

式中：

RSD——相对标准偏差，%；

S——标准溶液 7 次测量的标准偏差。

4.8 吸光度误差

4.8.1 试验设备

a) 空心阴极灯：汞；

b) 可见光区透过率为 10%、20%、30%标准中性滤光片组，透过率示值标定误差不大于 0.5%。

4.8.2 试验程序

在汞 546.1 nm 谱线处，仪器基线调零，用可见光区透过率为 10%、20%、30%标准中性滤光片，垂直光轴插入光路，检测吸光度误差。

4.9 边缘波长噪声

4.9.1 试验设备

空心阴极灯：砷、铯。

4.9.2 试验程序

选择光谱带宽 0.2 nm，调节 T_{90} 不大于 2 s，砷、铯空心阴极灯预热 10 min，在砷 193.7 nm、铯 852.1 nm谱线峰值处调节能量为 100%，仪器吸光度示值调零，测量 5 min 内基线吸光度瞬时噪声值。

4.10 背景校正能力

4.10.1 试验设备

a) 空心阴极灯：铅；

b) 氯化钠溶液：质量浓度 2.5 mg/mL；

c) 紫外区中性滤光片：280.2 nm 谱线处透过率 $T=10\%$（吸光度值=1 Abs）；

d) 纯度≥99.99%的钢瓶氩气或氮气；

e) 自动进样器或微量移液管；

f) 冷却水源。

4.10.2 试验程序

a) 将仪器的各项参数调到石墨炉法测铅的最佳工作状态，选择铅 280.2 nm 谱线，向石墨炉注入氯化钠溶液并读出仪器的吸光度 A_1，选择溶液进样量使 $A_1 \approx 1$ Abs，然后将仪器处于背景校正工作状态，再向石墨炉注入等量的氯化钠溶液，读出仪器在背景校正时的吸光度 A_2，计算 A_1/A_2 值。

b) 将仪器的各项参数调到火焰法测铅的最佳工作状态，选择铅 280.2 nm 谱线，调零后将紫外区中性滤光片插入光路，读出仪器的吸光度 A_1，然后将仪器处于背景校正工作状态，再将紫外区中性滤光片插入光路，读出仪器在背景校正时的吸光度 A_2，计算 A_1/A_2 值。

4.11 狭缝换档定位误差

4.11.1 试验设备

空心阴极灯：铜。

4.11.2 试验程序

在 0.2 nm 光谱带宽档，对铜 324.8 nm 波长谱线进行单向 3 次测量。改变光谱带宽档，对每档光谱带宽用同样方式测量 3 次。计算各档对应的波长平均值与 0.2 nm 光谱带宽档的波长平均值之差。

4.12 仪器外观

目视和手感检查。

4.13 安全要求

4.13.1 电气系统安全

4.13.1.1 绝缘电阻

4.13.1.1.1 试验设备

500 V 绝缘电阻表。

4.13.1.1.2 试验程序

仪器的电源插头不接入电网，电源开关置于接通位置，用绝缘电阻表在电源插头相、中联线与地线之间施加 500 V 直流试验电压，稳定 5 s 后测绝缘电阻。

4.13.1.2 绝缘强度

4.13.1.2.1 试验设备

耐电压测试仪；耐电压测试仪产生的试验电压应为正弦波形，其失真系数不大于 5%，频率为 50 Hz ±2.5 Hz。

4.13.1.2.2 试验程序

仪器的电源插头不接入电网，电源开关置于接通位置，将耐电压测试仪的击穿电流置于 5 mA 档，在电源插头相、中联线与地线之间施加试验电压，试验电压应在 5 s～10 s 内逐渐上升到 1 500 V，并保持 1 min，然后在 5 s～10 s 内平稳下降到零。

4.13.1.3 泄漏电流

4.13.1.3.1 试验设备

泄漏电流测量仪。

4.13.1.3.2 试验程序

仪器置于绝缘工作台上，其电源插头与泄漏电流测量仪相联，泄漏电流测量仪接入电网并通电，仪器电源开关置于接通位置，将电压调至 242 V，测量 1 次，记录电流值；变换电源极性，重复测量 1 次，记录电流值，取两次中的最大值。

4.13.2 火焰原子化系统安全

4.13.2.1 试验材料

a) 挡光板；

b) 肥皂水。

4.13.2.2 试验程序

按仪器点火操作规程点燃火焰后，在火焰传感器与火焰之间，快速插入挡光板后，仪器应能自动切断气源并有自动报警或提示。点燃火焰状态下，用肥皂水涂敷雾化室检漏。

4.13.3 气路系统密封性

4.13.3.1 试验设备

a) 空压机或钢瓶空气；

b) 开关阀。

4.13.3.2 试验程序

将压缩空气源和开关阀分别接入助燃气或燃气气路系统入口，堵死气路出口。助燃气系统压力升至 0.2 MPa，燃气系统压力升至 0.05 MPa 后，关断气源。分别检测 15 min 内，助燃气系统和燃气系统压力下降值。

4.14 仪器成套性

目视检查。

4.15 运输、运输贮存

仪器在包装状态下，按 JB/T 9329—1999 中 4.1～4.5 方法进行。

5 检验规则

5.1 检验分类

本标准的检验分为：

a) 出厂检验；

b) 型式检验。

5.2 出厂检验

a) 每台仪器应经检验合格，并附有仪器合格证方能出厂；

b) 出厂检验应按 3.2～3.14 要求进行。

5.3 型式检验

5.3.1 产品在下列情况之一时，应按 4.2～4.15 要求进行型式检验。

a) 新仪器和老仪器转厂生产试制定型鉴定；

b) 正式生产后，如结构、材料、工艺有较大改变，可能影响仪器性能时；

c) 正常生产时，定期或积累一定产量后，应周期进行一次检验；

d) 产品长期停产，恢复生产时；

e) 出厂检验结果与上次型式检验有较大差异时；

f) 国家质量监督机构提出进行型式检验要求时。

5.3.2 型式检验的样品应从出厂检验合格的批中随机抽取。

5.3.3 型式检验应按 GB/T 2829—2002 的规定进行，采用一次抽样方案。仪器的检验项目、不合格分类、不合格质量水平(RQL)、判别水平(DL)按表 1 规定进行。批质量以每百单位仪器不合格数表示。

表 1

<table>
<tr><th rowspan="2">序号</th><th rowspan="2">不合格分类</th><th colspan="3">检验项目及章条</th><th rowspan="2">不合格质量水平(RQL)</th><th rowspan="2">判别水平(DL)</th><th colspan="2">抽样方案</th></tr>
<tr><th>项目</th><th>要求章条</th><th>试验方法章条</th><th>样品量 n</th><th>判定数组(Ac,Re)</th></tr>
<tr><td>1</td><td>A</td><td>安全要求</td><td>3.13</td><td>4.13</td><td>30</td><td rowspan="14">I</td><td rowspan="14">3</td><td>(0,1)</td></tr>
<tr><td>2</td><td rowspan="11"></td><td>波长准确度，重复性</td><td>3.2</td><td>4.2</td><td rowspan="11">65</td><td rowspan="11">(1,2)</td></tr>
<tr><td>3</td><td>分辨率</td><td>3.3</td><td>4.3</td></tr>
<tr><td>4</td><td>基线稳定性</td><td>3.4</td><td>4.4</td></tr>
<tr><td>5</td><td>灵敏度</td><td>3.5</td><td>4.5</td></tr>
<tr><td>6</td><td>检出限</td><td>3.6</td><td>4.6</td></tr>
<tr><td>7</td><td>重复性</td><td>3.7</td><td>4.7</td></tr>
<tr><td>8</td><td>吸光度校准</td><td>3.8</td><td>4.8</td></tr>
<tr><td>9</td><td>边缘能量</td><td>3.9</td><td>4.9</td></tr>
<tr><td>10</td><td>背景校正倍数</td><td>3.10</td><td>4.10</td></tr>
<tr><td>11</td><td>狭缝换档定位误差</td><td>3.11</td><td>4.11</td></tr>
<tr><td>12</td><td>运输、运输贮存</td><td>3.15</td><td>4.15</td></tr>
<tr><td>13</td><td rowspan="2">C</td><td>仪器外观</td><td>3.12</td><td>4.12</td><td rowspan="2">100</td><td rowspan="2">(2,3)</td></tr>
<tr><td>14</td><td>仪器成套性</td><td>3.14</td><td>4.14</td></tr>
</table>

5.3.4 若型式检验不合格，应分析原因找出问题并落实措施，重新进行型式检验。若再次型式检验不合格，则应停产整顿，仪器停止出厂，待问题解决，型式检验合格后方可恢复出厂检验。

5.3.5 若型式检验合格，经出厂检验合格的批，作为合格品可以出厂或入库。若入库超过 12 个月再出厂，则必须重新进行出厂检验。

6 标志、包装、运输、贮存

6.1 标志

6.1.1 仪器标志

a) 制造厂名称；

b) 仪器型号；

c) 仪器名称；

d) 商标；

e) 制造日期、仪器编号；

f) 制造计量器具许可证标志和编号。

6.1.2 包装标志

a) 制造厂名称及地址；

b) 仪器型号；

c) 仪器名称；

d) 商标；

e) 制造计量器具许可证标志和编号；

f) 仪器质量，单位为 kg；体积为长×宽×高，单位为 mm×mm×mm；

g) 包装储运图示标志："易碎物品"、"向上"、"怕雨"等应符合 GB/T 191—2000 规定；

h) 发货、收货单位名称及地址。

6.2 包装

6.2.1 仪器包装

仪器包装应符合 GB/T 15464—1995 中防潮、防震包装规定。

6.2.2 随机文件

a) 装箱单；

b) 使用说明书；

c) 合格证；

d) 附备件清单。

6.3 运输

仪器在包装完整的情况下，可用一般交通工具运输。运输过程中应按印刷的运输标志的要求进行运输作业，防止雨淋、翻倒、曝晒及剧烈冲击。

6.4 贮存

仪器在运输包装状态下，应贮存在环境温度为 0℃～40℃、相对湿度不应大于 85%，且空气中不应含有腐蚀性气体的室内。

7 质量保证

在用户遵守保管和使用规则的条件下，仪器自发货之日起 12 个月内，因制造质量不良而不能正常工作时，制造厂商应无偿为用户修理或更换零部件(不包括易损易耗件的调换)。

ICS 17.120.10
N 12

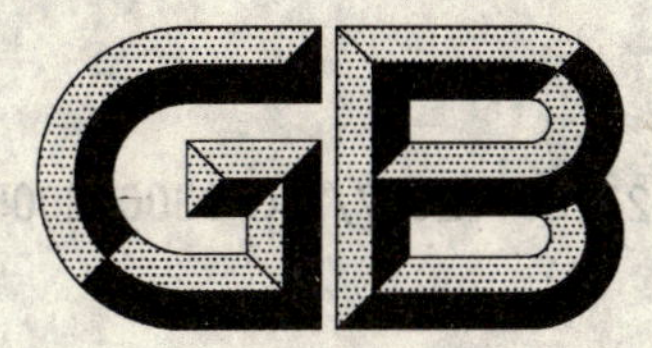

中华人民共和国国家标准

GB/T 21188—2007/ISO 9300:2005

用临界流文丘里喷嘴测量气体流量

Measurement of gas flow by means of critical flow Venturi nozzles

(ISO 9300:2005,IDT)

2007-09-12 发布　　2008-05-01 实施

中华人民共和国国家质量监督检验检疫总局
中国国家标准化管理委员会　发布

前　言

本标准等同采用 ISO 9300:2005《用临界流文丘里喷嘴测量气体流量》。

本标准等同翻译 ISO 9300:2005(英文版)。

本标准在制定时按 GB/T 1.1—2000《标准化工作导则　第1部分:标准的结构和编写规则》和 GB/T 20000.2—2001《标准化工作指南　第2部分:采用国际标准的规则》的有关规定做了如下编辑性修改:

——删除了 ISO 9300:2005 国际标准的前言;

——将"本国际标准"改成"本标准";

——将 ISO 9300:2005 国际标准中作为小数点的逗号","改为小数点".";

——第5章中的"(见9.5)"更正为"(见7.5)";

——原文 E.2"修正因子"一节中第三小段"……(β在0.15～0.5之间)"更正为"……(β值在0.25～0.5之间)";

——本标准根据国内的具体情况,增加了附录 NA"检验规则"和附录 NB"临界流喷嘴"。

本标准的附录 A、附录 B、附录 C、附录 D、附录 E 为规范性附录,附录 NA 和附录 NB 为资料性附录。

本标准由中国机械工业联合会提出。

本标准由全国工业过程测量和控制标准化技术委员会第一分技术委员会归口。

本标准负责起草单位:中国计量科学研究院。

本标准参加起草单位:国家水大流量计量站、北京市计量测试所、浙江余姚市银环流量仪表有限公司、天津市润泰自动化仪表有限公司、哈尔滨第一工具有限公司油田工具分公司。

本标准主要起草人:徐英华、王自和、王东伟。

本标准参加起草人:杨有涛、朱家顺、童复来、王耀庭。

本标准为首次发布。

用临界流文丘里喷嘴测量气体流量

1 范围

本标准规定了测量气体质量流量的临界流文丘里喷嘴(CFVN)的几何尺寸和使用方法(系统中的安装和工作条件),并给出了计算流量及其不确定度所需的资料。

本标准适用于气流在喉部加速到临界速度(等于局部音速)、且仅在喉部存在单相气体定常流的文丘里喷嘴。在临界速度下,流过文丘里喷嘴的气体质量流量是实际上游条件下可能达到的最大流量。临界流文丘里喷嘴只能在规定的喷嘴喉部对入口直径之比和喉部雷诺数的限值范围内使用。本标准所涉及的临界流文丘里喷嘴已做过大量的直接校准试验,能保证给出的临界流文丘里喷嘴流出系数在某个可预测的不确定度限值内。

本标准给出的资料适合于下述情况:临界流文丘里喷嘴的上游管线为圆形横截面的管线;或者临界流文丘里喷嘴的上游,或成组安装的一套临界流文丘里喷嘴的上游可以看成是一个大空间。这种成组配置为临界流文丘里喷嘴的并联安装提供了可能性,因此可以得到更大的流量。

对于高准确度测量,本标准论述了用于低雷诺数下的精确加工临界流文丘里喷嘴。

2 术语和定义

下列术语和定义适用于本标准。

2.1 压力测量

2.1.1

管壁取压口　wall pressure tapping

管壁上钻成的孔,其边缘与管道内表面平齐。

注:应使取压口中的压力为管道在这一点上的静压。

2.1.2

气体静压　static pressure of a gas

用连接在管壁取压口上的压力表所测量到的流动气体的实际压力。

注:本标准中所使用的均为绝对静压值。

2.1.3

滞止压力　stagnation pressure

流动气体以等熵过程达到静止状态时所存在的气体压力。

注:本标准中所使用的均为绝对滞止压力值。

2.2 温度测量

2.2.1

静态温度　static temperature

流动气体的实际温度。

注:本标准中所使用的均为绝对静态温度值。

2.2.2

滞止温度　stagnation temperature

流动气体以等熵过程达到静止状态时所存在的气体温度。

注:本标准中所使用的均为绝对滞止温度值。

2.3 文丘里喷嘴

2.3.1

文丘里喷嘴 Venturi nozzle

安装在系统中用于测量流量的收缩/扩散节流件。

2.3.2

普通加工文丘里喷嘴 normally machined Venturi nozzle

由车床加工并经表面抛光达到所需光滑度的文丘里喷嘴。

2.3.3

精确加工文丘里喷嘴 accurately machined Venturi nozzle

由超精密车床加工，无需抛光即可达到镜面粗糙度的文丘里喷嘴。

2.3.4

喉部 throat

文丘里喷嘴中直径最小的部分。

2.3.5

临界流文丘里喷嘴 critical flow Venturi nozzle

CFVN

喷嘴的几何形状和使用条件使其喉部流量达到临界值的文丘里喷嘴。

2.4 流量

2.4.1

质量流量 mass flow-rate

q_m

单位时间内流过文丘里喷嘴的气体质量。

注：本标准中术语“流量”始终指的是“质量流量”。

2.4.2

喉部雷诺数 throat Reynolds number

Re_{nt}

根据气体流量和喷嘴入口滞止条件下的气体动力黏度计算出的无量纲参数。

注：取滞止条件下的喉部直径作为特性尺寸参数。喉部雷诺数以下式表示：

$$Re_{nt} = \frac{4q_m}{\pi d \mu_0}$$

2.4.3

等熵指数 isentropic exponent

κ

在基本可逆绝热(等熵)变换条件下，压力的相对变化与密度的相对变化之比：

注1：等熵指数由下式给出：

$$\kappa = \frac{\rho}{p}\left(\frac{\mathrm{d}p}{\mathrm{d}\rho}\right)_S = \frac{\rho c^2}{p}$$

式中：

p——气体的绝对静压力；

ρ——气体的密度；

c——局部音速；

S——表示“等熵条件下”。

注2：对于理想气体，κ 等于比热容比 γ，并且对于单原子气体等于 5/3；对于双原子气体等于 7/5；对于三原子气体等于 9/7 等。

注3：在实际气体中，分子之间的作用力以及分子所占据的体积对气体的特性具有不可忽略的影响；在理想气体中，分子之间的作用力和分子所占据的体积可略去不计。

2.4.4

流出系数 discharge coefficient

$C_{d'}$

实际流量对无黏性气体理想流量的无量纲比值。该理想流量是在相同的上游滞止条件下按一维等熵流动而获得的。

注：该系数是对黏性和流场曲率影响的修正。对于本标准中所规定的各种喷嘴结构和安装条件，它仅是喉部雷诺数的函数。

2.4.5

临界流 critical flow

在给定上游条件下可能存在的特定文丘里喷嘴的最大流量。

注：当存在临界流时，喉部流速等于局部声速值(音速)，小的压力扰动以此速度传播。

2.4.6

临界流函数 critical flow function

C_*

表征文丘里喷嘴的入口与喉部之间等熵和一维流的热力学流动特性的无量纲函数。

注：它是气体特性和滞止条件的函数(见4.2)。

2.4.7

实际气体临界流系数 real gas critical flow coefficient

C_R

临界流函数的另一种形式，对气体混合物更为实用。

注：它与临界流函数的关系为：

$$C_R = C_* \sqrt{Z}$$

2.4.8

临界压力比 critical pressure ratio

r_*

流经喷嘴的气体质量流量为最大值时，喷嘴喉部处静压与滞止压力之比。

注：此比值按8.5给出的公式计算。

2.4.9

背压比 back-pressure ratio

喷嘴出口静压与喷嘴上游滞止压力之比。

2.4.10

马赫数 Mach number

Ma

在喷嘴上游静态条件下，流体平均轴向速度与上游取压口处的音速之比。

2.4.11

压缩系数 compressibility factor

Z

用数字表示在给定的压力和温度条件下实际气体的性质与理想气体定律不一致的修正系数。

注：它由下式确定：

$$Z = \frac{pM}{\rho RT}$$

其中，R 是通用气体常数，等于8.314 51 J/(mol·K)。

2.5

不确定度 uncertainty

与测量结果相关，表征被测量合理赋值的离散度的参数。

3 符号

符号	说　明	量纲	SI 单位
A_2	文丘里喷嘴出口的横截面积	L^2	m^2
A_{nt}	文丘里喷嘴喉部的横截面积	L^2	m^2
$C_{d'}$	流出系数	无量纲	
C_R	实际气体一维流的临界流系数	无量纲	
C_*	实际气体一维流的临界流函数	无量纲	
C_{*i}	理想气体一维等熵流的临界流函数	无量纲	
D	上游管道的直径	L	m
d	文丘里喷嘴喉部的直径	L	m
M	摩尔质量	M	$kg \cdot mol^{-1}$
Ma_1	上游取压口处的马赫数	无量纲	
p_1	喷嘴入口处气体的绝对静压	$ML^{-1}T^{-2}$	Pa
p_2	喷嘴出口处气体的绝对静压	$ML^{-1}T^{-2}$	Pa
p_0	喷嘴入口处气体的绝对滞止压力	$ML^{-1}T^{-2}$	Pa
p_{nt}	喷嘴喉部处气体的绝对静压	$ML^{-1}T^{-2}$	Pa
p_{*i}	理想气体一维等熵流的喷嘴喉部处气体的绝对静压	$ML^{-1}T^{-2}$	Pa
$(p_2/p_0)_i$	理想气体一维等熵流的喷嘴出口静压对喷嘴入口滞止压力之比	无量纲	
q_m	质量流量	MT^{-1}	$kg \cdot s^{-1}$
q_{mi}	非粘性气体一维等熵流的质量流量	MT^{-1}	$kg \cdot s^{-1}$
R	通用气体常数	$ML^2T^{-2}\Theta^{-1}$	$J \cdot mol^{-1}K^{-1}$
Re_{nt}	喷嘴喉部雷诺数	无量纲	
r_c	喷嘴入口的曲率半径	L	m
r_*	临界压力比 p_{nt}/p_0	无量纲	
U'	相对不确定度	无量纲	
T_1	喷嘴入口处气体的绝对温度	Θ	K
T_0	喷嘴入口处气体的绝对滞止温度	Θ	K
T_{nt}	喷嘴喉部处气体的绝对静态温度	Θ	K
ν_{nt}	喉部音速;喷嘴喉部临界流速度	LT^{-1}	$m \cdot s^{-1}$
Z	压缩系数	无量纲	
β	直径比 d/D	无量纲	
γ	比热容比	无量纲	
δ	绝对不确定度	a	a
κ	等熵指数	无量纲	
μ_0	滞止条件下气体的动力黏度	$ML^{-1}T^{-1}$	$Pa \cdot s$
μ_{nt}	喷嘴喉部处气体的动力黏度	$ML^{-1}T^{-1}$	$Pa \cdot s$
ρ_0	喷嘴入口处滞止条件下的气体密度	ML^{-3}	$kg \cdot m^{-3}$
ρ_{nt}	喷嘴喉部的气体密度	ML^{-3}	$kg \cdot m^{-3}$

M=质量;
L=长度;
T=时间;
Θ=温度。
[a] 与相应的量相同。

4 基本方程

4.1 状态方程

实际气体的特性可用下式表述：

$$\frac{p}{\rho}=\left(\frac{R}{M}\right)TZ \qquad \cdots\cdots(1)$$

4.2 理想条件下的流量

要使理想临界流量存在，必须具备3个主要条件：

a) 流动必须是一维的；

b) 流动必须是等熵的；

c) 气体必须是理想的(即 $Z=1$ 和 $\kappa=\gamma$)。

在这些条件下，由下式得到临界流量：

$$q_{mi}=\frac{A_{nt}C_{*i}p_0}{\sqrt{\left(\frac{R}{M}\right)T_0}} \qquad \cdots\cdots(2)$$

或

$$q_{mi}=A_{nt}C_{*i}\sqrt{p_0\rho_0} \qquad \cdots\cdots(3)$$

式中，

$$C_{*i}=\sqrt{\gamma\left(\frac{2}{\gamma+1}\right)^{\frac{\gamma+1}{\gamma-1}}} \qquad \cdots\cdots(4)$$

4.3 实际条件下的流量

在实际条件下，临界流量的公式为：

$$q_m=\frac{A_{nt}C_{d'}C_*p_0}{\sqrt{\frac{R}{M}T_0}} \qquad \cdots\cdots(5)$$

或

$$q_m=A_{nt}C_{d'}C_R\sqrt{p_0\rho_0} \qquad \cdots\cdots(6)$$

因为

$$C_R=C_*\sqrt{Z_0} \qquad \cdots\cdots(7)$$

式中，Z_0 为上游滞止条件下的压缩系数值：

$$Z_0=\frac{p_0M}{\rho_0RT_0} \qquad \cdots\cdots(8)$$

应当注意，C_* 和 C_R 并不等于 C_{*i}，因为气体并不是理想的。由于流动不是一维的而且由于黏性效应而存在一个边界层，所以 $C_{d'}$ 小于1。

4.4 临界质量通量

对于理想条件下的流量，临界质量通量等于$\frac{q_{mi}}{A_{nt}}$。

对于实际条件下的流量，临界质量通量等于$\frac{q_m}{A_{nt}C_{d'}}$。

5 适用的场合

应对每种应用场合进行评估，以确定临界流文丘里喷嘴或某些其他装置是否最为适用。一个重要的考虑因素是流过文丘里喷嘴的流量与下游压力无关(见7.5)，但下游压力应在文丘里喷嘴可用于临界流测量的压力范围内。

其他需要考虑的因素如下：

对于临界流文丘里喷嘴，只需测量临界流文丘里喷嘴上游的气体压力和温度或密度，因为喉部条件可根据热力学因素进行计算。

对于给定的上游滞止条件，临界流文丘里喷嘴喉部中的速度为最大可能值，因此除了临界流文丘里喷嘴入口部分不应存在的旋涡以外，对其他安装影响的敏感性减为最小。

把临界流文丘里喷嘴与亚音速差压式流量计相比较，可以发现就临界流文丘里喷嘴而言，流量与喷嘴上游滞止压力成正比，并不像亚音速流量计那样是与实测的差压值的平方根成正比。

给定临界流文丘里喷嘴所能达到的最大流量范围通常是由入口压力范围所限定，该入口压力范围要高于流动成为临界状态时的入口压力。

迄今为止临界流文丘里喷嘴最为普遍的应用场合是测试、校准和流量控制。

6 标准临界流文丘里喷嘴

6.1 一般要求

6.1.1 材料

应根据预定用途采用合适的材料制造临界流文丘里喷嘴。需要考虑的因素有：

a) 材料应能按规定条件精加工（如 6.1.2 和 6.1.3 所规定的那样）。不宜采用含有凹痕、气孔和夹有杂质的材料。

b) 材料及其表面处理应不受预定使用气体的腐蚀。

c) 材料的尺寸应稳定，并具有确定的可复现热膨胀特性（假如使用时的温度不同于测量喉部直径时的温度），以便能对喉部直径作适当修正。

6.1.2 喉部和入口表面精加工

临界流文丘里喷嘴的喉部和喇叭形入口至锥形扩散段应进行光面精加工，以使普通加工和精确加工临界流文丘里喷嘴的算术平均粗糙度 Ra 分别不超过 $15\times10^{-6}d$ 和 0.04 μm。

临界流文丘里喷嘴的喉部和喇叭形入口至锥形扩散段应无污垢或其他任何污染物。

对于普通加工临界流文丘里喷嘴，允许使用喉部有直径台阶的喇叭形喉部临界流文丘里喷嘴，该直径台阶应不大于喉部直径的 10%。

6.1.3 锥形扩散段

应检验临界流文丘里喷嘴锥形扩散段的形状，以保证任何台阶、不连续性、不规则性和不同轴度都不超过该处直径的 1%。锥形扩散段的算术平均粗糙度 Ra 应不超过 $10^{-4}d$。

6.2 结构

6.2.1 总则

标准临界流文丘里喷嘴有两种结构，亦即喇叭形喉部文丘里喷嘴和圆筒形喉部文丘里喷嘴。精确加工文丘里喷嘴应采用喇叭形结构。

6.2.2 喇叭形喉部文丘里喷嘴

6.2.2.1 喇叭形喉部临界流文丘里喷嘴应符合图 1 的规定。

6.2.2.2 为了确定临界流文丘里喷嘴测量系统其他元件的位置，临界流文丘里喷嘴的入口平面定义为：垂直于对称轴线、在直径等于 $2.5d\pm0.1d$ 的入口处横切的平面。

6.2.2.3 临界流文丘里喷嘴的收缩段（入口）应是一段圆环面，它从入口平面一直延伸到最小面积的横截面处（喉部）与扩散段相切。入口平面（见 6.2.2.2）上游的入口廓形，除了要求每个轴向位置所对应的内表面直径大于或等于喇叭形廓形延伸部分的直径外，无其他规定。

6.2.2.4 位于入口平面和扩散段之间的临界流文丘里喷嘴的喇叭形表面（见图 1）与圆环面形状的偏

差应不超过±0.001d。在对称轴所处平面内，该喇叭形表面的曲率半径 r_c 应为 1.8d～2.2d。

6.2.2.5 临界流文丘里喷嘴下游与圆环面相切的扩散段是一个具有 2.5°～6°半角的平截头圆锥体。扩散段的长度应不小于喉部直径。

6.2.2.6 使用按本标准制造的临界流文丘里喷嘴测量流量，其不确定度主要取决于喉部横截面积的不确定度。喇叭形喉部临界流文丘里喷嘴的喉部直径难以精确测量，尤其是小口径临界流文丘里喷嘴，因此应特别小心。

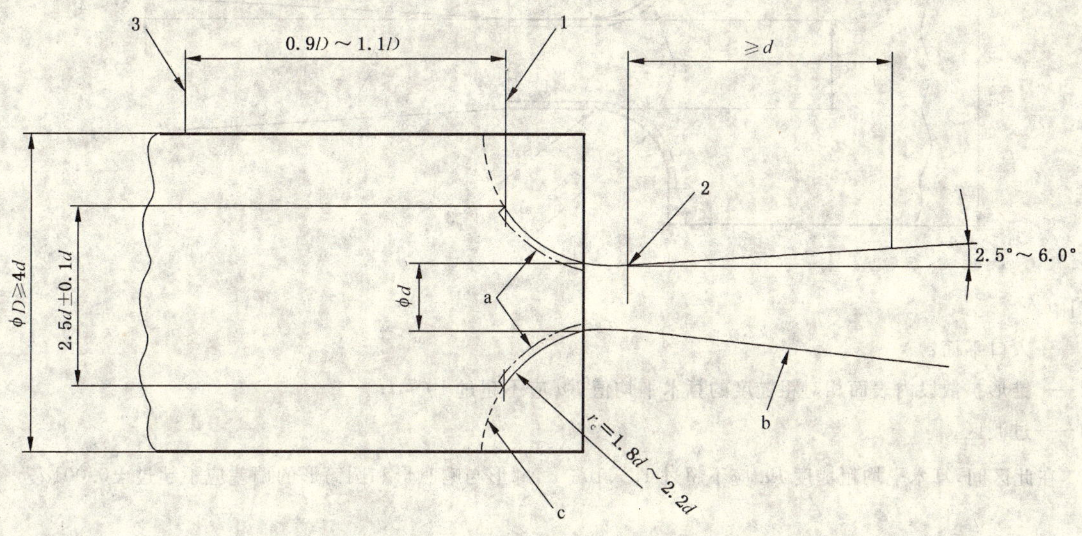

图中：

1——入口平面；

2——喇叭形表面和扩散段的结合处；

3——压力仪表的位置。

a 在此区间，普通加工和精确加工文丘里喷嘴的算术平均粗糙度 Ra 应分别不超过 $15\times10^{-6}d$ 和 0.04 μm，并且廓形与喇叭形状的偏差应不超过±0.001d。

b 在此区间的算术平均粗糙度 Ra 应不超过 $10^{-4}d$。

c 入口曲面应在此廓形外。

图 1 喇叭形喉部文丘里喷嘴

6.2.3 圆筒形喉部文丘里喷嘴

6.2.3.1 圆筒形喉部临界流文丘里喷嘴应符合图 2 的规定。

6.2.3.2 入口平面定义为：与临界流文丘里喷嘴入口廓形相切并垂直于喷嘴中心线的平面。

6.2.3.3 临界流文丘里喷嘴的收缩段(入口)应是一个 1/4 圆环面，其一端与入口平面(见 6.2.3.2)相切，另一端与圆筒形喉部相切。圆筒形喉部的长度和 1/4 圆环面的曲率半径 r_c 都应等于喉部直径。

6.2.3.4 临界流文丘里喷嘴的入口喇叭形表面与圆环面形状的曲面偏差应不超过±0.001d。

6.2.3.5 应根据圆筒形喉部出口段截面的平均直径计算流量。确定平均直径时应测量圆筒形喉部出口至少 4 个等角分布的直径。喉部长度内任何一个直径与平均直径的偏差均应不超过±0.001d。

喉部长度与喉部直径的偏差应不超过 0.05d。目检 1/4 圆环面与圆筒形喉部之间的连接处应无缺陷。如果观察到连接处有缺陷，应检查整个入口表面(1/4 圆环面和圆筒形喉部)，对称轴所处平面中的局部曲率半径决不能小于 0.5d。图 3 说明了这项要求。

入口和喉部的全部表面都应适当抛光，使算术平均粗糙度 Ra 不超过 $15\times10^{-6}d$。

圆筒形喉部和扩散段之间的连接处亦应目检而观察不到缺陷。

6.2.3.6 临界流文丘里喷嘴的扩散段由半角在3°～4°之间的平截头圆锥体构成。扩散段的长度应不小于喉部直径。

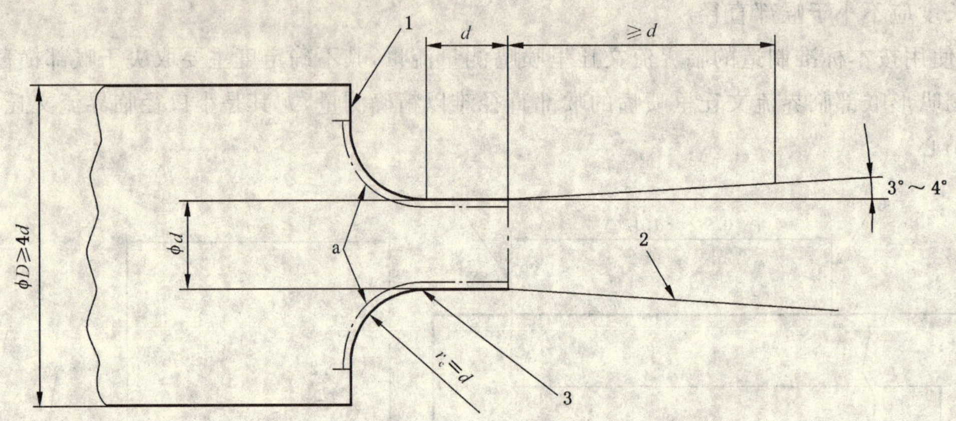

图中：

1——入口平面；

2——锥形扩散段内表面相对粗糙度的算术平均值 Ra 应不超过 $10^{-4}d$；

3——过渡区。

a 在此区间，算术平均粗糙度 Ra 应不超过 $15\times10^{-6}d$，廓形与喇叭形和圆筒形的偏差应不超过±0.001d。

图2 圆筒形喉部文丘里喷嘴

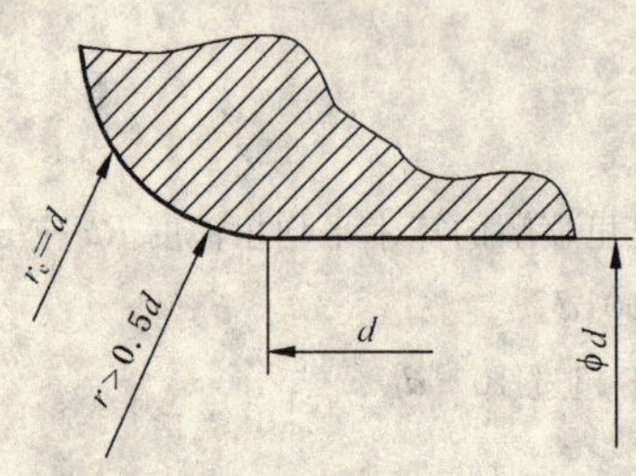

图3 1/4圆环面与圆筒形喉部之间过渡区的连接详图

7 安装要求

7.1 总则

本标准适用于在下列两种情况下安装临界流文丘里喷嘴：

a) 临界流文丘里喷嘴的上游管线为圆形横截面管线；

b) 可以认为临界流文丘里喷嘴或成组安装的一套临界流文丘里喷嘴的上游是一个大空间。

在a)的情况下，临界流文丘里喷嘴应安装在符合7.2要求的系统中。

在b)的情况下，临界流文丘里喷嘴应安装在符合7.3要求的系统中。

在这两种情况中，临界流文丘里喷嘴的上游都不应存在旋涡。在喷嘴上游存在管线的场合下，可在喷嘴入口平面上游 $l_1>5D$ 距离处安装如图4所示的整直器，以确保无旋涡的条件。也可采用已获型式批准、具有同等或更佳性能的任何其他类型的流动调整器(见参考文献[1]和[2])。

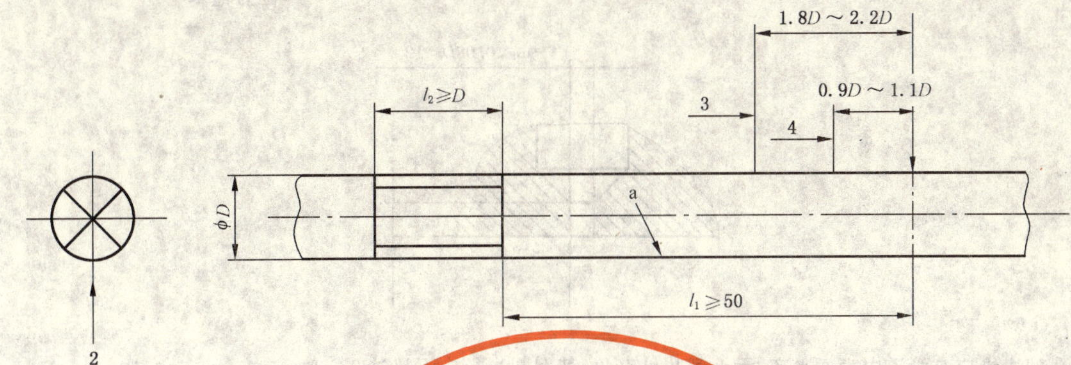

图中：

1——入口平面；

2——叶片厚度足以防止弯曲的星形整直器；

3——温度检测元件的位置；

4——取压口的位置。

a 此区间的表面粗糙度应不超过 $10^{-4}D$。

图 4 上游管道配置的安装要求

7.2 上游管线

一次装置可安装在圆形直管道中，圆形管道与临界流文丘里喷嘴中心线的同轴度应保持在 $\pm 0.02D$ 之内。临界流文丘里喷嘴上游 $3D$ 以内入口管道的圆度偏差应不超过 $0.01D$，且其算术平均粗糙度 Ra 应不超过 $10^{-4}D$。入口管道的直径最小应为 $4d(\beta \leqslant 0.25)$。

当上游安装条件受到限制不能满足上述要求时，建议进行专门的测试，以了解安装条件对流量测量不确定度的影响，和(或)安装条件对首次校准确定流出系数 C_d 的影响。本标准给出了在 $\beta > 0.25$ 条件下计算质量流量的修正方法。

7.3 上游大空间

如果距一次装置轴线或一次装置入口平面(如 6.2.2.2 或 6.2.3.2 的定义)$5d$ 之内无管壁存在，则可以认为一次装置的上游是一个大空间。

在上游大空间情况下或对于大流量，可以使用多个临界流文丘里喷嘴。

7.4 下游要求

除了应不妨碍临界流文丘里喷嘴达到临界流外，对出口管道并无其他要求。

7.5 压力测量

7.5.1 当一次装置的上游采用圆形管道时，最好在距文丘里喷嘴入口平面 $0.9D$～$1.1D$ 处的管壁取压口测量上游静压(见图 1 和图 4)。只要能证明所测得的压力确实能用于给出喷嘴入口的滞止压力，管壁取压口可设置在该位置的上游或下游。

7.5.2 当可以认为一次装置的上游是一个大空间时，上游管壁取压口最好设置在距一次装置入口平面 $10d \pm 1d$ 且垂直于入口平面的管壁上。只要能证明所测得的压力确实能用于给出喷嘴入口的滞止压力，管壁取压口可设置在该位置的上游或下游。

7.5.3 对于 7.5.1 提到的管壁取压口，其中心线应与一次装置的中心线直角相交。7.5.2 提到的管壁取压口也应符合此要求。在孔的穿透处，洞孔应为圆形，边缘应无毛刺，并呈直角或稍加倒圆，其倒圆半径应不超过管壁取压口直径的 0.1 倍。应通过目检确定管壁取压口是否符合这些要求。当采用上游管线时，管壁取压口的直径应小于 $0.08D$ 并应小于 12 mm。管壁取压口至少 2.5 倍于取压口直径的长度应呈圆筒形(见图 5)。

单位为毫米

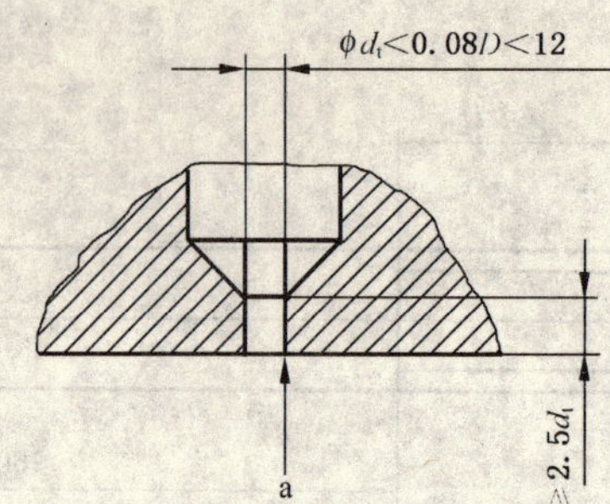

[a] 孔的边缘应与管道内表面平齐、无毛刺和呈直角，其倒圆半径应不超过 $0.1d_t$。

图 5　采用上游管线时管壁取压口的构造详图

7.5.4　应测量下游压力以保证达到临界流动。该压力应由一个管壁取压口来测量，该取压口设置在距扩散段出口平面下游 0.5 倍管道直径以内。

也可以通过测量紧邻喷嘴喉部下游的台阶处的管壁压力来检查临界流。采用此方法时，需要对临界流文丘里喷嘴进行特殊加工(详见 6.1.3)。

7.5.5　在某些应用场合，无需采用管壁取压口就可以确定出口压力。例如，临界流文丘里喷嘴直接排向大气或其他已知压力的区域。在这些应用场合中，不需测量出口压力。

7.6　排泄孔

管道可配备必要的排泄孔，以排泄某些应用场合中可能集聚的冷凝水或其他杂质。在测量流量时，应无流体通过这些排泄孔。如果需要有排泄孔，它们应设置在喷嘴上游管壁取压口的上游。排泄孔的直径宜小于 $0.06D$。排泄孔到上游管壁取压口平面的轴向距离应大于 D，而且排泄孔应设置在不同于管壁取压口轴向平面的另一轴向平面上。

测量时，上游和喉部的流动应为单相流且无冷凝，所有内表面必须保持清洁从而保持其表面光洁度。如不能保证这些要求，则该测量就不符合本标准。

7.7　温度测量

应采用设置在临界流文丘里喷嘴上游的一个或多个温度检测元件测量入口温度。当采用上游管线时，建议将这些检测元件设置在距文丘里喷嘴入口平面 $1.8D \sim 2.2D$ 的位置。检测元件的直径应不大于 $0.04D$，而且在流动方向上应不与管壁取压口排成一行。如果不能采用直径小于 $0.04D$ 的检测元件，则检测元件应安装在能证明其不会影响压力测量的位置。只要能证明所测得的温度确实能用于给出喷嘴入口滞止温度，检测元件可以设置在上游更远的位置。

如果流动气体的滞止温度与管线周围介质的温度相差 5 K 以上，在选择温度检测元件和管道绝热材料时必须特别谨慎。在这种情况下，所选的检测元件应不受辐射误差的影响，同时管道外应包有良好的隔热外套，以使流动气体与周围介质之间的热传递降至最低。如果流动气体与管壁的温度相差非常大，则要准确地测量气体温度就非常困难。

7.8　密度测量

对于某些应用场合，例如，当已知气体的摩尔质量不够准确时，可能需要直接测量喷嘴入口处的气体密度。

当采用密度计时，应将其安装在喷嘴的上游并且在上游压力和温度测量孔的上游。为了准确地测量喷嘴入口处的气体密度，应特别注意以下几点：

a)　密度计的安装应不干扰压力和温度的测量。

b)　当密度计安装在上游主管道之外时，应进行检查以保证密度计内的气体与主管道内的气体是相同的。

c)　密度计处的压力和温度条件应尽可能接近喷嘴入口处的条件，以避免修正。如有必要，应采用下列状态方程根据所测得的密度来计算入口密度：

$$\rho_0 = \rho_{den} \frac{p_0 T_{den} Z_{den}}{p_{den} T_0 Z_0} \quad \cdots\cdots(9)$$

式中：

den——表示“与密度计有关”的脚标；

T_{den}——应测量的温度；

p_{den}——应通过测量与 p_0 的压力差来确定的压力；

Z_{den}/Z_0——按 7.9 计算。Z_{den} 为气体在 T_{den}、p_{den} 状态下的压缩系数；Z_0 为气体在 T_0、p_0 状态下的压缩系数。

7.9 计算出的气体密度

可利用由气相色谱法确定的气体组分，结合公认的方程式，特别是 ISO 6976:1995[3] 建议的方程式，以计算气体密度代替测量密度。这种方法的不确定度与用密度计测量的不确定度基本相同。

8 计算方法

8.1 质量流量

应采用下列方程之一计算实际质量流量：

$$q_m = \frac{A_{nt} C_{d'} C_* p_0}{\sqrt{\left(\frac{R}{M}\right) T_0}}$$

或

$$q_m = A_{nt} C_{d'} C_R \sqrt{p_0 \rho_0}$$

式中，A_{nt} 是通过 d 值计算出来的。

8.2 流出系数 $C_{d'}$

8.2.1 流出系数主要取决于临界流文丘里喷嘴的形状，同时应注意，喉部直径较小时，喷嘴的几何形状是很难控制和测量的（见 6.2.2.6）。

8.2.2 临界流文丘里喷嘴的流出系数可由下式取得：

$$C_{d'} = a - b\, Re_{nt}^{-n} \quad \cdots\cdots(10)$$

表 1 给出各种型式临界流文丘里喷嘴可用喉部雷诺数范围内的系数 a、b 和 n。

表 1 a、b 和 n 系数表

喇叭形喉部文丘里喷嘴	
$2.1\times10^4 < Re_{nt} < 3.2\times10^7$	$a=0.9959$ $b=2.720$ $n=+0.5$
精确加工喇叭形喉部文丘里喷嘴	
$2.1\times10^4 < Re_{nt} < 1.4\times10^6$	$a=0.9985$ $b=3.412$ $n=+0.5$
圆筒形喉部文丘里喷嘴	
$3.5\times10^5 < Re_{nt} < 1.1\times10^7$	$a=0.9976$ $b=0.1388$ $n=+0.2$

8.2.3 对于喇叭形喉部文丘里喷嘴和圆筒形喉部文丘里喷嘴，根据公式(10)所得到的流出系数其相对不确定度在 95% 置信水平下为 0.3%。对于精确加工喇叭形喉部文丘里喷嘴，其流出系数的相对不确

定度在95%置信水平下为0.2%。

流出系数的数值见附录A。

8.3 临界流函数 C_* 和实际气体的临界流系数 C_R

用于计算气体质量流量的 C_* 值，可采用任何一种可证明其准确度的方法来计算。

附录B给出了各种气体的 C_* 值。从附录B取得的 C_*，其相对不确定度在95%置信水平下为0.1%。

有一种计算 C_* 和天然气 C_R 的方法是用AGA8号报告(1992)[4]作为状态方程。这种方法可确保 C_* 的相对不确定度在95%置信水平下为0.05%。另外，也可采用不确定度与此相当的其他任何状态方程。

附录C给出了计算天然气混合物 C_* 的方法，这种方法是通过计算临界质量通量进行计算的。根据附录C取得的临界质量通量 $q_m/(A_{nt}C_{d'})$ 的相对不确定度在95%置信水平下为0.1%。

8.4 实测压力和温度与滞止条件的换算

可由下式确定入口滞止压力 p_0：

$$\frac{p_0}{p_1}=\left[1+\frac{1}{2}(\kappa-1)Ma_1^2\right]^{\kappa/(\kappa-1)} \quad \cdots\cdots(11)$$

可由下式确定入口滞止温度 T_0：

$$\frac{T_0}{T_1}=1+\frac{1}{2}(\kappa-1)Ma_1^2 \quad \cdots\cdots(12)$$

只要 d/D 之比小于或等于0.25(见7.2)，假定测量温度等于滞止温度所带来的误差可以忽略不计。

8.5 最大允许下游压力

对于喉部雷诺数大于 2×10^5 并且出口圆锥长度大于 d 的临界流文丘里喷嘴，最大允许下游压力由下式确定：

$$\left(\frac{p_2}{p_0}\right)_{max}=0.8\left[\left(\frac{p_2}{p_0}\right)_i-r_*\right]+r_* \quad \cdots\cdots(13)$$

式中：

$$r_*=\left(\frac{2}{\kappa+1}\right)^{\kappa/(\kappa-1)} \quad \cdots\cdots(14)$$

应根据适当的状态方程来确定 κ。

$(p_2/p_0)_i$ 值是作为扩散段面积比的函数按等熵理想气体关系来确定的。$(p_2/p_0)_{max}$ 值可按图6来确定。只要能证明流动是临界流，可以采用比图示背压比更高的背压比。延长锥体的长度，使出口面积大于4倍喉部面积，也就是半角为4°的锥体其扩散段长度超过7倍直径，不会显著影响压力比 $(p_2/p_0)_{max}$。

使用非常仔细加工的喉部和扩散段可得到0.95的压力比。

对于喉部雷诺数小于 2×10^5 的临界流文丘里喷嘴，建议用户保持0.25的背压比，或者对临界流文丘里喷嘴进行一次简单的非阻塞测试。[5]

图6适用于喉部雷诺数大于 2×10^5 的临界流文丘里喷嘴。

面积比 A_2/A_{nt} 与临界流文丘里喷嘴尺寸的关系由下列公式确定：

——对于喇叭形喉部文丘里喷嘴：

$$\frac{A_2}{A_{nt}}=\left[\frac{2l\tan\theta}{d}+\frac{2r_c}{d}(1-\cos\theta)+1\right]^2$$

——对于圆筒形喉部文丘里喷嘴：

$$\frac{A_2}{A_{nt}}=\left(\frac{2l\tan\theta}{d}+1\right)^2$$

式中：

l——扩散段长度；

θ——扩散段的半角。

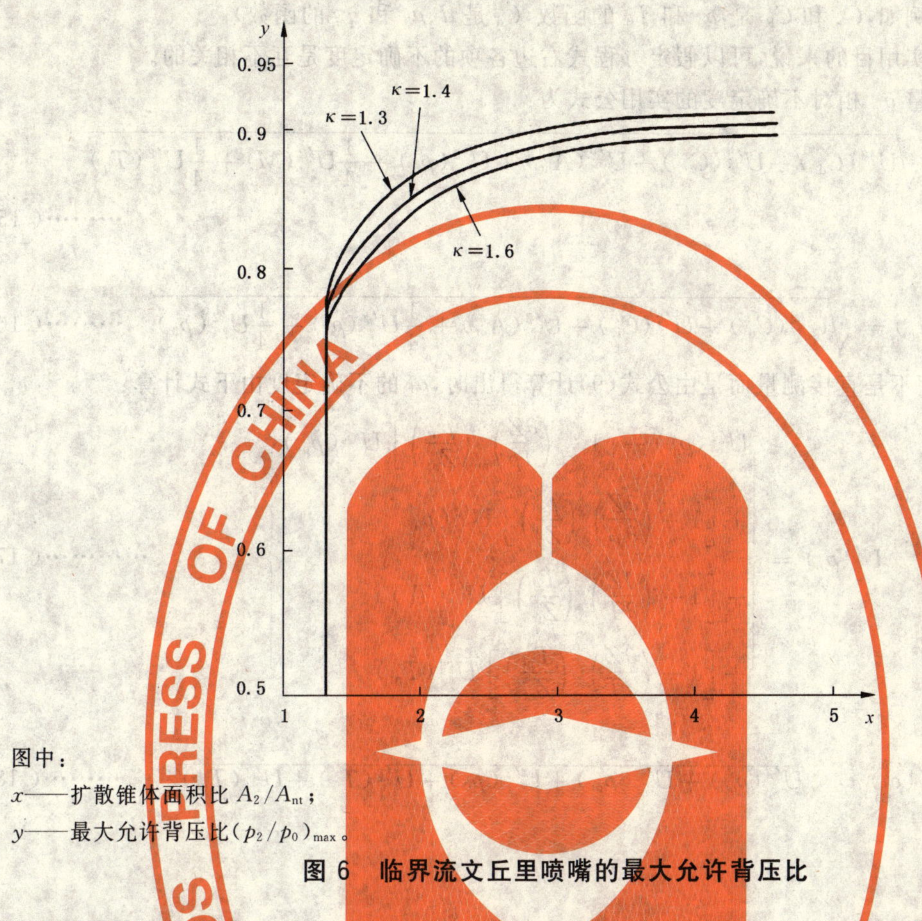

图中：

x——扩散锥体面积比 A_2/A_{nt}；

y——最大允许背压比 $(p_2/p_0)_{max}$。

图 6 临界流文丘里喷嘴的最大允许背压比

9 流量测量的不确定度

9.1 总则

9.1.1 有关流量测量不确定度的说明由 ISO 5168[6] 给出。

9.1.2 凡是声称符合本标准的测量都应计算流量测量的不确定度，并给出流量测量不确定度的报告。

9.1.3 可用绝对不确定度或相对不确定度来表达不确定度，并且以如下形式之一表示流量测量结果：

——流量 $= q_m \pm \delta q_m$；

——流量 $= q_m[1 \pm U'(q_m)]$；

——流量 $= q_m$ 在 $[100U'(q_m)]\%$ 范围内。

其中绝对不确定度 δq_m 的量纲应与 q_m 相同，而相对不确定度 $U'(q_m) = \delta q_m / q_m$ 是无量纲的。

9.1.4 流量测量的不确定度相当于两倍标准偏差。就标准偏差而言，不确定度是通过组合计算流量时采用的各个单独变量的不确定度分量后获得的——假定这些单独变量的不确定度分量较小、为数众多且互不相关。对于某台测量仪表和某次测试所使用的系数，虽然其中一些不确定度实际上是系统误差（只知道它们的最大绝对估计值），但允许将他们当作随机不确定度进行组合。

9.2 不确定度的实际计算

9.2.1 质量流量 q_m 的基本计算公式为：

$$q_m = \frac{A_{nt} C_{d'} C_* p_0}{\sqrt{\left(\frac{R}{M}\right) T_0}}$$

或

$$q_m = A_{nt} C_{d'} C_R \sqrt{p_0 \rho_0}$$

事实上，上述公式右边的各个变量并非是独立的，所以直接从这些变量的不确定度计算 q_m 的不确定度并非绝对正确（例如，C_* 和 C_R 是 p_0 和 T_0 的函数，$C_{d'}$ 是 d、μ_0 和 q_m 的函数）。

然而，对大多数实用目的来说，可以假定方程式右边各项的不确定度是互不相关的。

9.2.2 计算质量流量 q_m 相对不确定度的实用公式为：

$$U'(q_m) = \sqrt{U'^2(C_{d'}) + U'^2(C_*) + U'^2(A_{nt}) + U'^2(p_0) + \frac{1}{4}U'^2(M) + \frac{1}{4}U'^2(T_0)} \quad \cdots\cdots\cdots(15)$$

或

$$U'(q_m) = \sqrt{U'^2(C_{d'}) + U'^2(C_R) + U'^2(A_{nt}) + \frac{1}{4}U'^2(\rho_0) + \frac{1}{4}U'^2(p_0)} \quad \cdots\cdots\cdots(16)$$

当入口气体密度不是直接测量而是由公式(9)计算得出时，ρ_0 的不确定度由下式计算：

$$U'(\rho_0) = \left\{ \begin{aligned} & U'^2(\rho_{nt}) + \left[1 - \left(\frac{\partial Z}{\partial p}\right)_{nt} \left(\frac{p_{nt}}{Z_{nt}}\right)\right]^2 U'^2(p_{nt}) \\ & + \left[1 - \left(\frac{\partial Z}{\partial p}\right)_0 \left(\frac{p_0}{Z_0}\right)\right]^2 U'^2(p_0) \\ & + \left[1 + \left(\frac{\partial Z}{\partial T}\right)_0 \left(\frac{T_0}{Z_0}\right)\right]^2 U'^2(T_0) \\ & + \left[1 + \left(\frac{\partial Z}{\partial T}\right)_{nt} \left(\frac{T_{nt}}{Z_{nt}}\right)\right]^2 U'^2(T_{nt}) \end{aligned} \right\}^{\frac{1}{2}} \quad \cdots\cdots\cdots\cdots(17)$$

此式常简化成：

$$U'(\rho_0) = \sqrt{U'^2(\rho_{nt}) + U'^2(p_{nt}) + U'^2(p_0) + U'^2(T_0) + U'^2(T_{nt})} \quad \cdots\cdots\cdots(18)$$

附 录 A
（规范性附录）
临界流文丘里喷嘴的流出系数

表 A.1 给出了喇叭形喉部文丘里喷嘴不同喉部雷诺数下的流出系数。

表 A.1 喇叭形喉部文丘里喷嘴的流出系数

雷诺数 Re_{nt}	流出系数 $C_{d'}$
2.1×10^4	0.977 1
3×10^4	0.980 2
5×10^4	0.983 7
7×10^4	0.985 6
1×10^5	0.987 3
2×10^5	0.989 8
3×10^5	0.990 9
5×10^5	0.992 1
7×10^5	0.992 6
1×10^6	0.993 2
3×10^6	0.994 3
7×10^6	0.994 9
1×10^7	0.995 0
3.2×10^7	0.995 4

表 A.2 给出了精确加工喇叭形喉部文丘里喷嘴不同喉部雷诺数下的流出系数。

表 A.2 精确加工喇叭形喉部文丘里喷嘴的流出系数

雷诺数 Re_{nt}	流出系数 $C_{d'}$
2.1×10^4	0.975 0
3×10^4	0.978 8
5×10^4	0.983 2
7×10^4	0.985 6
1×10^5	0.987 7
2×10^5	0.990 9
3×10^5	0.992 3
5×10^5	0.993 7
7×10^5	0.994 4
1.4×10^6	0.995 6

表 A.3 给出了圆筒形喉部文丘里喷嘴不同喉部雷诺数下的流出系数。

表 A.3 圆筒形喉部文丘里喷嘴的流出系数

雷诺数 Re_{nt}	流出系数 $C_{d'}$
3.5×10^{5}	0.989 8
5×10^{5}	0.990 9
7×10^{5}	0.992 1
1×10^{6}	0.992 6
3×10^{6}	0.993 2
7×10^{6}	0.994 3
1.1×10^{7}	0.995 4

附 录 B
（规范性附录）
各种气体临界流函数 C_* 的数值表

B.1 总则

本附录提供了计算几种纯气体和干燥空气临界流函数所需的资料。为了能够使用最新的参考级状态方程，前一版 ISO 9300 中的数值能够更新的都做了更新，没有做过新的研究工作的资料都保持不变。对于某些气体，获得 C_* 值的方法有两种：一种是数值表，另一种是经验方程。本附录给出的所有资料都可追溯到相应编号的参考文献。

B.2 数值表

表 B.1、表 B.3、表 B.5、表 B.7、表 B.9、表 B.10 和表 B.11 分别列出了氮、氩、不含 CO_2 的干燥空气、甲烷、二氧化碳、氧气和蒸汽的 C_* 值。这些值都是以每一种气体的现有最佳热力学数据为依据。温度(K)和压力(MPa)是按滞止值而取的。

B.3 经验方程

为了精确地表示 C_* 的数值而无需进行内插，已导出一个经验方程，它适用于除二氧化碳、氧气和蒸汽以外的其余气体[7]。该方程适用于限定的温度范围。该方程如下式所示：

$$C_* = \sum_i a_i \pi^{b_i} \tau^{C_i} \qquad \text{(B.1)}$$

式中：$\pi = \dfrac{p_0}{p_c}$，$\tau = \dfrac{T_0}{T_c}$

在各种气体的相关数值表下分别给出了此方程的系数和相应的临界参数。在临界流计算中，使用此方程不会引入任何明显的附加不确定度。在表下给出的适用温度范围内，推荐使用此方程，而不要查数值表进行内插。

B.4 大气空气

表 B.5 给出的干空气的 C_* 值(或者利用表 B.6 给出的干空气的系数，用方程 B.1 计算出的 C_* 值)只对不含 CO_2 的干空气才有效。当使用喷嘴测量未经干燥的大气空气时，其质量流量会受到不可忽略的影响，在这种情况下，用户宜使用附录 D 给出的质量流量修正因子。

B.5 喷嘴喉部与管道内径之比 β

本附录提供的数值仅适用于 $\beta < 0.25$ 的情况。如果不能满足这一条件，上游测量点会有一个虽小却不可忽略的气体流速。在这种情况下，用户宜使用附录 E 给出的质量流量修正因子。

B.6 C_* 值和方程(B.1)的系数

氮气的 C_* 值见表 B.1，方程(B.1)的系数见表 B.2。

表 B.1 C_* 值(氮气)

T_0/K	p_0/MPa										
	0.1	2	4	6	8	10	12	14	16	18	20
200	0.685 61	0.703 67	0.724 97	0.748 45	0.773 43	0.798 56	0.822 04	0.842 30	0.858 42	0.870 23	0.878 09
220	0.685 38	0.698 67	0.713 60	0.729 28	0.745 30	0.761 09	0.775 99	0.789 38	0.800 81	0.810 06	0.817 10
240	0.685 22	0.695 21	0.706 08	0.717 14	0.728 16	0.738 84	0.748 89	0.758 03	0.766 04	0.772 80	0.778 25
260	0.685 10	0.692 72	0.700 83	0.708 90	0.716 79	0.724 34	0.731 40	0.737 82	0.743 52	0.748 40	0.752 44
280	0.685 00	0.690 88	0.697 02	0.703 03	0.708 82	0.714 30	0.719 38	0.723 99	0.728 08	0.731 60	0.734 55
300	0.684 92	0.689 48	0.694 17	0.698 70	0.703 00	0.707 03	0.710 74	0.714 08	0.717 03	0.719 56	0.721 68
320	0.684 85	0.688 39	0.691 98	0.695 40	0.698 62	0.701 60	0.704 31	0.706 73	0.708 85	0.710 65	0.712 13
340	0.684 78	0.687 52	0.690 26	0.692 85	0.695 24	0.697 44	0.699 41	0.701 14	0.702 63	0.703 87	0.704 86
360	0.684 70	0.686 81	0.688 89	0.690 82	0.692 58	0.694 17	0.695 58	0.696 79	0.697 80	0.698 61	0.699 22
380	0.684 62	0.686 21	0.687 76	0.689 18	0.690 45	0.691 57	0.692 53	0.693 33	0.693 97	0.694 44	0.694 75
400	0.684 52	0.685 70	0.686 82	0.687 83	0.688 71	0.689 45	0.690 07	0.690 54	0.690 88	0.691 09	0.691 16
420	0.684 41	0.685 25	0.686 03	0.686 70	0.687 26	0.687 71	0.688 04	0.688 26	0.688 36	0.688 35	0.688 24
440	0.684 28	0.684 84	0.685 33	0.685 73	0.686 04	0.686 24	0.686 35	0.686 36	0.686 27	0.686 09	0.685 82
460	0.684 13	0.684 45	0.684 71	0.684 89	0.684 98	0.684 99	0.684 91	0.684 75	0.684 51	0.684 19	0.683 79
480	0.683 95	0.684 09	0.684 15	0.684 15	0.684 07	0.683 91	0.683 68	0.683 38	0.683 01	0.682 58	0.682 07
500	0.683 76	0.683 73	0.683 64	0.683 48	0.683 25	0.682 96	0.682 61	0.682 20	0.681 72	0.681 19	0.680 60
520	0.683 55	0.683 38	0.683 15	0.682 86	0.682 52	0.682 12	0.681 66	0.681 15	0.680 59	0.679 98	0.679 32
540	0.683 31	0.683 03	0.682 69	0.682 29	0.681 85	0.681 35	0.680 81	0.680 22	0.679 59	0.678 92	0.678 20
560	0.683 05	0.682 68	0.682 24	0.681 75	0.681 22	0.680 65	0.680 04	0.679 39	0.678 70	0.677 97	0.677 21
580	0.682 78	0.682 32	0.681 80	0.681 24	0.680 64	0.680 01	0.679 34	0.678 63	0.677 89	0.677 12	0.676 32
600	0.682 49	0.681 96	0.681 38	0.680 75	0.680 10	0.679 41	0.678 68	0.677 93	0.677 15	0.676 35	0.675 51

表 B.2 方程(B.1)的系数(氮气)

i	a_i	b_i	c_i
1	$5.205\,142\,20\times10^{-3}$	0	−4
2	$6.814\,027\,97\times10^{-1}$	0	0
3	$2.377\,461\,61\times10^{-3}$	0	1
4	$-4.519\,510\,40\times10^{-4}$	0	2
5	$-4.519\,510\,40\times10^{-1}$	1	−7
6	$1.499\,853\,26\times10^{-1}$	1	−3
7	$-2.290\,164\,23\times10^{-3}$	1	0
8	$3.299\,637\,65\times10^{-8}$	1	5
9	$-2.026\,516\,12\times10^{-3}$	1.5	−1
10	$3.024\,106\,16\times10^{-4}$	1.5	0
11	$2.837\,231\,67\times10^{-1}$	2.5	−8
12	$-1.129\,149\,85\times10^{-1}$	3	−8
13	$-2.531\,933\,90\times10^{-3}$	3	−4
14	$2.222\,006\,17\times10^{-5}$	3.5	−2
15	$1.190\,308\,45\times10^{-3}$	4	−6

临界参数：

$p_c=3.395\,8$ MPa；

$T_c=126.192$ K。

对于氮气，压力在 20 MPa 以下、温度在 250 K～600 K 范围内时，方程(B.1)有效。见[7]和[8]。

氩气的 C_* 值见表 B.3，方程(B.1)的系数见表 B.4。

表 B.3　C_* 值(氩气)

T_0/K	p_0/MPa										
	0.1	2	4	6	8	10	12	14	16	18	20
200	—	—	—	—	—	—	—	—	—	—	—
220	0.727 19	0.747 57	0.771 78	0.799 09	0.829 51	0.862 53	0.896 82	0.930 35	0.960 92	0.986 87	1.007 46
240	0.726 98	0.742 75	0.760 74	0.780 16	0.800 86	0.822 48	0.844 48	0.866 12	0.886 59	0.905 15	0.921 29
260	0.726 82	0.739 26	0.753 08	0.767 56	0.782 56	0.797 87	0.813 20	0.828 21	0.842 53	0.855 83	0.867 83
280	0.726 70	0.736 67	0.747 52	0.758 66	0.769 98	0.781 35	0.792 61	0.803 55	0.814 01	0.823 82	0.832 81
300	0.726 60	0.734 69	0.743 35	0.752 11	0.760 90	0.769 61	0.778 16	0.786 43	0.794 32	0.801 74	0.808 60
320	0.726 53	0.733 14	0.740 15	0.747 15	0.754 09	0.760 92	0.767 57	0.773 97	0.780 06	0.785 79	0.791 11
340	0.726 47	0.731 92	0.737 64	0.743 30	0.748 86	0.754 30	0.759 55	0.764 59	0.769 37	0.773 87	0.778 04
360	0.726 42	0.730 94	0.735 63	0.740 25	0.744 76	0.749 13	0.753 33	0.757 34	0.761 14	0.764 70	0.768 01
380	0.726 38	0.730 14	0.734 02	0.737 80	0.741 48	0.745 02	0.748 41	0.751 63	0.754 67	0.757 51	0.760 14
400	0.726 35	0.729 48	0.732 69	0.735 81	0.738 82	0.741 70	0.744 45	0.747 04	0.749 48	0.751 76	0.753 85
420	0.726 32	0.728 93	0.731 60	0.734 17	0.736 64	0.738 99	0.741 22	0.743 31	0.745 27	0.747 09	0.748 76
440	0.726 30	0.728 48	0.730 69	0.732 81	0.734 83	0.736 74	0.738 55	0.740 24	0.741 81	0.743 26	0.744 59
460	0.726 28	0.728 09	0.729 92	0.731 66	0.733 32	0.734 88	0.736 33	0.737 69	0.738 94	0.740 09	0.741 12
480	0.726 27	0.727 77	0.729 27	0.730 70	0.732 04	0.733 30	0.734 47	0.735 55	0.736 54	0.737 43	0.738 23
500	0.726 25	0.727 49	0.728 72	0.729 88	0.730 97	0.731 97	0.732 90	0.733 74	0.734 51	0.735 19	0.735 79
520	0.726 24	0.727 25	0.728 25	0.729 18	0.730 04	0.730 84	0.731 56	0.732 21	0.732 79	0.733 29	0.733 72
540	0.726 23	0.727 04	0.727 84	0.728 58	0.729 25	0.729 87	0.730 41	0.730 89	0.731 31	0.731 67	0.731 96
560	0.726 22	0.726 87	0.727 49	0.728 06	0.728 57	0.729 03	0.729 43	0.729 77	0.730 05	0.730 27	0.730 44
580	0.726 21	0.726 71	0.727 19	0.727 61	0.727 99	0.728 31	0.728 57	0.728 79	0.728 96	0.729 07	0.729 13
600	0.726 21	0.726 58	0.726 92	0.727 22	0.727 47	0.727 68	0.727 84	0.727 95	0.728 01	0.728 03	0.728 00

表 B.4　方程(B.1)的系数(氩气)

i	a_i	b_i	c_i
1	$7.261\ 844\ 00\times10^{-1}$	0	0
2	$-1.173\ 389\ 76\times10^{-1}$	1	−4
3	$2.334\ 785\ 17\times10^{-1}$	1	−3
4	$-2.250\ 904\ 86\times10^{-3}$	1	0
5	$3.571\ 311\ 67\times10^{-2}$	1.5	−4
6	$9.236\ 691\ 04\times10^{-2}$	2	−9
7	$-7.882\ 951\ 14\times10^{-3}$	2	−3
8	$-4.050\ 612\ 00\times10^{-3}$	2	−2
9	$9.893\ 033\ 93\times10^{-5}$	2	0
10	$-1.502\ 565\ 89\times10^{-1}$	2.5	−8
11	$3.551\ 149\ 94\times10^{-1}$	3	−8
12	$1.400\ 857\ 98\times10^{-2}$	3	−4
13	$-1.511\ 223\ 06\times10^{-1}$	3.5	−8
14	$-2.569\ 959\ 78\times10^{-2}$	3.5	−5
15	$1.570\ 106\ 43\times10^{-2}$	4	−6

临界参数：

$p_c=4.863$ MPa；

$T_c=150.687$ K。

对于氩气，压力在 20 MPa 以下，温度在 250 K～600 K 范围内时，方程(B.1)有效。见[7]和[9]。

干空气的 C_* 值由表 B.5 给出，方程(B.1)的系数由表 B.6 给出。

表 B.5 C_* 值(干空气)

T_0/K	p_0/MPa										
	0.1	2	4	6	8	10	12	14	16	18	20
200	0.685 90	0.705 14	0.728 11	0.754 14	0.782 77	0.812 51	0.841 06	0.866 13	0.886 30	0.901 24	0.911 32
220	0.685 66	0.699 86	0.715 94	0.733 15	0.751 19	0.769 46	0.787 13	0.803 37	0.817 52	0.829 20	0.838 33
240	0.685 48	0.696 22	0.707 95	0.720 05	0.732 36	0.744 59	0.756 36	0.767 32	0.777 16	0.785 65	0.792 71
260	0.685 34	0.693 60	0.702 38	0.711 22	0.720 02	0.728 63	0.736 88	0.744 57	0.751 55	0.757 70	0.762 96
280	0.685 21	0.691 64	0.698 34	0.704 95	0.711 43	0.717 69	0.723 64	0.729 18	0.734 23	0.738 72	0.742 61
300	0.685 09	0.690 13	0.695 29	0.700 32	0.705 17	0.709 81	0.714 19	0.718 25	0.721 94	0.725 24	0.728 10
320	0.684 97	0.688 93	0.692 94	0.696 79	0.700 46	0.703 93	0.707 18	0.710 18	0.712 89	0.715 31	0.717 40
340	0.684 85	0.687 96	0.691 08	0.694 03	0.696 81	0.699 42	0.701 84	0.704 04	0.706 03	0.707 78	0.709 29
360	0.684 71	0.687 15	0.689 57	0.691 83	0.693 93	0.695 87	0.697 66	0.699 27	0.700 70	0.701 94	0.702 99
380	0.684 55	0.686 46	0.688 31	0.690 02	0.691 59	0.693 03	0.694 32	0.695 46	0.696 46	0.697 31	0.698 00
400	0.684 38	0.685 85	0.687 25	0.688 52	0.689 67	0.690 70	0.691 60	0.692 38	0.693 04	0.693 57	0.693 98
420	0.684 19	0.685 29	0.686 33	0.687 25	0.688 06	0.688 76	0.689 35	0.689 84	0.690 23	0.690 51	0.690 69
440	0.683 97	0.684 78	0.685 52	0.686 15	0.686 68	0.687 12	0.687 46	0.687 72	0.687 89	0.687 97	0.687 96
460	0.683 74	0.684 30	0.684 79	0.685 18	0.685 49	0.685 71	0.685 85	0.685 91	0.685 90	0.685 82	0.685 66
480	0.683 49	0.683 84	0.684 12	0.684 32	0.684 43	0.684 48	0.684 45	0.684 36	0.684 21	0.683 99	0.683 70
500	0.683 22	0.683 39	0.683 50	0.683 53	0.683 49	0.683 39	0.683 23	0.683 01	0.682 73	0.682 40	0.682 02
520	0.682 93	0.682 96	0.682 92	0.682 81	0.682 65	0.682 42	0.682 15	0.681 82	0.681 44	0.681 02	0.680 55
540	0.682 62	0.682 53	0.682 37	0.682 15	0.681 87	0.681 54	0.681 17	0.680 76	0.680 30	0.679 80	0.679 26
560	0.682 30	0.682 10	0.681 84	0.681 52	0.681 15	0.680 74	0.680 29	0.679 80	0.679 27	0.678 71	0.678 11
580	0.681 97	0.681 68	0.681 33	0.680 93	0.680 49	0.680 00	0.679 48	0.678 93	0.678 35	0.677 73	0.677 09
600	0.681 63	0.681 27	0.680 84	0.680 37	0.679 86	0.679 32	0.678 74	0.678 14	0.677 51	0.676 85	0.676 16

表 B.6 方程(B.1)的系数(干空气)

i	a_i	b_i	c_i
1	$1.967\ 947\ 91\times10^{-2}$	0	−3
2	$-2.774\ 414\ 35\times10^{-2}$	0	−1
3	$7.031\ 906\ 83\times10^{-1}$	0	0
4	$-3.448\ 411\ 43\times10^{-3}$	0	1
5	$-1.135\ 939\ 77\times10^{-1}$	1	−7
6	$1.507\ 325\ 95\times10^{-1}$	1	−3
7	$-2.403\ 454\ 97\times10^{-3}$	1	0
8	$1.224\ 631\ 76\times10^{-6}$	1	3
9	$-3.064\ 388\ 30\times10^{-3}$	2	−2
10	$2.116\ 285\ 54\times10^{-1}$	2.5	−8
11	$5.128\ 802\ 07\times10^{-5}$	2.5	0
12	$-1.666\ 687\ 29\times10^{-6}$	3	1
13	$-6.554\ 052\ 14\times10^{-1}$	3.5	−8
14	$1.390\ 831\ 40\times10^{-2}$	4	−8

临界参数：

$p_c=3.786$ MPa；

$T_c=132.530\ 6$ K。

对于干空气，压力在 20 MPa 以下、温度在 250 K～600 K 范围内时，方程(B.1)有效。见[7]和[10]。

甲烷的 C_* 值由表 B.7 给出，方程(B.1)的系数由表 B.8 给出。

表 B.7　C_* 值(甲烷)

T_0/K	p_0/MPa										
	0.1	2	4	6	8	10	12	14	16	18	20
200	—	—	—	—	—	—	—	—	—	—	—
220	0.674 04	0.707 10	0.757 33	0.840 96	0.992 20	1.163 38	—	—	—	—	—
240	0.673 23	0.697 96	0.731 18	0.775 54	0.835 85	0.912 11	0.989 36	1.049 30	1.088 02	1.109 75	1.119 53
260	0.672 29	0.691 35	0.715 15	0.743 81	0.778 22	0.818 18	0.861 09	0.902 06	0.936 53	0.962 60	0.980 60
280	0.671 19	0.686 19	0.704 03	0.724 26	0.747 03	0.772 03	0.798 39	0.824 59	0.848 87	0.869 83	0.886 78
300	0.669 92	0.681 89	0.695 66	0.710 68	0.726 91	0.744 13	0.761 92	0.779 64	0.796 56	0.812 00	0.825 46
320	0.668 50	0.678 15	0.688 98	0.700 49	0.712 59	0.725 13	0.737 88	0.750 51	0.762 68	0.774 03	0.784 30
340	0.666 96	0.674 80	0.683 44	0.692 43	0.701 72	0.711 18	0.720 67	0.730 02	0.739 04	0.747 54	0.755 36
360	0.665 32	0.671 73	0.678 69	0.685 82	0.693 08	0.700 39	0.707 64	0.714 75	0.721 59	0.728 06	0.734 06
380	0.663 63	0.668 89	0.674 54	0.680 25	0.686 00	0.691 73	0.697 37	0.702 87	0.708 15	0.713 14	0.717 79
400	0.661 93	0.666 26	0.670 85	0.675 46	0.680 05	0.684 59	0.689 03	0.693 33	0.697 45	0.701 34	0.704 97
420	0.660 25	0.663 81	0.667 56	0.671 29	0.674 97	0.678 59	0.682 11	0.685 50	0.688 73	0.691 78	0.694 63
440	0.658 60	0.661 53	0.664 59	0.667 61	0.670 58	0.673 47	0.676 27	0.678 95	0.681 49	0.683 89	0.686 11
460	0.657 00	0.659 40	0.661 90	0.664 35	0.666 73	0.669 05	0.671 27	0.673 39	0.675 39	0.677 27	0.679 00
480	0.655 47	0.657 43	0.659 46	0.661 44	0.663 35	0.665 19	0.666 95	0.668 62	0.670 18	0.671 64	0.672 98
500	0.654 01	0.655 61	0.657 24	0.658 82	0.660 35	0.661 80	0.663 18	0.664 49	0.665 70	0.666 82	0.667 84
520	0.652 62	0.653 91	0.655 21	0.656 47	0.657 67	0.658 81	0.659 88	0.660 88	0.661 80	0.662 64	0.663 39
540	0.651 31	0.652 33	0.653 36	0.654 34	0.655 27	0.656 14	0.656 96	0.657 70	0.658 39	0.659 00	0.659 53
560	0.650 07	0.650 87	0.651 66	0.652 41	0.653 11	0.653 76	0.654 36	0.654 90	0.655 38	0.655 80	0.656 15
580	0.648 91	0.649 51	0.650 10	0.650 66	0.651 16	0.651 63	0.652 04	0.652 40	0.652 71	0.652 97	0.653 18
600	0.647 80	0.648 24	0.648 66	0.649 05	0.649 39	0.649 70	0.649 96	0.650 17	0.650 34	0.650 46	0.650 54

表 B.8　方程(B.1)的系数(甲烷)

i	a_i	b_i	c_i
1	$-4.720\,546\,92\times10^{-2}$	0	−1
2	$7.648\,102\,27\times10^{-1}$	0	0
3	$-5.034\,818\,10\times10^{-2}$	0	1
4	$5.707\,154\,95\times10^{-3}$	0	2
5	$-8.628\,216\,22\times10^{-2}$	0.5	−7
6	$2.310\,287\,94\times10^{-3}$	0.5	−4
7	$7.445\,647\,54\times10^{-1}$	1	−9
8	$-4.276\,642\,05\times10^{-1}$	1	−6
9	$3.289\,116\,00\times10^{-1}$	1	−4
10	$-2.068\,296\,47\times10^{-3}$	1	0

表 B.8（续）

i	a_i	b_i	c_i
11	$-8.178\,634\,39\times10^{-1}$	1.5	−10
12	$1.868\,520\,89\times10^{-4}$	1.5	−1
13	$3.835\,357\,66\times10^{-1}$	2	−9
14	$-2.429\,634\,03\times10^{-3}$	3	−4
15	$2.802\,359\,69\times10^{-1}$	4	−15
16	$-1.226\,295\,45\times10^{-1}$	5	−15
17	$1.706\,268\,70\times10^{-4}$	5	−6
18	$1.582\,014\,74\times10^{-2}$	6	−14
19	$-3.733\,935\,09\times10^{-3}$	6	−12
临界参数： $p_c=4.592\,2$ MPa； $T_c=190.564$ K。 对于甲烷，压力在 20 MPa 以下、温度在 270 K 至 600 K 范围内时，方程(B.1)有效。见[7]和[11]。			

二氧化碳的 C_* 值由表 B.9 给出[12]，氧的 C_* 值由表 B.10 给出[13]，蒸汽的 C_* 值由表 B.11 给出。

表 B.9 C_* 值（二氧化碳）

T_0/K	p_0/MPa										
	0.1	2	4	6	8	10	12	14	16	18	20
240	—	—	—	—	—	—	—	—	—	—	—
260	0.673 18	—	—	—	—	—	—	—	—	—	—
280	0.670 66	0.715 19	—	—	—	—	—	—	—	—	—
300	0.668 43	0.701 88	0.755 14	—	—	—	—	—	—	—	—
320	0.666 46	0.692 45	0.729 20	0.784 19	—	—	—	—	—	—	—
340	0.664 70	0.685 39	0.712 56	0.748 21	0.797 97	—	—	—	—	—	—
360	0.663 13	0.679 89	0.700 83	0.726 33	0.758 13	0.798 64	0.850 46	0.913 90	0.982 71	1.045 85	1.096 34
380	0.661 71	0.675 50	0.692 09	0.711 34	0.733 88	0.760 41	0.791 55	0.827 36	0.866 73	0.907 11	0.945 22
400	0.660 42	0.671 89	0.685 32	0.700 38	0.717 29	0.736 31	0.757 56	0.780 99	0.806 20	0.832 39	0.858 44
420	0.659 26	0.668 89	0.679 93	0.691 99	0.705 18	0.719 54	0.735 11	0.751 79	0.769 39	0.787 55	0.805 80
440	0.658 19	0.666 34	0.675 53	0.685 38	0.695 92	0.707 16	0.719 08	0.731 60	0.744 61	0.757 91	0.771 28
460	0.657 21	0.664 16	0.671 88	0.680 03	0.688 62	0.697 63	0.707 03	0.716 77	0.726 77	0.736 92	0.747 08
480	0.656 31	0.662 26	0.668 80	0.675 62	0.682 72	0.690 07	0.697 65	0.705 42	0.713 32	0.721 28	0.729 22
500	0.655 48	0.660 60	0.666 18	0.671 93	0.677 86	0.683 94	0.690 15	0.696 45	0.702 82	0.709 20	0.715 54
520	0.654 71	0.659 13	0.663 91	0.668 80	0.673 79	0.678 87	0.684 02	0.689 21	0.694 42	0.699 61	0.704 75
540	0.653 99	0.657 82	0.661 93	0.666 11	0.670 34	0.674 62	0.678 92	0.683 24	0.687 55	0.691 83	0.696 05
560	0.653 32	0.656 65	0.660 19	0.663 77	0.667 38	0.671 00	0.674 63	0.678 25	0.681 85	0.685 40	0.688 90
580	0.652 69	0.655 58	0.658 65	0.661 73	0.664 82	0.667 90	0.670 97	0.674 02	0.677 04	0.680 01	0.682 93
600	0.652 10	0.654 62	0.657 28	0.659 93	0.662 58	0.665 21	0.667 82	0.670 40	0.672 95	0.675 45	0.677 89

表 B.10 C_* 值（氧）

T_0/K	p_0/MPa											
	0	0.5	1	2	3	4	5	6	7	8	9	10
223.15	0.684 6	0.688 6	0.692 7	0.701 3	0.710 4	0.720 1	0.730 4	0.741 3	0.752 8	0.765 0	0.777 9	0.791 4
248.15	0.684 5	0.687 5	0.690 5	0.696 6	0.703 0	0.709 6	0.716 4	0.723 4	0.730 7	0.738 1	0.745 7	0.753 5
273.15	0.684 4	0.686 6	0.688 9	0.693 4	0.698 1	0.702 8	0.707 6	0.712 5	0.717 5	0.722 5	0.727 6	0.732 6
298.15	0.684 2	0.685 9	0.687 6	0.691 1	0.694 6	0.698 1	0.701 6	0.705 2	0.708 7	0.712 3	0.715 9	0.719 4
323.15	0.683 9	0.685 2	0.686 5	0.689 2	0.691 9	0.694 5	0.697 2	0.699 9	0.702 5	0.705 1	0.707 8	0.710 3
348.15	0.683 5	0.684 5	0.685 5	0.687 6	0.689 7	0.691 7	0.693 8	0.695 8	0.697 8	0.699 8	0.701 7	0.703 7
373.15	0.682 9	0.683 7	0.684 5	0.686 1	0.687 7	0.689 3	0.690 9	0.692 5	0.694 0	0.695 5	0.697 0	0.698 4

表 B.11 C_* 值（蒸汽）（单相气体）

T_0/K	p_0/MPa										
	0.1	2	4	6	8	10	12	14	16	18	20
420	0.673 38	—	—	—	—	—	—	—	—	—	—
440	0.672 72	—	—	—	—	—	—	—	—	—	—
460	0.672 09	—	—	—	—	—	—	—	—	—	—
480	0.671 49	—	—	—	—	—	—	—	—	—	—
500	0.670 91	—	—	—	—	—	—	—	—	—	—
520	0.670 35	—	—	—	—	—	—	—	—	—	—
540	0.669 82	0.689 77	—	—	—	—	—	—	—	—	—
560	0.669 30	0.686 41	—	—	—	—	—	—	—	—	—
580	0.668 79	0.683 58	0.702 47	—	—	—	—	—	—	—	—
600	0.668 30	0.681 19	0.697 15	0.716 39	—	—	—	—	—	—	—
620	0.667 81	0.679 13	0.692 78	0.708 75	0.727 78	0.751 02	—	—	—	—	—
640	0.667 34	0.677 32	0.689 14	0.702 60	0.718 17	0.736 49	0.758 52	—	—	—	—
660	0.666 87	0.675 73	0.686 04	0.697 57	0.710 57	0.725 41	0.742 60	0.762 88	0.787 38	—	—
680	0.666 42	0.674 31	0.683 38	0.693 35	0.704 40	0.716 73	0.730 61	0.746 42	0.764 67	0.786 09	0.811 77
700	0.665 97	0.673 02	0.681 05	0.689 77	0.699 28	0.709 72	0.721 23	0.734 02	0.748 34	0.764 53	0.783 02
720	0.665 52	0.671 86	0.679 00	0.686 67	0.694 95	0.703 92	0.713 65	0.724 28	0.735 92	0.748 77	0.763 01
740	0.665 08	0.670 79	0.677 17	0.683 97	0.691 24	0.699 02	0.707 38	0.716 37	0.726 09	0.736 61	0.748 04
760	0.664 65	0.669 80	0.675 53	0.681 59	0.688 01	0.694 84	0.702 09	0.709 81	0.718 06	0.726 88	0.736 33
780	0.664 22	0.668 89	0.674 05	0.679 47	0.685 18	0.691 21	0.697 56	0.704 27	0.711 37	0.718 89	0.726 86
800	0.663 80	0.668 04	0.672 70	0.677 57	0.682 68	0.688 03	0.693 64	0.699 52	0.705 70	0.712 19	0.719 02
820	0.663 38	0.667 24	0.671 46	0.675 86	0.680 44	0.685 22	0.690 20	0.695 40	0.700 83	0.706 49	0.712 41
840	0.662 96	0.666 48	0.670 32	0.674 30	0.678 43	0.682 72	0.687 17	0.691 79	0.696 59	0.701 57	0.706 75
860	0.662 55	0.665 77	0.669 27	0.672 88	0.676 61	0.680 48	0.684 47	0.688 60	0.692 87	0.697 29	0.701 85
880	0.662 15	0.665 09	0.668 28	0.671 57	0.674 96	0.678 45	0.682 05	0.685 76	0.689 58	0.693 51	0.697 57
900	0.661 75	0.664 45	0.667 37	0.670 37	0.673 45	0.676 61	0.679 87	0.683 21	0.686 64	0.690 17	0.693 79
920	0.661 35	0.663 83	0.666 51	0.669 25	0.672 06	0.674 94	0.677 89	0.680 91	0.684 01	0.687 18	0.690 43
940	0.660 96	0.663 24	0.665 69	0.668 21	0.670 77	0.673 40	0.676 08	0.678 83	0.681 63	0.684 50	0.687 42
960	0.660 57	0.662 67	0.664 93	0.667 23	0.669 58	0.671 98	0.674 43	0.676 93	0.679 47	0.682 07	0.684 72
980	0.660 19	0.662 13	0.664 20	0.666 32	0.668 48	0.670 67	0.672 91	0.675 19	0.677 51	0.679 87	0.682 27
1 000	0.659 81	0.661 60	0.663 51	0.665 46	0.667 44	0.669 46	0.671 51	0.673 59	0.675 71	0.677 86	0.680 04

附 录 C
(规范性附录)
天然气混合物临界质量通量的计算

C.1 总则

本附录提供了计算天然气混合物临界质量通量的必要资料。关系式直接计算质量通量 $q_m/A_{nt}C_{d'}$，并且用温度、压力和气体组分表示。

根据所研究的气体混合物中乙烷的摩尔分数含量，该关系式分成3个组分范围：

范围1：　0.010～0.045

范围2：　0.045～0.080

范围3：　0.080～0.115

该关系式可适用的摩尔分数推荐限值如表C.1所示：

表 C.1 摩尔分数推荐限值

组分	范围1	范围2	范围3
甲烷	0.89～0.98	0.84～0.93	0.79～0.88
乙烷	0.01～0.045	0.045～0.08	0.08～0.115
丙烷	0.002～0.02	0.008～0.03	0.015～0.04
丁烷	0.0～0.005	0.002～0.01	0.003～0.015
戊烷	0.0～0.002	0.0～0.004	0.0～0.005
己烷+	0.0～0.001 5	0.0～0.002	0.0～0.003
氮气	0.0～0.03	0.0～0.03	0.0～0.015
二氧化碳	0.0～0.025	0.0～0.025	0.01～0.025

当压力不超过12 MPa，温度在(270～320)K范围内时，该关系式有效。注意，各摩尔分数相加之和应等于1。

如果一种天然气混合物不符合上述一种组分范围的摩尔分数限值，则推荐使用乙烷摩尔分数含量最接近的那个组分范围。在这种情况下，临界质量通量 $q_m/A_{nt}C_{d'}$ 的相对不确定度将在95%置信水平下由0.10%增大到0.15%。

C.2 关系式

$$\frac{q_m}{A_{nt}C_{d'}} = q_{ref} + S \times f \qquad \text{(C.1)}$$

式中：

q_{ref}——参比气体的质量通量；

S——质量通量对组分变化的敏感度；

f——与组分有关的因子。

上述各项的通式见方程(C.2)～(C.4)：

$$q_{ref} = \sum_i a_i \pi^{\alpha_i} \cdot \tau^{\phi_i} \qquad \text{(C.2)}$$

$$S = \sum_i b_i \pi^{\gamma_i} \cdot \tau^{\delta_i} \qquad \text{(C.3)}$$

$$f = X_{C_2} + \sum_{i=C_3}^{C_6} A_i X_i + [A_{N_2} - (B_{N_2} - C_{N_2}\tau)\pi] X_{N_2} + [A_{CO_2} - (B_{CO_2} - C_{CO_2}\tau)\pi] X_{CO_2} - A_{ref} \qquad \text{(C.4)}$$

$\pi=\frac{p_0}{p_{ref}}$，且 $\tau=\frac{T_0}{T_{ref}}$

式中，$p_{ref}=5$ MPa，$T_{ref}=200$ K。

表C.2～表C.4分别给出了3种组分范围的 q_{ref} 和 S 系数。表C.5给出了3种组分范围的 f 系数。参见[14]。

C.3 喷嘴喉部与管道直径之比 β

本附录提供的数值适用于 $\beta<0.25$ 的情况。如果不能满足这一条件，上游测量点会存在一个虽小却不可忽略的气体流速。在这种情况下，用户宜使用附录E给出的质量流量修正因子。

表 C.2 方程(C.2)和(C.3)的 q_{ref} 和 S 系数(第1组分范围)

k	a	α	ϕ	b	γ	δ
1	$0.108\,244\,635\times10^{5}$	1	−0.5	$0.484\,093\,947\times10^{4}$	1	−4.5
2	$-0.736\,494\,058\times10^{2}$	1	1.5	$-0.136\,051\,287\times10^{5}$	1	−2.5
3	$-0.287\,636\,821\times10^{4}$	2	−9.5	$0.132\,819\,568\times10^{5}$	1	−1.5
4	$0.293\,505\,438\times10^{4}$	2	−4.5	$0.124\,742\,840\times10^{3}$	1.5	−0.5
5	$0.213\,321\,640\times10^{3}$	2.5	−3.5	$0.270\,400\,184\times10^{4}$	2	−4.5
6	$0.470\,680\,038\times10^{4}$	3.5	−12.5	$0.465\,931\,801\times10^{4}$	2.5	−5.5
7	$-0.113\,603\,383\times10^{1}$	5	−0.5	$-0.522\,305\,671\times10^{5}$	3.5	−15.5
8	$-0.949\,791\,998\times10^{1}$	9	−15.5	$0.728\,305\,715\times10^{5}$	4	−15.5
9	—	—	—	$0.626\,536\,557\times10^{1}$	4	−0.5
10	—	—	—	$0.863\,837\,290\times10^{1}$	6	−8.5
11	—	—	—	$-0.218\,148\,488\times10^{1}$	6	−0.5
12	—	—	—	$-0.205\,507\,321\times10^{3}$	9	−15.5
13	—	—	—	$0.172\,829\,796\times10^{1}$	11	−10.5
14	—	—	—	$0.366\,195\,951\times10^{-2}$	16	−10.5

表 C.3 方程(C.2)和(C.3)的 q_{ref} 和 S 系数(第2组分范围)

k	a	α	ϕ	b	γ	δ
1	$0.110\,966\,325\times10^{5}$	1	−0.5	$0.598\,807\,893\times10^{0}$	0	−0.5
2	$-0.812\,543\,416\times10^{2}$	1	1.5	$0.618\,961\,744\times10^{3}$	1	−1.5
3	$-0.297\,016\,307\times10^{4}$	2	−6.5	$0.302\,809\,257\times10^{4}$	1	−0.5
4	$0.433\,774\,605\times10^{4}$	2	−4.5	$0.134\,089\,681\times10^{4}$	1.5	−3.5
5	$0.148\,426\,025\times10^{4}$	3	−7.5	$0.523\,229\,697\times10^{3}$	2	−1.5
6	$0.704\,694\,512\times10^{4}$	4	−15.5	$-0.862\,689\,783\times10^{4}$	3	−8.5
7	$-0.254\,996\,358\times10^{1}$	4.5	−0.5	$0.235\,424\,200\times10^{5}$	3	−7.5
8	$-0.224\,612\,799\times10^{2}$	9	−15.5	$-0.767\,928\,108\times10^{3}$	3.5	−3.5
9	—	—	—	$-0.859\,071\,767\times10^{5}$	4.5	−12.5
10	—	—	—	$0.724\,778\,127\times10^{4}$	4.5	−8.5
11	—	—	—	$0.153\,097\,473\times10^{6}$	5	−15.5
12	—	—	—	$-0.135\,420\,339\times10^{4}$	6	−10.5
13	—	—	—	$-0.292\,807\,154\times10^{5}$	7	−20.5
14	—	—	—	$0.884\,153\,806\times10^{-1}$	16	−15.5

表 C.4 方程(C.2)和(C.3)的 q_{ref} 和 S 系数(第3组分范围)

k	a	α	ϕ	b	γ	δ
1	$0.115\,572\,303 \times 10^{5}$	1	−0.5	$0.801\,874\,088 \times 10^{3}$	1	−1.5
2	$-0.249\,894\,765 \times 10^{3}$	1	0.5	$0.264\,127\,915 \times 10^{4}$	1	−0.5
3	$-0.240\,531\,018 \times 10^{4}$	2	−7.5	$0.247\,996\,282 \times 10^{3}$	1.25	−0.5
4	$0.404\,006\,226 \times 10^{4}$	2	−4.5	$0.178\,851\,521 \times 10^{4}$	2	−8.5
5	$0.271\,706\,092 \times 10^{4}$	3	−7.5	$0.101\,397\,979 \times 10^{5}$	2.5	−5.5
6	$-0.126\,049\,305 \times 10^{5}$	4	−15.5	$-0.296\,058\,326 \times 10^{2}$	3.5	−0.5
7	$0.553\,331\,233 \times 10^{5}$	5	−18.5	$-0.680\,911\,912 \times 10^{5}$	4	−15.5
8	$-0.115\,934\,413 \times 10^{3}$	5	−7.5	$0.259\,571\,626 \times 10^{6}$	5	−18.5
9	$-0.262\,586\,997 \times 10^{5}$	6	−20.5	$-0.144\,795\,597 \times 10^{6}$	7	−25.5
10	—	—	—	$-0.110\,728\,705 \times 10^{4}$	9	−15.5
11	—	—	—	$0.144\,085\,124 \times 10^{2}$	11	−10.5
12	—	—	—	$0.901\,740\,847 \times 10^{0}$	16	−15.5
13	—	—	—	$-0.132\,368\,505 \times 10^{0}$	16	−10.5

表 C.5 方程(C.4)的 f 系数

系数	范围 1	范围 2	范围 3
A_{C_3}	2.011 3	2.157 5	2.244 0
A_{C_4}	2.751 7	2.803 4	3.123 8
A_{C_5}	3.889 8	4.086 0	4.316 1
A_{C_6}	4.947 8	5.423 0	5.869 3
A_{N_2}	1.014 8	1.041 1	1.107 4
B_{N_2}	1.464 3	1.672 1	2.268 9
C_{N_2}	0.765 0	0.879 4	1.222 4
A_{CO_2}	2.253 3	2.348 8	2.434 7
B_{CO_2}	1.673 3	2.002 4	2.125 0
C_{CO_2}	0.881 9	1.065 9	1.125 1
A_{ref}	0.066 36	0.136 94	0.217 73

C.4 计算机编码验证样本值

表 C.6 和表 C.7 提供了一些样本值,用户可对照这些样本值验证关系式执行情况。

表 C.6　验证关系式执行情况的样本值

组分	测试气体 1	测试气体 2	测试气体 3
甲烷	0.931 7	0.880 5	0.837 5
氮气	0.024 3	0.010 4	0.003 9
二氧化碳	0.009 5	0.020 4	0.019 7
乙烷	0.026 3	0.062 4	0.093 5
丙烷	0.004 9	0.018 4	0.033 1
丁烷	0.002 0	0.006 1	0.009 7
戊烷	0.001 3	0.001 5	0.002 0
己烷	0.000 0	0.000 3	0.000 6

表 C.7　验证关系式执行情况的样本值

	T_0/K	p_0/MPa	q_{ref}	S	f	$q_m/(A_{nt}C_{d'})$
测试气体 1	280	2	3 704.50	1 481.33	0.020 94	3 735.52
	310	10	19 007.4	10 716.5	0.007 07	19 083.2
测试气体 2	280	2	3 805.42	1 402.57	0.042 76	3 865.38
	310	10	19 749.8	10 905.8	0.028 04	20 055.5
测试气体 3	280	2	3 913.25	1 325.58	0.039 58	3 965.72
	310	10	20 603.1	11 260.7	0.026 85	20 905.5

附 录 D
（规范性附录）
大气空气的质量流量修正因子

D.1 总则

给定上游滞止温度 T_0(K)和滞止压力 p_0(MPa)下的大气空气质量流量 $q_{m,\text{atmos}}$ 可按式(D.1)计算。

$$q_{m,\text{atmos}} = q_{m,\text{dryCO}_2\text{-free}}\left[1 + X_{\text{CO}_2}(0.25 + 0.047\,32\pi) + \frac{\text{RH}}{100}A \cdot B\right] \quad \cdots\cdots\cdots(\text{D}.1)$$

式中：

$q_{m,\text{dryCO}_2\text{-free}}$——不含 CO_2 的干燥空气的质量流量；

X_{CO_2}——空气中 CO_2 的摩尔分数(如果未知,可用 0.000 4)；

RH——空气的相对湿度(%)。

$$A = 0.127\,828\tau^3 - 0.789\,422\tau^2 + 1.631\,66\tau - 1.128\,18 \quad \cdots\cdots\cdots\cdots\cdots(\text{D}.2)$$

式中：

$$\tau = \frac{T_0}{T_c}$$

$$B = -0.000\,288\,749\pi^2 - 0.001\,910\,22\pi + 0.005\,695\,36 - \frac{0.071\,999\,5}{\pi} \quad \cdots\cdots(\text{D}.3)$$

式中：

$$\pi = \frac{p_0}{p_c}$$

其中，$p_c = 3.786$ MPa，$T_c = 132.530\,6$ K。

D.2 计算机编码验证样本值

表 D.1 提供了一些样本值,用户可对照这些样本值验证关系式执行情况。

表 D.1 验证关系式执行的样本值

T/K	p/MPa	RH/%	$q_{m,\text{dryCO}_2\text{-free}}$	$q_{m,\text{atmos}}$
280	0.1	50	241.663	241.403
280	1	100	2 427.42	2 427.11
305	0.1	75	231.501	229.674
305	2	100	4 662.04	4 660.15

附 录 E
（规范性附录）
喷嘴喉部与上游管道直径之比 $\beta>0.25$ 的临界流喷嘴临界质量通量的计算

E.1 总则

采用附录B或附录C的方法所得出的气体质量流量值是基于如下的假设，即所测得的上游温度和压力都是真实的滞止值。如果喷嘴喉部直径与上游管道直径之比 $\beta<0.25$，则这种假设是能成立的。如果实际上 $\beta>0.25$，则上游测量点会存在一个不可忽略的气体流速，它将对气体质量流量产生不可忽略的影响。

当上游测量点存在一个不可忽略的气体流速时，可由取压口测量静压，即运动气体的压力。然而温度是利用插在流动气体中的温度计测量的。当气体遭遇测温元件的阻碍时，其流速自然会降低，这造成温度计所记录的温度 T_m，既不是滞止温度 T_0，又不是静态温度 T_s，而是两者之间的某个温度。温度检测元件的恢复因子可给出这些温度之间的关系式：

$$R_f=\frac{T_m-T_s}{T_0-T_s} \qquad \text{(E.1)}$$

如果 R_f 的值为零，则意味着温度检测元件所测量的是静态温度 T_s，而如果 R_f 的值为1，则意味着被测温度是滞止温度 T_0。实际上，R_f 的值一般是在0.5～0.9范围内，这意味着与静态温度相比，被测温度更接近于滞止温度。

E.2 修正因子

特别提示：在本标准出版之时，天然气混合物的修正因子尚未确定。如果需要天然气混合物的修正因子，宜采用甲烷的修正因子。

下列修正因子所适用的气体与方程(B.1)相同，即氮、氩、不含 CO_2 的干燥空气和甲烷。有效的温度及压力范围也相同，250 K～600 K（甲烷是270 K～600 K），压力最高可达20 MPa。β 值在0.25～0.5时修正有效。

对于给定上游被测温度 T_m(K)和被测压力 p_m(MPa)，具有大 β 比（β 值在0.25～0.5之间）文丘里喷嘴的质量流量可按下式计算：

$$q_{m,\beta}=q_{m,\mathrm{stage}}[(1-R_f)F_0+R_fF_1] \qquad \text{(E.2)}$$

式中：

$q_{m,\mathrm{stage}}$——按附录B或附录C计算的质量流量；

R_f——温度检测元件的恢复因子。

修正因子 F_0 和 F_1 的计算公式如下：

$$F_i=1+B\cdot C_i \qquad \text{(E.3)}$$

式中：

$$B=25.879\beta^6-32.693\beta^5+34.276\beta^4-6.0199\beta^3+1.1156\beta^2-0.1122\beta+0.0047 \qquad \text{(E.4)}$$

$$C_i=\sum_k n_{i,k}\pi^{p_{i,k}}\tau^{t_{i,k}} \qquad \text{(E.5)}$$

方程(E.5)的各系数由表E.1～E.4给出。取得换算压力 π 和换算温度 τ 所需的临界流参数请参见附录B。

参见[15]。

表 E.1 氮气的方程(E.5)系数

i	k	$n_{i,k}$	$p_{i,k}$	$t_{i,k}$
0	1	$1.304\,619\times10^{-2}$	0	0
	2	$-3.666\,323\times10^{-5}$	0	1
	3	$-3.668\,820\times10^{-3}$	0.5	−5
	4	$5.024\,075\times10^{-4}$	1	−1
	5	$2.846\,962\times10^{-3}$	2	−6
	6	$-7.569\,285\times10^{-4}$	3	−8
1	1	$1.516\,890\times10^{-2}$	0	0
	2	$-2.433\,804\times10^{-5}$	0	1
	3	$-3.755\,322\times10^{-3}$	1	−3
	4	$4.068\,331\times10^{-3}$	1	−2
	5	$9.540\,179\times10^{-3}$	1.5	−6
	6	$-4.828\,687\times10^{-6}$	5	−6

表 E.2 氩气的方程(E.5)系数

i	k	$n_{i,k}$	$p_{i,k}$	$t_{i,k}$
0	1	$1.359\,113\times10^{-2}$	0	0
	2	$5.072\,601\times10^{-4}$	1	−1
	3	$5.776\,326\times10^{-4}$	2	−4
	4	$4.625\,040\times10^{-4}$	3	−10
	5	$-3.001\,709\times10^{-7}$	6	−4
1	1	$1.702\,515\times10^{-2}$	0	0
	2	$3.255\,007\times10^{-3}$	1	−2
	3	$2.029\,543\times10^{-4}$	1	−1
	4	$6.931\,127\times10^{-3}$	2	−6
	5	$-1.846\,055\times10^{-4}$	4	−6

表 E.3 无 CO_2 干空气的方程(E.5)系数

i	k	$n_{i,k}$	$p_{i,k}$	$t_{i,k}$
0	1	$1.307\,864\times10^{-2}$	0	0
	2	$-4.752\,544\times10^{-5}$	0	1
	3	$1.760\,268\times10^{-2}$	0.5	−6
	4	$-1.340\,098\times10^{-2}$	0.5	−5
	5	$4.672\,622\times10^{-4}$	1	−1
	6	$1.294\,203\times10^{-3}$	1.5	−4
1	1	$1.522\,775\times10^{-2}$	0	0
	2	$-4.726\,879\times10^{-5}$	0	1
	3	$-5.958\,875\times10^{-3}$	1	−4
	4	$3.445\,387\times10^{-3}$	1	−2
	5	$1.256\,916\times10^{-2}$	1.5	−6
	6	$-4.775\,091\times10^{-5}$	4	−6

表 E.4 甲烷的方程(E.5)系数

i	k	$n_{i,k}$	$p_{i,k}$	$t_{i,k}$
0	1	$1.068\,826\times10^{-3}$	0	−1
	2	$1.199\,593\times10^{-2}$	0	0
	3	$-1.482\,920\times10^{-3}$	0.5	−6
	4	$2.764\,799\times10^{-4}$	1	−1
	5	$7.920\,711\times10^{-5}$	2	−2
	6	$1.111\,278\times10^{-3}$	3	−8
	7	$-6.815\,626\times10^{-5}$	5	−10
	8	$3.862\,490\times10^{-8}$	10	−18
1	1	$-3.463\,148\times10^{-3}$	0	−3
	2	$5.286\,029\times10^{-3}$	0	−1
	3	$1.195\,016\times10^{-2}$	0	0
	4	$1.664\,232\times10^{-3}$	1	−2
	5	$1.159\,371\times10^{-3}$	1.5	−4
	6	$7.260\,461\times10^{-3}$	3	−10
	7	$-7.541\,933\times10^{-4}$	5	−12
	8	$2.613\,967\times10^{-7}$	10	−15

附　录　NA
（资料性附录）
检验规则

NA.1　检验方法

NA.1.1　几何尺寸法检验

在保证产品加工质量达到本标准规定的不确定度要求下，对临界流文丘里喷嘴可采用几何尺寸法进行检验。

检验项目包括：

a)　外观检验，包括材料及表面加工情况；

b)　入口收缩段的检验；

c)　临界流文丘里喷嘴喉部的检验；

d)　锥形扩散段的检验；

e)　表面粗糙度 Ra 的检验。

NA.1.2　实流检定法检验

实流检定法是在 p、V、T、t 法、mt 法等气体流量标准装置上进行，通过测量流过临界流文丘里喷嘴的实际气体流量，计算出流出系数的方法。此方法适用于以下几种临界流文丘里喷嘴：

a)　不按 NA.1.1 进行检验或检验结果不符合要求的临界流文丘里喷嘴。

b)　需要流出系数准确度优于 0.3%的喇叭口喉部和圆筒形喉部临界流文丘里喷嘴，以及优于 0.2%的精确加工的喇叭口喉部临界流文丘里喷嘴。

NA.2　其他设备安装要求

NA.2.1　根据本标准检验临界流文丘里喷嘴的安装情况。

NA.2.2　根据本标准检验上游管道配置及下游管道。

NA.2.3　根据本标准检验上游管道的管壁取压口压力测量、温度测量和密度测量的情况。

NA.2.4　如管道配有排泄孔，应根据本标准的要求进行。

NA.3　型式评价

NA.3.1　产品在下列情况之一时，一般应进行型式检验：

——产品转厂生产的试制定型鉴定；

——正式生产后，如结构、工艺、材料有重大改变，可能影响产品性能时；

——正常生产时，定期或积累一定产量后，应周期性进行检验；

——产品长期停产后，再恢复生产时；

——出厂检验结果与上次型式试验有较大差异时；

——国家质量监督机构提出进行型式检验的要求时。

NA.3.2　型式评价项目

可根据 NA.1.1 所要求的检验项目进行检验。也可根据 NA.1.2 的要求检验流出系数。根据本标准的规定计算临界流文丘里喷嘴的不确定度。

NA.4　标志、包装与贮存

NA.4.1　临界流文丘里喷嘴上应有铭牌。铭牌上应标志出：

——制造厂名或厂标；

——名称、型号规格、喉径及其他参数；

——出厂编号和制造年月。

NA.4.2 包装

临界流文丘里喷嘴的包装应符合有关国家标准的要求。

随机文件包括：

——装箱单；

——临界流文丘里喷嘴出厂合格证；

——安装使用说明书；

——计算单；

——其他有关技术资料。

NA.4.3 贮存

临界流文丘里喷嘴应存放在温度为－10℃～＋40℃、相对湿度不超过85%的通风及无腐蚀性气体的室内。

附 录 NB
（资料性附录）
临界流喷嘴

NB.1 总则

本标准是为临界流文丘里喷嘴制定的，但国内现在还使用着、并且生产着临界流喷嘴。为适应国内目前的实际情况，特制定本附录，作为本标准的补充。

NB.2 临界流喷嘴与临界流文丘里喷嘴的区别

本附录中所述的临界流喷嘴与本标准中的临界流文丘里喷嘴的区别，是在结构上后面不带锥形扩散段。虽然临界流文丘里喷嘴有时也简称临界流喷嘴，但它是带扩散段的。

NB.3 适用于临界流喷嘴的章节

NB.3.1 本标准的第1、2、4、5、8、10章和附录A至附录E都适用于临界流喷嘴。

NB.3.2 本标准中的第3章、第7章以及附录NA除扩散段的规定（如3.3.1、7.1.3、7.2.2.5、7.2.3.6）外，都适用于临界流喷嘴。

NB.4 临界流喷嘴的最大允许下游压力

临界流喷嘴的最大允许下游压力按下式计算：

$$\left[\frac{p_2}{p_0}\right]_{\max} = \left(\frac{2}{\gamma+1}\right)^{\frac{\gamma}{(\gamma-1)}} \qquad \text{(NB.1)}$$

参 考 文 献

[1] ISO 5167-1:2003, *Measurement of fluid flow by means of pressure differential devices inserted in circular cross-section conduits running full—Part 1: General principles and requirements*

[2] ISO 5167-2:2003, *Measurement of fluid flow by means of pressure differential devices inserted in circular cross-section conduits running full—Part 2: Orifice plates*

[3] ISO 6976:1995, *Natural gas—Calculation of calorific values, density, relative density and Wobbe index from composition*

[4] STARLING, K. E., SAVIDGE, J. L. *Compressibility factors for natural gas and related hydrocarbon gases*. Second edition, Transmission Measurement Committee Report No. 8. AGA November 1992, also Errata N° 1 issued by AGA June 1993.

[5] CARON, R. W., BRITTON, C. L., KEGEL, T. *Investigation into the premature unchoking phenomena of critical flow venturis*, Proceedings of ASME FEDSM2000-11108, Boston, June 2000.

[6] ISO/TR 5168 *Measurement of fluid flow—Evaluation of uncertainties*

[7] STEWART, D. G., WATSON, J. T. R. and VAIDYA, A. M. Improved critical flow factors and representative equations for four calibration gases. *Flow Measurement and Instrumentation*, 1999, 10 (1): 27-34.

[8] SPAN, R., LEMMON, E. W., JACOBSEN, R. T., and WAGNER, W. A Reference Quality Equation of State for Nitrogen. *International Journal of Thermophysics*, 1998; 19 (4): 1121-1132.

[9] TEGELER, CH., SPAN, R., and WAGNER, W. A new equation of state for argon covering the fluid region from the triple-point temperature to 700 K at pressures up to 1 000 MPa. Paper Presented at *13th Symposium on Thermophysical Properties*, Boulder, June 1997.

[10] PANASATI, M. D., LEMMON, E. W., PENONCELLO, S. G., JACOBSEN, R. T., and FRIEND, D. G. Thermodynamic properties of air from 60 to 2 000 K at pressures up to 2 000 MPa. Paper Presented at *13th Symposium on Thermophysical Properties*, Boulder, June 1997.

[11] SETZMANN, U. and WAGNER, W. A new equation of state and tables of thermodynamic properties for methane covering the range from the melting line to 625 K at pressures up to 1 000 MPa. *Journal of Physical and Chemical Reference Data*, 1991; 20(6): 1061-1116.

[12] SPAN, R. and WAGNER, W. A New Equation of State for Carbon Dioxide Covering the Fluid Region from the Triple-Point Temperature to 1 100 K at Pressures up to 800 MPa. *Journal of Physical and Chemical Reference Data*, 1996; 25(6): 1509-1596.

[13] MILLER, R. W. *Flow measurement engineering handbook*. McGraw-Hill, 1983.

[14] STEWART, D. G., WATSON, J. T. R., and VAIDYA, A. M. A new correlation for the critical mass flux of natural mixtures. *Flow Measurement and Instrumentation*, 11 (4), December 2000.

[15] STEWART, D. G., WATSON, J. T. R., and VAIDYA, A. M. The effect of high beta

values on mass flow through critical flow nozzles. *Flow Measurement and Instrumentation*, Volume 11 Number 4, December 2000.

[16] JAĔSCHKE, M., AUDIBERT, S., VAN CANEGHEM, P., HUMPHREYS, A. E., JANSSEN-VAN ROSMALEN, R., PELLEI, Q., MHICHELS, J. P. J., SCHOUTEN, J. A., TEN SELDAM, C. A. High accuracy compressibility factor calculation for natural gases and similar mixtures by use of a truncated virial equation, *GERG Technical Monograph TM2* (1988), and *Fortschritt-Berichte VDI, Series 6, N°231* (1989).

[17] STEWART, D. G., WATSON, J. T. R. and VAIDYA, A. M. Uncertainty in the theoretical mass flow-rate of pure gases through critical flow nozzles. *Int. Fluid Flow Measurement Symposium*, Denver, 27-30 June 1999.

[18] STEWART, D. G., WATSON, J. T. R., VAIDYA, A. M. The effect of using atmospheric air in Critical Flow Nozzles. Int. Fluid Flow Measurement Symposium, Denver, 27-30 June 1999.

[19] KEGEL, T. A study of the repeatabiliy and reproducibility of the Critical Flow Nozzle. *Int. Fluid Flow Measurement Symposium*, Denver 27-30 June, 1999.

[20] CARON, R. W., BRITTON, C. L., KEGEL, T. Investigation into the accuracy of multiple Critical Flow Venturis mounted in parallel within a common plenum. *Int. Fluid Flow Measurement Symposium*, Denver 27-30 June, 1999.

[21] PARK, K. A., CHOI, Y. M., CHOI, H. M., CHA, T. S., YOON, B. H. The evaluation of critical pressure ratios of sonic nozzle at low Reynolds numbers, released for *Flow. Meas. Instrum.*

[22] STUDZINSKI, W., WILLIAMSON, I. D., JUNGOWSKI, W., BOTROS, K. K., SAWCHUK, B., STROM, V. Nova's gravimetric meter prover and sonic nozzle facility, *CGA Gas Measurement School*, Alberta, Canada, 1994.

[23] CHOI, Y. M., PARK, K. A., PARK S. O. Interference effects between sonic nozzles, *Flow. Meas. Instrum. 8*, page 113-119, 1997.

[24] CHOI, Y. M., PARK, K. A., PARK, J. T., CHOI, H. M., PARK S. O. Interference effects of three sonic nozzles of different throat diameters in the same meter tube, *Flow. Meas. Instrum. 10*, page 175-181, 1999.

[25] ISHIBASHI, M., TAKAMOTO, M. Theorical discharge coefficient of a critical circular-arc nozzle with laminar boundary layer and its verification by measurements using super-accurate nozzles, Flow Measurement and Instrumentation 11, 305/313, 2000.

[26] VON LAVANTE, E., NATH, B., DIETRICH, H. Effects of instabilities on flow-rates in small sonic nozzles, *9th Conference on Flow Measurement FLOMEKO' 98*, Lund, 1998.

Discharge coefficients for toroidal-throat Venturi nozzles

[27] BRAIN, T. J. S. and MACDONALD, L. M. Evaluation of the performance of small-scale critical flow venture using the NEL gravimetric gas flow standard test facility. *Fluid Flow Measurement in the Mid 1970s*. Edinburgh: HMSO, 1977, pp. 103-125.

[28] BRAIN, T. J. S. and REID, J. Primary calibration of critical flow venturis in high-pressure gas. *Flow Measurement of Fluids*, edited by DIJSTELBERGEN, H. H. and SPENCER, E. A. Amsterdam: North Holland Publishing, 1978, pp 54-64.

[29] SMITH, R. E. and MATZ, R. J. A theoretical method of determining discharge coefficients for Venturis operating at critical flow conditions. *J. Bas. Engng.*, 1962, vol. 84, No. 4, pp. 434-446 [30]. ARNBERG, B. T., BRITTON, C. L. and SEIDL, W. F. Discharge coefficient correlations for circular arc venture flowmeters at critical (sonic) flow. *Paper No. 73-WA/FM-8*. New York: American Society of Mechanical Engineers, 1973.

[31] BRAIN, T. J. S. and REID, J. An investigation of the discharge coefficient characteristics and manufacturing specification of toroidal inlet critical flow venturi nozzles proposed as standard ISO flowmeters. *Proceedings of the International Conference on Advances in Flow Measurement, Paper C1*, University of Warwick. Cranfield, Bedford: BHRA Fluid Engineering, 1981.

[32] SPENCER, E. A., EUJEN, E., DIJSTELBERGEN, H. H. and PEIGNELIN, G. Intercomparison campaign on high pressure gas flow test facilities. *EEC Document No. EUfR 6662*. Brussels-Luxembourg: ECSC-EECEAEC, 1980.

[33] KARNIK, U., BOWLES, E. B., BOSIO, J., CALDWELL, S. North American Inter-Laboratory Flow Measurement Testing Program. *North Sea Flow Measurement Workshop 1996*—Peebles, Scotland. Paper No. 3.

[34] ISHIBASHI, M., TAKAMOTO, M. Very Accurate Analytical Calculation of the Discharge Coefficients of Critical Venturi Nozzles with Laminar Boundary Layer. *FLUCOME'97*, Hayama.

[35] ISHIBASHI, M., TAKAMOTO, M. Discharge coefficient of superaccurate critical nozzle at pressurized condition. *Int. Fluid Flow Measurement Symposium*, Denver 27-30 June, 1999.

[36] ARNBERG, B. T. and ISHIBASHI, M. Discharge coefficient equations for critical flow Toroidal-throat Venturi nozzles, *Proceedings of ASME FEDSM'01-18030*, ASME New Orleans, May 2001.

[37] ISHIBASHI, M., TAKAMOTO, M. Discharge coefficient of superaccurate critical nozzle accompanied with the boundary layer transition measured by reference super-accurate critical nozzles connected in series. *Proceedings of ASME FEDSM'01-18036*, ASME New Orleans, May 2001.

Discharge coefficients for cylindrical throat Venturi nozzles

[38] GRENIER, P. Discharge coefficients of cylindrical nozzles used in sonic conditions. *NEL fluid Mechanics Silver Jubilee Conference, Paper No. 1.2*. East Kilbride, Glasgow: National Engineering Laboratory, November 1979.

[39] PEIGNELIN, G. and BENZONI, A. Utilisation des Venturi tuyères fonctionnant en régime d'écoulement sonique comme étalons de débits de gaz sous pression. *Note dc Gaz de France, no 67842*, 1967.

[40] PEIGNELIN, G. and GRENIER, P. Etude du coefficient de décharge des tuyères fonctionnant en regime d'ecoulement sonique au col utilisées comme étalon pour le mesurage de débit de gaz sous pression. *Congrès de I'Association technique du gaz en France*, 1978.

[41] GRENIER, P. Etude statistique du coefficient de décharge des tuyères a col cylindrique fonctionnant en régime sonique. *Note du Gaz de France, n°81474*, August 1981.

[42] SPENCER, E. A., EUJEN, E., DIJSTELBERGEN, H. H. and PEIGNELIN, G. Intercomparison campaign on high pressure gas flow test facilities. *EEC Document No. EW 6662*. Brussels-Luxembourg: ECSC-EECEAEC, 1980.

[43] BOSIO, J., CABROL, J. F., KEREVAN, P. Intercomparison of the calibration results obtained at Gaz de France Alforville and K-Lab on a critical flow Venturi nozzle. *FLOMEL'94*. Glasgow, Scotland.

[44] VULOVIC, F. Report on the intercomparison carried out on eight European benches using a sonic nozzle as transfer standard. *EUROMET PROJECT No. 307*. -M. CERMAP VUL/SZ 97/I/129, 1997.

[45] VULOVIC, F., VINCENDEAU, E., VALLET, J. P., WINDENBERGER, C., VILLANGER, O., BOSIO, J. Influence of the thermodynamics calculations on the flow-rate of sonic nozzles. *Int. Fluid Flow Measurement Symposium*, Denver 27-30 June, 1999.

Other references

[46] IAPWS Formulation 1995 for the Thermodynamic Properties of Ordinary Water Substance for General and Scientific Use. IAPWS, 1996.

[47] STEWART, D. G., WATSON, J. T. R. and VAIDYA, A. M. The effect of using atmospheric air in critical flow nozzles. *Paper presented at the 4th International* Symposium *on Fluid Flow Measurement*, Denver, June 1999.

ICS 19.060;83.200
N 72

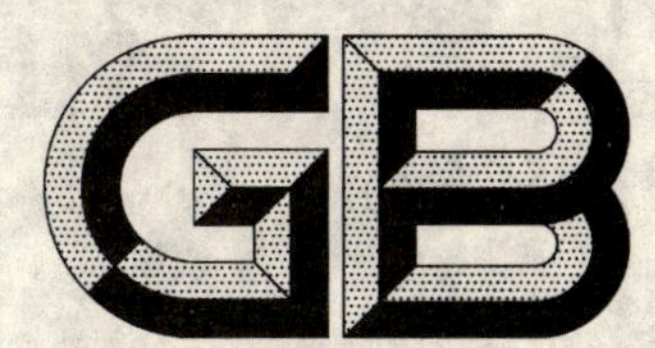

中华人民共和国国家标准

GB/T 21189—2007

塑料简支梁、悬臂梁和拉伸冲击试验用摆锤冲击试验机的检验

Verification of pendulum impact-testing machines used for charpy, lzod and tensile impact-testing of plastics

(ISO 13802:1999, Plastics—Verification of pendulum impact-testing machines—Charpy, lzod and tensile impact-testing, MOD)

2007-11-14 发布　　　　2008-05-01 实施

中华人民共和国国家质量监督检验检疫总局
中国国家标准化管理委员会　发布

前　言

本标准修改采用 ISO 13802:1999《塑料　摆锤冲击试验机的检验　简支梁、悬臂梁和拉伸冲击试验》(英文版),包括其技术勘误 ISO 13802:1999/Cor.1:2000(英文版)。

本标准对 ISO 13802:1999 做了下列少量修改:

a) 修改了标准名称;

b) 删除了国际标准的前言;

c) 将国际标准的技术勘误内容纳入正文中,并用垂直双线标识在它们所涉及的条款的页边空白处;

d) 增加了术语"冲击角"及定义;

e) 删除国际标准的第 2 章"规范性引用文件"。因为国际标准除了规范性引用 ISO 8256:1990 的表 1 以外,其他引用均系资料性引用,对此,本标准做了下列处理:

　1) 将 ISO 8256:2004(ISO 8256:1990 的修订版)中的表 1 直接纳入本标准;

　2) 增加"参考文献"。将国际标准"规范性引用文件"一览表中的内容作为资料性引用文件列入"参考文献"中(用 ISO 8256:2004 代替 ISO 8256:1990);

f) 将表 2 试验类型中的"拉伸"改为"拉伸/简支梁";

g) 将公式(11)、公式(12)中的 $W_{f,1}$、$W_{f,2}$ 和 $W_{f,3}$ 分别改为 $\overline{W}_{f,1}$、$\overline{W}_{f,2}$ 和 $\overline{W}_{f,3}$。

请注意本标准的某些内容有可能涉及专利。本标准的发布机构不应承担识别这些专利的责任。

本标准的附录 A、附录 B、附录 C、附录 D 和附录 E 为资料性附录。

本标准由中国机械工业联合会提出。

本标准由全国试验机标准化技术委员会(SAC/TC 122)归口。

本标准起草单位:长春试验机研究所、承德精密试验机有限公司、承德大华试验机有限公司。

本标准主要起草人:郭永祥、王新华、王铁梅。

本标准首次发布。

塑料简支梁、悬臂梁和拉伸冲击试验用摆锤冲击试验机的检验

1 范围

本标准规定了在 ISO 179-1、ISO 180 和 ISO 8256 中分别描述的塑料简支梁冲击试验、悬臂梁冲击试验和拉伸冲击试验所使用的摆锤冲击试验机的检验方法。

本标准只涉及摆锤式试验机。在冲击试样过程中所吸收的冲击能量 W(见 2.13)等于摆锤的势能 E(见 2.12)与冲击试样后摆锤的剩余能量之差。考虑摩擦和空气阻力的损失(见表 2 和 4.6),对冲击能量进行修正。

本标准描述的方法是关于试验机各部分几何和物理性能的检验方法。有些几何性能在装配好的试验机上难以进行检验,因此由制造者负责这些性能的检验,并且在试验机上提供能够按本标准进行检验的参考平面。

这些方法在试验机安装时、修理时、移动后或进行周期检验时予以应用。

本标准适用于具有第 4 章规定的几何和物理性能的各种容量和(或)类型的摆锤式冲击试验机。

按本标准检验合格的摆锤冲击试验机适用于对各种类型的有缺口和无缺口试样进行冲击试验。

附录 A 描述了各种特性的摆锤长度、摆锤势能和摆锤惯性矩之间的关系。

附录 B 给出了计算机架质量与摆锤质量之比的方法,以避免由此产生的冲击能量误差。

附录 C 描述了对于简支梁冲击试验,在冲击试样后瞬时作为冲击能量函数的摆锤速度的变化,并给出了规定容量摆锤的冲击能量的测量范围。

附录 D 讨论机架底座刚度的问题,以便防止运动的摆锤引起的反作用力导致机架共振。

附录 E 给出了检验简支梁冲击试验机所使用的样板尺寸。

2 术语和定义

下列术语与定义适用于本标准。

2.1

检验　verification

使用已校准的标准或标准参考物质,对校准合格仪器的验证试验。

2.2

校准　calibration

在规定条件下,为确定测量仪器或测量系统所指示的量值,与对应的标准或标准所复现的已知量值之间关系的一组操作。

2.3

摆锤的摆动周期　period of oscillation of the pendulum

T_P

摆锤离开铅垂位置的角度不超过 5°,完成一次摆动(往复地)所需的时间,以秒为单位。

2.4

打击中心　centre of percussion

摆锤上的一点,该点在摆动平面内对试样进行垂直冲击且摆动轴不产生反作用力。

2.5

摆锤长度 pendulum length

L_P

摆轴轴线至打击中心(2.4)的距离,以米为单位。当摆锤的等效质量理论上集中在距摆轴轴线为摆锤长度的点上时,其摆动周期 T_P(2.3)与实际摆锤的摆动周期相同。

2.6

重心长度 gravity length

L_M

摆轴轴线至摆锤重心之间的距离,以米为单位。

2.7

回转长度 gyration length

L_G

具有的惯性矩与摆锤惯性矩相同的摆锤质心(摆锤质量 m_P 集中点)到摆轴轴线的距离,以米为单位。

2.8

冲击长度 impact length

L_I

冲击刃冲击试样表面中心的点至摆轴轴线的距离,以米为单位。

2.9

冲击角 impact angle

α_I

摆锤的冲击试样位置与铅垂位置的夹角,以度为单位。

2.10

起始角 starting angle

α_0

摆锤的释放位置与铅垂位置的夹角,以度为单位。

注:通常摆锤摆动到最低点时冲击试样($\alpha_I=0$),在这种情况下,起始角也是落角[见图 1b)]。

2.11

冲击速度 impact velocity

v_I

摆锤在冲击瞬间的速度,以米每秒为单位。

2.12

势能 potential energy

E

摆锤在起始位置,相对其冲击位置的势能,以焦耳为单位。

2.13

冲击能量 impact energy

W

使试样变形、断裂和推离所需的能量,以焦耳为单位。

2.14

机架 frame

试验机安装摆锤轴承、支承架、钳具和(或)夹具、测量装置以及夹持和释放摆锤机构的部件。机架

的质量 m_F,以千克为单位。

2.15

机架的振动周期　period of oscillation of the frame

T_F

机架水平振动自由消失所经历的时间,单位为秒。它反映了机架抵制诸如试验台和(或)它的底座(也可以包括阻尼材料)这样的(弹性)安装刚性的振荡特性(见附录 D)。

2.16

摆锤质量　mass of the pendulum

$m_{P,max}$

所使用的最重摆锤的质量,以千克为单位。

3　测量仪器

本标准描述的检验方法需要使用直尺、游标卡尺、三角板、水平仪、测力仪、称重传感器(或天平)和计时装置,来检查试验机各部分的几何和物理性能是否满足本标准规定的要求。

这些测量仪器应具有足够的准确度,以使参数的测量准确到第 4 章给出的允差限值内。

4　试验机的检验

4.1　试验机的组成部分

基本组成部分如下:

4.1.1　摆锤

4.1.1.1　摆杆

4.1.1.2　锤体

带有弯曲冲击试验(见 ISO 179 和 ISO 180)所使用的冲击刃或带有拉伸冲击试验(见 ISO 8256:2004,分别用于试验方法 A 和方法 B)所使用的冲击面或夹具。

4.1.2　机架

4.1.2.1　试样支座

用于简支梁冲击试验(见 ISO 179)。

4.1.2.2　钳具

用于悬臂梁冲击试验(见 ISO 180)。

4.1.2.3　夹具或止动块

用于拉伸冲击试验(见 ISO 8256:2004,方法 A 和方法 B)。

4.1.2.4　夹持和释放摆锤的机构

4.1.3　能量指示装置

4.1.4　用于拉伸冲击试验的横梁

4.2　摆锤

4.2.1　摆锤长度 L_P

通过测定摆锤的摆动周期 T_P,用公式(1)算出摆锤长度 L_P:

$$L_P = \frac{gT_P^2}{4\pi^2} \qquad \cdots\cdots\cdots\cdots(1)$$

式中:

g——当地的重力加速度,单位为米每二次方秒(m/s^2);

T_P——摆锤的摆动周期,单位为秒(s)。

T_P 值的测量应准确到 0.2%。

测量连续摆动 n 次的总时间 $n \times T_P$,并取 4 次测量的算术平均值,从而得到摆动周期 T_P 值,n 次连续摆动时间的测量准确到 0.1 s。结合 L_P 要求的准确度,最小摆动次数 $n \geqslant 100/T_P$。

计时装置的测量准确度优于 0.1 s 时,允许适当减少摆动次数(见表 1)。

表 1　测定 T_P 所用的最小摆动次数举例

L_P/ m	T_P/ s	时间测量准确度/ s	摆动的最小次数 n
0.225	0.95	0.1 0.01	105 11
0.390	1.25	0.1 0.01	80 8

4.2.2　冲击长度 L_I

冲击长度 L_I(2.8)相对摆锤长度 L_P 的最大允许误差为 L_P 的 ±1%,摆锤长度 L_P 通过测量摆动周期 T_P 来计算[见公式(1)和图 1a)]。

4.2.3　势能 E

势能 E 的最大允许误差应为表 2 第一列所示标称值的 ±1%。

势能采用下述方法测定,或者采用任何其他满足上述允差要求的方法测定。

a) 将摆锤支承在距摆轴轴线距离 L_H 的天平或测力仪上,确保摆轴轴线到摆锤重心的连线是水平的[见图 1a)]。

b) 测量垂直力 F_H 和长度 L_H,力以牛顿为单位,长度以米为单位,测量最大允许误差为 ±0.2%。

c) 用公式(2)计算摆锤相对摆轴轴线的水平力矩 M_H,单位为牛顿米(Nm):

$$M_H = F_H L_H \qquad \cdots\cdots\cdots\cdots(2)$$

d) 测量起始角 α_0[见图 1b)],准确到 $\Delta\alpha_0$,$\Delta\alpha_0$ 相当于势能的 1/400,如合适,冲击角度 α_I 在 0.25° 以内。这样,与起始角 140°、150° 和 160° 相对应的 $\Delta\alpha_0$ 分别为 0.39°、0.54° 和 0.81°。

e) 用公式(3)计算摆锤的势能 E:

$$E = M_H(\cos\alpha_I - \cos\alpha_0) \qquad \cdots\cdots\cdots\cdots(3)$$

式中:

E——摆锤的势能,单位为焦耳(J);

M_H——摆锤的水平力矩[见公式(2)],单位为牛顿米(Nm);

α_0——起始角,单位为度(°);

α_I——冲击角,单位为度(°)。

注 1:大多数摆锤冲击试验机的冲击角为 0°,则 $\cos\alpha_I = 1$。

注 2:在某些情况下,可能有必要从试验机上卸下摆锤,按上述方法测定其力矩 M_H。

a）测定水平力矩所需的参数

b）校准和计算势能所需的参数

1——摆轴轴线；

2——垂直力 F_H；

3——打击中心；

4——升角 α_R；

5——起始角 α_0。

图 1 检验能量所需的参数

4.2.4 冲击速度v_I

4.2.4.1 速度值

简支梁、悬臂梁和拉伸冲击试验的冲击速度应满足表 2 给出的相应值。

表 2 简支梁、拉伸和悬臂梁冲击试验机的基本性能

势能 E/J	试验类型	冲击速度 v_I/(m/s)	无试样时由摩擦引起的最大允许能量损失 E 的百分数/%
0.5	简支梁	2.9(±10%)	4
1.0	简支梁		2
2.0	拉伸/简支梁		1
4.0	拉伸/简支梁		0.5
5.0	简支梁		0.5
7.5	拉伸/简支梁	3.8(±10%)	0.5
15	拉伸/简支梁		
25	拉伸/简支梁		
50	拉伸/简支梁		
1.0	悬臂梁	3.5(±10%)	2
2.75	悬臂梁		1
5.5	悬臂梁		0.5
11	悬臂梁		0.5
22	悬臂梁		0.5

4.2.4.2 测定

用公式(4)测定冲击速度：

$$v_I = \sqrt{2gL_I(\cos\alpha_I - \cos\alpha_0)} \quad \cdots\cdots(4)$$

式中：

v_I——冲击速度，单位为米每秒(m/s)；

g——当地的重力加速度，单位为米每二次方秒(m/s^2)；

L_I——冲击长度(见 4.2.2)，单位为米(m)；

α_0——起始角，单位为度(°)；

α_I——冲击角，单位为度(°)(见 4.2.3 的注 1)。

4.2.5 摆锤冲击试验机的类型

本标准涉及三种不同类型的试验机。

图 2 是简支梁试验机的典型示例。要检验的主要性能参数值列于表 3。

表 3 简支梁冲击试验机的性能

参　　数	图 2 中使用的符号	单　　位	数　　值
摆锤			
冲击刃角度	θ_1	度	30±1
冲击刃曲率半径	R_1	mm	2±0.5
机架/摆锤位置			
试样长轴线与参考面(如果存在)的平行度	p_1	—	±4/1 000
冲击刃与锤体重心之间的距离	D_1	mm	±0.5
两支座的中平心面相对冲击刃的位置	D_2	mm	±0.5
试样支座			
支座的曲率半径	R_2	mm	1±0.1
支座的斜角	θ_2	度	10±1
支座的坡角	θ_3	度	5±1
支座的角度	θ_4	度	90±0.1

图 3 是悬臂梁试验机的典型示例。要检验的主要性能参数值列于表 4。

图 4 和图 5 是拉伸冲击试验机的典型示例，要检验的主要性能参数值列于表 5。

对于带有若干摆锤的试验机，只要它们满足本标准的要求，则是合格的。

表 4　悬臂梁冲击试验机的性能

参　　数	图 3 中使用的符号	单　　位	数　　值
冲击刃			
半径	R_1	mm	0.8±0.2
与试样长轴线的夹角	θ_1	度	90±2
与试样表面的平行度(在整个宽度内)	p_1	mm	±0.025
机架/摆锤位置			
钳具上表面的水平度	p_2	—	±3/1 000
定位槽与钳具上表面之间的夹角	θ_2	度	90±0.5
冲击刃与支承块上表面的距离	D_1	mm	22±0.2
钳具表面			
水平和垂直方向的平行度	p_3	mm	±0.025
支承块上边缘(试样发生弯曲处)的半径	R_2	mm	0.2±0.1

表 5　拉伸冲击试验机的性能

参　　数	图 4 和图 5 中使用的符号	单　　位	数　　值
摆锤			
锤体(或砧座)表面与横梁表面的平行度	p_1	—	±4/1 000
锤体(或砧座)表面与摆动平面之间的夹角	p_2	度	90±1
锤体(或砧座)表面相对摆动平面的对称度	S_1	mm	±0.5
试样位置			
相对摆动平面的对称度	S_2	mm	±0.5
相对摆动平面的夹角	p_3	度	±0.2
横梁			
横梁的质量见表 6			

表 6　横梁质量

势能/ J	横梁质量/ g	
	方法 A[a]	方法 B
2.0	15±1 或 30±1	15±1
4.0	15±1 或 30±1	15±1
7.5	30±1 或 60±1	30±1
15.0	30±1 或 60±1	120±1
25.0	60±1 或 120±1	120±1
50.0	60±1 或 120±1	120±1

[a] 对于方法 A，尽量使用较轻的横梁。

注：取决于试样安放位置的摆锤冲击试验机的性能只能使用精确的矩形金属标准试样进行测量。使用注射成型的试样是不适当的，原因是它们带有斜角。

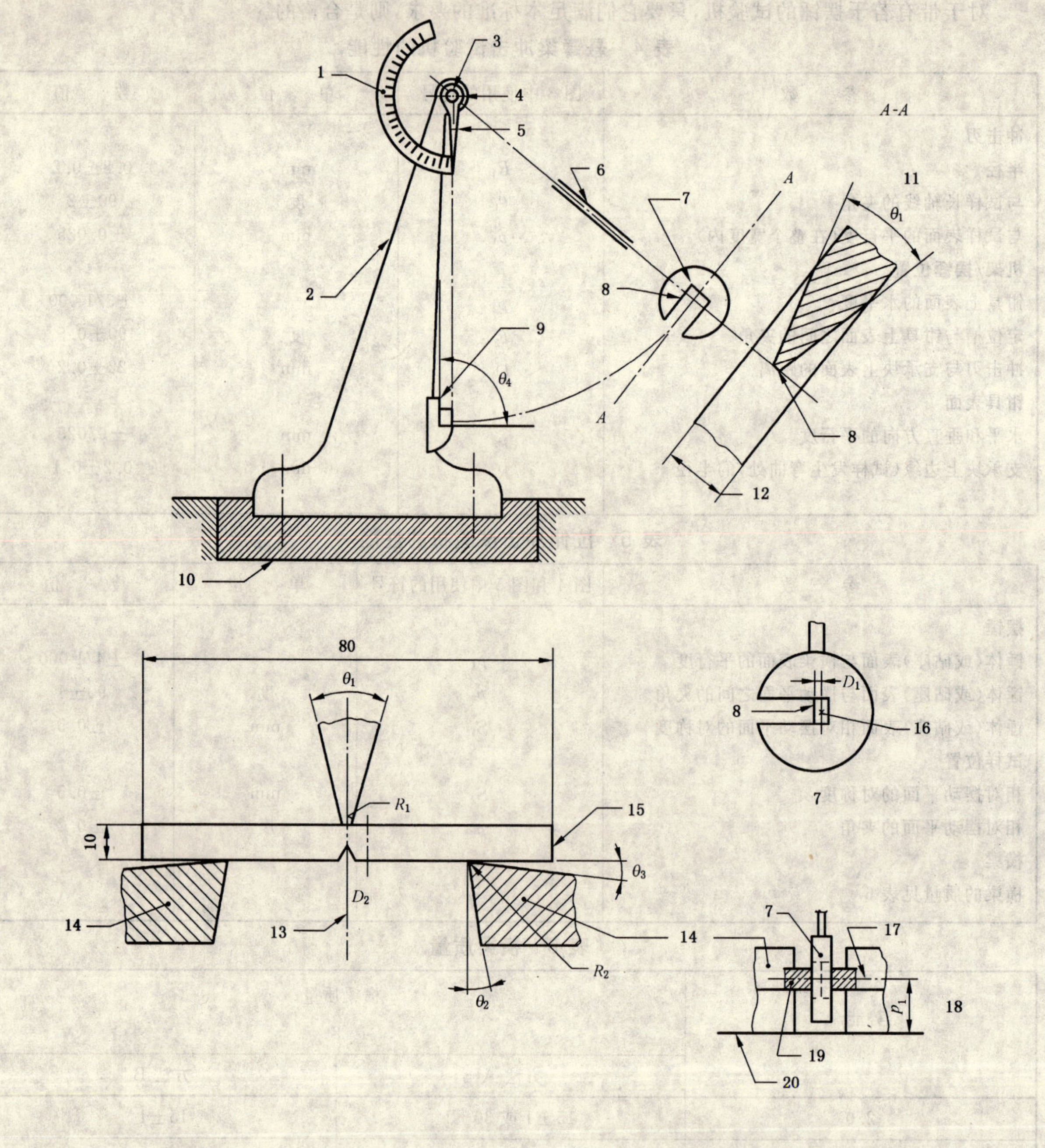

1——标度盘；	8——冲击刃；	15——标准试样；
2——试验机机架；	9——试样支座；	16——锤体的重心；
3——摆轴；	10——机座；	17——试样的轴线；
4——摆锤轴承；	11——锤体冲击刃角度 θ_1；	18——平行度 p_1；
5——摩擦指针；	12——锤体宽度；	19——试样；
6——摆杆；	13——支座的对称面；	20——参考平面。
7——锤体；	14——支座；	

图 2　简支梁冲击试验机详图(尺寸见表 3)

1——摆锤轴承；

2——标度盘；

3——机架；

4——试样；

5——试样支承；

6——摆轴；

7——摩擦指针；

8——摆臂；

9——锤体；

10——冲击刃；

11——机座；

12——夹持块；

13——冲击刃曲率半径 R_1；

14——支承块；

15——冲击方向；

16——钳具上表面；

17——水平度 p_2；

18——平行度 p_3；

19——平行度 p_1；

20——定位槽。

注：支承块和夹持块一起构成了钳具。

图 3　悬臂梁试验机详图(尺寸见表 4)

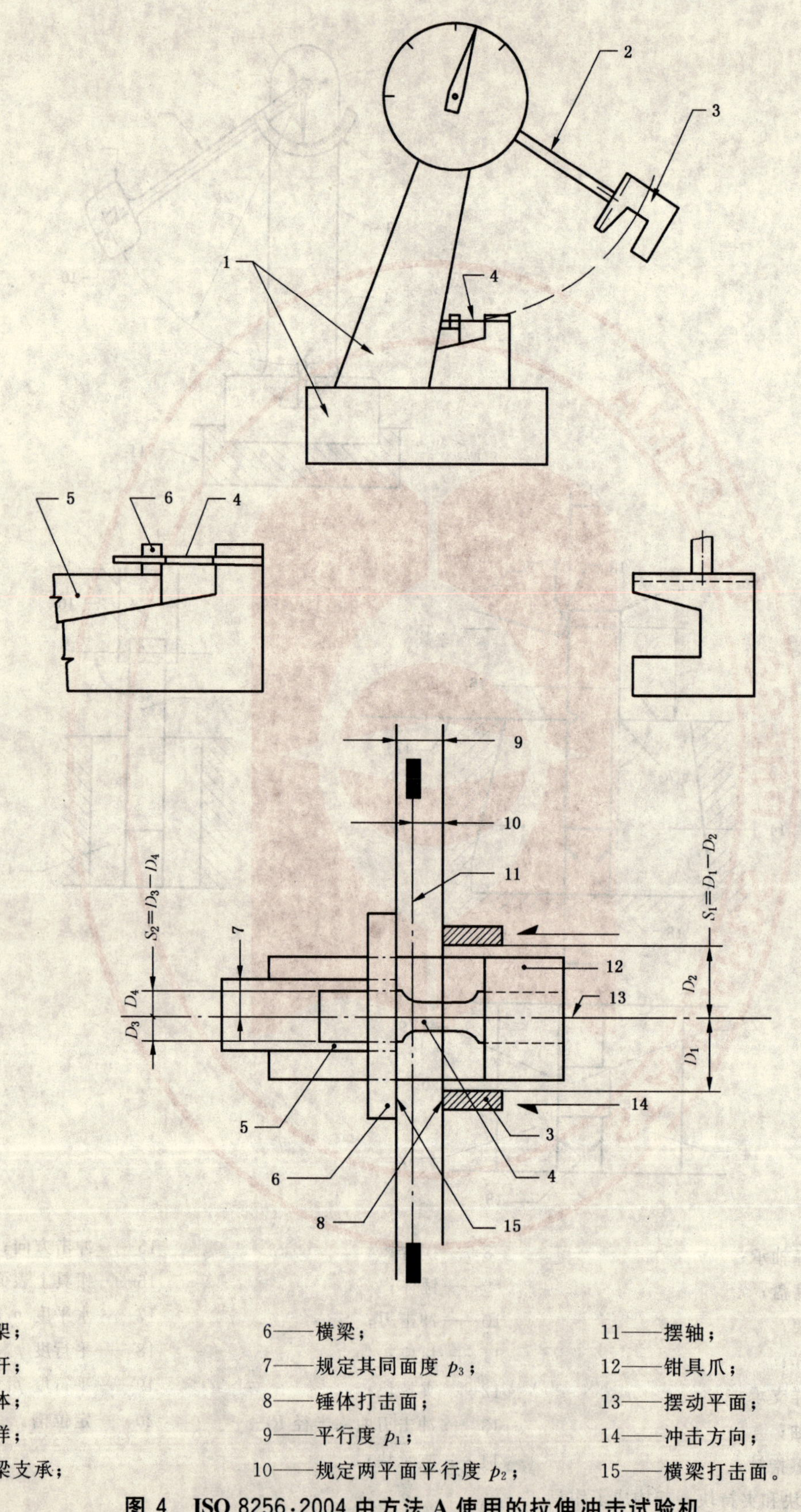

1——机架；
2——摆杆；
3——锤体；
4——试样；
5——横梁支承；
6——横梁；
7——规定其同面度 p_3；
8——锤体打击面；
9——平行度 p_1；
10——规定两平面平行度 p_2；
11——摆轴；
12——钳具爪；
13——摆动平面；
14——冲击方向；
15——横梁打击面。

图 4　ISO 8256:2004 中方法 A 使用的拉伸冲击试验机摆锤和试样夹具相互关系示意图(尺寸见表 5)

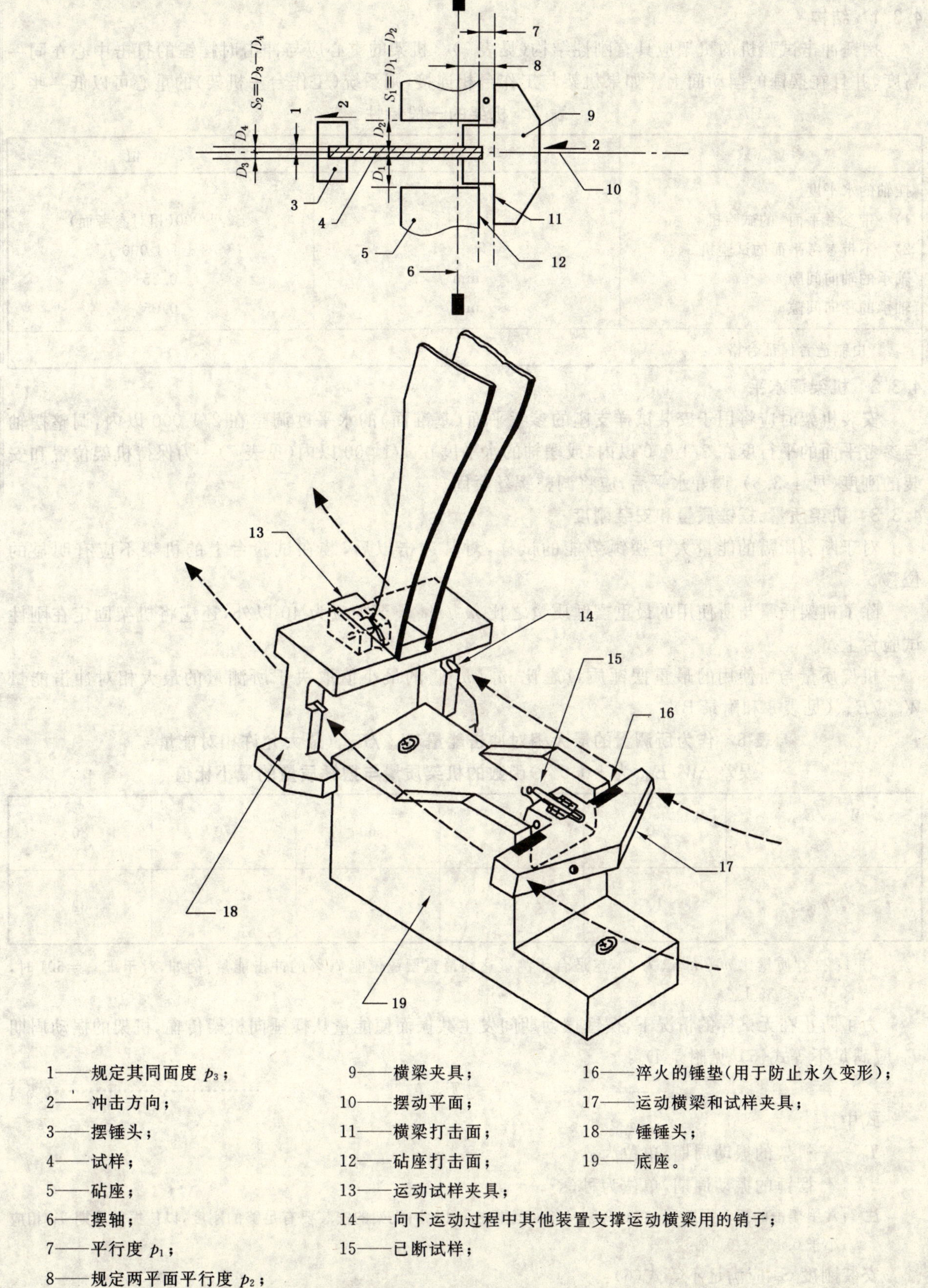

1——规定其同面度 p_3；
2——冲击方向；
3——摆锤头；
4——试样；
5——砧座；
6——摆轴；
7——平行度 p_1；
8——规定两平面平行度 p_2；
9——横梁夹具；
10——摆动平面；
11——横梁打击面；
12——砧座打击面；
13——运动试样夹具；
14——向下运动过程中其他装置支撑运动横梁用的销子；
15——已断试样；
16——淬火的锤垫(用于防止永久变形)；
17——运动横梁和试样夹具；
18——锤锤头；
19——底座。

图 5　ISO 8256:2004 中方法 B 使用的拉伸冲击试验机试样断裂后摆锤和试样夹具相互关系示意图(尺寸见表 5)

4.3 机架的基本性能

4.3.1 结构

摆锤冲击试验机的机架应具有刚性结构(见表7)。机架的重心应与冲击时摆锤的打击中心在同一高度,并且在摆锤的摆动面上。如果机架与工作台相连接,则系统(工作台+机架)的重心可以低一些。

表7 机架的一般特性

参数	单位	数值
摆轴的水平度		
1) 带参考平面[a] 的试验机	—	±2/1 000(相对参考面)
2) 不带参考平面的试验机	—	±4/1 000
轴承的轴向间隙	mm	0.25
轴承的径向间隙	mm	0.05
[a] 由制造者保证合格。		

4.3.2 机架调水平

安装机架时应将用于安装试样支座的参考平面(基准面)的水平度调整在2/1 000以内,调整摆轴与参考平面的平行度在2/1 000以内,或摆轴的水平度在4/1 000以内(见表7)。为保持机架位置和安装的刚度(见4.3.3),调好水平后,应将调整螺丝紧固。

4.3.3 机架质量、摆锤质量和安装刚度

对于断裂所需的能量大于摆锤势能的试样,对其冲击以后,装在试验台上的机架不应有明显的位移。

除了机架质量与所使用的最重摆锤质量之比 $m_F/m_{P,max}$ 至少应为40以外,还应将机架固定在刚性试验台上。

机架质量与所使用的最重摆锤质量之比 $m_F/m_{P,max}$ 的最小值取决于所测量的最大相对冲击能量 W_{max}/E_{max}(见表8和附录B)。

表8 作为所测量的最大相对冲击能量 $\boldsymbol{W_{max}/E_{max}}$(最大允许相对能量误差 $\Delta W/E_{max}$ 为±0.5%)函数的机架质量与摆锤质量的最小比值

W_{max}/E_{max} %	40	50	60	70	80
$m_F/m_{P,max}$	10	18	28	42	62

注1:推荐质量比 $m_F/m_{P,max}$ 为40,这适合于测量达到最重摆锤位能70%的冲击能量,例如,对于 $E_{max}=50J$ 时,$W_{max}\leqslant 35$ J。

为了防止在无试样的情况下,摆锤摆动期间发生共振而使能量从摆锤向机架传输,机架的振动周期 T_F 应满足不等式(5)(见附录D):

$$T_F \leqslant T_P/7 \quad (5)$$

式中:

T_F——机架的振动周期,单位为秒(s);

T_P——摆锤的振动周期,单位为秒(s)。

注2:常用摆锤的振动周期 T_P 在0.9 s~1.3 s范围内 。因此,机架的安装要有足够的刚度,以使振动周期 T_F 相应小于0.13 s~0.19 s。

安装刚度 S_F 应满足不等式(6):

$$S_F \geqslant \frac{4\pi^2 m_F}{T_F^2} \quad (6)$$

使用推荐的质量比 $m_F/m_{P,max}$ 为 40，将不等式(5)和不等式(6)合并，则得出不等式(7)：

$$S_F \geqslant \frac{7.7\times10^4\times m_{P,max}}{T_P^2} \quad \cdots\cdots(7)$$

式中：

S_F——安装刚度，单位为牛顿每米(N/m)；

$m_{P,max}$——最重摆锤的质量，单位为千克(kg)；

T_P——摆锤的振动周期，单位为秒(s)。

注 3：可以测定安装刚度 S_F，例如，在冲击方向对机架施加一个已知的水平力 F_F 而产生位移 s，则 $S_F=F_F/s$(见图 D.3)。另外，在冲击方向对机架施加脉冲而激发共振，用适当的记录装置进行监测，也可以得到机架的振动周期 T_F。

4.4 轴承

摆锤主轴轴承的轴端间隙不应超过 0.25 mm，径向总间隙不应超过 0.05 mm(见表 7)。

在垂直于摆动平面的方向对摆锤施加一个力，通过安装在机架上并接近轴承座的千分表来指示主轴端部轴承的位移量，由此能够测得轴向间隙。建议这个垂直力与所使用的最重摆锤的重量有相同的数量级。

4.5 能量指示装置

4.5.1 标度型式

试验机既可以用升角 α_R[见图 1b)]标度，也可以用吸收的冲击能量 W 标度，二者的关系如公式(8)：

$$W = M_H(\cos\alpha_R - \cos\alpha_0) \quad \cdots\cdots(8)$$

式中：

W——冲击能量，单位为焦耳(J)；

M_H——摆锤的水平力矩，用公式(2)计算，单位为牛顿米(Nm)；

α_0——起始角，单位为度(°)；

α_R——升角，单位为度(°)。

注：既标有吸收能量焦耳值又标有升角角度值的度盘可能方便使用。起始角可变，对于安装、校准试验机和测量摩擦能量损失也是有利的。

4.5.2 标尺的分辨力

冲击能量 W 的标尺可以是模拟的，也可以是数字的，标尺的分辨力 ΔW 至少应达到势能 E 的 1/400，相应升角 α_R 的分辨力 $\Delta\alpha_R$ 用公式(9)计算，单位为度(°)。

$$\Delta\alpha_R = \frac{180(1-\cos\alpha_0)}{\pi(400\sin\alpha_R)} \quad \cdots\cdots(9)$$

注：例如，对于起始角为 145°，在临界范围附近 $\alpha_R=90°$，则 $\Delta\alpha_R=0.26°$。上面给出的分辨力值 ΔW 和 $\Delta\alpha_R$ 包括诸如视差和指针宽度以及数字标度的波动而影响读数的不确定度。

4.5.3 升角和(或)能量标尺的校准

应按下述方法检查约等于标度范围 10%、20%、30%、50%和 70%各点的标度标记，升角的测量准确到 4.5.2 规定的准确度：

a) 正常操作试验机，但不放置试样，得到指针指示的零点读数(W_S,1)。记录这个读数值，该读数的最大允许误差为势能 E 的±2.5%；

b) 支撑摆锤，使指针指示零点读数(W_S,1)，测量对应的升角 $\alpha_{R,1}$；

c) 支撑摆锤，使指针指在上述各校准点的刻度位置，测量对应各位置的升角 $\alpha_{R,I}$；

d) 按公式(10)计算吸收能量 W_I：

$$W_I = M_H(\cos\alpha_{R,I} - \cos\alpha_{R,1}) \quad \cdots\cdots(10)$$

注：在 L_1、F_H(见 4.2.3)、$\alpha_{R,1}$ 和 $\alpha_{R,I}$ 达到规定测量准确度的情况下，能使 W_I 的测量准确到约为满刻度的 0.3%。

e) 重复操作 a)～d)两次；

f) 计算三次测量的平均值。各点测量值与平均值之差的最大允许值为相应指示能量的±1%或者满刻度值的±1%，取其较大者。

4.6 摩擦能量损失

4.6.1 损失的类型

摩擦吸收的能量包括指针（如果试验机带有指针）、电子式角位移传感器、空气阻力和摆锤轴承摩擦吸收的能量。

4.6.2 指针摩擦损失能量的测定

如果试验机带有指针，则采取下列方法测定指针摩擦损失的能量 $W_{f,p}$：

a) 正常操作试验机，但不放置试样，得到第一个读数 $W_{f,1}$；

b) 指针不复位，再次从初始位置释放摆锤，得到第二个读数 $W_{f,2}$；

c) 重复步骤 a)～b)两次；

d) 计算 $W_{f,1}$ 和 $W_{f,2}$ 三次测量的平均值 $\overline{W}_{f,1}$ 和 $\overline{W}_{f,2}$；

e) 按公式(11)算出一次摆动指针摩擦损失的能量 $W_{f,p}$，即

$$W_{f,p} = \overline{W}_{f,1} - \overline{W}_{f,2} \quad \cdots\cdots(11)$$

4.6.3 空气阻力和摆锤轴承摩擦损失能量的测定

采用下述方法测定空气阻力和摆锤轴承摩擦损失的能量：

a) 如果试验机带有指针，按 4.6.2 操作试验机得到读数 $W_{f,2}$。允许摆锤连续自由摆动。测得 $W_{f,2}$ 以后，再摆动的第 10 次开始将指针复位，完成第 10 次摆动之后，指针被驱动几个分度，记录该读数 $W_{f,3}$；

b) 重复步骤 a)两次；

c) 计算 $W_{f,2}$ 和 $W_{f,3}$ 三次测量的平均值 $\overline{W}_{f,2}$ 和 $\overline{W}_{f,3}$；

d) 按公式(12)计算摆锤摆动一次由于空气阻力和摆锤轴承摩擦损失的能量 $W_{f,AB}$：

$$W_{f,AB} = \frac{\overline{W}_{f,3} - \overline{W}_{f,2}}{20} \quad \cdots\cdots(12)$$

注：电子式角位移传感器常被用来测量摆锤运动。这些装置或者是无摩擦的光电装置，或者它们的摩擦损失包含在 $W_{f,AB}$ 中。

4.6.4 摩擦损失总能量的计算

用公式(13)计算由于摩擦损失的总能量 W_f：

$$W_f = \frac{1}{2}\left[W_{f,AB} + \frac{\alpha_R}{\alpha_0}(W_{f,AB} + 2W_{f,P})\right] \quad \cdots\cdots(13)$$

4.6.5 最大允许摩擦损失

摆锤在一次摆动中摩擦损失的总能量不应超过表 2 给出的相应值。

冲击试样时测量的冲击能量应减去公式(13)算出的总能量损失 W_f，但只有在 W_f 超过势能 E 的 0.5%，即只有在摆锤势能小于 4 J(见表 2)的情况下才做这个计算。

4.7 试样支座、夹具和横梁

4.7.1 简支梁冲击试验机上的支座

简支梁冲击试验机(见图 2)上的试样支座应符合下列全部要求：

4.7.1.1 支座的配置

在摆锤摆动平面的两边应各安装一个试样支座，每个支座应由垂直于摆锤摆动平面的两个相互垂直的平面构成。其中一个面用于支承试样，另一个面对试样的冲击起反冲作用。两个支座相对应的面应在同一平面上。

支座两个面的连接处应开一个槽，以便容纳试样一个带毛刺的棱边，使其与支座这两个面完全

接触。

4.7.1.2 支座的定位

当试样尺寸为(80 mm±0.2 mm)×(10 mm±0.2 mm) ×(4 mm±0.2 mm)时,支座应符合下列要求:

a) 长轴与试验机参考平面的平行度应在4/1 000以内;

b) 表面与试样相应面的平行度应在4/1 000以内;

c) 当摆锤的冲击刃与试样接触时,冲击刃与试样表面在整个冲击刃长度范围内应吻合,间隙在0.025 mm以内,接触线与试样长轴的垂直度应在2°以内。

注:上述的一种检验方法如下:将试样用薄纸紧紧包起来(如使用胶带)后放在支座上。同样,将冲击刃用复写纸也紧紧包起来,碳粉面朝外(即不在冲击锤那面)。使摆锤离开平衡位置升高几度角,然后释放使其接触试样,但避免再一次接触试样,复写纸在包裹试样的薄纸上宜留下延至试样整个宽度的印痕。该试验可以同冲击刃与试样接触角度的检查(见4.8.1)一起完成。

4.7.1.3 支座表面间的夹角

使用量规检查每个支座两个平面间的夹角,应为90°±0.1°。

4.7.1.4 支座间的距离

可以有不同的距离(见ISO 179-1)。

4.7.1.5 支座的坡角

用角度规检查支座的坡角(见图2)应为5°±1°。

4.7.1.6 支座的斜角

用角度规检查支座的斜角(见图2)应为10°±1°。

4.7.1.7 支座的曲率半径

用量规检查支座的曲率半径应为1 mm±0.1 mm。

4.7.1.8 缺口的定位

如果采取手工定位试样,应确保缺口对称面位于两支座中心点的±0.5 mm范围内。

注:能够使用样板检查支座间的距离,它们相对冲击刃的位置如附录E所示。

4.7.2 悬臂梁冲击试验机的钳具

悬臂梁冲击试验机(见图3)上用于夹持试样的钳具应符合下列全部要求。

4.7.2.1 试样定位槽

支承块上的定位槽(如果配备)应使用量规进行检查,并符合表4规定的尺寸要求。

定位槽应使试样在发生弯曲的面上得到完全充分的支承。

支承块上试样发生弯曲处的棱边应倒成半径为0.2 mm±0.1 mm的倒角。

4.7.2.2 试样和锤体的定位

当4.7.1.2所规定尺寸的试样用钳具夹持使之与机架刚性相连时,应符合下列要求:

a) 支承块上表面与试验机参考水平面的平行度应在3/1 000以内;

b) 试样长轴与支承块上表面应相互垂直,垂直度在±0.5°以内;

c) 缺口应面向锤体,并应与摆锤摆动面垂直,缺口的对称面应与支承块的上表面重合,两者相差的最大允许值为±0.1 mm;

d) 当冲击刃与试样接触时,冲击刃的宽度应大于试样宽度且与试样在宽度方向完全接触,冲击刃应与试样的长轴垂直,垂直度在±2°以内,并与试样打击面的平行度在整个试样宽度内不超过0.025 mm(=0.36°)。

4.7.2.3 钳具表面

在夹持好试样的情况下,钳具表面在水平方向和垂直方向的平行度都应在4/1 000以内。

4.7.3 拉伸冲击试验用夹具

4.7.3.1 一般要求

对于1型、2型、3型和4型试样(见ISO 8256:2004的表2和图1),试样被夹持的两表面在冲击时不应产生滑移。该要求既适用于连接到机架或冲击锤上的夹具钳口表面，也适用于连接到横梁上的夹具钳口表面，夹具应设计成不影响试样的断裂。

钳口可以带有锉形锯齿，锯齿的尺寸应根据经验选择，以适合于试样材料的硬度和韧性以及厚度。紧靠试验部位的锯齿钳口的边缘应有一个倒圆，该倒圆一直到第一个锯齿的边缘。

4.7.3.2 **专用夹具**(钳口)

对于5型试样(见ISO 8256:2004的表2和图1)，只能采用嵌入式夹持，需要使用一副不同高度的带切口的钳口。试验选择的一副钳口的高度应大于试样的厚度，但小于其厚度的120%。

4.7.3.3 **定位**

夹好试样后，试样应位于摆锤摆动平面内，最大允许误差为±0.5mm。

4.7.4 拉伸冲击试验用横梁

4.7.4.1 **横梁的质量**

横梁质量的大小取决于所用摆锤的能量。通过称量确保横梁质量符合表6的规定。

注：为了减小金属锤体冲击金属横梁产生的跳动，建议横梁用基本无冲击弹性的材料制造。已经发现韧性铝是令人满意的材料。

4.7.4.2 **横梁的定位**

应采取措施确保夹持试样以后下列要求得到满足：

a) 横梁的打击面应与摆锤摆轴轴线在同一平面，与摆轴的平行度应在2/100以内；

b) 打击面的中心应对称于摆锤的摆动平面，最大允许误差为±0.5 mm。

4.8 锤体

4.8.1 简支梁冲击试验机的锤体

摆锤的冲击刃应是有30°±1°刃角的淬火钢，并应倒成半径 R_1 等于2 mm±0.5 mm的倒圆。这些尺寸可以用样板检查(见附录E)。冲击刃应在试样支座的中间穿过，最大允许误差为±0.2 mm，应使冲击刃与整个矩形试样宽度(或厚度)相接触。接触线应与试样长轴垂直，垂直度在±2°以内[见图2和4.7.1.2c)的注]。

支座与锤体之间的空隙，或者摆锤穿过支座的邻近区域应足以保证试样断裂后自由飞离试验机，使影响降至最低，防止试样反弹回摆锤。

支座上用于定位试样的端部挡块在试验过程中不应妨碍试样的运动。

4.8.2 悬臂梁冲击试验机的锤体

摆锤的冲击刃应是淬火钢，并带有曲率半径 R_1 为0.8 mm±0.2 mm的圆柱形表面，其轴应是水平的，并与摆锤的摆动平面垂直。冲击刃应定位在与整个矩形试样宽度(或厚度)完全接触的位置。接触线应与试样的长轴垂直(垂直度在±2°以内)并应距钳具上表面22 mm±0.2 mm(见图3)。

4.8.3 拉伸冲击试验机的锤体

4.8.3.1 **方法A使用的锤体**

方法A使用的锤体应由钢制成，两个打击面的共面度应在4/1 000以内且与摆轴轴线的平行度在5/1 000以内。

当使用(80 mm±0.2 mm)×(10 mm±0.2 mm)×(4 mm±0.2 mm)尺寸的试样时，横梁(见4.7.4.2)上两打击面的中点和锤体上两打击面的中点应位于同一水平面上，该平面与水平面的偏差应在2°以内，并且与摆锤摆动面相差的最大允许值为±0.5 mm(见图4)。

4.8.3.2 **方法B使用的锤体**

方法B使用的锤体应由钢制成，并能够牢固地夹持试样(见4.7.3.1)。

夹持好的试样的中心线应位于摆锤摆动平面上，最大允许误差为±0.5 mm(见图5)。

安装在矩形标准试样上的横梁的两接触面的共面度应在5/1 000以内，与摆锤摆轴的平行度应在5/1 000范围内。

因此，夹持在锤上的标准试样(例如不锈钢试样)的长轴与摆锤摆动平面的平行度应在4/1 000以内。

5 检验周期

各种类型的冲击试验机均应有适当的检验周期，检验周期的长短取决于试验机的类型、使用的程度和自然状态。

注1：对于工作、维护状况良好的试验机，建议其检验周期为2年。

注2：在检验周期内，对于工作、维护状况良好的试验机，建议每年进行一次局部检验。

如果试验机移动到新的地点或大修、调整后，或者对其准确度产生怀疑时，均应进行检验。至于进行全部检验还是进行局部检验，应由检验机构决定。

对于局部检验，按照4.2、4.4、4.6和4.8的要求进行。

6 检验报告

全部检验完成后，应出具检验报告。检验报告应包含下列信息：

a) 检验机构的名称和地址。

b) 委托方名称和地址。

c) 试验机的描述，包括：

  1) 制造者；

  2) 型式或型号；

  3) 编号；

  4) 试验类型；

  5) 每个摆锤的标称势能。

d) 试验机安装地点。

e) 检验日期。

f) 注明采用本标准。

g) 修理和调整的详细情况。

h) $\overline{W}_{f,1}$、$\overline{W}_{f,2}$ 和 $\overline{W}_{f,3}$ (见4.6)。

i) 是否符合第4章要求的陈述。

j) 报告签发日期。

另外，在报告中还应包括报告编号和建议再检验(全部或局部)的日期。

附 录 A
（资料性附录）
各摆锤长度之间的关系

2.5～2.7 定义了三种摆锤长度。它们是摆轴轴线分别至打击中心(L_P)、摆锤重心(L_M)和质心(L_G)的距离。

摆锤长度 L_P 可以通过测量摆锤摆动周期 T_P 来确定[见公式(1)]。

回转长度 L_G 不能直接测量，它由公式(A.1)得出(以米为单位)：

$$L_G = \sqrt{J/m_P} \quad \cdots\cdots\cdots(A.1)$$

式中：

m_P——摆锤质量，单位为千克(kg)(由称重测出)；

J——摆锤的惯性矩，单位为千克二次方米(kg/m²)，由公式(A.2)给出：

$$J = \int_0^{m_P} r^2 \mathrm{d}m \quad \cdots\cdots\cdots(A.2)$$

式中：

r——至摆轴的距离，单位为米(m)。

摆轴轴线至摆锤重心的距离 L_M 可以通过测量将摆锤支承到水平位置时的水平力矩 M_H[单位为牛顿米(Nm)]来确定，由公式(A.3)给出：

$$M_H = g \cdot \int_0^{m_P} r\mathrm{d}m \quad \cdots\cdots\cdots(A.3)$$

式中：

g——当地的重力加速度，单位为米每二次方秒(m/s²)。

则重心长度 L_M 由公式(A.4)给出：

$$L_M = \frac{1}{m_P}\int_0^{m_P} r\mathrm{d}m \quad \cdots\cdots\cdots(A.4)$$

根据公式(A.3)，得出公式(A.5)：

$$L_M = \frac{M_H}{g m_P} \quad \cdots\cdots\cdots(A.5)$$

摆锤长度公式(1)可用下式代替：

$$L_P = \frac{J}{m_P L_M} \quad \cdots\cdots\cdots(A.6)$$

从公式(A.1)和公式(A.6)看出，回转长度代表重心长度和摆锤长度的几何平均，见公式(A.7)：

$$L_G = \sqrt{L_P L_M}$$

$$L_P = \frac{L_G^2}{L_M} \quad \cdots\cdots\cdots(A.7)$$

不等式(A.8)也能证明：

$$L_M \leqslant L_G \leqslant L_P \quad \cdots\cdots\cdots(A.8)$$

这些公式是根据数学推导得出的。由于落下高度 $H_M = L_M(1-\cos\alpha_0)$，$\alpha_0$ 是起始角[见图 1b)]，势能 $E = H_M \cdot m_P \cdot g$ 可以用 L_M 和 α_0 计算。将公式(A.5)代入，得到公式(3)。

附 录 B
(资料性附录)
机架质量与摆锤质量的比率

在假设弹性安装的机架能够运动自如的情况下,可以估算出冲击时传递到机架的最大能量 W_F。与机架的振动周期 T_F 相比,摆锤摆动周期是比较短的。

忽略已断试样的动量,根据动量守恒定理公式(B.1)成立:

$$m_F v_F = m_P (v_I - v_A) \quad \cdots\cdots (B.1)$$

式中:

m_F——机架质量,单位为千克(kg);

m_P——摆锤质量,单位为千克(kg);

v_F——机架刚冲击后的最大速度,单位为米每秒(m/s);

v_I——冲击速度,单位为米每秒(m/s);

v_A——摆锤刚冲击后的速度,单位为米每秒(m/s)。

将公式(B.1)两边平方并代入势能:

$$E = \frac{m_P v_I^2}{2}$$

和机架吸收的能量:

$$W_F = \frac{m_F v_F^2}{2}$$

得到公式(B.2)

$$\frac{m_F}{m_P} = \frac{\left(1 - \frac{v_A}{v_I}\right)^2 E}{W_F} \quad \cdots\cdots (B.2)$$

根据能量守恒定律,公式(B.3)成立:

$$E = \frac{m_P v_A^2}{2} + W + W_F \quad \cdots\cdots (B.3)$$

整理后得公式(B.4):

$$\frac{v_A}{v_I} = \sqrt{\frac{1 - (W + W_F)}{E}} \quad \cdots\cdots (B.4)$$

式中 W 是冲击能量。

将公式(B.4)代入公式(B.2)即得到用摆锤相对冲击能量和机架吸收的相对能量表示的机架质量与摆锤质量之比,即公式(B.5):

$$\frac{m_F}{m_P} = \left[1 - \sqrt{\frac{1 - (W + W_F)}{E}}\right]^2 \times \frac{E}{W_F} \quad \cdots\cdots (B.5)$$

机架吸收的能量不应超过 E 的 0.5%。图 B.1 为 $W_F/E = 0.005$ 和 $W_F/E = 0.01$ 时,即机架吸收能量等于 E 的 0.5% 和 1% 时的质量比 m_F/m_P(也见表 8)。

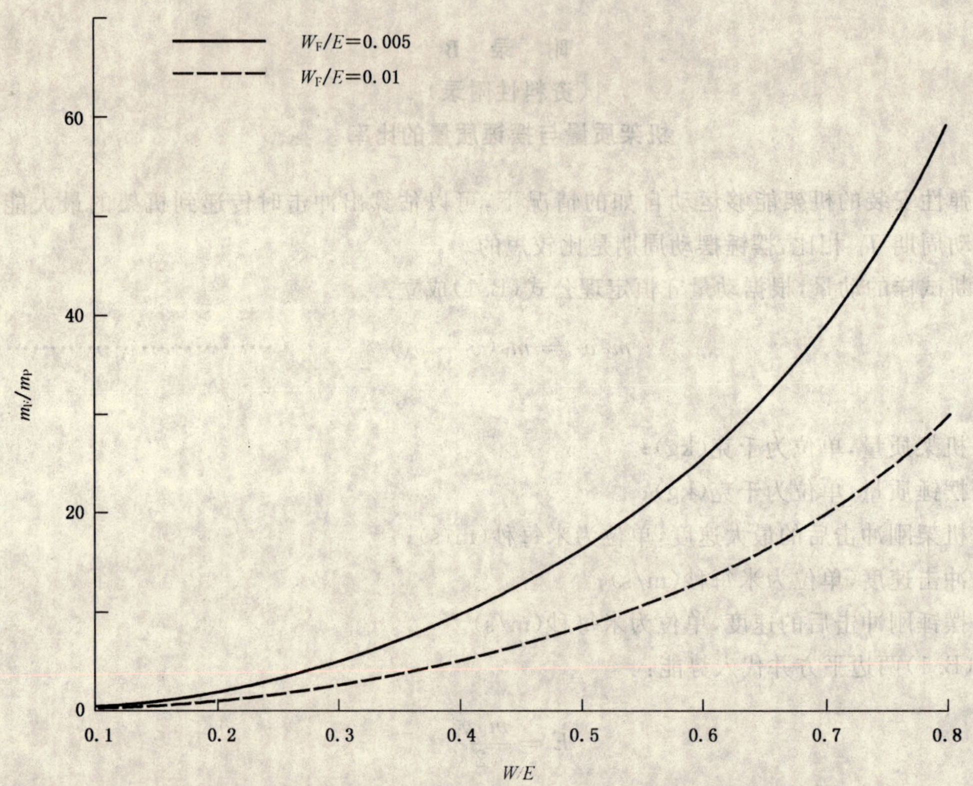

图 B.1 机架吸收的相对能量 W_F/E 等于两个值时，机架与摆锤的质量比相对试样吸收的相对能量 W/E 的关系曲线

附 录 C
（资料性附录）
冲击过程中摆锤的减速

根据公式(B.4)(但没有 W_F)，摆锤刚冲击后在冲击长度处的切向速度 v_A[单位为米每秒(m/s)]按公式(C.1)计算：

$$v_A = v_I\sqrt{1-\frac{W}{E}} \qquad \cdots\cdots(C.1)$$

式中：

v_I——冲击速度，单位为米每秒(m/s)；

W——冲击能量，单位为焦耳(J)；

E——摆锤的势能，单位为焦耳(J)。

图 C.1 示出了作为冲击能量、冲击强度和缺口冲击强度(简支梁冲击试验 ISO 179-1/1eU 和 ISO 179-1/1eA)函数的所用的不同摆锤 v_A 的曲线图。

这是对应可能被给定摆锤吸收了 10%～80%(对于拉伸冲击试验，为 20%～80%，见ISO 8256)的势能 E，给出的冲击后的速度。

另外，在上述给出的能量范围内，始终使用势能尽可能高的摆锤。

该要求是在图 C.1 中用粗线表示曲线。因为这个要求，而大大降低了简支梁冲击试验的速度范围。由于冲击试样消耗能量而产生的减速，使冲击后的速度被有效限制在冲击速度的 5%～10%范围内。

该要求确保了使用不同势能的摆锤以大约相同的速度进行冲击试验。

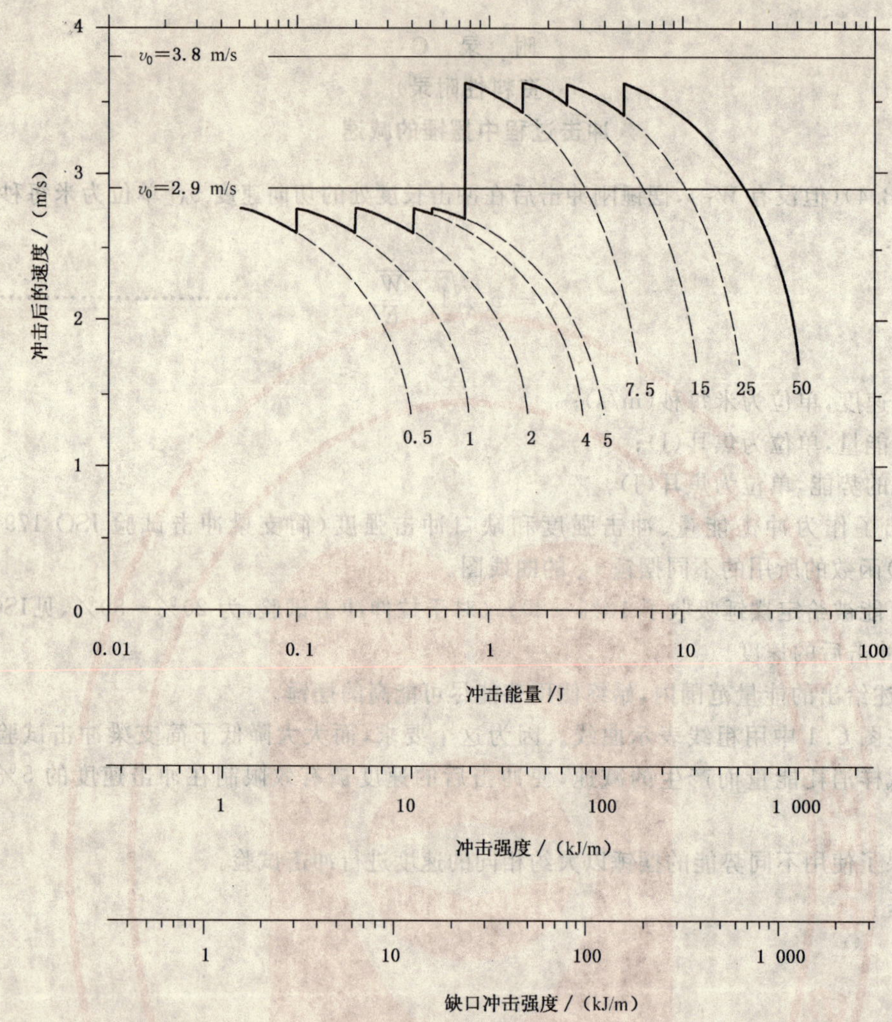

图 C.1 对于简支梁冲击试验作为冲击能量、冲击强度和切口冲击强度函数的冲击后摆锤速度

附 录 D
（资料性附录）
摆锤运动和机架运动之间的关系

D.1 总则

当摆锤运动时，它会对机架施加作用力。由于机架的质量和安装刚度有限，受力后会产生具有势能和动能的强力振荡。因此摆锤的能量损失不完全是由于冲击试样和摩擦所产生的，而是还包括了向机架传递的能量。在机架质量、摆锤质量和安装刚度一定的情况下，可能发生共振现象，从而导致机架吸收的能量大大增加。摆锤冲击试验机应设计成确保上面提到的情况在试验机整个工作范围内低于容许极限。本附录根据机架和摆锤运动的数据分析对试验机的设计提供一些建议。

图 D.1 是试验机的模型。假设机架只能水平运动。因此只考虑它在水平方向的刚度 S_F。

图 D.2 是归一化的水平力 $f_h(=F_h/G_P)$（实线）和摆锤角度（虚线）随归一化的时间 t/T_P 的变化曲线，T_P 是摆锤的振动周期，G_P 是摆锤的有效重量。由于 t/T_P 在 $\alpha=180°$ 时趋于无穷大，时间标尺集中在 $\alpha=0°$。

点划线代表不同起始角的摆锤在四分之一振动周期处的轨迹。它表明振动周期随着起始角的增加而增加。只有在 $\alpha=0°$ 附近，摆动周期才与起始角无关，四分之一振动周期趋近于极限 $T_P/4$。

有一个很重要的现象，那就是当 $\alpha=180°$ 时，水平力形成了双重脉冲，两个脉冲峰值的归一化时间间隔 $\Delta t/T_P=0.16$。它大约是摆锤小幅振动极限中对应时间间隔（$\Delta t/T_P=0.5$）的三分之一。从图 D.2 可以看出，在 $\alpha=180°$ 直到 $\alpha=90°$ 的范围，水平力的峰值的位置几乎不变。

因此，不管什么型式的试验机。可以预料到，当机架的振动周期大约等于摆锤小幅振动周期的三分之一时，机架将产生强力的振荡。

对于整个摆锤，上述条件可以用机架振动周期与摆锤振动周期的比值来检查。这两个振动周期的比值由公式（D.1）给出：

$$\frac{T_P}{T_F}=\frac{v_I^2}{2g}\sqrt{\frac{S_F}{\mu E(1-\cos\alpha_0)}} \qquad \text{(D.1)}$$

式中：

T_P——摆锤振动周期，单位为秒(s)；

T_F——机架振动周期，单位为秒(s)；

v_I——冲击速度，单位为米每秒(m/s)；

μ——$(=m_F/m_P)$机架质量与摆锤质量之比；

S_F——机架和底座之间的水平刚度，单位为牛顿每米(N/m)（见图 D.1）；

E——摆锤势能，单位为焦耳(J)；

α_0——起始角，单位为度(°)；

g——当地的重力加速度，单位为米每二次方秒(m/s^2)。

S_F 的实验测定示例如图 D.3 所示。

在 $T_P/T_F=3$ 的情况下，机架的水平振动与摆锤的振动处于共振状态。消除这种共振是必要的，但又不能完全消除。试验机的安装可能出现两种极限情况：

a) 对于一个无摩擦、水平方向可自由运动的机架，即刚度很小的机架，$T_F \gg T_P$；

b) 对于具有很大刚度弹性安装的机架，$T_F \ll T_P$。

D.2 第一种情况：自由运动的机架

图 D.4 是机架和摆锤的质量比(μ)为 4，在半个摆动周期之内的相对位置示例。机架的振幅

$s = \pm L_M/4$。

由于机架的运动，使得冲击速度不是恒定的，但按公式(D.2)变化：

$$v_{I,1} = v_I\sqrt{1+\frac{1}{\mu}} \quad \cdots\cdots(D.2)$$

式中：

$v_{I,1}$——第1种情况底座的冲击速度，单位为米每秒(m/s)；

v_I——完全刚性底座的冲击速度，单位为米每秒(m/s)；

μ——($=m_F/m_P$)机架与摆锤的质量比。

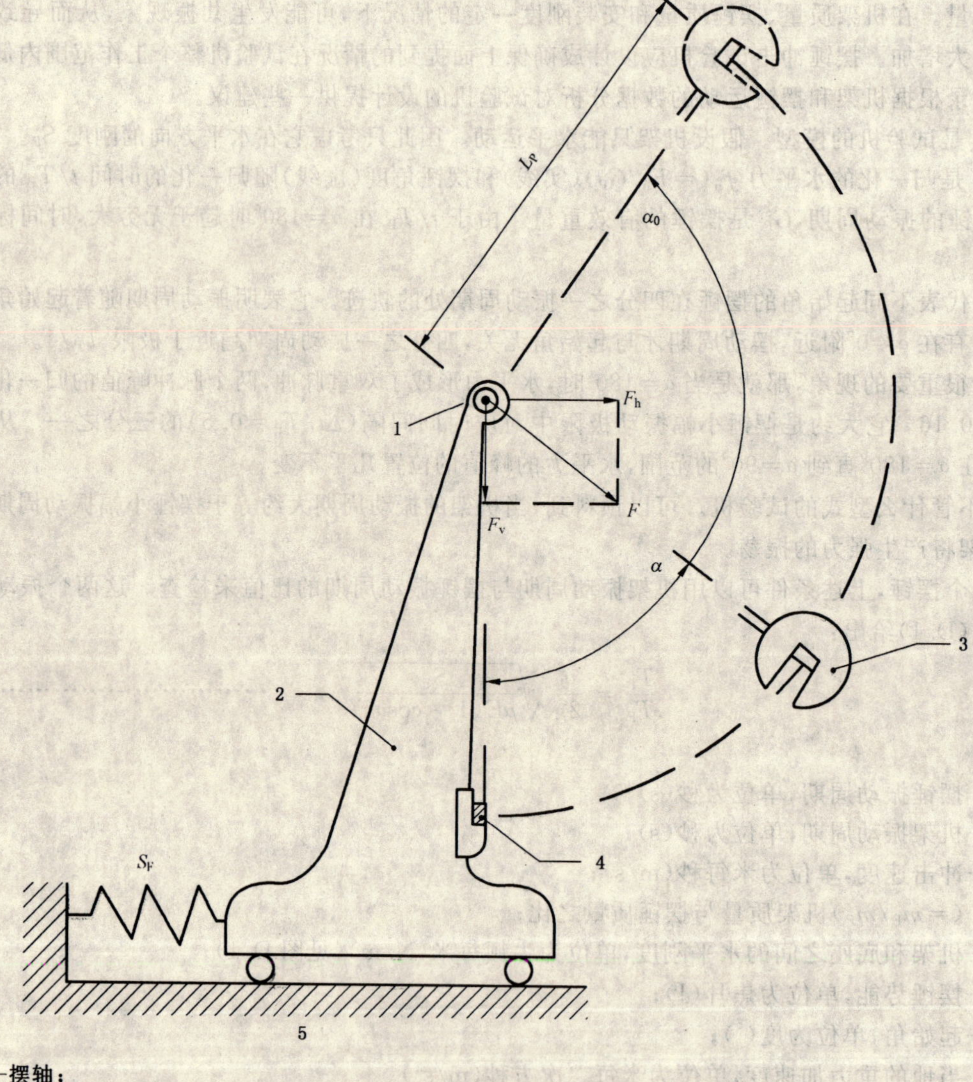

1——摆轴；

2——机架；

3——摆锤；

4——试样；

5——底座。

图 D.1 计算机架运动的模型

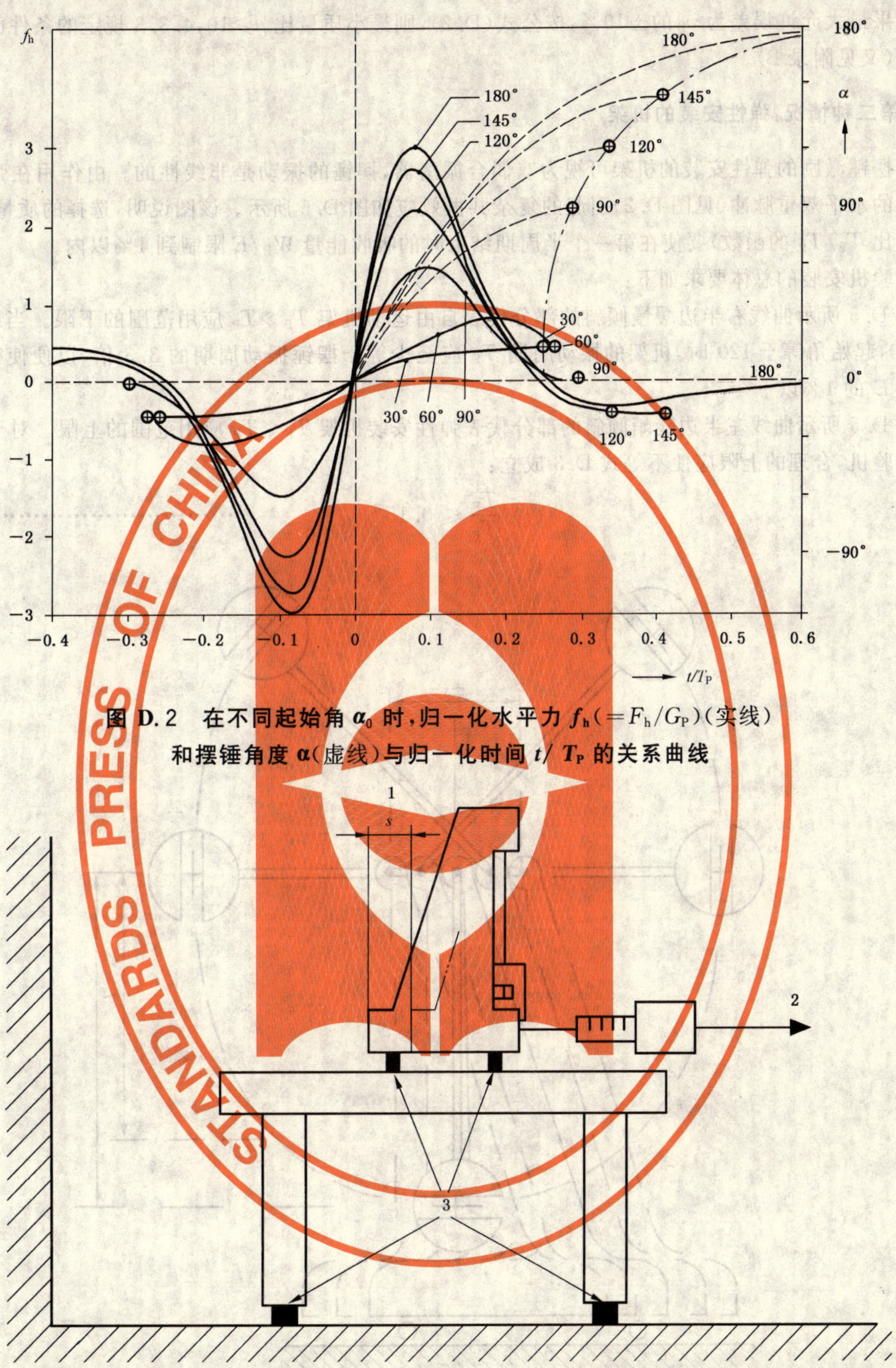

图 D.2　在不同起始角 α_0 时，归一化水平力 $f_h(=F_h/G_P)$(实线)和摆锤角度 α(虚线)与归一化时间 t/T_P 的关系曲线

1——力 F_F 引起的底座位移 s；

2——施加的力 F；

3——调水平螺丝，橡胶支脚。

刚度为：$S_F=\frac{F_F}{s}$。

图 D.3　底座刚度 S_F(调水平螺丝，橡胶支脚)的实验测定示例

如果最大允许误差为 v_1 的±10%，按公式(D.2)，则最小质量比 $\mu \geqslant 10$，4.3.3 规定的条件已经满足该要求(又见附录 B)。

D.3 第二种情况：弹性安装的机架

由摆锤激励的弹性安装的机架可视为双偶合振荡器，摆锤的振动是非线性的。由作用在弹性安装机架上的水平双重脉冲(见图 D.2)引起的复杂共振效应如图 D.5 所示。该图说明，选择的质量比 μ(振动周期比 T_F/T_P 的函数)要使在第一个半周期结束时的吸收能量 W_F/E 限制到 1%以内。

试验机安装的总体要求如下：

图 D.5 所示曲线右半边缓慢倾斜的部分代表自由运动机架 $T_F \gg T_P$ 应用范围的下限。当质量比 μ 等于 10，起始角等于 120°时，机架的振动周期 T_F 应至少等于摆锤振动周期的 3.3 倍，以便使得 W_F/E 保持在 E 的 1%以下。

图 D.5 所示曲线左半边陡峭倾斜的部分代表弹性安装机架 $T_F \ll T_P$ 应用范围的上限。对于最终安装的试验机，合理的上限应使不等式 D.3 成立：

$$\frac{T_F}{T_P} \leqslant 0.15 \qquad \text{(D.3)}$$

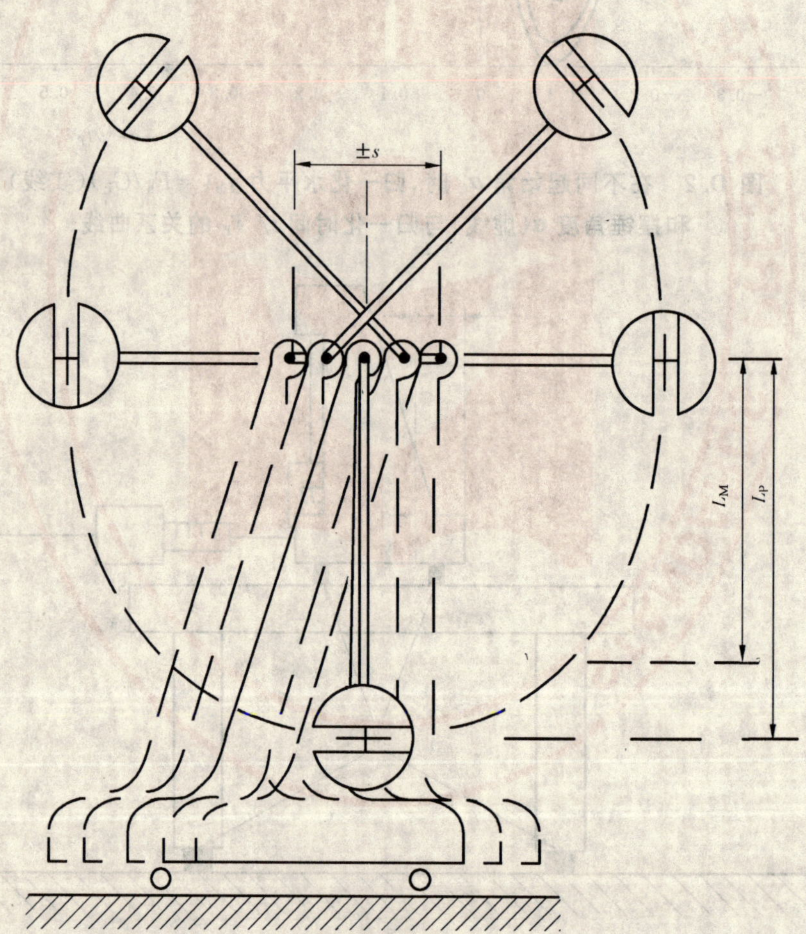

图 D.4 质量比 $\mu(=m_F/m_P)$ 等于 4 时，摆锤和可自由移动机架的运动

对于一台最终弹性安装的摆锤冲击试验机，要考虑两个共同存在的影响：

a) 振动周期宜满足公式(D.3)；

b) 质量比 μ 宜不小于 40(见附录 B)。

然而，只要机座的刚度保持不变，增加质量比，一般将减小 T_F/T_P。

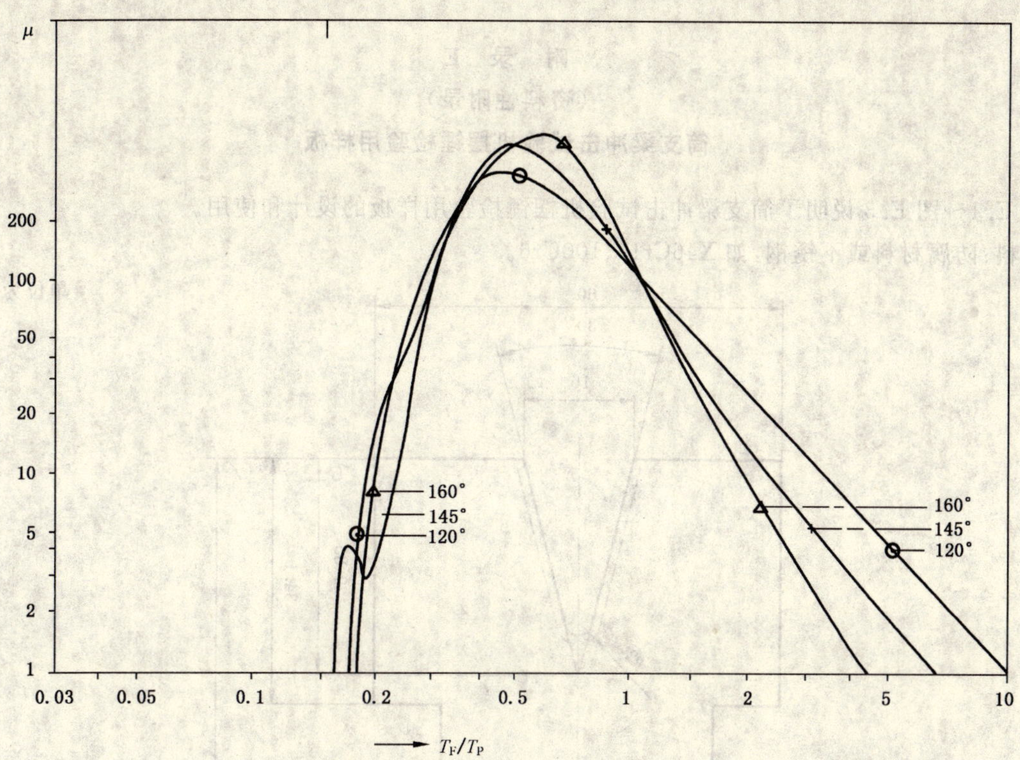

图 D.5 当机架在第一个半周期结束时刻所吸收的相对能量 W_F/E 等于 1%时，对于不同的起始角，机架/摆锤质量比 μ 对机架/摆锤振动周期比的关系曲线

附 录 E
（资料性附录）
简支梁冲击试验机摆锤检验用样板

图 E.1～图 E.3 说明了简支梁冲击试验机摆锤检验用样板的设计和使用。

材料：防腐材料或不锈钢，如 X46Cr13、100Cr6。

单位为毫米

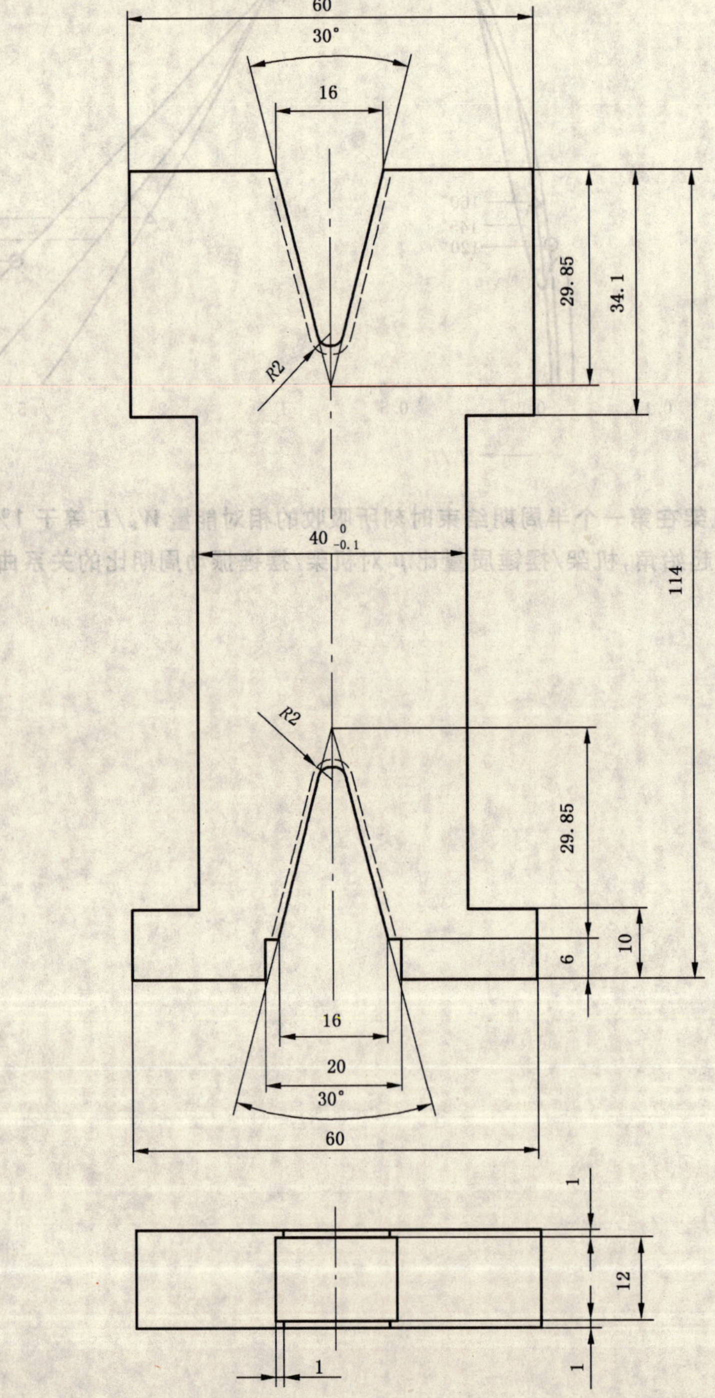

粗糙度参数：全部表面 R_Z 的最大允许值为 25 μm。

图 E.1 样板的形状和尺寸

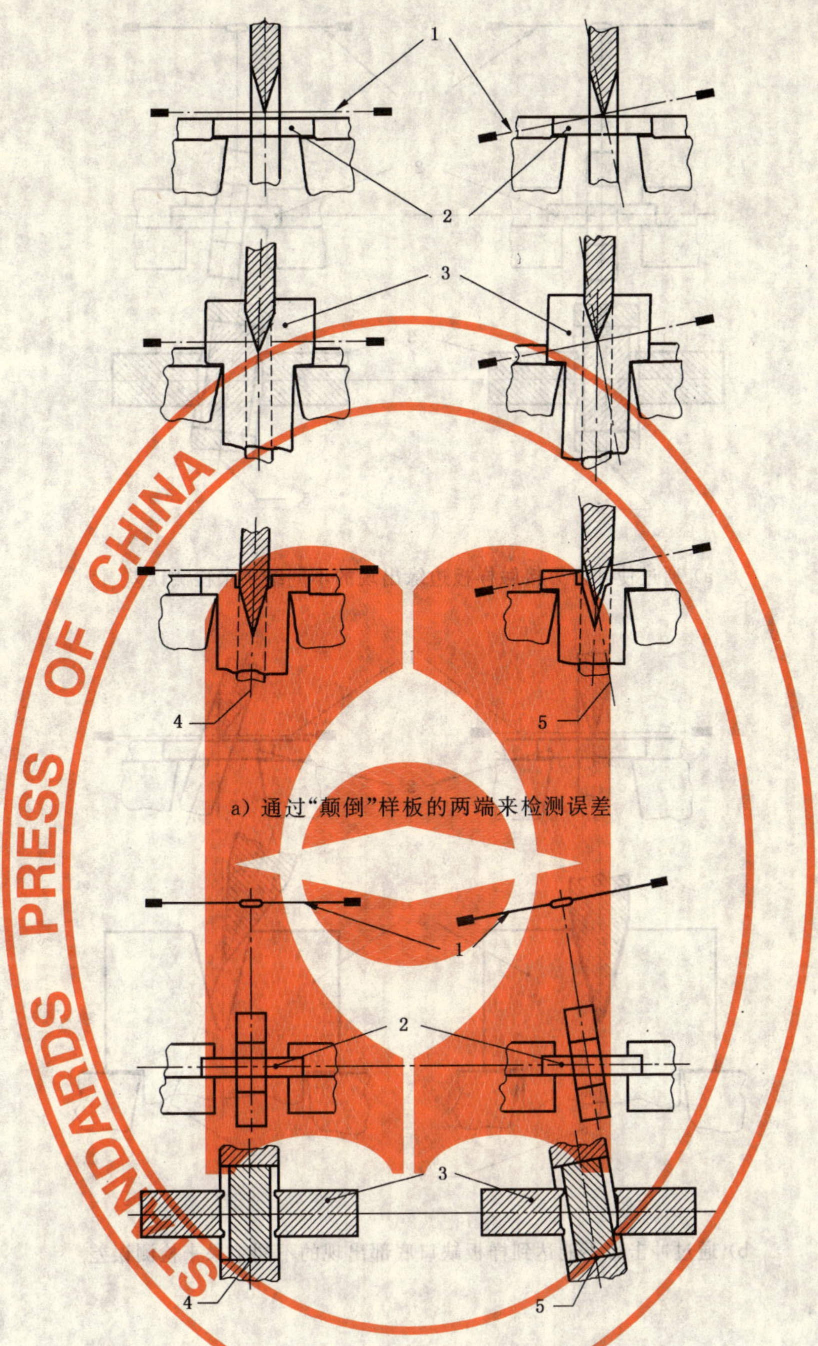

a) 通过“颠倒”样板的两端来检测误差

b) 通过使冲击刃接触样板边缘出现的不同结果来检测误差

1——摆轴轴线；

2——试样；

3——样板；

4——摆锤的摆动平面垂直于试样的长轴；

5——摆锤的摆动面不垂直于试样的长轴。

图 E.2　如果摆锤的摆动平面不垂直于试样的长轴(图中右侧)应用如图 E.1 所示样板检测的示例

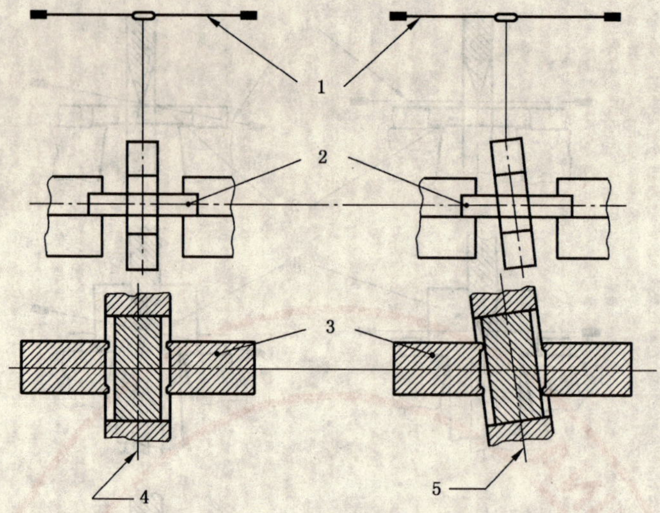

a）通过使冲击刃接触样板边缘出现的不同结果来检测误差

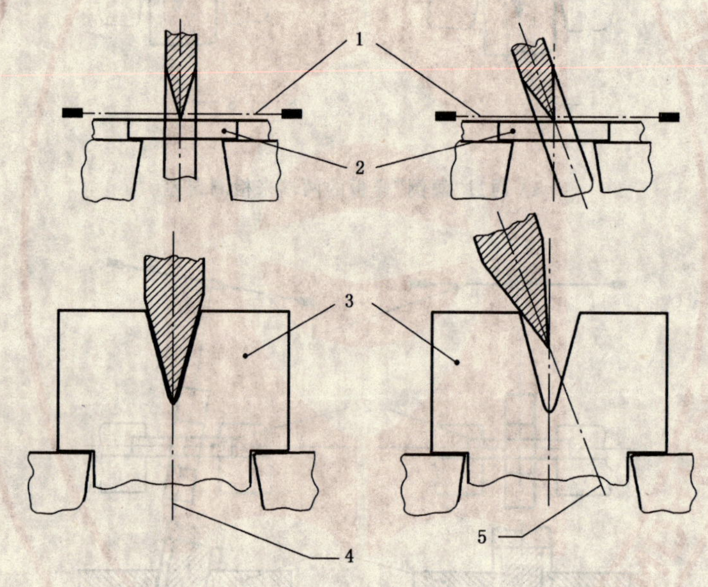

b）通过冲击刃不能达到样板缺口底部出现的不同结果来检测误差

1——摆轴轴线；

2——试样；

3——样板；

4——冲击刃的对称面在摆锤的摆动平面上；

5——冲击刃的对称面不在摆锤的摆动平面上。

图 E.3　如果冲击刃的对称面不在摆锤的摆动平面上(图中右侧)应用如图 E.1 所示样板检测的另一示例

参 考 文 献

[1] ISO 179-1:2000 Plastics—Determination of Charpy impact properties—Part 1:Non-instrumented impact test.

[2] ISO 179-2:1997 Plastics—Determination of Charpy impact properties—Part 2:Instrumented impact test.

[3] ISO 180:2000 Plastics—Determination of lzod impact strength.

[4] ISO 8256:2004 Plastics—Determination of tensile-impact strength.

ICS 19.060;85.100
N 72

中华人民共和国国家标准

GB/T 21190—2007

纸、纸板和瓦楞纸板
压力试验仪的描述与校准

Paper, board and corrugated fibreboard—Description and calibration of compression-testing equipment

(ISO 13820:1996,MOD)

2007-11-14 发布 2008-05-01 实施

中华人民共和国国家质量监督检验检疫总局
中国国家标准化管理委员会 发布

前　言

本标准修改采用 ISO 13820:1996《纸、纸板和瓦楞纸板　压力试验仪的描述和校准》(英文版)。

本标准是根据 ISO 13820:1996 采用翻译法起草的,其文本结构和技术内容与 ISO 13820:1996 一致,但是根据我国编写标准的有关规定,做了如下编辑性修改:

——用“本标准”代替“本国际标准”;

——用重新编写的前言代替 ISO 13820:1996 的前言;

——在第 2 章“规范性引用文件”中直接引用与 ISO 13820:1996 中引用的国际标准相对应的我国国家标准;

——对“参考文献”中列出的标准和文件,已转化成我国标准的,本标准直接引用与之相对应的我国国家标准;

——用中文惯用的小数点符号“.”代替英文采用的小数点符号“,”。

本标准与 ISO 13820:1996 相比,有如下技术差异:

——本标准 4.1.1 中规定的砂布等级,采用的是 GB/T 9258.3—2000 表 1 中规定的砂布等级;

——删除了 ISO 13820:1996 中 4.1.3 的注,因为国产的“纸、纸板和瓦楞纸板压力试验仪”不配置国际标准所述的那种记录装置;

——参考文献中增加引用了国家标准 GB/T 9258.3—2000。

在正文中对应 4.1.1 和 4.1.3 修改的条文位置处用垂直单线予以标识。

本标准的附录 A 为规范性附录。

请注意本标准的某些内容有可能涉及专利,本标准的发布机构不应承担识别这些专利的责任。

本标准由中国机械工业联合会提出。

本标准由全国试验机标准化技术委员会(SAC/TC 122)归口。

本标准负责起草单位:长春试验机研究所。

本标准参加起草单位:四川长江造纸仪器有限责任公司、长春纸张试验机有限责任公司、长春市月明小型试验机有限责任公司。

本标准主要起草人:刘智力、谢怒涛、刘宜萍、朱耀堂。

本标准首次发布。

引　言

本标准描述了对纸、纸板和瓦楞纸板做压缩试验用的两种不同类型的设备。其中首选的设备类型是压板式压力试验仪，它是以恒定的应变速率增加压力；另外一种类型的设备是梁弯曲式压力试验仪，它是在两个压板之间增加压力，其中一块压板以恒定速率运行而另一块压板固定在可弯曲的梁上，这种类型设备的应力速率和应变速率都不是恒定的。当用于压缩试验时，虽然这两种类型的设备有相似的特征，但是试验结果未必相同。参考文献[1]、[4]、[5]表述了梁弯曲式试验仪测试的试验结果比压板式压力试验仪测试的试验结果的值大。试验结果的差异程度取决于试验的处理方法和试验仪的特性，尤其是被试验材料的弹性性能。

人们对于压板式试验仪的青睐，是由于它有良好的可靠性，适用于在几乎已有的不同级别的全部试验范围进行试验，而且现有设备的性能特性已经十分明确，并被广泛接受。过去对梁弯曲式试验仪规定的不十分确切，而现有设备中有不同的加力速率、不同的梁的刚度，以致有不同的应变速率。另外，通常受梁刚度所限，采用一个梁不可能适用于已有的不同级别的全部试验。因此，通常实际上是交替地使用两种不同刚度的梁以覆盖力的全部范围。

建议，将来尽量少使用梁弯曲式试验仪，本标准下次修订时也可能取消对此类仪器的规定。

对于 GB/T 2679.6、GB/T 2679.8、ISO 3035 或 ISO 3037 中所述的试验推荐使用本标准规定的试验仪器。

纸、纸板和瓦楞纸板
压力试验仪的描述与校准

1 范围

本标准规定了纸、纸板和瓦楞纸板压缩试验用的压力试验仪的基本特性和校准原理。

2 规范性引用文件

下列文件中的条款通过本标准的引用而成为本标准的条款。凡是注日期的引用文件，其随后所有的修改单（不包括勘误的内容）或修订版均不适用于本标准，然而，鼓励根据本标准达成协议的各方研究是否可使用这些文件的最新版本。凡是不注日期的引用文件，其最新版本适用于本标准。

GB/T 10739 纸、纸板和纸浆试样处理和试验的标准大气条件(GB/T 10739—2002,eqv ISO 187:1990)

3 原理

压力试验仪是根据标准质量或其他可溯源的标准进行校准。

4 仪器

4.1 压板式压力试验仪

以恒定的变形速率（应变）工作，且具有下列性能：

4.1.1 上压板与下压板

每块压板的尺寸要足够大，使其完全适合试样并有足够的刚度抵抗由压力引起的明显变形。

压板在水平方向的移动应在 0.05 mm 以内。两块压板表面应相互平行，其平行度在 0.05 mm/100 mm以内。压板表面的平面度在 0.05 mm 以内。

有些试验对压板表面的粗糙度有要求，以防止试验过程中试样滑动。只要满足平行度的要求可以使用胶或低压双面压敏带将 P240 砂布牢固地粘到压板表面（见注），或对压板表面进行粗糙处理或采用其他等效方法进行处理。

一旦发现砂布损坏应立即更换。不要用刀或其他尖锐器具去除砂布或粘在压板上的其他材料。

注：尽管 GB/T 2679.6—1996 规定允许在压板表面上使用砂布，但其他试验方法没有规定；对于 ISO 3037 而言，尽量不使用砂布。然而，对于同一台试验仪在压板上是否需要使用砂布进行试验这是一个习惯，如果使用砂布的等级不比 P240 级砂布粗，则在所有试验方法国家标准中现在要求使用此类压力试验仪允许使用砂布进行试验，所得到的错误试验结果的概率会足够小。

4.1.2 移动一块压板的方法

一块压板以(12.5±2.5)mm/min 的恒定速度压向另一块压板。

4.1.3 测量最大力的方法

对放在两块压板之间的试样施加最大力，力的示值最大允许误差为±1 N 或示值最大允许相对误差为±1%，取其较大者。

4.2 梁弯曲式压力试验仪

梁弯曲式压力试验仪具有如下性能。

4.2.1 施加 175 N、300 N 或 350 N 力时，梁对应弯曲(1.00±0.01)mm。

4.2.2 上压板与下压板

每块压板的尺寸要足够大，使其完全适合试样并有足够的刚度抵抗由压力引起的明显变形。

一块压板固定在梁上,而另一块压板可移动。安装的压板在水平方向的移动应在0.05 mm以内。两块压板表面应相互平行,其平行度在0.05 mm/100 mm以内。压板表面的平面度在0.05 mm以内。

有些试验要求压板表面的粗糙度,以防止试验过程中试样滑动。只要满足平行度的要求可以使用胶或低压双面压敏带将P240砂布牢固地粘到压板表面(见4.1.1的注),或对压板表面进行粗糙处理或采用其他等效的方法进行处理。

一旦发现砂布损坏应立即更换。不要用刀或其他尖锐器具去除砂布或粘在压板上的其他材料。

4.2.3 驱动可移动压板的方法

以一不变的均匀速度将力施加到两块压板之间的试样上。

移动压板的加力速度是:当压板接触时,两块压板之间的压力应以(110±10)N/s的速率增加。

注:某些方法使用的加力速率是(67±23)N/s,但是这种低加力速率是不理想的,因为有数据证明:对于压板式压力试验仪其加力速率需要达到100 N/s或更高,所得到的试验结果才一致。相对所规定的加力速率的偏差应记录在校准报告中。

4.2.4 测量施加最大力的方法(见4.2.3的注)

测力系统可以有以下两种方式:

a) 使用量程在(0～10)mm的百分表或其他方法测量梁的弯曲量,其测量最大允许误差为±0.01 mm或最大允许相对误差为±1%,取其较大者;得到的读数可以直接是以毫米为单位的梁的线性位移量或者是可以通过测量系统将读数转换成力的单位。

b) 应用力传感器或其他方法测量施加到试样上的力,力的示值最大允许误差为±1 N或最大允许示值相对误差为±1%,取其较大者。力传感器的安装位置应能检测出施加到试样上的最大力值。

使用这类测量仪器,测量出的梁的弯曲特性小于临界值,但是这些值需要十分接近4.2.1所要求的其中某一级力值,以确保压板直接接触压板的加力速率和压板接触试样的加力速率与按选定的加力速率工作时应用百分表式测量系统的加力速率相同。

注:百分表的长指针小齿轮与驱动齿轮之间安装了一个使指针运转的游丝,按照常规,这种安装方式使指针按顺时针方向旋转,当百分表上安装了惰性短指针时,游丝应被反装,以使短指针按逆时针方向旋转。

5 检验和校准

校准和检查之前,要在GB/T 10739规定的标准大气压下将试验仪至少放置4 h进行状态调整。

5.1 压板式压力试验仪

按照4.1.1的要求检查压板表面。检查压板表面覆盖着的砂布的状况,如果有必要则更换砂布。

检查一块压板以(12.5±2.5)mm/min的恒定速度压向另一块压板的运行状况。

当两块压板未接触时,检测出的力的示值为零。

通过在下压板上放置已知质量的砝码或通过在两块压板之间放置已校准的标准测力仪来校准试验仪。砝码产生力的相对误差的最大允许值为±0.1%,标准测力仪的重复性相对误差的最大允许值为0.1%。

在试验仪的整个工作范围内至少取5个近似等间隔分布的测量点进行校准。校准前,先对应试验仪的最大容量加、卸最大力3次,以力的进程方向(递增试验力)进行校准,两次测量的时间间隔至少为30 s,并重复测量3遍。当进行检测时,所有外部设备(如计算机和打印机)宜处在工作状态。对于校准的每个力值点的3次测量的平均值的最大允许误差应为±1 N或示值最大允许相对误差为±1%,取其较大者。

5.2 梁弯曲式压力试验仪

5.2.1 梁弯曲测量系统

5.2.1.1 按照4.2.2的要求检查压板表面。检查压板表面覆盖砂布的状况,如果有必要则更换砂布。

检查在两块压板接触后工作时，压板之间施加的力以(110±10)N/s的速率增加。

检查当两块压板未接触时，力或弯曲的示值为零。

试验仪应通过已知质量的砝码或预先校准的标准测力仪校准。砝码产生力的相对误差的最大允许值为±0.1%，标准测力仪的重复性相对误差的最大允许值为0.1%。

校准前，先对应试验仪的最大容量加、卸最大力3次。

5.2.1.2 当使用砝码检测时，把百分表或数字显示装置调零并将砝码直接放在下压板上，或使用具有最大允许相对误差为±0.1%的已知质量的合适的桥臂或检测装置。

当使用标准测力仪时，在两块压板的中心位置放置标准测力仪并把百分表或数字显示装置调零。通过下降上压板对标准测力仪施加力。

每递增一级力，同时记录一次百分表或数字显示装置的读数。如果试验仪给出的梁的弯曲读数是以毫米为单位，那么根据已知梁的刚度特性(见4.2.1)将力转换成弯曲量。该值应与实际的弯曲量一致，示值最大允许误差为±0.01 mm或示值最大允许相对误差为±1%，取其较大者。如果试验仪自动将弯曲量转换成力的单位，那么每点读数与标准值的最大允许误差为±3 N或最大允许相对误差为±1%，取其较大者。

当试验仪满量程使用时，至少选取10个近似等间隔分布的测量点，每个点的值按整个工作范围的10%依次递增，以力的进程方向重复测量。当只使用限定的部分量程时，可以选择较少的近似等间隔分布的测量点，只要这些点包括了所使用的工作范围。以力的回程方向(递减试验力)对应同一测量点重复测量。如果用百分表的短指针指示梁的弯曲值，则短指针宜指示读数的高位，在校准该范围的过程中，长、短指针的读数之和为梁的弯曲量读数。进程与回程的两组读数应一致，示值进回程误差的最大允许值为±0.01 mm或±1%，取其较大者。对于自动将弯曲读数转化成力的单位的弯曲测量装置，示值进回程误差的最大允许值为±3 N或±1%，取其较大者。如果不在允差范围内，那么检查百分表，这是由于在百分表或短指针机构内过大的摩擦或位移传感器内的摩擦或卡住的原因所致。

按照5.2.1.2规定的校准方法，重复测量3次。

如果百分表或数字显示装置示值低，表明压板支点靠的太近。如果百分表或数字显示装置示值高，则表明压板支点离的太远。通过调整丝杠，修正支点距离。把每个丝杠调整成相同的距离，使每块压板各支点距离总保持相等。调整后检查指示装置的零点，并重新检验。只有在梁不承受力的情况下才应进行这种调整。

5.2.2 **力传感器测量系统**

力传感器系统应使用最大重复性相对误差为0.1%的已知质量的砝码或已校准的标准测力仪检验。

如果力传感器系统在现场检验，那么检测时，该系统应带着处在工作状态进行试验时使用的所有外部设备(如计算机和打印机)进行检验。校准前，先对应试验仪的最大容量加、卸最大力3次。

按照5.1所述方法，在工作范围内至少取5个近似等间隔分布的测量点，以进程方向对力传感器系统进行检测，每点读数与标准值的示值误差的最大允许值为±1 N或±1%，取其较大者。

6 校准报告

校准报告应包括下列内容：

a) 注明采用本标准；

b) 校准日期和地点；

c) 试验仪状态调整的环境条件；

d) 压力试验仪的型式，即压板式或梁弯曲式；

e) 试验仪在每个校准点读数的平均值和最大偏差；

f) 规定方法的所有偏差或有助于解释检测结果的全部信息。

附 录 A
（规范性附录）
梁弯曲式压力试验仪的维护

定期检查机器的清洁度和故障，如磨损、不同心、松动的零件和损坏的部件。清理机器，排除出现的故障。

检查下压板的定位销是否牢固，如果定位销与孔的间隙太大，将导致校准结果出现非线性。这种现象在施加的力较小时极易出现，而且如果不对试验仪的整个工作范围进行校准也不易发现。

检查皮带轮传动带的磨损。检查皮带轮的偏心情况。

检查电动机的振动不要过大，如果电动机的振动过大，应通过重新调整主轴和（或）采用抗振安装来减小振动。

检查施加 175 N、300 N 或 350 N 的力（见 4.2.1）时，梁对应的弯曲量为（1.00±0.01）mm。

检查梁除了与刀承和加力弹簧的固定销接触外，不应与试验仪的其他部位接触。

检查梁的直线性，如有必要予以更换。

检查各支点到梁的中心是等距的，百分表或传感器（力或位移）位于两支点中间并且安装在梁的宽度中心的位置。

检查压紧梁的加力弹簧的销应位于刀承的正上方。必要时，在框架上开一个槽以便重新调整销的位置。

最好安装微动开关以限制可移动压板的行程和梁的弯曲量。

参 考 文 献

［1］ GB/T 2679.6—1996 瓦楞原纸平压强度的测定(eqv ISO 7263:1985)

［2］ GB/T 2679.8—1995(2004 年确认) 纸和纸板环压强度的测定(eqv ISO/DIS 12192:2002)

［3］ GB/T 9258.3—2000 涂附磨具用磨料 粒度分析 第3部分:微粉 P240～P2500 粒度组成的测定(idt ISO 6344-3:1998)

［4］ ISO 3035:1982 单面和单层瓦楞纸板 平压强度的测定

［5］ ISO 3037:1994 瓦楞纸板 边缘抗压强度的测定(边缘未浸腊法)

［6］ SCHRAMPFER K. E. and WHITSITT W. J. Clamped specimen testing: A faster edgewise crush procedure, TAPPIJ., October 1988:65-69.

［7］ URBANIK T. J., CATLIN A. H., FRIEDMAN D. R. and LUND C. R. More rapid edgewise crush test methods, J. TEST. EVAL., 21(1), 1993:62-67.

［8］ KONING J. W. Jr., KUENZI E. W., MOODY R. C. and GODSHALL W. D. Improving comparability of paperboard test results: Using flexible and rigid test machines, TAPPI J., 55(5), 1972:757-760.

ICS 71.040.01
N 53

中华人民共和国国家标准

GB/T 21191—2007

原子荧光光谱仪

Atomic fluorescence spectrometer

2007-09-12 发布　　2008-05-01 实施

中华人民共和国国家质量监督检验检疫总局
中国国家标准化管理委员会　发布

前言

本标准的附录A为规范性附录。

本标准由中国机械工业联合会提出。

本标准由全国工业过程测量和控制标准化技术委员会分析仪器分技术委员会(SAC/TC 124/SC 6)归口。

本标准起草单位:北京瑞利分析仪器公司、清华大学、北京市计量检测科学研究院、北京海光仪器公司、中国地质科学院地球物理地球化学勘查研究所。

本标准主要起草人:张锦茂、邓勃、臧甲鹏、周志恒、张勤。

本标准为首次发布。

原子荧光光谱仪

1 范围

本标准规定了原子荧光光谱仪的分类、要求、试验方法、检验规则和标志、包装、运输及贮存等。

本标准适用于测量可形成氢化物的元素砷、锑、铋、硒、碲、铅、锡、锗，原子蒸气态汞，以及挥发性化合物锌、镉等元素的非色散型蒸气发生-原子荧光光谱仪（以下简称仪器）。

2 规范性引用文件

下列文件中的条款通过本标准的引用而成为本标准的条款。凡是注日期的引用文件，其随后所有的修改单（不包括勘误的内容）或修订版均不适用于本标准，然而，鼓励根据本标准达成协议的各方研究是否可使用这些文件的最新版本。凡是不注日期的引用文件，其最新版本适用于本标准。

GB/T 191—2000　包装储运图示标志（eqv ISO 780:1997）

GB/T 2829—2002　周期检验计数抽样程序及表（适用于对过程稳定性的检验）

GB/T 15464—1995　仪器仪表包装通用技术条件

JB/T 9329—1999　仪器仪表运输、运输贮存基本环境条件及试验方法

3 分类

仪器分以下三类：

a） 单道；

b） 双道；

c） 多道（含三道及三道以上）。

4 要求

4.1 正常工作条件

仪器在下列条件下应能正常工作：

a） 环境温度 15℃～30℃；

b） 相对湿度不应大于 75%；

c） 无影响仪器使用的振动和电磁干扰；

d） 室内无腐蚀性气体，有良好的通风装置；

e） 供电电源：电压 220 V±22 V，频率 50 Hz±1 Hz。

4.2 基线稳定性

仪器在 30 min 内静态基线的漂移不应大于 2%。

4.3 检出限

仪器代表元素的检出限应符合表 1 的规定。

4.4 重复性

仪器代表元素的测量重复性应符合表 2 规定。

4.5 校准曲线的线性

仪器校准曲线的线性，按一元线性回归方程计算相关系数 r。线性范围在 10^2～10^3 时：

a） 单道仪器的线性相关系数 r 不应小于 0.998；

b） 双道仪器的线性相关系数 r 不应小于 0.997；

c） 多道仪器的线性相关系数 r 不应小于 0.996。

4.6 道间干扰

双道或多道仪器中的道间干扰，双道仪器选用两支空心阴极灯，多道仪器选用相应数目的空心阴极灯。在测量任何两个通道间干扰时，使其模拟信号荧光强度比值大于100倍，道间干扰误差不应大于2%。

表1 检出限的技术指标

仪器类别	代表元素	检出限/(μg/L)
单道	As	≤0.05
	Hg[a]	≤0.005
双道	As、Sb	≤0.06
	Hg	≤0.005
多道	As、Sb、Bi等[b]	≤0.07
	Hg	≤0.005

[a] Hg元素均为单道测定，可采用冷原子法或火焰法。

[b] 多道仪器应选用相应数目的元素同时测定。

表2 重复性的技术指标

仪器类别	代表元素	重复性/%
单道	As、Hg[a]	≤2
双道	As、Sb、Hg	
多道	As、Sb、Bi、Hg等[b]	≤3

[a] Hg元素均为单道测定，可采用冷原子法或火焰法。

[b] 多道仪器应选用相应数目的元素同时测定。

4.7 电源电压变化的影响

仪器在正常工作条件下，电源电压变化±22 V时，仪器模拟信号的荧光强度示值变化不应大于1%。

4.8 安全要求

4.8.1 电气系统安全

4.8.1.1 绝缘电阻

仪器在正常工作条件下，绝缘电阻应大于20 MΩ。

4.8.1.2 绝缘强度

仪器在正常工作条件下，应能承受1 500 V交流有效值连续1 min的电压试验，不应出现飞弧或击穿现象。

4.8.1.3 泄漏电流

仪器在正常工作条件下，泄漏电流不应大于5 mA。

4.8.2 气路系统安全性

火焰法原子化系统应具有准确、可靠的气路保护系统，在无载气情况下进样系统应停止工作，并有自动报警或提示。

4.8.3 气路系统密封性

气路系统密封情况下，5 min内压力下降不应大于0.01 MPa。

4.9 仪器外观

a) 仪器所有电镀表面不应有脱皮现象；

b) 喷漆或喷塑表面应色泽均匀，不应有明显的擦伤、露底、裂纹、起泡现象；

c) 外露零部件接合处应整齐，无粗糙不平现象；

d) 面板上的文字、符号、标志应端正清晰。

4.10 仪器的成套性

按具体仪器标准规定。

4.11 运输、运输贮存

仪器在运输包装状态下，应按 JB/T 9329—1999 表 1 中序号 1～5 的项目内容进行试验。其中高温 55℃，低温 −40℃；交变湿热：相对湿度 95%、温度 40℃；倾斜跌落高度 250 mm。全部试验完成后，将仪器置于正常工作条件下进行检验，应符合 4.2～4.10 要求。

5 试验方法

5.1 试验条件

a) 试验均应在 4.1 所规定的条件下进行；

b) 试验用计量仪器、仪表和玻璃器皿等，均应按有关规定，经计量检定单位检定合格并满足量程和精度的要求；

c) 仪器在试验前应预热 30 min；

d) 标准溶液与试剂：

1) 试验用各种元素的标准贮备溶液，均应使用经国家批准的标准溶液进行逐级稀释。各种试剂应使用优级纯或分析纯和二次去离子水；

2) 各种检测元素的标准溶液，制备方法见附录 A。

5.2 基线稳定性

5.2.1 材料与设备

a) 空心阴极灯：砷；

b) 可转动的反射杆或类似的装置。

5.2.2 试验程序

将仪器调试在正常工作状态，设置适当的负高压及砷灯工作电流，在石英炉原子化器的炉口上部放置一个可转动的反射杆，调节反射杆到适当的位置，使检测到静态模拟信号的荧光强度示值为 500±50，每隔 30 s 测定一次，连续测量 30 min，将测定结果取其最大值和最小值。按公式(1)计算出静态基线漂移。

$$\delta = \frac{I_{max} - I_{min}}{\bar{I}} \times 100\% \qquad \cdots\cdots(1)$$

式中：

δ——漂移量，%；

I_{max}——30 min 内测得荧光强度最大值；

I_{min}——30 min 内测得荧光强度最小值；

$\bar{I}$——测得 60 次荧光强度的算术平均值。

5.3 检出限

5.3.1 材料与试剂

a) 根据仪器的类别，选用代表元素空心阴极灯；

b) 氩气(纯度不应小于 99.99%)；

c) 标准溶液(见表 3)、硼氢化钾(KBH_4)溶液。

5.3.2 试验程序

a) 仪器在正常测量条件下，用5%(体积分数)盐酸的空白溶液，连续进行11次测量，如果在测量中有一次数据被确认为是由外界干扰或操作失误引起的异常值，此组数据全部作废，应重新进行测量，不应任意取舍或补测。按公式(2)计算空白溶液荧光强度的标准偏差；

$$S_0=\sqrt{\frac{\sum_{i=1}^{n}(I_{i0}-\bar{I}_0)^2}{n-1}} \quad \cdots\cdots(2)$$

式中：

S_0——空白溶液的标准偏差；

I_{i0}——某一单次空白溶液荧光强度测量值；

$\bar{I}_0$——11次空白溶液荧光强度测量的算术平均值；

n——测量次数。

b) 测量条件同5.3.2a)，按表3仪器分类中规定的代表元素及标准溶液质量浓度，分别测量标准空白溶液和不同浓度标准溶液的荧光强度值，减去空白溶液荧光测量值，制作校准曲线(曲线的相关系数应符合4.5要求)，求其校准曲线斜率。

c) 按公式(3)计算仪器的检出限。

$$D_L=\frac{3S_0}{b} \quad \cdots\cdots(3)$$

式中：

D_L——检出限，单位为微克每升(μg/L)；

b——校准曲线斜率。

5.4 重复性

5.4.1 材料与试剂

同5.3.1。

5.4.2 试验程序

测量条件同5.3.2，按表3仪器分类中代表元素的标准溶液质量浓度连续进行7次重复测量，在测量过程中如有一次数据被确认是由外界干扰或操作失误引起的异常值，则此组数据全部作废，应重新进行测量，不应任意取舍或补测。

重复性按公式(4)进行计算。

$$\mathrm{RSD}=\frac{S}{\bar{I}}\times 100\% \quad \cdots\cdots(4)$$

式中：

RSD——相对标准偏差，%；

S——标准溶液7次测量的标准偏差；

$\bar{I}$——荧光强度的算术平均值。

5.5 校准曲线的线性

5.5.1 材料与试剂

同5.3.1。

5.5.2 试验程序

仪器在正常测量条件下，根据仪器的类别选择表3中代表元素的标准溶液质量浓度，从空白溶液、低浓度到高浓度依次进行测量，每个溶液测定两次，取其算术平均值，减去空白溶液的荧光强度测量值为测得的荧光强度值，按一元线性回归方程计算相关系数 r。

表 3 检出限、重复性和线性范围测试用标准溶液质量浓度

检测项目	仪器类别	代表元素	标准溶液质量浓度/(μg/L)							
			C_0	C_1	C_2	C_3	C_4	C_5	C_6	C_7
检出限	单道	As	0.00	0.50	1.00	2.00	4.00	8.00		
		Hg	0.00	0.05	0.10	0.20	0.40	0.80		
	双道	As、Sb	0.00	0.50	1.00	2.00	4.00	8.00		
		Hg	0.00	0.05	0.10	0.20	0.40	0.80		
	多道	As、Sb、Bi 等	0.00	0.50	1.00	2.00	4.00	8.00		
		Hg	0.00	0.05	0.10	0.20	0.40	0.80		
重复性	单道	As	0.00	8.00						
		Hg	0.00	0.80						
	双道	As、Sb	0.00	8.00						
		Hg	0.00	0.80						
	多道	As、Sb、Bi 等	0.00	8.00						
		Hg	0.00	0.80						
线性范围	单道	As	0.00	0.50	1.00	5.00	10.00	20.00	50.00	100.00
		Hg	0.00	0.05	0.10	0.50	1.00	2.00	5.00	10.00
	双道	As、Sb	0.00	0.50	1.00	5.00	10.00	20.00	50.00	100.00
		Hg	0.00	0.05	0.10	0.50	1.00	2.00	5.00	10.00
	多道	As、Sb、Bi 等	0.00	0.50	1.00	5.00	10.00	20.00	50.00	100.00
		Hg	0.00	0.05	0.10	0.50	1.00	2.00	5.00	10.00

5.6 道间干扰

5.6.1 材料与设备

a) 砷、锑、铋等元素空心阴极灯；

b) 可转动的反射杆或类似的装置。

5.6.2 试验程序

仪器在正常测量条件下，在双道或多道仪器的原子化器上部放置一个可转动的反射杆，调整代表元素空心阴极灯 A 道或 B 道的灯电流，使两道间模拟信号荧光强度的比大于 100 倍。如测定 A 道对 B 道的干扰，则 B 道的荧光强度应调到 50～200 为基数。先同时测定 A、B 两道，记录 B 道荧光强度为 I_2；然后将 A 道出光口挡住或关闭光源，单道测定 B 道的荧光强度为 I_1，按公式(5)计算 A 与 B 之间的道间干扰误差。

检验三道或三道以上仪器的道间干扰时，应检测 A 与 B，B 与 C 和 C 与 A 之间的 3 种道间干扰误差。如四道仪器应检测相应的 4 种道间干扰误差。

$$E_0 = \frac{|I_1 - I_2|}{(I_2 + I_1)/2} \times 100\% \qquad \cdots\cdots(5)$$

式中：

E_0——道间干扰误差，%；

I_2——两道同时测定，记录被干扰道的荧光强度；

I_1——关闭干扰道的光源，单道测定被干扰道的荧光强度。

5.7 电源电压变化的影响

5.7.1 材料与设备

同5.6.1。

5.7.2 试验程序

仪器在正常测量条件下，双道或多道仪器应选用相应的代表元素空心阴极灯。在仪器原子化器上部放置一个可转动的反射杆，调节负高压、灯电流使模拟信号的荧光强度示值为500±50，然后改变电源电压分别对应198 V、220 V、242 V，频率为50 Hz，测得模拟信号的荧光强度示值变化。

5.8 安全要求

5.8.1 电气系统安全

5.8.1.1 绝缘电阻

5.8.1.1.1 试验设备

500V绝缘电阻表。

5.8.1.1.2 试验程序

电源插头不接入电网，电源开关置于接通位置，用绝缘电阻表在电源插头相、中联线与地线之间施加500 V直流试验电压，稳定5 s后测量绝缘电阻。

5.8.1.2 绝缘强度

5.8.1.2.1 试验设备

耐电压测试仪。

耐电压测试仪产生的试验电压应为正弦波形，其失真系数不大于5%，频率为50 Hz±2.5 Hz。

5.8.1.2.2 试验程序

仪器的电源插头不接入电网，电源开关置于接通位置，将耐电压测试仪的输出电流置于5 mA档，在电源插头相、中联线与地线之间施加试验电压，试验电压应在5 s～10 s内从零逐渐上升到1 500V，并保持1 min，然后在5 s～10 s内平稳下降到零。

5.8.1.3 泄漏电流

5.8.1.3.1 试验设备

泄漏电流测量仪。

5.8.1.3.2 试验程序

仪器置于绝缘的工作台上，其电源插头与泄漏电流测量仪输出端相联，泄漏电流测量仪接入电网并通电，仪器电源开关置于接通位置，将电压调至242 V，测量1次，记录电流值；变换仪器电源极性，重复测量1次，记录电流值，取两次中的最大值。

5.8.2 气路系统安全性

仪器在正常工作状态下，关闭气源或气源压强低于0.05MPa情况下，进样系统应立即停止工作，不进行氢化反应，并有自动报警或提示。

5.8.3 气路系统密封性

仪器的气路系统中接入压力表，密封气路系统出口，充入惰性气体使气路系统气压升高至0.2 MPa，关闭气源，检查气路系统压降。

5.9 仪器外观

目视和手感检查。

5.10 仪器的成套性

目视检查。

5.11 运输、运输贮存

仪器在包装状态下，按JB/T 9329—1999中4.1～4.5方法进行试验。

6 检验规则

6.1 检验分类

仪器的检验分为出厂检验和型式检验。

6.2 出厂检验

a) 每台仪器应经检验合格,并附有仪器合格证方能出厂。

b) 出厂检验按 4.2~4.10 要求进行。

6.3 型式检验

6.3.1 仪器在下列情况之一时,应按 4.2~4.11 要求进行型式检验。

a) 新仪器和老仪器转厂生产试制定型鉴定;

b) 正式生产后,如结构、材料、工艺有较大改变,可能影响仪器性能时;

c) 正常生产时,定期或积累一定产量后,应周期进行一次检验;

d) 仪器长期停产,恢复生产时;

e) 出厂检验结果与上次型式检验有较大差异时;

f) 国家质量监督机构提出进行型式检验要求时。

6.3.2 型式检验的样品应在出厂检验合格的批中随机抽取。

6.3.3 型式检验应按 GB/T 2829—2002 的规定进行,采取一次抽样方案。仪器的检验项目、不合格分类、不合格质量水平(RQL)、判别水平(DL)按表 4 规定进行。批质量以每百单位仪器不合格数表示。

表 4 型式检验

<table>
<tr><th rowspan="2">序号</th><th rowspan="2">不合格分类</th><th colspan="3">检验项目及章条</th><th rowspan="2">不合格质量水平(RQL)</th><th rowspan="2">判别水平(DL)</th><th colspan="2">抽样方案</th></tr>
<tr><th>项　目</th><th>要求章条</th><th>试验方法章条</th><th>样品量 n</th><th>判定数组(Ac,Re)</th></tr>
<tr><td>1</td><td rowspan="5">A</td><td>绝缘电阻</td><td>4.8.1.1</td><td>5.8.1.1</td><td rowspan="5">30</td><td rowspan="14">1</td><td rowspan="14">3</td><td rowspan="5">(0,1)</td></tr>
<tr><td>2</td><td>绝缘强度</td><td>4.8.1.2</td><td>5.8.1.2</td></tr>
<tr><td>3</td><td>泄漏电流</td><td>4.8.1.3</td><td>5.8.1.3</td></tr>
<tr><td>4</td><td>火焰法安全</td><td>4.8.2</td><td>5.8.2</td></tr>
<tr><td>5</td><td>气路系统密封性</td><td>4.8.3</td><td>5.8.3</td></tr>
<tr><td>6</td><td rowspan="7">B</td><td>基线稳定性</td><td>4.2</td><td>5.2</td><td rowspan="7">65</td><td rowspan="7">(1,2)</td></tr>
<tr><td>7</td><td>检出限</td><td>4.3</td><td>5.3</td></tr>
<tr><td>8</td><td>重复性</td><td>4.4</td><td>5.4</td></tr>
<tr><td>9</td><td>标准曲线的线性</td><td>4.5</td><td>5.5</td></tr>
<tr><td>10</td><td>道间干扰</td><td>4.6</td><td>5.6</td></tr>
<tr><td>11</td><td>电源电压变化的影响</td><td>4.7</td><td>5.7</td></tr>
<tr><td>12</td><td>运输、运输贮存</td><td>4.11</td><td>5.11</td></tr>
<tr><td>13</td><td rowspan="2">C</td><td>仪器外观</td><td>4.9</td><td>5.9</td><td rowspan="2">100</td><td rowspan="2">(2,3)</td></tr>
<tr><td>14</td><td>仪器成套性</td><td>4.10</td><td>5.10</td></tr>
</table>

6.3.4 若型式检验不合格,应分析原因找出问题并落实措施,重新进行型式检验。若再次型式检验不合格,则应停产整顿,仪器停止出厂,待问题解决,型式检验合格后方可恢复出厂检验。

6.3.5 若型式检验合格,经出厂检验合格的批,作为合格品可以出厂或入库。若入库超过 12 个月再出厂,则应重新进行出厂检验。

7 标志、包装、运输及贮存

7.1 标志

7.1.1 仪器标志

a) 制造厂名称；

b) 仪器型号；

c) 仪器名称；

d) 商标；

e) 制造日期或出厂编号；

f) 制造计量许可证标志和编号。

7.1.2 包装标志

a) 制造厂名称及地址；

b) 仪器型号；

c) 仪器名称；

d) 商标；

e) 制造计量器具许可证标志和编号；

f) 仪器质量，单位为 kg；体积为长×宽×高，单位为 mm×mm×mm；

g) 包装储运图示标志："易碎物品"、"向上"、"怕雨"等应符合 GB/T 191—2000 规定；

h) 发货、收货单位名称及地址。

7.2 包装

a) 仪器包装应符合 GB/T 15464—1995 中防潮、防震包装规定；

b) 仪器装箱应有下列条件：

——装箱单；

——使用说明书；

——合格证等。

7.3 运输

仪器在包装完整的情况下，可用一般交通工具运输。运输过程中应按印刷的运输标志要求进行运输作业，防止雨淋、翻倒、曝晒及剧烈冲击。

7.4 贮存

仪器在包装状态下，应贮存在环境温度 0℃～40℃，相对湿度不应大于 85%，且空气中不应含有腐蚀性气体的室内。

8 质量保证

在用户遵守保管和使用原则的条件下，仪器自发货之日起 12 个月内，因制造质量不良而不能正常工作时，制造厂应无偿为用户修理或更换零部件(不包括易损易耗件的调换)。

附 录 A
（规范性附录）
原子荧光光谱仪测试用标准溶液的制备

A.1 试剂

A.1.1 盐酸（优级纯）。

A.1.2 硝酸（优级纯）。

A.1.3 硫酸（优级纯）。

A.1.4 氢氧化钾（分析纯）。

A.1.5 硼氢化钾（含量不小于95%）。

a) 硼氢化钾与硼氢化钠可互相代替使用，但因钾盐分子量大，故应进行浓度换算以保持硼氢根的量一致，其换算系数为0.7（即硼氢化钾溶液20 g/L浓度相当于硼氢化钠溶液14 g/L的浓度）。

b) 硼氢化钾溶液（10 g/L）：称取2 g氢氧化钾溶于约200 mL去离子水中，加入10 g硼氢化钾并使之溶解，用去离子水稀至1 000 mL，摇匀，用时现配。

A.1.6 硫脲（分析纯）。

A.1.7 重铬酸钾（分析纯）。

A.1.8 盐酸羟胺（分析纯）。

A.1.9 高锰酸钾（分析纯）。

A.1.10 二次去离子水。

A.2 设备与材料

A.2.1 分析天平：准确度级别为Ⅰ级，实际标尺分度值0.1 mg。

A.2.2 经计量检验合格的容量瓶、移液管等。

A.3 玻璃器皿的处理

a) 将所用的玻璃器皿用清水冲洗干净，然后用30%硝酸浸泡24 h。

b) 用清水冲洗干净后，再用去离子水冲洗3～4次。

c) 洗净的玻璃器皿干燥后备用。

d) 测汞用的玻璃器皿应用5%高锰酸钾-4%硫酸-4%硝酸混合溶液充满容器，于90℃左右水浴2 h，倒出废液后用去离子水冲洗数次，用少许10%盐酸羟胺溶液还原吸附在玻璃壁上的高锰酸钾痕迹，用去离子水冲洗干净，干燥后备用（如空白值高则需重复处理）。

A.4 标准贮备溶液

各种元素均应采用经国家批准的一级标准溶液，单元素溶液的标准值为1 000 mg/L或100 mg/L。

A.5 各元素标准使用溶液的制备

A.5.1 砷标准使用溶液的制备

将砷标准贮备液用10%（体积分数）盐酸溶液逐级稀释至质量浓度100 mg/L、10 mg/L、1.0 mg/L、0.1 mg/L，于冰箱中保存。

A.5.2 锑标准使用溶液的制备

将锑标准贮备液用10%(体积分数)盐酸溶液逐级稀释至质量浓度100 mg/L、10 mg/L，于冰箱中保存。

A.5.3 铋标准使用溶液的制备

将铋标准贮备液用10%(体积分数)盐酸溶液逐级稀释至质量浓度100 mg/L、10 mg/L，于冰箱中保存。

A.5.4 汞标准使用溶液的制备

将汞标准贮备液用含有0.05%重铬酸钾的5%(体积分数)硝酸溶液逐级稀释至质量浓度100 mg/L、10 mg/L、1.0 mg/L、0.1 mg/L、0.01 mg/L，于冰箱中保存。

A.6 多元素混合标准使用溶液的制备

A.6.1 砷、锑混合标准使用溶液(1 mg/L)的制备

分别吸取浓度为10 mg/L砷、10 mg/L锑的标准使用溶液各10 mL于100 mL容量瓶中，用10%(体积分数)盐酸溶液稀释至刻度，摇匀，于冰箱中保存。

A.6.2 砷、锑混合标准使用溶液(0.1 mg/L)的制备

吸取浓度为1 mg/L砷、锑混合标准使用溶液10 mL于100 mL容量瓶中，用10%(体积分数)盐酸溶液稀释至刻度，摇匀，于冰箱中保存。

A.6.3 砷、锑、铋混合标准使用溶液(1 mg/L)的制备

分别吸取浓度为10 mg/L砷、10 mg/L锑和10 mg/L铋的标准使用溶液各10 mL于100 mL容量瓶中，用10%(体积分数)盐酸溶液稀释至刻度，摇匀，于冰箱中保存。

A.6.4 砷、锑、铋混合标准使用溶液(0.1 mg/L)的制备

吸取浓度为1 mg/L砷、锑、铋混合标准使用溶液10 mL于100 mL容量瓶中，用10%(体积分数)盐酸溶液稀释至刻度，摇匀，于冰箱中保存。

A.7 检测各项技术指标用标准溶液的制备

A.7.1 砷单元素测定用标准溶液的制备

表A.1 各检测项目中砷标准溶液的制备

检测项目	制备As标准溶液质量浓度/(μg/L)		加入100 g/L硫脲溶液体积/mL	加入0.1 mg/L As标准溶液体积/mL	加入1 mg/L As标准溶液体积/mL	10%(体积分数)盐酸溶液稀释至体积/mL
检出限	C_0	0.00	20	0.0	—	100
	C_1	0.50	20	0.5	—	100
	C_2	1.00	20	1.0	—	100
	C_3	2.00	20	2.0	—	100
	C_4	4.00	20	4.0	—	100
	C_5	8.00	20	8.0	—	100
重复性	选用检出限中As标准溶液质量浓度C_5进行测定					
线性范围	C_0	0.00	20	0.0	—	100
	C_1	0.50	20	0.5	—	100
	C_2	1.00	20	1.0	—	100
	C_3	5.00	20	5.0	—	100
	C_4	10.00	20	—	1.0	100
	C_5	20.00	20	—	2.0	100
	C_6	50.00	20	—	5.0	100
	C_7	100.00	20	—	10.0	100

A.7.2 汞单元素测定用标准溶液的制备

表 A.2 各检测项目中汞标准溶液的制备

检测项目	制备 Hg 标准溶液质量浓度/(μg/L)		加入 0.01 mg/L Hg 标准溶液体积/mL	加入 0.1 mg/L Hg 标准溶液体积/mL	5%(体积分数)硝酸溶液稀释至体积/mL
检出限	C_0	0.00	0.0	—	100
	C_1	0.05	0.5	—	100
	C_2	0.10	1.0	—	100
	C_3	0.20	2.0	—	100
	C_4	0.40	4.0	—	100
	C_5	0.80	8.0	—	100
重复性	选用检出限中 Hg 标准溶液质量浓度 C_5 进行测定				
线性范围	C_0	0.00	0.0	—	100
	C_1	0.05	0.5	—	100
	C_2	0.10	1.0	—	100
	C_3	0.20	2.0	—	100
	C_4	0.50	5.0	—	100
	C_5	1.00	—	1.0	100
	C_6	5.00	—	5.0	100
	C_7	10.00	—	10.0	100

A.7.3 砷、锑两个元素同时测定用混合标准溶液的制备

表 A.3 各检测项目中砷、锑混合标准溶液的制备

检测项目	制备 As、Sb 标准溶液质量浓度/(μg/L)		加入 100 g/L 硫脲溶液体积/mL	加入 0.1 mg/L As、Sb 混合标准溶液体积/mL	加入 1 mg/L As、Sb 混合标准溶液体积/mL	10%(体积分数)盐酸稀释至体积/mL
检出限	C_0	0.00	20	0.0	—	100
	C_1	0.50	20	0.5	—	100
	C_2	1.00	20	1.0	—	100
	C_3	2.00	20	2.0	—	100
	C_4	4.00	20	4.0	—	100
	C_5	8.00	20	8.0	—	100
重复性	选用检出限中 As、Sb 混合标准溶液质量浓度 C_5 进行测定					
线性范围	C_0	0.00	20	0.0	—	100
	C_1	0.50	20	0.5	—	100
	C_2	1.00	20	1.0	—	100
	C_3	5.00	20	5.0	—	100
	C_4	10.00	20	—	1.0	100
	C_5	20.00	20	—	2.0	100
	C_6	50.00	20	—	5.0	100
	C_7	100.00	20	—	10.0	100

A.7.4 砷、锑、铋三个元素同时测定用混合标准溶液的制备

表 A.4 各检测项目中砷、锑、铋混合标准溶液的制备

检测项目	制备 As、Sb、Bi 标准溶液质量浓度/(μg/L)		加入 100 g/L 硫脲溶液体积/mL	加入 0.1 mg/L As、Sb、Bi 混合标准溶液体积/mL	加入 1 mg/L As、Sb、Bi 混合标准溶液体积/mL	10%(体积分数)盐酸稀释至体积/mL
检出限	C_0	0.00	20	0.0	—	100
	C_1	0.50	20	0.5	—	100
	C_2	1.00	20	1.0	—	100
	C_3	2.00	20	2.0	—	100
	C_4	4.00	20	4.0	—	100
	C_5	8.00	20	8.0	—	100
重复性	选用检出限中 As、Sb、Bi 混合标准溶液质量浓度 C_5 进行测定					
线性范围	C_0	0.00	20	0.0	—	100
	C_1	0.50	20	0.5	—	100
	C_2	1.00	20	1.0	—	100
	C_3	5.00	20	5.0	—	100
	C_4	10.00	20	—	1.0	100
	C_5	20.00	20	—	2.0	100
	C_6	50.00	20	—	5.0	100
	C_7	100.00	20	—	10.0	100

ICS 17.220.20
N 22

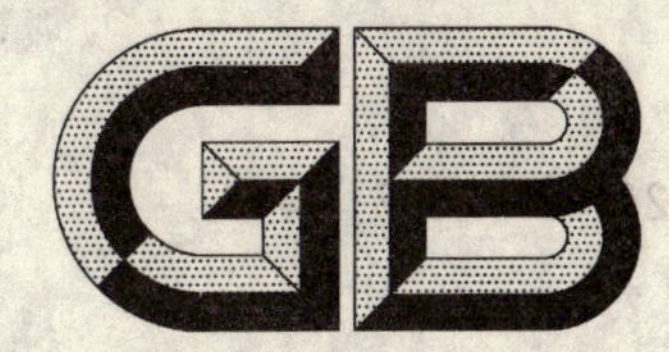

中华人民共和国国家标准化指导性技术文件

GB/Z 21192—2007

电能表外形和安装尺寸

Space and fixing dimensions for electricity energy meter

2007-11-14 发布

中华人民共和国国家质量监督检验检疫总局
中国国家标准化管理委员会 发布

前 言

本指导性技术文件的制定参考了一些国外标准，如BS 7856：1996《1和2级交流有功电能表设计的实用规范》、DIN 43857—1978《机电式电能表主要尺寸》、JIS C 1211《直接接入式电能表》、JIS C 1216《经互感器工作的电能表》等。

本指导性技术文件的附录A为资料性附录。

本指导性技术文件由中国机械工业联合会提出。

本指导性技术文件由全国电工仪器仪表标准化技术委员会归口

本指导性技术文件起草单位：哈尔滨电工仪表研究所、华立仪表集团股份有限公司、国家电网公司、中国南方电网公司、湖南省电力公司、河南省电力公司、浙江省电力试验研究所、甘肃省电力公司、福建省电力试验研究院、上海电力公司电力表计量测管理所、天津市新巨升电子有限公司、浙江正泰仪器仪表有限责任公司、杭州华隆电子技术有限公司、宁波三星科技有限公司、深圳浩宁达电能仪表制造有限公司、慈溪市三超电力仪表厂、哈尔滨电表仪器厂有限公司、四平市双喜科技有限公司。

本指导性技术文件主要起草人：王兆宏、陈向群、钟祖安、赵伟、徐和平、王延波、林德浩、杜新纲、卢兴远、李学永、刘星、徐茂林、夏亚莉、刘得新、苏友、岑小青、徐人恒、刘献成、李喜生。

本指导性技术文件为首次发布。

电能表外形和安装尺寸

1 范围

本指导性技术文件规定了交流电能表的固定安装尺寸和外形尺寸，以及接线端子及端子间的主要尺寸。

本指导性技术文件适用于在参比频率为 50 Hz(60 Hz)的电网中安装使用的接线方式为下进下出的交流电能表。

对于其他接线方式的电能表可参考使用本指导性技术文件。

2 规范性引用文件

下列文件中的条款通过本指导性技术文件的引用而成为本指导性技术文件的条款。凡是注日期的引用文件，其随后所有的修改单(不包括勘误的内容)或修订版均不适用于本指导性技术文件，然而，鼓励根据本指导性技术文件达成协议的各方研究是否可使用这些文件的最新版本。凡是不注日期的引用文件，其最新版本适用于本指导性技术文件。

GB/T 321 优先数和优先数系(GB/T 321—2005,ISO 3:1973,IDT)

GB/T 15283 0.5、1 和 2 级交流有功电度表(GB/T 15283—1994,idt IEC 62051:1988)

GB/T 15284—2002 多费率电能表 特殊要求

GB/T 17215 1 级和 2 级静止式交流有功电能表(GB/T 17215—2002 IEC 61036:2000)

GB/T 17215.211—2006 交流电测量设备 通用要求、试验和试验条件 第 11 部分 测量设备(IEC 62052-11:2003,IDT)

GB/T 17882 2 级和 3 级静止式交流无功电能表(GB/T 17882—1999,eqv IEC 61268:1995)

GB/T 17883 0.2 S 级和 0.5 S 级静止式交流有功电度表(GB/T 17883—1999,eqv IEC 60687:1992)

3 术语和定义

GB/T 17215.211—2006、GB/T 15283、GB/T 15284、GB/T 17215、GB/T 17882 确立的以及下列术语和定义适用于本指导性技术文件。

3.1

外形尺寸 space dimensions

电能表整体高度(A)、宽度(B)、厚度(C)方向可触及的最大尺寸。

注：这些尺寸不包括表壳外露的挂钩和固定攀的极限尺寸。

3.2

固定安装尺寸 fixing dimensions

用于固定电能表位置的尺寸。

4 要求

4.1 外形尺寸和固定安装尺寸

各具体尺寸的含义及标识符如图 1 及表 1 所示。

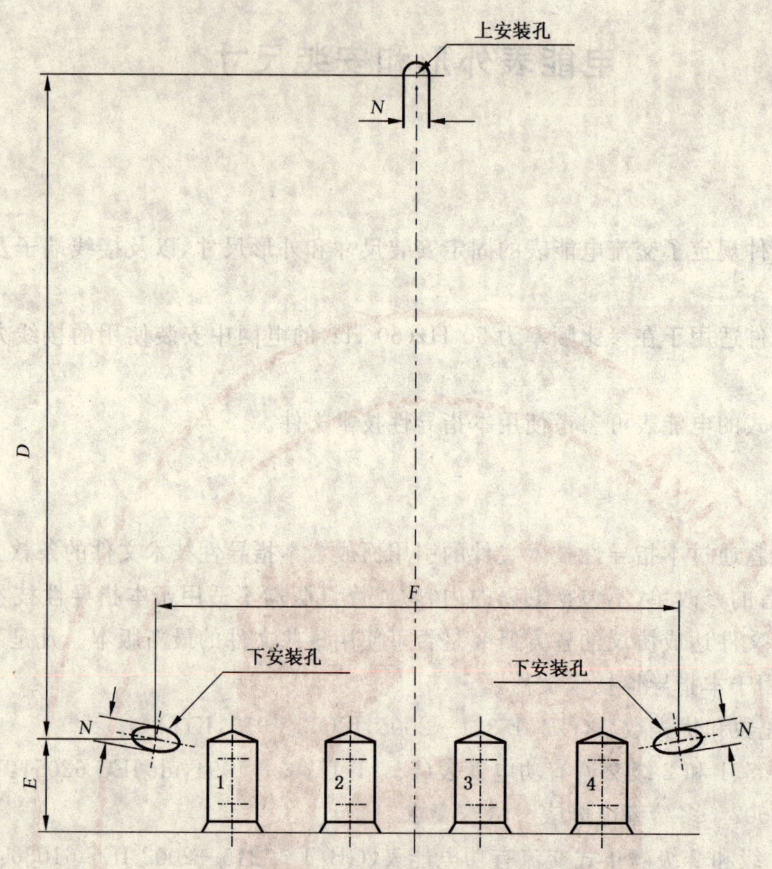

图 1 电能表的安装尺寸

表 1 外形和安装尺寸图内容

标识符(见图 1～图 4)	内 容	备 注
A	整表高度	1) 图 1 中未标注； 2) 不包括挂表钩
B	整表宽度	
C	整表厚度	
D	上下安装孔垂直距离	
E	下安装孔至电能表下端的垂直距离	不含端钮盖和下部安装耳
F	两个下安装孔之间距离	
G	相间接线端子中心线之间距离	
H	辅助接线端子中心线之间距离	
I	电压接线端子内孔直径	仅适用于经互感器接入式
J	电流接线端子中心距	
K	电流接线端子内孔直径	
L	接线端子中心线至电能表安装平面的距离	
M	辅助接线端子内孔直径	
N	安装孔的直径	
T	零线端子中心线之间距离	
Y	接线端子的下固紧螺钉中心线到上固紧螺钉中心线距离	
Z	端子盖与接线螺钉间的距离	图 1 中未标注

4.1.1 固定安装尺寸

电能表的固定安装尺寸应符合表 2 的规定。

表 2 电能表固定安装尺寸

单位为毫米

电能表类别	单相电能表		三相电能表	
安装尺寸 $D\times F$	130×90	140×105	220×130	240×150
安装孔直径 N	5.2～5.5			

所列尺寸为公称尺寸，其允许公差为±1 mm；

如安装方式采用二点固定的，其安装尺寸为 D 或 F。

4.1.2 外形尺寸

电能表的外形尺寸应符合表 3 的规定。

表 3 电能表外形尺寸

单位为毫米

		单相电能表	三相电能表
外形尺寸	A	≤200	≤300
	B	≤155	≤180
	C	≤120	≤140

推荐的外形尺寸系列见附录 A。

4.2 接线端子孔径及相互间位置

4.2.1 尺寸

电能表接线端子孔径及相互间位置的尺寸如图 2～图 4 所示，并应符合表 4 的规定。

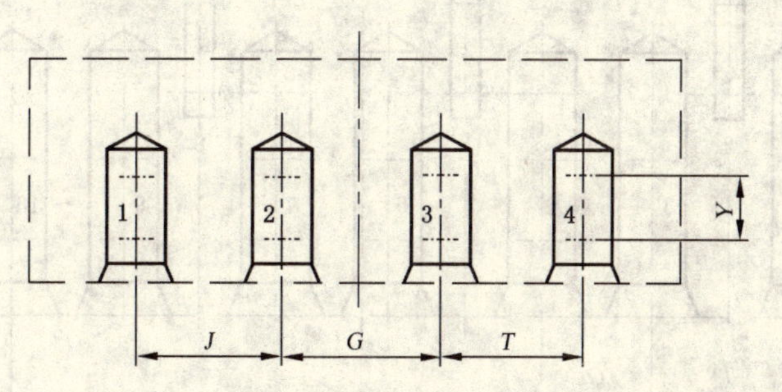

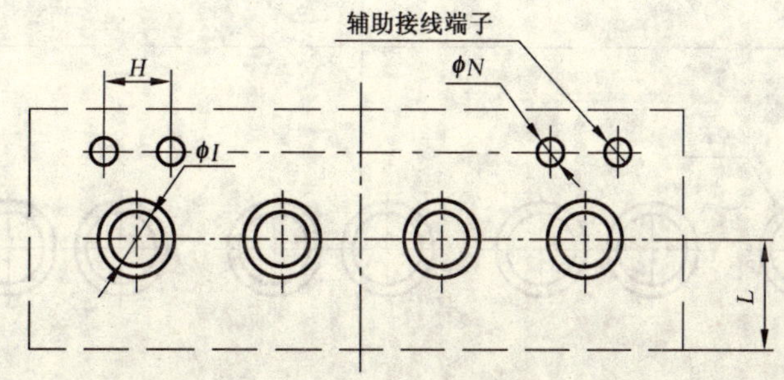

图 2 单相二线直接接入式端子孔径及相互间位置尺寸示意图

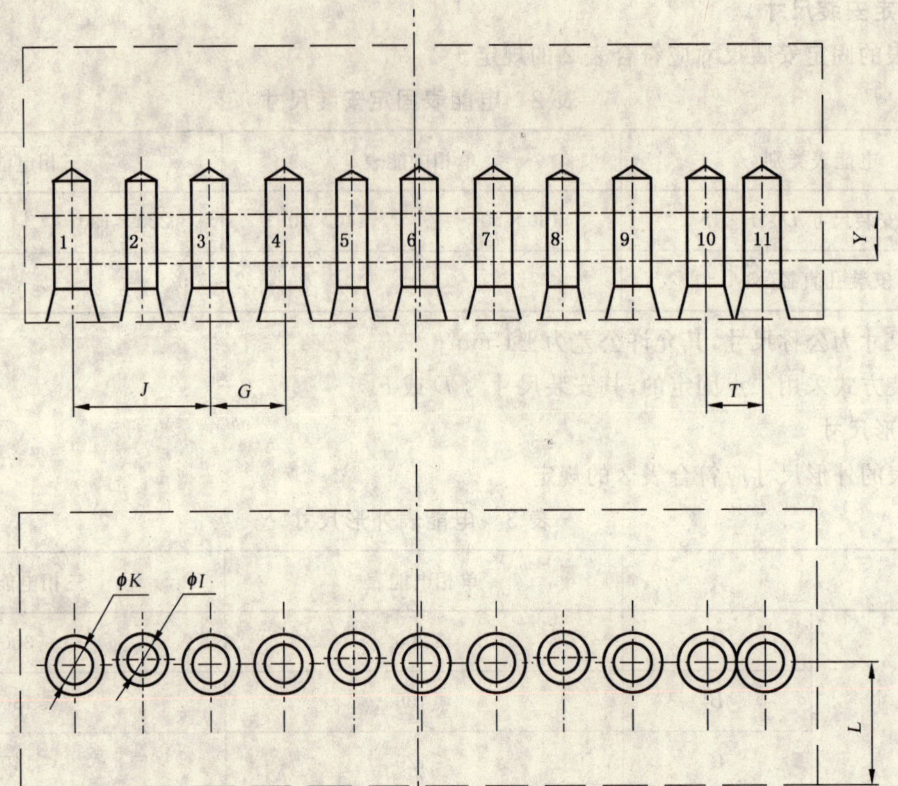

图 3 三相经互感器接入式电能表端子孔径及相互间位置尺寸示意图

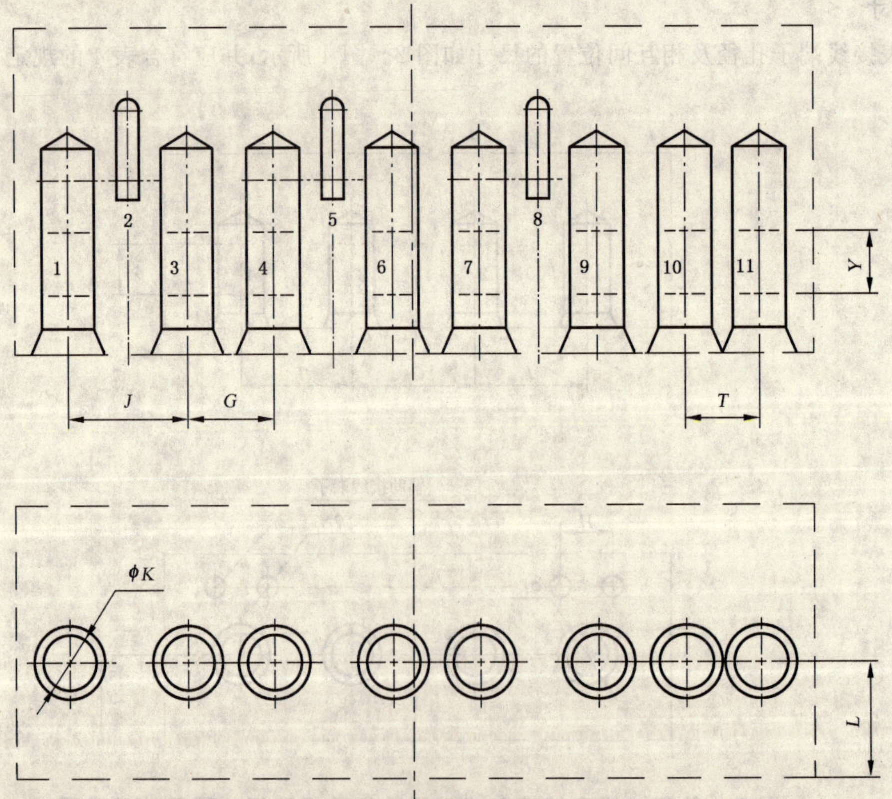

图 4 三相直接接入式电能表端子孔径及相互间位置尺寸示意图

表 4 电能表接线端子孔径及相互间位置尺寸

单位为毫米

各部位尺寸代号	单相二线电能表		三相电能表		
	直接接入式		直接接入式		经互感器工作
	≤40A	>40A	≤40A	>40A	
T	≤J		7.5[a]		
G[b]	—		>12		
H[b]	≥9		≥9		
J[b]	22~23		20~21		20~21
K	≥6	≥8.5	≥6	≥8.5	≥6
L	14.5	14.5	14.5	14.5	14.5
M	≥1.5		≥1.5		≥1.5
Y	≥7.5	≥9.5	≥7.5	≥9.5	≥7.5
I	—		—		≥5

[a] 如零线端子采用一个接线孔的，则 $T=0$。

[b] 如采用绝缘栅，则可不受此规定的尺寸限制，但应符合 GB/T 17215.211—2006 中有关间隙和爬电距离的规定。

4.2.2 要求

电能表端子除应符合 GB/T 17215.211—2006、GB/T 15283、GB/T 17215、GB/T 17882、GB/T 17883的相关规定外，还应符合下列要求：

a) 端子孔应能容纳至少 18 mm 长去掉绝缘的导线；

b) 端子孔直径尺寸的确定应根据电能表所能承载的最大电流接通的电缆线径确定，并留有一定余度；

c) 每个接线端子应配用两个接线螺钉；

d) 接线螺钉直径在电能表 I_{max}≤40 A 时，应不小于 M4，I_{max}>40 A 时，应不小于 M6；

e) 端子盖与接线螺钉头部间的距离 Z 在任何位置应不小于 3 mm；

f) 对经互感器接入式电能表其电流端子和电压端子应有明显的区别。

4.3 辅助端子

辅助端子间的中心距和孔径应符合表 4 的规定。其在端子盒中的位置应符合相关标准的规定或根据实际使用需要确定。

附 录 A
（资料性附录）
电能表外形尺寸优选数

A.1 单相电能表

单相电能表的外形尺寸优选数见表 A.1。

表 A.1 单相电能表的外形尺寸优选数 单位为毫米

高(*A*)	140、150、160、167、180
宽(*B*)	100、112、118、125、132、140
厚(*C*)	50、56、63、71、80、110/120

A.2 三相电能表

三相电能表的外形尺寸优选数见表 A.2。

表 A.2 三相电能表的外形尺寸优选数 单位为毫米

高(*A*)	224、238、250、265、290、300
宽(*B*)	140、150、160、170、175、180
厚(*C*)	71、80、85、92、95/100、125/140

如有必要需采用上列表中以外更大或更小的数字，应按 GB/T 321 表 1 中 R20 或 R40 系列的两端延伸数字。

ICS 25.040.40;27.100
N 18

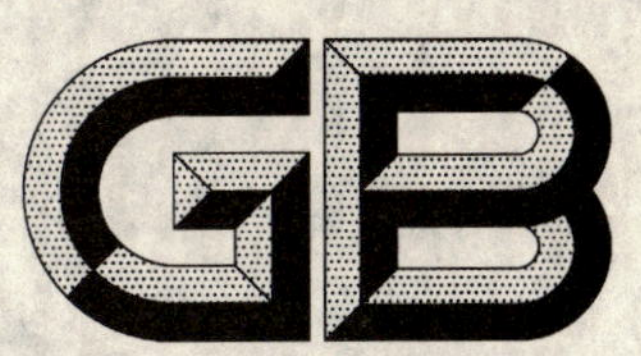

中华人民共和国国家标准化指导性技术文件

GB/Z 21193.1—2007/IEC/TR 62140-1:2002

矿物燃烧蒸汽发电站 第1部分:限幅控制

Fossil-fired steam power stations—
Part 1:Limiting controls

(IEC/TR 62140-1:2002,IDT)

2007-11-14 发布

中华人民共和国国家质量监督检验检疫总局
中国国家标准化管理委员会 发布

前　言

GB/Z 21193《矿物燃烧蒸汽发电站》分为如下几部分：

——第 1 部分：限幅控制；

——第 2 部分：汽包水位控制；

——第 3 部分：蒸汽温度控制。

本部分为 GB/Z 21193 的第 1 部分。

本部分等同采用 IEC/TR 62140-1:2002《矿物燃烧蒸汽发电站　第 1 部分：限幅控制》(英文版)。

为便于使用，对 IEC/TR 62140-1:2002 做了下列编译性修改：

a)　“技术报告”一词改为“指导性技术文件”；

b)　删除 IEC/TR 62140-1:2002 的前言；

c)　删除 IEC/TR 62140-1:2002 的引言；

d)　本部分中“限幅控制”一词等同于标准 GB/T 2900.56—2002 中的“极限控制”；

e)　根据电力行业的正规出版物及标准，将本部分中缩略语“锅炉 SG”改为“锅炉 B”。

本部分的附录 A、附录 B、附录 C、附录 D、附录 E、附录 F 和附录 G 均为资料性附录。

本部分由中国机械工业联合会提出。

本部分由全国工业过程测量和控制标准化技术委员会第二分技术委员会归口。

本部分负责起草单位：西南大学。

本部分参加起草单位：机械工业仪器仪表综合技术经济研究所、中国四联仪器仪表集团、西安热工研究院有限公司、北京机械工业自动化研究所、上海工业自动化仪表研究所。

本部分主要起草人：赵亦欣、刘枫、潘东波。

本部分参加起草人：冯晓升、刘进、周明、谢兵兵、陈诗恩。

本部分是首次发布。

引　言

本部分是 GB/Z 21193 中的一部分，它包含了对矿物燃烧发电站在控制回路上的正确设计和运行方面的建议。它们是基于目前所采用的技术解决方案，同时为了正确地理解，本部分也提出了必要的背景信息。

本部分提出或包含了特殊的技术解决方案，主要是针对满足相似的用户需求功能，形成一个公认的方法来表示矿物燃烧发电厂操作人员和供应商功能性需要。

在给出的时间内，本部分被严格地视同为特定的技术解决方案例子，其目的是为了鼓励在该专题上观点统一而促进讨论。

GB/Z 21193 里有两种类型的指导性技术文件。

第一种类型的指导性技术文件涉及到锅炉的特殊控制回路，如汽包水位控制或蒸汽温度控制，以及它们所处于的正常运行条件。

第二种类型的指导性技术文件指出了在限制条件下确保正常运行的特殊方法，例如在上升和下降期间，或者在异常运行状况中，或者它们与机炉主控系统有关，如负荷控制系统或频率控制系统。这些指导性技术文件通常把发电站单元归为一个整体。

GB/Z 21193 中的每个部分都是相互独立的，然而，它们的内容很大程度上是相互协调的。这个系列是可以补充的。

矿物燃烧蒸汽发电站
第1部分:限幅控制

1 范围

本部分涉及矿物燃烧蒸汽发电站的限幅控制。

从限幅控制的任务和作用来看,它们位于实际运行控制和保护设备之间。运行控制的任务是以所产生的输出总是与预先设定值相对应的方式来控制发电过程,并在此目的下各个子系统按照经济和环境的要求运行。保护设备的任务主要是通过停机的方法来保护人员、环境和设备及其部件不被损坏。限幅控制用于支持运行控制,因此,在过渡过程中可能所处的限制条件下能够连续地运行,例如,在开机和停机期间,以及在异常运行状况中。

限幅控制常常使用运行控制的执行机构,它们可以如同运行控制一样被切除。然而,当限幅控制被切除时,在保护设备被触发之前,过程值的前期自动限幅就不再存在,因此,限幅控制与保护设备不同,保护设备不能被切断,并且它多数是通过其专用的执行机构来发挥作用。本指导性技术文件与运行控制和保护设备无关。

子系统的控制任务可随着整个设备运行状况的不同而变化。为了适应各种控制任务,结构变换被执行。以下是为设备提供的可选择的结构:

——在运行控制与限幅控制之间;

——在限幅控制内;

——在运行控制内。

因此,对于过程任务,结构变换不是孤立的控制解决方案,它们与限幅控制一起在本部分中被涉及(见附录A到附录G)。

2 符号、下标、缩略语

下列符号、下标和缩略语适用于本部分。

2.1 符号

质量 m;

质量流量、质量产量 $\dot{m}$;

速度 n;

压力 p;

压力变化速度 $\dot{p}$;

差压 Δp;

功率 P;

热量 Q;

热通量 $\dot{Q}$;

时间 t;

温度 ϑ;

温差 $\Delta\vartheta$;

材料应力 σ;

控制误差 e;

参考变量　w；

被控变量　x。

2.2　下标

外部的　ex；

运行，运行的　op；

电的　el；

内在的，内部的(内壁温度)　i；

平均的(平均壁温)　m；

实际值　act；

最大　max；

中心　c；

最小　min；

参考　ref；

设定值　sp；

目标值　target；

允许的　perm；

上限限幅　uL；

下限限幅　lL。

2.3　缩略语(也可用作下标)

出口　O；

燃料　F；

锅炉　B；

入口　I；

省煤器　ECO；

输送(例如：p_D——压力输送)　D；

有效的蒸汽(主蒸汽)　LS；

限幅值　L；

高压　HP；

常数　K；

中压　IP；

低压　LP；

给水箱　FWT；

给水泵　FWP；

给水　FW；

循环　C；

蒸发器　E；

参考变量　W；

再热器　RH；

再热器高温侧　HRH；

设定值给定　SPG；

高压出口　HPO。

3　限幅控制的功能

运行控制的功能以及与限幅控制的交替，通过图1采用过程变量(被控变量)随时间的变化来表示。

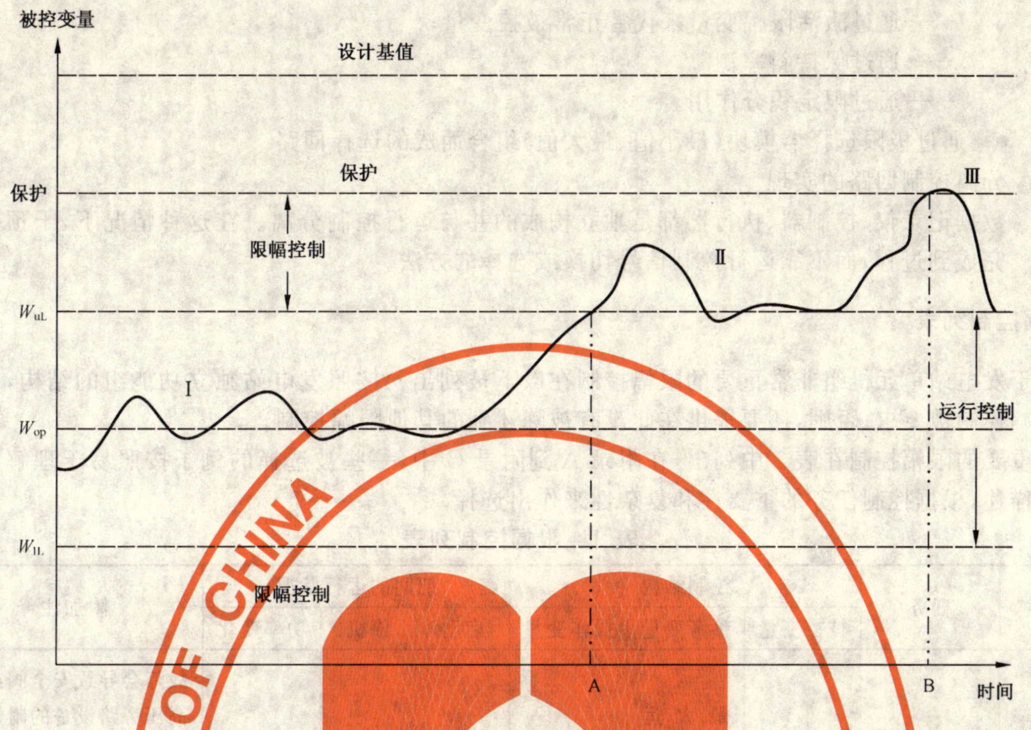

图 1 被控变量全过程中的变化

区域Ⅰ:通过运行控制,设备故障影响、设备局部故障影响或过程的故障影响被约束在允许的限制内,被控变量要回到运行设定值 W_{op}。

区域Ⅱ:故障的影响不再能够由运行控制来控制:在 A 时刻,限幅控制介入并使偏离运行控制设定值的被控变量回到设定值 W_{uL}(上限限幅)或设定值 W_{lL}(下限限幅),控制任务将转回到运行控制:

——通过调整设定值,或者;

——通过促使被控变量趋近于运行设定值。

这可以是手动或自动来完成。

区域Ⅲ:过程故障导致被控变量的变化,它既不能通过正常的运行控制来抑制,也不能通过限幅控制来抑制。在 B 时刻,保护介入,安全地防止达到设计基值。

3.1 被限幅的值

依赖于过程及其部件的要求,以下值必须被限幅:

——状态变量;

——状态变量的衍生变量,诸如此类;

——单个过程变量组合的结果。

这是由以下特定的限幅来完成:

——运行控制回路的参考变量;

——运行控制回路的被控变量;

——运行控制回路的被操作变量。

更可能是由针对限幅目的的独立控制回路来实现。

3.2 限幅功能性模块

如 3.1 所列,限幅干预可以通过两种不同方法来完成。

a) 直接干预到运行控制的结构

可以通过下列方法来完成:

- 通过一个分离的逻辑来触发切换,并因此改变控制结构

——通过激活限幅变量来代替正常被控变量；
——通过保持斜率；
——通过限定积分作用。

- 通过极限选择器模块(最小值、最大值)组合而成的选择回路

b) 分离控制回路的实现

数据记录仪、控制器、执行器都是独立构成的并与运行控制分离。在这种情况下，干预被直接完成到过程，而不靠运行控制信号切换或选择的方法。

4 限幅控制列表

对于发电站单元机组非常重要的限幅控制在以下被列出。按照发电站独立功能组的结构，只有一部分限幅控制被要求，否则，还要提供在此没有被陈述到的其他限幅控制。

最重要的限幅控制在表1中列出，在附录A到附录G中，一些被选择的例子按照易于理解的方式进行了描述，根据控制任务的重要性和复杂性来作出选择。

表1 限幅控制列表

功能组	任务	控制结构			期间的运行状况			附加注释
		被控变量	参考变量	操作变量	启动	停机	功率变化	
高压旁路设备	高压蒸汽压力的上限限幅	高压蒸汽压力	最大运行高压蒸汽压力(依赖于蒸汽流量)	高压旁路阀的阀位	无效	有效	有效	故障会导致安全阀或特定高压旁路设备的附加设备动作，导致高压旁路设备的附加设备快速打开，并将因此代替高压安全阀。必须注入水去调节旁路设备后的蒸汽温度。 详细内容见附录A
高压压力系统	高压蒸汽压力的下限限幅	高压蒸汽压力	被要求的最小运行高压蒸汽压力(依赖于蒸汽流量)	汽轮机高压控制阀的阀位	有效	无效	有效	通过带分离的速度/功率控制参考变量切换，高压最小压力控制也可用作为高压初始压力控制。 详细内容见附录B
设定值给定单元机组发电	限幅压力容器中热应力	壁温差$\Delta\vartheta$组件σ热应力	允许壁温差$\Delta\vartheta$允许组件σ_{perm}	给水流量、进水流量、蒸汽流量、燃料流量	有效	有效	有效	故障导致过早的材料消耗，并因此缩短寿命。对于锅炉不要求特殊的联锁和保护停机。 详细内容见附录C
给水	限幅蒸发器流量到最小值(下限限幅值)	蒸发器(省煤器前给水流量)	被要求的最小蒸发器流量	a) 给水泵速率(正常运行) b) 给水控制阀节流(低功率运行)	有效	有效	有效(再循环运行中)	故障将导致并排蒸发器管路不平衡的流通流量和冷却流量，并因此危害管路。 只对强制流通的锅炉有要求。 详细内容见附录D和附录E(E.1.5)

表 1(续)

功能组	任务	控制结构			期间的运行状况			附加注释
		被控变量	参考变量	操作变量	启动	停机	功率变化	
给水	给水箱中压降的速率限幅	给水箱中压力变化的速率	压降的允许速率	给水泵转速	无效	有效(在快速停机中)	有效(在功率快速降低中)	故障可能导致给水泵损坏(在抽水管中的闪蒸现象)。通常,只对异常运行状态作要求,例如,当除氧器的热力除氧无法保证足够时。 详细内容见附录 E(E.1.4)
给水	限幅给水汇管中的压力到最大值	给水汇管中的压力	允许的最大压力	给水泵速度	无效	无效	在异常情况下有效	故障可能导致管道损坏 详细内容见附录 E(E.1.7)
给水	限幅泵压力和高压蒸汽出口压力之间的差压到最小值	给水泵出口压力	高压蒸汽出口压力加上预设最小差压值	a) 给水控制阀节流(正常运行) b) 给水泵速度(低功率运行)	在异常情况下有效	在异常情况下有效	在异常情况下有效	故障可能导致不同的给水泵抽引压力或进水压力在某种运行情况下过低,尤其是对于自然循环锅炉。 详细内容见附录 E(E.1.6)
给水	在启动、停机、或泵切换期间,防止蒸发器的给水流量偏离给定值到过度的程度	给水泵控制器的控制误差,控制处于运行中	零点	被启动或停止的给水泵速度。瞬时速度调节受到影响的	有效	有效	有效	故障可能导致锅炉的进料超出或不足。 详细内容见附录 E(E.1.8)
给水泵	限幅给水泵输出到最小值	给水泵输出	被要求的最小输出	打开通常关闭的最小流量阀,逆流回给水箱	有效	有效	无效	故障可能导致给水泵损坏(例如,过热)。 限幅控制既被设计成控制也被设计成连续控制。 详细内容见附录 E(E.1.1)
给水泵	限幅给水泵出口压力到源于输出流量的最小值	给水泵出口压力	源于输出流量的函数	给水控制阀节流	有效	有效	在依赖于设计的平滑压力运行中的有效(例如,对于一半负荷的泵)	由于过低的动态压力补偿,故障可能导致不允许的给水泵轴向负荷(保护启动) 详细内容见附录 E(E.1.2)(图 E.3)

表 1(续)

功能组	任务	控制结构			期间的运行状况			附加注释
		被控变量	参考变量	操作变量	启动	停机	功率变化	
给水泵	按照限制曲线限幅给水泵出口压力到最小值	给水泵输出流量	源自给水泵压力的控制限制曲线	a）给水泵速度 b）泵达到最小泵速时的给水控制阀	有效	有效	在依赖于设计的平滑压力运行中的有效(例如,对于一半负荷的泵)	由于过低的动态压力补偿,故障可能导致不允许的给水泵轴向负荷 详细内容见附录E(E.4)(图E.4)
给水泵	限幅给水泵出口压力到最小值	给水泵出口压力	预设的最小输出压力	a）给水控制阀节流(正常运行) b）给水泵速度(低功率运行)	有效	有效	在依赖于设计的平滑压力运行中的有效(例如,对于一半负荷的泵)	故障可能使泵磨损 详细内容见附录E(E.1.3)
燃料	防止锅炉燃烧器的炉膛热量出力低于最小值	全部燃料流量(锅炉炉膛热量出力)	最小锅炉炉膛热量出力	来自进料器速度控制器的燃料参考变量	无效	无效	有效	详细内容见附录F
燃料	防止包含制粉单元的燃烧器组的炉膛热量出力低于最小值	包含制粉单元的燃烧器组中燃料流量	包含制粉单元的燃烧器组中炉膛最小热量输出	燃烧器组控制器的速度分配器设备或控制阀的阀位	无效	无效	有效	详细内容见附录F
低压旁路设备	再热器蒸汽压力上限限幅	再热器蒸汽压力	最大运行再热器蒸汽压力	低压旁路阀的阀位	无效	有效	有效	在旁路蒸汽进入冷凝器前,水将对它喷淋减温,以降低蒸汽温度。低压旁路设备受制于双重联锁,它既可能引起部分旁路阀组合关闭,也可能引起全部旁路阀组合关闭。因此该设备不能起到安全阀功能

表 1(续)

功能组	任务	控制结构			期间的运行状况			附加注释
		被控变量	参考变量	操作变量	启动	停机	功率变化	
汽轮发电机组	汽轮发电机最小输出的限幅	发电机输出	最小发电机输出	通过汽轮机的功率设定值产生联锁,并因此作用在汽轮机进口阀及蒸汽流量上	有效	有效	有效	故障通过电机的反转导致发电机开关断开,个别情况下,这可能引起汽轮发电机跳闸
汽轮机	防止汽轮机超速	汽轮机速度	最大允许速度(例如:低于跳闸速度的1.5%,相应的正常速度的108.5%)	通过汽轮机进口阀(高压部分)和截止阀(中压部分)的蒸汽流量产生联锁	有效	有效	有效	故障可能导致汽轮发电机跳闸 加速度限幅提供来提高汽轮机的截止阀安全性
汽轮机	汽轮机轴/外壳的热应力限幅	$\Delta\vartheta$ 组件作为热应力 σ 的测量元件	允许应力 σ_{perm}	有效蒸汽控制阀和截断控制阀的阀位	有效	有效	有效	故障可能导致汽轮发电机跳闸 更详细的内容参见附录G
中压比例压力控制	抽汽式汽轮机组的中压汽轮机排汽压力下限限幅	中压汽轮机排汽压力	中压汽轮机瓦前后蒸汽压力的最大压力比	到低压汽轮机的交叉管道中低压控制阀组的阀位	有效	有效	有效	低压控制阀是通过对汽轮机控制和抽汽控制的最小值选择来控制的

附 录 A
（资料性附录）
锅炉蒸汽压力上限限幅

A.1 任务

在单元机组停机阶段和正常运行期间，一旦产生的蒸汽流量和汽轮机使用的流量之间有差异，主汽压和再热汽压力就会发生变化。如果出现主汽压超过了设备的预设上限限幅特征值，未被汽轮机利用的蒸汽流量就被输送到冷凝器，如果存在高压旁路设备，蒸汽流量到冷凝器的输送就可以通过旁路设备来完成，既可以在没有再热器的设备情况下，直接送到冷凝器，也可以在具有再热器的设备情况下，先到再热器，再从再热器到冷凝器。图 A.1 表示了一个基本的控制回路图。

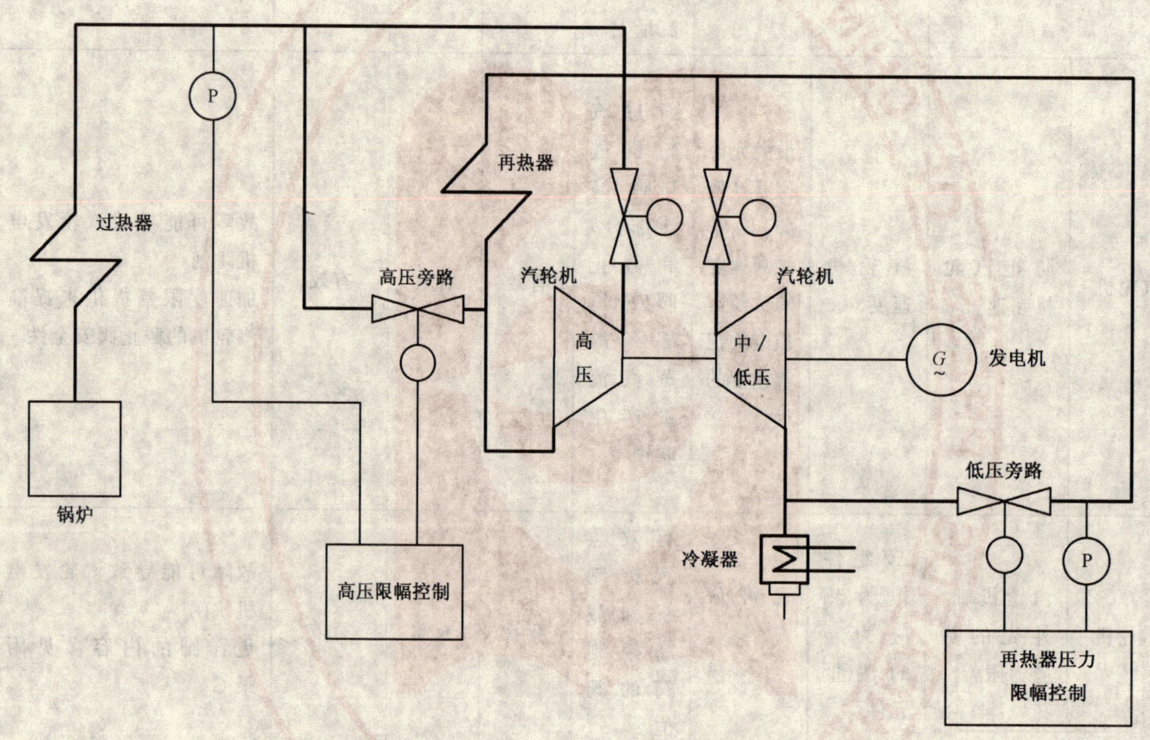

图 A.1 采用了旁路设备的上限蒸汽压力限幅控制设备控制回路图

A.2 控制结构描述

A.2.1 被控变量

高压旁路设备的被控变量是主蒸汽压力。

A.2.2 参考变量

对于限幅控制，控制范围被设定在运行特征值附近，限幅控制中的被控变量不同于正常运行环境中的被控变量。对于被改变动态压力运行的压力特征值图如图 A.2 所示，限幅控制防止被控变量下降到超出该控制范围。本例中只描述了蒸汽压力的上限限幅。该蒸汽压力上限限幅参考变量是由运行特征值加上一个常量 Δp 而构成的。Δp 的值依赖于锅炉的控制特性（结构、燃烧、设计等特征）。新的设定值一方面要与运行特征值有足够的距离，另一方面要与允许的运行过压值有足够的距离，在此，这是非常重要的。

对于常规电站蒸汽旁路设备控制的基本流程图如图 A.3 所示。正常运行的运行特征值是通过在实际压力值 p_{act} 和蒸汽质量流量的 p_{target} 函数之间的最小值选择来形成的，它从压力下限值 p_{min} 运行到压力上限值 p_{max}，采用设定值控制设备来调整 $\dot{p}_{perm}$ 的变化速率。在启动期间，采用通过切换设置“启动”而变成有效的其他影响变量，来构成参考变量，然而，旁路设备在此不用作限幅控制的执行机构。

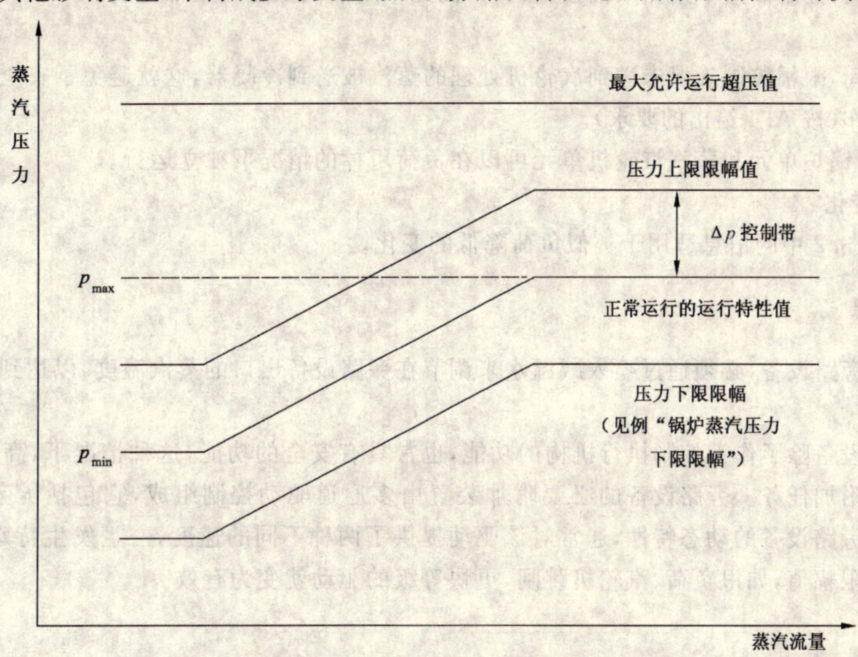

图 A.2　常规发电站单元的压力特征值（用被修改的平滑压力表示）

A.2.3　操作变量

旁路设备的阀位是限幅控制设备的操作变量。

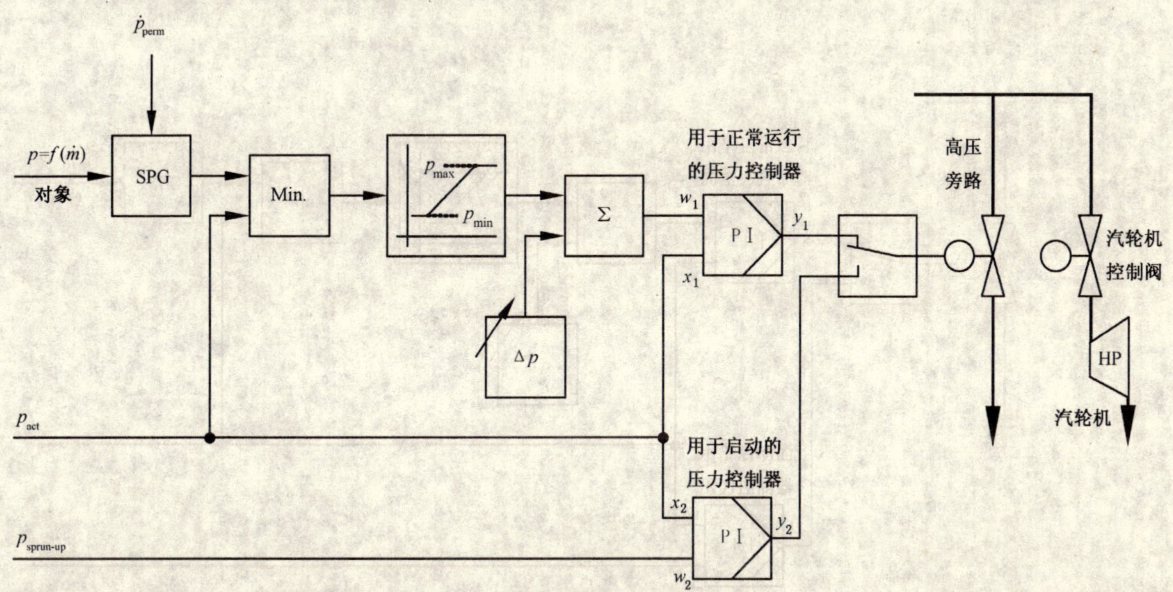

图 A.3　常规发电站蒸汽旁路设备的主控制功能方案

A.3 运行特性

A.3.1 启动

在启动期间,控制回路不按照限幅控制运行,而是采用蒸汽压力的正常控制。

A.3.2 停机

在停机期间,限幅控制确保未送到汽轮机处理的蒸汽被送到冷凝器,这就避免了安全阀或旁路设备安全功能的动作(按 A.4 给出的要求)。

按此方法,锅炉单元和蒸汽汽轮机单元可以在负荷甩掉的情况下独立运行。

A.3.3 负荷变化

包含在 A.3.2 中的信息适用于类似负荷降低的变化。

A.4 附加信息

对于高压旁路设备,必须通过喷入减温水来调节在旁路设备出口的蒸汽温度,以达到该点允许的温度等级。

高压旁路设备除了作为控制执行机构的功能,也常具有安全的功能,这种情况下,高压旁路设备代替了安全阀的附加任务。旁路设备的必要附加装置由多通道驱动控制组成,它包括了旁路常规控制。为了提高高压旁路设备的动态特性,通常对该驱动提供了两种不同的速度,一旦发生特殊事故,控制误差超过了预设限幅值,如甩负荷、汽轮机跳闸,更快等级的驱动就变为有效。

附 录 B
（资料性附录）
锅炉蒸汽压力下限限幅

B.1 任务

在单元机组启动阶段和正常运行期间，一旦产生的蒸汽流量与汽轮机利用的流量之间有差异，主汽压和再热汽压力就会发生变化。如果出现主汽压降低到低于设备的预设下限限幅特征值，就通过高压调节阀节流来减少流向汽轮机的蒸汽流量，按此方法，来满足所要求的最小压力。如果再热器没有要求最小压力，该限幅控制只用于高压侧。图 B.1 表示了一个基本控制回路图。

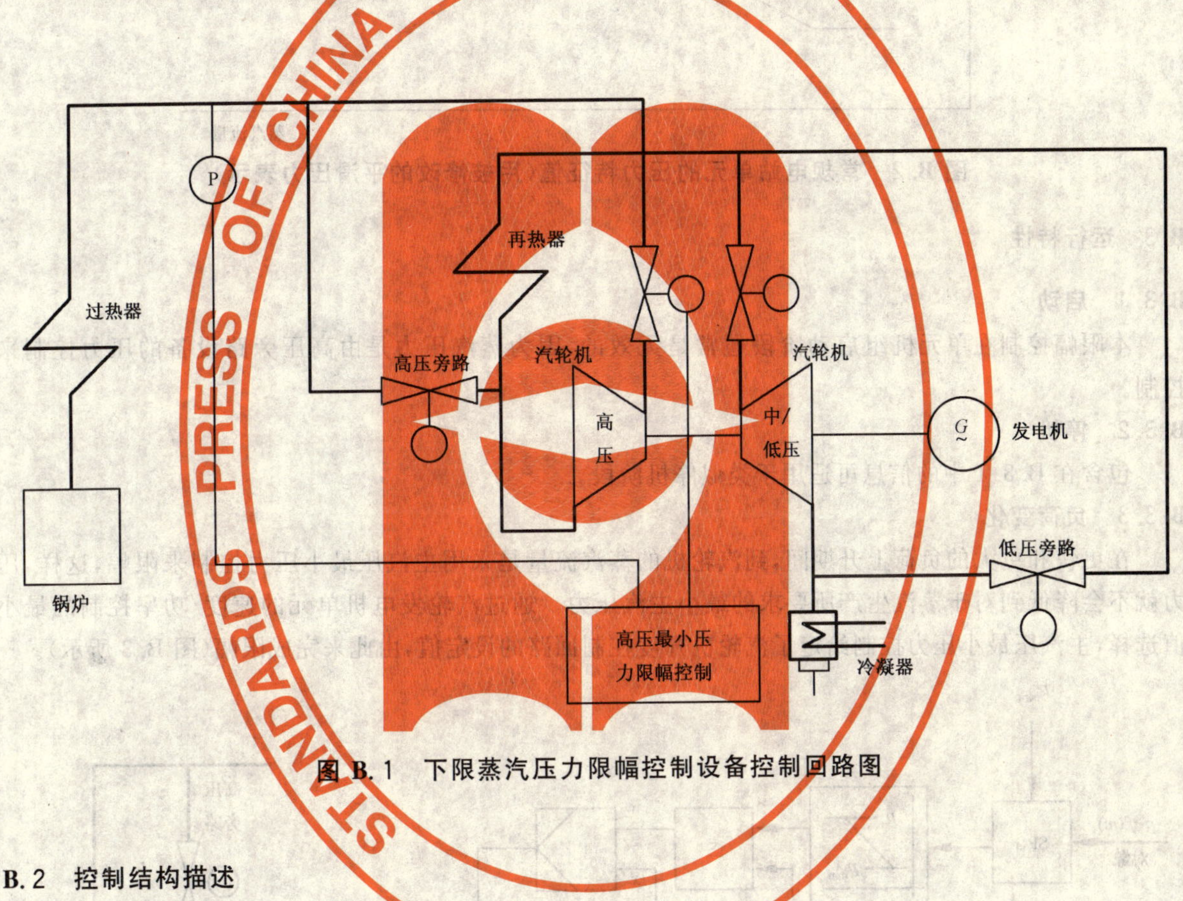

图 B.1 下限蒸汽压力限幅控制设备控制回路图

B.2 控制结构描述

B.2.1 被控变量

有效蒸汽最小压力限幅控制的被控变量是高压压力。

B.2.2 参考变量

与高压压力上限限幅类似（见附录 A），高压压力下限限幅的参考变量得自于运行特征值，该参考变量的值是从运行设定值中减去 Δp 的值（图 B.2 所示）。

B.2.3 调节变量

对于高压压力的最小压力控制，汽轮机高压调压器的开度是操作变量。

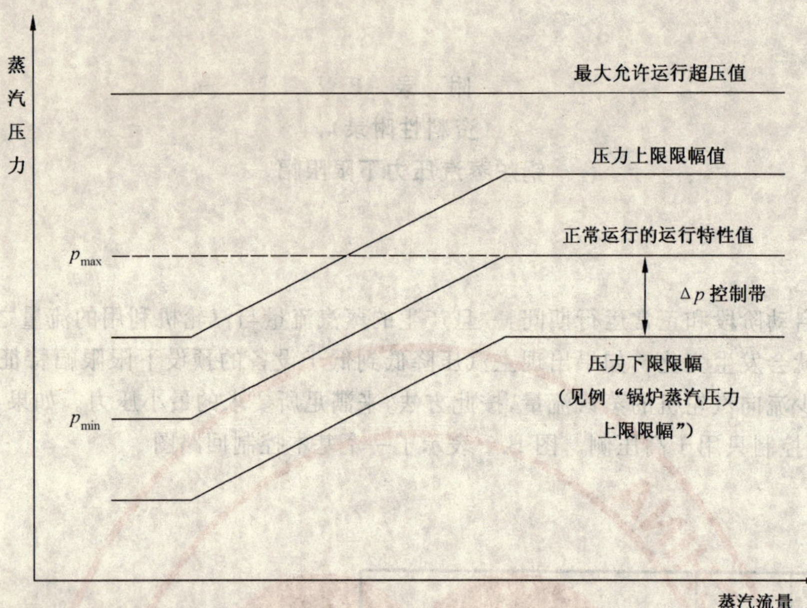

图 B.2 常规电站单元的压力特征值(用被修改的平滑压力表示)

B.3 运行特性

B.3.1 启动

本限幅控制在单元机组启动阶段通常是无效的,因为蒸汽压力是由高压旁路设备的压力控制来控制。

B.3.2 停机

包含在 B.3.1 中的信息可适用于类似停机阶段。

B.3.3 负荷变化

在更快和更大的负荷上升期间,到汽轮机的蒸汽流量是采用主汽压最小压力控制来限幅,这样,压力就不会降低到对于蒸汽生产所要求的最小主汽压力。通过汽轮发电机单元的速度/功率控制的最小值选择,主汽压最小压力控制给定了汽轮机开度控制回路的设定值,由此来完成限幅(图 B.3 所示)。

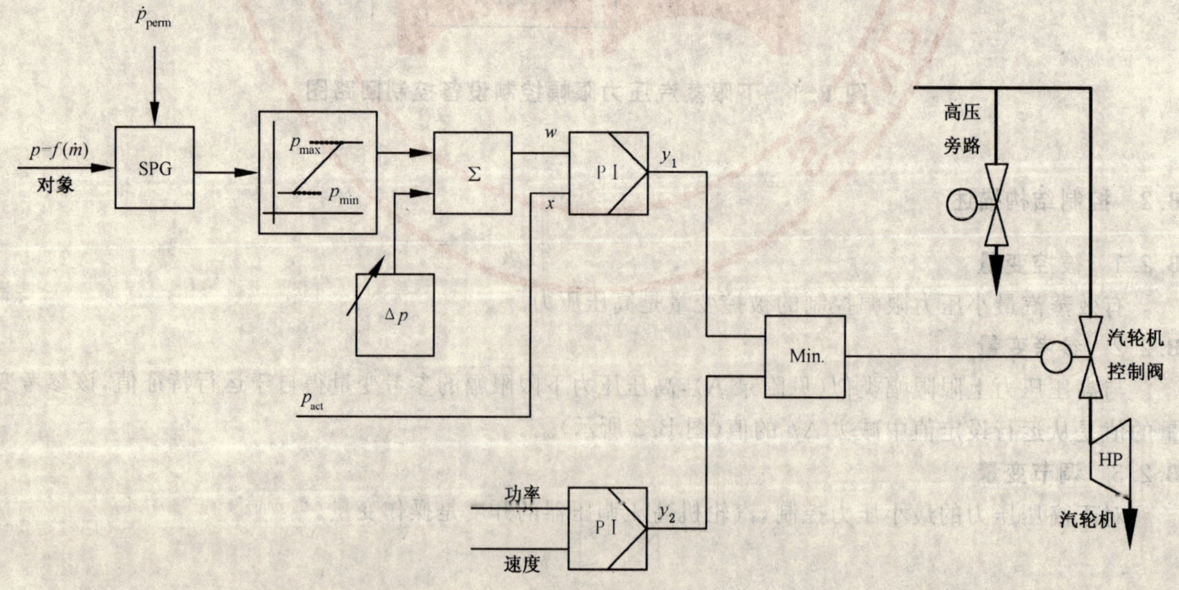

图 B.3 常规发电站主汽压最小压力控制的主控制功能方案

B.4 附加信息

除了克服单元机组运行中缓慢的蒸汽生产外，主汽压最小压力控制也被用于在一旦高压旁路设备发生误动作时，限幅锅炉的应力。

在锅炉控制有问题的情况下，主汽压最小压力控制有可能提供与汽轮机入口主汽压相对应的速度设定值、功率设定值和压力设定值，单元机组的利用率得到提高。

附 录 C
（资料性附录）
承受压力部件中的热应力限幅控制

C.1 任务

由于运行负荷循环，锅炉的承受压力部件暴露在不断变化的压力和流体温度条件下。张应力和压应力的上升的结果，会导致蠕变应力和循环应力，并且会降低部件的后续寿命，特别是对于厚壁部件。如果运行消耗超过了设计计算基础值，就必须考虑提前更换部件。限幅控制被用来防止这种情况，它们被用来控制运行条件，使得确定的应力值不超过预设限幅值。对此，为了选择部件，机械应力和热应力是基于德国标准如 TRD 301 的基础上被连续地计算，并且它们的极限值要与预先计算的应力限幅值相比较，如果这些限幅值被达到，进一步的负荷提升就被限制，而且（或者）恰当的被调节变量就被激活，因而确保应力限幅值不被超过。由于按照德国标准（例如德国的 TRD 508）理论性部件消耗是由循环应力和蠕变应力组成，为了监督应力限幅的目的，严格来说，整个部件消耗的评估也是被要求的（图 C.1）。该评估考虑了所有的全部应力循环，它可以在每次应力循环之后完成，或者按低频时间周期（如，离线）。该评估结果提供了在限幅控制中校正应力限幅值的基础。如果被计算的部件消耗程度低于设计基础值，该应力限幅值可以被提高，反之，应力限幅值必须降低。

C.2 控制结构描述

处于特别疲劳下的被选择部件是由锅炉承压部件的多个点监控，高压区和低压区的蒸汽承压部件分别组合成多个组，带水/湿蒸汽压力容器形成另外一组，例如分离器、循环泵，瞬时壁温偏差被测量或计算（图 C.2 所示），它们与允许的值相比较，这些允许值是基于被采用的计算方法基础上，按照每个部件的限幅值函数来建立的，例如，定义在德国标准（德国的 TRD 301）中的方法。每个组件的允许值（限幅值和实际值之差）被转换为一个允许的温度瞬时值，部件组的最小温度瞬时值被进一步处理，以获得一个设定值给定。在带水/湿的压力容器处于再循环回路中时，流体温度只能通过蒸汽压力和燃料量来影响，因此，温度允许值被转换成压力/燃料允许值。在湿蒸汽区，蒸发温度和饱和压力的结合被考虑用于温度瞬时值到压力瞬时值的转换，该值被用作压力上升的限幅值，并在高压降压站的启动压力给定中进一步处理，如果蒸汽压力、蒸汽流量、和降压站阀门开度之间的关系被考虑，燃料增加的限幅值也可采用压力上升的允许速度来计算。

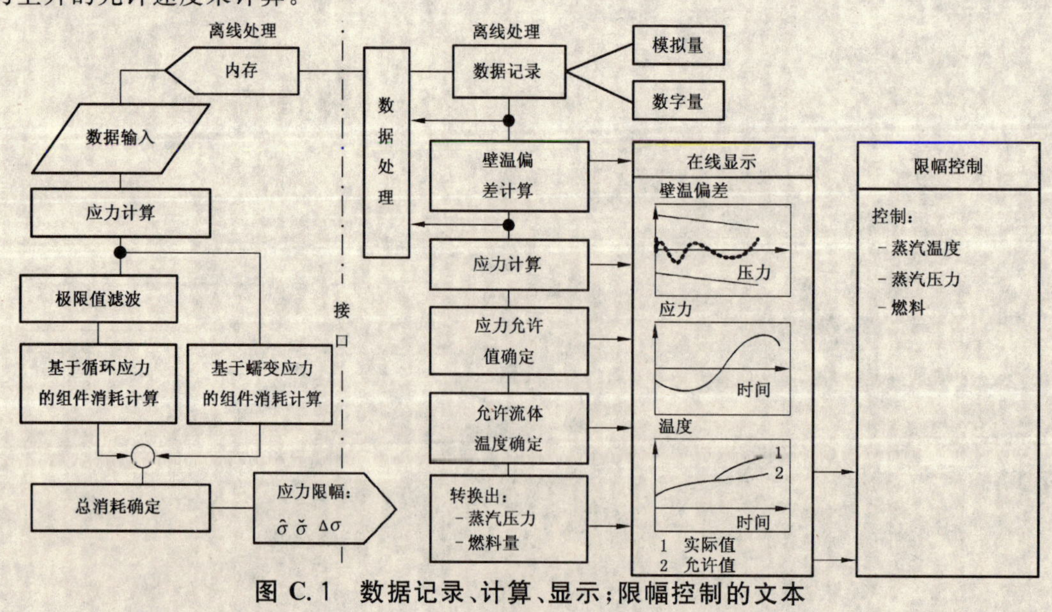

图 C.1 数据记录、计算、显示；限幅控制的文本

C.2.1　被控变量

限幅控制的被控变量是测量和计算的壁温偏差，这些偏差属于锅炉带水/湿蒸汽区和过热蒸汽区中被监视的承压部件，允许的流体温度等级或允许的燃料出力等级是由允许的壁温偏差来计算。一个选择回路决定了部件组中的最高应力部件，并限制了该指定的操作变量。

C.2.2　参考变量

限幅控制的参考变量是指定部件的最大允许壁温偏差，这些部件都是特殊材料并特殊构成的，并且依赖于主要的运行压力和温度变化方向(启动＝温度上升；停机＝温度下降)。对于蒸汽温度、蒸汽压力、燃料控制的辅助控制回路限幅值，是由一组部件的偏差(允许被测壁温负偏差＝壁温允许值)构成。部件内部的最大允许流体温度变化是由壁温偏差允许值计算所得。一组部件的最小温度设定值给出了上限限幅值，如，蒸汽温度、蒸汽压力和燃料限幅控制的参考变量。

图 C.2　蒸汽温度的设定值给定

C.2.3　操作变量

一些操作变量被用来限幅壁温偏差，它们在给水控制阀组、进水控制阀组、减压阀组、汽轮机进口阀组和燃料控制阀组之间是不同的，依赖于防止超过应力所选择的策略。在部件位于带水和湿蒸汽区的情况下，调节给水流量、燃料量和锅炉出口蒸汽压力的执行机构被用作操作变量。在部件位于过热蒸汽区的情况下，通常仅采用喷水减温控制阀组就能满足，如果喷水减温控制阀的调节范围被超出，就必须采用燃料阀组和减压阀组。

C.3　运行特性

部件通常是针对预定负荷范围设计的，由如下部分组成：

- 冷启动次数；
- 暖启动次数；
- 热启动次数；
- 大负荷变化次数。

切合实际的限幅控制也被用于负荷循环。

C.3.1 启动

部件监控是从锅炉进燃料和相关部件温度上升开始,进燃料目标值被限幅成允许温度瞬时值的函数。

在点火和燃料出力升高后,蒸汽生产开始,伴随着压力的升高。在锅炉的湿蒸汽区,小的压力变化会伴随有大的温度变化,特别是在较低的压力范围内(冷启动)。在启动和流体温度上升期间,部件中的热应力按压应力作用,并且开孔边缘应力由于内部压力的原因按张应力作用。这意味着在低压力启动时,只有低允许热应力被用作允许值。限幅控制根据允许的壁温偏差来确定允许的最大蒸汽温度和允许的最大燃料量,并为这些值设定上限限幅。

C.3.2 停机

在停机期间,由于压力和流体温度的减小并都按压应力作用,热应力就上升。因此,当压力下降时,温度瞬时允许值就上升。在沸腾区,当温度降低伴随着压力减小,蒸汽压力的限幅应该在此已经出现,同样情况也适用于蒸汽区的温度降低。如果流体侧温度降低得太快,通过最大值选择,对负的温度瞬时值设置下限限幅。

C.3.3 负荷变化

通常没有高应力循环会随负荷变化出现,如果电站运行在中间出力范围,大量的负荷循环也必须限幅控制,这种情况下,限幅对于负荷变化的速度具有限制效果。

C.3.4 特殊运行状态

特殊运行状态就是运行故障,它可能导致锅炉中多点部件损耗的升高,这类运行状态包括了单元的故障,例如泵、燃烧器或消费品,热应力限幅控制仅仅考虑了对这些事件的控制,特别是在上限负荷范围,负荷限幅控制在此介入,取代热应力限幅控制并致使它们无效。

附 录 D
（资料性附录）
直流锅炉中蒸发器流量的下限限幅

D.1 任务

“蒸发器流量”的限幅控制与“给水泵”的限幅控制一样，是极其重要的给水输送功能组的一部分。它确保锅炉运行期间，有足够的给水可用来冷却各个受热蒸发器管并行流量，并避免过高的温度，例如，由于膜蒸发引起。

对此，对于按照强制循环原理运行的锅炉，蒸发器被限制到一个最小值。当低出力运行中，蒸发器流量的维持导致水过度沸腾，这必须在供水回路中采用附加控制回路和执行机构来克服。这些低出力设备如图 D.1 所示。负荷运行在易变的蒸发过程结束时，到蒸发器的给水流量等于饱和蒸汽流量，被调节的设定值总是比用于蒸发器保护触发的限幅值更高。如果蒸发器（给水）流量降低到被设定的保护指标以下，经过了预设的时间后，将导致燃料故障切断的触发（燃烧紧急中断）。在变化的蒸发点和固定的蒸发点之间过渡期间，处于负荷上升阶段的蒸发器流量就被限制，直到温度被控制，或者，处于负荷下降阶段的蒸发器流量限幅开始，并且水位控制干预。两种控制结构自动过渡，平衡条件及循环泵接通或断开的标准在后续子条款中详细描述。

D.2 控制结构描述

给水控制通常由一个构成蒸发器流量设定值的“温度控制器”和一个作用在给水输送执行器上的“蒸发器流量控制器”组成（图 D.2 所示）。在低出力运行时，温度控制被水位控制代替，并与蒸发器流量相平衡。以前安装的低出力系统，明显地与这种采用了这个蒸发器流量限幅和执行机构限幅的类型不同（图 D.1 所示），三种变形的简化控制流程图在图 D.2、图 D.3 和图 D.4 中表示，各个值的指定在表 D.1 中汇集。

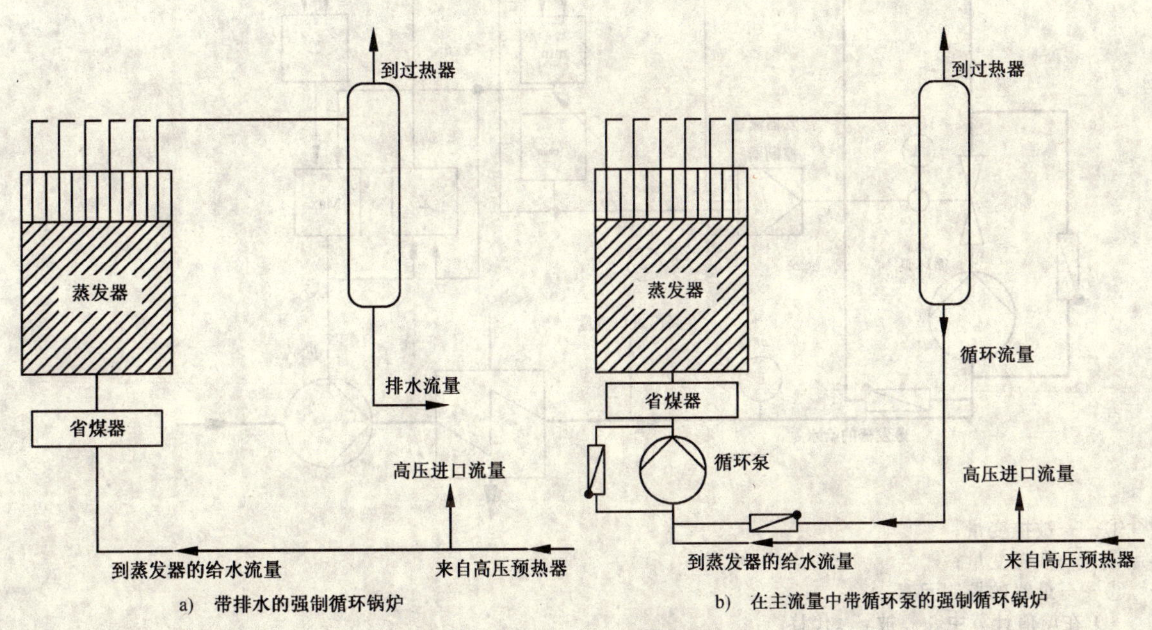

图 D.1 启动低出力运行的启动系统

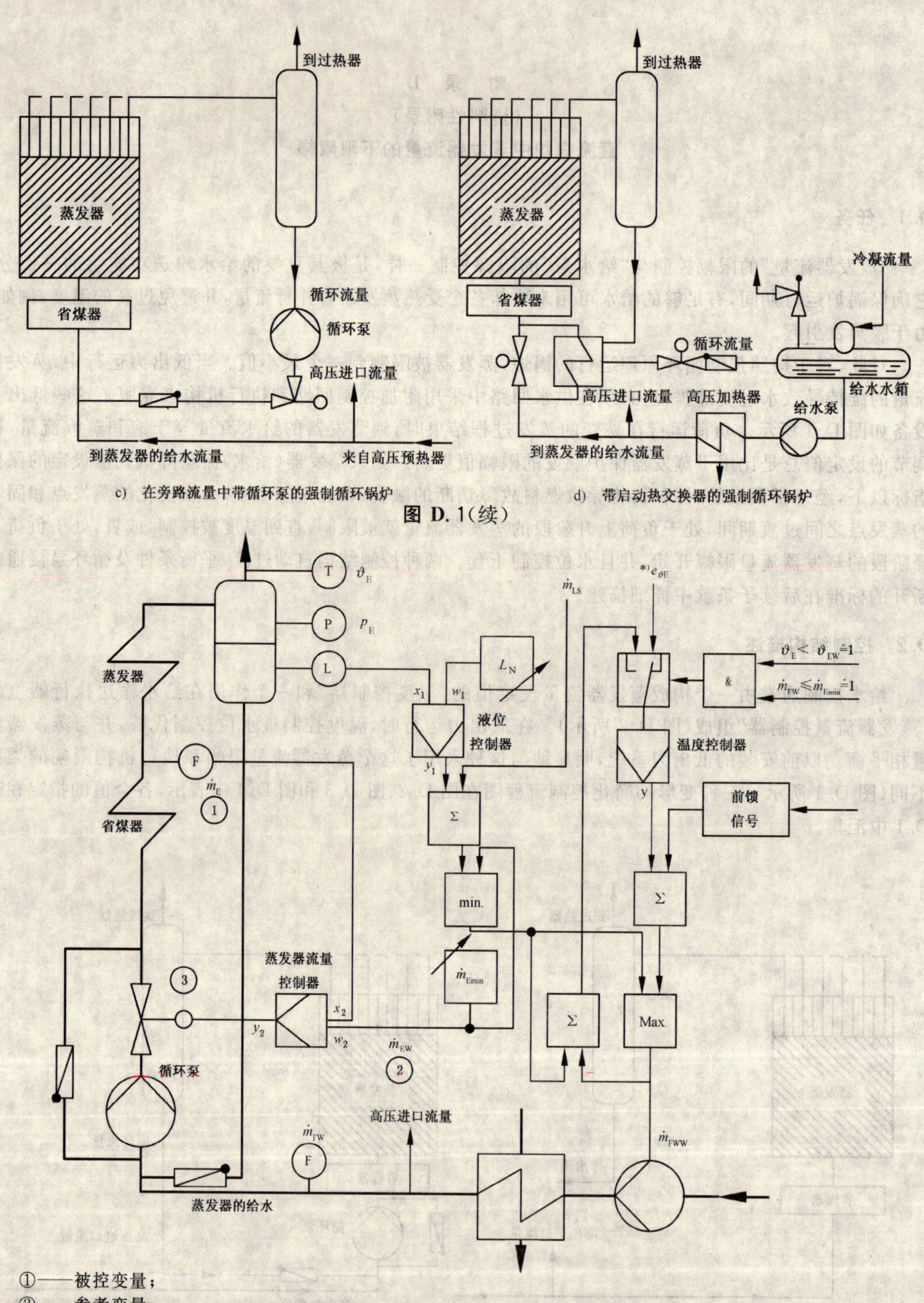

c) 在旁路流量中带循环泵的强制循环锅炉

d) 带启动热交换器的强制循环锅炉

图 D.1(续)

①——被控变量；

②——参考变量；

③——最终的控制元素。

*）在焓值计算中，$e_{\vartheta E}$ 被 e_{hE} 代替。

图 D.2 主流量中带循环泵的给水控制

（图 D.1b）所示）

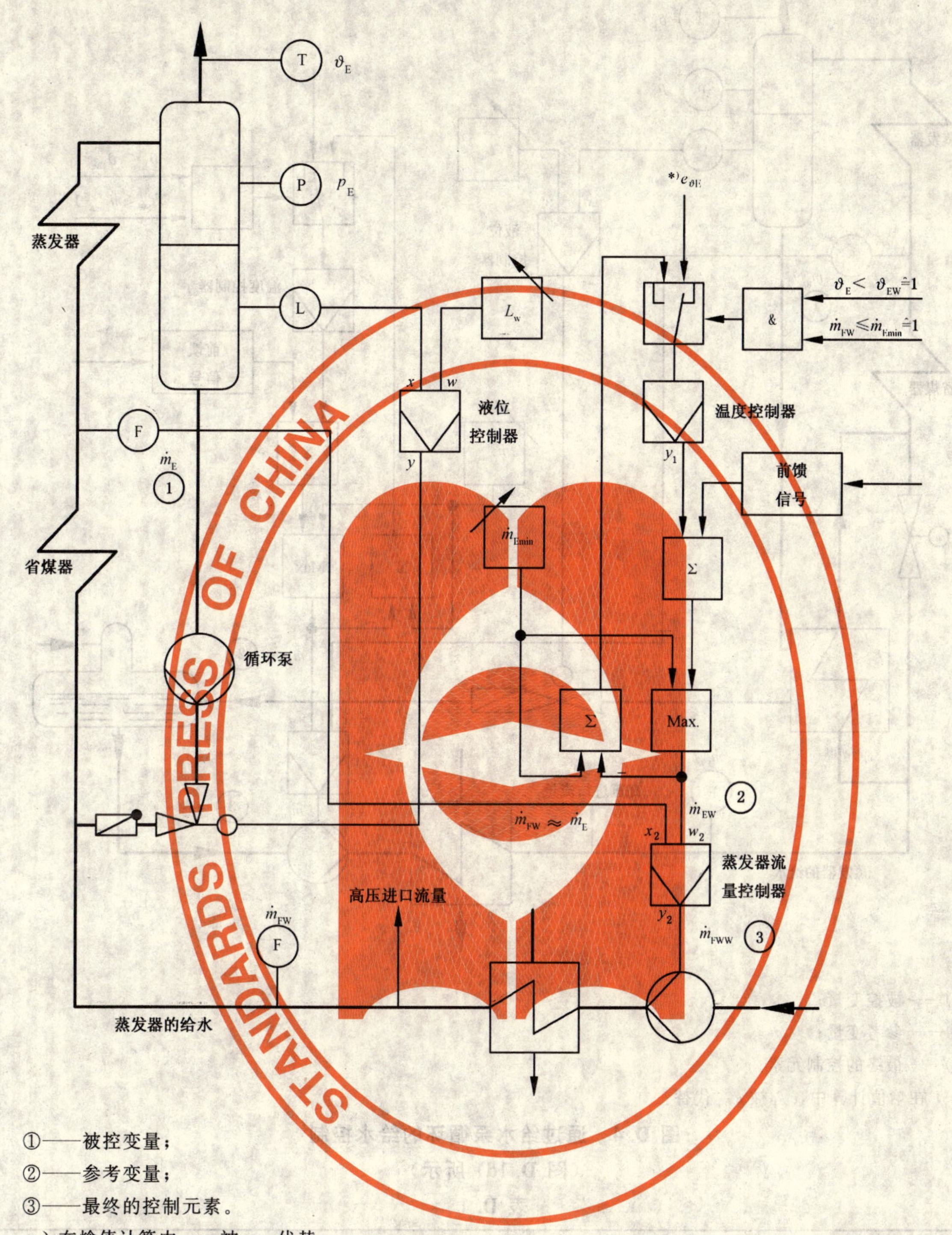

①——被控变量；

②——参考变量；

③——最终的控制元素。

*）在焓值计算中，$e_{\vartheta E}$ 被 e_{hE} 代替。

图 D.3 旁路流量中带循环泵的给水控制
（图 D.1c）所示）

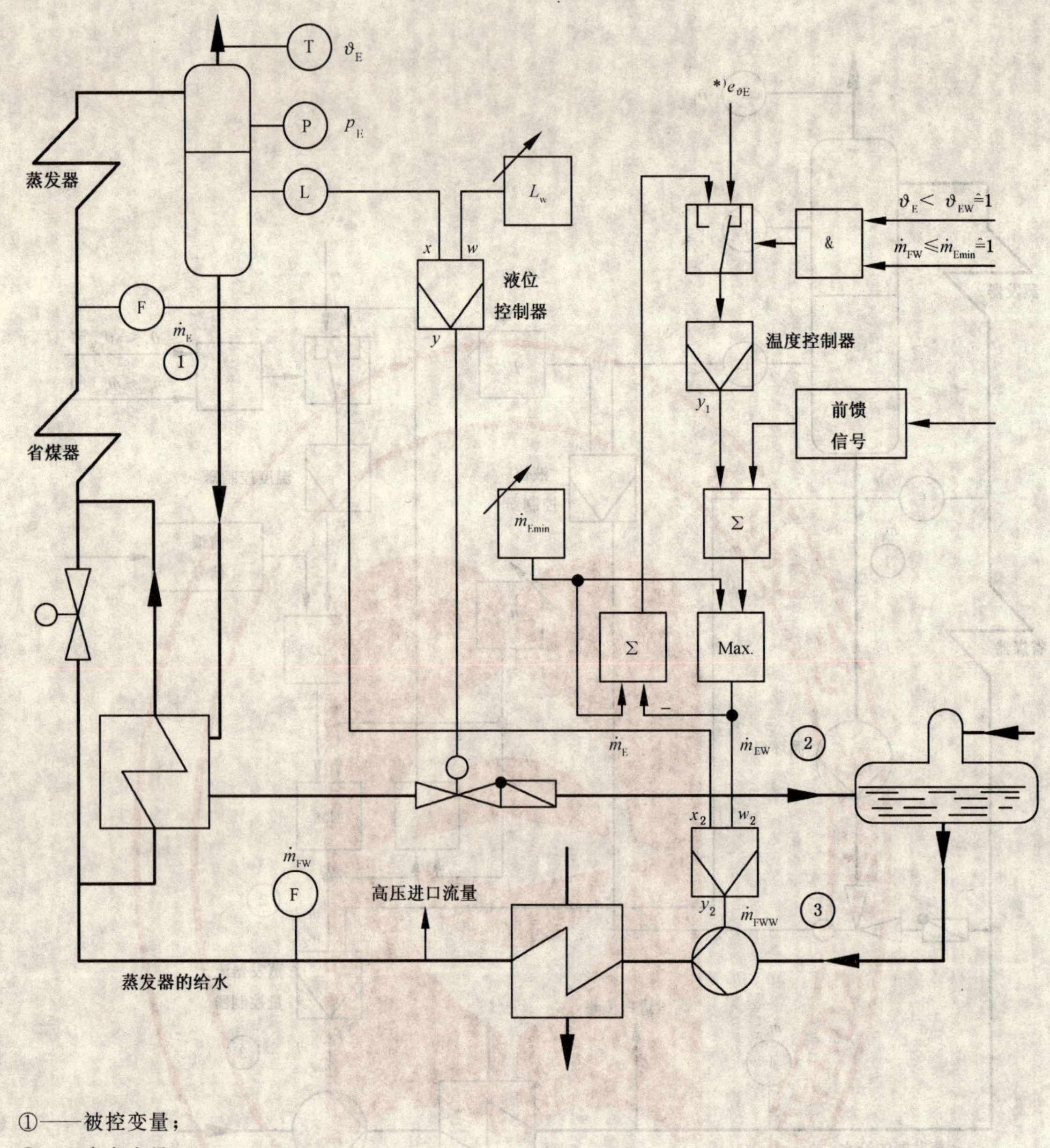

①——被控变量；

②——参考变量；

③——最终的控制元素。

*）在焓值计算中，e_{ϑ_E}被e_{h_E}代替。

图 D.4 通过给水泵循环的给水控制

（图 D.1d）所示）

表 D.1

	被控变量	参考变量	操作变量	执行器
通过给水泵循环(图 D.1a)所示)	蒸发器流量	要求最小蒸发器流量	给水流量	给水泵或给水控制阀
在主流量中通过泵循环（图 D.1b)，图 D.2 所示)	蒸发器流量	要求最小蒸发器流量	循环水流量	循环控制阀
在旁路流量中通过泵循环（图 D.1c)，图 D.3 所示)	蒸发器流量	要求最小蒸发器流量	给水流量	给水泵或给水控制阀
通过给水泵循环(图 D.1d)，图 D.4 所示)	蒸发器流量	要求最小蒸发器流量	给水流量	给水泵

D.2.1 被控变量

被测蒸发器入口流量是整个四种变形限幅控制的被控变量,简称蒸发器流量。

D.2.2 参考变量

参考变量是蒸发器设定值流量 $\dot{m}_{Emin}$ 的下限限幅值,它通过一个最大值选择来作用。

D.2.3 操作变量

低出力运行期间,两种不同的操作变量可能被用在给水控制区和循环流量控制区,给水流量或循环水流量都可被用于控制蒸发器流量,第二种调节变量就被用来控制水位。

D.3 运行特性

D.3.1 启动

当给水流量的设定值小于或等于所要求的蒸发器流量时,蒸发器流量限幅控制就介入。图 D.5 表示了在启动期间,给水流量和蒸发器流量按照一个燃料的函数而上升的全过程。在第Ⅰ阶段,水位控制和蒸发器流量是同时控制,在时间①时,一旦给水流量提供了所要求的不含饱和水回流的蒸发器最小流量,结构就可能转变成温度控制。在第Ⅱ阶段,这种结构的变化是自动发生,更详细的内容在 D.3.3 中描述。在第Ⅲ阶段,温度被控制,由于燃料量增加,给水流量增加到超过蒸发器的最小流量,就结束了该限幅控制的介入。

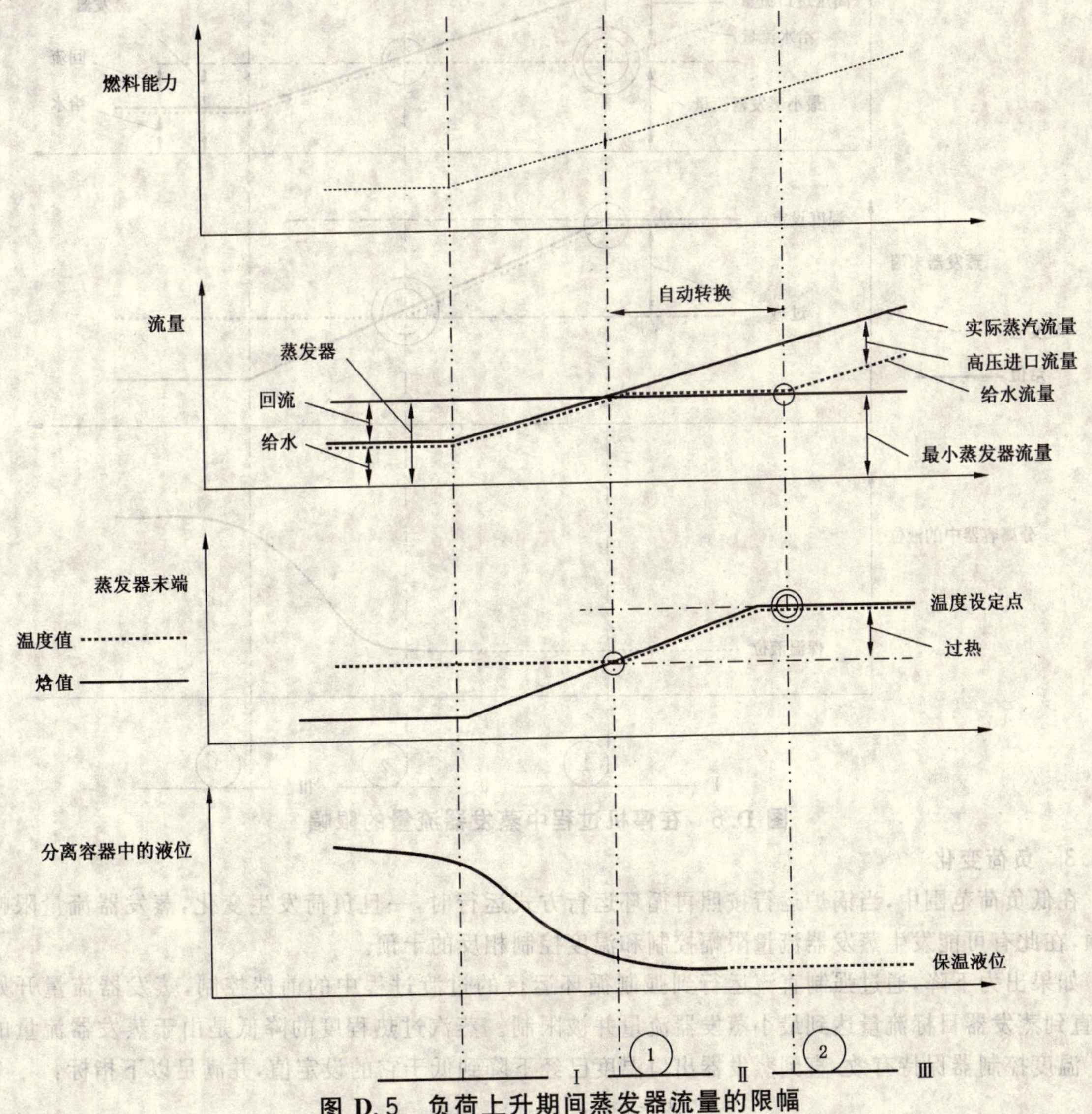

图 D.5 负荷上升期间蒸发器流量的限幅

D.3.2 停机

在停机过程中，燃料量减少，与此相关联的给水流量和蒸发器流量的临时变化如图 D.6 所示。在图 D.6 中的时刻①，当蒸发器流量达到它的下限时，蒸发器流量的限幅控制变成有效。在第Ⅱ阶段，给水的进一步减少被防止，直到蒸发器后的过热过程已经减弱，并且分离容器中的水位足以启动循环泵，或者用于排放污水的控制阀已经介入。这种结构转变在第Ⅱ阶段自动产生。在第Ⅲ阶段，蒸发器流量限幅控制恢复成连续干预。

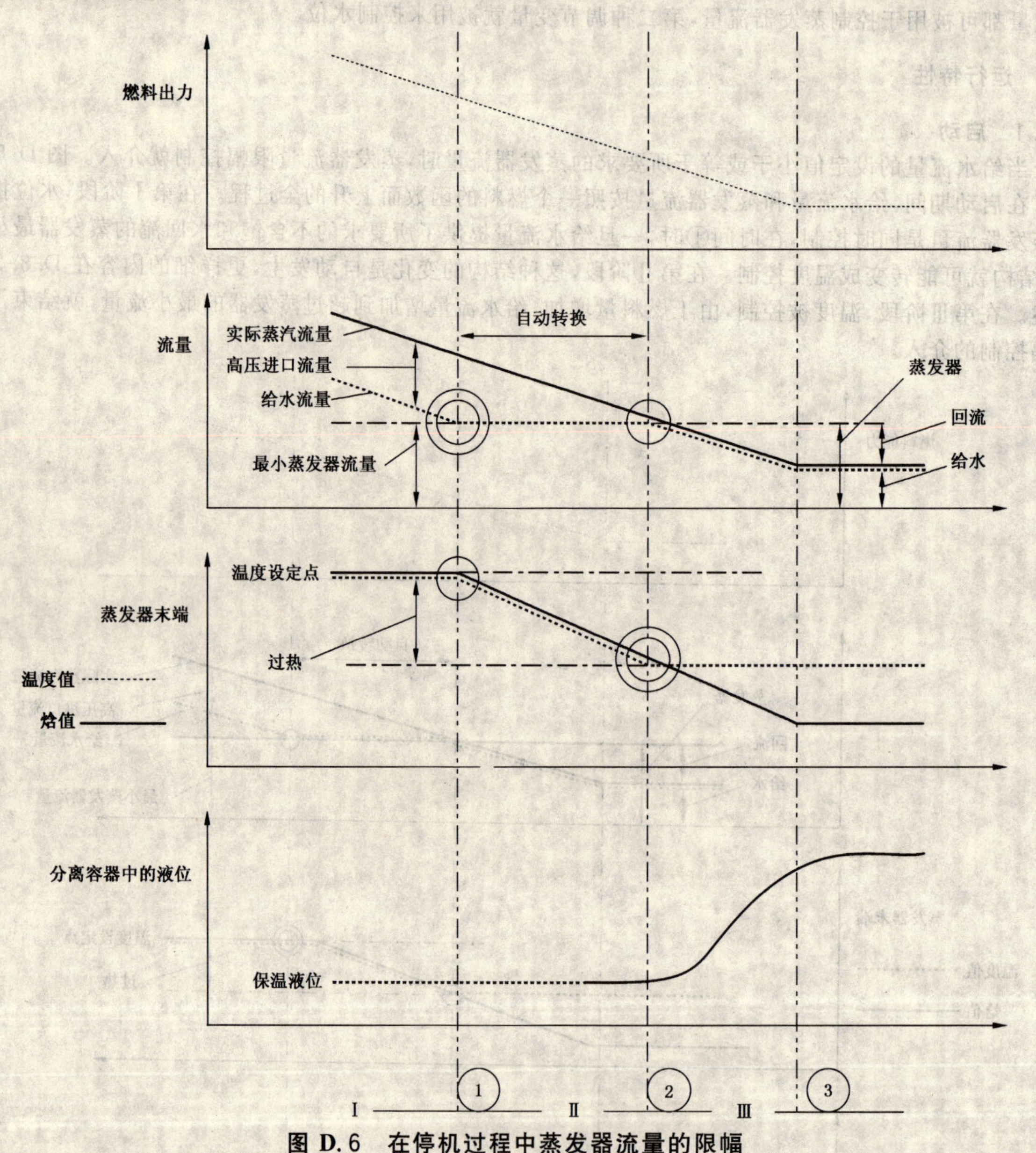

图 D.6 在停机过程中蒸发器流量的限幅

D.3.3 负荷变化

在低负荷范围中，当锅炉运行按照再循环运行方式运行时，一旦负荷发生变化，蒸发器流量限幅就干预，在此有可能发生蒸发器流量限幅控制和温度控制相反的干预。

如果出力下降，通过强制直流运行到强制循环运行的过渡过程中的前馈控制，蒸发器流量开始减少，直到蒸发器目标流量达到最小蒸发器流量并被限制。蒸汽过热程度的降低是由于蒸发器流量的限幅。温度控制器保持有效，直到蒸发器出口温度已经下降到低于它的设定值，并满足以下指标：

$$\vartheta_E < \vartheta_{EW_A}\ \dot{m}_{FW} \leqslant \dot{m}_{Emin}$$

然后温度控制器必须与蒸发器流量平衡，并且要快速跟随。图 D.2 和图 D.4 表示了该平衡过程。

炉水排污的增加要满足循环泵切换条件，并/或使水位控制处于运行中。温度控制器的跟随条件通常按照图 D.2 到图 D.4 中的表示，如，即使限幅控制干预，也要允许按照蒸发器目标流量逐渐增加。如果一些蒸发器管子由于加热变化而受到过度过热的影响，并且被测的被控变量 ϑ_E 大于其参考变量 ϑ_{EW}，温度控制器和蒸发器流量最小限制值之间的平衡常被打破，即使按计划内的负荷增加，不管过热程度是否足够，通过前馈控制的方法，蒸发器前馈流量的设定值应提高到大于蒸发器的最小流量，这必须通过对限幅值的平衡来防止。在以上所有情况下，对蒸发器流量的限幅控制立即被更重要的温度控制替代，这可能在过渡区域中产生水位、温度和蒸发器流量限幅之间的相反干预。

D.3.4 特殊运行状态

为了避免保护指标"蒸发器流量低于最小值"的动作，即使极端运行故障也都必须被控制。一旦循环泵故障，给水流量必须增加到蒸发器流量的下限值。

对于图 D.1c)的变化，当蒸发器流量的控制偏差作用在给水流量的操作变量上时，这种变化就会自动产生。对于图 D.1b)的变化，给水流量的设定值必须提高到蒸发器流量的限幅值。

附 录 E
(资料性附录)
给水功能组的限幅控制

E.1 任务

给水功能组的任务为锅炉提供给水，给水必须是流入锅炉的，是一个连续变量，范围是 0% 到 100%，与锅炉容量有关(与正常容量有关)，图 E.1 表示了典型给水功能组的设备总貌。

控制设备的任务如下：

- 根据预先设定的参考变量来控制到蒸发器的给水流量，在此应尽可能避免节流损失。
- 在多个给水泵并行运行之处，要保证它们的负荷同步。
- 确保泵启动中受控的负荷增加和泵停止中受控的负荷减少，以及负荷从一个泵转到另一个泵。
- 要考虑由于流体机制、设计原因和运行原因所出现的边界条件，以及依赖于边界条件类型所要求的与这些情况有关的特殊运行结构(图 E.2 所示)。

这些边界条件在下面列出，在此，从 E.1.1 到 E.1.4 所给出的边界条件是由给水泵运行规范产生的，而从 E.1.5 到 E.1.8 所给出的运行要求是由锅炉或管道系统产生的。

E.1.1 为了避免给水泵过热，供水流量不能降低到一个特定的最小值(图 E.2 所示：$\dot{m}_{D} \geqslant \dot{m}_{Dmin}$)，或者通过采用最小流量阀来保持它们处于被指定的最小流量。

E.1.2 为了避免泵转子上出现不允许的轴向力导致动态推进补偿不足，泵的出口压力不应降低到限幅的压力，泵的出口压力依赖于输送(图 E.2 所示：$P_{D} \geqslant P_{DL}$)。

E.1.3 为了便于自动化，如控制、启动和停机运行，即使在非常低(低至零值)的给水需求下，泵的出口压力也不应降低到特定最小压力(如图 E.2 所示：$P_{D} \geqslant P_{Dmin}$)，否则就会出现转子叶片摩擦被擦伤的危险。

E.1.4 为避免由于进水管的部分蒸发而导致给水泵的气蚀损害，给水容器的压力下降率必须被限制在一个最大值($-\dot{P}_{FWT} \geqslant \dot{P}_{FWTmax}$)。

E.1.5 为了避免强制循环锅炉的并行蒸发器管内流量不稳定，蒸发器流量不能降低到一个特定的最小值($\dot{m}_{E} \geqslant \dot{m}_{Emin}$)，该限幅在附录 D 中详细论述，特别是与各种锅炉低出力回路有关。它包括了降低到给水功能组限幅并伴随有在此所提到的其他限幅的例子。

E.1.6 确保适当的进水压力，主要是针对自然循环锅炉，该压力不应降低到高压蒸汽出口压力和泵出口压力之间的预设差压($P_{D} \geqslant P_{HPD} + \Delta P_{min}$)。

E.1.7 为了保护管道系统，必须防止泵的出口压力超过允许的压力 P_{Dmax}，它是以设计基础为条件(图 E.2 所示)。

E.1.8 为了防止蒸发器的给水流量在启动、停机、负荷变化期间严重偏离设定值，在某些环境下，泵从启动到停止的过渡必须被严格限制(图 E.4 所示，并在子条款 E.4 中描述)。

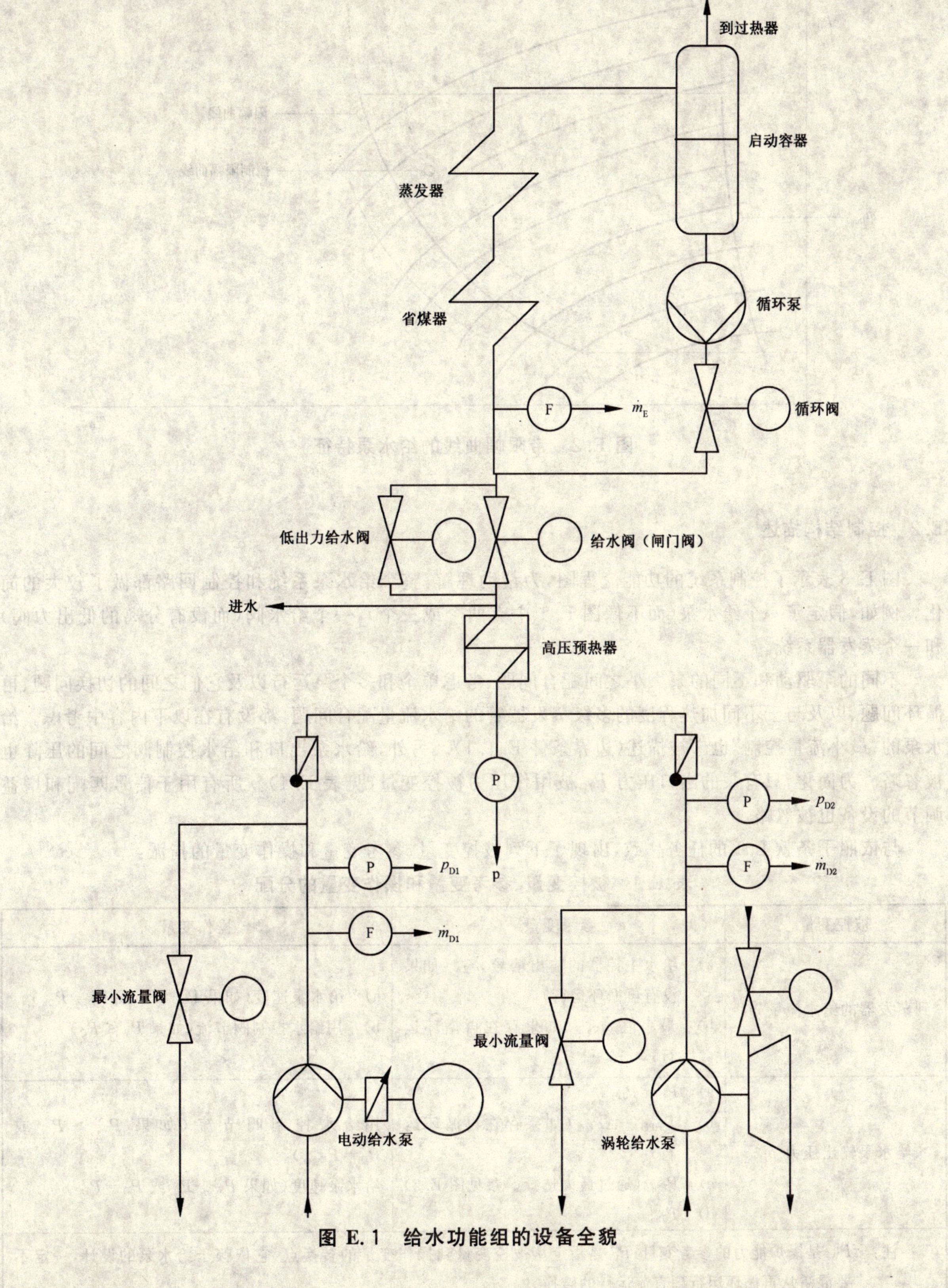

图 E.1　给水功能组的设备全貌

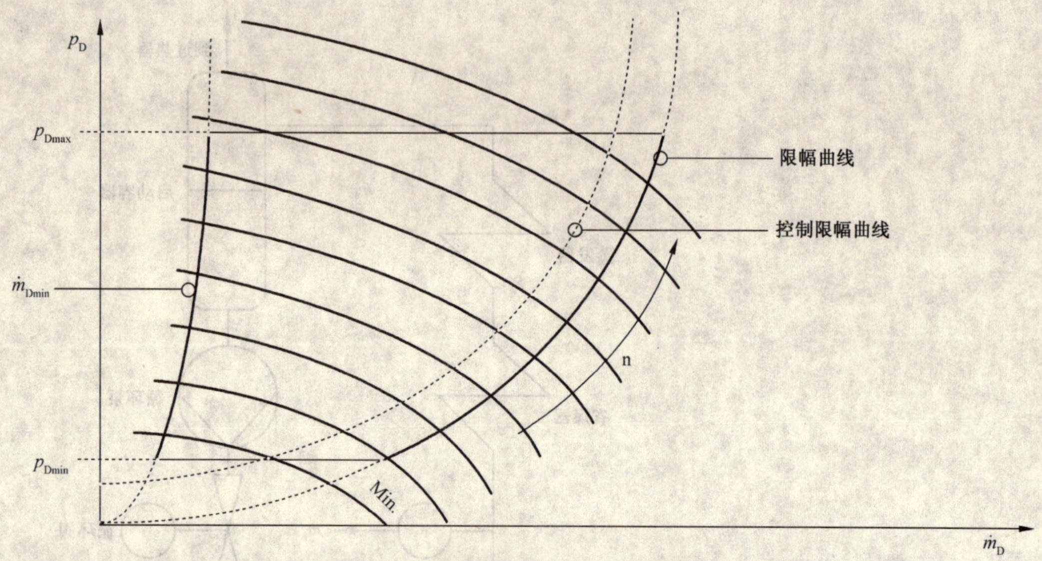

图 E.2 带限幅曲线的给水泵特征

E.2 控制结构描述

图 E.3 表示了控制系统的功能流程图，为帮助理解，整个给水泵系统和控制回路都做了较大的简化。例如，假定了一个给水泵（而不像图 E.1 中有两个或三个），一个给水阀（而没有分离的低出力阀）和一个蒸发器系统。

不同的泵驱动和不同的泵大小之间配合问题、考虑单个和多个泵运行以及它们之间的切换问题、再循环问题、以及与于不同加热程度的多级蒸发器管的给水流量配合问题，都没有在以下内容中考虑。给水泵的“最小流量控制”也未被描述（边界条件 E.1.1）。另外，给水泵出口和给水控制阀之间的压降也被忽略。为简化，只有泵的出口压力 P_D 被用作压力被控变量（见表 E.1）。所有用于信号匹配和增益调节的设备也被忽略。

与依照子条款 E.1 的任务一致，出现了下列被控变量、参考变量和操作变量的指派：

表 E.1 被控变量、参考变量和操作变量的分配

被控变量	参考变量	操作变量
到蒸发器的给水流量 $\dot{m}_E$	a) 给水主控器的输出信号 $\dot{m}_{EW}$（如果没有再循环运行） b) 最小值 $\dot{m}_{Vmin}$（如果存在再循环运行）	a) 给水泵速度（如果 $P_w > P_C$ 或 $P_D = P_{DL}$） b) 用给水控制阀节流（如果 $P_W \leqslant P_C$）
给水泵输出压力 p_D	a) $P_D = P_{DL}$ b) $P_{HPO} - \Delta P_{min}$（如果存在再循环运行） c) P_{Dmin}（通过最大选择。参见图 E.2） d) P_{Dmax}	用给水控制阀节流（如果 $P_W > P_C$ 或 $P_D = P_{Dmax}$） 给水泵速度（如果 $P_W > P_C$ 或 $P_D = P_{DC}$）
注：P_W 是锅炉能力的参考变量；P_C 是指定从被控变量到操作变量的转换点，它依赖于给水泵的设计，一定不要混淆从再循环运行到直流运行的转换。		

E.3 运行特性

一旦在图 E.3 中表示的两个控制器中每一个都按固定的基础指派给它的操作变量，伴随这些控制

器的被控变量和参考变量，就根据这个与运行条件有关的表，被自动地指派。它在下面被描述。

E.3.1 高出力范围

($p_W > p_C$)

最小值选择1的右侧输入是负值，所以最小值选择的输出也是负值。限幅器2限制信号为零。限幅器3和限幅器4的输出信号独立于它们的输入信号，也保持为零(控制偏差 $e_{\dot{m}_E}$、e_{p_D} 或者 $e_{p_{Dmax}}$)。因此，控制误差不变化地进入到给水泵速度控制器5，这意味着该控制器按照由给水主控制所构成的值 $\dot{m}_{EW}$ 来调节蒸发器流量 $\dot{m}_E$，提供了大于蒸发器最小流量 $\dot{m}_{Emin}$ 的流量，这通常是在出力水平 $p_w > p_c$ 的情况下(最大值选择7，边界条件E.1.5)，提供了小于 p_{Dmax} 的泵出口压力(最小值选择9，边界条件E.1.7)，以及提供了不大于 $-p_{FWTmax}$ 的给水箱压力下降率(最小值选择9，边界条件E.1.4)。

按照任务的设置，如果可能，在这个负荷范围内，给水控制阀可被全部打开，以避免节流损失，如：

- 在泵出口压力 p_D 和高压出口压力 p_{HPO} 之间，提供了足够的压差 Δp_{min} 存在(边界条件E.1.6)；
- 提供了泵的出口压力 p_F 位于限幅曲线 $p_{DL} = f(\dot{m}_D)$ 之上(边界条件E.1.2)；
- 提供了泵的输出压力 p_D 大于期望的最小输出压力 p_{Dmin}(边界条件E.1.3)。

假设中，由于控制偏差 e_{p_D} 为负，这些边界条件就没有一个被达到，根据任务，控制器6将完全打开给水控制阀。

由于实际的运行条件，如果泵的输出压力 p_D 达到或降到低于这些限制值中的最大值(最大值选择8)，以前为负的控制偏差 e_{p_D} 就变为零或正，控制器6将节流给水控制阀，因此，通过采用控制器5的给水流量控制就提高允许的泵出口压力 p_D。

E.3.2 低出力范围

($p_W < p_C$)

在负荷范围低于 p_C 时，为了在更高的负荷范围内运行，给水泵和给水控制阀的控制任务应被交换，例如，在流程图中右侧表示的控制偏差 $e_{\dot{m}_E}$ 必须提供给控制器6，而在流程图中左侧表示的控制误差 e_{p_D} 必须提供给控制器5。这种结构转换将按采用流程图中部表示的限幅设备的类似方式或近似类似方式发生，与两位式转换不同，有助于平滑、重叠地过渡。

该过程如下：

随着出力的下降，最小值选择1右侧的输入信号以前是负，现在变为正。(左侧的输入信号通常是一个较大的正值，因为得自高压出口压力的限幅值要高于泵的限幅曲线，并因此它将在最小值选择1处被排除。)该正信号被限幅器2所接受，并按出力设定值 p_W 降低的程度，从两个方向打开限幅器3和限制器4。如果此时控制偏差 $e_{\dot{m}_E}$ 和 e_{p_D} 小于或等于得自偏差($p_C - p_W$)的信号，它们就在指派给它们的控制器中被排除，并提供给这种情况下的其他替代控制器。通过限幅器2的增益选择，获得叠加范围宽度，结构转换也就产生。这种叠加不仅实现了完全平滑的过渡，而且也有助于一旦较大和较快变化时的控制特性，例如，一旦发生故障时，如果在这些情况下，所有的执行机构都支持任何一种控制结构。由于泵的限幅曲线是按泵输出 $\dot{m}_D$ 的函数形成，如果泵的压力是通过控制器5由设定给水泵速度来控制的，那么将产生正反馈的结果。在泵的限幅曲线被达到的情况下，另外为更高出力范围预留的控制结构也必须在低负荷范围内有效。在泵的曲线被达到的情况下，这是由最小值选择1的左侧输入信号变为零来完成的，并且限幅器3和4独立于右侧的输入值而被关闭。

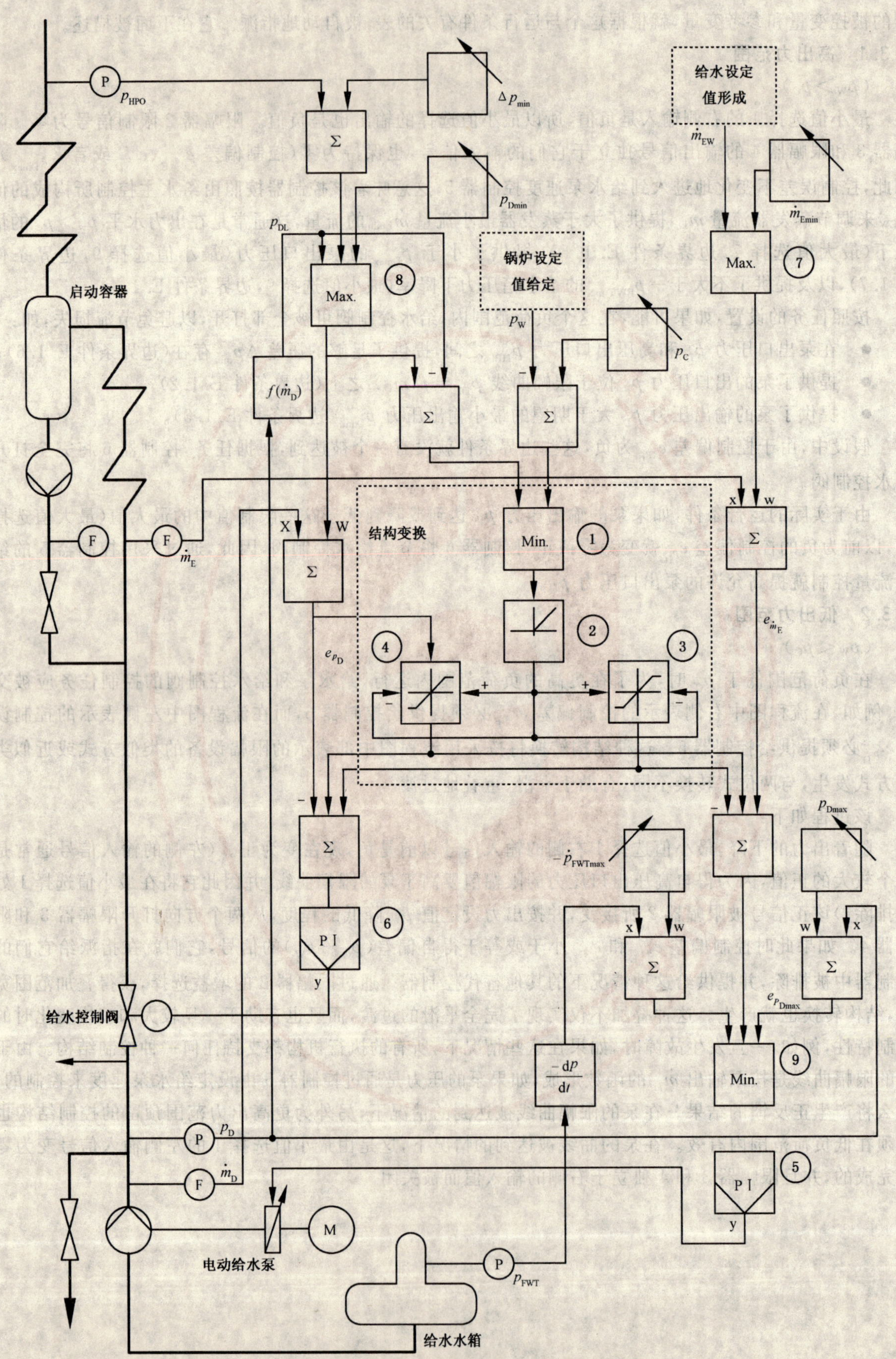

图 E.3 带限幅和结构转换的给水控制简化功能方案

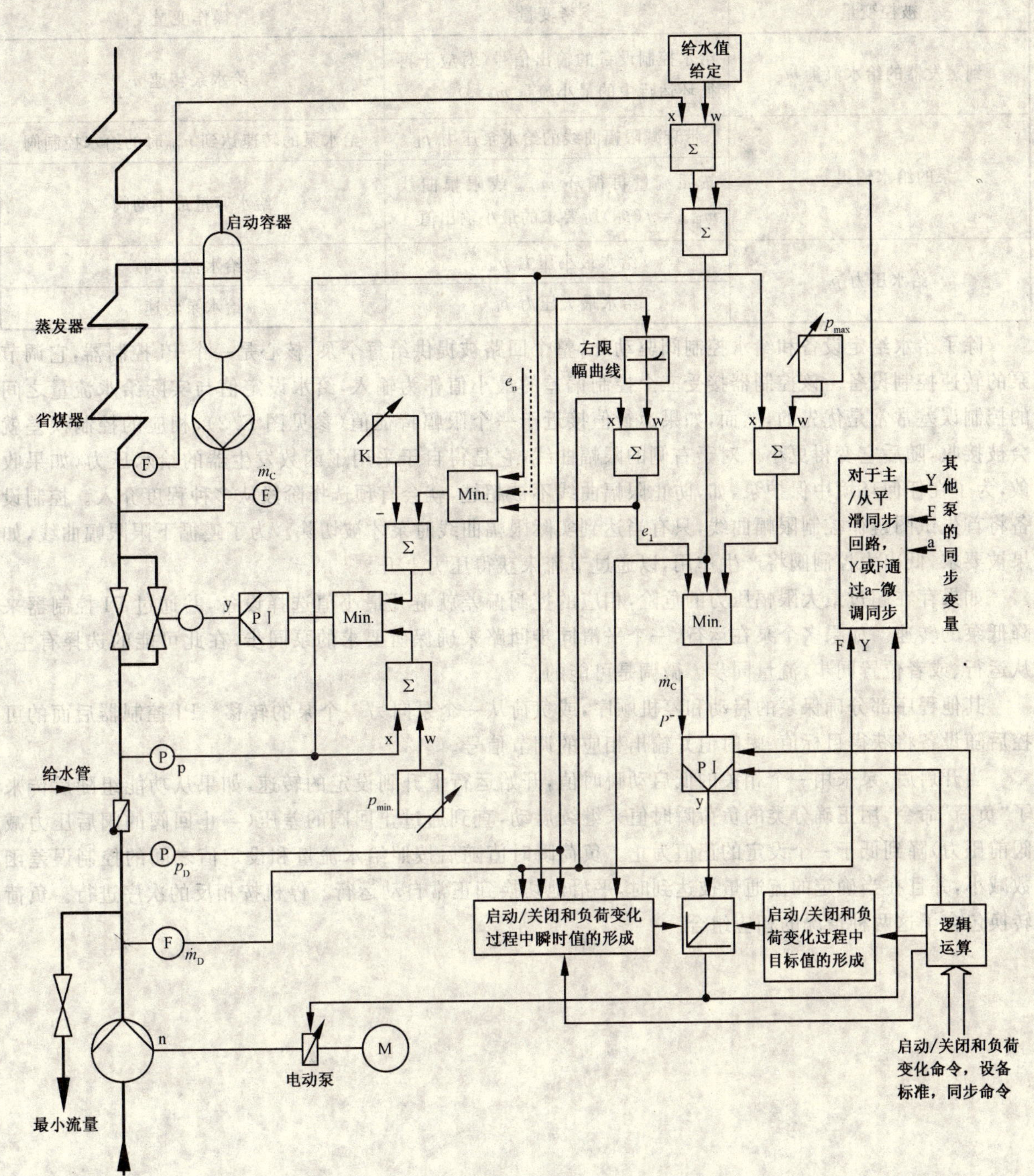

图 E.4 带速度控制电动泵和低出力控制阀的给水控制常规方案

E.3.3 负荷变化

限幅控制通常只在启动或停机运行、较低的局部负荷范围、特殊的平滑压力运行以及给水泵被设计成局部负荷泵的情况下才有效。在较高的出力范围，无故障运行中不希望限幅。

E.4 更复杂的控制结构

作为图 E.3 的一种变化，图 E.4 表示了即使在低出力范围时，流量控制也经常通过改变泵的转速来完成的功能流程图。下面是被控变量、参考变量和操作变量的指派结果(见表 E.2)。

表 E.2 被控变量、参考变量和操作变量的分配

被控变量	参考变量	操作变量
到蒸发器的给水流量 $\dot{m}_{E}$	给水控制设备的输出信号（对应于再循环运行中的最小流量 $\dot{m}_{Emin}$）	给水泵转速 n
泵的给水输出 $\dot{m}_{D}$	带衰减限幅曲线的给水泵压力 p_{D}	给水泵的转速达到 n_{min} 时的给水控制阀
	按照流量再循环 $\dot{m}_{Dmin}$ 或限幅曲线 $\dot{m}_{Emin}=f(p_{D})$ 所要求的最小输出值	给水容量最小的阀
给水压力 p	给水最小压力 p_{min}	给水控制阀
	给水最大压力 p_{max}	给水泵转速

除了给水给定设备和给水控制阀驱动外，整个回路被提供给每个泵，核心是一个 PI 控制器，它调节泵的转速控制设备。该控制器接受三个控制偏差的最小值作为输入，给水设定值与实际给水流量之间的控制误差常常是优先的，然而，如果运行值接近于一个限幅特征值（参见图 E.2），相应的控制误差就会被接收，随后它变得更小。对于右侧的限幅曲线，它是得自于采用了函数发生器的给水压力，如果收敛，为了在任何环境中保护泵，如，防止限幅曲线不被超越，就会有预选择阶段从多种程度介入。控制设备将首先试图遵循控制限幅曲线，只有当达到实际限幅曲线时泵才被切除。为了遵循下限限幅曲线，如果被要求，低出力控制阀将产生作用，以通过节流来获得压力上升。

如果存在超过最大限幅压力的危险，相应的控制偏差就避开最小值选择设备，并通过 PI 控制器来降低泵的转速。如果多个泵在运行，一个平滑同步回路来确保所要求的泵同步，在此可能的选择有主/从运行、或者位置同步/流量同步。微调是可能的。

其他程序部分确保泵的启动和停机顺序，或负荷从一个泵向另一个泵的转移。PI 控制器后面的可控后随设备将获得目标值、瞬时值并输出相应的调节信号。

当开启后，泵采用一个相关的低启动瞬时值，开始运行上升到设定的转速，如果从功能组随后传来了“负荷”命令，用正确分类的负荷瞬时值来继续启动，直到通过止回阀的差压（＝止回阀的阀后压力减阀前压力）降到低于一个设定的正值为止。负荷瞬时值随后按照给水流量和设定值之间的控制误差函数减小，并且在当确定的流通量被达到时，平滑地切换到正常自动运行。停机按相反的次序进行。负荷转换包含了这两种情况的相应组合。

附 录 F
（资料性附录）
炉膛热量输出的下限限幅，以直接燃烧煤粉炉为例

F.1 任务

以下解释与燃料被粉碎的直接燃烧炉有关，如，在燃烧炉中的燃料，是在被处理成煤粉后，直接从磨煤机送到燃烧器组（图 F.1 所示）。由磨煤机输送的煤粉和气体混合物包括了在制粉单元准备的煤粉、干燥煤气（黑煤情况下的制粉气体和褐煤情况下的可燃气体）、水蒸气（排出的水蒸汽）和干燥过程中煤释放出的煤气。另外的助燃空气在燃烧器组前被送入。在煤的燃烧期间，热量被释放，其燃烧过程的产生经过了排气、点火以及挥发性物质与少量焦碳的燃烧这几个阶段。易燃混合物、足够的点火温度（点火能量）和点火速度是点火的前提条件。

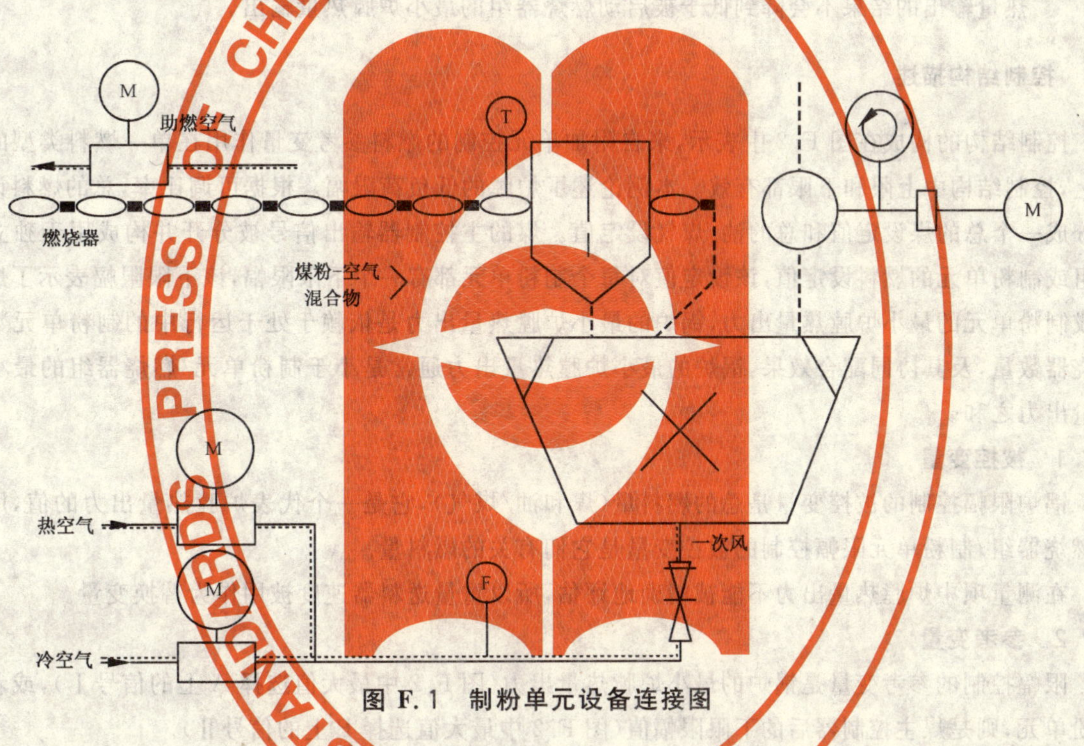

图 F.1 制粉单元设备连接图

燃料控制的任务就是使煤粉流量适应所要求的出力，由此在独立燃烧器无故障燃料点火的条件必须随时被保证。为了燃烧炉的安全运行，因此，必须为煤粉流量设置一个下限，从而它不会降到低于最小炉膛热量输出，这就是限幅控制的任务。这个最小炉膛热量输出是炉膛安全运行被确保的最低炉膛热量输出，它是由企业标准、国家标准或国际标准所指定，如德国的 TRD413（1991 年 9 月发布，第 2.10 和 2.12）。

炉膛热量输出也包括了最小炉膛热量输出，是在燃烧器中全部燃料质量流量和空气质量流量所产生的，并且通过下列运行变量参数来影响其特性：

a） 燃料的低发热值；

b） 燃料中可燃物质的比例；

c） 煤粉的细度；

d） 燃料和空气混合物的温度；

e) 燃烧器粉尘浓度；

f) 燃烧器的燃料和空气比；

g) 可能提供的任何助燃物质(油/煤气)，或者临近燃烧装置的燃烧输出，只要它们对燃烧器点火条件有影响，就都在考虑之中。

参数a)和b)是长期变化的运行边界条件(这也包括第c)点，它依赖于制粉单元的类型)，只有第c)点(或者第d)点)到第g)点可以通过自动化系统来影响。如果炉膛热量输出降到低于允许的最小值，煤粉炉就被安全系统停炉。

限幅控制的目标就是防止这种情况发生。在独立的运行状态，炉膛热量输出的下限限幅有以下任务：

- 在稳定运行和负荷变化中，炉膛热量输出应按照防止炉膛热量输出降到低于最小值的方法来控制，这也适用于每台制粉机。
- 当煤燃烧器被投入运行，助燃物(油、煤气或邻近的煤燃烧器产物)应被控制或调节，以使炉膛热量输出的结果不会降到低于被启动燃烧器组的最小炉膛热量输出。

F.2 控制结构描述

控制结构的构成在图F.2中表示，来自附加单元控制的燃料参考变量作用在单一燃料类型的主控器上，控制结构中上限和下限都有效。本例论述了炉膛的低负荷限幅。根据可调比率，总的燃料设定值被分成一个总的煤设定值和总的油/煤气设定值。煤的主控制器输出信号被分开并构成用于独立燃烧器组或制粉单元的燃料设定值，该设定值对每个制粉单元都有一个下限限幅，该下限限幅表示了燃烧器组或制粉单元的最小炉膛热量出力，锅炉的最小炉膛热量出力是依赖于处于运行中的制粉单元数量或燃烧器数量，及其协同配合效果，锅炉的最小炉膛热量出力通常是小于制粉单元/燃烧器组的最小炉膛热量出力之和。

F.2.1 被控变量

锅炉限幅控制的被控变量是总的燃料量(煤和油/煤气)，它是一个代表炉膛热量出力的值，用于独立燃烧器组/制粉单元限幅控制的被控变量是它们有关的燃料量。

在测量项中炉膛热量出力不能被精确地评估，所以重量送料器速度被用作为替换变量。

F.2.2 参考变量

限幅控制的参考变量是锅炉的最小炉膛热量出力(图F.2中最大值选择A上的信号Ⅰ)，或者对于制粉单元，则是煤主控制器后的下限限幅值(图F.2中最大值选择B上的信号Ⅱ)。

F.2.3 操作变量

锅炉最小炉膛热量出力限幅控制的操作变量是煤或油/煤气主控制器的输出值，它们对应了下级进料器速度或燃烧器组控制器的燃料参考变量。独立制粉单元或燃烧器组的最小炉膛热量出力限幅控制操作变量，是进料器速度执行设备的位置或燃烧器组控制器的阀位。

F.3 运行特性

F.3.1 启动

在制粉单元启动期间，对于点火过程的燃烧器组合是处于手动选择或采用顺序控制，图F.2中设定值Ⅲ设置了在煤粉＋油/煤气控制的点火过程中所要求的炉膛热量出力。图F.3表示了制粉单元的典型启动过程，制粉单元的启动运行过程是在当最小炉膛热量出力被达到时才完成。为了获得满意的燃烧炉可控性，在启动期间，制粉单元的最小炉膛出力设定值是略高于被指定的最小炉膛热量出力。

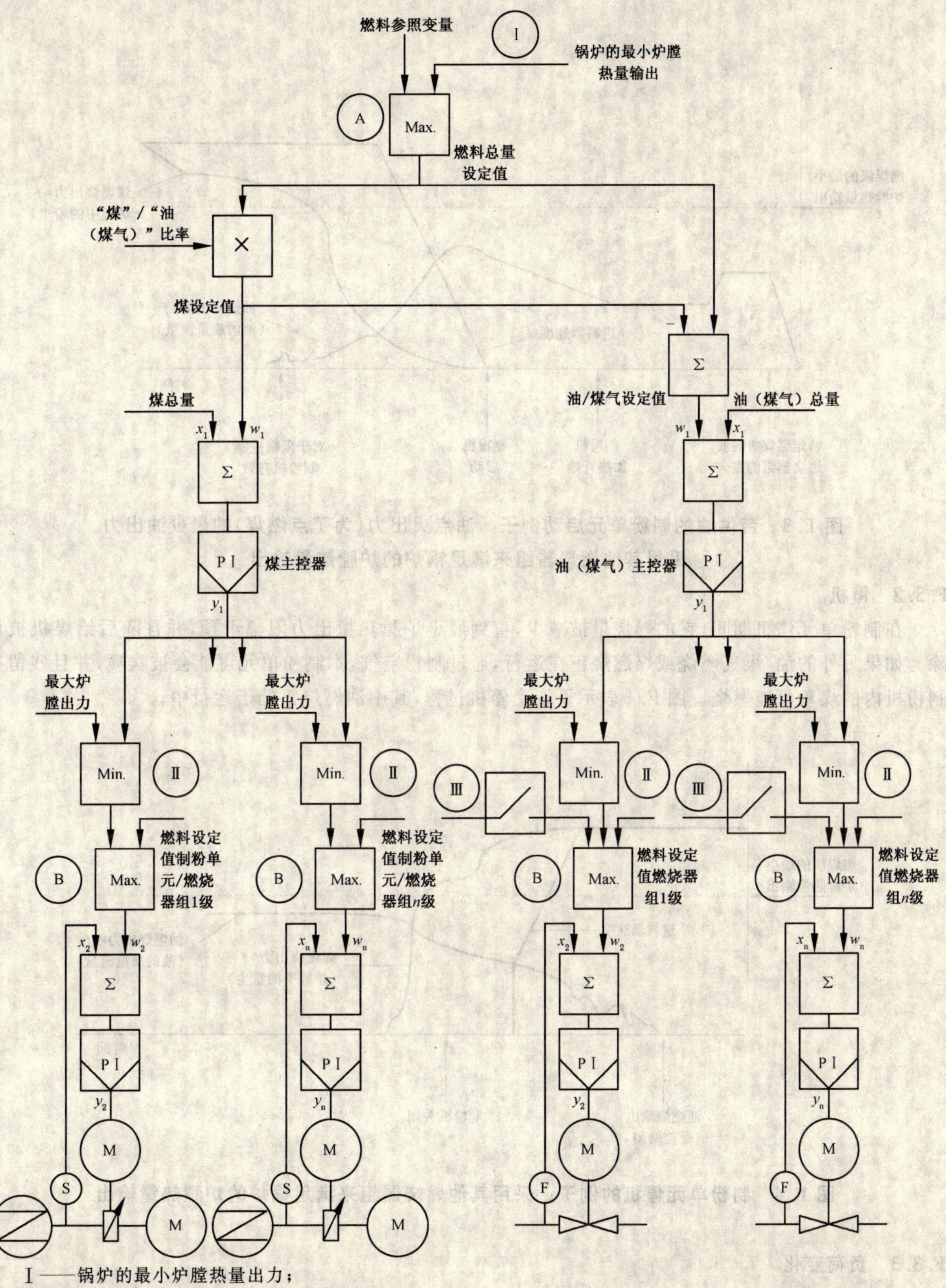

Ⅰ——锅炉的最小炉膛热量出力；

Ⅱ——制粉单元/燃烧器组的最小炉膛热量出力；

Ⅲ——燃煤炉点火的最小炉膛热量出力；

A——燃料参考变量的限幅；

B——制粉单元/燃烧器组的燃料给定信号限幅。

图 F.2　最小炉膛热量出力限幅控制的常规方案

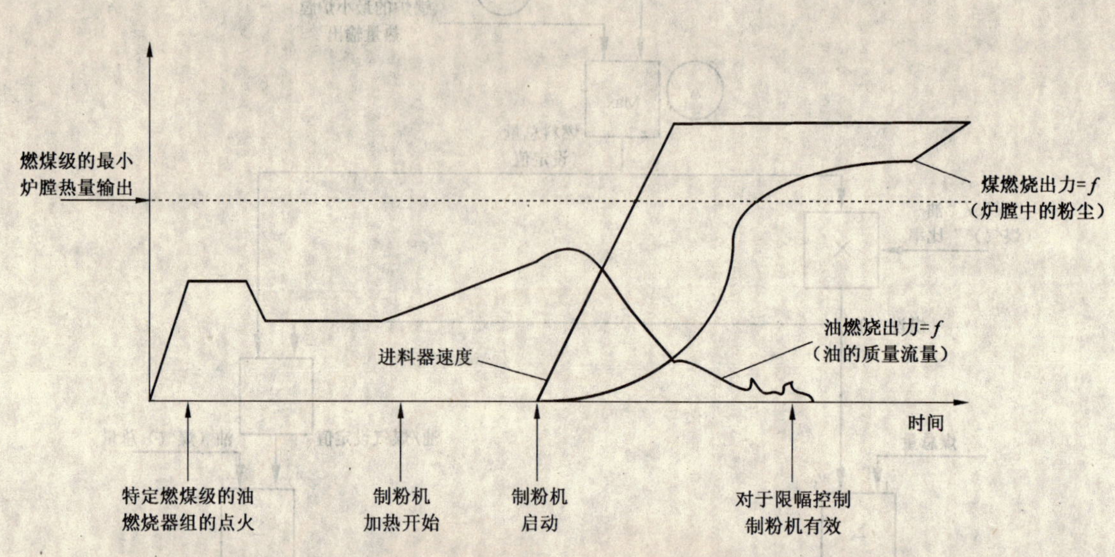

图 F.3 带供油的制粉单元启动例子。油点火出力(为了点燃煤)的最少油出力。采用其他燃烧器组来满足锅炉的炉膛热量输出

F.3.2 停机

在制粉单元停机期间,它的燃烧量被减少,直到最小炉膛热量出力限幅干预,并且随后给煤机被切除。如果另外的油/煤气燃烧或煤燃烧正在运行,通过制粉空气,本制粉单元可能会被吹喷,并且残留在制粉机内的煤粉可能燃烧。图 F.4 表示了一个停机过程,其中油燃烧正处于运行中。

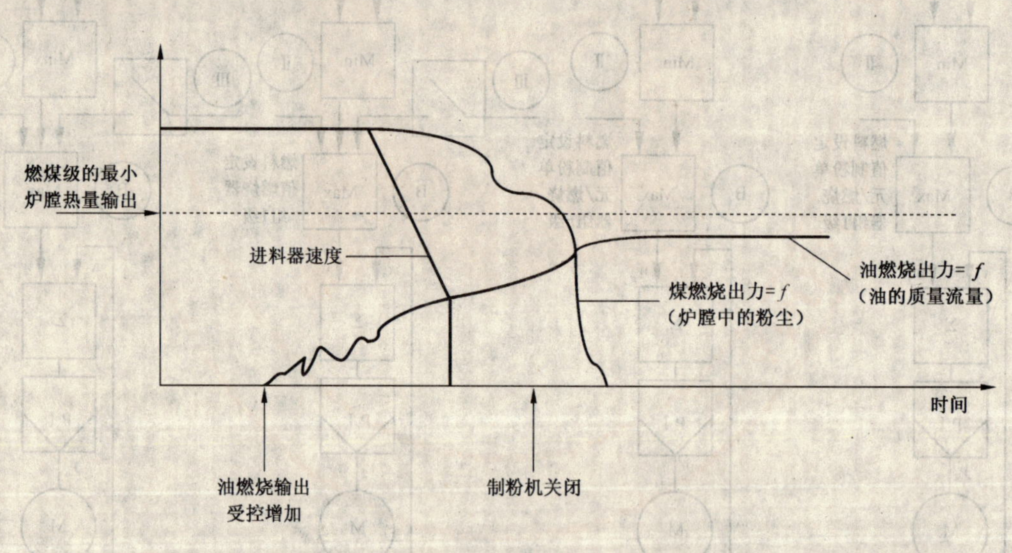

图 F.4 制粉单元停机的例子。采用其他燃烧器组来满足锅炉的炉膛热量输出

F.3.3 负荷变化

在负荷变化时,锅炉或制粉单元/燃烧器组的炉膛热量出力任何时候都不能降到低于最小热量出力。

如图 F.2 所示,限幅控制作用于控制结构中的两级上。在上一级,最大值选择 A 对燃料参考变量设置了下限限幅,因此,就没有更上一级单元控制的参考变量可成为有效,这些参考变量低于独立制粉单元/燃烧器组的最小炉膛热量出力。

F.3.4 特殊运行状态

F.3.4.1 没有指定辅助燃烧的制粉单元启动

如果燃烧器组提供了足够的燃烧出力，为了保证带有制粉单元的邻近燃烧器组煤粉点火，带有制粉单元的邻近燃烧器组可以被投入运行，而不需要另外的油/煤气助燃，也不必切换到设定值Ⅲ（图 F.2 所示）。

F.3.4.2 没有辅助燃烧的制粉单元停机

在不带油、煤气助燃或临近的煤燃烧的制粉单元停机期间，它的燃烧输出被降低，直到限幅控制干预。当进料器和制粉机空气被切除，炉膛热量出力的限幅控制就不再有效，炉膛监控防止了制粉单元的直接喷粉。

附 录 G
（资料性附录）
允许的汽轮机热应力

G.1 任务

流过汽轮机的蒸汽温度变化会导致汽轮机部件内不稳定的温差，同时由于被阻碍的膨胀而产生额外的热应力，关系到汽轮机厚壁部件，这是特别明显的，如在汽轮发电机的启动、停机期间和负荷变化期间：

——汽轮机轴；

——外壳，入口部分。

为了获得汽轮发电机优化的加负荷和减负荷速度，热应力通过温度测量的方法来记录，并与允许的应力比较；一旦应力允许，该结果就对汽轮机控制具有限幅效果，如，允许应力与实际应力的偏差在公认的临界点达到零。

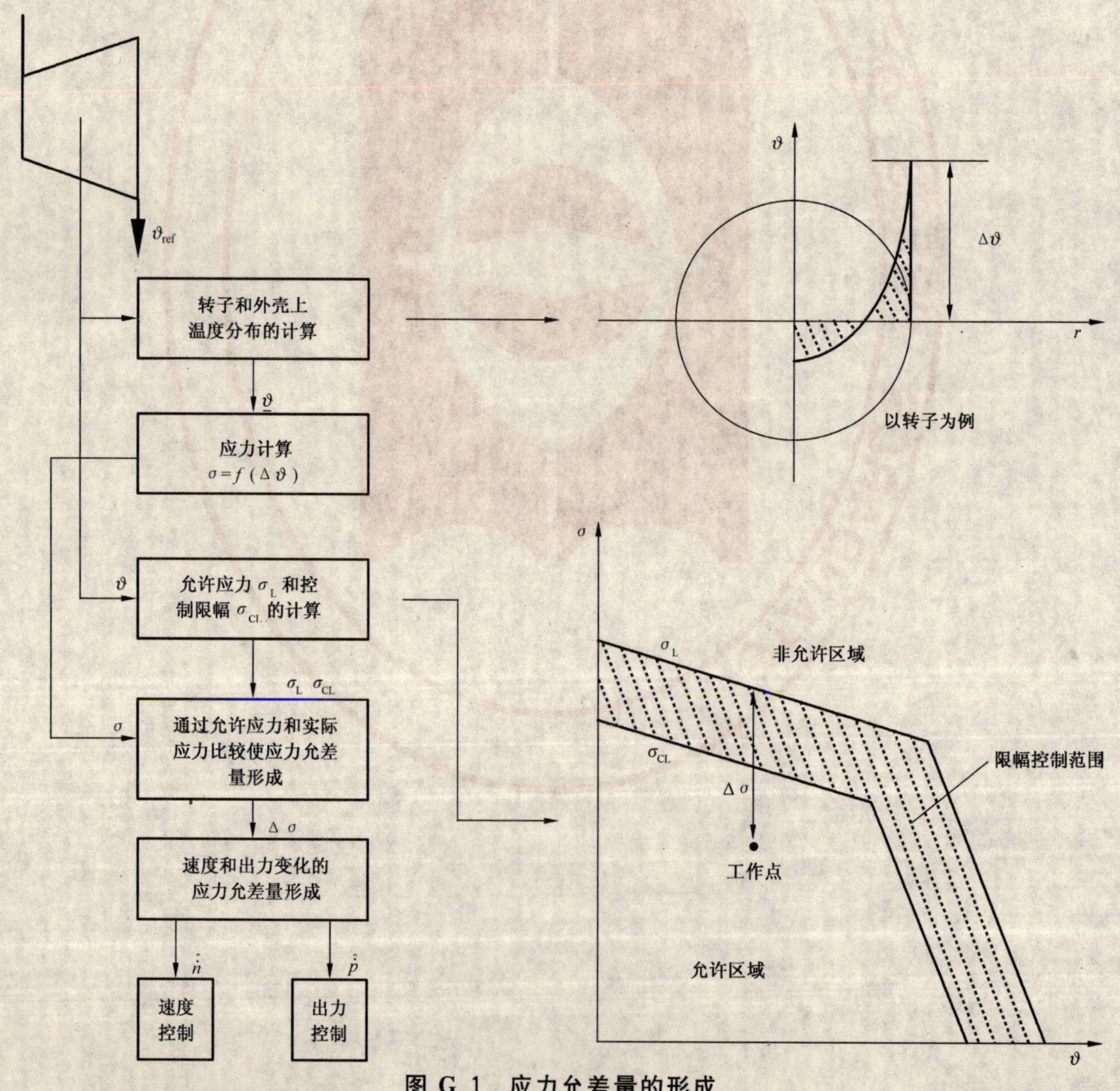

图 G.1 应力允差量的形成

G.2 控制系统描述

G.2.1 被控变量:热应力(间接记录)

热应力不能被直接测量,然而,但它能够通过以下温差来近似确定:

——表面温度,以及:

——部件的中心温度。

因为转子是旋转部件,直接测量它的温度是不可能实现的,代替转子的表面温度,一个替代温度是通过一个与转子具有相同蒸汽应力的某点来测量。通过采用特殊形式的替代温度测量点,关于蒸汽/金属热通量和热传递的关系可被特殊考虑。

转子的表面和轴上的相应温度($\vartheta_{i,rotor}$)可以从替代温度(ϑ_{sub})计算得出,为热应力(σ)提供了确定的温差($\Delta\vartheta_{i,rotor}$):

$$\vartheta_{sub} \rightarrow \vartheta_{i,rotor} \rightarrow \Delta\vartheta_{i,rotor}$$

按此方式确定的热应力随后与机械基本应力相结合,机械应力原则上是随内部压力(外壳)和离心力(转子)出现,从而给出一个比较的压力,它表示了多轴应力状态下的等价应力。图 G.1 表示了确定应力所必需的仪器和控制系统总貌。

在其他高应力部件上的温差可以被直接测量,如汽轮机外壳和阀外壳,由于部件的设计,这也是被要求的。

$$\Delta\vartheta_{i(外壳)} \rightarrow \sigma$$

与汽轮机的设计和运行状态有关,被期望的最高应力点是不同的——如转子或者高压或中压外壳的入口部分,这一点可以通过计算或测量来进一步确定,因此在汽轮机的高压部分和中压部分具有最高应力的测量值,通常都被限幅到一个点上。作为决定性的被控变量,该点的计算应力足以覆盖所有的其他点。然而,大量被监控的测量点或组件也应建立,依靠它们,通过一个选择回路的方法(允差量的最小值选择),最高应力部件可不断地被确定。

G.2.2 参考变量:允许应力

限幅控制的参考变量是主要温度上所采用材料的允许应力。根据图 G.1,如果低温范围中的参考曲线具有高温范围中的确定性蠕变限制,拐点($\sigma_{0.2}$)是有决定性的。被控限幅被建立得离参考曲线有一定距离。

G.2.3 操作变量

高压调节阀和截断阀的阀位。

G.3 运行特性

G.3.1 启动

在速度启动期间,如果允许值变得太小,限幅控制器干预,它用来限制速度设定值的变化速率。相应地,变化率甚至速度设定值自身也会被减小,同步后的汽轮机组进一步启动将按照 G.3.3 所描述的进行。

G.3.2 停机

在汽轮机运行不出力时,限幅控制的介入既无用也不合适,在脱离电网后,汽轮机通常是逐渐冷却并且不受控。

G.3.3 负荷变化

限幅控制器适合用于出力设定值变化率和出力设定值。

这里,两种情况之间是有区别的:

——出力增加:如果允许值变小,则变化率优先;

——逐渐减少至零:如果允许值变为负,则应使汽轮机脱离;

——出力减少:如果允许值变小,则变化率逐渐减少到零。

在汽轮机带旁通设备的情况下,与热应力一致,高压和中压汽轮机更大程度的相互独立负荷上升是可能的,直到设备被关闭。中压汽轮机上具有相应应力的截断阀的操作变量,是由中压汽轮机相应的允许值来限幅,如果存在相应的允许值,高压汽轮机可以进一步增加负荷。

G.4 附加信息

一旦发生故障,就产生一个报警,并且速度和出力设定值给定自动切换到手动以预防汽轮机跳闸。另外,被计算的实际应力可被用于连续的寿命监控(寿命计数器)。

ICS 25.040.40;27.100
N 18

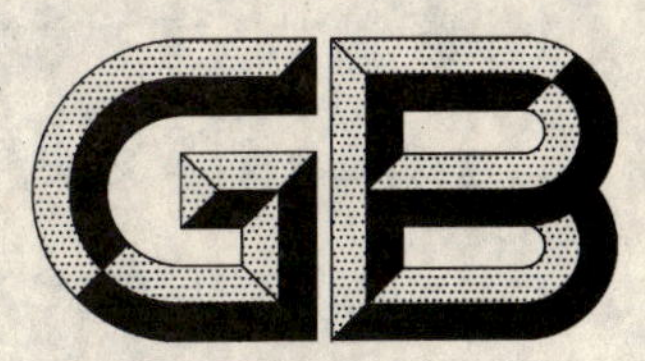

中华人民共和国国家标准化指导性技术文件

GB/Z 21193.3—2007/IEC/TR 62140-3:2002

矿物燃烧蒸汽发电站 第3部分:蒸汽温度控制

Fossil-fired steam power stations—
Part 3:Steam-temperature controls

(IEC/TR 62140-3:2002,IDT)

2007-11-14 发布

中华人民共和国国家质量监督检验检疫总局
中国国家标准化管理委员会 发布

中华人民共和国国家标准化指导性技术文件

GB/Z 21193.3—2007/IEC/TR 62140-3:2002

矿物燃料蒸汽发电站 第3部分：蒸汽温度控制

Fossil-fired steam power stations—
Part 3: Steam temperature controls

(IEC/TR 62140-3:2002, IDT)

2007-11-14 发布

中华人民共和国国家质量监督检验检疫总局
中国国家标准化管理委员会 发布

前　言

GB/Z 21193《矿物燃烧蒸汽发电站》分为如下几部分：

——第 1 部分：限幅控制；

——第 2 部分：汽包水位控制；

——第 3 部分：蒸汽温度控制。

本部分为 GB/Z 21193 的第 3 部分。

本部分等同采用 IEC/TR 62140-3:2002《矿物燃烧蒸汽发电站　第 3 部分：蒸汽温度控制》(英文版)。

为便于使用，对 IEC/TR 62140-3:2002 做了下列编辑性修改：

a)“技术报告”一词改为“指导性技术文件”；

b) 删除 IEC/TR 62140-3:2002 的前言；

c) 删除 IEC/TR 62140-3:2002 的引言。

本部分由中国机械工业联合会提出。

本部分由全国工业过程测量和控制标准化技术委员会第二分技术委员会归口。

本部分负责起草单位：西南大学。

本部分参加起草单位：机械工业仪器仪表综合技术经济研究所、中国四联仪器仪表集团、西安热工研究院有限公司、北京机械工业自动化研究所、上海工业自动化仪表研究所。

本部分主要起草人：黄伟、张建成、周雪莲。

本部分参加起草人：冯晓升、刘进、周明、谢兵兵、陈诗恩。

本部分是首次发布。

引　言

本部分是 GB/Z 21193 中的一部分，它包含了对矿物燃烧发电站在控制回路上的正确设计和运行方面的建议。它们是基于目前所采用的技术解决方案，同时为了正确地理解，本部分也提出了必要的背景信息。

本部分提出或包含了特殊的技术解决方案，主要是针对满足相似的用户需求功能。形成一个公认的方法来表示矿物燃烧发电厂操作人员和供应商功能性需要。在给出的时间内，本部分被严格地视同为特定的技术解决方案例子，其目的是为了鼓励在该专题上观点统一而促进讨论。

GB/Z 21193 里有两种类型的指导性技术文件。

第一种类型的指导性技术文件涉及到锅炉的特殊控制回路，如汽包水位控制或蒸汽温度控制，以及它们所处于的正常运行条件。

第二种类型的指导性技术文件指出了在限制条件下确保正常运行的特殊方法，例如在上升和下降期间，或者在异常运行状况中，或者它们与机炉主控系统有关，如负荷控制系统或频率控制系统。这些指导性技术文件通常把发电站单元归为一个整体。

GB/Z 21193 中的每个部分都是相互独立的，然而，它们的内容很大程度上是相互协调的。这个系列是可以补充的。

矿物燃烧蒸汽发电站
第3部分:蒸汽温度控制

1 范围

本部分的主题是自然循环或强制循环的矿物燃烧蒸汽发电站蒸汽温度控制。

本部分的应用限定于发电站温度控制系统,在该温度控制系统中,采用蒸汽侧的控制如喷水减温器或热交换器,或者烟气侧的控制如烟气回流,控制过热蒸汽达到期望的目标温度。过热蒸汽减温站与本部分无关。

在被控系统描述之后是控制任务的系统阐述,接下来的章条中包含了适合于控制回路配置的描述,最后部分侧重于对控制回路测量设备和执行器的检查。

2 被控系统

为了在大范围负荷变化时能保持汽轮机效率并避免汽轮机金属温度波动,需要在整个预期的运行负荷范围内,保持过热蒸汽和再热蒸汽的温度恒定,要满足这样的要求,就必须要有一个蒸汽温度控制系统。以下描述是基于喷水控制系统,供选择的配置方案在3.1中描述。

2.1 被控系统的描述

一旦减温器被采用,该被控系统就从减温器的蒸汽入口处开始,直到加热表面出口蒸汽温度测量处为止。它包含了减温器和加热面的线性特性,包括未受热的连接管道、分流系统和汇流系统,下列输入量会影响到该控制系统。

2.1.1 热量的吸收

加热面的热量吸收对于流体侧控制(减温器,热交换器)是一个扰动变量,而对于烟气侧控制(烟气回流,倾斜式燃烧器)是一个操作变量。

经验表明,整个加热过程中的变化情况是难于测量的,因此,它们是由易于测量的被调量推导得到,如,加料器速度、燃料流量和烟气流量,并认为后续的过程具有线性特性(例如,热量的释放)。

2.1.2 蒸汽流量

蒸汽流量是另一个扰动变量。与热量吸收率相反,蒸汽流量是易于测量的,因此,它可作为一个扰动变量,用该信息作为前馈信号,提高控制性能。通常它不被用作操作变量。

2.1.3 入口温度

进入控制系统的蒸汽温度是另一个扰动变量。

2.2 设计

过热器设计是以锅炉结构设计和与被采用管道材料有关的热力设计为主要考虑因素。控制系统特性在一定范围内会受到设计的影响,如将传导热量的方式设计成热表面的辐射或者是对流,传导热量时选择同向顺流或者逆向对流。

通过下述内容,很容易构成一个品质好的控制。

2.2.1 热量吸收

流经被控的加热面时热量吸收越低越好。当控制性能要求(超调量范围)较严格,并且扰动又大又快时,热量吸收(如控制系统加热面的蒸汽温度升高)应该较低。如果没有相反的设计理由,对于过热器蒸汽温度超过500℃的大型锅炉,目标是最后一级过热器的最大热吸收量为50 K到70 K。一种方法是采用多级过热器和多级减温器。

对于集成了线性模型的新型控制设备，例如，带观测器的状态控制器，计算了加热面的中间温度，并作为控制回路中的辅助控制值，结果，加热面在相当于上升了 120 K 温度的热量吸收情况下，还是可以按高等级控制品质要求来控制。

在控制系统出口用减温器可以达到最佳的控制效果，那么，控制器可以进行极其快速的控制。然而，这种配置通常是不可能的，因为它将导致在受热管道和不受热管道中蒸汽温度都升高。

2.2.2 温度分布

存在小的温度分布扰动，如，各个并列过热器管末端温度之间都有小的差异。很大的不平衡性约束了所允许的控制偏差，以避免超过材料的限定温度。

2.2.3 材料量

减少被控系统材料量，如，尽可能减少非加热管道路径和接头，降低加热面材料量，以保证被控系统中的延迟时间减小。不过，用于喷水雾化的适当混合区必须要得到保证。

2.3 稳态特性

增益系数是稳态出口温度变化与入口温度变化之比，由于过热期间蒸汽定容比热降低，增益系数会略大于 1。

2.4 瞬时特性

最好采用阶跃变化的时间响应来表征被控系统的动态特性。下列两种情况之间需加以区别。

2.4.1 被控变量的阶跃响应

尽可能快地改变执行器的位置(如，尽可能按单位阶跃)，获得出口温度的时间响应。试验期间应注意使可能的扰动变量(热获取量，质量流量和蒸汽入口温度)尽量保持为常量。过热器入口温度阶跃变化后的过热器出口温度时间响应(见图 1)表现为高阶线性延迟的形式，并可通过多个一阶滞后的串联方法来近似。

时间常数的表示和被控系统的阶次可以满足对控制系统的描述。作为选择，被测的时间响应也可用等效初始延迟时间 T_u 和惯性时间 T_g 来表征。惯性时间是由 X 轴与渐近线(最终稳态值)之间时间响应曲线的切线所切出的时间，初始延迟时间是调节的时间与曲线切线对 X 轴的交点之间的时间(见图 1)。T_u/T_g 之比对于被控系统的阶有固定的关系。

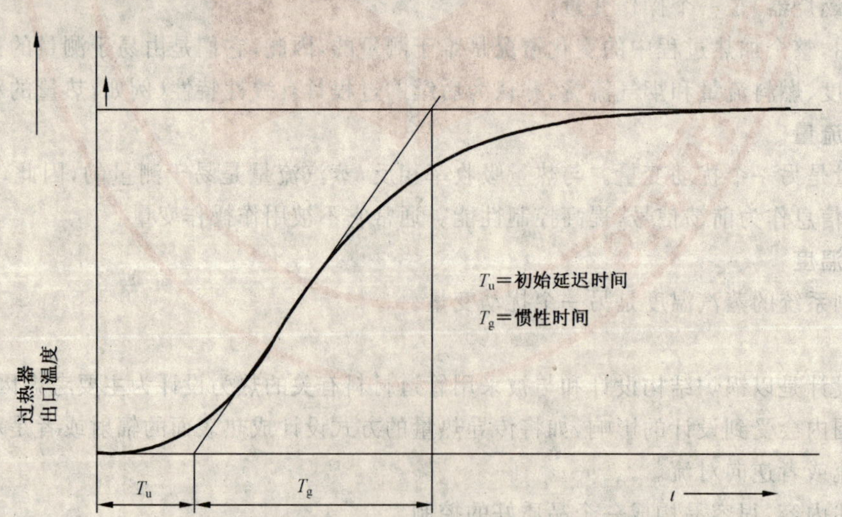

图 1 过热器入口温度阶跃变化后过热器出口温度的时间响应曲线

2.4.2 前馈的超前作用

尽可能快地变化执行器的位置(如，尽可能按单位阶跃)获得出口温度的时间响应。2.1 中所列出的扰动都被考虑到，它们主要是由满负荷控制引起，前馈信号可超前作用来提高控制特性。可以不用关注关于扰动阶跃响应时间的延尽时间，除非当该扰动变量的前馈超前作用被提供，因此，通常适合于采

用其滞后时间 T_Z 来表征干扰特性。

2.5 时间响应的计算(见图 2)

受热管道传递函数的预先计算采用了偏微分方程的求解方法,这会导致超越传递函数,并且,对于阶跃响应,会导致带三角函数的参数的无穷级数。这种相对复杂的解决方法被许多作者用更简单的近似法所替代。因此,特性参数 T_u、T_g 或者 n、T_z 可以相对容易地从设计数据和运行数据中计算得到。

当等效初始延迟时间和惯性时间对应于蒸汽流量成反比地上升时,被控系统的数学阶次在常压和变化的压力运行中都保持为常量,基本上与负荷无关。在满负荷下,有很好控制特性的高压过热器具有典型的特征值,大致 50 s 的延迟时间,再热器有大致 100 s 的延迟时间、大致为 0.3 的 T_u/T_g 值。最重要的特征值都汇集到表 1 中。

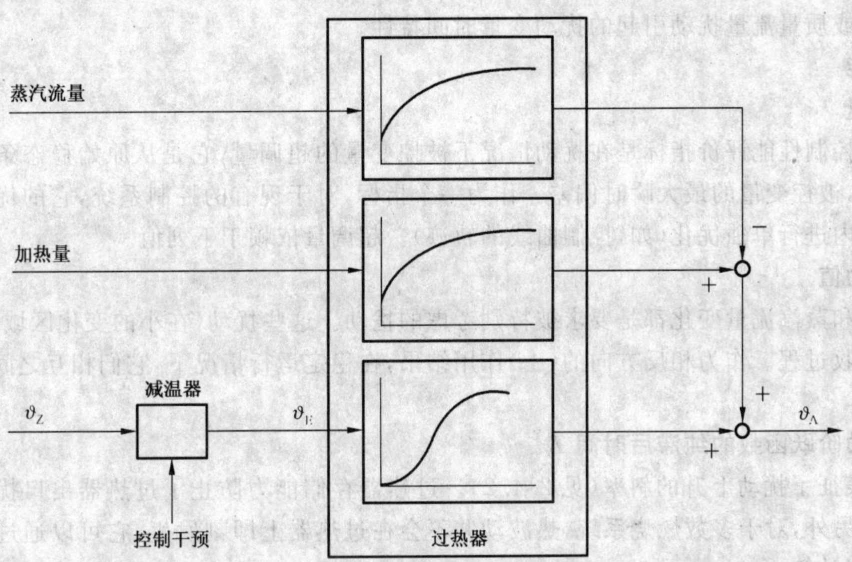

图 2 被控系统的方块图

2.6 时间响应的测量

控制传递函数的测量通常是通过尽可能快地调节执行器来实现(尽可能按单位阶跃)。为了克服许多可能的扰动,2.4.1 中描述的范围条件应被遵从。试验应在稳态条件下完成,并且一次只能通过操作一个输入变量。

表 1 被控系统的特征值

参数			负荷范围			
			100%	PL1[a]	PL2[a]	40%
热量吸收	Δh	kJ/kg				
延迟时间	T_u	s				
惯性时间	T_g	s				
管道容积滞后时间	T_z	s				
进水焓值	h_F	kJ/kg				

[a] PL=部分负荷。

3 控制任务的系统阐述

3.1 控制要求

蒸汽温度控制的任务包括按照参考变量(启动)或者按照设定值(负荷运行)控制蒸汽温度。允许的温度偏差和它们的瞬时值不能超过在过热器出口、主蒸汽管和汽轮机的受压厚壁压力组件的允许瞬时值。

通常，由于热循环，±10 K 的温度波动对组件损耗没有很大的影响。在高运行温度时，应注意材料的使用范围和蠕变应力。如果设定值处于材料的使用限制之内，正控制偏差也会促使蠕变时间轻度减小。由于过热器出口和汽轮机入口之间的蒸汽管道存储能力，锅炉出口的任何温度振荡在汽轮机入口将变为大约原来的一半。

在高达 500 K 的大幅温度变化出现时，例如，发电站启动期间，应从注意温度变化改成关注允许的温度瞬时值。在旁路运行中，产蒸汽区的锅炉组件是最后的部分，当汽轮机运行时，汽轮机通常限制了允许的温度瞬时值，那些由于设定值调整而引起的快速且大幅度温度变化对汽轮机有害，因此，在负荷运行中，应尽量避免对过热器出口温度的设定值调整。按照图 1，T_u 和 T_g 用于控制传递函数，T_z 用于由于热量吸收或质量流量扰动引起的扰动变量时间特性。

3.2 控制性能

3.2.1 超调量

最重要的控制性能评价指标是在扰动情况下被控变量的超调量，它是从原始稳态条件过渡到新的稳态条件期间，被控变量的最大瞬时偏差。作为一个指标，对于现有的控制系统，它的优点在于它可在相当广的范围内进行单独优化(如，控制曲线的轨迹)。超调量依赖于下列值。

3.2.1.1 扰动值

加热波动和蒸汽流量变化都是要求被特别考虑的扰动。这些扰动(在小的变化区域内)都成比例地作用于热量吸收过程。作为相反方向的(±)作用结果，在稳定运行情况下，它们相互之间会更平衡或不平衡。

3.2.1.2 扰动阶跃函数的纯滞后时间 T_z

时间 T_z 表征了扰动上升的斜率(见 2.4.2)。过热器存储能力防止了过热器出口扰动瞬间达到它的最大范围。另外，对于多数燃烧系统，热波动并不会在过热器上即刻发生，它可以通过展开计算滞后时间 T_z 来近似计算。

3.2.1.3 扰动阶跃响应的等效死区

在考虑扰动阶跃响应等效死区的情况下，超调幅度的大幅减少可以通过前馈一个具有相应时间关系的扰动变量来实现。此时，需要注意这样的情况，在发电运行中，热交换和质量流量变化都必须被考虑。

3.2.1.4 控制传递函数的等效初始延迟时间 T_u 和惯性时间 T_g

超调量受到等效延迟时间 T_u、T_u/T_g 比值的影响，并随这些值的升高而增加。

3.2.1.5 控制器设置

延迟时间和补偿时间是与负荷有关，这在对控制器设置时必须被考虑，因此，控制器参数也必须依赖于负荷来设置。

4 控制回路配置

4.1 控制的概念

各种蒸汽温度控制方法都在被使用，一些设计可能会用到下列多种方法，也可能在一个设备里将这些方法综合起来使用。

4.1.1 过热器前的喷淋水

采用调节阀门开度，控制喷嘴流通截面的方法，可以改变喷淋水流量。或者靠改变特定泵的输出来调节喷淋水流量。

4.1.2 烟气旁路(被控烟气)

由控制器来调节挡板使部分烟气流量旁路到过热器，所以，后者仅受分流流量的作用。这种类型的控制与冷却控制相比(对于相同钢材重量的加热面)，具有低延迟时间的优点，但是控制范围受到限制。

这种低延迟时间仅适用于烟气旁路所围绕的过热蒸汽出口温度。

4.1.3 烟气回流

较冷的烟气从锅炉出口回流到过热器入口，或者进入较低温度的炉膛，循环烟气的流量由挡板开度或者风机速度的变化来调节。通常，控制同时作用在多个加热面上。该过程的延迟时间很低，但须要较多的额外能源消耗。烟气直接导入在过热器前，会引起温度下降；而导入到较低温度的炉膛时会引起温度升高。

4.1.4 倾斜式燃烧器

燃烧控制必须被考虑。该控制提供了低延迟时间，但控制范围受限制。另外，由于受限制调节效果的重复性，这个方法不含在控制回路中，而仅仅是静态实现。

4.1.5 附加过热器加热

该方法以前很少被用到。

4.1.6 热交换器

热交换器被用作为能量分流系统，热蒸汽传递能量给低温流体。由控制器操作的执行器使部分蒸汽流向热交换器。在再热器区域中，它被用于减小喷水流量，并因此去提高循环过程的效能，在高压范围内，负荷有关的热获取特性被提高。

4.1.7 给水调节

在废热电厂，常常通过调节给水流量，控制正在使用的蒸汽温度。与此类似，它也适用于温度控制回路连接到给水流量调节的直流锅炉。

4.2 控制回路

按照各种不同的控制观念，都主要采用带减温器的控制回路，因此，它被描述得更详细。

注：减温器后的温度是辅助被控变量。

图 3 PI(D)/P(I)串级控制

4.2.1 被控变量

几乎在每个控制回路中，过热器出口蒸汽温度都是主要的被控变量。为了能够控制所有的扰动，控制器必须综合地作用。在此，应考虑到喷水减温后的蒸汽温度(辅助控制变量)通常必须大于饱和蒸汽温度。

PI 或者 PID 控制器以及带观测器的状态控制器代表了可能的控制器。在某些情形中，必须按照负荷的函数调整蒸汽温度的设定值，那么负荷就变成一个参考变量。在 2.1 中，已经描述过配置了蒸汽温度控制器的被控系统。

在用减温器控制的情况下，最好引入减温器后的蒸汽温度作为辅助被控变量，那么，直接控制减温器前出现的扰动就成为可能(见图 3)。

采用热电偶测量的减温器后温度必须尽可能是瞬时值，通过 P(I)控制器，在操作变量上产生一个立即的变化，而该控制器的设定值是采用出口蒸汽温度的比例加积分形式来设定。

该设定值的调节，除了考虑残差控制之外，还必须需补偿燃烧状态的变化(组合炉膛)，以及考虑过热器与负荷的关系。如果后者较大，可以考虑增加扰动变量的前馈。状态控制器已经成功地在实践中试验，图 4 表示了该控制回路。缺失的状态变量和需要高昂代价才能测到的状态变量，可以通过观测器仿真得到。

状态控制的优点是可以被用于控制大型过热器(更高阶次和更大热量吸收的收热器)，并具有与常规回路控制小型过热器(图 3)相同的控制性能。

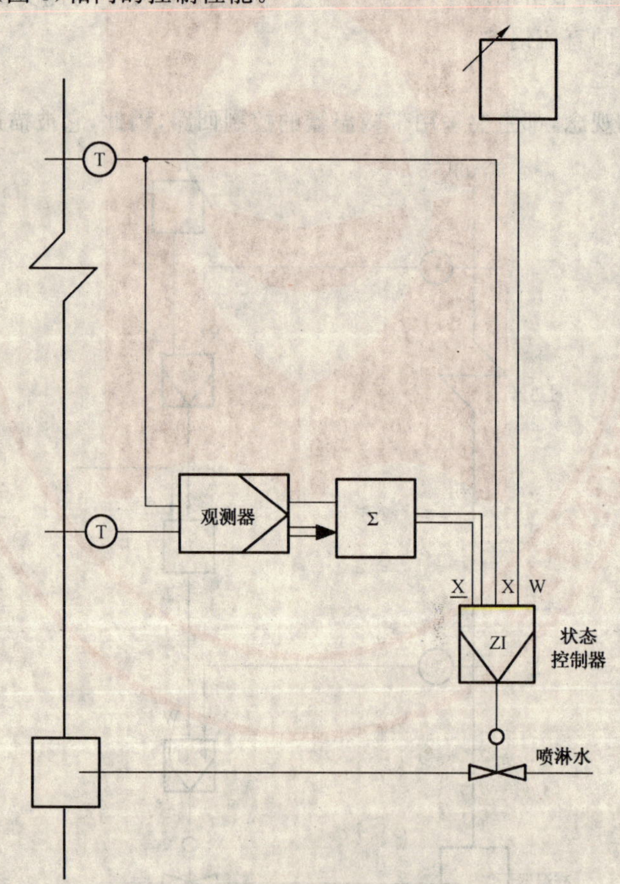

图 4　带状态控制器和观测器的控制回路

4.2.2 前馈控制

如果扰动被考虑成立即达到它的最大值，而不仅仅是按照它在过热器出口的渐进作用，那么采用前馈控制可以大幅改善控制特性。过热器热量获取主要受到两方面的影响，蒸汽流量和加热程度，这两方面的影响通常是同时发生的，如，一方面加热程度的变化会导致蒸汽流量的变化，而另一方面，蒸汽流量排放的变化又会影响到炉膛。

因此，最好将这些扰动变量一起都作为前馈，在此的难点是对加热量的准确测量。

5 控制回路的实现

5.1 测量的概念和时间响应

测量技术未详细地描述。测量技术应该遵循于热电偶的国际标准。推荐的位置、控制范围和时间响应可在下面找到。

5.1.1 物理测量方法

按照当前的最新技术水平，只有电子测量技术可以被考虑。

5.1.2 测量元件的时间响应

虽然传递函数可以通过延迟时间和惯性时间来表征，一阶延迟的描述就能够满足，时间常数应小于20 s。测量放大器产生的附加延迟，应低于一个数量级。这对于减温器后的温度控制特别重要，因为相对于该回路中存留的延迟，这里的测量装置存在着较大延迟。

5.2 执行器

4.1 中所描述的过程相关的执行器需要被考虑，但是更详细的内容主要参考喷水控制。

5.2.1 控制范围

必须在稳态下量化控制范围。这种量化过程应考虑各种运行状况(负荷、燃料类型等)下，需要及能够达到的冷却效果；校正任何可能的计算的不确定性；并且，在稳态时，满足需要的附加控制范围可适用于瞬时变化。经验表明，附加控制范围应该在稳态设计基础值的50%至100%之间。在喷水控制回路作串级的情况下，要特别小心，以确保在未经过热器前最后一级喷水的控制范围，喷水质量流量的排水量是由前一级控制回路的设定值来确保。为了兼顾小喷水流量下的良好雾化要求，部分喷嘴的截面可能必须关闭。

5.2.2 执行器组的配置

过程和相关的执行器考虑参考 4.1。

5.2.3 稳态特性

在整个控制范围内，执行器的调节应以近似线性的形式进行，如，相同的执行器变化应导致相同的温度变化，另外，其他操作变量(例如，给水，燃烧)的特性也应是独立的。如果它们不能被达到，这些相关性、非线性的不利效应，必须通过相应的控制回路来避免(例如 4.2.1)。

5.2.4 时间响应

执行器的行程时间应该遵从于所有扰动变量的最大变化率。对于过热器温度控制，20 s 到 40 s 通常是可以接受的。在执行器上不应产生可测量的滞环，否则，该滞环的不利影响必须通过定位控制的方法来消除。

ICS 03.120.99
M 31

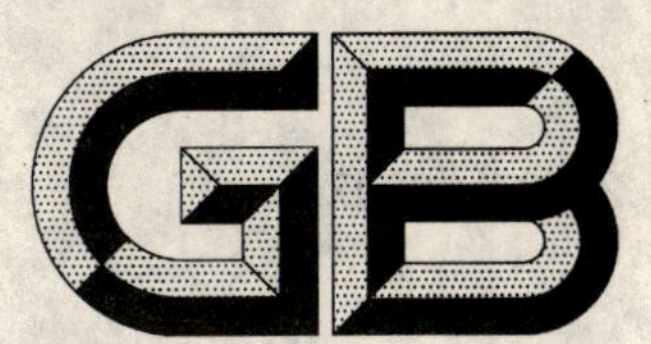

中华人民共和国国家标准

GB/T 21194—2007

通信设备用的光电子器件的可靠性通用要求

Generic reliability assurance requirements for optoelectronic devices used in telecommunications equipment

2007-11-14 发布　　　　2008-05-01 实施

中华人民共和国国家质量监督检验检疫总局
中国国家标准化管理委员会　发布

前　言

本标准参照 Telcordia GR-468-CORE：2004《通信设备用光电子器件可靠性一般要求》，在光电子器件评定的抽样方案、光电特性参数测试、物理特性测试、机械完整性测试和加速老化等技术方面保持一致，在其他方面和文本结构上不同。

本标准由中华人民共和国信息产业部提出。

本标准由中国通信标准化协会归口。

本标准起草单位：武汉邮电科学研究院。

本标准起草人：赵先明、刘坚、罗飚、郑林。

通信设备用的光电子器件的可靠性通用要求

1 范围

本标准规定了通信设备用光电子器件的术语、定义、可靠性评定的一般要求、试验程序和光电子器件的评定方法。

本标准适用于通信设备用光电子器件，包括激光二极管、发光二极管、光电二极管、雪崩光电二极管及其它们的组件。其他类似器件可参照执行。

2 规范性引用文件

下列文件中的条款通过本标准的引用而成为本标准的条款。凡是注日期的引用文件，其随后所有的修改单(不包括勘误的内容)或修订版均不适用于本标准。然而，鼓励根据本标准达成协议的各方研究是否可使用这些文件的最新版本。凡是不注日期的引用文件，其最新版本适用于本标准。

GB 8898—2001 音频、视频及类似电子设备安全要求

Bellcore TR-NWT-000870 通信设备生产中静电放电的控制

MIL-STD-202G 电子器件试验方法

MIL-STD-883F 微电子器件试验方法

Telcordia GR-63-CORE 网络设备构建系统要求:物理保护

Telcordia GR-78-CORE 通信产品和设备的物理设计和制造的一般要求

Telcordia GR-326-CORE 单模光纤连接器和光纤跳线的一般要求

3 缩略语、术语和定义

下列缩略语、术语和定义适用于本标准。

3.1 缩略语

ACC	Automatic Current Control	自动电流控制
APD	Avalanche Photodiode	雪崩光电二极管
APC	Automatic Power Control	自动功率控制
C	Allowed failures	样品中允许失效数
CO	Central Office	中心局环境
E_a	Activation Energy	激活能
ESD	Electro-Static Discharge	静电放电
FIT	Failure In Time	每十亿器件·小时的失效数
HBM	Human Body Model	人体模型
LTPD	Lot Tolerance Percent Defective	批允许不合格品百分数
O	Objective	目标
R	Requirement	要求
SS	Sample Size	特定的LTPD样品数
TO	Transistor Outline	晶体管外形
UNC	Uncontrolled	非受控环境

3.2 术语和定义

下列术语和定义适用于本标准。

3.2.1

可靠性 reliability

产品在规定的时间内完成规定功能的能力。

3.2.2

二极管 diode

半导体晶片被分解成管芯后，将一个管芯安装在一个热沉上，称之为二极管。

3.2.3

组件 module

将多个小元件，包括激光二极管、发光二极管、光电二极管和雪崩光电二极管，以及一个或多个其他器件集成在一起，称之为组件。

3.2.4

中心局环境 CO environment

长期在+5℃到+40℃，短期(例如96 h，一年不超过15天)在最低-5℃到最高+50℃的工作环境，称为中心局环境。

3.2.5

非受控环境 UNC environment

当设备机壳外的空气温度在-40℃到+46℃范围，或者阳光照射和光电子器件散热达到最大值时，在机壳内，光电子器件周围的空气温度可达到+65℃的工作环境，称为非受控环境。

4 可靠性评定的一般要求

4.1 光电子器件评定的目的

光电子器件评定有两个基本目的。特性参数的评定是为了证实光电子器件满足设备生产者对性能要求的能力。机械完整性和环境应力试验的评定是验证光电子器件基本设计、生产和材料以及工艺的完整性，以保证光电子器件预期的长期可靠性。评定需要的文件：

——评定试验计划；

——试验和测量项目；

——试验和测量程序；

——评定抽样方案和可以接受的试验样品不合格数量；

——确认试验是否通过或失效的标准；

——记录试验数据的规范格式；

——结果分布和试验失效的报告。

4.2 评定的抽样方案

用于评定的可靠性试验样品应从最少3个晶片或3批(光电子二极管)经过筛选步骤的样品中随机抽取。对于光电子器件组件，可用一个批次光电子器件组件的样品。

评定试验规定LTPD值一般是10或20，对应的样品数量是22或11。在LTPD值等于10时，如果在最初的22个样品中发现一只不合格的光电子器件，第二次应抽取16只样品进行试验。如果在第二次抽取的样品中没有不合格的光电子器件，可以认为产品中的38个样品有一只不合格，通过了LTPD为10%的标准。同样，LTPD值为20时，如果在最初的11只样品中发现一只不合格的光电子器件，第二次应抽取7只样品进行试验。如果没有发现另外不合格的光电子器件，就符合LTPD为20%的标准。评定的抽样方案见表1。

表 1 LTPD 抽样方案

LTPD/%	50	30	20	15	10	7	5	3	2	1.5
接受的失效样品数(C)	最少样品数(SS)									
0	5	8	11	15	22	32	45	76	116	153
1	8	13	18	25	38	55	77	129	195	258
2	11	18	25	34	52	75	105	176	266	354
3	13	22	32	43	65	94	132	221	333	444
4	16	27	38	52	78	113	158	265	398	531
5	19	31	45	60	91	131	184	308	462	617
6	21	35	51	68	104	149	209	349	528	700
7	24	39	57	77	116	166	234	390	598	783
8	26	43	63	85	126	184	258	431	648	864
9	28	47	69	93	140	201	282	471	709	945
10	31	51	75	100	152	218	306	511	770	1 025

5 试验程序和光电子器件的评定

5.1 试验的一般要求

5.1.1 标准的试验程序

为了确保光电子器件供应商与设备生产者，以及设备生产者与客户之间测试和试验的数据对应一致。因此，测试和试验的程序应采用相同标准。

5.1.2 试验设备

应定期维护和校准试验设备。

5.1.3 制定通过或失效标准

应对特性测试和机械完整性和环境应力试验前后测量的数据制定通过或失效的标准。

5.1.4 激活能

对光电子器件进行高温加速试验，以确定光电子器件的激活能。光电子器件的设计和制造者不同，或者光电子二极管与相对应光电子器件组件的不同，激活能也可能不同。

如果不能从试验数据中获得光电子器件的激活能，推荐的激活能可用于所有的相关计算。推荐的激活能见表 2。

表 2 推荐的激活能

单位为电子伏

光电子器件类型	磨损失效的激活能	随机失效的激活能
激光二极管	0.4	0.35
激光二极管组件	0.4	0.35
发光二极管	0.5	0.35
发光二极组件	0.5	0.35
光电二极管	0.7	0.35
光电二极组件	0.7	0.35

5.2 光电特性参数的测试

5.2.1 激光二极管、发光二极管及组件的光电特性测试项目

5.2.1.1 中心波长

在激光二极管及组件光谱中，连接50%最大幅度值线段的中点所对应的波长数值，称为中心波长。

5.2.1.2 光谱宽度

光谱宽度有几种不同的定义：主要采用均方根谱宽和－20 dB谱宽。

若激光二极管及组件所发射光谱分布为高斯分布，在标准工作条件下，所测得的光谱分布的均方根宽度，称之为均方根谱宽。

在标准工作条件下，用所测得的比峰值波长幅度下降20 dB处，光谱曲线上两点间的波长间隔来表征其光谱宽度，称之为－20 dB谱宽。

对于发光二极管和多纵模激光二极管而言，则是用标准工作条件下，所测得比峰值波长幅度下降一半的光谱曲线上两点间波长间隔来表征其光谱宽度。

5.2.1.3 阈值电流

阈值电流是激光二极管及组件开始激射的正向电流。

5.2.1.4 *L-I* 曲线的线性

光功率线性是驱动电流的函数，通过 *L-I* 曲线来测量。

5.2.1.5 边模抑制比

边模抑制比是指激光二极管及组件的发射光谱中，在规定的输出光功率和规定的调制时，最高光谱峰强度与次高光谱峰强度之比。

5.2.1.6 光输出饱和度

光输出饱和度是指理想的线性响应光输出的跌落。如果在光电曲线上段弯曲过大，则认为激光二极管及组件光输出是饱和的，通过 dL/dI 曲线上的最大跌落可以测量出饱和度。

5.2.1.7 扭折点

L-I 曲线上光功率出现非线性变化的点称之为扭折点。

5.2.1.8 电压-电流曲线

从阈值电流开始增加电流，测量正向电压，即 *V-I* 曲线。

5.2.1.9 上升和下降时间

指激光二极管及组件输出功率的脉冲响应时间。从额定光功率的10%升到90%所需的时间称为上升时间；从额定光功率的90%降到10%所需的时间称为下降时间。

5.2.1.10 导通延迟

调制的光脉冲上升沿在电信号为"开"后到达全幅度10%对应的时间。

5.2.1.11 截止频率

在振幅调制包络线下降3 dB的调制频率，"下降值"是在指定的调制频率下测量的减少的振幅，等于截止频率的百分之一。

5.2.1.12 耦合效率

激光二极管及组件出纤光功率与实际发射光功率的比值。在规定的驱动电流下，反复测量激光二极管及组件光功率来确定。一般，驱动电流为激光二极管及组件额定输出光功率的50%所对应的电流。

5.2.1.13 前后跟踪比

前后跟踪比是指前面(被耦合到传输光纤)和后面(到背面光电二极管)输出光功率的比值。

5.2.1.14 跟踪误差

激光二极管及组件的温度不同，输出光功率也会不同。在背光电流相同、管壳温度不同时，激光二极管及组件输出光功率比的对数，为跟踪误差。

5.2.2 光电二极管及组件的光电特性测试项目

5.2.2.1 响应度

响应度是指输出的光电流与输入的光功率的比值。

5.2.2.2 量子效率

光生载流子数与入射光子数的比值为光电二极管及组件的量子效率。

5.2.2.3 暗电流

光电二极管及组件的暗电流是在没有任何光输入时，所产生的电流。

5.2.2.4 击穿电压

光电二极管及组件的击穿电压是指无法接受的暗电流值(通常在100 μA)，对应的反向偏压。

5.2.2.5 截至频率

光电二极管及组件在整个输出范围内下降3 dB的频率对应的点为截止频率。

5.2.2.6 光倍增因子

APD光电二极管及组件在一定的反向偏压下的光生电流与其无倍增时的光生电流之比为光倍增因子。

5.2.2.7 光接收灵敏度

在规定的调制速率下，并满足随机比特误码率要求时，所能接收到的最小平均光功率。

5.2.2.8 饱和光功率

在规定的调制速率下，并满足随机比特误码率要求时，所允许接收到的最大平均光功率。

5.3 物理特性测试项目

5.3.1 内部水汽

确定在金属或陶瓷封装的光电子器件内部气体中水汽含量。按照MIL-STD-883F，1018.4规定的条件和要求进行测试。

5.3.2 密封性

确定具有内空腔的光电子器件封装的气密性。按照MIL-STD-883F，1014.11规定的条件和要求进行测试。

5.3.3 ESD阈值

确定光电子器件受静电放电作用所造成损伤和退化的灵敏度和敏感性。按照MIL-STD-883F，3015.7规定的条件和要求进行测试。

5.3.4 可燃性

确定光电子器件所使用材料的可燃性。按照GB 8898—2001规定的条件和要求进行测试。

5.3.5 剪切力

确定光电子器件的芯片和无源器件安装在管座或其他基片上所使用材料和工艺的完整性。按照MIL-STD-883F，2019.7规定的条件和要求进行测试。

5.3.6 可焊性

确定需要焊接的光电子器件引线(直径小于3.175 mm的引线，以及截面积相当的扁平引线)的可焊性。按照MIL-STD-883F，2003.8规定的条件和要求进行测试。

5.3.7 引线键合强度

确定光电子器件采用低温焊、热压焊、超声焊等技术的引线键合强度。按照MIL-STD-883F，2011.7规定的条件和要求进行测试。

5.4 机械完整性试验项目

5.4.1 机械冲击

确定光电子器件是否能适用在需经受中等严酷程度冲击的电子设备中。冲击可能是装卸、运输或现场使用过程中突然受力或剧烈振动所产生的。按照MIL-STD-883F，2002.4规定的条件和要求进行测试。

5.4.2 变频振动

确定在规定频率范围内振动对光电子器件各部件的影响。按照 MIL-STD-883F,2007.3 规定的条件和要求进行测试。

5.4.3 热冲击

确定光电子器件在遭受到温度剧变时的抵抗能力和产生的作用。按照 MIL-STD-883F,1011.9 规定的条件和要求进行测试。

5.4.4 光纤完整性试验

确定光电子器件的光输出尾纤在特性参数正常情况下与器件管壳连接的牢固程度。按照 TelcordiaGR-326-CORE规定的条件和要求进行。

5.4.5 插拔耐久性

确定光电子器件光纤连接器的插入和拔出,光功率、损耗和反射等参数是否满足重复性要求。按照 Telcordia GR-326-CORE 规定的条件和要求进行测试。

5.4.6 存储试验

确定光电子器件能否经受高温和低温下运输和储存。按照 MIL-STD-883F,1008.2 规定的条件和要求进行测试。

5.4.7 温度循环

确定光电子器件承受极高温度和极低温度的能力,以及极高温度和极低温度交替变化对光电子器件的影响。按照 MIL-STD-883F,1010.8 规定的条件和要求进行测试。

5.4.8 恒定湿热

确定密封和非密封光电子器件能否同时承受规定的温度和湿度。按照 MIL-STD-202G,103B 规定的条件和要求进行测试。

5.4.9 高温寿命

确定光电子器件高温加速老化失效机理和工作寿命。按照表 3 规定的条件和要求进行测试。

5.4.10 抗循环潮湿

采用加速方式评估光电子器件在高温和高湿条件下,抗退化效应的能力。按照 MIL-STD-883F,1004.7 规定的条件和要求进行测试。

5.5 加速老化试验

在光电子器件上施加高温、高湿和一定的驱动电流进行加速老化。依据试验的结果来判定光电子器件具备功能或丧失功能,以及接收或拒收。并可对光电子器件工作条件进行调整和对可靠性进行计算。加速老化试验项目见表 3。

表 3 加速老化试验项目

试验项目	一般条件[a]	抽样[b]			环境		适用性(器件特定条件[c])
		LTPD	SS	C	CO	UNC	
高温[d]	70℃,10 000 h	—	10	0	O	—	激光二极管(最大额定光功率或电流),发光二极管(最大额定电流)
	85℃,10 000 h	—	10	0	—	O	激光二极管(最大额定光功率或电流),发光二极管(最大额定电流)
	70℃,5 000 h	—	5	0	O	—	CO 环境应用的光电子器件组件(激光二极管组件和发光二极管组件:最大额定光功率或电流;光电二极管组件:正常偏置。)
	85℃,5 000 h	—	5	0	—	O	UNC 环境应用的光电子器件组件(激光二极管组件和发光二极管的组件:最大额定光功率或电流;光电二极管组件:正常偏置。)

表 3(续)

试验项目	一般条件[a]	抽样[b]			环境		适用性(器件特定条件[c])
		LTPD	SS	C	CO	UNC	
温度循环	−40℃/+85℃ 500 循环	—	5	0	O	—	CO 环境应用的所有光电子二极管组件
	−40℃/+85℃ 1 000 循环	—	5	0	—	O	UNC 环境应用的所有光电子二极管组件
恒定湿热	85℃/85% RH, 5 000 h	—	5	0	O	O	用于非密封的光电子二极管和二极管组件(激光二极管:$1.2\times I_{TH}$,发光二极管:$0.1\times I_{op}$,光电二极管:正常偏置。)

[a] 试验条件一般是最小可接受应力水平。如果光电子器件的最大工作温度比所列出的高温加速老化的温度高,则用较高温度进行试验。

[b] 试验的样品可以是相应光电子器件的一个分立器件。

[c] 激光二极管及组件的高温加速老化试验通常在 APC 下进行;有时也可用 ACC。

[d] 变化温度的加速老化试验是定期按顺序逐步升高温度(例如,60℃、85℃和 100℃)。

5.5.1 高温加速老化

加速老化过程中的最基本环境应力是高温。在试验过程中,应定期监测选定的参数,直到退化超过寿命终止为止。

5.5.1.1 恒温试验

恒温试验与高温运行试验相类似,应规定恒温试验样品数量和允许失效数。

5.5.1.2 变温试验

变化温度的高温加速老化试验是定期按顺序逐步升高温度(例如,60℃、85℃和 100℃)。

5.5.2 温度循环

除了作为环境应力试验需要对光电子器件进行温度循环外,温度循环还可以对光电子器件进行加速老化。温度循环的加速老化目的一般不是为了引起特定的性能参数的退化(例如,激光二极管及组件的阈值电流),而是为了提供封装在组件里的光路长期机械稳定性的附加说明。

5.6 光电子器件的评定方法

5.6.1 光电子器件的物理特性试验

光电子器件的物理特性试验项目见表 4。

表 4 光电子器件的物理特性试验项目

试验项目	附加信息	抽样			适用性
		LTPD	SS	C	
内部水汽	—	20	11	0	所有密封的光电子二极管及组件
密封性	—	20	11	0	所有密封的光电子二极管及组件[a]
ESD 阈值	HBM,器件 ESD 灵敏度等级最小阈值	—	6	0[b]	所有光电子二极管及组件
	±8 kV 和±15 kV 放电	—	2	0	所有光电子二极管及组件
可燃性	—	—	3	—	所有光电子二极管及组件[c]
芯片剪切强度	所有相关连接适用(例如:二极管/热沉和热沉/衬底)	20	11	0	所有光电子二极管
可焊性	不要求蒸汽老化	20	11	0	所有光电子二极管及组件
引线键合强度	键合类型	20	11	0	所有光电子二极管

表 4(续)

试验项目	附加信息	抽样			适用性
		LTPD	SS	C	

[a] 可对机械上与功能性光电子器件等同的非功能性光电子器件进行，除光电子器件的尾纤根部剪断例外。

[b] 在 ESD 试验中所有的光电子器件样品要试验到它们失效(用逐渐增加的电压应力)。这里给出的“0”值指的是测量的阈值低于最小可接受的阈值(例如，低于 500 V 或基于光电子器件 ESD 灵敏度等级的其他一些规定值)的光电子器件数量。

[c] 金属或陶瓷密封封装不需要进行可燃性试验。但是，任何与封装连接有潜在可燃性材料的一般需要进行试验。

5.6.2 机械完整性试验

机械完整性试验项目见表 5。

表 5 机械完整性试验项目

试验项目	附加信息[a]	抽样			适用性[b]
		LTPD	SS	C	
机械冲击[c,d]	条件 A:500 g,1.0 ms,5 次/轴向[e]	20	11	0	所有光电子器件
变频振动[c,d]	条件 A:20 g,(20-2 000-20)Hz,4 分钟/循环,4 循环/轴向	20	11	0	所有光电子器件
热冲击	条件 A:0℃到 100℃	20	11	0	所有密封光电子器件
光纤完整性-扭动试验	0.5 kg,10 循环,3 cm(距离器件)	20	11	0	所有带涂覆层和紧套(或紧包)光纤的光电子器件
	1 kg,10 循环,3 cm(距离器件)	20	11	0	所有带松套(或松包)光纤的光电子器件[e]
光纤完整性-侧边拉力试验	0.25 kg,90°,22 cm～28 cm(距离器件)	20	11	0	所有带涂覆层和紧套(或紧包)光纤的光电子器件
	0.5 kg,90°,22 cm～28 cm(距离器件)	20	11	0	所有带松套(或松包)光纤的光电子器件[e]
光纤完整性-光纤拉力试验	0.5 kg,1 min	20	11	0	所有带涂覆层光纤、紧套(或紧包)光纤的光电子器件
	1 kg,1 min	20	11	0	所有带松套(或松包)光纤的光电子器件[e]
连接器/插座耐久性-插拔耐久性试验	200 次插拔	20	11	0	所有带连接器或插拔的光电子器件
接连器耐久性-拉力试验	最少 10 个连接器中不允许超过 3 个拉脱	20	11	0	对所有带连接器的光电子器件

[a] 所示的条件是最小可接受的应力水平，在有些情况下，可以采用不同的条件(应有技术证据)。

[b] 在所有情况下，试验的适用性环境各不相同，即指光电子器件的工作环境(例如，CO 或者 UNC)各不相同。

[c] 通常，机械冲击和变频振动试验都要进行，两个试验要用相同的样品。

[d] 未经受住所列出的机械冲击试验条件的，应重新进行低强度的试验。

[e] 与元件连接的缓冲材料是加固作用的松套(或松包)光纤。对缓冲材料不是加固作用的紧套(或紧包)光纤进行较低应力试验。

5.6.3 非通电环境应力试验

非通电环境应力试验项目见表 6。

表 6 非通电环境应力试验项目

试验项目	一般条件[a]	抽样			环境		适用性
		LTPD	SS	C	CO	UNC	
高温存储[b]	85℃,2 000 h	20	11	0	R	R	所有光电子器件
低温存储	−40℃,72 h	20	11	0	O	O	所有光电子器件
温度循环[c,d]	−40℃/85℃,50 个循环	20	11	0	O	R	所有光电子二极管
	−40℃/85℃,100 个循环	20	11	0	R	—	CO 环境用的所有光电子二极管组件
	−40℃/85℃,500 个循环	20	11	0	—	R	UNC 环境用的所有光电子二极管组件
恒定湿热[d]	85℃/85%RH,500 h	20	11	0	R	R	用于非密封组件的所有光电子器件

a 所示条件是最小可接受的应力水平,在有些情况下,可以采用不同的条件(应有技术证据)。如果一个光电子器件的最小或最大存储温度大于列出的相应存储温度,要用超出的温度做试验。

b 如果失效机理对高温影响不大的话,不需要既做高温存储试验又做高温运行试验,只需要做应力较大的试验。

c 用于通过/失效的非破坏性测试的光电子器件,试验条件可重复应用于(例如加速老化试验目的)规定的附加的循环。

d 密封器件在试验过程中可以加偏置。对非密封光电子器件不需要既做通电又做非通电的恒定湿热试验。

5.6.4 通电环境应力试验

通电环境应力试验项目见表 7。

表 7 通电环境应力试验项目

试验项目	一般条件[a]	抽样[b]			环境		适用性
		LTPD	SS	C	CO	UNC	
高温运行[c]	70℃,5 000 h	10	22	0	R	—	激光二极管(最大额定功率或电流),发光二极管(最大额定电流)
	85℃,5 000 h	10	22	0	—	R	激光二极管(最大额定功率或电流),发光二极管(最大额定电流)
	175℃,2 000 h	10	22	0	R	R	光电二极管($2\times V_{op}$)[d]
	70℃,2 000 h	20	11	0	R	—	所有光电子二极管组件(激光二极管和发光二极管的组件在额定光功率或电流,光电二极管正常偏置。)
	85℃,2 000 h	20	11	0	—	R	所有光电子二极管的组件(激光二极管组件和发光二极管组件在额定光功率或电流,光电二极管正常偏置。)
抗循环潮湿	①25℃～65℃(90%RH～100%RH),②65℃(90%RH～100%RH,3 h),③65℃～10℃～−2℃(80%RH～100%RH),④−2℃～65℃(90%RH～100%RH),⑤65℃(90%RH～100%RH,3 h),⑥65℃～25℃(80%RH～100%RH),⑦25℃(80%RH～100%RH,2 h),20 次循环(①～⑦)	20	11	0	—	R	UNC 环境应用的所有光电子器件组件

表 7(续)

试验项目	一般条件[a]	抽样[b]			环境		适用性
		LTPD	SS	C	CO	UNC	
恒定湿热(非密封光电子器件)[e]	85℃/85%RH,2 000 h	20	11	0	R	R	所有非密封光电二极管(激光二极管:$1.2\times I_{op}$,发光二极管:$0.1\times I_{op}$,光电二极管:正常偏置。)
	85℃/85%RH,1 000 h	20	11	0	R	R	所有非密封光电子器件组件(激光二极管组件:$1.2\times I_{op}$,发光二极管组件:$0.1\times I_{op}$,光电二极管组件。)

[a] 用于通过/失效的非破坏性试验的样品,试验条件可重复应用于规定的附加小时数。

[b] 所示的条件是最小可接受的应力水平,在有些情况下可以采用不同的条件(应有技术证据)。如果一个光电子器件的最小或最大存储温度大于列出的相应的存储温度,要用超出的温度做试验。

[c] 激光二极管及组件通常在 APC 下进行通电高温加速老化试验,以便输出恒定功率(试验温度下的典型最大额定功率)。在有些情况下,试验也用 ACC。驱动电流保持恒定(最大额定值),而不管输出光功率大小。可调激光二极管及组件在高温运行试验中应设定波长。

[d] 密封光电子二极管及组件在试验过程中可加偏置。对非密封器件不需要既做通电又做非通电的恒定湿热试验。

[e] 可以作为光电二极管加速老化试验条件。

ICS 33.120.40
M 51

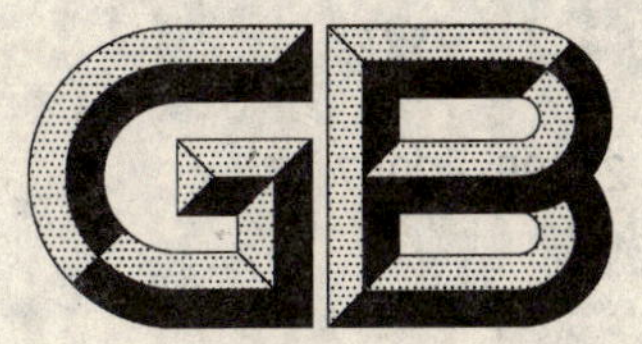

中华人民共和国国家标准

GB/T 21195—2007

移动通信室内信号分布系统天线技术条件

The specifications of antenna for mobile communication indoor distributed system

2007-11-14 发布　　2008-05-01 实施

中华人民共和国国家质量监督检验检疫总局
中国国家标准化管理委员会　发布

前言

本标准是移动通信系统天线系列标准之一，与GB/T 9410《移动通信天线通用技术规范》共同构成移动通信室内信号分布系统天线技术规范。

本标准由中华人民共和国信息产业部提出。

本标准由中国通信标准化协会归口。

本标准起草单位：国家无线电监测中心、京信通信系统（广州）有限公司。

本标准主要起草人：尹纪新、张跃军、宋起柱、卜斌龙、常若艇、薛锋章、阚润田、杨邦荣、张科。

移动通信室内信号分布系统
天线技术条件

1 范围

本标准规定了移动通信室内信号分布系统天线的术语和定义、分类、电性能、机械特性、环境条件、测量方法、检验规则以及标志、包装、运输和贮存。

本标准适用于工作频段为806 MHz～880 MHz、885 MHz～960 MHz、1 710 MHz～1 880 MHz、1 880 MHz～1 920 MHz、1 920 MHz～2 170 MHz、2 300 MHz～2 400 MHz移动通信室内信号分布系统天线。同类型其他频段、规格的天线也可参照使用。

2 规范性引用文件

下列文件中的条款通过本标准的引用而成为本标准的条款。凡是注日期的引用文件，其随后所有的修改单(不包括勘误的内容)或修订版均不适用于本标准，然而，鼓励根据本标准达成协议的各方研究是否可使用这些文件的最新版本。凡是不注日期的引用文件，其最新版本适用于本标准。

GB/T 191 包装储运图示标志(GB/T 191—2000,eqv ISO 780:1997)

GB/T 2423.1 电工电子产品环境试验 第2部分:试验方法 试验A:低温(GB/T 2423.1—2001,idt IEC 60068-2-1:1990)

GB/T 2423.2 电工电子产品环境试验 第2部分:试验方法 试验B:高温(GB/T 2423.2—2001,idt IEC 60068-2-2:1974)

GB/T 2423.3 电工电子产品基本环境试验规程 试验Ca:恒定湿热试验方法(GB/T 2423.3—1993,eqv IEC 60068-2-3:1984)

GB/T 2423.5 电工电子产品环境试验 第2部分:试验方法 试验Ea和导则:冲击(GB/T 2423.5—1995,idt IEC 60068-2-27:1987)

GB/T 2423.6 电工电子产品环境试验 第2部分:试验方法 试验Eb和导则:碰撞(GB/T 2423.6—1995,idt IEC 60068-2-29:1987)

GB/T 2423.10 电工电子产品环境试验 第2部分:试验方法 试验Fc和导则:振动(正弦)(GB/T 2423.10—1995,idt IEC 60068-2-6:1982)

GB/T 2828.1 计数抽样检验程序 第1部分:按接收质量限(AQL)检索的逐批检验抽样计划(GB/T 2828.1—2003,ISO 2859-1:1999,IDT)

GB/T 2829 周期检验计数抽样程序及表(适用于对过程稳定性的检验)

GB/T 3873 通信设备产品包装通用技术条件

GB/T 9410 移动通信天线通用技术规范(GB/T 9410—1988,neq IEC 489-8:1984)

3 术语和定义

GB/T 9410确立的以及下列术语和定义适用于本标准。

3.1

室内全向吸顶天线 indoor ceil-mounted omni directional antenna

在给定锥面内辐射强度呈无方向性的室内吸顶天线。

3.2

室内定向吸顶天线 indoor ceil-mounted directional antenna

在给定锥面内辐射强度有方向性的室内吸顶天线。

3.3

室内定向壁挂天线 indoor wall-mounted directional antenna

壁挂安装的定向天线。

3.4

室内定向窄波束天线 indoor narrow-beam directional antenna

具有比壁挂天线波束宽度相对更窄的定向天线。

3.5

多频段天线 multi-band antenna

能同时满足多个射频频段技术要求的天线。

3.6

无源互调 passive intermodulation

当两个或多个发射频率信号经过天线时,由于天线的非线性而引起的与原信号频率有和差关系、并落在接收频带内的射频信号。

4 分类

4.1 室内全向吸顶天线。

4.2 室内定向吸顶天线。

4.3 室内定向壁挂天线。

4.4 室内定向窄波束天线。

5 要求

5.1 电性能要求

5.1.1 室内全向吸顶天线电性能要求(见表1)。

5.1.2 室内定向吸顶天线电性能要求(见表2)。

5.1.3 室内定向壁挂天线电性能要求(见表3)。

5.1.4 室内定向窄波束天线电性能要求(见表4)。

5.1.5 防雷性能要求:直接接地。

表1 室内全向吸顶天线电性能要求

频段/MHz	增益[a]/dBi	方向图圆度[b]/dB	垂直面半功率波束宽度[c]/(°)	互调[d]/dBm	电压驻波比	功率容限/W	接口类型
806~880[e] 885~960 1710~1880 1880~1920 1920~2170 2300~2400	2±1	±2	85	≤−107	≤1.5	50	(1)N-50 (2)SMA
	3±1	±2	65	≤−107	≤1.5	50	
	4±1	±2	50	≤−107	≤1.5	50	
	5±1	±2	40	≤−107	≤1.5	50	

a 指天线最大辐射方向的增益值,取同一频段内高中低三个频率点增益的分贝平均值。

b 指水平面方向图圆度,从 $\theta=90°$ 和 $\theta=120°$ 两个切割面方向图中获得。其中,单频段的吸顶天线和宽频段吸顶天线的低频段采用 $\theta=90°$ 切割面的圆度作为考核指标;宽频段吸顶天线的高频段采用 $\theta=120°$ 切割面的圆度作为考核指标。

c 参考值。

d 指三阶互调,输送到天线的两个不同频率信号的功率均为 20 dBm;时分双工方式无互调要求;SMA 接口型号无互调要求。

e 对于多频段天线,不同的频段允许选用不同的增益档作为检测指标。

表 2　室内定向吸顶天线电性能要求

<table>
<tr><th>频段/MHz</th><th>增益[a]/dBi</th><th>水平面
半功率
波束宽度[b]/(°)</th><th>垂直面
半功率
波束宽度[c]/(°)</th><th>前后比/dB</th><th>互调[d]/dBm</th><th>电　压
驻波比</th><th>功　率
容限/W</th><th>接　口
类　型</th></tr>
<tr><td rowspan="4">806～880[e]
885～960
1710～1880
1880～1920
1920～2170
2300～2400</td><td>4±1</td><td>115±15</td><td>120</td><td>4</td><td>≤−107</td><td>≤1.5</td><td>50</td><td rowspan="4">(1)N-50
(2)SMA</td></tr>
<tr><td>5±1</td><td>95±15</td><td>100</td><td>6</td><td>≤−107</td><td>≤1.5</td><td>50</td></tr>
<tr><td>6±1</td><td>85±15</td><td>80</td><td>8</td><td>≤−107</td><td>≤1.5</td><td>50</td></tr>
<tr><td>7±1</td><td>75±15</td><td>70</td><td>8</td><td>≤−107</td><td>≤1.5</td><td>50</td></tr>
<tr><td colspan="9">a　指天线最大辐射方向的增益值，取同一频段内高中低三个频率点增益的分贝平均值。
b　水平面波束宽度从 θ=90°和 θ=120°两个切割面方向图中获得。其中，单频段的吸顶天线和宽频段吸顶天线的低频段采用 θ=90°切割面的波束宽度作为考核指标；宽频段吸顶天线的高频段采用 θ=120°切割面的波束宽度作为考核指标。
c　参考值。
d　指三阶互调，输送到天线的两个不同频率信号的功率均为 20 dBm；时分双工方式无互调要求；SMA 接口型号无互调要求。
e　对于多频段天线，不同的频段允许选用不同的增益档作为检测指标。</td></tr>
</table>

表 3　室内定向壁挂天线电性能要求

<table>
<tr><th>频段/MHz</th><th>增益[a]/dBi</th><th>水平面
半功率
波束宽度/(°)</th><th>垂直面
半功率
波束宽度[b]/(°)</th><th>前后比/dB</th><th>互调[c]/dBm</th><th>电　压
驻波比</th><th>功　率
容限/W</th><th>接　口
类　型</th></tr>
<tr><td rowspan="4">806～880[d]
885～960
1710～1880
1880～1920
1920～2170
2300～2400</td><td>6±1</td><td>100±15</td><td>78</td><td>6</td><td>≤−107</td><td>≤1.5</td><td>50</td><td rowspan="4">(1)N-50
(2)SMA</td></tr>
<tr><td>7±1</td><td>95±15</td><td>65</td><td>6</td><td>≤−107</td><td>≤1.5</td><td>50</td></tr>
<tr><td>8±1</td><td>75±12</td><td>60</td><td>8</td><td>≤−107</td><td>≤1.5</td><td>50</td></tr>
<tr><td>9±1</td><td>65±12</td><td>55</td><td>8</td><td>≤−107</td><td>≤1.5</td><td>50</td></tr>
<tr><td colspan="9">a　指天线最大辐射方向的增益值，取同一频段内高中低三个频率点增益的分贝平均值。
b　参考值。
c　指三阶互调，输送到天线的两个不同频率信号的功率均为 20 dBm；时分双工方式无互调要求；SMA 接口型号无互调要求。
d　对于多频段天线，不同的频段允许选用不同的增益档作为检测指标。</td></tr>
</table>

表 4　室内定向窄波束天线电性能要求

频段/MHz	增益[a]/dBi	水平面半功率波束宽度/(°)	垂直面半功率波束宽度[b]/(°)	前后比/dB	互调[c]/dBm	电压驻波比	功率容限/W	接口类型
806～880[d] 885～960 1710～1880 1880～1920 1920～2170 2300～2400	8±1	90±15	60	10	≤－107	≤1.5	50	(1)N-50 (2)SMA
	9±1	70±12	55	10	≤－107	≤1.5	50	
	10±1	65±10	50	12	≤－107	≤1.5	50	
	11±1	48±10	40	12	≤－107	≤1.5	50	
	12±1	40±10	35	14	≤－107	≤1.5	50	

a　指天线最大辐射方向的增益值，取同一频段内高中低三个频率点增益的分贝平均值。

b　参考值。

c　指三阶互调，输送到天线的两个不同频率信号的功率均为 20 dBm；时分双工方式无互调要求；SMA 接口型号无互调要求。

d　对于多频段天线，不同的频段允许选用不同的增益档作为检测指标。

5.2　机械特性要求

5.2.1　一般结构要求：天线结构应牢固可靠，便于安装、使用和运输。

5.2.2　天线表面清洁，无变形、无毛刺、无伤痕。

5.3　环境条件要求

5.3.1　环境温度：工作温度　－30℃～＋45℃；

储存温度　－40℃～＋55℃。

5.3.2　具有防盐雾、潮湿、大气中二氧化硫的能力。

6　测量方法

6.1　远场测试

天线增益、半功率波束宽度、前后比的测量可以采用远场或近场等测试方法，本标准仅叙述最常用的远场测试方法。

6.2　增益测量

6.2.1　测量框图见图 1。

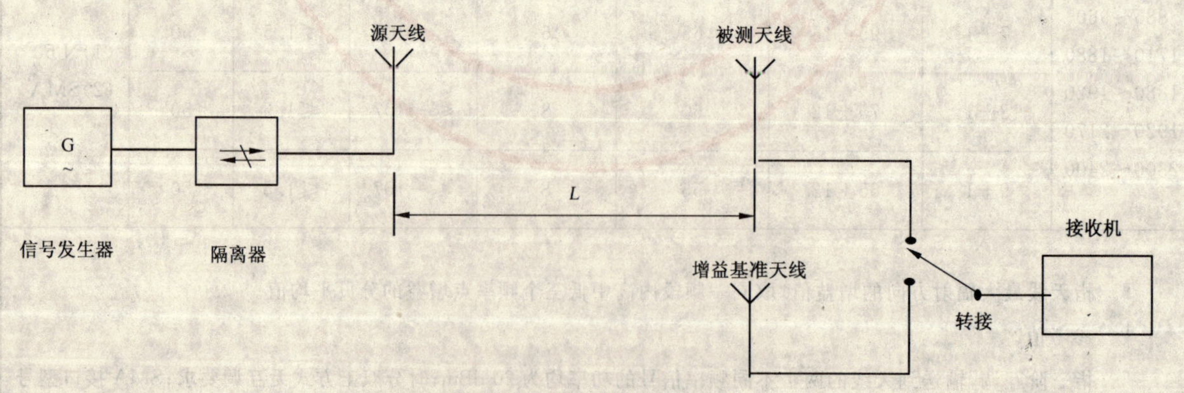

图 1　天线增益测试框图

6.2.2　测量条件

6.2.2.1　被测天线与源天线具有相同的极化方式。

6.2.2.2 被测天线和源天线之间测量距离不小于 10 λ 并同时满足式(1):

$$L \geqslant \frac{2(D^2 + d^2)}{\lambda} \quad \cdots\cdots\cdots\cdots(1)$$

式中:

L——源天线与被测天线距离,单位为米(m);

D——被测天线最大尺寸,单位为米(m);

d——源天线最大辐射尺寸,单位为米(m);

λ——测试频率波长,单位为米(m)。

6.2.2.3 被测天线安装于场强基本均匀的区域内,其场强预先通过一个场强探头天线在被测天线的有效天线体积内进行检测,如果电场变化的峰峰值超过 1.5 dB,则认为试验场是不可用的。此外,增益基准天线在两个正交极化面上测得的场强差值不大于 1 dB。

6.2.2.4 测量用信号发生器、接收机等测量设备和仪表应具有良好的稳定性、可靠性、动态范围和测量精度,以保证测量数据的正确性。

6.2.3 测量步骤

开始测量时,必须将被测天线和增益基准天线交替做水平和俯仰调整,以确保每一天线在水平和俯仰上的最佳指向,使其接收的功率电平为量大。

测量步骤如下:

a) 增益基准天线与源天线的同极化最大辐射方向对准,通过转接,使增益基准天线与接收机相连接,此时接收机接收功率电平为 P_1(dBm);

b) 被测天线与源天线的同极化最大辐射方向对准,通过转接,使被测天线与接收机相连,此时,接收机接收功率电平为 P_2(dBm);

c) 重复步骤 a)和 b),直至 P_1 和 P_2 测量的重复性达到可以接受的程度;

d) 被测天线某频率点的增益 G 按式(2)计算:

$$G = G_0 + (P_2 - P_1) + N \quad \text{(dBi)} \quad \cdots\cdots\cdots\cdots(2)$$

式中:

G_0——基准天线的增益(dBi);

N——接收机输入端分别到被测天线和增益基准天线输出端通路衰耗的修正值(dB);

e) 在同一个工作频段内,测量高、中、低 3 个频率点,并计算分贝平均值。

6.3 方向图圆度(全向天线)、半功率波束宽度、前后比的测量

6.3.1 测量示意图见图 2。

6.3.2 测量条件满足 6.2.2。

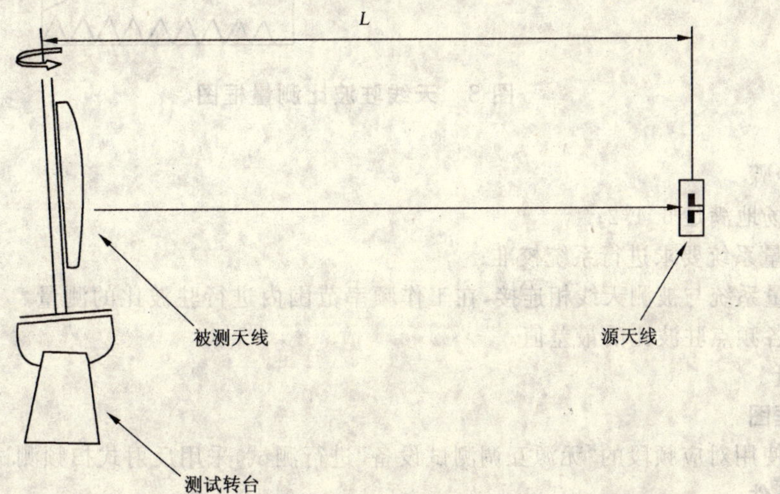

图 2 天线方向图圆度、半功率波束宽度、前后比测量示意图

6.3.3 测量步骤

a) 测试前被测天线的架设：

测试转台至少有 2 个自由转轴：在上方的方位轴和在下方的俯仰轴，且俯仰轴下倾或上翘转动时所处的方位角与源天线方向对准；天线架设分三种情况：

1) 垂直面方向图测试：源天线水平极化安装，被测天线也水平极化安装；

2) $\theta=90°$切割面方向图测试：源天线垂直极化安装，被测天线也垂直极化安装；

3) $\theta=120°$切割面方向图测试：源天线垂直极化安装，被测天线也垂直极化安装，同时测试转台的俯仰轴上翘 30°（即从默认的初始 $\theta=90°$转至 $\theta=120°$）；

b) 对于上述三种情况，被测天线在测试转台上方位轴作 360 度旋转，并把接收到的电平作为角度的函数记录下来，得天线方向图 F(θ)，记录天线的半功率波束宽度 θ_1，正向最大接收电平 P_3，背向 180°±30°范围内最大接收电平 P_4，全向最小接收电平 P_5；

c) 测量结果：

$\theta=90°$切割面或 $\theta=120°$切割面测试时：

全向天线：方向图圆度$=\pm(P_3-P_5)/2$ ……………………………（3）

定向天线：水平面半功率波束宽度为 θ_1

前后比$=P_3-P_4$ ……………………………（4）

垂直面方向图测试时：

垂直面半功率波束宽度为 θ_1。

6.4 驻波比测量

6.4.1 测量框图见图 3。

6.4.2 测量条件

被测天线安装在一个相对的没有反射，并且离测试设备和测试人员足够远的自由空间或无回波暗室。检验测试场地合格的方法如下：

被测天线在各个方向移动至少半个波长，在所移动的范围内驻波比的最大变化不大于 0.1。

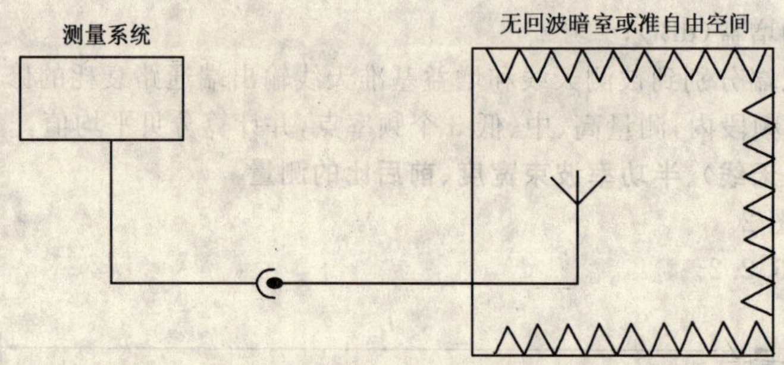

图 3 天线驻波比测量框图

6.4.3 测量步骤

a) 测试场地满足 6.4.2；

b) 按测量系统要求进行系统校准；

c) 将测量系统与被测天线相连接，在工作频率范围内进行驻波比的测量。天线驻波比为工作频带内各频点驻波比的最差值。

6.5 互调测量

6.5.1 测量框图

互调测量使用对应频段的“无源互调测试设备”进行测试，采用反射式扫频测试，测量框图见图 4。

6.5.2 测量条件

6.5.2.1 满足 6.4.2。

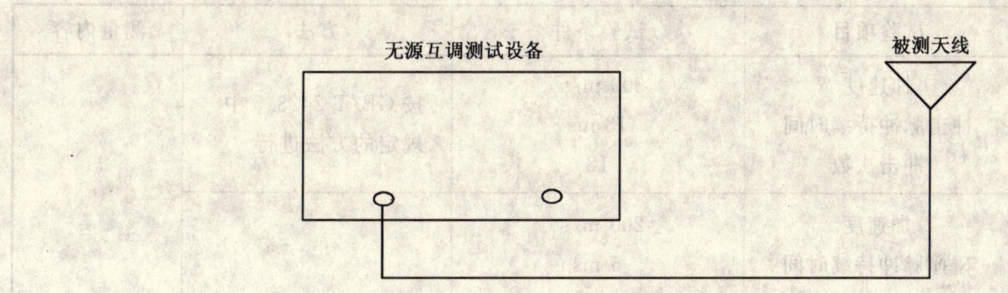

图 4 天线互调测量框图

6.5.2.2 无回波吸收体不能放在天线感应近场内，确保吸收体内感应回波不产生互调。同时还要保证吸收体之间相同极化间隙不产生泄漏。

6.5.2.3 测试电缆的剩余互调小于－117 dBm，且测试电缆两端口电压驻波比小于 1.2。

6.5.3 **测量步骤**

a) 设置工作频率，使三阶互调产物落入工作频带内；

b) 调整输出功率，使测试端口上两个载波的功率均为 20 dBm；

c) 进行系统校准；

d) 被测天线连接到测试端口，读出互调电平。

6.6 功率容限测量

6.6.1 测量条件

工作温度 －30℃～＋45℃；

气压 86 kPa～106 kPa；

相对湿度 45%～75%。

6.6.2 测量步骤

被测天线与射频信号源在规定的条件下连接，给被测天线施加指定频率的连续波功率，持续时间 1 h，天线不应有损坏或损伤，其驻波比满足本标准要求。

6.7 一般结构要求试验方法

可以用验算、目测和机械的方法对天线结构进行检查，以验证材料、外形尺寸和结构设计、加工是否符合要求。

6.8 环境试验方法

环境试验的项目、要求和方法见表 5。

表 5 环境试验方法

名称	试验项目	试验条件	方法	测量内容
低温试验	温度	－30℃±3℃	按 GB/T 2423.1 中规定的方法进行	驻波比互调
	试验样品温度稳定时间	1 h		
	持续试验时间	2 h		
	恢复时间	1 h		
	温度变化速率	1℃/min		
高温试验	温度	＋45℃±2℃	按 GB/T 2423.2 中规定的方法进行	
	试验样品温度稳定时间	1 h		
	持续试验时间	2 h		
	恢复时间	1 h		
	温度变化速率	1℃/min		

表 5(续)

<table>
<tr><th>名称</th><th>试验项目</th><th>试验条件</th><th>方法</th><th>测量内容</th></tr>
<tr><td>冲击试验</td><td>加速度
冲击脉冲持续时间
冲击次数</td><td>300 m/s²
18 ms
18</td><td>按 GB/T 2423.5 中规定的方法进行</td><td rowspan="4">全部电气性能</td></tr>
<tr><td>碰撞试验</td><td>加速度
碰撞脉冲持续时间
每分钟碰撞次数
总碰撞数次</td><td>200 m/s²
6 ms
40～80
垂直方向 400 次
前后、左右水平方向各 300 次
共 1 000 次</td><td>按 GB/T 2423.6 中规定的方法进行</td></tr>
<tr><td>振动(正弦)测试</td><td>频率
单振幅
三个互相垂直轴上
各振动时间
谐振点振幅
试验时间</td><td>1 Hz～30Hz;30Hz～55Hz
0.75 mm;0.25 mm

0.5 h
0.35 mm
1 min</td><td>按 GB/T 2423.10 中规定的方法进行</td></tr>
<tr><td>恒定湿热试验</td><td>温度
相对湿度
试验时间
恢复时间</td><td>+40℃±2℃
90%～95%
24 h
1 h</td><td>按 GB/T 2423.3 中规定的方法进行</td></tr>
<tr><td>汽车运输试验</td><td>公路等级
路程</td><td>三级
200 km</td><td>包装好的产品或对运输敏感的电器部件,按标志“向上”或任意位置放置,汽车装有 1/3 的额定载重负荷,以 20～40 km/h 的速度行驶</td><td>驻波比互调</td></tr>
</table>

7 检验规则

7.1 检验分类

产品检验分型式检验(例行检验)和出厂检验(交收检验)两类。

7.1.1 型式检验

对产品技术条件规定的各项指标进行全面的检验,一般为两年检查一次。当遇到下列情况之一时必须进行型式检验:

a) 新产品或老产品转厂生产的试制定型鉴定;

b) 正式生产后,如结构、材料、工艺有较大改变,可能影响产品性能时;

c) 产品长期停产,恢复生产时;

d) 出厂检验结果与上次型式检验有较大差异时;

e) 国家或行业质量监督机构认为必要时。

型式检验按 GB/T 2829 采用一次抽样方案:$n=3$,Ac=0,Re=1,判别水平Ⅲ级,不合格质量水平(RQL)为 65。

7.1.2 **出厂检验**

7.1.2.1 出厂检验项目应根据表6规定进行。

7.1.2.2 出厂检验采用抽样的方法，抽样采用GB/T 2828.1一次正常检验抽样方案。

7.1.2.3 产品质量以不合格品数表示。任何样本在检验中有任何一项不合格，则该样本单位应判为不合格品。

表6 出厂检验项目、合格质量水平和检验水平

检验项目	技术要求	试验方法	AQL	检验水平
一般结构要求	5.2.1条	6.7条	4.0	S-3
电压驻波比	5.1条	6.4条	1.5	S-3

8 标志、包装、运输、贮存

8.1 标志

产品应有产品标志和外包装标志。

8.1.1 产品标志

天线上应有铭牌，其基本内容为：

a) 制造商名称；

b) 产品名称；

c) 商标；

d) 产品型号；

e) 制造日期；

f) 频段、增益；

g) 检验合格标志。

8.1.2 外包装标志

应符合GB/T 191的有关规定。

8.2 包装

8.2.1 包装要求

基本内容应符合GB/T 3873的有关规定。

8.2.2 产品随带文件

a) 产品合格证；

b) 产品说明书；

c) 装箱单；

d) 附件清单；

e) 安装图；

f) 其他有关的技术资料。

8.3 运输

天线在运输过程中应避免较大的震动及碰撞，应遵守箱外的标志规定。

8.4 贮存

包装好的产品应放置在周围空气中无酸性、碱性及其他腐蚀性气体且通风、干燥的库房中。贮存期限不超过两年，存期超过两年需重新测量，检验合格后方可使用。

ICS 59.080.30
W 04

中华人民共和国国家标准

GB/T 21196.1—2007

纺织品 马丁代尔法织物耐磨性的测定 第1部分:马丁代尔耐磨试验仪

Textiles—Determination of the abrasion resistance of fabrics by the Martindale method—
Part 1: Martindale abrasion testing apparatus

(ISO 12947-1:1998,MOD)

2007-11-12 发布 2008-07-01 实施

中华人民共和国国家质量监督检验检疫总局
中国国家标准化管理委员会 发布

前　言

GB/T 21196《纺织品　马丁代尔法织物耐磨性的测定》分为4个部分：

——第1部分：马丁代尔耐磨试验仪；

——第2部分：试样破损的测定；

——第3部分：质量损失的测定；

——第4部分：外观变化的评定。

本部分为GB/T 21196的第1部分。

本部分修改采用ISO 12947-1:1998《纺织品　马丁代尔法织物耐磨性的测定　第1部分：马丁代尔耐磨试验仪》。

本部分与ISO 12947-1:1998的主要差异为：

1. 将一些适用于国际标准的描述改为适用于我国标准的表述。

2. 将国际标准的引言以注的形式放入范围中。

3. “规范性引用文件”中将国际标准用对应的国家标准代替。

4. 在范围中增加“涂层织物”。

5. 删除定义3.3“检验间隔”。

6. 6.1中增加对涂层织物磨料的要求。

7. 删去了6.4中的“注：合适的仪器和材料的供应信息，与ISO/TC 38秘书处联系。”

8. 公式(B.1)中的系数由“9.31”改为“9.81”。

本部分的附录A和附录B为规范性附录。

本部分由中国纺织工业协会提出。

本部分由全国纺织品标准化技术委员会基础标准分会(SAC/TC 209/SC 1)归口。

本部分由温州大荣纺织仪器有限公司、纺织工业标准化研究所负责起草。

本部分主要起草人：郝长振、徐路。

纺织品　马丁代尔法织物耐磨性的测定
第1部分:马丁代尔耐磨试验仪

1　范围

GB/T 21196 的本部分规定了马丁代尔试验仪和辅助材料的要求,用于按照 GB/T 21196 第2部分至第4部分规定的试验方法测定织物耐磨特性。

本部分适用于试验下列织物的仪器:

a)　机织物和针织物;

b)　绒毛高度在 2 mm 以下的起绒织物;

c)　非织造布;

d)　涂层织物:以机织物、针织物为基布,且涂层部分在织物表面上形成连续的膜。

注:由于不同方法的结果之间没有可比性,因此在试验开始前就选定磨损试验方法,并在试验报告中记录。使用马丁代尔仪测定织物抗起球性能见 ISO 12945-2《纺织品　织物表面起毛起球性能的测定　第2部分:改型的马丁代尔法》。

2　规范性引用文件

下列文件中的条款通过 GB/T 21196 的本部分的引用而成为本部分的条款。凡是注日期的引用文件,其随后所有的修改单(不包括勘误的内容)或修订版均不适用于本部分,然而,鼓励根据本部分达成协议的各方研究是否可使用这些文件的最新版本。凡是不注日期的引用文件,其最新版本适用于本部分。

GB/T 1800.4　极限与配合　标准公差等级和孔、轴的极限偏差表(GB/T 1800.4—1999, eqv ISO 286-2:1998)

GB/T 2543.1　纺织品　纱线捻度的测定　直接计数法(GB/T 2543.1—2001,eqv ISO 2061:1995)

GB/T 3820　纺织品　纺织品和纺织制品厚度的测定(GB/T 3820—1997,eqv ISO 5084:1996)

GB/T 4743　纱线线密度的测定　绞纱法(GB/T 4743—1995,neq ISO 2060:1994)

GB/T 4668　机织物密度的测定(GB/T 4668—1995,neq ISO 7211-2:1984)

GB/T 4669　纺织品　机织物单位长度和单位面积质量的测定(GB/T 4669—1995,eqv ISO 3801:1977)

GB/T 6343　泡沫塑料和橡胶　表观(体积)密度的测定(GB/T 6343—1995,neq ISO 845:1988)

GB/T 10685　羊毛　纤维直径的测定　投影显微镜法(GB/T 10685—1989,neq ISO 137:1985)

GB/T 21196.2　纺织品　马丁代尔法织物耐磨性的测定　第2部分:试样破损的测定(GB/T 21196.2—2007,ISO 12947-2:1998,MOD)

GB/T 21196.3　纺织品　马丁代尔法织物耐磨性的测定　第3部分:质量损失的测定(GB/T 21196.3—2007,ISO 12947-3:1998,MOD)

FZ/T 20018　毛纺织品中二氯甲烷可溶性物质的测定(FZ/T 20018—2000,eqv ISO 3074:1975)

HG/T 3050.3　橡胶或塑料涂覆织物　整卷特性的测定　第3部分:测定厚度的方法(HG/T 3050.3—2001,idt ISO 2286-3:1998)

3　术语和定义

下列术语和定义适用于 GB/T 21196 的本部分。

3.1

一次摩擦　abrasion rub

马丁代尔仪的两个外侧驱动轮转动一圈。

3.2

磨损周期　abrasion cycle

其轨迹形成一个完整李莎茹图形的平面摩擦运动，包括16次摩擦，即马丁代尔耐磨试验仪两个外侧驱动轮转动16圈，内侧驱动轮转动15圈。

3.3

李莎茹图形　Lissajous figure

由变化运动形成的图形。从一个圆到逐渐窄化的椭圆，直到成为一条直线，再由此直线反向渐进为加宽的椭圆直到圆，以对角线重复该运动。

3.4

工作台　work station

磨台。

4 原理

马丁代尔耐磨试验仪使圆形试样在规定负荷下，以轨迹形成李莎茹图形的平面运动与磨料(即标准织物)进行摩擦。装有试样或磨料的试样夹具绕其与水平面垂直的轴自由转动。试样夹具中装试样还是装磨料要根据采用的试验方法(GB/T 21196的第2部分、第3部分或第4部分)确定。

摩擦试样至预设的摩擦次数。根据产品类型和评估方法，确定检查间隔。

5 仪器

5.1 总则

马丁代尔耐磨试验仪由装有磨台和传动装置的基座构成。传动装置包括2个外轮和1个内轮，该机构使试样夹具导板运动轨迹形成李莎茹图形(见附录A)。

注：马丁代尔仪产生近似完美的李莎茹运动。

试样夹具导板在传动装置的驱动下做平面运动，导板的每一点描绘相同的李莎茹图形。

试样夹具导板装配有轴承座和低摩擦轴承，带动试样夹具销轴运动。每个试样夹具销轴的最下端插入其对应的试样夹具接套，在销轴的最顶端可放置加载块。

试样夹具包括接套、嵌块和压紧螺母。

试验仪应配备预设计数功能，以此来记录摩擦次数。

5.2 传动和基座附件

5.2.1 传动

传动装置的布局应当使从通风马达排出的热气不能到达摩擦表面。试样夹具的运动由下列装置产生：

a) 两个外侧同步传动装置：

——传动轴距其中心轴的距离为(30.25±0.25)mm；

——外传动装置的转动速度为(47.5±2.5)r/min。

b) 一个内侧传动装置：

——传动轴距其中心轴的距离为(30.25±0.25)mm；

——内传动装置的转动速度为(44.5±2.4)r/min。

外传动装置转速与内传动装置转速之比应为16：15，即外传动轮转16圈后，内传动轮转15圈，并达李莎茹图形的起始点。

试样夹具导板沿纵向和横向的最大动程均为(60.5±0.5)mm。

5.2.2 **计数器**

摩擦次数，其精度为1次摩擦。

5.2.3 **磨台**

每个磨台应包括以下元件：

a) 磨台(见图1)；

b) 夹持环(见图2)；

c) 固定夹持环的夹持装置；

d) 质量为(2.5±0.5)kg、直径为(120±10)mm的压锤。

单位为毫米

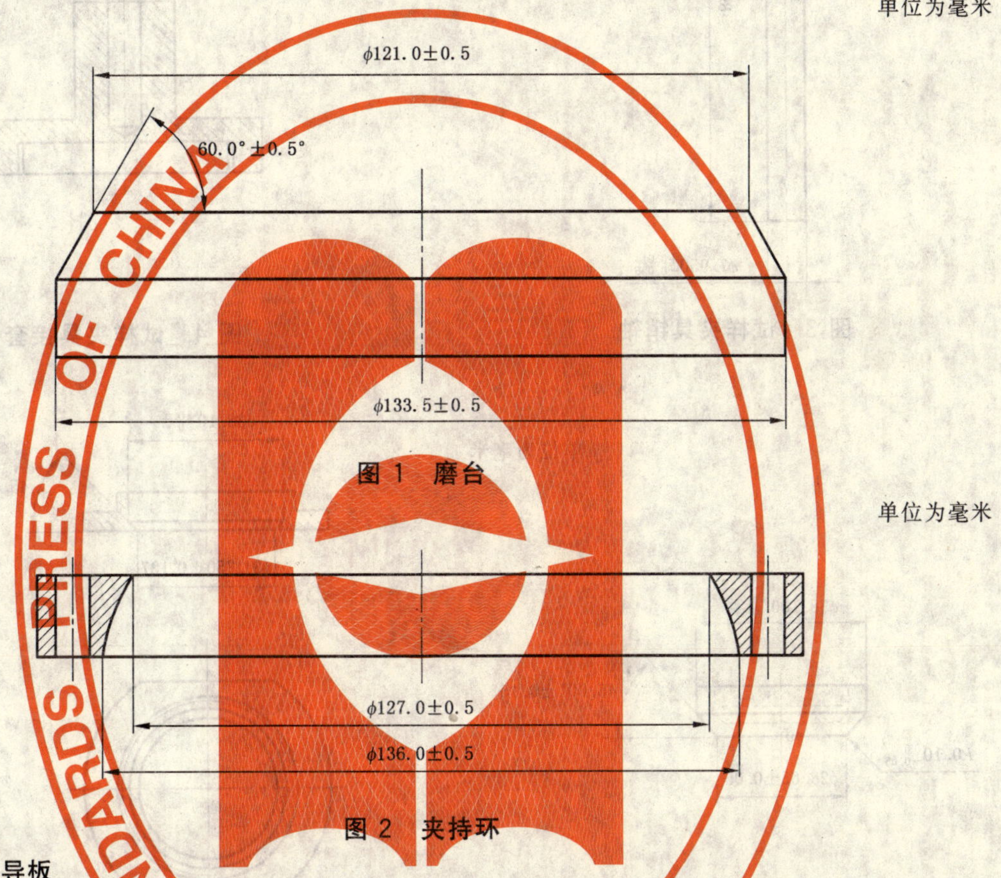

图1 磨台

图2 夹持环

5.3 **试样夹具导板**

试样夹具导板是一个平板，其上有约束传动装置的三个导轨。这三个导轨互相配合，保证试样夹具导板进行匀速、平稳和较小振动的运动。

试样夹具销轴插入固定在导板上的轴套内，并对准每个磨台。每个轴套配两个轴承。销轴在轴套内自由转动，但无空隙(见7.2)。这些基本的要求借助于以下轴套和轴承实现：

a) 轴套长度为(31.750±0.127)mm；

b) 轴套孔内径为7.950 mm，符合GB/T 1800.4中的允差范围H9，试样夹具销轴直径为7.950 mm，符合GB/T 1800.4中的允差范围f7。

5.4 **试样夹具**

试样夹具组件包括以下元件：

a) 试样夹具销轴(见图3)；

b) 试样夹具接套(见图4)；

c) 试样夹具嵌块(见图5)；

d) 试样夹具压紧螺母(见图6)。

这些组件的总质量应是(198±2)g。

试样夹具组件(未包括销轴)示意图见图7。

单位为毫米

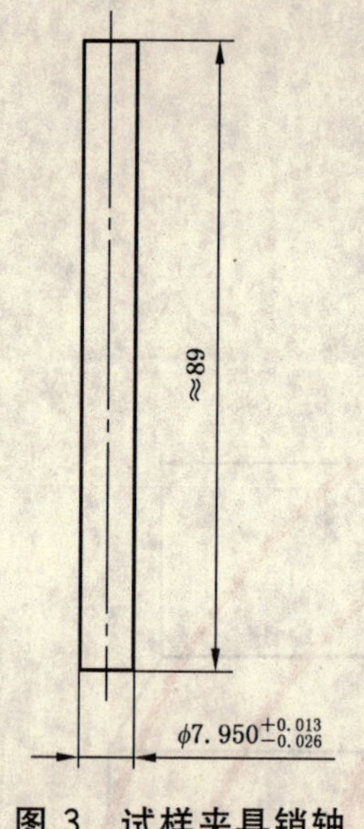

图3 试样夹具销轴

单位为毫米

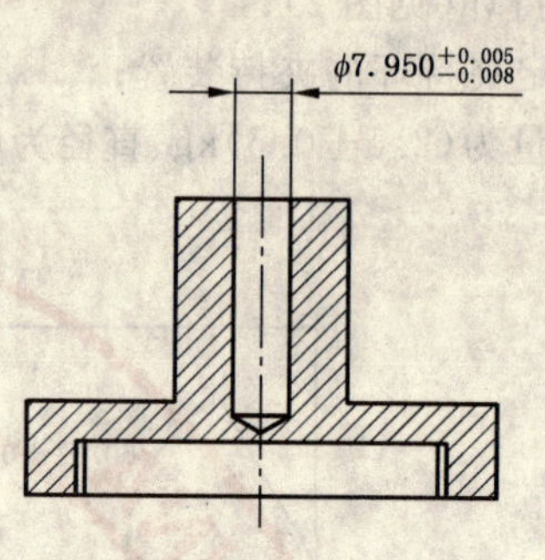

图4 试样夹具接套

单位为毫米

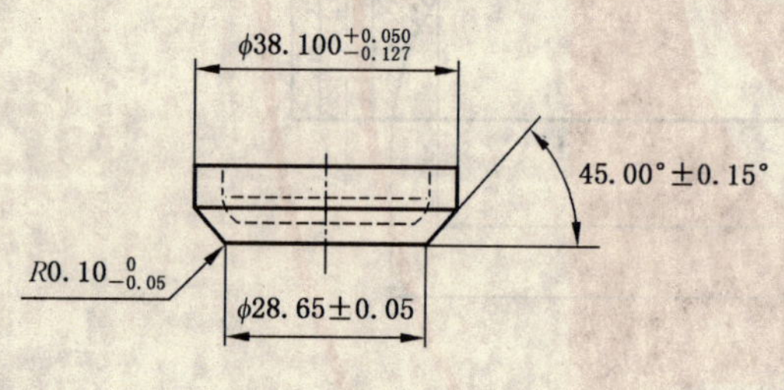

图5 试样夹具嵌块

单位为毫米

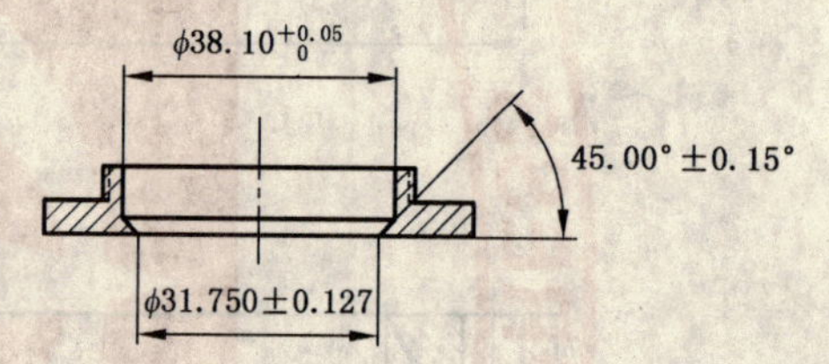

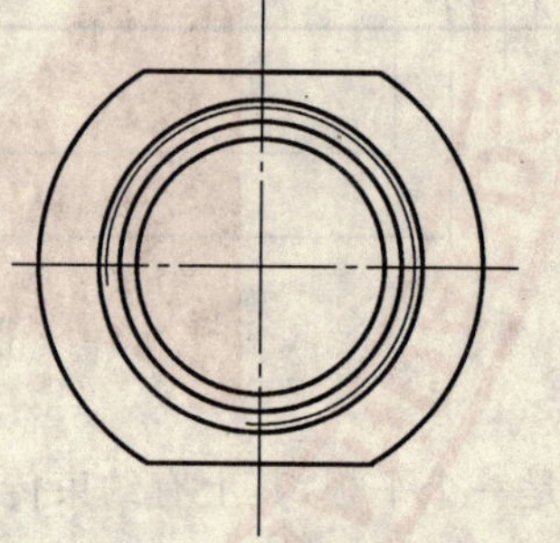

图6 试样夹具压紧螺母

单位为毫米

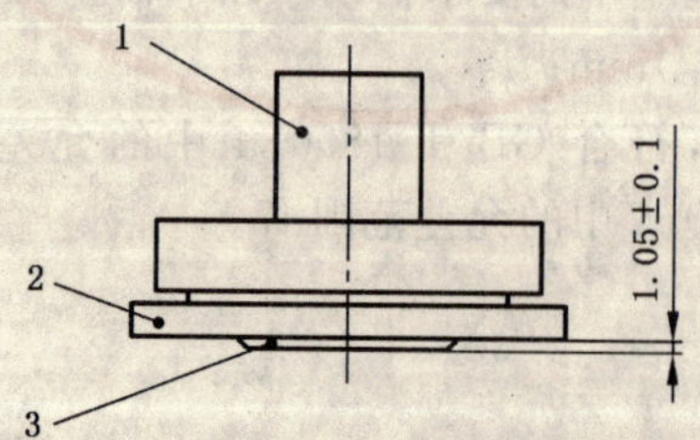

1——接套；

2——压紧螺母；

3——嵌块。

图7 试样夹具组件(未包括销轴)示意图

试样夹具应由耐腐蚀金属制作,螺纹部分应耐磨损。

为了试验较厚的纺织品,试样夹具接套的最上端和轴承装置的最下边的距离应为(7.5±1)mm。

5.5 加载块

每个工作台应配有大小两块加载块,在GB/T 21196.2和GB/T 21196.3规定的方法中,用于添加在试样夹具销轴或组件上。

加载块和试样夹具组件的总质量应为:

——大块(795±7)g;

——小块(595±7)g。

在磨损试验过程中,施加在试样上的名义压力为12 kPa和9 kPa。

加载块放在试样夹具销轴上,二者之间没有相对运动。

6 辅助材料

6.1 磨料

与试样进行摩擦的、直径或边长至少140 mm的机织平纹毛织物,符合表1的要求。

涂层织物磨料采用No.600水砂纸。

表1 羊毛磨料织物性能要求

性能	要求		试验方法
	经纱	纬纱	
纤维平均直径/μm	27.5±2.0	29.0±2.0	GB/T 10685
纱线线密度/tex	*R*(63±4)/2	*R*(74±4)/2	GB/T 4743
单纱捻度("Z"捻)/(捻/m)	540±20	500±20	GB/T 2543.1
股线捻度("S"捻)/(捻/m)	450±20	350±20	GB/T 2543.1
织物密度/(根/10 cm)	175±10	135±8	GB/T 4668
单位面积质量/(g/m²)	215±10		GB/T 4669
含油率/%	0.8±0.3		FZ/T 20018

6.2 毛毡

直径为140^{+5}_{0} mm、安装磨料前装在磨台上的圆形机织羊毛底衬,符合表2的要求。

表2 机织羊毛毡性能要求

性能	要求	试验方法
单位面积质量/(g/m²)	750±50	GB/T 4669
厚度/mm	2.5±0.5	GB/T 3820

6.3 泡沫塑料

聚氨酯泡沫塑料,符合表3要求。当织物的单位面积质量低于500 g/m²时,作为安装在试样夹具内的试样或磨料的衬垫。

将直径为38.0^{+5}_{0} mm的圆形泡沫塑料放置在试样或磨料与试样夹具嵌块之间。将泡沫塑料在室温下避光保存。

表3 聚氨酯泡沫塑料性能要求

性能	要求	试验方法
厚度/mm	3±1	GB/T 3820
密度/(kg/m³)	30±3	GB/T 6343
压痕硬度/kPa	5.8±0.8	附录B

6.4 辅助材料要求

对每一批进料，按 6.1～6.3 的规定检查辅助材料的性能。用实验室正在使用的已知性能的内部控制织物，对新进辅助材料进行比较耐磨试验。另外，检查磨料的表面结构是否有疵点和明显的差异，如果有，则不应当用其进行试验。

7 仪器的装配和维护

7.1 装配

应当按照仪器制造商的说明书装配仪器。此外，检查并确认仪器符合 5.2.1 和 5.5 规定的允差，李莎茹图形符合附录 A。

未放试样时，试样夹具组装好后，试样夹具嵌块的圆形表面和试样夹具压紧螺母之间的距离应为 (1.05±0.1)mm（见图 7）。

7.2 轴套组件内试样夹具转动的灵活性

按下列操作步骤，评定轴套组件内试样夹具转动的灵活性：

移去磨台上的其他材料，放置一块透明玻璃板（即显微镜载玻片）在磨台上，置于轴套的正下方。

将球形嵌块放在试样夹具内（见图 8），并小心地放在玻璃片上。

将大的加载块放在试样夹具销轴上。用胶条将长丝纱线（单丝或复丝，约 100 dtex～200 dtex）的一端固定在试样夹具的接套上，纱线长度约 1 m，从接套底部到顶部螺旋卷绕。纱线的另一头绕过一个自由转动的滑轮（见图 9）。

用可调夹具支撑滑轮，将夹具固定在试样夹具导板的适当位置。滑轮的顶端应当与试样夹具接套的顶部纱线引出点在同一水平面上，因此，从接套到滑轮的纱线是水平的。最初，在纱线一端吊 500 mg 的负荷检查滑轮的摩擦。然后在一侧再加 100 mg 负荷，滑轮应该转动，如果不转动，说明摩擦太大。

在纱线上附加 10 g 的质量，用手轻轻转动试样夹具，使加载纱线退绕。如果超过这一数值，清洁接套，重新检查或咨询仪器制造商。

单位为毫米

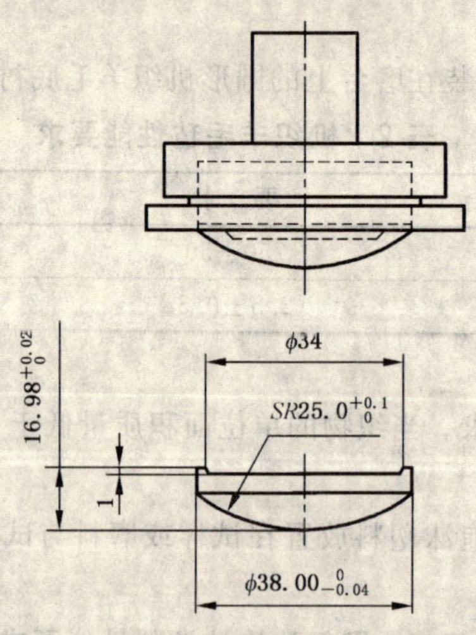

图 8 球形试样夹具嵌块

单位为毫米

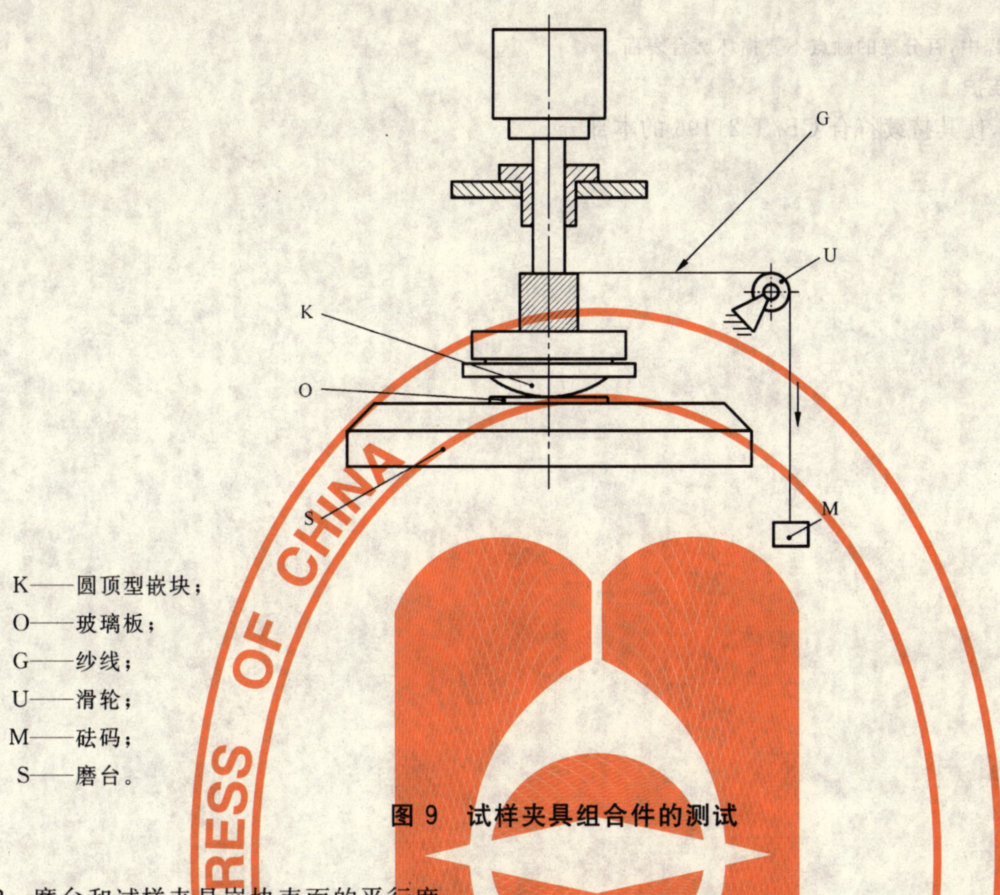

K——圆顶型嵌块；
O——玻璃板；
G——纱线；
U——滑轮；
M——砝码；
S——磨台。

图 9 试样夹具组合件的测试

7.3 磨台和试样夹具嵌块表面的平行度

按下列步骤检查磨台和试样夹具嵌块表面的平行度。

7.3.1 当试样夹具内或磨台上无任何材料时，将试样夹具销轴放在相应的轴套内，在试样夹具和销轴的重量作用下，试样夹具嵌块表面与磨台表面相接触。用塞尺检查试样夹具的周围，两金属表面的缝隙不大于 0.05 mm(见图 10)。

单位为毫米

图 10 试样夹具嵌块与磨台表面平行度的公差

7.3.2 按下列程序检查磨台表面与上部导板的平行度。针对每个工作台，将百分表放入轴套内代替试样夹具销轴，使百分表套筒触点对着磨台表面。百分表的分辨率为 0.01 mm(相当于一个刻度单位)。将百分表牢固地固定在试样夹具导板上。开动耐磨试验仪，使百分表的触点在磨台表面描绘李莎茹图形。记录一个磨损周期的李莎茹图形(16 个摩擦次数),百分表读数的最小值和最大值之间的最大差异应为 0.05 mm。

注：试验过程中,百分表的触点不要损坏磨台表面。

7.4 仪器的维护

保养仪器,使其持续符合 GB/T 21196 的本部分。

附　录　A
（规范性附录）
检查李莎茹图形的方法

按下列方法，获得每一个工作台的李莎茹图形。

从磨台上取下材料，用直径为(100±5)mm、最小单位面积质量为 100 g/m² 的普通白纸盖在每一个磨台表面，并固定在磨台上，保证表面十分平整。

将与试样销轴(见图 3)直径相同的不锈钢套筒依次插入试样导板的轴套内，装上常用圆珠笔，使笔尖与纸的表面接触。转动仪器使摩擦次数为 16 次，形成一个完整的李莎茹图形。

画两条平行线，刚好与李莎茹图形两对侧的曲线最外面相交。再为另外两侧画两条平行线，并确信这些线垂直相交。采用适当的方法，测量每一边精确至±0.2 mm。检查画的 31 条线，重要的是检查李莎茹图形的对称性。如果曲线互相重合或间距不均匀(见图 A.1)，则咨询仪器供应商。

a)　可接受的图形

b)　无法接受的图形

c)　无法接受的图形

图 A.1　可接受和无法接受的李莎茹图形实例

附 录 B
（规范性附录）
泡沫压痕硬度试验方法

B.1 仪器

B.1.1 一套（10 个）砝码：质量为（50±0.01）g。

B.1.2 小的轻质托盘：已知质量（约 60 g），用于盛砝码。

B.1.3 厚度量规：符合 HG/T 3050.3 的要求。

B.2 步骤

剪取两块方形泡沫，每块约 5 cm×5 cm。将一块放在另一块的上面，并立即放在厚度计的基准平板上。将托盘放在厚度计压杆顶部，立即记录泡沫的厚度。将第 1 个 50 g 砝码放在托盘上，（30±1）s 后记录厚度。重复该步骤，直到包括砝码、托盘和压杆的总质量等于或超过 500 g。

B.3 结果的计算和表达

以厚度作为纵坐标，质量作为横坐标作图，画曲线。

第一次记录的两层泡沫的厚度（只有厚度计、杆和压脚的质量）作为初始厚度。在初始厚度的 60% 处画一条与横坐标的平行线。读出在与曲线相交的点处的横坐标值，单位为克（g）。按式（B.1）计算施加的压力：

$$p = (m \times 9.81)/a \qquad \text{(B.1)}$$

式中：

p——压力，单位为千帕（kPa）；

m——质量，单位为克（g）；

a——压脚面积，单位为平方米（m^2）。

ICS 59.080.30
W 04

中华人民共和国国家标准

GB/T 21196.2—2007

纺织品 马丁代尔法织物耐磨性的测定 第2部分:试样破损的测定

Textiles—Determination of the abrasion resistance of fabrics by the Martindale method—

Part 2:Determination of specimen breakdown

(ISO 12947-2:1998,MOD)

2007-11-12 发布　　　　2008-07-01 实施

中华人民共和国国家质量监督检验检疫总局
中国国家标准化管理委员会　发布

前　言

GB/T 21196《纺织品　马丁代尔法织物耐磨性的测定》包括如下 4 个部分：

——第 1 部分：马丁代尔耐磨试验仪；

——第 2 部分：试样破损的测定；

——第 3 部分：质量损失的测定；

——第 4 部分：外观变化的评定。

本部分为 GB/T 21196 的第 2 部分。

本部分修改采用国际标准 ISO 12947-2：1998《纺织品　马丁代尔法织物耐磨性的测定　第 2 部分：试样破损的测定》。

本部分与 ISO 12947-2：1998 的主要差异为：

1. 将一些适用于国际标准的描述改为适用于我国标准的表述。

2. “规范性引用文件”中将国际标准用对应的国家标准代替。

3. 适用范围增加了涂层织物，并在第 4 章、3.2、5.1 和 7.7 中增加了相关内容。

4. 将 3.2 中起绒织物的摩擦终点改为“起绒或割绒织物表面绒毛被磨损至露底或有绒簇脱落”。

5. 7.1 中增加“批量样品的数量按相应产品标准的规定或按有关各方商定抽取”。

6. 将第 8 章的技术内容的叙述顺序进行了调整，使这章的内容更清晰，便于操作。

7. 在表 1 中增加“0”试验系列。

8. 在第 10 章增加了“d）所用磨料的描述”，下面的编号依次顺延。

本部分的附录 A 为规范性附录，附录 B 为资料性附录。

本部分由中国纺织工业协会提出。

本部分由全国纺织品标准化技术委员会基础分会（SAC/TC 209/SC 1）归口。

本部分由纺织工业标准化研究所、江苏出入境检验检疫局、中纺标（北京）检验认证中心有限公司、江苏康乃馨织造有限公司、温州大荣纺织仪器有限公司负责起草。

本部分主要起草人：徐路、周世香、周静珠、郝长振、臧岩兵。

纺织品　马丁代尔法织物耐磨性的测定
第2部分:试样破损的测定

1　范围

GB/T 21196的本部分规定了以试样破损为试验终点的耐磨性能测试方法。

本部分适用于所有纺织织物,包括非织造布和涂层织物。

本部分不适用于特别指出磨损寿命较短的织物。

注:本标准第1部分给出了更详细的介绍。

2　规范性引用文件

下列文件中的条款通过GB/T 21196的本部分的引用而成为本部分的条款。凡是注日期的引用文件,其随后所有的修改单(不包括勘误的内容)或修订版均不适用于本部分,然而,鼓励根据本部分达成协议的各方研究是否可使用这些文件的最新版本。凡是不注日期的文件,其最新版本适用于本部分。

GB 250　评定变色用灰色样卡(GB 250—1995, idt ISO 105-A02:1993)

GB/T 2828.1　计数抽样检验程序　第1部分:按接收质量限(AQL)检索的逐批检验抽样计划(GB/T 2828.1—2003,idt ISO 2859-1:1999)

GB 6529　纺织品调湿和试验用标准大气(GB 6529—1986, neq ISO 139:1973)

GB/T 21196.1　纺织品　马丁代尔法　织物耐磨性的测定　第1部分:马丁代尔耐磨试验仪(GB/T 21196.1—2007, ISO 12947-1:1998,MOD)

3　术语和定义

GB/T 21196.1中确立的以及下列术语和定义适用于GB/T 21196的本部分。

3.1

纱线　thread

单根的、两根以上的单纱或股线捻合后形成的纺织纱线。

3.2

试样破损　specimen breakdown

当试样出现下列情形时作为摩擦终点,即为试样破损:

——机织物中至少两根独立的纱线完全断裂;

——针织物中一根纱线断裂造成外观上的一个破洞;

——起绒或割绒织物表面绒毛被磨损至露底或有绒簇脱落;

——非织造布上因摩擦造成的孔洞,其直径至少为0.5 mm;

——涂层织物的涂层部分被破坏至露出基布或有片状涂层脱落。

4　原理

安装在马丁代尔耐磨试验仪试样夹具内的圆形试样,在规定的负荷下,以轨迹为李莎茹(Lissajous)图形的平面运动与磨料(即标准织物)进行摩擦,试样夹具可绕其与水平面垂直的轴自由转动。根据试样破损的总摩擦次数,确定织物的耐磨性能。

试样安装在衬垫为泡沫塑料的试样夹具内。当试样的单位面积质量大于500 g/m^{2}时,不需泡沫塑料衬垫。对于不需泡沫塑料衬垫的起绒和灯芯绒织物，应进行规定的预处理(见 7.5.2)。

本部分规定有三种摩擦负荷参数。摩擦负荷总有效质量(即试样夹具组件的质量和加载块质量的和)为：

a) (795±7)g(名义压力为 12 kPa)：适用于工作服、家具装饰布、床上亚麻制品、产业用织物。

b) (595±7)g(名义压力为 9 kPa)：适用于服用和家用纺织品(不包括家具装饰布和床上亚麻制品)，也适用于非服用的涂层织物。

c) (198±2)g(名义压力为 3 kPa)：适用于服用类涂层织物。

继续磨损试验，直到试样破损(见第 8 章)。

根据试样破损确定总摩擦次数。记录试样破损前累积的摩擦次数即耐磨次数。

5 仪器和辅助材料

5.1 试验仪器和辅助材料，应符合 GB/T 21196.1 的规定；对于涂层织物，应选用 No. 600 水砂纸作为标准磨料。

5.2 放大镜或显微镜，例如 8 倍放大镜。

6 调湿和试验用大气

调湿和试验用大气采用 GB 6529 规定的三级标准大气，即温度(20±2)℃、相对湿度(65±5)%。

7 抽样和试验准备

7.1 一般规定

批量样品的数量按相应产品标准的规定或按有关各方商定抽取，也可按照 GB/T 2828.1 规定抽取。

应保证在抽样和试样准备整个过程中的拉伸应力尽可能小，以防止织物被不适当地拉伸。

7.2 实验室样品的选取

从批量样品中选取有代表性的样品，取织物的全幅宽作为实验室样品。

7.3 从实验室样品中剪取试样

取样前将实验室样品在松弛状态下置于光滑的、空气流通的平面上，在第 6 章规定的标准大气中放置至少 18 h。

距布边至少 100 mm，在整幅实验室样品上剪取足够数量的试样，一般至少 3 块。

对机织物，所取的每块试样应包含不同的经纱或纬纱。

对提花织物或花式组织的织物，应注意试样包含图案各部分的所有特征，保证试样中包括有可能对磨损敏感的花型部位。每个部分分别取样。

7.4 试样和辅助材料的尺寸

7.4.1 试样尺寸

试样直径应为 $38.0^{+0.5}_{0}$ mm。

7.4.2 磨料的尺寸

磨料的直径或边长应至少为 140 mm。

7.4.3 磨料毛毡底衬的尺寸

机织羊毛毡底衬的直径应为 140^{+5}_{0} mm。

7.4.4 试样夹具泡沫塑料衬垫的尺寸

试样夹具泡沫塑料衬垫的直径应为 $38.0^{+0.5}_{0}$ mm。

7.5 特殊织物的试样准备

7.5.1 弹性织物

见附录A第A.1章。

7.5.2 灯芯绒织物和起绒织物

见附录A第A.2章。

7.6 试样及辅料的准备和安装

7.6.1 准备

从实验室样品上模压或剪切试样。要特别注意切边的整齐状况，以避免在下一步处理时发生不必要的材料损失。

以相同的方式准备磨料织物、毛毡和泡沫塑料辅助材料。

注：在某些情况下，可以得到已备好尺寸的辅助材料。

7.6.2 试样的安装

将试样夹具压紧螺母放在仪器台的安装装置上，试样摩擦面朝下，居中放在压紧螺母内。当试样的单位面积质量小于500 g/m^{2}时，将泡沫塑料衬垫放在试样上。将试样夹具嵌块放在压紧螺母内，再将试样夹具接套放上后拧紧。

注：安装试样时，需避免织物弄歪变形。

7.6.3 磨料的安装

移开试样夹具导板，将毛毡放在磨台上，再把磨料放在毛毡上。放置磨料时，要使磨料织物的经纬向纱线平行于仪器台的边缘。

将质量为(2.5±0.5)kg、直径为(120±10)mm的重锤压在磨台上的毛毡和磨料上面，拧紧夹持环，固定毛毡和磨料，取下加压重锤。

7.7 辅料的有效寿命

每次试验需更换新磨料。如在一次磨损试验中，羊毛标准磨料摩擦次数超过50 000次，每50 000次更换一次磨料；水砂纸标准磨料摩擦次数超过6 000次，每6 000次更换一次磨料。

每次磨损试验后，检查毛毡上的污点和磨损情况。如果有污点或可见磨损，更换毛毡。毛毡的两面均可使用。

对使用泡沫塑料的磨损试验，每次试验使用一块新的泡沫塑料。

7.8 耐磨仪的准备

安装试样和辅助材料后，将试样夹具导板放在适当的位置，准确地将试样夹具及销轴放在相应的工作台上，将耐磨试验规定的加载块放在每个试样夹具的销轴上。

8 磨损试验步骤

启动仪器，对试样进行连续地摩擦，直至达到预先设定的摩擦次数。从仪器上小心地取下装有试样的试样夹具，不要损伤或弄歪纱线，检查整个试样摩擦面内的破损迹象(见3.2)。如果还未出现破损，将试样夹具重新放在仪器上，开始进行下一个检查间隔的试验和评定，直到摩擦终点即观察到试样破损。使用放大装置(5.2)查看试样。

对于熟悉的织物，试验时根据试样预计耐磨次数的范围选择和设定检查间隔(见表1)，如果有必要，按7.5进行试样预处理。

注：对于不熟悉的织物，建议进行预试验，以每2 000次摩擦为检查间隔，直至达到摩擦终点。

如果摩擦次数超过磨料的有效寿命，每到有效寿命的临界次数，(如果需要)或在较早阶段中断摩擦，以更换新磨料。在不到临界次数就中断的情况下，要非常小心地从仪器上取下装有试样的试样夹具，以避免损伤。更换新磨料后，继续试验，直到所有试样达到规定的终点或破损。

如果试样经摩擦后出现起球，可采用下列步骤之一：

a) 继续试验，报告中记录这一事实[见第 10 章中 f)项]；

b) 剪掉球粒，继续试验，报告中记录这一事实[见第 10 章中 f)项]。

表 1 磨损试验的检查间隔

试验系列	预计试样出现破损时的摩擦次数	检查间隔/次
0	≤2 000	200
a	>2 000 且≤5 000	1 000
b	>5 000 且≤20 000	2 000
c	>20 000 且≤40 000	5 000
d	>40 000	10 000
注 1：以确定破损的确切摩擦次数为目的的试验，当试验接近终点时，可减小间隔，直到终点。 注 2：选择检查间隔应经有关方面同意。		

9 结果

测定每一个试样发生破损时的总摩擦次数(见第 8 章)，以试样破损前累积的摩擦次数作为耐磨次数。如果需要，计算耐磨次数的平均值及平均值的置信区间。

如果需要，按 GB 250 评定试样摩擦区域的变色。

注：关于纺织品的统计评估或纺织品的感官检验见 GB/T 6379。

10 试验报告

试验报告应包括下列内容：

a) 本部分的标准编号；

b) 样品的描述；

c) 试验中使用的摩擦负荷或名义压力；

d) 所用磨料的描述；

e) 试样的预处理；

f) 单个试样的耐磨次数，或如果适用，与更进一步观察结合的评定结果，例如：

——平均耐磨次数(地组织和提花组织分别报出)；

——平均值的置信区间；

——是否进行变色评定(见第 9 章)。

g) 偏离本程序的细节(例如试验条件或评定的特别协议)；

h) 试验日期。

注：附录 B 中给出了试验精度的信息。

附　录　A
（规范性附录）
特殊织物的试样准备

A.1　弹性织物

含有弹性纤维的织物按以下步骤准备试样。

剪切或模切尺寸为 60 mm×60 mm 的正方形试样，试样边平行于针迹或纱线。调湿试样并将摩擦面朝下放在尺寸为 45 mm×45 mm 的方形试验台上。试样的四边突出于方形台，每边夹一个夹口长度为 30 mm 的夹子，每个夹子挂一个配重块（挂重物时注意不使试样伸长）。将四个配重块放在可降低的托架上。每个配重块与夹子的总质量应为 100 g。连续快速地降低和升起托架（当然配重块也随之升降）三次，这样，试样在四个配重块负荷的作用下伸长三次，然后释放负荷。再次降低托架，给试样重新施加负荷使其伸长。在这种状态下，在拉伸试样上压一个尺寸为 50 mm×50 mm，粘有双面胶带，其中心有一直径为 30 mm 孔的方形薄片，并用胶条将其固定。再次升起托架，取下试样上的配重块，从安装装置上取下试样，模切用于磨损试验的、直径为 38 mm 的试样。应当注意，要准确地对准薄片上直径为 30 mm 的孔，使得模切试样在稍拉伸的状态下，被一个 4 mm 宽的环形薄片固定。为了防止圆圈粘结区域散开，切下试样后立即将其安装在试样夹具内。见图 A.1。

注：已经证明，采用 0.2 mm 厚的聚氯乙烯透明薄片效果良好。在模切尺寸为 50 mm×50 mm 的正方形前，将双面胶带（例如，粘地毯用的胶带）粘到薄片的一面上，揭掉要粘试样面的保护膜。在方形薄片上切一个直径为 30 mm的中心孔。试样上粘有环形薄片的一面朝上安装在试样夹具内。

单位为毫米

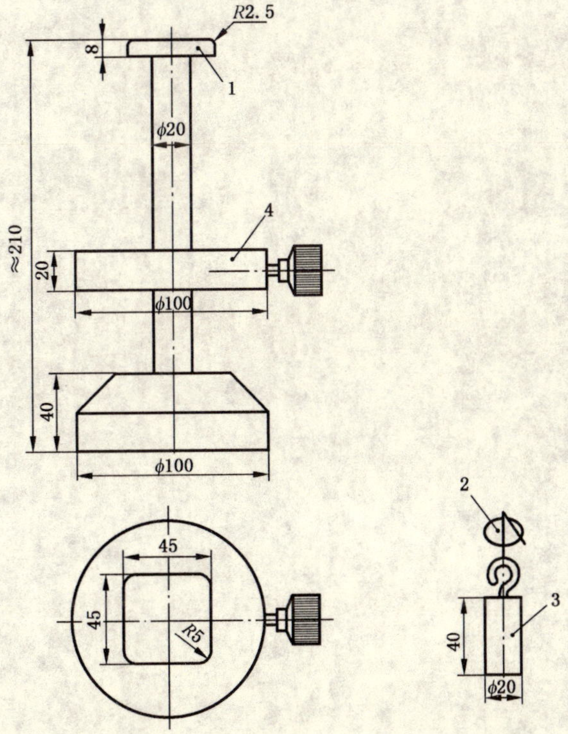

1——试验台；

2——夹子；

3——配重块；

4——可升降托架。

图 A.1　易伸长织物的安装装置

A.2 灯芯绒和起绒织物

单位面积质量大于或等于 500 g/m^2,不需要衬垫进行试验的灯芯绒和起绒织物,按以下方法预处理试样。

将一块直径或边长为 140 mm 的实验室样品反面朝上安装在磨台的毛毡衬上,将一块尺寸为 $38.0^{+0.5}_{0}$ mm的磨料连同泡沫塑料装在试样夹具内。

对服用织物,在 595 g 摩擦负荷下,摩擦织物反面 1 000 次。

对家具织物,在 795 g 摩擦负荷下,摩擦织物反面 4 000 次。

完成规定的摩擦次数。按常规方法从该程序处理过的样品上剪取 4 块~6 块试样,并安装在试样夹具内。

每次预处理使用一块新磨料。

根据灯芯绒或起绒织物的结构或质量的不同,在预处理过程中会产生轻微的或明显的绒毛损失,这将影响到是否还需要继续试验。如果继续进行正常磨损试验,在试验报告中,记录预处理后任何显著变化。

如果绒毛损失明显,例如织物正面外观变化超过约定的限度,或织物经摩擦预处理后的质量损失超过极限值(以克或百分率表示),应经有关方面同意采取相应措施。

起绒或割绒织物以表面绒毛被磨损至露底或有绒簇脱落为终点。

附 录 B
(资料性附录)
试验精密度

ISO 12947-1:1998 中 6.1 规定的磨料已在一个实验室集中试验,并且也已经由 21 个实验室进行了国际间联合试验。两个试验均采用了三种不同的羊毛织物。表 B.1 和表 B.2 是每种织物、每个单个实验室试验和联合实验室试验的变异系数(*CV*)。

表 B.1 和表 B.2 是以每种织物和每次试验的标准误差为基础的。表 B.3 和表 B.4 中给出了标准误差(67%的置信水平)的结果。如果设计为 95%的置信水平,表中数据应乘以 2。上述单个实验室试验的结果包括一台仪器的偏差和不同台仪器之间的偏差。实验室间联合试验结果给出了不同实验室间的偏差。

当使用极限去定义试验精度时,考虑下列实际影响是很重要的:

a) 试验中织物的变化;

b) 终点次数越多,终点差异越大;

c) 实验室内按标准条件进行调湿的重要性;

d) 不同操作者之间对终点差异的评价和某些难以评定的织物,例如,涤毛混纺的家具织物;

e) 引用的数据基于三种羊毛织物,且不包括其他类型的织物。

表 B.1 基于同一估计标准误差的变异系数(*CV*) %

样品	单个实验室试验(实验室内 10 台仪器)	实验室间联合试验:21 个实验室	
		实验室内	实验室间
织物 1	12.3	13.4	20.8
织物 2	13.2	12.6	13.2
织物 3	7.6	8.0	18.1

表 B.2 变异系数(*CV*)(以基于表 B.1 的 4 个样品平均值的百分率表示)

样品	1 个实验室的试验[a]	任何实验室内的试验[b]
织物 1	6.2	22.0
织物 2	6.6	14.7
织物 3	3.8	18.5
平均值	5.5	18.3

[a] 基于单个实验室试验。

[b] 基于实验室间的试验。

表 B.3 标准误差的计算

样品	单个实验室试验(实验室内 10 台仪器)的标准误差	实验室间联合试验	
		实验室内的标准误差	实验室间的标准误差
1	3 300	3 400	5 100
2	1 300	1 110	1 160
3	1 600	1 700	3 900

表 B.4　4 个样品平均值的标准误差(基于表 B.3)

样品	1 个实验室的试验[a]	任何实验室内的试验[b]
1	1600	540
2	670	1290
3	810	4000

[a] 基于单个实验室试验。如果是基于实验室间试验的实验室标准误差，试验结果几乎相同。

[b] 基于实验室间的试验。

注：标准误差＝标准偏差/(单个结果的数值)$^{1/2}$。

ICS 59.080.30
W 04

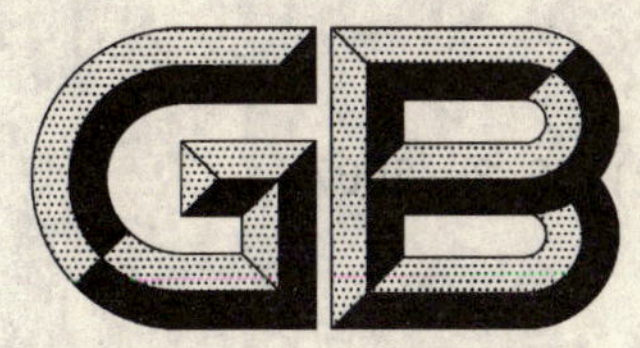

中华人民共和国国家标准

GB/T 21196.3—2007

纺织品　马丁代尔法织物耐磨性的测定　第3部分：质量损失的测定

Textiles—Determination of the abrasion resistance of fabrics by the Martindale method—Part 3: Determination of mass loss

(ISO 12947-3:1998, MOD)

2007-11-12 发布　　2008-07-01 实施

中华人民共和国国家质量监督检验检疫总局
中国国家标准化管理委员会　发布

前 言

GB/T 21196《纺织品　马丁代尔法织物耐磨性的测定》包括如下 4 个部分：

——第 1 部分：马丁代尔耐磨试验仪；

——第 2 部分：试样破损的测定；

——第 3 部分：质量损失的测定；

——第 4 部分：外观变化的评定。

本部分为 GB/T 21196 的第 3 部分。

本部分修改采用国际标准 ISO 12947-3：1998《纺织品　马丁代尔法织物耐磨性的测定　第 3 部分：质量损失的测定》。

本部分与 ISO 12947-3：1998 的主要差异为：

1. 将一些适用于国际标准的描述改为适用于我国标准的表述。

2. “规范性引用文件”中将国际标准用对应的国家标准代替。

3. 适用范围增加了涂层织物，并在第 4 章和 7.7 中增加了相关内容。

4. 7.1 中增加“批量样品的数量按相应产品标准的规定或按有关各方商定抽取”。

5. 第 8 章中取下试样称重改为对试样组件称重。

6. 第 9 章中增加了耐磨指数的公式。

7. 在第 10 章加入了“所用磨料的描述”，下面的编号依次顺延。

本部分的附录 A 为规范性附录。

本部分由中国纺织工业协会提出。

本部分由全国纺织品标准化技术委员会基础分会(SAC/TC 209/SC 1)归口。

本部分由纺织工业标准化研究所、中纺标(北京)检验认证中心有限公司、温州大荣纺织仪器有限公司负责起草。

本部分主要起草人：徐路、郭文松、郝长振。

纺织品　马丁代尔法织物耐磨性的测定
第3部分:质量损失的测定

1　范围

GB/T 21196 的本部分规定了以试样的质量损失来确定织物耐磨性的测试方法。

本部分适用于所有纺织织物,包括非织造布和涂层织物。

本部分不适用于特别指出磨损寿命较短的织物。

注:本标准第1部分给出了更详细的介绍。

2　规范性引用文件

下列文件中的条款通过 GB/T 21196 的本部分的引用而成为本部分的条款。凡是注日期的引用文件,其随后所有的修改单(不包括勘误的内容)或修订版均不适用于本部分,然而,鼓励根据本部分达成协议的各方研究是否可使用这些文件的最新版本。凡是不注日期的文件,其最新版本适用于本部分。

GB 250　评定变色用灰色样卡(GB 250—1995, idt ISO 105-A02:1993)

GB/T 2828.1　计数抽样检验程序　第1部分:按接收质量限(AQL)检索的逐批检验抽样计划(GB/T 2828.1—2003,idt ISO 2859-1:1999)

GB 6529　纺织品调湿和试验用标准大气(GB 6529—1986, neq ISO 139:1973)

GB/T 21196.1　纺织品　马丁代尔法　织物耐磨性的测定　第1部分:马丁代尔耐磨试验仪(GB/T 21196.1—2007, ISO 12947-1:1998,MOD)

GB/T 21196.2　纺织品　马丁代尔法　织物耐磨性的测定　第2部分:试样破损的测定(GB/T 21196.2—2007, ISO 12947-2:1998,MOD)

3　术语和定义

GB/T 21196.1 和 GB/T 21196.2 中确立的术语和定义适用于 GB/T 21196 的本部分。

4　原理

安装在马丁代尔耐磨试验仪试样夹具内的圆形试样,在规定的摩擦负荷下,作轨迹为李莎茹(Lissajous)图形的平面运动与标准磨料进行摩擦,试样夹具可绕其与水平面垂直的轴自由转动。在试验的过程中间隔称取试样的质量,根据试样的质量损失确定织物的耐磨性能。

试样安装在衬垫为泡沫塑料的试样夹具内。当试样的单位面积质量大于 500 g/m^2 时,不需泡沫塑料衬垫。对于不需泡沫塑料衬垫的起绒和灯芯绒织物,应进行规定的预处理(见 7.5.2)。

本部分规定有三种摩擦负荷参数。摩擦负荷总有效质量(即试样夹具组件的质量和加载块质量的和)为:

a)　(795±7)g(名义压力为 12 kPa):适用于工作服、家具装饰布、床上亚麻制品、产业用织物。

b)　(595±7)g(名义压力为 9 kPa):适用于服用和家用纺织品(不包括家具装饰布和床上亚麻制品);也适用于非服用的涂层织物。

c)　(198±2)g(名义压力为 3 kPa):适用于服用类涂层织物。

根据试样预计破损的摩擦次数,在设立的每一档摩擦次数下(见表1)测定试样的质量损失。

表 1 质量损失试验间隔

试验系列	预计试样破损时的摩擦次数	在以下摩擦次数时测定质量损失
a	≤1 000	100,250,500,750,1 000,(1 250)
b	>1 000 且≤5 000	500,750,1 000,2 500,5 000,(7 500)
c	>5 000 且≤10 000	1 000,2 500,5 000,7 500,10 000,(15 000)
d	>10 000 且≤25 000	5 000,7 500,10 000,15 000,25 000,(40 000)
e	>25 000 且≤50 000	10 000,15 000,25 000,40 000,50 000,(75 000)
f	>50 000 且≤100 000	10 000,25 000,50 000,75 000,100 000,(125 000)
g	>100 000	25 000,50 000,75 000,100 000,(125 000)
注：括弧内的值应经有关双方同意。		

5 仪器和辅助材料

5.1 试验仪器和辅助材料，应符合 GB/T 21196.1 的规定；对于涂层织物，应选用 No. 600 水砂纸作为标准磨料。

5.2 天平，精度为 0.001 g。

6 调湿和试验用大气

调湿和试验用大气采用 GB 6529 规定的三级标准大气，即温度(20±2)℃、相对湿度(65±5)%。

7 抽样和试验准备

7.1 一般规定

批量样品的数量按相应产品标准的规定或按有关各方商定抽取，也可按照 GB/T 2828.1 规定抽取。

应保证在抽样和试样准备整个过程中的拉伸应力尽可能小，以防止织物被不适当地拉伸。

7.2 实验室样品的选取

从批量样品中选取有代表性的样品，取织物的全幅宽作为实验室样品。

7.3 从实验室样品中剪取试样

取样前将实验室样品在松弛状态下置于光滑的、空气流通的平面上，在第 6 章规定的标准大气中放置至少 18 h。

距布边至少 100 mm，在整幅实验室样品上剪取足够数量的试样，一般至少 3 块。

对机织物，所取的每块试样应包含不同的经纱或纬纱。

对提花织物或花式组织的织物，应注意试样包含图案各部分的所有特征，保证试样中包括有可能对磨损敏感的花型部位。每个部分分别取样。

7.4 试样和辅助材料的尺寸

7.4.1 试样尺寸

试样直径应为 $38.0^{+0.5}_{0}$ mm。

7.4.2 磨料的尺寸

磨料的直径或边长应至少为 140 mm。

7.4.3 磨料毛毡底衬的尺寸

机织羊毛毡底衬的直径应为 140^{+5}_{0} mm。

7.4.4 试样夹具泡沫塑料衬垫的尺寸

试样夹具泡沫塑料衬垫的直径应为 $38.0^{+0.5}_{0}$ mm。

7.5 特殊织物的试样准备

7.5.1 弹性织物

见附录 A 第 A.1 章。

7.5.2 灯芯绒织物和起绒织物

见附录 A 第 A.2 章。

7.6 试样及辅料的准备和安装

7.6.1 准备

从实验室样品上模压或剪切试样。要特别注意切边的整齐状况,以避免在下一步处理时发生不必要的材料损失。

以相同的方式准备磨料织物、毛毡和泡沫塑料辅助材料。

注:在某些情况下,可以得到已备好尺寸的辅助材料。

7.6.2 试样的安装

将试样夹具压紧螺母放在仪器台的安装装置上,试样摩擦面朝下,居中放在压紧螺母内。当试样的单位面积质量小于 500 g/m^2 时,将泡沫塑料衬垫放在试样上。将试样夹具嵌块放在压紧螺母内,再将试样夹具接套放上后拧紧。

对装有试样的试样夹具称重,精确至 1 mg。

注:安装试样时,需避免织物弄歪变形。

7.6.3 磨料的安装

移开试样夹具导板,将毛毡放在磨台上,再把磨料放在毛毡上。放置磨料时,要使磨料织物的经纬向纱线平行于仪器台的边缘。

将质量为(2.5±0.5)kg、直径为(120±10) mm 的重锤压在磨台上的毛毡和磨料上面,拧紧夹持环,固定毛毡和磨料,取下加压重锤。

7.7 辅料的有效寿命

每次试验需更换新磨料。如在一次磨损试验中,羊毛标准磨料摩擦次数超过 50 000 次,每 50 000 次更换一次磨料;水砂纸标准磨料摩擦次数超过 6 000 次,每 6 000 次更换一次磨料。

每次磨损试验后,检查毛毡上的污点和磨损情况。如果有污点或可见磨损,更换毛毡。毛毡的两面均可使用。

对使用泡沫塑料的磨损试验,每次试验使用一块新的泡沫塑料。

7.8 耐磨仪的准备

安装试样和辅助材料后,将试样夹具导板放在适当的位置,准确地将试样夹具及销轴放在相应的工作台上,将耐磨试验规定的加载块放在每个试样夹具的销轴上。

8 磨损试验步骤

根据试样预计破损的摩擦次数,按表 1 中给定的相关试验系列,预先选择摩擦次数。如果有必要,按 7.5 进行试样预处理。启动耐磨试验仪。

摩擦已知质量的试样直到所选择的表 1 试验系列中规定的摩擦次数,例如,试验系列 a,试样的摩擦次数分别为 100,250,500 等一组。

从试样上取下加载块,然后小心地从仪器上取下试样夹具,检查试样表面的异常变化(例如,起毛或起球,起皱,起绒织物掉绒)。如果出现这样的异常现象,舍弃该试样。如果所有试样均出现这种变化,则停止试验。如果仅有个别试样有异常,重新取样试验,直至达到要求的试样数量。在试验报告中记录观察到的异常现象及异常试样的数量。

为了测量试样的质量损失,小心地从仪器上取下试样夹具,用软刷除去两面的磨损材料(纤维碎屑),不要用手触摸试样。测量每个试样组件的质量,精确至 1 mg。

9 结果

根据每一个试样在试验前后的质量差异,求出其质量损失。

计算相同摩擦次数下各个试样的质量损失平均值,修约至整数。如果需要,计算平均值的置信区间、标准偏差和变异系数(CV),修约至小数点后一位。

当按照表 1 的摩擦次数完成试验后,根据各摩擦次数对应的平均质量损失(如果需要,指出平均值的置信区间)作图,按式(1)计算耐磨指数。

$$A_i = n/\Delta m \qquad \cdots\cdots(1)$$

式中:

A_i——耐磨指数,单位为次每毫克(次/mg);

n——总摩擦次数,单位为次;

Δm——试样在总摩擦次数下的质量损失,单位为毫克(mg)。

如果需要,按 GB 250 评定试样摩擦区域的变色。

注:关于纺织品的统计评估或纺织品的感官检验见 GB/T 6379。

10 试验报告

试验报告应包括下列内容:

a) 本部分的标准编号;

b) 样品的描述;

c) 使用的试验系列和细节;

d) 所用磨料的描述;

e) 试样的预处理;

f) 试验结果,报告试样在每一个特定的摩擦次数时质量损失的平均值,以及质量损失与摩擦次数的图、耐磨指数。或如果适用,与更进一步的观察相结合的评定结果,例如:

——质量损失平均值的置信区间、标准偏差、变异系数(CV);

——如果进行了变色评定,报告变色级别;

g) 偏离本程序的细节(例如,试验和评定条件的特别协议);

h) 试验日期。

附 录 A
（规范性附录）
特殊织物的试样准备

A.1 弹性织物

含有弹性纤维的织物按以下步骤准备试样。

剪切或模切尺寸为 60 mm×60 mm 的正方形试样，试样边平行于针迹或纱线。调湿试样并将摩擦面朝下放在尺寸为 45 mm×45 mm的方形试验台上。试样的四边突出于方形台，每边夹一个夹口长度为 30 mm 的夹子，每个夹子挂一个配重块（挂重物时注意不使试样伸长）。将四个配重块放在可降低的托架上。每个配重块与夹子的总质量应为 100 g。连续快速地降低和升起托架（当然配重块也随之升降）三次，这样，试样在四个配重块负荷的作用下伸长三次，然后释放负荷。再次降低托架，给试样重新施加负荷使其伸长。在这种状态下，在拉伸试样上压一个尺寸为 50 mm×50 mm，粘有双面胶带，其中心有一直径为 30 mm 孔的方形薄片，并用胶条将其固定。再次升起托架，取下试样上的配重块，从安装装置上取下试样，模切用于磨损试验的、直径为 38 mm 的试样。应当注意，要准确地对准薄片上直径为 30 mm 的孔，使得模切试样在稍拉伸的状态下，被一个 4 mm 宽的环形薄片固定。为了防止圆圈粘结区域散开，切下试样后立即将其安装在试样夹具内。见图 A.1。

注：已经证明，采用 0.2 mm 厚的聚氯乙烯透明薄片效果良好。在模切尺寸为 50 mm×50 mm 的正方形前，将双面胶带（例如，粘地毯用的胶带）粘到薄片的一面上，揭掉要粘试样面的保护膜。在方形薄片上切一个直径为 30 mm的中心孔。试样上粘有环形薄片的一面朝上安装在试样夹具内。

单位为毫米

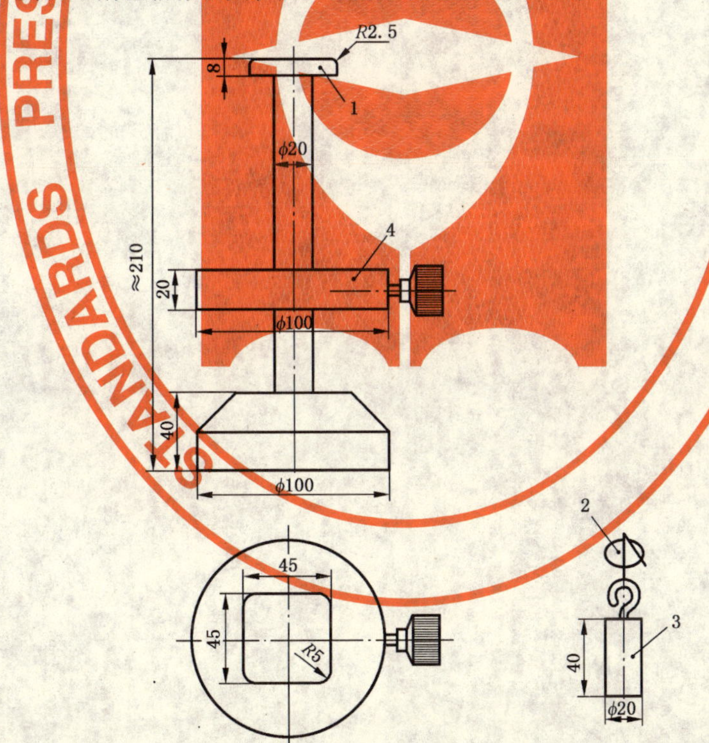

1——试验台；

2——夹子；

3——配重块；

4——可升降托架。

图 A.1 易伸长织物的安装装置

A.2 灯芯绒和起绒织物

单位面积质量大于或等于 500 g/m^2，不需要衬垫进行试验的灯芯绒和起绒织物，按以下方法预处理试样。

将一块直径或边长为 140 mm 的实验室样品反面朝上安装在磨台的毛毡衬上，将一块尺寸为 $38.0^{+0.5}_{0}$ mm的磨料连同泡沫塑料装在试样夹具内。

对服用织物，在 595 g 摩擦负荷下，摩擦织物反面 1 000 次。

对家具织物，在 795 g 摩擦负荷下，摩擦织物反面 4 000 次。

完成规定的摩擦次数。按常规方法从该程序处理过的样品上剪取 4 块～6 块试样，并安装在试样夹具内。

每次预处理使用一块新磨料。

根据灯芯绒或起绒织物的结构或质量的不同，在预处理过程中会产生轻微的或明显的绒毛损失，这将影响到是否还需要继续试验。如果继续进行正常磨损试验，在试验报告中，记录预处理后任何显著变化。

如果绒毛损失明显，例如织物正面外观变化超过约定的限度，或织物经摩擦预处理后的质量损失超过极限值（以克或百分率表示），应经有关方面同意采取相应措施。

起绒或割绒织物以表面绒毛被磨损至露底或有绒簇脱落为终点。

ICS 59.080.30
W 04

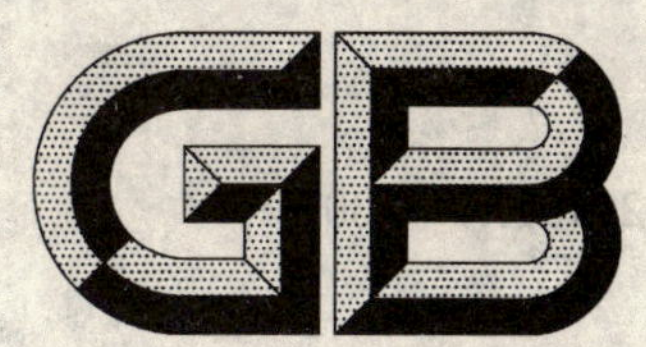

中华人民共和国国家标准

GB/T 21196.4—2007

纺织品 马丁代尔法织物耐磨性的测定 第4部分:外观变化的评定

Textiles—Determination of the abrasion resistance of fabrics by the Martindale method—

Part 4:Assessment of appearance change

(ISO 12947-4:1998,MOD)

2007-11-12 发布 2008-07-01 实施

中华人民共和国国家质量监督检验检疫总局
中国国家标准化管理委员会 发布

前 言

GB/T 21196《纺织品　马丁代尔法织物耐磨性的测定》分为 4 个部分：

——第 1 部分：马丁代尔耐磨试验仪；

——第 2 部分：试样破损的测定；

——第 3 部分：质量损失的测定；

——第 4 部分：外观变化的评定。

本部分为 GB/T 21196 的第 4 部分。

本部分修改采用 ISO 12947-4：1998《纺织品　马丁代尔法织物耐磨性的测定　第 4 部分：外观变化的评定》。

本部分与 ISO 12947-4：1998 的主要差异为：

1. 将一些适用于国际标准的描述改为适用于我国标准的表述。

2. “规范性引用文件”中将国际标准用对应的国家标准代替。

3. 适用范围增加了涂层织物。

4. 在第 5 章中增加涂层织物采用的磨料。

5. 7.5.2 中增加“取下加压重锤”的步骤。

6. 将第 8 章的技术内容的叙述顺序调整为两节，使内容更清晰，便于操作。

7. 第 9 章中增加“评定经协议摩擦次数摩擦后试样的外观变化”。

8. 在第 10 章增加了“d)所用磨料的描述”，下面的编号依次顺延。

本部分由中国纺织工业协会提出。

本部分由全国纺织品标准化技术委员会基础标准分会(SAC/TC 209/SC 1)归口。

本部分由纺织工业标准化研究所、杭州天堂伞业集团有限公司、中纺标(北京)检验认证中心有限公司、温州大荣纺织仪器有限公司负责起草。

本部分主要起草人：徐路、周世香、陈晓雷、郝长振。

纺织品　马丁代尔法织物耐磨性的测定
第4部分:外观变化的评定

1　范围

GB/T 21196 的本部分规定了以试样的外观变化来确定织物耐磨性的测试方法。

本部分适用于磨损寿命较短的纺织织物,包括非织造布和涂层织物。

注:本标准第 1 部分给出了更详细的介绍。

2　规范性引用文件

下列文件中的条款通过 GB/T 21196 的本部分的引用而成为本部分的条款。凡是注日期的引用文件,其随后所有的修改单(不包括勘误的内容)或修订版均不适用于本部分,然而,鼓励根据本部分达成协议的各方研究是否可使用这些文件的最新版本。凡是不注日期的文件,其最新版本适用于本部分。

GB 250　评定变色用灰色样卡(GB 250—1995,idt ISO 105-A02:1993)

GB/T 2828.1　计数抽样检验程序　第 1 部分:按接收质量限(AQL)检索的逐批检验抽样计划(GB/T 2828.1—2003,idt ISO 2859-1:1999)

GB 6529　纺织品　调湿和试验用标准大气(GB 6529—1986,neq ISO 139:1973)

GB/T 21196.1　纺织品　马丁代尔法　织物耐磨性的测定　第 1 部分:马丁代尔耐磨试验仪(GB/T 21196.1—2007,ISO 12947-1:1998,MOD)

3　术语和定义

GB/T 21196.1 中确立的术语和定义适用于 GB/T 21196 的本部分。

4　原理

安装在马丁代尔耐磨试验仪试样夹具内的圆形试样,在规定的负荷下,以轨迹为李莎茹(Lissajous)图形的平面运动与磨料(即标准织物)进行摩擦,装有磨料的试样夹具可绕其与水平面垂直的轴自由转动。根据试样外观的变化确定织物的耐磨性能。

在试样夹具及其销轴的质量为(198±2)g 的负荷下进行试验。

采用以下两种方法中的一种,与同一织物的未测试试样进行比较,评定试样的表面变化。

a)　进行摩擦试验至协议的表面变化,确定达到规定表面变化所需的总摩擦次数(耐磨次数);

b)　以协议的摩擦次数进行摩擦试验,评定所发生的表面变化程度。

5　仪器和辅助材料

试验仪器和辅助材料应符合 GB/T 21196.1 的规定;对于涂层织物,应选用 No. 600 水砂纸作为标准磨料。

6　调湿和试验用大气

调湿和试验用大气采用 GB 6529 规定的三级标准大气,即温度(20±2)℃,相对湿度(65±5)%。

7 抽样和试验准备

7.1 一般规定

批量样品的数量按相应产品标准的规定或按有关各方商定抽取，也可按照 GB/T 2828.1 规定抽取。

应保证在抽样和试样准备整个过程中的拉伸应力尽可能小，以防止织物被不适当地拉伸。

7.2 实验室样品的选取

从批量样品中选取有代表性的样品，取织物的全幅宽作为实验室样品。

7.3 从实验室样品中剪取试样

取样前将实验室样品在松弛状态下置于光滑的、空气流通的平面上，在第 6 章规定的标准大气中放置至少 18 h。

距布边至少 100 mm，在整幅实验室样品上剪取足够数量的试样，一般至少 3 块。

对机织物，每块试样应包含不同的经纱或纬纱。对提花织物或花式组织的织物，应注意试样包含图案各部分的所有特征，保证试样中包括有可能对磨损敏感的花型部位。每个部分分别取样。

7.4 试样和辅助材料的尺寸

7.4.1 试样尺寸

试样的直径或边长应至少为 140 mm。

7.4.2 标准磨料的尺寸

磨料的直径应为 $38.0^{+0.5}_{0}$mm。

7.4.3 毛毡底衬的尺寸

机织羊毛毡底衬的直径应为 140^{+5}_{0}mm。

7.4.4 聚氨酯泡沫塑料衬垫的尺寸

试样夹具泡沫塑料衬垫的直径应为 $38.0^{+0.5}_{0}$mm。

7.5 试样及辅料的准备和安装

7.5.1 准备

从实验室样品上模切或剪切试样。要特别注意切边的整齐状况，以避免在下一步处理时发生不必要的材料损失。

以相同的方式准备磨料织物、毛毡和泡沫塑料辅助材料。

注：在某些情况下，可以得到已备好尺寸的辅助材料。

7.5.2 试样的安装

移开试样夹具导板，将毛毡放在磨台上，再把试样测试面朝上放在毛毡上。

将质量为(2.5±0.5)kg、直径为(120±10)mm 的重锤压在磨台上的毛毡和试样上面。拧紧夹持环，固定毛毡和试样，取下加压重锤。

7.5.3 磨料的安装

将试样夹具压紧螺母放在仪器台的安装装置上，磨料摩擦面朝下，小心且居中地放在压紧螺母内。将泡沫塑料放在磨料上。将试样夹具嵌块放在压紧螺母内，再将试样夹具接套套上后拧紧。

7.6 辅料的有效寿命

每次试验更换新磨料和泡沫塑料。

每次磨损试验后，检查毛毡上的污点和磨损情况。如果有污点或可见磨损，更换毛毡。毛毡的两面均可使用。

7.7 耐磨仪的准备

安装试样和辅助材料后，将试样夹具导板放在适当的位置，准确地将试样夹具及销轴放在相应的工作台上。

8 磨损试验步骤

8.1 耐磨次数的测定

根据达到规定的试样外观变化而期望的摩擦次数，选用表1中所列的检查间隔。预先设定摩擦次数，启动耐磨试验仪，连续进行磨损试验，直至达到预先设定的摩擦次数。在每个间隔评定试样的外观变化。

表1 表面外观试验的检查间隔

试验系列	达到规定的表面外观期望的摩擦次数	检查间隔(摩擦次数)
a	≤48	16，以后为8
b	>48且≤200	48，以后为16
c	>200	100，以后为50

为了评定试样的外观，小心地取下装有磨料的试验夹具。从仪器的磨台上取下试样，评定表面变化。如果还未达到规定的表面变化，重新安装试样和试样夹具，继续试验直到下一个检查间隔。保证试样和试样夹具放在取下前的原位置。

继续试验和评定，直至试样达到规定的表面状况。

分别记录每个试样的结果，以还未达到规定的表面变化时的总摩擦次数作为试验结果，即耐磨次数。

由于不同织物的表面状况可能不同，应在试验前就观察条件和表面外观达成协议，并在试验报告中记录。

8.2 外观变化的评定

以协议的摩擦次数进行磨损试验，评定试样摩擦区域表面变化状况，例如试样表面变色、起毛、起球等。

9 结果

确定每一个试样达到规定的表面变化时的摩擦次数，或评定经协议摩擦次数摩擦后试样的外观变化(见第8章)。根据单值计算平均值，如果需要，计算平均值置信区间。

如果需要，按GB 250评定变色。

注：关于纺织品的统计评估或纺织品的感官检验见GB/T 6379。

10 试验报告

试验报告应包括下列内容：

a) 本部分的标准编号；

b) 样品的描述；

c) 所使用的试验系列和细节，评定基准的描述；

d) 所用磨料的描述；

e) 试验或评定结果：

——达到规定外观变化时的耐磨次数。如果适用，耐磨次数平均值及置信区间；

——经协议摩擦次数摩擦后的外观变化。

f) 偏离本程序的细节(例如，试验和评定条件的特别协议)；

g) 试验日期。

ICS 13.220.20
C 81

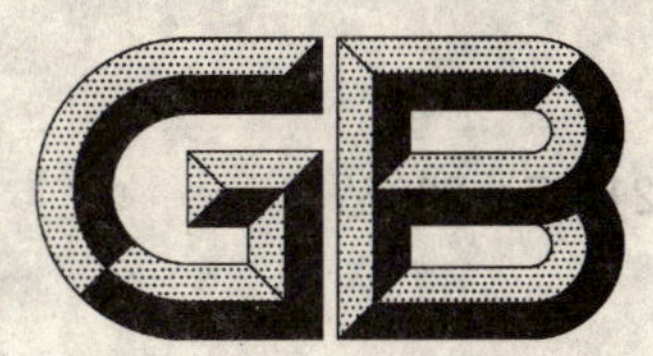

中华人民共和国国家标准

GB/T 21197—2007

线型光纤感温火灾探测器

Line type optical fiber heat detector

2007-12-21 发布

2008-09-01 实施

中华人民共和国国家质量监督检验检疫总局
中国国家标准化管理委员会 发布

前　言

本标准的第5章、第6章、第7章内容为强制性，其余为推荐性。

本标准制定过程中，参考了GB 16280《线型感温火灾探测器》，同时根据我国产品情况制定了本标准的技术内容，并进行了相应的试验、验证工作。

本标准由中华人民共和国公安部提出。

本标准由全国消防标准化委员会第六分技术委员会归口。

本标准负责起草单位：公安部沈阳消防研究所。

本标准参与起草单位：武汉理工光科股份有限公司（光纤传感技术国家重点工业性试验基地）、宁波振东光电有限公司、沈阳消防电子设备厂、首安工业消防股份有限公司。

本标准主要起草人：黄军团、丁宏军、王文青、姜德生、秦一涛、宋立巍、宋珍、张颖琮、杨颖、李宁宁、严洪、唐晓亮、李刚进、宫云才。

线型光纤感温火灾探测器

1 范围

本标准规定了线型光纤感温火灾探测器(以下称探测器)的术语和定义、分类、一般要求、要求和试验方法、检验规则。

本标准适用于采用感温光纤作为感温部件的线型感温火灾探测器。

2 规范性引用文件

下列文件中的条款通过本标准的引用而成为本标准的条款。凡是注日期的引用文件,其随后所有的修改单(不包括勘误的内容)或修订版均不适用于本标准,然而,鼓励根据本标准达成协议的各方研究是否可使用这些文件的最新版本。凡是不注日期的引用文件,其最新版本适用于本标准。

GB 4716 点型感温火灾探测器

GB 9969.1 工业产品使用说明书 总则

GB 12978 消防电子产品检验规则

GB 16838 消防电子产品 环境试验方法及严酷等级

GB/T 17626.2—1998 电磁兼容 试验和测量技术 静电放电抗扰度试验(idt IEC 61000-4-2:1995)

GB/T 17626.3—1998 电磁兼容 试验和测量技术 射频电磁场辐射抗扰度试验(idt IEC 61000-4-3:1995)

GB/T 17626.4—1998 电磁兼容 试验和测量技术 电快速瞬变脉冲群抗扰度试验(idt IEC 61000-4-4:1995)

GB/T 17626.5—1999 电磁兼容 试验和测量技术 浪涌(冲击)抗扰度试验(idt IEC 61000-4-5:1995)

GB/T 17626.6—1998 电磁兼容 试验和测量技术 射频场感应的传导骚扰抗扰度(idt IEC 61000-4-6:1996)

3 术语和定义

下列术语和定义适用于本标准。

3.1

感温光纤 heat sensitive optical fibre

用作探测器线型感温部件的光纤(缆)。

3.2

探测单元 detection unit

能够使探测器可靠报警并满足动作性能要求的感温光纤上的传感单元。

3.3

定位精度 locating precision

具有定位功能的探测器,以长度值指示感温光纤部位位置时,位置测量数据的标准偏差。

4 分类

4.1 根据动作方式分类:

a) 定温型;

b) 差温型；

c) 差定温型。

4.2 根据探测方式分类：

a) 分布式；

b) 准分布式。

4.3 根据可恢复性分类：

a) 可恢复式；

b) 不可恢复式。

4.4 根据功能构成分类：

a) 探测型；

b) 探测报警型。

5 一般要求

5.1 总则

探测器若要符合本标准，应首先满足本章要求，然后按第6章规定进行试验，并满足试验要求。

5.2 探测器组成

探测器应至少由感温光纤和信号处理部件组成，还可包括光纤(缆)的接续部件等。不使用工具不能进行部件连接和拆装。

5.3 基本功能

5.3.1 当探测器感温光纤周围的环境满足火灾报警条件时，探测器应输出火灾报警信号，点亮火灾报警指示灯；多通道探测器还应指示出报警通道，并保持至复位。具有定位功能的探测器应能输出感温光纤报警定位信息。

5.3.2 探测器发生故障时，应输出故障信号，点亮故障指示灯；多通道探测器应指示出故障通道；具有定位功能的探测器应能输出感温光纤故障的定位信息。

5.3.3 探测器火灾报警信号的输出与指示应优先于故障信号的输出与指示。

5.4 动作性能

5.4.1 定温探测器

5.4.1.1 探测器每一探测单元的动作温度和不动作温度应符合表1中对应级别的规定。

表1

动作温度/℃	不动作温度/℃
60	40
70	45
85	60
105	85
138	85
180	108

注：探测器的允许使用环境最高温度不应超过探测器动作温度对应的不动作温度。

5.4.1.2 探测器每一探测单元动作温度测量值与设定值之差不应大于动作温度设定值的10%，且不大于制造商提出的标称值。

5.4.1.3 探测器每一探测单元的动作温度在表1规定的范围内时，响应时间应符合表2的规定。

表 2

探测器动作温度/℃	探测器响应时间/s
60≤动作温度<85	≤30
85≤动作温度<100	≤45
动作温度≥100	≤55

5.4.1.4　可多级报警的探测器，动作温度各级别应满足 5.4.1.1、5.4.1.2 和 5.4.1.3 的规定。

5.4.1.5　动作温度可设定的探测器，在其允许的测温范围内应能按照表 1 设定动作温度级别，且应满足 5.4.1.1、5.4.1.2 和 5.4.1.3 的规定。

5.4.2　**差温探测器**

5.4.2.1　差温探测器每一探测单元响应时间应满足表 3 的规定。

表 3

升温速率 ℃/min	响应时间下限值		响应时间上限值	
	min	s	min	s
10	0	30	2	20
20	0	22.5	1	30
30	0	15	1	00

5.4.2.2　差温探测器每一探测单元在 2℃/min 的升温速率升温条件下，15 min 内不应动作。

5.4.3　**差定温探测器**

差定温探测器应同时满足 5.4.1 和 5.4.2 的要求。

5.5　**探测单元长度**

分布式线型光纤感温火灾探测器的探测单元长度不应大于 3 m。当定温探测器的探测单元长度大于 1 m 时，使其 1 m 受热，探测器应符合 6.21 的要求。

5.6　**定位精度**

具有定位功能的探测器，以长度值指示感温光纤部位位置时，定位精度不应大于 3 m，且不大于制造商提出的标称值。

5.7　**电源**

5.7.1　探测器采用直流供电时，应满足下述要求：

5.7.1.1　探测器应优先采用 DC24 V；在额定工作电压的 110% 和 85% 供电条件下，应能正常工作。

5.7.1.2　探测器应设置电源过流保护措施，指示电源工作状态。

5.7.2　探测器采用交流供电时，应满足下述要求：

5.7.2.1　探测器主电源应采用 AC220 V/50 Hz；在额定工作电压的 110% 和 85% 供电电压、频率偏差不超过标准频率(50 Hz)±1% 条件下，应能正常工作。

5.7.2.2　探测器应具有主、备电源转换功能。当主电源断电时，应能自动转换到备用电源；当主电源恢复时，应能自动转换到主电源；主、备电源的转换不应使探测器发出火灾报警信号。

5.7.2.3　探测器备用电源在放电至终止电压条件下充电 24 h，其容量应能保证探测器在正常监视状态下工作 8 h 后，在报警状态条件下工作 30 min。

5.7.2.4　探测器应设置电源过流保护措施，指示主、备电工作状态，并应指示下述故障：

a)　主电源断电或欠压；

b)　给备用电源充电的充电器与备用电源之间连接线断线、短路；

c)　备用电源与其负载之间连接线断线、短路或由备用电源单独供电时其电压不足以保障探测器正常工作。

5.7.3 开、关探测器的电源应仅能通过专用工具、密码等手段实现。

5.8 辅助设备连接

探测器连接其他辅助设备(例如远程确认灯、控制继电器等)时,与辅助设备间连接线的开路和短路不应影响探测器的正常工作。

5.9 探测报警型探测器附加要求

5.9.1 指示功能

5.9.1.1 探测器火灾报警时,应能发出火灾报警声、光信号,指示火灾发生部位,记录火灾报警时间(日计时误差不应超过 30 s),并应保持至复位。探测器的火灾报警声信号应能手动消除,当有新的火灾报警发生时,声信号应能再启动。

5.9.1.2 探测器发生故障时,应能在 100 s 内发出与火灾报警信号有明显区别的故障声、光信号,指示故障类型和部位。故障光信号应保持至故障排除。探测器的故障声信号应能手动消除,当有新的故障发生时,声信号应能再启动。

5.9.2 自检

探测器应具有手动检查其指示部件的功能。在执行自检期间,受探测器控制的输出接点状态均不应改变。探测器的自检功能应不影响探测器的正常工作。

5.9.3 复位

探测器的复位应仅能通过专用工具、密码等手段实现。

5.10 出厂设置

除非使用特殊手段(如专用工具或密码),否则探测器的出厂设置不应被改变。

5.11 主要部件性能

5.11.1 指示灯

5.11.1.1 探测器火灾报警指示灯应为红色。点亮时,在其正前方 6 m 处,周围环境光照度在 5 lx～500 lx 的条件下,应清晰可见。

5.11.1.2 探测器故障指示灯应为黄色。点亮时,在其正前方 3 m 处,周围环境光照度在 5 lx～500 lx 的条件下,应清晰可见。

5.11.1.3 探测器电源指示灯应为绿色。点亮时,在其正前方 3 m 处,周围环境光照度在 5 lx～500 lx 的条件下,应清晰可见。

5.11.1.4 指示灯功能应有标注,使用文字标注时应有中文。

5.11.2 字母(符)—数字显示器

探测器的字母(符)—数字显示器处于显示状态时,在其正前方 0.8 m 处,环境光照度为 5 lx～500 lx条件下应清晰可读。

5.11.3 音响器件

正常工作条件下,探测器的音响器件在其正前方 1 m 处的声压级(A 计权)应大于 65 dB,小于 115 dB。在 85%额定工作电压条件应能工作。

5.11.4 电源过流保护器件

探测器电源过流保护器件,其额定保护动作电流值一般应不大于探测器最大工作电流的 2 倍。当最大工作电流大于 6 A 时,保护动作电流值可取其 1.5 倍。在靠近该器件处应清楚标注其参数值。

5.11.5 接线端子

每一接线端子应清晰、牢固地标注其编号或符号,相应用途应在有关文件中说明。

5.11.6 开关和按键

探测器的开关和按键应在其上或就近位置至少用中文清楚标注出其功能。

5.12 标志

5.12.1 总则

标志应清晰可见,且不应贴在螺丝或其他易被拆卸的部件上。

5.12.2 产品标志

5.12.2.1 每只探测器应有产品标志，包括：

a) 产品名称和型号；

b) 本标准的标准号；

c) 探测器的类别(定温、差定温还应标注动作温度级别参数)；

d) 最大允许感温光纤长度(仅针对分布式探测器)或最大允许探测单元数量(仅针对准分布式探测器)；

e) 探测单元长度(仅针对分布式探测器)或探测单元间距(仅针对准分布式探测器)；

f) 供电方式及参数；

g) 制造商名称或商标；

h) 接线端子标注；

i) 制造日期、产品编号、产地。

5.12.2.2 产品标志信息中如使用不常用符号或缩写时，应在与探测器一起提供的使用说明书中说明。

5.12.3 质量检验标志

探测器应有质量检验合格标志。

5.13 使用说明书

探测器应有相应的中文使用说明书。使用说明书的内容应满足 GB 9969.1 的要求。

6 要求和试验方法

6.1 总则

6.1.1 试验大气条件

如在有关条文中没有说明，则各项试验均在下述大气条件下进行：

——温度：15℃～35℃；

——湿度：25%RH～75%RH；

——大气压力：86 kPa～106 kPa。

6.1.2 试验正常监视状态

在有关条文中没有特殊要求时，应保证探测器的工作电压为额定工作电压，并在试验期间保持工作电压稳定。试验时要求探测器配接控制和指示设备时，应将探测器与制造商提供的控制和指示设备连接，使其处于正常工作状态。

6.1.3 探测器安装

试验时，应按制造商规定的正常安装方式安装。如使用说明书给出多种安装方式，试验中应采用对探测器工作最不利的安装方式。

6.1.4 容差

如在有关条文中没有说明，则各项试验数据的容差均为±5%。环境条件参数偏差应符合 GB 16838要求。

6.1.5 试验样品(以下称试样)

试样数量应符合下述要求：

a) 试样为 3 套。

b) 应按照制造商提出的感温光纤最大允许标称配置试样。准分布式探测器试样的感温光纤上两探测单元间距不应小于 2 m 且不应大于 5 m。

c) 不可恢复式探测器应提供不少于试验所需的、与试样等同的备样或不可恢复部件的备件。

6.1.6 试验前检查

试验前应对试样进行下述检查，符合要求后方可进行试验。

6.1.6.1 试样应符合下述外观要求：

a) 表面无腐蚀、涂(包)覆层脱落和起泡现象，无明显划伤、裂痕、毛刺等机械损伤；

b) 紧固部位无松动。

6.1.6.2 试样应符合 5.2、5.3、5.5、5.7～5.13 的要求。

6.1.7 试验程序

6.1.7.1 试验前应对试样予以编号。

6.1.7.2 动作温度可设定的探测器，6.4、6.5、6.8 项试验应分别在符合第 5 章要求的各动作温度级别上进行；其他试验应在其中任一动作温度级别上进行。

6.1.7.3 当探测器探测单元长度可设定时，试验时探测单元长度应设定在制造商提出的最小标称长度上进行。

6.1.7.4 当 6.2～6.8 项试验任一项不满足试验要求时，应终止试验。

6.1.7.5 不可恢复式试样在响应后应更换不可恢复部件或替代为等同的试验备样。

6.1.7.6 试样试验程序见表 4。

表 4 试验程序

序号	章条	试验项目	探测器编号		
			1	2	3
1	6.2	抗拉试验	√	√	√
2	6.3	冷弯试验	√	√	√
3	6.4	定温报警动作温度试验(定温或差定温探测器)	√	√	√
4	6.5	定温报警不动作温度试验(定温或差定温探测器)	√	√	√
5	6.6	差温报警动作性能试验(差温或差定温探测器)	√	√	√
6	6.7	差温报警不动作试验(差温或差定温探测器)	√	√	√
7	6.8	响应时间及一致性试验(定温或差定温探测器)	√	√	√
8	6.9	低温(运行)试验	√		
9	6.10	交变湿热(运行)试验[a]	√		
10	6.11	恒定湿热(耐久)试验	√		
11	6.12	耐压试验		√	
12	6.13	静电放电抗扰度试验		√	
13	6.14	射频电磁场辐射抗扰度试验		√	
14	6.15	射频场感应的传导骚扰抗扰度试验		√	
15	6.16	电快速瞬变脉冲群抗扰度试验		√	
16	6.17	浪涌(冲击)抗扰度试验		√	
17	6.18	电压暂降、短时中断和电压变化的抗扰度试验[b]		√	
18	6.19	高温暴露试验			√
19	6.20	报警定位试验[c]		√	
20	6.21	1 m 报警响应附加试验[d]	√		
21	6.22	感温光纤断线故障试验	√		

[a] 适用于信号处理部分可现场设置的线型光纤感温火灾探测器。

[b] 适用于采用交流供电的线型光纤感温火灾探测器。

[c] 适用于具有定位功能的线型光纤感温火灾探测器。

[d] 适用于探测单元长度大于 1 m 且具有定温报警功能的分布式线型光纤感温火灾探测器。

6.2 抗拉试验

6.2.1 目的

检验探测器感温光纤的抗拉性。

6.2.2 试验方法

使试样包含探测单元的不小于 2 m 的一段感温光纤承受 100 N 的拉力，保持 1 min，期间试样不通电。然后检查试样外观并接通电源，观察并记录试样状态。

6.2.3 要求

6.2.3.1 试验后，试样不应有机械损伤。

6.2.3.2 接通电源后，试样不应发出火灾报警或故障信号。

6.3 冷弯试验

6.3.1 目的

检验探测器感温光纤在低温条件下的抗弯能力。

6.3.2 试验方法

将试样包含探测单元的不小于 3 m 的一段感温光纤安装在温度为 0℃ 的试验箱中持续 1 h，期间试样不通电。取出后，立即将包含探测单元的一段感温光纤弯成直径为 200 mm 的圆圈后自然释放；在同一部位连续重复 5 次。然后按 6.1.2 规定使试样处于正常监视状态，观察并记录试样状态。

6.3.3 要求

试验后，试样不应有机械损伤；接通电源后，试样不应发出火灾报警或故障信号。

6.4 定温报警动作温度试验

6.4.1 目的

检验定温或差定温探测器的动作性能。

6.4.2 试验方法

将试样包含一探测单元的一段感温光纤按 6.1.3 规定安装在温箱中，使其处于正常监视状态，调节温箱使其初始温度保持在 25℃（对于动作温度设定值不小于 138℃ 的试样，温箱初始温度应保持在 50℃），保持温箱中的气流速度为 0.8 m/s±0.1 m/s，稳定 10 min 或按制造商规定时间进行稳定。然后以 1℃/min 的升温速率升温，直至试样动作，记录试样的动作温度。

6.4.3 要求

试样应满足 5.4.1 的要求。

6.4.4 试验设备

温箱性能应满足 GB 4716 的要求。

6.5 定温报警不动作温度试验

6.5.1 目的

检验定温或差定温探测器的不动作性能。

6.5.2 试验方法

动作温度试验后，保持试样设定温度不变，将试样包含一探测单元的一段感温光纤按 6.1.3 规定安装在恒温箱内（箱内温度与环境温度相同），使其处于正常监视状态。以不大于 1℃/min 的升温速率使箱内温度升至表 1 中对应规定的不动作温度，保持 24 h，试验期间，观察并记录试样状态。

6.5.3 要求

试验期间，试样不应发出火灾报警或故障信号。

6.5.4 试验设备

试验设备应满足 GB 16838 的要求。

6.6 差温报警动作性能试验

6.6.1 目的

检验差温或差定温探测器的动作性能。

6.6.2 试验方法

将试样包含一探测单元的一段感温光纤按 6.1.3 规定安装在温箱中，使其处于正常监视状态。调节温箱使其初始温度保持在 25℃，保持温箱中的气流速度为 0.8 m/s±0.1 m/s，稳定 10 min 或按制造商规定时间进行稳定。然后以 10℃/min、20℃/min、30℃/min 的升温速率升温至试样动作，记录试样响应时间。

6.6.3 要求

试样响应时间应符合 5.4.2.1 的规定。

6.7 差温报警不动作试验

6.7.1 目的

检测差温或差定温探测器的不动作性能。

6.7.2 试验方法

将试样包含一探测单元的一段感温光纤按 5.1.3 规定安装在温箱中(使试样充分分散均匀受热)，使其处于正常监视状态。调节温箱使其初始温度保持在 25℃，保持温箱中的气流速度为 0.8 m/s±0.1 m/s，稳定 10 min 或按制造商规定时间进行稳定。然后分别以 2℃/min 的升温速率升温 15 min，记录试验结果。

6.7.3 要求

试验结果应符合 5.4.2.2 的规定。

6.8 响应时间及一致性试验

6.8.1 目的

检验定温或差定温探测器的响应时间及一致性。

6.8.2 试验方法

在试样处于正常监视状态时，分别将试样感温光纤上任意选定的 5 个探测单元，放入一定温度的油槽中(油槽温度按动作温度的 1.4 倍确定)，同时开始计时，直到试样动作发出报警信号，记录试样的各次响应时间。

6.8.3 要求

试样的响应时间不应大于表 2 的规定。

6.9 低温(运行)试验

6.9.1 目的

检验探测器在低温条件下工作的适应性。

6.9.2 试验方法

6.9.2.1 将试样放入试验箱内，使试样处于正常监视状态。在正常大气条件下保持 1 h，然后以不大于 1℃/min 的降温速率将温度降到 0℃±3℃，在此条件下稳定 16 h，观察并记录试样状态。

6.9.2.2 关断试样电源，以不大于 1℃/min 的升温速率升温至环境温度，取出试样，在正常大气条件下恢复 1 h 以上。然后按 6.4 和/或 6.6 的规定进行试验。

6.9.3 要求

6.9.3.1 降温及温度保持期间，试样不应发出火灾报警或故障信号；

6.9.3.2 试样的动作温度和/或响应时间应满足 5.4 的规定。

6.9.4 试验设备

试验设备应满足 GB 16838 的要求。

6.10 交变湿热(运行)试验

6.10.1 目的

检验探测器信号处理部件在温度循环变化、表面产生凝露的湿热条件下工作的适应性。

6.10.2 试验方法

6.10.2.1 将试样的信号处理部件放入试验箱内,按 6.1.2 规定使试样处于正常监视状态。对试样进行高温温度为 40℃±2℃、2 个循环周期的交变湿热(运行)试验;期间观察并记录试样状态。

6.10.2.2 取出试样,在正常大气条件下恢复 1 h 以上。然后按 6.4 和/或 6.6 的规定进行试验。

6.10.3 要求

6.10.3.1 湿热试验条件期间,试样不应发出火灾报警或故障信号。

6.10.3.2 试样的动作温度和/或响应时间应满足 5.4 的规定。

6.10.4 试验设备

试验设备应满足 GB 16838 的相关规定。

6.11 恒定湿热(耐久)试验

6.11.1 目的

检验探测器在使用环境中承受湿度长期影响的能力。

6.11.2 试验方法

6.11.2.1 将试样在温度为 40℃±2℃的试验箱中放置 2 h 后,调节试验箱,使试样在温度为 40℃±2℃、相对湿度为 93%±3%的条件下持续 21 d。湿热环境期间试样不通电。

6.11.2.2 取出试样,在正常大气条件下恢复 1 h 以上,检查试样的外观。按 6.1.2 规定连接,并接通电源,观察并记录试样状态。若试样能处于正常监视状态,然后按 6.4 和/或 6.6 的规定进行试验。

6.11.3 要求

6.11.3.1 湿热环境后,接通电源,试样不应发出火灾报警或故障信号。

6.11.3.2 试样的动作温度和/或响应时间应满足 5.4 的规定。

6.11.4 试验设备

试验设备应满足 GB 16838 的要求。

6.12 耐压试验

6.12.1 目的

检验探测器的耐压性能。

6.12.2 试验方法

用耐压试验装置,以 100 V/s~500 V/s 的升压速率,对试样有绝缘要求的外部带电端子与外壳之间施加 50×(1±0.01) Hz、1 250×(1±0.1) V(有效值)的电压,持续 60 s±5 s,期间观察并记录试验中所发生的现象。然后接通电源,观察并记录试样状态。

6.12.3 要求

6.12.3.1 试样不应发生闪络或击穿现象。

6.12.3.2 接通电源后,试样不应发出火灾报警或故障信号。

6.12.4 试验设备

满足下列技术要求的耐压试验装置:

——试验电源:电压 0 V~1 250 V(有效值)连续可调,试验电压应基本上是正弦波形,频率 50×(1±0.01) Hz,试验电源至少应能输出 0.1 A 短路电流,试验电路的过流继电器整定在 20 mA;

——升压速率:100 V/s~500 V/s;

——记时:60 s±5 s。

6.13 静电放电抗扰度试验

6.13.1 目的

检验探测器对带静电人员、物体造成的静电放电的适应性。

6.13.2 试验方法

6.13.2.1 将试样按 GB/T 17626.2—1998 中 7.1.1 规定进行试验布置,按 6.1.2 规定使试样处于正常监视状态。

6.13.2.2 按 GB/T 17626.2—1998 中第 8 章规定的试验方法对试样及耦合板施加表 5 所示条件下的干扰试验，期间观察并记录试样状态。

表 5 静电放电抗扰度试验条件

放电电压/kV	空气放电(外壳为绝缘体) 8 接触放电(外壳为导体) 6
放电极性	正、负
放电间隔/s	≥1
每点放电次数	10

6.13.2.3 上述试验结束后，按 6.4 和/或 6.6 的规定进行试验。

6.13.3 要求

6.13.3.1 干扰试验期间，试样不应发出火灾报警或故障信号。

6.13.3.2 试验后，试样的动作温度和/或响应时间应满足 5.4 的规定。

6.13.4 试验设备

试验设备应满足 GB/T 17626.2—1998 的要求。

6.14 射频电磁场辐射抗扰度试验

6.14.1 目的

检验探测器在射频电磁场辐射环境下工作的适应性。

6.14.2 试验方法

6.14.2.1 将试样按 GB/T 17626.3—1998 中 7.1 规定进行试验布置，按 6.1.2 规定使试样处于正常监视状态。

6.14.2.2 按 GB/T 17626.3—1998 中第 8 章规定的试验方法对试样施加表 6 所示条件下的干扰试验，期间观察并记录试样状态。

表 6 射频电磁场辐射抗扰度试验条件

场强/(V/m)	10
频率范围/MHz	80～1 000
扫频速率/(10 oct/s)	$\leqslant 1.5\times10^{-3}$
调制幅度	80%(1 kHz,正弦)

6.14.2.3 上述试验完成后，按 6.4 和/或 6.6 的规定进行试验。

6.14.3 要求

6.14.3.1 干扰试验期间，试样不应发出火灾报警或故障信号。

6.14.3.2 试验后，试样的动作温度和/或响应时间应满足 5.4 的规定。

6.14.4 试验设备

试验设备应满足 GB/T 17626.3—1998 的要求。

6.15 射频场感应的传导骚扰抗扰度试验

6.15.1 目的

检验探测器对射频场感应的传导骚扰的适应性。

6.15.2 试验方法

6.15.2.1 将试样按 GB/T 17626.6—1998 中第 7 章规定进行试验配置，按 6.1.2 规定使试样处于正常监视状态。

6.15.2.2 按 GB/T 17626.6—1998 中第 8 章规定的试验方法对试样施加表 7 所示条件下的干扰试

验，期间观察并记录试样状态。

表 7 射频场感应传导骚扰抗扰度试验条件

频率范围/MHz	0.15～100
电压/dBμV	140
调制幅度	80%(1 kHz,正弦)

6.15.2.3 上述试验完成后，按 6.4 和/或 6.6 的规定进行试验。

6.15.3 要求

6.15.3.1 干扰试验期间，试样不应发出火灾报警或故障信号。

6.15.3.2 试验后，试样的动作温度和/或响应时间应满足 5.4 的规定。

6.15.4 试验设备

试验设备应满足 GB/T 17626.6—1998 的相关规定。

6.16 电快速瞬变脉冲群抗扰度试验

6.16.1 目的

检验探测器抗电快速瞬变脉冲群干扰的能力。

6.16.2 试验方法

6.16.2.1 将试样按 GB/T 17626.4—1998 中 7.2 规定进行试验配置，按 6.1.2 规定使试样处于正常监视状态。

6.16.2.2 按 GB/T 17626.4—1998 中第 8 章规定的试验方法对试样施加表 8 所示条件下的干扰试验，期间观察并记录试样状态。

表 8 电快速瞬变脉冲群抗扰度试验条件

项目	条件
瞬变脉冲电压/kV	AC 电源线 2×(1±0.1)
	其他连接线 1×(1±0.1)
重复频率/kHz	AC 电源线 2.5×(1±0.2)
	其他连接线 5×(1±0.2)
极性	正、负
时间	每次 1 min

6.16.2.3 上述试验完成后，按 6.4 和/或 6.6 的规定进行试验。

6.16.3 要求

6.16.3.1 干扰试验期间，试样不应发出火灾报警或故障信号。

6.16.3.2 试验后，试样的动作温度和/或响应时间应满足 5.4 的规定。

6.16.4 试验设备

试验设备应满足 GB/T 17626.4—1998 的要求。

6.17 浪涌(冲击)抗扰度试验

6.17.1 目的

检验探测器对附近闪电或供电系统的电源切换及低电压网络、包括大容性负载切换等产生的电压瞬变(电浪涌)干扰的适应性。

6.17.2 试验方法

6.17.2.1 将试样按 GB/T 17626.5—1999 中第 7 章规定进行试验配置，按 6.1.2 规定使试样处于正常监视状态。对试样施加表 9 所示条件下的干扰试验，期间观察并记录试样状态。

表 9　浪涌(冲击)抗扰度试验条件

浪涌(冲击)电压/kV	AC 电源线	线—线 1×(1±0.1)
		线—地 2×(1±0.1)
	其他连接线	线—地 1×(1±0.1)
极性		正、负
试验次数		5

6.17.2.2　上述试验完成后，按 6.4 和/或 6.6 的规定进行试验。

6.17.3　**要求**

6.17.3.1　干扰环境期间，试样不应发出火灾报警或故障信号。

6.17.3.2　试验后，试样的动作温度和/或响应时间应满足 5.4 的规定。

6.17.4　**试验设备**

试验设备应满足 GB/T 17626.5—1999 的要求。

6.18　**电压暂降、短时中断和电压变化抗扰度试验**

6.18.1　**目的**

检验探测器在电压暂降、短时中断和电压变化(如主配电网络上，由于负载切换和保护元件的动作等)情况下的抗干扰能力。

6.18.2　**试验方法**

6.18.2.1　连接试样到主电压暂降和中断试验装置上，按 6.1.2 规定使试样处于正常监视状态。

6.18.2.2　使主电压下滑至 40%，持续 20 ms，重复进行 10 次；再使主电压下滑至 0 V，持续 10 ms，重复进行 10 次。期间观察并记录试样状态。

6.18.2.3　上述试验完成后，按 6.4 和/或 6.6 的规定进行试验。

6.18.3　**要求**

6.18.3.1　干扰试验期间，试样不应发出火灾报警或故障信号。

6.18.3.2　试验后，试样的动作温度和/或响应时间应满足 5.4 的规定。

6.18.4　**试验设备**

试验设备应满足 GB 16838 的相关规定。

6.19　**高温暴露试验**

6.19.1　**目的**

检验探测器的感温光纤长期耐高温环境的能力。

6.19.2　**试验方法**

6.19.2.1　按 6.1.2 规定使试样处于正常监视状态。将试样包含探测单元的一段感温光纤按 6.1.3 规定安装在温度为 40℃±2℃的试验箱中放置 2 h 后，调节试验箱，以不大于 1℃/min 的升温速率升温至试样动作温度值下浮 10%后减 2 的温度(差温探测器时为 52℃)，持续 30 d。

6.19.2.2　取出试样的该段感温光纤，在正常大气条件下恢复 24 h，然后按 6.4 和/或 6.6 的规定进行试验。

6.19.3　**要求**

6.19.3.1　升温和高温条件试验期间，试样不应发出火灾报警或故障信号。

6.19.3.2　试验后，试样的动作温度和/或响应时间应满足 5.4 的规定。

6.20　**报警定位试验**

6.20.1　**目的**

检验具有定位功能的探测器的定位性能。

6.20.2 方法

6.20.2.1 在试样的感温光纤上任意选定一探测单元，以20℃/min的升温速率升温至试样动作，记录该探测单元编号(或定位标识号)和/或报警定位测量的长度指示值。

6.20.2.2 对具有以长度值指示感温光纤部位位置功能的探测器试样，重复6.20.2.1试验不少于7次。并根据试验记录的报警位置长度值或位置区间起始值(以m为单位)计算定位标准偏差值(四舍五入至小数点后1位)。

标准偏差σ的计算公式：

$$\sigma=\sqrt{\frac{1}{n-1}\sum_{i=1}^{n}[x_i-M(x)]^2}$$

式中：

x_i——探测器的感温光纤(缆)报警部位位置值或位置区间起始值；

n——试验重复次数；

$M(x)$——x_i的算术平均值。

$$M(x)=\frac{1}{n}\sum_{i=1}^{n}x_i$$

6.20.3 要求

6.20.3.1 试样的报警定位指示应与试验选定的探测单元编号(或定位标识号)一致。

6.20.3.2 具有以长度值指示感温光纤部位位置的探测器，试样的定位精度应满足5.6的规定。

6.21 1 m报警响应附加试验

6.21.1 目的

检验探测单元长度大于1 m的具有定温报警功能的分布式探测器，在感温光纤受热长度为1 m时的报警能力。

6.21.2 试验方法

按6.1.2规定使试样处于正常监视状态。将感温光纤上的1 m部分，放入一定温度的油槽中(油槽温度按探测器动作温度3倍确定)，同时开始计时，60 s时停止试验，观察并记录试样的状态。

6.21.3 要求

试样在60 s内应可靠报警。

6.22 感温光纤断线故障试验

6.22.1 目的

检验探测器对感温光纤断裂的报故障能力。

6.22.2 试验方法

按6.1.2规定使试样处于正常监视状态。将试样的感温光纤在两个探测单元间剪断，同时开始计时，100 s时停止试验。观察并记录试样状态。

6.22.3 要求

试样应满足5.3.2的规定。

7 检验规则

7.1 产品出厂检验

制造商在产品出厂前应对探测器至少进行下述试验项目的检验：

a) 定温报警动作温度试验；

b) 定温报警不动作温度试验；

c) 差温报警动作性能试验；

d) 差温报警不动作性能试验；

e) 响应时间及一致性试验；

f) 抗拉试验。

制造商应规定抽样方法、检验和判定规则。

7.2 型式检验

7.2.1 型式检验项目为本标准第6章规定的6.2～6.21。在出厂检验合格的产品中抽取检验样品。

7.2.2 有下列情况之一时，应进行型式检验：

a) 新产品或老产品转厂生产时的试制定型鉴定；

b) 正式生产后，产品的结构、主要部件或元器件、生产工艺等有较大的改变可能影响产品性能或正式投产满5年；

c) 产品停产一年以上，恢复生产；

d) 出厂检验结果与上次型式检验结果差异较大；

e) 发生重大质量事故。

7.2.3 按GB 12978规定的型式检验结果判定方法进行判定。

ICS 39.060
Y 88

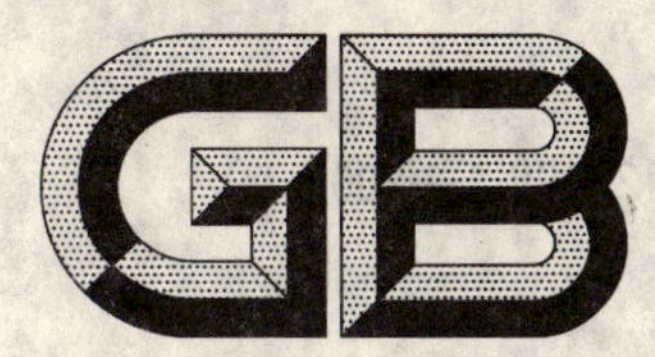

中华人民共和国国家标准

GB/T 21198.1—2007

贵金属合金首饰中贵金属含量的测定 ICP 光谱法 第1部分：铂合金首饰 铂含量的测定 采用钇为内标

Determination of precious metals in precious metals jewellery alloys—Method using ICP spectrometry—Part 1: Platinum jewellery alloys—Determination of platinum—Method using a solution with yttrium as internal standard

2007-11-12 发布　　　　2008-07-01 实施

中华人民共和国国家质量监督检验检疫总局
中国国家标准化管理委员会　发布

前　言

GB/T 21198《贵金属合金首饰中贵金属含量的测定　ICP 光谱法》分为六个部分：

——第 1 部分：铂合金首饰　铂含量的测定　采用钇为内标；

——第 2 部分：铂合金首饰　铂含量的测定　采用所有微量元素与铂强度比值法；

——第 3 部分：钯合金首饰　钯含量的测定　采用钇为内标；

——第 4 部分：999‰贵金属合金首饰　贵金属含量的测定　差减法；

——第 5 部分：999‰银合金首饰　银含量的测定　差减法；

——第 6 部分：差减法。

本部分为 GB/T 21198 的第 1 部分。

本部分参照 ISO /DIS 11494-2：2001《铂合金首饰中铂含量的测定　以钇为内标采用 ICP 光谱法》编写，与 ISO/DIS 11494-2 主要有以下技术性差异：

——将规范性引用文件中引用的国际标准改为我国国家标准 GB 11887；

——按照我国标准的编写要求对试剂的规格做了规定；

——由于目前国际国内均无适合的制样标准，因此删除了原文中的第 6 章和第 9 章的 b)。

为便于使用，本部分还做了下列编辑性修改：

——“本国际标准”一词改为“本部分”；

——用小数点“.”代替作为小数点的逗号“,”；

——用“mL”代替“cm^3”；

——删除国际标准的前言。

本部分由中国轻工业联合会提出。

本部分由全国首饰标准化技术委员会(SAC/TC 256)归口。

本部分起草单位：国家首饰质量监督检验中心。

本部分主要起草人：李玉鹍、李素青、李武军、沈沣。

贵金属合金首饰中贵金属含量的测定 ICP光谱法 第1部分:铂合金首饰 铂含量的测定 采用钇为内标

1 范围

GB/T 21198的本部分规定了以钇为内标采用ICP光谱法测定铂合金首饰中铂含量的方法。

本部分适用于铂含量为850‰～970‰的铂合金首饰。

注:铂合金中可能含有铱,钯,金,铑,铜,钴,钌,镓,铬,铟和钨。含有这些合金元素在测定过程中一般不产生干扰。

2 规范性引用文件

下列文件中的条款通过GB/T 21198的本部分的引用而成为本部分的条款。凡是注日期的引用文件,其随后所有的修改单(不包括勘误的内容)或修订版均不适用于本部分,然而,鼓励根据本部分达成协议的各方研究是否可使用这些文件的最新版本。凡是不注日期的引用文件,其最新版本适用于本部分。

GB 11887 首饰 贵金属纯度的规定及命名方法(GB 11887—2002,ISO 9202:1991,NEQ)

3 方法原理

准确称量样品,溶于王水中,制成准确质量的溶液。将制成的样品溶液取出一份定量溶液,与缓冲溶液和内标混合,标定至标准测量体积。

应用ICP光谱仪,将样品溶液中铂(265.95 nm,214.42 nm,299.80 nm或306.47 nm)和钇(371.03 nm)的光谱发散强度比值与含有已知质量的铂和钇溶液的比值比较,测量铂的含量。

当合金中含有钌,铑,铱,铬或钨时需要有少许变化。

4 试剂材料

除非另有说明,在分析中仅使用确认为分析纯的试剂和蒸馏水或去离子水或相当纯度的水。

4.1 盐酸:质量分数为36%～38%,ρ=1.19 g/mL。

4.2 硝酸:质量分数为65%～68%,ρ=1.40 g/mL。

4.3 纯铂:铂含量至少为99.99%。

4.4 内标溶液:称取26.8 g二水合氯化铜($CuCl_2 \cdot 2H_2O$),7.3 g硝酸钠($NaNO_3$)和约680 mg六水合氯化钇($YCl_3 \cdot 6H_2O$)溶于200 mL水中,用水标定至1 000 mL。

4.5 纯铜:铜含量至少为99.99%,且不含铂。

5 仪器

常规实验室仪器及下列仪器

5.1 电感耦合等离子体发射光谱仪(简称ICP光谱仪):可以同时测定铂发射线265.95 nm,214.42 nm,299.80 nm或306.47 nm和内标钇发射线371.03 nm的强度。

具备以下特性的光谱仪测定结果较为满意:

——可逆线性分散：0.5 nm/mm；

——光学分辨率：0.02 nm；

——高频工作功率：1.2 kW；

——标准炬管。

5.2　微量天平：感量为 0.01 mg。

6　分析步骤

6.1　校正溶液

称取约 100 mg 铂(4.3)，至少精确至 0.01 mg，加入盐酸(4.1)30 mL 和硝酸(4.2)10 mL，加热溶解。移入 100 mL 容量瓶中，加入去离子水至溶液质量约 100 g 左右，至少精确至 0.01 g。制成的铂储存溶液用于制备校正溶液。

分别称取铂储存溶液(6.1)8.25 g、8.75 g、9.25 g、9.75 g 于 100 mL 容量瓶中，至少精确至 0.001 g。加入内标溶液(4.4)10 g，至少精确至 0.01 g。加入盐酸(4.1)50 mL，用水标定至 100 mL，充分混匀。

6.2　样品溶液

称取约 100 mg 样品，至少精确至 0.01 mg，按 6.1 步骤溶解并处理溶液。称取这种“样品储存溶液”约 10 g 置于 100 mL 容量瓶中，至少精确至 0.001 g。加入 10 g 内标溶液(4.4)，至少精确至 0.01 g。加入盐酸(4.1)50 mL，用水标定至 100 mL。充分混匀。

由于缓冲溶液中钇的质量并不十分精确，因此加入到校正溶液和样品溶液中的每小份缓冲溶液应来源于同一储备溶液。

注：样品混合是否均匀可使少量的样品受到较大的影响，因此应尽可能小心。

6.2.1　含有钌、铑、铱或钨的铂合金

铂合金中可能含有多于 5% 的上述四种元素，需要加压溶解或加入 10 倍质量不含铂的纯铜(4.5)制备成合金。使用铜的质量需要依据加入缓冲溶液的体积来修正。

6.2.2　含有钌、铑、铱或铬的铂合金

比较由四条铂线(265.95 nm、214.42 nm、299.80 nm 或 306.47 nm)得到的分析结果是有必要的。如果合金中含有钌、铑和铬，265.95 nm 的铂线可能会受到干扰，应使用 214.42 nm 的铂线。如果合金中含有多于 1% 的铱，应使用 299.80 nm 的铂线。

6.3　测量

ICP 光谱仪的数据处理装置可以建立一定的测量程序，可同时测定铂发射线 265.95 nm (214.42 nm、299.80 nm 或 306.47 nm)和内标钇发射线 371.03 nm 的强度。ICP 炬管点火后待仪器稳定，将校正溶液和样品溶液依次注入。

每一校正溶液和样品溶液应有 30 s 的前积分时间，以及连续 5 次的 5 s 积分时间。按照式(1)～式(6)测定大致的数值。根据测量最接近样品溶液结果的两种校正溶液计算得出样品溶液中铂的准确质量，见式(7)。

7　结果的表示

注：内标法是基于强度比值 I_{Pt}/I_Y 和浓度比值 $C_{Pt/CY}$ 或质量比值 m_{Pt}/m_Y 线性相关。采用同一质量的钇(缓冲/内标溶液)制备所有溶液，没必要知道测量溶液的确切体积。100 mL 容量瓶的准确度测量结果满意。以同一质量的内标作参考值的另外一个重要优点是所有计算都可以用 m_{Pt} 代替 m_{Pt}/m_Y。

7.1　近似测定

每一溶液的 5 个强度比值(Q)的平均值式(1)为：

$$Q=\frac{1}{5}\left(\sum_{n=1}^{5}\frac{I_{Pt}}{I_Y}\right) \quad \cdots\cdots(1)$$

Q 的相对标准偏差(RSD)应低于 0.2%，即式(2)。

$$\mathrm{RSD}(Q_{N=5}) \leqslant 0.2\% \quad \cdots\cdots (2)$$

由于内标溶液的表观质量 m_{IS}($m_{\mathrm{IS}}=10.000$ g)存在偏差，测量溶液所得的每一强度熵(Q)应通过用制备此种测量溶液的缓冲溶液的真实质量 $m_{\mathrm{IS,n}}$(g)进行校正，见式(3)。

$$Q^{\mathrm{C}} = Q \times \frac{m_{\mathrm{IS,n}}}{m_{\mathrm{IS}}} \quad \cdots\cdots (3)$$

式中：

$m_{\mathrm{IS,n}}$——内标溶液的真实质量，单位为克(g)；

m_{IS}——缓冲内标溶液的表观质量，单位为克(g)。

用以上校正的强度熵 Q 测定校正曲线，需要计算校正溶液中铂的准确质量 $m_{\mathrm{Pt,Cs,n}}$(单位为毫克)，要求对每一校正溶液单独计算 $m_{\mathrm{Pt,Cs,n}}$，见式(4)：

$$m_{\mathrm{Pt,Cs,n}} = \frac{m'_{\mathrm{Pt,SS}}}{m_{\mathrm{SS,Pt}}} \times m'_{\mathrm{SS,Pt,n}} \quad \cdots\cdots (4)$$

式中：

$m'_{\mathrm{Pt,SS}}$——用于制备铂储存溶液的铂质量，单位为毫克(mg)；

$m_{\mathrm{SS,Pt}}$——制备的铂储存溶液质量，单位为克(g)；

$m'_{\mathrm{SS,Pt,n}}$——用于制备校正溶液的铂储存溶液的质量，单位为克(g)。

根据校正的强度熵 Q^{C} 和相应的铂质量 $m_{\mathrm{Pt,Cs,n}}$，应用最小二乘法得出校正曲线，这些曲线应在仪器的动态线性范围内，见式(5)。

$$m_{\mathrm{Pt}} = A_0 + A_1 \times Q^{\mathrm{C}} \quad \cdots\cdots (5)$$

式中：

A_0、A_1——校正系数。

通过式(5)计算的样品的校正的平均值 $Q_{\mathrm{S}}^{\mathrm{C}}$ 插值，采用式(6)计算样品溶液中铂的质量 m'_{Pt}：

$$m'_{\mathrm{Pt}} = A_0 + A_1 \times Q_{\mathrm{S}}^{\mathrm{C}} \quad \cdots\cdots (6)$$

7.2 样品计算

最接近于估计值 m'_{Pt} 的两个校正点；通过低质量(m_1)和高质量(m_2)来测定样品溶液中铂的质量，见式(7)。

$$m_{\mathrm{Pt}} = \frac{(m_2 - m_1) \times (Q_{\mathrm{S}}^{\mathrm{C}} - Q_2^{\mathrm{C}})}{Q_2^{\mathrm{C}} - Q_1^{\mathrm{C}}} + m_2 \quad \cdots\cdots (7)$$

式中：

m_1——根据式(4)得出的用作低标准校正溶液中铂的质量，单位为克(g)；

m_2——根据式(4)得出的用作高标准校正溶液中铂的质量，单位为克(g)；

Q_1^{C}——低标准的校正的强度比率 $I_{\mathrm{Pt}}/I_{\mathrm{Y}}$；

Q_2^{C}——高标准的校正的强度比率 $I_{\mathrm{Pt}}/I_{\mathrm{Y}}$；

$Q_{\mathrm{S}}^{\mathrm{C}}$——样品测量溶液的校正的强度比率 $I_{\mathrm{Pt}}/I_{\mathrm{Y}}$。

由 5 个测量周期所得的平均值得出样品溶液中铂的最终质量 $m_{\mathrm{Pt,fin}}$，见式(8)：

$$m_{\mathrm{Pt,fin}} = \frac{1}{5}\left(\sum_{n=1}^{5} m_{\mathrm{Pt}}\right) \quad \cdots\cdots (8)$$

此平均值的相对标准偏差 RSD 应低于 0.3%。

根据 5 次分别测量样品溶液所得的平均值 $m_{\mathrm{Pt,fin}}$，应用式(9)计算样品中铂的含量 w_{Pt}(‰)。

$$w_{\mathrm{Pt}} = \frac{m_{\mathrm{Pt,fin}} \times m_{\mathrm{SS,Sa}}}{m'_{\mathrm{Sa}} \times m'_{\mathrm{SS,Sa}}} \times 1\,000‰ \quad \cdots\cdots (9)$$

式中：

m'_{Sa}——用于制备样品储存溶液的样品质量，单位为毫克(mg)；

$m_{SS,Sa}$——制备的样品储存溶液质量，单位为克(g)；

$m'_{SS,Sa}$——用于制备样品测量溶液的样品储存溶液质量，单位为克(g)。

计算结果表示到小数点后一位。

7.3 重现性

平行测定结果的绝对差值应小于3‰。如大于该值，应重新实验。

8 试验报告

试验报告应至少包括以下信息：

——样品的识别：包括样品来源、接收日期和形状；

——使用的标准(包括发布或出版年号)；

——样品铂含量的千分值，包括单个样品的值及平均值，按第7章的规定计算；

——如有必要，应有与本部分方法规定的分析步骤的差异；

——使用的铂线和内标线；

——测试过程中任何异常情况的记录；

——测试日期；

——完成分析的实验室签章；

——实验室负责人和操作人员的签名。

参 考 文 献

[1] ISO/DIS 11494-2:2001 铂合金首饰中铂含量的测定 以钇为内标采用ICP光谱法

ICS 39.060
Y 88

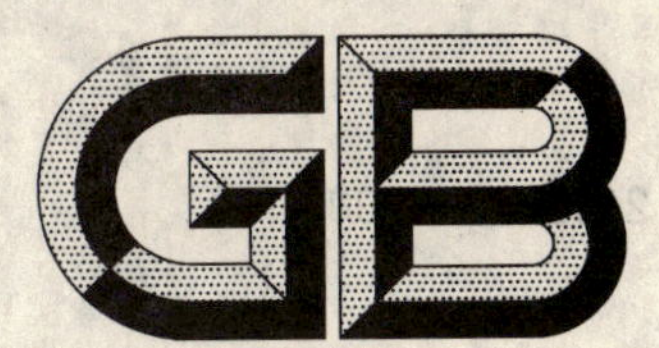

中华人民共和国国家标准

GB/T 21198.2—2007

贵金属合金首饰中贵金属含量的测定 ICP光谱法 第2部分:铂合金首饰 铂含量的测定 采用所有微量元素与铂强度比值法

Determination of precious metals in precious metals jewellery alloys—Method using ICP spectrometry—Part 2: Platinum jewellery alloys—Determination of platinum—Method using the intensity ratios of all minor constituents with reference to platinum

2007-11-12 发布 2008-07-01 实施

中华人民共和国国家质量监督检验检疫总局
中国国家标准化管理委员会 发布

前　言

GB/T 21198《贵金属合金首饰中贵金属含量的测定 ICP 光谱法》共分为六个部分：

——第 1 部分：铂合金首饰　铂含量的测定　采用钇为内标；

——第 2 部分：铂合金首饰　铂含量的测定　采用所有微量元素与铂强度比值法；

——第 3 部分：钯合金首饰　钯含量的测定　采用钇为内标；

——第 4 部分：999‰贵金属合金首饰　贵金属含量的测定　差减法；

——第 5 部分：999‰银合金首饰　银含量的测定　差减法；

——第 6 部分：差减法。

本部分为 GB/T 21198 的第 2 部分。

本部分参照 ISO /DIS 14138-2：2001《铂合金首饰中铂含量的测定　ICP 光谱法（采用所有微量元素与铂的强度比值法）》编写，与 ISO/DIS 14138-2 主要有以下技术性差异：

——将规范性引用文件中引用国际标准改为我国国家标准 GB 11887；

——按照我国标准的编写要求对试剂的规格做了规定；

——由于目前国际国内均无适合的制样标准，因此删除了原文中的第 7 章和第 10 章的 b)。

为便于使用，本部分还做了下列编辑性修改：

——“本国际标准”一词改为“本部分”；

——用小数点“.”代替作为小数点的逗号“，”；

——用“mL”代替“cm^3”；

——删除国际标准的前言和附录 C（比对试验结果）。

本部分的附录 A 为规范性附录，附录 B 为资料性附录。

本部分由中国轻工业联合会提出。

本部分由全国首饰标准化技术委员会（SAC/TC 256）归口。

本部分起草单位：国家首饰质量监督检验中心。

本部分主要起草人：李武军、李玉鹍、李素青、沈沣。

贵金属合金首饰中贵金属含量的测定 ICP 光谱法 第2部分:铂合金首饰　铂含量的测定 采用所有微量元素与铂强度比值法

1　范围

GB/T 21198 的本部分规定了应用 ICP 光谱仪采用所有微量元素与铂强度比值法测定铂合金首饰中杂质元素的总量来确定铂含量的方法。

本部分适用于 GB 11887 所规定铂首饰的纯度范围。

注 1：铂合金中可能含有钯,铜,金,铱,钌,铑,钴,镓,铬,铟,镍,铁,锌,镉,镁,锡,铝,锰,钛,铅和银。如果样品中各元素含量超过表 1 中列举的数值,此方法不适用。

注 2：本方法假设样品中含有除表 1 所列元素以外的所有金属和非金属元素的含量不超过 0.1%。这个假设需要证实。

表 1　合金元素和杂质的最大浓度　　以‰表示

元素	上限	元素	上限
Pd	180	Ni	60
Pt	990	Fe	5
Cu	180	Zn	5
Au	60	Cd	5
Ir	60	Mg	5
Ru	60	Sn	5
Rh	60	Al	5
Co	60	Mn	5
Ga	60	Ti	5
Cr	60	Pb	5
In	60	Ag	4

2　规范性引用文件

下列文件中的条款通过 GB/T 21198 的本部分的引用而成为本部分的条款。凡是注日期的引用文件,其随后所有的修改单(不包括勘误的内容)或修订版均不适用于本部分,然而,鼓励根据本部分达成协议的各方研究是否可使用这些文件的最新版本。凡是不注日期的引用文件,其最新版本适用于本部分。

GB 11887　首饰　贵金属纯度的规定及命名方法(GB 11887—2002,ISO 9202:1991,NEQ)

3　方法原理

将样品溶解于王水中。应用 ICP 光谱仪同时测定样品中所有元素的发射强度,计算铂与每一元素的强度比值，通过强度比值与校准方程计算铂与每一元素的浓度比值。通过将每一元素(除铂)与铂的浓度比值进行加权计算获得铂的含量。

4 试剂和材料

4.1 概要

除非另有说明，在分析中仅使用确认为分析纯的试剂和蒸馏水或去离子水或相当纯度的水。

除金属铂以外，其他金属中铂的含量应低于0.1‰。铂，钯，铜和金纯度至少为999.9‰。铱，钌，铑氯化物中铂占总金属含量应低于0.1‰。所有金属杂质的总量不超过1‰。

4.2 试剂

4.2.1 盐酸：质量分数为36%～38%，ρ=1.19 g/mL。

4.2.2 硝酸：质量分数为65%～68%，ρ=1.40 g/mL。

4.3 储存溶液

4.3.1 金储存溶液(1 300 μg/mL)：称取(650±0.01)mg金，在200 mL烧杯中加热溶于盐酸(4.2.1)40 mL和硝酸(4.2.2)10 mL中，溶液冷却后在容量瓶中加水定容至500 mL。

4.3.2 铱储存溶液(1 300 μg/mL)：称取1 200 mg三水合氯化铱($IrCl_3 \cdot 3H_2O$)，转移至500 mL烧杯中，加入水300 mL和盐酸(4.2.1)50 mL溶解，于500 mL容量瓶中定容至刻度。

溶液中实际含铱量的测定见附录A。

4.3.3 钌储存溶液(1 300 μg/mL)：称取1 690 mg三水合氯化钌($RuCl_3 \cdot 3H_2O$)，转移至500 mL烧杯中，加入水300 mL和盐酸(4.2.1)50 mL溶解，于500 mL容量瓶中定容至刻度。

溶液中实际含钌量的测定见附录A。

4.3.4 铑储存溶液(1 300 μg/mL)：称取1 670 mg三水合氯化铑($RhCl_3 \cdot 3H_2O$)，转移至500 mL烧杯中，加入水300 mL和盐酸(4.2.1)50 mL溶解，于500 mL容量瓶中定容至刻度。

溶液中实际含铑量的测定见附录A。

4.3.5 钴储存溶液(1 300 μg/mL)：称取(650±0.01)mg钴，在200 mL烧杯中加热溶于水15 mL和硝酸(4.2.2)15 mL溶液中。溶液冷却后在容量瓶中加水定容至500 mL。

4.3.6 镓储存溶液(1 300 μg/mL)：称取(650±0.01)mg镓，在200 mL烧杯中加热溶于25 mL水和25 mL盐酸(4.2.1)溶液中。溶液冷却后在容量瓶中加水定容至500 mL。

4.3.7 铬储存溶液(1 300 μg/mL)：称取(650±0.01)mg铬，在200 mL烧杯中加热溶于水15 mL和盐酸(4.2.1)15 mL溶液中。溶液冷却后在容量瓶中加水定容至500 mL。

4.3.8 铟储存溶液(1 300 μg/mL)：称取(650±0.01)mg铟，在200 mL烧杯中加热溶于15 mL水和15 mL硝酸(4.2.2)溶液中，溶液冷却后在容量瓶中加水定容至500 mL。

4.3.9 镍储存溶液(1 300 μg/mL)：称取(650±0.01)mg镍，在200 mL烧杯中加热溶于水15 mL和硝酸(4.2.2)15 mL溶液中，溶液冷却后在容量瓶中加水定容至500 mL。

4.3.10 铁储存溶液(110 μg/mL)：称取(55±0.01)mg铁，在100 mL烧杯中加热溶于水10 mL和盐酸(4.2.1)10 mL溶液中，溶液冷却后在容量瓶中加水定容至500 mL。

4.3.11 锌储存溶液(110 μg/mL)：称取(55±0.01)mg锌，在100 mL烧杯中加热溶于水10 mL和盐酸(4.2.1)10 mL溶液中，溶液冷却后在容量瓶中加水定容至500 mL。

4.3.12 镉储存溶液(110 μg/mL)：称取(55±0.01)mg镉，在100 mL烧杯中加热溶于水10 mL和硝酸(4.2.2)10 mL溶液中，溶液冷却后在容量瓶中加水定容至500 mL。

4.3.13 镁储存溶液(110 μg/mL)：称取(55±0.01)mg镁，在100 mL烧杯中加热溶于水30 mL和盐酸(4.2.1)5 mL溶液中，溶液冷却后在容量瓶中加水定容至500 mL。

4.3.14 锡储存溶液(110 μg/mL)：称取(55±0.01)mg锡，在100 mL烧杯中溶于热盐酸(4.2.1)30 mL中，溶液冷却后在容量瓶中加盐酸(4.2.1)200 mL用水定容至500 mL。

4.3.15 铝储存溶液(110 μg/mL):称取(55±0.01)mg 铝,在 100 mL 烧杯中加热溶于水 20 mL 和盐酸(4.2.1)20 mL 溶液中,溶液冷却后在容量瓶中加水定容至 500 mL。

4.3.16 锰储存溶液(110 μg/mL):称取(55±0.01)mg 锰,在 100 mL 烧杯中加热溶于 10 mL 水和盐酸(4.2.1)10 mL 溶液中,溶液冷却后在容量瓶中加水定容至 500 mL。

4.3.17 钛储存溶液(110 μg/mL):称取(55±0.01)mg 钛,在 100 mL 烧杯中加热溶于水 10 mL 和盐酸(4.2.1)10 mL 溶液中,溶液冷却后在容量瓶中加入盐酸(4.2.1)200 mL 定容至 500 mL。

4.3.18 铅储存溶液(110 μg/mL):称取(55±0.01)mg 铅,在 100 mL 烧杯中加热溶于 10 mL 水和硝酸(4.2.2)10 mL 溶液中,溶液冷却后在容量瓶中加水定容至 500 mL。

4.3.19 银储存溶液(100 μg/mL):称取(50±0.01)mg 银,在 100 mL 烧杯中加热溶于水 20 mL 和硝酸(4.2.2)20 mL 溶液中,溶液冷却后在容量瓶中加水定容至 500 mL。

4.4 校正溶液

4.4.1 溶液 A:称取(900±0.01)mg 铂,在 300 mL 烧杯中加热溶于盐酸(4.2.1)45 mL 和硝酸(4.2.2)15 mL 混合酸中。小心加热直到成浆糊状。产品溶液冷却后溶解于盐酸(4.2.1)80 mL 和硝酸(4.2.2)20 mL 混合酸中,在容量瓶中加水定容至 1 000 mL。

4.4.2 溶液 B:称取(900±0.01)mg 铂和(50±0.01)mg 钯,在 500 mL 烧杯中加热溶于盐酸(4.2.1)45 mL 和硝酸(4.2.2)15 mL 混合酸中。分别加入金(4.3.1),铱(4.3.2),钌(4.3.3),铑(4.3.4),钴(4.3.5),镍(4.3.9),铁(4.3.10),锌(4.3.11)和镉(4.3.12)的储存溶液 10 mL。小心加热直到成浆糊状。冷却,溶于盐酸(4.2.1)80 mL 和硝酸(4.2.2)20 mL 混合酸中,在容量瓶中加水定容至 1 000 mL。

4.4.3 溶液 C:称取(900±0.01)mg 铂和(100±0.01)mg 钯,在 1 000 mL 烧杯中加热溶于盐酸(4.2.1)45 mL 和硝酸(4.2.2)15 mL 混合酸中。分别加入金(4.3.1),铱(4.3.2),钌(4.3.3),铑(4.3.4),钴(4.3.5),镍(4.3.9),铁(4.3.10),锌(4.3.11)和镉(4.3.12)的储存溶液 30 mL。小心加热直到成浆糊状。冷却,溶于盐酸(4.2.1)80 mL 和硝酸(4.2.2)20 mL 混合酸中,在容量瓶中加水定容至 1 000 mL。

4.4.4 溶液 D:称取(900±0.01)mg 铂和(200±0.01)mg 钯,在 1 000 mL 烧杯中加热溶于盐酸(4.2.1)45 mL 和硝酸(4.2.2)15mL 混合酸中。分别加入金(4.3.1),铱(4.3.2),钌(4.3.3),铑(4.3.4),钴(4.3.5),镍(4.3.9),铁(4.3.10),锌(4.3.11)和镉(4.3.12)的储存溶液 50mL。小心加热直到成浆糊状。冷却,溶于盐酸(4.2.1)80mL 和硝酸(4.2.2)20 mL 混合酸中,在容量瓶中加水定容至 1 000 mL。

4.4.5 溶液 E:称取(900±0.01)mg 铂和(50±0.01)mg 铜,在 500 mL 烧杯中加热溶于盐酸(4.2.1)45 mL 和硝酸(4.2.2)15mL 混合酸中。分别加入镓(4.3.6),铬(4.3.7),铟(4.3.8),镁(4.3.13),铝(4.3.15),锰(4.3.16),钛(4.3.17)和铅(4.3.18)的储存溶液 10 mL。小心加热直到成浆糊状。冷却,溶于盐酸(4.2.1)80 mL 和硝酸(4.2.2)20 mL 混合酸中,在容量瓶中加水定容至 1 000 mL。

4.4.6 溶液 F:称取(900±0.01)mg 铂和(100±0.01)mg 铜,在 1 000 mL 烧杯中加热溶于盐酸(4.2.1)45 mL 和硝酸(4.2.2)15 mL 混合酸中。分别加入镓(4.3.6),铬(4.3.7),铟(4.3.8),镁(4.3.13),铝(4.3.15),锰(4.3.16),钛(4.3.17)和铅(4.3.18)的储存溶液 30 mL,小心加热直到成浆糊状。冷却,溶于盐酸(4.2.1)80 mL 和硝酸(4.2.2)20mL 混合酸中,在容量瓶中定容至 1 000 mL。

4.4.7 溶液 G:称取(900±0.01)mg 铂和(200±0.01)mg 铜,在 1 000 mL 烧杯中加热溶于盐酸(4.2.1)45 mL 和硝酸(4.2.2)15 mL 混合酸中。分别加入镓(4.3.6),铬(4.3.7),铟(4.3.8),镁(4.3.13),铝(4.3.15),锰(4.3.16),钛(4.3.17)和铅(4.3.18)的储存溶液 50 mL,小心加热直到成浆糊状。冷却,溶于盐酸(4.2.1)80 mL 和硝酸(4.2.2)20 mL 混合酸中,在容量瓶中定容至 1 000 mL。

4.4.8 溶液 H:称取(900±0.01)mg 铂,在 3 00mL 烧杯中加热溶于盐酸(4.2.1)45 mL 和硝酸(4.2.2)15 mL 混合酸中。小心加入锡(4.3.14)储存溶液 10 mL,加热直到成浆糊状。冷却,溶于盐酸(4.2.1)80 mL 和硝酸(4.2.2)20 mL 混合酸中,在容量瓶中定容至 1 000 mL。

4.4.9 溶液 I:称取(900±0.01)mg 铂,在 300 mL 烧杯中加热溶于盐酸(4.2.1)45 mL 和硝酸(4.2.2)15 mL 混合酸中。加入锡(4.3.14)储存溶液 30 mL,小心加热直到成浆糊状。冷却,溶于盐酸(4.2.1)80 mL 和硝酸(4.2.2)20 mL 混合酸中,在容量瓶中定容至 1 000 mL。

4.4.10 溶液 J:称取(900±0.01)mg 铂,在 300 mL 烧杯中加热溶于盐酸(4.2.1)45 mL 和硝酸(4.2.2)15 mL 混合酸中。加入锡(4.3.14)储存溶液 50 mL,小心加热直到成浆糊状。冷却,溶于盐酸(4.2.1)80 mL 和硝酸(4.2.2)20 mL 混合酸中,在容量瓶中定容至 1 000 mL。

4.4.11 溶液 K:称取(900±0.01)mg 铂,在 300 mL 烧杯中加热溶于盐酸(4.2.1)45 mL 和硝酸(4.2.2)15 mL 混合酸中。加入银(4.3.19)储存溶液 10 mL,小心加热直到成浆糊状。冷却,溶于盐酸(4.2.1)80 mL 和硝酸(4.2.2)20 mL 混合酸中,在容量瓶中定容至 1 000 mL。

4.4.12 溶液 L:称取(900±0.01)mg 铂,在 300 mL 烧杯中加热溶于盐酸(4.2.1)45 mL 和硝酸(4.2.2)15 mL 混合酸中。加入银(4.3.19)储存溶液 20 mL,小心加热直到成浆糊状。冷却,溶于盐酸(4.2.1)80 mL 和硝酸(4.2.2)20mL 混合酸中,在容量瓶中定容至 1 000 mL。

4.4.13 溶液 M:称取(900±0.01)mg 铂,在 300 mL 烧杯中加热溶于盐酸(4.2.1)45 mL 和硝酸(4.2.2)15 mL 混合酸中。加入银(4.3.19)储存溶液 50 mL,小心加热直到成浆糊状。冷却,溶于盐酸(4.2.1)80 mL 和硝酸(4.2.2)20 mL 混合酸中,在容量瓶中定容至 1 000 mL。

4.4.14 溶液 N:称取(900±0.01)mg 铂和(200±0.01) mg 铜,在 1 000 mL 烧杯中加热溶于盐酸(4.2.1)45 mL 和硝酸(4.2.2)15 mL 混合酸中。小心加热直到成浆糊状。冷却,溶于盐酸(4.2.1)80 mL 和硝酸(4.2.2)20 mL 混合酸中,在容量瓶中定容至 1 000 mL。

4.4.15 溶液 P:称取(900±0.01)mg 铂,在 300 mL 烧杯中加热溶于盐酸(4.2.1)45 mL 和硝酸(4.2.2)15 mL 混合酸中。小心加入铱储存溶液(4.3.2)100 mL,加热直到成浆糊状。冷却,溶于盐酸(4.2.1)80 mL 和硝酸(4.2.2)20 mL 混合酸中,在容量瓶中定容至 1 000 mL。

5 仪器

常规实验室仪器及下列仪器:

5.1 电感耦合等离子体发射光谱仪(简称 ICP 光谱仪):可多元素同时测量。

有以下特性的光谱仪可获得满意的结果:

——线性色散率:0.5 nm/mm;

——光学分辨率:0.02 nm;

——高频工作功率:1.2 kW。

5.2 微量天平:感量为 0.01 mg。

6 准备

6.1 测定校准方程的系数

6.1.1 概要

每一元素的发射强度比值和浓度比值之间的关系用式(1)表示:

$$c_i = \alpha_i \times Q_i + \beta_i \quad (1)$$

式中:

c_i——每一元素校正溶液的浓度比值;

Q_i——每一元素校正溶液发射强度比平均值。

校准系数(α_i,β_i)按 6.1.3 确定。

注:每次更新校正溶液时需测定校正因素以修正漂移(见 6.2)。

6.1.2 测定校正溶液的发射强度

多元素同时测量的 ICP 光谱仪用于测定强度。

将ICP炬管点火，待仪器稳定后测试。首先将标准溶液引入氩等离子体中40 s，测量5次，在表2所示的波长位置测量铂的发射强度(I_{Pt})和其他元素的发射强度(I_i)。校正溶液A～校正溶液M(4.4.1～4.4.13)分成四组[A,B,C,D]，[A，E,F,G]，[A,H,I,J]和[A,K,L,M]。每一组分别测量。

表2 各元素推荐的波长

单位为纳米

元素	波长	元素	波长	元素	波长
铂	265.95	钴	238.89	镁	279.55
	306.47	镓	294.36	锡	189.99
钯	340.46	铬	283.56	铝	396.15
铜	324.75	铟	303.93	锰	257.61
金	267.60	镍	231.60	钛	334.94
铱	322.08	铁	259.94	铅	220.35
钌	372.80	锌	213.86	银	328.07
铑	343.49	镉	228.80		
注：如果镍含量超过5‰，则不能使用306.47 nm的铂线。					

6.1.3 计算校准系数

应用式(2)计算铂的发射强度(I_{Pt})和其他元素的发射强度(I_i)的比值(q_i)：

$$q_i = I_i / I_{Pt} \quad \cdots\cdots\cdots (2)$$

应用式(3)计算强度比值平均值(Q_i)(也称平均强度比值)：

$$Q_i = \frac{\sum_{n=1}^{5} q_i}{5} \quad \cdots\cdots\cdots (3)$$

应用式(4)和式(5)计算校准方程系数(α_i,β_i)：

$$\alpha_i = \frac{4 \times \sum(c_i \times Q_i) - \sum c_i \times \sum Q_i}{4 \times \sum(Q_i)^2 - (\sum Q_i)^2} \quad \cdots\cdots\cdots (4)$$

$$\beta_i = \frac{\sum c_i \times \sum(Q_i)^2 - (\sum Q_i) \times \sum(c_i \times Q_i)}{4 \times \sum(Q_i)^2 - (\sum Q_i)^2} \quad \cdots\cdots\cdots (5)$$

式中：

α_i,β_i——元素i的校准系数；

c_i——每一校正溶液中元素i的浓度比值；

Q_i——相对应元素i浓度比值(c_i)的平均强度比值；

$\sum c_i$——每一组的四种溶液中元素i的浓度比值(c_i)的总和(参见6.1.1的注)；

$\sum Q_i$——每一组的四种溶液中元素i的平均强度比值(Q_i)的总和(参见6.1.1的注)；

$\sum(Q_i)^2$——每一组的四种溶液中元素i的平均强度比值(Q_i)平方的总和(参见6.1.1的注)；

$\sum(c_i \times Q_i)$——溶液浓度比值(c_i)和相应的平均强度比值(Q_i)乘积的总和。

6.2 测定漂移校准的基本强度比值

由于采用ICP光谱仪测定发射强度可能随时间而稍有变化，有必要校准这种漂移。基于此，采用以下描述的平均基本强度比值(见7.3)。

测定溶液A(4.4.1)中每一元素(i)的平均基本强度比值($Q_{S_i}^{L}$)，同时测定溶液D(4.4.4)中钯，金，铱，钌，铑，钴，镍，铁，锌和镉；溶液G(4.4.7)中铜，镓，铬，铟，镁，铝，锰，钛和铅；溶液J(4.4.10)中锡和溶液M(4.4.13)中银的平均基本强度比值。除溶液A以外，其他溶液中各元素的平均基本强度比值表示为$Q_{S_i}^{H}$。

6.3 测定光谱重叠校准系数

铜影响锌(213.86 nm)和铱(322.08 nm)的发射强度。同时,铱影响铟(303.93 nm)的发射强度。因此需要应用光谱重叠校准系数对锌,铱和铟的发射强度进行校准。

6.3.1 铜光谱重叠校准系数计算(校准锌)

如6.1.1所述,测量校正溶液A(4.4.1)和溶液N(4.4.14)中锌和铂的发射强度。根据每一溶液中锌和铂的发射强度比值计算锌和铂的平均强度比值($Q_{Zn,A}$,$Q_{Zn,N}$),按式(6)计算铜的光谱重叠校准系数。

$$K_{Zn/Cu}=\frac{\alpha_{Zn}}{c_{Cu,N}}\times(Q_{Zn,N}-Q_{Zn,A}) \quad \cdots\cdots(6)$$

式中:

$K_{Zn/Cu}$——铜光谱重叠校准系数(校准锌);

α_{Zn}——锌的校准系数;

$c_{Cu,N}$——溶液N中铜与铂的浓度比值;

$Q_{Zn,N}$——溶液N中锌平均强度比值;

$Q_{Zn,A}$——溶液A中锌平均强度比值。

6.3.2 铜光谱重叠校准系数计算(校准铱)

如6.1.1所述,测量校正溶液A(4.4.1)和溶液N(4.4.14)中铱和铂的发射强度。根据每一溶液中铱和铂的发射强度比值计算铱和铂的平均强度比值($Q_{Ir,A}$,$Q_{Ir,N}$),按式(7)计算铜的光谱重叠校准系数。

$$K_{Ir/Cu}=\frac{\alpha_{Ir}}{c_{Cu,N}}\times(Q_{Ir,N}-Q_{Ir,A}) \quad \cdots\cdots(7)$$

式中:

$K_{Ir/Cu}$——铜光谱重叠校准系数(校准铱);

α_{Ir}——铱的校准系数;

$c_{Cu,N}$——溶液N中铜与铂的浓度比值;

$Q_{Ir,N}$——溶液N中铱平均强度比值;

$Q_{Ir,A}$——溶液A中铱平均强度比值。

6.3.3 铱光谱重叠校准系数计算(校准铟)

如6.1.1所述,测量校正溶液A(4.4.1)和溶液P(4.4.15)中铟和铂的发射强度。根据每一溶液中铟和铂的发射强度比值计算铟和铂的平均强度比值($Q_{In,A}$,$Q_{In,P}$),按式(8)计算铱的光谱重叠校准系数。

$$K_{In/Ir}=\frac{\alpha_{In}}{c_{Ir,P}}\times(Q_{In,P}-Q_{In,A}) \quad \cdots\cdots(8)$$

式中:

$K_{In/Ir}$——铱光谱重叠校准系数(校准铟);

α_{In}——铟的校准系数;

$c_{Ir,P}$——溶液P中铱与铂的溶液比值;

$Q_{In,P}$——溶液P中铟平均强度比值;

$Q_{In,A}$——溶液A中铟平均强度比值。

7 分析步骤

7.1 样品半定量分析

对样品进行半定量分析,大致估计元素的含量。如果样品中存在一些表1中未列举的其他元素,则应采取下列步骤:

a) 如果表1中未列的元素的总含量低于0.1‰,则其影响可以忽略不计,此方法不用修正。

b) 如果表1中未列的元素的总含量超过0.1‰,采用其他的分析方法可以测量这些元素总的含量，应用附录B中的公式修正铂的测量结果。

c) 如果表1中未列的元素的总含量超过0.1‰，但总含量未知，此方法不适用。

7.2 样品溶液制备

称取(90±0.2)mg铂，在100 mL烧杯中加热溶于盐酸(4.2.1)30 mL和硝酸(4.2.2)10 mL混合酸中。加热直到成浆糊状。冷却，加入盐酸(4.2.1)8 mL和硝酸(4.2.2)2 mL混合酸中，在容量瓶中定容至100 mL。

注：为加快溶解，需要减少样品的厚度。如果样品中含有铱、钌或铑时，需要在高压条件下溶解。

7.3 测定漂移校准系数

分析一系列的样品过程中，在测量初期需测定漂移校准系数，之后每隔1 h需进行漂移校准。

测定校正溶液中每一元素的强度，可以确定漂移校准系数。

如7.4所述，在同样条件下测定校正溶液A、溶液D、溶液G、溶液J和溶液M中每一元素的发射强度，如6.2所述，计算平均强度比值。

漂移系数校准计算：

采用式(9)和式(10)计算漂移校准系数(γ_i 和 δ_i)：

$$\gamma_i=\frac{(Q_{D_i}^{H}\times Q_{S_i}^{L})-(Q_{D_i}^{L}\times Q_{S_i}^{H})}{Q_{D_i}^{H}-Q_{D_i}^{L}} \quad \cdots\cdots (9)$$

$$\delta_i=\frac{Q_{S_i}^{H}-Q_{S_i}^{L}}{Q_{D_i}^{H}-Q_{D_i}^{L}} \quad \cdots\cdots (10)$$

式中：

γ_i 和 δ_i——元素 i 的漂移校准系数；

$Q_{S_i}^{L}$，$Q_{S_i}^{H}$——6.2测定的元素(i)平均基本强度比值；

$Q_{D_i}^{L}$，$Q_{D_i}^{H}$——7.3元素(i)平均强度比值。

7.4 测定样品的发射强度

如下所述，每个样品测量5次，用发射强度计算铂的含量。

8 结果的表示

8.1 概要

如7.2～7.4所述，通过5次测定每一样品溶液的发射强度，计算铂含量。

8.2 校正漂移

8.2.1 平均强度比值计算

应用式(11)计算每一元素(i)与铂的平均强度比值(Q_i)：

$$Q''_i=\sum_{n=1}^{5}\frac{I_i}{I_{Pt}}/5 \quad \cdots\cdots (11)$$

式中：

Q''_i——样品溶液中的平均强度比值；

I_i——7.4测定的样品溶液中每一元素(i)的发射强度；

I_{Pt}——7.4测定的样品溶液中铂的发射强度。

8.2.2 漂移校准系数计算

应用式(12)计算漂移校准系数：

$$Q'_i=\delta_i\times Q''_i+\gamma_i \quad \cdots\cdots (12)$$

式中：

Q'_i——校准漂移后元素(i)的平均强度比值；

γ_i，δ_i——7.3测定的元素(i)的漂移校准系数；

Q''_i——8.2.1 测定的元素(i)的平均强度比值。

8.2.3 校准光谱重叠影响之前计算浓度比值

应用式(13)计算每一元素(i)与铂的浓度比值 c'_i：

$$c'_i=\alpha_i\times Q'_i+\beta_i \qquad (13)$$

式中：

c'_i——元素(i)与铂的浓度比值；

α_i,β_i——6.1.2 测定的元素(i)校准系数；

Q'_i——8.2.2 测定元素(i)漂移校准的平均强度比值。

8.3 校准光谱重叠的影响

8.3.1 应用式(14)校准铜对锌的影响

$$c_{Zn}=c'_{Zn}-K_{Zn/Cu}\times c'_{Cu} \qquad (14)$$

式中：

c_{Zn}——校准铜影响后锌与铂的浓度比值；

c'_{Zn}——8.2.3 校准铜影响之前锌与铂的浓度比值；

$K_{Zn/Cu}$——6.3.1 测定的铜对锌的光谱重叠校准系数；

c'_{Cu}——8.2.3 获得的铜与铂的浓度比值。

8.3.2 应用式(15)校准铜对铱的影响

$$c_{Ir}=c'_{Ir}-K_{Ir/Cu}\times c'_{Cu} \qquad (15)$$

式中：

c_{Ir}——校准铜影响后铱与铂的浓度比值；

c'_{Ir}——8.2.3 获得的校准铜影响之前铱与铂的浓度比值；

$K_{Ir/Cu}$——6.3.2 测定的铜对铱的光谱重叠校准系数；

c'_{Cu}——8.2.3 获得的铜与铂的浓度比值。

8.3.3 应用式(16)校准铱对铟的影响

$$c_{In}=c'_{In}-K_{In/Ir}\times c_{Ir} \qquad (16)$$

式中：

c_{In}——校准铱影响后铟与铂的浓度比值；

c'_{In}——8.2.3 获得的校准铱影响之前铟与铂的浓度比值；

$K_{In/Ir}$——6.3.3 测定的铱对铟的光谱重叠校准系数；

c_{Ir}——8.3.2 获得的校准铜影响后铱与铂的浓度比值。

8.4 计算铂的含量

应用式(17)计算铂的含量。如果 8.2.3 中获得的浓度比值(c'_i)不受光谱重叠的影响，在下列方程中由 c'_i代替。

$$W_{Pt}(‰)=\frac{1}{1+\sum c_i}\times 1\,000 \qquad (17)$$

式中：

W_{Pt}——铂的含量，‰；

$\sum c_i$——每一元素(除铂)与铂浓度比值(c_i)的总和。

计算结果表示到个位。

如果由 W_{Pt}计算的铂的含量超过(90±0.2)mg 范围，样品应重新称量分析，直到铂的含量在(90±0.2)mg 范围内。

8.5 重现性

平行测定结果的绝对差值应小于 3‰。如大于该值，应重新实验。

9 试验报告

试验报告应至少包括以下信息：

——样品的识别：包括样品来源、接收日期和形状；

——使用的标准(包括发布或出版年号)；

——样品铂含量的千分值，包括单个样品的值及平均值，按第8章的规定计算；

——如有必要，应有与本部分方法规定的分析步骤的差异；

——测定的元素和波长；

——测试过程中任何异常情况的记录；

——测试日期；

——完成分析的实验室签章；

——实验室负责人和操作人员的签名。

附 录 A
（规范性附录）
铱、钌、铑储存溶液中铱量、钌量、铑量的测定

A.1 概要

难以直接用铱、钌、铑纯金属配置储存溶液，一般选用其氯化物。但是用氯化物配置的储存溶液，其含量不确定，需要准确测定铱、钌、铑的含量。以下为这三个元素的分析方法。

A.2 试剂

A.2.1 稀硫酸(1＋19)。

A.2.2 盐酸：质量分数为38％，$\rho=1.19$ g/mL。

A.2.3 稀盐酸(1＋12)。

A.2.4 滤纸：无灰分，中速。

A.3 储存溶液中金属元素的测试方法

A.3.1 概述

每个试样需平行测定。

A.3.2 铱储存溶液

取铱储存溶液(4.3.2)100 mL置于300 mL烧杯中，缓慢加入3 g锌粉。

一段时间后，溶液仍未变色，再补加少量锌粉和稀盐酸(A.2.3)2 mL～3 mL。

当溶液变为无色，加适量盐酸(A.2.2)，并缓慢加热溶解残余锌粉。过滤，用稀盐酸(A.2.3)和温水冲洗干净。将沉淀和滤纸转移至已称量的坩埚，缓慢加热坩埚，烘干滤纸，然后在500℃下，烧焦滤纸。在700℃～800℃下，在有氢气存在下，保持15 min。在氮气或二氧化碳气氛中，冷却到室温，称量得铱量。

A.3.3 钌储存溶液

取钌储存溶液(4.3.3)100 mL置于300 mL烧杯中，加热直至沸腾，通入硫化氢直至饱和。继续加热直至溶液变为无色。过滤，用稀盐酸(A.2.3)和温水冲洗干净。将沉淀和滤纸转移至已称量的坩埚，缓慢加热坩埚，烘干滤纸，然后在500℃下，烧焦滤纸。在700℃～800℃下，在有氢气存在下，保持15 min。在氮气或二氧化碳气氛中，冷却到室温，称量得钌量。

A.3.4 铑储存溶液

取铑储存溶液(4.3.4)100 mL置于300 mL烧杯中，缓慢加入锌粉直至溶液变为无色。

当溶液为无色时，加入少量稀硫酸(A.2.1)，溶解过量锌粉，过滤，用水冲洗干净。将沉淀和滤纸转移至已称量的坩埚，缓慢加热坩埚，烘干滤纸，然后在500℃下，烧焦滤纸。在700℃～800℃下，在有氢气存在下，保持15 min。在氮气或二氧化碳气氛中，冷却到室温，称量得铑量。

附 录 B
（资料性附录）
铂分析结果的修正

B.1 概述

如果用其他的方法测得表1中未列元素的总含量大于0.01%，用以下方法进行修正。

B.2 表1中未列元素含量的测定

表1中未列元素的总含量大于0.01%，记录下来（见7.1）。用发射光谱仪，电感耦合等离子体发射光谱仪或原子吸收光谱仪及其他的方法分析这些元素的含量。

B.3 结果修正

用式（B.1）修正：

$$W_{Pt}(‰)=\frac{1}{1+\sum c_i}\times\frac{100-\sum X}{100}\times 1\,000 \qquad \text{(B.1)}$$

式中：

W_{Pt}—— 铂的含量，‰；

$\sum c_i$——每一元素（除铂）与铂浓度比值（c_i）的总和；

$\sum X$——表1中未列元素的总含量。

计算结果保留到个位。

参 考 文 献

[1] ISO /DIS 14138-2:2001 铂合金首饰中铂含量的测定 ICP 光谱法(采用所有微量元素与铂的强度比值法)

ICS 39.060
Y 88

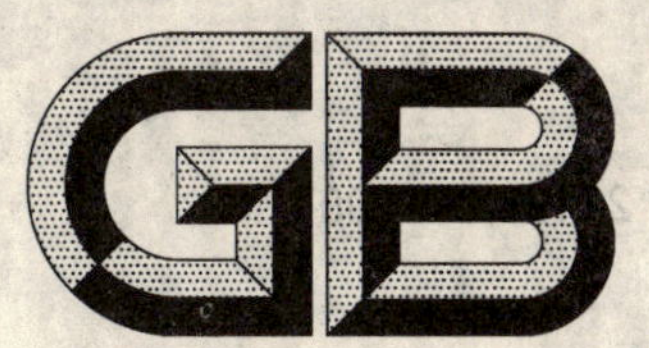

中华人民共和国国家标准

GB/T 21198.3—2007

贵金属合金首饰中贵金属含量的测定 ICP光谱法 第3部分：钯合金首饰 钯含量的测定 采用钇为内标

Determination of precious metals in precious metals jewellery alloys—Method using ICP spectrometry—Part 3: Palladium jewellery alloys—Determination of palladium—Method using a solution with yttrium as internal standard element

2007-11-12 发布 2008-07-01 实施

中华人民共和国国家质量监督检验检疫总局
中国国家标准化管理委员会 发布

前 言

GB/T 21198《贵金属合金首饰中贵金属含量的测定　ICP光谱法》分为六个部分：

——第1部分：铂合金首饰　铂含量的测定　采用钇为内标；

——第2部分：铂合金首饰　铂含量的测定　采用所有微量元素与铂强度比值法；

——第3部分：钯合金首饰　钯含量的测定　采用钇为内标；

——第4部分：999‰贵金属合金首饰　贵金属含量的测定　差减法；

——第5部分：999‰银合金首饰　银含量的测定　差减法；

——第6部分：差减法。

本部分为GB/T 21198的第3部分。

本部分参照ISO/DIS 11495-2:2001《钯合金首饰中钯含量的测定　以钇为内标采用ICP光谱法》编写，与ISO/DIS 11495-2主要有以下技术性差异：

——将规范性引用文件中引用的国际标准改为我国国家标准GB 11887；

——按照我国标准的编写要求对试剂的规格做了规定；

——由于标准中未涉及微量天平，因此删除了原文中的5.2“微量天平，可称至0.001 mg”；

——由于目前国际国内均无适合的制样标准，因此删除了原文中的第6章和第9章的b)。

为便于使用，本部分还做了下列编辑性修改：

——“本国际标准”一词改为“本部分”；

——用小数点“.”代替作为小数点的逗号“,”；

——用“mL”代替“cm^3”；

——删除国际标准的前言。

本部分由中国轻工业联合会提出。

本部分由全国首饰标准化技术委员会(SAC/TC 256)归口。

本部分起草单位：国家首饰质量监督检验中心。

本部分主要起草人：李素青、李玉鹍、李武军、沈洋。

贵金属合金首饰中贵金属含量的测定 ICP 光谱法 第 3 部分：钯合金首饰　钯含量的测定 采用钇为内标

1　范围

GB/T 21198 的本部分规定了以钇为内标采用 ICP 光谱法测定钯合金首饰中钯含量的方法。

本部分适用于钯含量为 475‰～970‰的钯合金首饰。

注：钯合金首饰中可能含有银，铱，镓，铜，钴，镍，锡，钌。含有这些合金元素在测定过程中一般不产生干扰。

2　规范性引用文件

下列文件中的条款通过 GB/T 21198 的本部分的引用而成为本部分的条款。凡是注日期的引用文件，其随后所有的修改单(不包括勘误的内容)或修订版均不适用于本部分，然而，鼓励根据本部分达成协议的各方研究是否可使用这些文件的最新版本。凡是不注日期的引用文件，其最新版本适用于本部分。

GB 11887　首饰　贵金属纯度的规定及命名方法(GB 11887—2002，ISO 9202：1991，NEQ)

3　方法原理

准确称量样品，溶于王水中，制成准确质量的溶液。将制成的样品溶液取出一份定量溶液，与缓冲溶液和内标混合，标定至标准测量体积。

应用 ICP 光谱仪，将样品溶液中钯(340.45 nm)和钇(371.03 nm)的光谱发散强度比值与含有已知质量的铂和钇溶液的比值比较，测量钯的含量。

4　试剂材料

除非另有说明，在分析中仅使用确认为分析纯的试剂和蒸馏水或去离子水或相当纯度的水。

4.1　盐酸：质量分数为 36%～38%，ρ=1.19 g/mL。

4.2　硝酸：质量分数为 65%～68%，ρ=1.40 g/mL。

4.3　纯钯：钯含量至少为 99.99%。

4.4　内标溶液：称取 26.8 g 二水合氯化铜($CuCl_2 \cdot 2H_2O$)、7.3 g 硝酸钠($NaNO_3$)和约 680 mg 六水合氯化钇($YCl_3 \cdot 6H_2O$)溶于 200 mL 水中，用水标定至 1 000 mL。

5　仪器

常规实验室仪器及下列仪器

5.1　电感耦合等离子体发射光谱仪(简称 ICP 光谱仪)：可以同时测定钯发射线 340.45 nm 和内标钇发射线 371.03 nm 的强度。

具备以下特性的光谱仪测定结果较为满意：

——可逆线性分散：0.5 nm/mm；

——光学分辨率：0.02 nm；

——高频工作功率：1.2 kW；

——标准炬管。

5.2 微量天平：感量为 0.01 mg。

6 分析步骤

6.1 校正溶液

称取约 100 mg 钯(4.3)，至少精确至 0.01 mg，放入 100 mL 烧杯中加入盐酸(4.1)30 mL 和硝酸(4.2)10 mL，加热溶解。移入 100 mL 容量瓶中，加入去离子水至溶液质量约 100 g 左右，至少精确至 0.01 g。制成的钯储存溶液用于制备校正溶液。

分别称取钯储存溶液(6.1)4.5 g、5.5 g、6.5 g、7.5 g、8.5 g、9.5 g 和 9.8 g 于 100 mL 容量瓶中，至少精确至 0.001 g。加入内标溶液(4.4)10 g，至少精确至 0.01 g。加入盐酸(4.1)50 mL，用水标定至 100 mL，充分混匀。

6.2 样品溶液

称取约 100 mg 样品，至少精确至 0.01 mg，按 6.1 步骤溶解并处理溶液。称取这种“样品储存溶液”约 10 g 置于 100 mL 容量瓶中，至少精确至 0.001 g。加入 10 g 内标溶液(4.4)，至少精确至 0.01 g。加入盐酸(4.1)50 mL，用水标定至 100 mL，充分混匀。

由于缓冲溶液中钇的质量并不十分精确，因此加入到每份校正溶液和样品溶液中的缓冲溶液应来源于同一储备溶液。

注：样品混合是否均匀可使少量的样品受到较大的影响，因此应尽可能小心。

6.3 测量

ICP 光谱仪的数据处理装置可以建立一定的测量程序，可同时测定钯发射线 340.45 nm 和内标钇发射线 371.03 nm 的强度。ICP 炬管点火后待仪器稳定，将校正溶液和样品溶液依次注入。

每一标准和样品溶液应有 30 s 的预积分时间，以及连续 5 次的 5 s 积分时间。按照 7.1 的式(1)～式(6)测定大致的数值。根据测量最接近样品溶液结果的两种校正溶液计算得出样品溶液中钯的准确质量。见 7.2 式(7)。

7 结果的表示

注：内标法是基于强度比值 I_{Pd}/I_Y 和浓度比值 $C_{Pd/CY}$ 或质量比值 m_{Pd}/m_Y 线性相关。采用同一质量的钇(缓冲/内标溶液)制备所有溶液，没必要知道测量溶液的确切体积。100 mL 容量瓶的准确度测量结果令人满意。以同一质量的内标作参考值的另外一个重要优点是所有计算都可以用 m_{Pd} 代替 m_{Pd}/m_Y。

7.1 近似测定

如果每一溶液的 5 个强度比值(Q)的平均值式(1)为：

$$Q=\frac{1}{5}\left(\sum_{n=1}^{5}\frac{I_{Pd}}{I_Y}\right) \qquad (1)$$

那么，Q 的相对标准偏差(RSD)应低于 0.2%，即式(2)。

$$\mathrm{RSD}(Q_{N=5})\leqslant 0.2\% \qquad (2)$$

由于内标溶液的表观质量 m_{IS}(m_{IS}＝10.000 g)存在偏差，测量溶液所得的每一强度熵(Q)应通过用制备此种测量溶液的缓冲溶液的真实质量 $m_{IS,n}$(g)进行校正，见式(3)。

$$Q^C=Q\times\frac{m_{IS,n}}{m_{IS}} \qquad (3)$$

式中：

$m_{IS,n}$——内标溶液的真实质量，单位为克(g)；

m_{IS}——缓冲内标溶液的表观质量，单位为克(g)。

用以上校正的强度熵 Q 测定校正曲线，需要计算校正溶液中钯的准确质量 $m_{Pd,Cs,n}$(单位为毫克)，要求对每一校正溶液单独计算 $m_{Pd,Cs,n}$，见式(4)：

$$m_{Pd,Cs,n}=\frac{m'_{Pd,SS}}{m_{SS,Pd}}\times m'_{SS,Pd,n} \quad\cdots\cdots(4)$$

式中：

$m'_{Pd,SS}$——用于制备钯储存溶液的钯质量，单位为毫克(mg)；

$m_{SS,Pd}$——制备的钯储存溶液质量，单位为克(g)；

$m'_{SS,Pd,n}$——用于制备校正溶液的钯储存溶液的质量，单位为克(g)。

根据校正的强度熵 Q^C 和相应的钯质量 $m_{Pd,Cs,n}$，应用最小二乘法得出校正曲线，这些曲线应在仪器的动态线性范围内，见式(5)。

$$m_{Pd}=A_0+A_1\times Q^C \quad\cdots\cdots(5)$$

式中：

A_0、A_1——校正系数。

通过式(5)计算的样品的校正的平均值 Q_S^C 插值，采用式(6)计算样品溶液中钯的质量 m'_{Pd}：

$$m'_{Pd}=A_0+A_1\times Q_S^C \quad\cdots\cdots(6)$$

7.2 样品计算

最接近于估计值 m'_{Pd}的两个校正点；通过低质量(m_1)和高质量(m_2)来测定样品溶液中钯的质量，见式(7)。

$$m_{Pd}=\frac{(m_2-m_1)\times(Q_S^C-Q_2^C)}{Q_2^C-Q_1^C}+m_2 \quad\cdots\cdots(7)$$

式中：

m_1——根据式(4)得出的用作低标准校正溶液中钯的质量，单位为克(g)；

m_2——根据式(4)得出的用作高标准校正溶液中钯的质量，单位为克(g)；

Q_1^C——低标准的校正的强度比率 I_{Pd}/I_Y；

Q_2^C——高标准的校正的强度比率 I_{Pd}/I_Y；

Q_S^C——样品测量溶液的校正的强度比率 I_{Pd}/I_Y。

由 5 个测量周期所得的平均值得出样品溶液中钯的最终质量 $m_{Pd,fin}$，见式(8)：

$$m_{Pd,fin}=\frac{1}{5}\left(\sum_{n=1}^{5}m_{Pd}\right) \quad\cdots\cdots(8)$$

此平均值的相对标准偏差 RSD 应低于 0.3%。

根据 5 次分别测量样品溶液所得的平均值 $m_{Pd,fin}$，应用式(9)计算样品中钯的含量 w_{Pd}(‰)。

$$w_{Pd}=\frac{m_{Pd,fin}\times m_{SS,Sa}}{m'_{Sa}\times m'_{SS,Sa}}\times 1\,000‰ \quad\cdots\cdots(9)$$

式中：

m'_{Sa}——用于制备样品储存溶液的样品质量，单位为毫克(mg)；

$m_{SS,Sa}$——制备的样品储存溶液质量，单位为克(g)；

$m'_{SS,Sa}$——用于制备样品测量溶液的样品储存溶液质量，单位为克(g)。

计算结果表示到小数点后一位。

7.3 重现性

平行测定结果的绝对差值应小于 3‰。如大于该值，应重新实验。

8 试验报告

试验报告应至少包括以下信息：

——样品的识别：包括样品来源、接收日期和形状；

——使用的标准(包括发布或出版年号)；

——样品钯含量的千分值，包括单个样品的值及平均值，按第7章的规定计算；

——如有必要，应有与本部分方法规定的分析步骤的差异；

——使用的钯线和内标线；

——测试过程中任何异常情况的记录；

——测试日期；

——完成分析的实验室签章；

——实验室负责人和操作人员的签名。

参 考 文 献

[1] ISO/DIS 11495-2:2001 钯合金首饰中钯含量的测定 以钇为内标采用ICP光谱法

ICS 39.060
Y 88

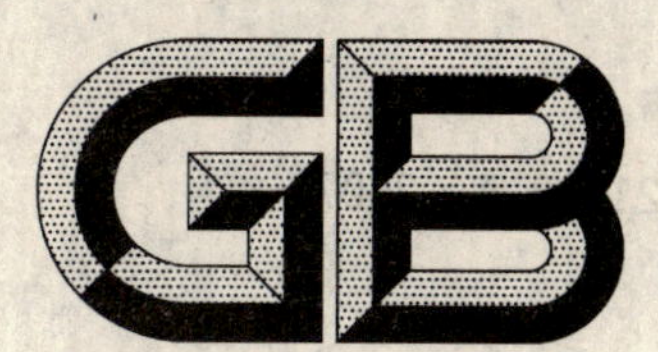

中华人民共和国国家标准

GB/T 21198.4—2007

贵金属合金首饰中贵金属含量的测定 ICP 光谱法 第4部分:999‰贵金属合金首饰 贵金属含量的测定 差减法

Determination of precious metals in precious metals jewellery alloys—Method using ICP spectrometry—Part 4:999‰precious metals jewellery alloys—Determination of precious metals—Difference method

2007-11-12 发布 2008-07-01 实施

中华人民共和国国家质量监督检验检疫总局
中国国家标准化管理委员会 发布

前 言

GB/T 21198《贵金属合金首饰中贵金属含量的测定 ICP光谱法》分为六个部分：

——第1部分：铂合金首饰 铂含量的测定 采用钇为内标；

——第2部分：铂合金首饰 铂含量的测定 采用所有微量元素与铂强度比值法；

——第3部分：钯合金首饰 钯含量的测定 采用钇为内标；

——第4部分：999‰贵金属合金首饰 贵金属含量的测定 差减法；

——第5部分：999‰银合金首饰 银含量的测定 差减法；

——第6部分：差减法。

本部分为GB/T 21198的第4部分。

本部分参照ISO/CD 15093:2001《999‰贵金属合金首饰中贵金属含量的测定 ICP-OES差减法》编写，与ISO/CD 15093主要有以下技术性差异：

——由于目前国际国内均无适合的制样标准，因此删除了原文中的第2章、第4章和第9章的b)；

——按照我国标准的编写要求对试剂的规格做了规定；

——增加了对于分析天平的规定。

为便于使用，本部分还做了下列编辑性修改：

——"本国际标准"一词改为"本部分"；

——用小数点"."代替作为小数点的逗号","；

——用"mL"代替"cm^3"；

——删除国际标准的前言。

本部分的附录A为资料性附录。

本部分由中国轻工业联合会提出。

本部分由全国首饰标准化技术委员会(SAC/TC 256)归口。

本部分起草单位：国家首饰质量监督检验中心。

本部分主要起草人：李素青、李玉鹍、李武军、沈洋。

贵金属合金首饰中贵金属含量的测定 ICP光谱法 第4部分：999‰贵金属合金首饰 贵金属含量的测定 差减法

1 范围

GB/T 21198的本部分规定了通过测定999‰的贵金属合金首饰中的杂质元素含量来确定铂合金首饰中的铂含量，钯合金首饰中的钯含量，金合金首饰中的金含量的方法。

本部分适用于含量为999‰的贵金属合金首饰。

注：首饰中可含铂、钯、金、银、铋、镉、钴、铜、铁、铱、镍、铅、铑、钌、锡、钛和锌。

2 方法原理

称取贵金属合金样品，溶于王水，制备10 g/L溶液。用ICP光谱仪测定杂质含量，用差减法确定贵金属含量。

3 试剂材料

除非另有说明，在分析中仅使用确认为分析纯的试剂和蒸馏水或去离子水或相当纯度的水。

3.1 盐酸：质量分数为36%～38%，ρ=1.19 g/mL。

3.2 硝酸：质量分数为65%～68%，ρ=1.40 g/mL。

3.3 王水(使用前配制)：1体积硝酸(3.2)和3体积盐酸(3.1)混合。

3.4 使用经过验证的试剂，为获得指示的浓度，制备下列混合的储存溶液。

3.4.1 硝酸储存溶液(不含氯化物)：银，铋，铅(分别为100 mg/L)，于2 mol/L硝酸(3.2)介质。

3.4.2 盐酸储存溶液(不含硝酸盐)：锡，钛(分别为100 mg/L)，于2mol/L盐酸(3.1)介质。

3.4.3 酸储存溶液(可以同时含有盐酸和硝酸)：均含有相关元素(分别为100 mg/L)，于1 mol/L盐酸(3.1)和1 mol/L硝酸(3.2)介质。

注：除溶液3.4.3外，可在3.4.1或3.4.2溶液中加入所需的任何元素，条件是不要在3.4.1中引入氯化物，也不要在3.4.2中引入硝酸盐。

3.5 贵金属线材或板材：纯度不低于999.9‰，应当测定每个杂质元素的含量。

4 仪器

常规实验室仪器及下列仪器

4.1 电感耦合等离子体发射光谱仪(ICP光谱仪)：具有固定或扫描通道、相关元素的光学分辨率为0.02 nm，检测限不低于0.05 mg/L，具背景校正功能。

检测器为光电倍增管或半导体芯片(CID，CCD)的仪器可用来分析。

注：附录A为推荐波长。

4.2 微量天平：感量为0.01 mg。

5 分析步骤

5.1 测试溶液

如下面所述每一个样品准备两份测试溶液。

称取(500±2.5)mg 试样，精确至 0.01 mg，转移至 50 mL 烧杯，加王水(3.3)30 mL。缓慢加热直至完全溶解，继续加热赶尽氮氧化物。冷却，转移至 50 mL 容量瓶中定容，混匀。

如有不溶物，用适当方法进行分析，其含量应算入总的杂质含量。

5.2 校正溶液

称取两份纯贵金属(3.5)，质量为(500±2.5)mg，按 5.1 溶解。

校正溶液 1 的制备：将第一份纯贵金属溶液定容至 50 mL。

校正溶液 2 的制备：分别加入 5 mL 混合储备溶液(3.4)于第二份纯贵金属溶液，稀释定容至 50 mL。

5.3 测试

按仪器说明书调整好仪器。选择合适的背景校正和适当的基体线。使用前，至少稳定 30 min。炬管、雾化室、进样系统要保证清洁。

按仪器校正程序喷入校正溶液 1 和校正溶液 2，然后运行分析程序分析样品溶液，结果应用足够的小数点位数来表示，以便于指示相关元素在检测限的浓度。

每个溶液的测试条件为：预积分时间 30 s，积分时间 5 s，积分次数 5 次，计算净强度(即背景校正)。

6.2 所述的计算应不包括适当的基体线的强度(参见附录 A)。

6 结果的表示

6.1 校正曲线

将校正溶液 1 中所有浓度设为零，用校正溶液 1 和校正溶液 2 所测得的每个元素的净强度来计算校正曲线。

6.2 计算方法

通过 6.1 所获得的校正曲线，将净强度转换为每一个相关元素的质量分数(w_i)，见式(1)。

$$w_i = \frac{c_i \times V_s}{m_s} \quad \cdots\cdots\cdots\cdots (1)$$

式中：

c_i——元素 i 在样品溶液中的浓度或元素 i 的检测限，单位为毫克/升(mg/L)；

V_s——样品溶液的体积，单位为升(L)；

m_s——贵金属样品的质量，单位为毫克(mg)。

检测限的定义：校正溶液 1 所测得的每个元素的浓度标准偏差的 3 倍。

特定贵金属的纯度(W_{sp})以千分数表示，按式(2)计算。

$$W_{sp}(‰) = 1\,000 - (\sum w_i - \sum w_{tr}) \times 1\,000 \quad \cdots\cdots\cdots\cdots (2)$$

式中：

$\sum w_i$——所有相关元素的质量分数和；

$\sum w_{tr}$——纯物质中每个杂质元素参考质量分数的和(见 3.5)。

计算结果保留到小数点后一位。

6.3 重现性

平行测定结果的绝对差值应小于 0.2‰。如大于该值，应重新实验。

7 试验报告

试验报告应至少包括以下信息：

——样品的鉴别，包括来源、接样日期、样品形状；

——使用的标准(包括发布或出版年号)；

——样品贵金属含量的千分值，包括单个样品的值及平均值，按第6章的规定计算；

——如有必要，应有与本部分方法规定的分析步骤的差异；

——被分析元素的列表和检测限；

——测试过程中任何异常情况的记录；

——测试日期；

——完成分析的实验室签章；

——实验室负责人和操作人员的签名。

附 录 A
（资料性附录）
波 长

除下表所列波长外，也可使用其他波长，这种情况应注意光学干扰。

A.1 测定999‰铂合金首饰时各元素推荐的波长见表A.1。

表 A.1 各元素推荐的波长

单位为纳米

元素	波长	其他可用波长	元素	波长	其他可用波长
银	328.068		镍	352.454	231.604
金	242.795		铅	168.220	220.353
铋	223.061		铂	224.552	273.396
镉	226.502		钯	340.458	355.308
钴	228.616	238.892	铑	343.489	
铜	324.754		钌	240.272	
铁	259.94		锡	189.989	
铱	215.278		钛	334.941	
锰	257.610		锌	213.856	

A.2 测定999‰金合金首饰时各元素推荐的波长见表A.2。

表 A.2 各元素推荐的波长

单位为纳米

元素	波长	其他可用波长	元素	波长	其他可用波长
银	328.068		镍	352.454	231.604
金	389.789	302.920	铅	168.220	220.353
铋	223.061		铂	306.471	203.646
镉	228.802	226.502	钯	340.458	355.308
钴	228.616	238.892	铑	343.489	
铜	324.754		钌	240.272	
铁	259.94		锡	189.989	189.927
铱	215.278		钛	334.941	
锰	257.610		锌	213.856	

A.3 测定999‰钯合金首饰时各元素推荐的波长见表A.3。

表 A.3 各元素推荐的波长

单位为纳米

元素	波长	其他可用波长	元素	波长	其他可用波长
银	328.068		铜	324.754	
金	242.795		铁	259.94	
铋	223.061		铱	215.278	
镉	228.802	226.502	锰	257.610	
钴	228.616	238.892	镍	352.454	231.604

表 A.3(续)

单位为纳米

元素	波长	其他可用波长	元素	波长	其他可用波长
铅	220.353		钌	240.272	
铂	306.471	203.646	锡	189.989	189.927
钯	248.892	229.651	钛	334.941	
铑	343.489		锌	213.856	

参 考 文 献

[1] ISO/CD 15093:2001 999‰贵金属合金首饰中贵金属含量的测定 ICP-OES 差减法

ICS 39.060
Y 88

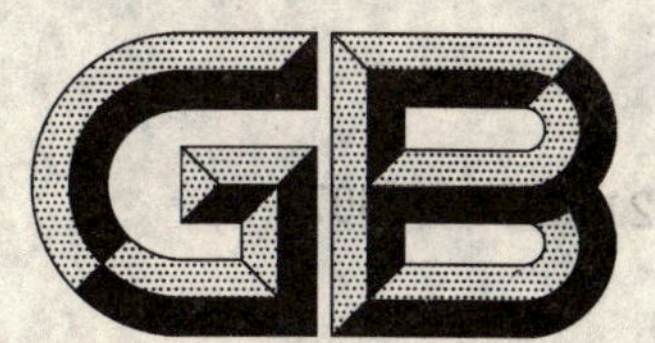

中华人民共和国国家标准

GB/T 21198.5—2007

贵金属合金首饰中贵金属含量的测定 ICP 光谱法 第5部分:999‰银合金首饰银含量的测定 差减法

Determination of precious metals in precious metals jewellery alloys—Method using ICP spectrometry—Part 5:999‰ silver jewellery alloys—Determination of silver—Difference method

2007-11-12 发布　　2008-07-01 实施

中华人民共和国国家质量监督检验检疫总局
中国国家标准化管理委员会　发布

前 言

GB/T 21198《贵金属合金首饰中贵金属含量的测定 ICP光谱法》分为六个部分：

——第1部分：铂合金首饰 铂含量的测定 采用钇为内标；

——第2部分：铂合金首饰 铂含量的测定 采用所有微量元素与铂强度比值法；

——第3部分：钯合金首饰 钯含量的测定 采用钇为内标；

——第4部分：999‰贵金属合金首饰 贵金属含量的测定 差减法；

——第5部分：999‰银合金首饰 银含量的测定 差减法；

——第6部分：差减法。

本部分为GB/T 21198的第5部分。

本部分参照ISO /CD 15096：2001《999‰银合金首饰中的银含量测定 ICP-OES差减法》编写，与ISO/CD 15096主要有以下技术性差异：

——由于目前国际国内均无适合的制样标准，因此删除了原文中的第2章、第4章和第9章的b)；

——按照我国标准的编写要求对试剂的规格做了规定；

——增加了对于分析天平的规定。

为便于使用，本部分还做了下列编辑性修改：

——"本国际标准"一词改为"本部分"；

——用小数点"."代替作为小数点的逗号","；

——用"mL"代替"cm^3"；

——删除国际标准的前言。

本部分的附录A为资料性附录。

本部分由中国轻工业联合会提出。

本部分由全国首饰标准化技术委员会(SAC/TC 256)归口。

本部分起草单位：国家首饰质量监督检验中心。

本部分主要起草人：李玉鹍、李素青、李武军、沈洋。

贵金属合金首饰中贵金属含量的测定 ICP光谱法 第5部分:999‰银合金首饰 银含量的测定 差减法

1 范围

GB/T 21198的本部分规定了通过测定999‰银合金首饰中的杂质元素含量来确定银含量的方法。

本部分适用于银含量为999‰的银合金首饰。

注:首饰中可含铂、钯、金、铋、镉、钴、铜、铁、铱、镍、铅、铑、钌、锑、硒、锡、碲、钛和锌。

2 方法原理

称取贵金属首饰样品,溶于硝酸,制备10 g/L溶液。加入盐酸将银沉淀,过滤分离氯化银。用ICP光谱仪测定杂质含量,用差减法确定银含量。

3 试剂材料

除非另有说明,在分析中仅使用确认为分析纯的试剂和蒸馏水或去离子水或相当纯度的水。

3.1 盐酸:质量分数为36%~38%,ρ=1.19 g/mL。

3.2 硝酸:质量分数为65%~68%,ρ=1.40 g/mL。

3.3 使用经过验证的试剂,为获得指示的浓度,制备下列混合的储存溶液:

3.3.1 硝酸储存溶液(不含氯化物):铋,铅(分别为100 mg/L),于2 mol/L硝酸(3.2)介质。

3.3.2 盐酸储存溶液(不含硝酸盐):锡,钛(分别为100 mg/L),于2 mol/L盐酸(3.1)介质。

3.3.3 酸储存溶液(可以同时含有盐酸和硝酸):均含有相关元素(分别为100 mg/L),于1 mol/L盐酸(3.1)和1 mol/L硝酸(3.2)介质。

注:除溶液3.3.3外,可在3.3.1或3.3.2溶液中加入所需的任何元素,条件是不要在3.3.1中引入氯化物,也不要在3.3.2中引入硝酸盐。

3.4 内标溶液:已发现钪和钇适合做为内标溶液。

3.5 银线材或板材:纯度不低于999.9‰,应当测定每个杂质元素的含量。

4 仪器

常规实验室仪器及下列仪器

4.1 电感耦合等离子体发射光谱仪(简称ICP光谱仪):具有固定或扫描通道、相关元素的光学分辨率为0.02 nm,检测限优于0.05 mg/L,具背景校正功能。

检测器为光电倍增管或半导体芯片(CID,CCD)的仪器可用来分析。

注:附录A为推荐波长。

4.2 微量天平:感量为0.01 mg。

5 分析步骤

5.1 方法1

5.1.1 测试溶液

如下面所述每一个样品准备两份测试溶液。

称取(500±2.5)mg 试样,精确至 0.01 mg,转移至 50 mL 烧杯,加硝酸(3.2)15 mL。缓慢加热直至完全溶解。

加入盐酸(3.1)2 mL,静置 2 h 使银完全沉淀为氯化银。

用慢速滤纸将此溶液过滤转移至 50 mL 容量瓶中,用 10 mL 水洗涤,加入盐酸(3.1)15 mL,用水定容,混匀。

5.1.2 校正溶液

称取两份纯银(3.5),质量为(500±2.5)mg,按 5.1.1 溶解。

校正溶液 1 的制备:将第一份纯银溶液按 5.1.1 沉淀分离银后稀释定容至 50 mL。

校正溶液 2 的制备:分别加入 5 mL 混合储存溶液(3.3)于第二份纯银溶液,按 5.1.1 沉淀分离银后稀释定容至 50 mL。

5.2 方法2

5.2.1 测试溶液

如下面所述每一个样品准备两份测试溶液:

称取(500±2.5)mg 试样,精确至 0.01 mg,转移至 50 mL 烧杯,加硝酸(3.2)15 mL。缓慢加热直至完全溶解并赶尽氮氧化物。如有必要可加入去离子水。

加入内标溶液混匀,加入盐酸(3.1)2 mL,静置 2 h 使银完全沉淀为氯化银。

用一张慢速滤纸将此溶液过滤转移至 50 mL 容量瓶中,用 10 mL 水洗涤,加入盐酸(3.1)15 mL,用水定容,混匀。

5.2.2 校正溶液

校正溶液 1 的制备:在 50 mL 容量瓶里加入盐酸(3.1)15 mL,加入内标溶液(3.4)稀释定容至 50 mL。

校正溶液 2 的制备:在 50 mL 容量瓶里加入盐酸(3.1)15 mL,加入混合储存溶液(3.3)5mL 和内标溶液(3.4)稀释定容至 50 mL。

5.3 测试

按仪器说明书调整好仪器。选择合适的背景校正和适当的基体线。使用前,至少稳定 30 min,炬管、雾化室、进样系统要保证清洁。

按仪器校正程序喷入校正溶液 1 和校正溶液 2,然后运行分析程序分析样品溶液,结果应用足够的小数点位数来表示,以便于指示相关元素在检测限的浓度。

每个溶液的测试条件为:预积分时间 30 s,积分时间 5 s,积分次数 5 次,计算净强度(即背景校正)。

6.2 所述的计算应不包括适当的基体线的强度(参见附录 A)。

6 结果的表示

6.1 校正曲线

将校正溶液 1 中所有浓度设为零,用校正溶液 1 和校正溶液 2 所测得的每个元素的净强度来计算校正曲线。

6.2 计算方法

通过 6.1 所获得的校正曲线,将净强度转换为每一个相关元素的质量分数(w_i),见式(1)。

$$w_i = \frac{c_i \times V_s}{m_s} \quad \cdots\cdots (1)$$

式中：

c_i——元素 i 在样品溶液中的浓度或元素 i 的检测限，单位为毫克每升(mg/L)；

V_s——样品溶液的体积，单位为升(L)；

m_s——金属样品的质量，单位为毫克(mg)。

检测限的定义：校正溶液 1 所测得的每个元素的浓度标准偏差的 3 倍。

银的纯度(W_{sp})的千分数如式(2)表示。

$$W_{sp}(‰) = 1\,000 - (\sum w_i - \sum w_{tr}) \times 1\,000 \quad \cdots\cdots (2)$$

式中：

$\sum w_i$——所有相关元素的质量分数和；

$\sum w_{tr}$——纯物质中每个杂质元素参考质量分数的和(见 3.5)。

计算结果表示到小数点后一位。

6.3 重现性

平行测定结果的绝对差值应小于 0.2‰。如大于该值，应重新实验。

7 试验报告

试验报告应至少包括以下信息：

——样品的鉴别，包括来源、接样日期、样品形状；

——使用的标准(包括发布或出版年号)；

——样品银含量的千分值，包括单个样品的值及平均值，按第 6 章的规定计算；

——如有必要，应有与本部分方法规定的分析步骤的差异；

——被分析元素的列表和检测限；

——测试过程中任何异常情况的记录；

——测试日期；

——完成分析的实验室签章；

——实验室负责人和操作人员的签名。

附 录 A
（资料性附录）
波 长

除表 A.1 所列波长外，也可使用其他波长，这种情况应注意光学干扰。

测定 999‰银合金首饰时各元素推荐的波长见表 A.1。

表 A.1 各元素推荐的波长

单位为纳米

元素	波长	其他可用波长	元素	波长	其他可用波长
金	242.795		钯	340.458	355.308
铋	223.061		铂	306.471	203.646
镉	228.802	226.502	铑	343.489	
钴	228.616	238.892	钌	240.272	
铜	324.754		锑	206.833	217.581
铁	259.94		硒	196.090	203.985
铱	215.278		锡	189.989	
锰	257.610		碲	214.281	238.578
镍	352.454	231.604	钛	334.941	
铅	168.220	220.353	锌	213.856	

参 考 文 献

[1] ISO/CD 15096:2001　999‰银合金首饰中的银含量测定　ICP-OES差减法

ICS 39.060
Y 88

中华人民共和国国家标准

GB/T 21198.6—2007

贵金属合金首饰中贵金属含量的测定 ICP光谱法 第6部分:差减法

Determination of precious metals in precious metals jewellery alloys—Method using ICP spectrometry—Part 6: Difference method

2007-11-12 发布　　2008-07-01 实施

中华人民共和国国家质量监督检验检疫总局
中国国家标准化管理委员会 发布

前　言

GB/T 21198《贵金属合金首饰中贵金属含量的测定　ICP光谱法》分为六个部分：

——第1部分：铂合金首饰　铂含量的测定　采用钇为内标；

——第2部分：铂合金首饰　铂含量的测定　采用所有微量元素与铂强度比值法；

——第3部分：钯合金首饰　钯含量的测定　采用钇为内标；

——第4部分：999‰贵金属合金首饰　贵金属含量的测定　差减法；

——第5部分：999‰银合金首饰　银含量的测定　差减法；

——第6部分：差减法。

本部分为GB/T 21198的第6部分。

本部分由中国轻工业联合会提出。

本部分由全国首饰标准化技术委员会(SAC/TC 256)归口。

本部分起草单位：国家金银制品质量监督检验中心(南京)、国家首饰质量监督检验中心。

本部分主要起草人：王东辉、伏荣进、李玉鹍、李素青、李武军。

贵金属合金首饰中贵金属含量的测定 ICP 光谱法 第 6 部分：差减法

1 范围

GB/T 21198 的本部分规定了通过测定金、铂、钯合金首饰中杂质元素含量来确定贵金属含量的方法。

本部分适用于 GB 11887 所确定的金、铂、钯首饰纯度范围，其中金含量为 725‰～999‰，铂含量为 800‰～999‰，钯含量为 800‰～999‰。

注：首饰中可能含有铂、金、钯、银、铜、镍、钴、铁、锌、镉、钌、铑和铱等元素。

2 规范性引用文件

下列文件中的条款通过 GB/T 21198 的本部分的引用而成为本部分的条款。凡是注日期的引用文件，其随后所有的修改单（不包括勘误的内容）或修订版均不适用于本部分，然而，鼓励根据本部分达成协议的各方研究是否可使用这些文件的最新版本。凡是不注日期的引用文件，其最新版本适用于本部分。

GB 11887 首饰 贵金属纯度的规定及命名方法（GB 11887—2002，ISO 9202：1991，NEQ）

GB/T 12806—1991 实验室玻璃仪器 单标线容量瓶（eqv ISO 1042：1983）

GB/T 12808—1991 实验室玻璃仪器 单标线吸量管（eqv ISO 648：1997）

3 方法原理

试样以王水溶解，在盐酸介质中，用 ICP 光谱仪测得杂质元素的含量。通过差减法，求得贵金属含量。

4 试剂材料

除非另有说明，在分析中仅使用确认为分析纯的试剂及蒸馏水或去离子水或相当纯度的水。

4.1 纯铂，纯度不低于 99.99%。

4.2 纯金，纯度不低于 99.99%。

4.3 纯钯，纯度不低于 99.99%。

4.4 纯银，纯度不低于 99.99%。

4.5 纯铜，纯度不低于 99.99%。

4.6 纯镍，纯度不低于 99.99%。

4.7 纯钴，纯度不低于 99.99%。

4.8 纯铁，纯度不低于 99.99%。

4.9 纯锌，纯度不低于 99.99%。

4.10 纯镉，纯度不低于 99.99%。

4.11 盐酸，质量分数为 36%～38%，ρ=1.19 g/mL。

4.12 硝酸，质量分数为 65%～68%，ρ=1.40 g/mL。

4.13 盐酸,(1+1)。

4.14 盐酸,(1+7)。

4.15 硝酸,(1+1)。

4.16 王水,盐酸(4.11)+硝酸(4.12)=3+1(现配现用)。

4.17 金标准储存液(200 μg/mL)

称取(100±0.01)mg 纯金(4.2),置于 50 mL 烧杯中。加入王水(4.16)10 mL,小火加热至溶解,继续加热去除氮的氧化物,冷却后,移入 500 mL 容量瓶,补加盐酸(4.13)105 mL,用水稀释至刻度,摇匀。

4.18 钯标准储存液

4.18.1 钯标准储存液(1 000 μg/mL)

称取(500±0.01)mg 纯钯(4.3),置于 50 mL 烧杯中。加入王水(4.16)20 mL,小火加热至溶解,继续加热去除氮的氧化物,冷却后,移入 500 mL 容量瓶,补加盐酸(4.13)85 mL,用水稀释至刻度,摇匀。

4.18.2 钯标准储存液(200 μg/mL)

称取(100±0.01)mg 纯钯(4.3),置于 50 mL 烧杯中。加入王水(4.16)10 mL,小火加热至溶解,继续加热去除氮的氧化物,冷却后,移入 500 mL 容量瓶,补加盐酸(4.13)105 mL,用水稀释至刻度,摇匀。

4.19 银标准储存液(200 μg/mL)

称取(100±0.01)mg 纯银(4.4),置于 50 mL 烧杯中。加入硝酸(4.15)10 mL,小火加热至溶解,继续加热去除氮的氧化物,冷却后移入预先装有盐酸(4.11)92 mL 的 500 mL 容量瓶中,用少量的水洗涤烧杯,洗液并入容量瓶,摇晃至沉淀溶解,用盐酸(4.14)稀释至刻度,摇匀。

4.20 铜标准储存液

4.20.1 铜标准储存液(1 000 μg/mL)

称取(500±0.01)mg 纯铜(4.5),置于 50 mL 烧杯中。加入硝酸(4.15)20 mL,小火加热至溶解,继续加热去除氮的氧化物,冷却后,移入 500 mL 容量瓶,补加盐酸(4.13)105 mL,用水稀释至刻度,摇匀。

4.20.2 铜标准储存液(200 μg/mL)

称取(100±0.01)mg 纯铜(4.5),置于 50 mL 烧杯中。加入硝酸(4.15)10 mL,小火加热至溶解,继续加热去除氮的氧化物,冷却后,移入 500 mL 容量瓶,补加盐酸(4.13)115 mL,用水稀释至刻度,摇匀。

4.21 镍标准储存液

4.21.1 镍标准储存液(1 000 μg/mL)

称取(500±0.01)mg 纯镍(4.6),置于 50 mL 烧杯中。加入硝酸(4.15)20 mL,小火加热至溶解,继续加热去除氮的氧化物,冷却后,移入 500 mL 容量瓶,补加盐酸(4.13)105 mL,用水稀释至刻度,摇匀。

4.21.2 镍标准储存液(200 μg/mL)

称取(100±0.01)mg 纯镍(4.6),置于 50 mL 烧杯中。加入硝酸(4.15)10 mL,小火加热至溶解,继续加热去除氮的氧化物,冷却后,移入 500 mL 容量瓶,补加盐酸(4.13)115 mL,用水稀释至刻度,摇匀。

4.22 钴标准储存液(100 μg/mL)

称取(100±0.01)mg 纯钴(4.7),置于 50 mL 烧杯中。加入硝酸(4.15)10 mL,小火加热至溶解,继续加热去除氮的氧化物,冷却后,移入 1 000 mL 容量瓶,补加盐酸(4.13)240 mL,用水稀释至刻度,摇匀。

4.23 铁标准储存液(100 μg/mL)

称取(100±0.01)mg 纯铁(4.8),置于 50 mL 烧杯中。加入盐酸(4.13)10 mL,小火加热至溶解,冷却后,移入 1 000 mL 容量瓶,补加盐酸(4.13)240 mL,用水稀释至刻度,摇匀。

4.24 锌标准储存液(100 μg/mL)

称取(100±0.01)mg 纯锌(4.9),置于 50 mL 烧杯中。加入盐酸(4.13)10 mL,溶解冷却后,移入 1 000 mL容量瓶,补加盐酸(4.13)240 mL,用水稀释至刻度,摇匀。

4.25 镉标准储存液(100 μg/mL)

称取(100±0.01)mg 纯镉(4.10),置于 50 mL 烧杯中。加入王水(4.16)10 mL,小火加热至溶解,继续加热去除氮的氧化物,冷却后,移入 1 000 mL 容量瓶,补加盐酸(4.13)230 mL,用水稀释至刻度,摇匀。

4.26 铂标准储存液(100 μg/mL)

称取(100±0.01)mg 纯铂(4.1),置于 50 mL 烧杯中。加入王水(4.16)10 mL,小火加热至溶解,继续加热去除氮的氧化物,冷却后,移入 1 000 mL 容量瓶,补加盐酸(4.13)230 mL,用水稀释至刻度,摇匀。

4.27 铱标准储存液(100 μg/mL)

准确移取铱标准储存溶液(1 000 μg/mL,经验证)50.00 mL,置于 500 mL 容量瓶中,补加盐酸(4.13)120 mL,用水稀释至刻度,摇匀。

4.28 铑标准储存液(100 μg/mL)

准确移取铑标准储存溶液(1 000 μg/mL,经验证)50.00 mL,置于 500 mL 容量瓶中,补加盐酸(4.13)120 mL,用水稀释至刻度,摇匀。

4.29 钌标准储存液(100 μg/mL)

准确移取钌标准储存溶液(1 000 μg/mL,经验证)50.00 mL,置于 500 mL 容量瓶中,补加盐酸(4.13)120 mL,用水稀释至刻度,摇匀。

4.30 其他元素混合储存液(分别为 100 μg/mL)

4.30.1 硝酸储存液(不含氯化物):铋、铅于 1.5 mol/L 的硝酸介质。

4.30.2 盐酸储存液(不含硝酸盐):锡、钛于 1.5 mol/L 的盐酸介质。

4.30.3 酸储存液(可以同时含盐酸和硝酸):于 1.5 mol/L 的盐酸、硝酸的混合介质(盐酸所占的份额尽可能的大)。

注 1:测试元素其他形式和纯度的试剂及材料,经验证对所要测的元素均不构成干扰,亦可使用。

注 2:可在 4.30 溶液中加入所需的除 4.17～4.29 外任何元素,条件是不要在 4.30.1 中引入氯化物,也不要在 4.30.2中引入硝酸盐。

5 仪器

5.1 电感耦合等离子体发射光谱仪(简称 ICP 光谱仪):精密度 1%,波长分辨率 0.02 nm。所测元素的检测限优于 0.02 mg/L,具有背景校正功能。

5.2 微量天平:感量为 0.01 mg,精度等级为三级。

5.3 单标线移液管:GB/T 12808—1991A 类。或可调式移液器。

5.4 单标线容量瓶:GB/T 12806—1991A 类。

6 分析步骤

6.1 试样制备

取样应具有代表性。根据样品不同部位在整件样品中的质量分配,截取全部或部分,轧成薄片(越薄越好),尽可能剪碎,混合均匀。

注:由于首饰样品的特殊性,在适用的制样标准实施前,制样应符合本部分的要求。

6.2 试样溶液制备

称取约 100 mg 试样两份(纯度超过 995‰的样品称取约 200 mg),精确至 0.01 mg。置于 50 mL 烧杯中,加入王水(4.16)10 mL,盖上表皿,小火加热至样品完全溶解,继续加热去除氮的氧化物。冷却后,移入预先装有盐酸(4.14)30 mL～50 mL 的 100 mL 容量瓶中,用盐酸(4.14)洗涤烧杯,洗涤液并入容量瓶中,并用盐酸(4.14)稀释至刻度,摇匀。

注 1:溶样前,可用 X 射线光谱仪对样品进行测试。含银量超过 5%的样品,不宜采取本方法。当样品含有多于 5%

钌、铱、锇等难溶铂族元素时，可能需加压溶解。

注 2：单个杂质元素含量超过 10%的样品，应适当增大试样溶液的体积。

注 3：在试样溶液的制备过程中，若出现氯化银沉淀，可提高盐酸稀释液的酸度，直至无沉淀产生。同时也相应提高校正溶液的酸度，使其与试样溶液的酸度一致。

6.3 测定

6.3.1 半定量测试

本条款为可选项。通过半定量测试，确定要测试的元素。

6.3.2 定量测试

6.3.2.1 测试分析线

推荐测试分析线见附录 A。

注 7：除附录中所列波长外，也可使用其他波长，但要注意光谱干扰。

6.3.2.2 预先测试

确定试样溶液中各杂质元素的近似含量。

校正溶液中测试元素的浓度不应小于试样溶液中元素的实际浓度。

6.3.2.3 准确测定

根据 6.3.2.2 测试结果，分别加入测试元素的标准储存溶液于预先装有盐酸(4.11)10 mL 的 100 mL容量瓶中，用盐酸(4.14)稀释至刻度，摇匀，配制成高标、低标校正溶液。

测试元素高标与低标的浓度间隔：锌、镉不大于 5 μg/mL，其他元素不大于 20 μg/mL。

在等离子光谱仪上对试样溶液(6.1)与校正溶液进行测定。用盐酸(4.14)作“零点”校正溶液。

注 1：配制校正溶液时，银标准储存液要最后加入，以防硝酸介质储存液的加入导致氯化银沉淀。由于银标准储存液的盐酸浓度高出其他标准储存液 2 mol/L，故视加入校正溶液中银标准储存液的体积，而减少预先加入容量瓶中盐酸(4.11)的量，使校正溶液的酸度与试样溶液的酸度基本一致。

注 2：测试过程中应用盐酸(4.14)做 ICP 仪器的清洗液，洗涤输液管和雾化室，以防因氯化银沉淀的生成，而堵塞雾化器喷嘴。

7 结果的表示

7.1 测试元素总量的计算

测试元素总量$\sum A_i$(‰)按式(1)计算。

$$\sum A_i=\frac{\sum c_i\times V\times 10^{-3}}{m}\times 1\,000 \qquad (1)$$

式中：

$\sum A_i$——试样测试元素的总量，‰。

$\sum c_i$——试样溶液测试元素的浓度和，单位为微克每毫升(μg/mL)。

V——试样溶液的体积，单位为毫升(mL)。

m——试样的质量，单位为毫克(mg)。

7.2 贵金属含量的计算

贵金属含量 w 以千分数(‰)表示，按式(2)计算。

$$w(‰)=1\,000-\sum A_i \qquad (2)$$

计算结果表示到个位，纯度超过 950‰时，计算结果表示到小数点后一位。

7.3 重现性

平行测试元素总量(7.1)的绝对差值不大于这两个贵金属含量测定结果(7.2)算术平均值的 40‰；试样纯度超过 995‰，其贵金属含量平行测定结果的绝对差值不大于 0.2‰。如大于该值，应重新实验。

8 试验报告

试验报告应至少包括以下信息：

——样品的鉴别，包括来源、接样日期、样品形状；
——使用的标准(包括发布或出版年号)；
——样品贵金属含量的千分值，包括单个样品的值及平均值，按第7章的规定计算；
——如有必要，应有与本部分方法规定的分析步骤的差异；
——被分析元素的列表和检测限；
——测试过程中任何异常情况的记录；
——测试日期；
——完成分析的实验室签章；
——实验室负责人和操作人员的签名。

附 录 A
（资料性附录）
推荐测试分析线

A.1 测定铂合金首饰时各元素推荐的波长见表 A.1。

表 A.1 各元素推荐的波长

单位为纳米

元素	波长	其他可用波长	元素	波长	其他可用波长
钯	340.458	360.955	铅	220.353	216.999
铜	324.754	327.396	铑	343.489	369.236
银	328.068	338.289	钌	240.272	245.657
金	242.795	267.595	锡	189.927	189.989
铋	223.061	306.772	钛	334.941	323.452
镉	226.502		锌	213.856	206.200
钴	228.616	238.892	镁	280.270	279.553
铁	259.940	239.563	硅	251.612	212.412
铱	212.681	215.268	铝	309.271	396.152
锰	257.610	260.569	铬	283.563	284.325
镍	352.454	231.604			

A.2 测定金合金首饰时各元素推荐的波长见表 A.2。

表 A.2 各元素推荐的波长

单位为纳米

元素	波长	其他可用波长	元素	波长	其他可用波长
银	328.068	338.289	铅	220.353	216.999
铜	324.754	327.396	钯	340.458	360.955
镍	352.454	231.604	锡	189.927	189.989
铋	223.061	306.772	锌	213.856	206.200
镉	226.502		镁	280.270	279.553
钴	228.616	238.892	硅	251.612	212.412
铁	259.940	239.563	砷	193.696	189.042
锰	257.610	260.569	锑	206.833	217.581

A.3　测定钯合金首饰时各元素推荐的波长见表 A.3。

表 A.3　各元素推荐的波长

单位为纳米

元素	波长	其他可用波长	元素	波长	其他可用波长
铜	324.754	327.396	铅	220.353	216.999
金	242.795	267.595	铂	265.946	203.646
银	328.068	338.289	铑	343.489	369.236
铋	223.061	306.772	钌	240.272	245.657
镉	226.502		锡	189.927	189.989
钴	228.616	238.892	锌	213.856	206.200
铁	259.940	239.563	镁	280.270	279.553
铱	212.681	215.268	硅	251.612	212.412
锰	257.610	260.569	铝	309.271	396.152
镍	352.454	231.604	铬	283.563	284.325

ICS 37.100.20
N 40

中华人民共和国国家标准

GB/T 21199—2007

激光打印机干式单组分显影剂

Dry mono-component developer for laser printer

2007-11-14 发布　　2008-04-01 实施

中华人民共和国国家质量监督检验检疫总局
中国国家标准化管理委员会　发布

前　言

本标准由中国机械工业联合会提出。

本标准由全国复印机械标准化技术委员会(SAC/TC 147)归口。

本标准的附录A和附录B为规范性附录。

本标准参加起草单位：武汉宝特龙信息科技有限公司、常州市图纳墨粉技术有限公司、珠海天威飞马打印耗材有限公司、广州阳光科密电子有限公司、佳能(中国)有限公司、邯郸汉光办公自动化耗材有限公司、北京莱盛高新技术有限公司、机械办公自动化设备检验所、全国复印机械标准化技术委员会秘书处、柯尼卡美能达办公系统(武汉)有限公司、天津复印设备有限公司。

本标准主要起草人：高军、陈一凡、汤付根、明盛平、鲁俊和、续守民、王智和、毕明珠、宋倩、袁旺进、姜真。

激光打印机干式单组分显影剂

1 范围

本标准规定了黑白激光打印机干式单组分显影剂的要求、试验方法、检验规则及标志、包装、运输、贮存。

本标准适用于黑白激光打印机使用的黑色干式单组分显影剂(以下简称显影剂)。

2 规范性引用文件

下列文件中的条款通过本标准的引用而成为本标准的条款。凡是注日期的引用文件,其随后所有的修改单(不包括勘误的内容)或修订版均不适用于本标准,然而,鼓励根据本标准达成协议的各方研究是否可使用这些文件的最新版本。凡是不注日期的引用文件,其最新版本适用于本标准。

GB/T 2828.1—2003 计数抽样检验程序 第1部分:按接收质量限(AQL)检索的逐批检验抽样计划(ISO 2859-1:1999,IDT)

GB/T 2829—2002 周期检验计数抽样程序及表(适用于对过程稳定性的检验)

GB/T 10073—1996 静电复印品图像质量评价方法

GB/T 14670—1993 空气质量 苯乙烯的测定 气相色谱法

JB/T 6154 静电复印机显影剂消耗量测试方法

JB/T 8262.1—1999 静电复印干式色调剂结块温度试验方法

JB/T 8262.2—1999 静电复印干式色调剂荷质比试验方法

JB/T 8262.3—1999 静电复印干式色调剂含水量测定方法

JB/T 8262.4—1999 静电复印干式色调剂粒度分布试验方法

JB/T 8392—1996 静电复印干式色调剂熔融指数测量方法

JB/T 9444.1~9444.11—1999 复印机械基本环境试验方法

JB/T 10334—2002 激光打印机测试版(A4)

3 术语和定义

下列术语和定义适用于本标准。

3.1

粒度体积分布 particle size distribution in volume

D_V

显影剂各级粒度范围的体积百分数分布。

3.2

粒度颗粒数分布 particle size distribution in particle numbers

D_n

显影剂各级粒度范围的颗粒数百分数分布。

3.3

体积中径 half diameter of particle size at volume

D_{50}

显影剂粒度体积百分数累积分布中其累积值一半所对应的粒径,单位为 μm。

3.4

结块性 caking capacity

显影剂在规定条件下加热时是否发生结块的现象，称为结块性。

3.5

软化点 melt point

在规定条件下，等速升温加热定量的显影剂，使之熔融从喷嘴流出，当显影剂流出量为二分之一时的温度为软化点，单位为℃。

3.6

消耗量 consumption

每打印一页消耗量版所耗用显影剂的量，单位为 mg/页。

3.7

打印量 page yield

按消耗量版打印一个粉盒装粉量所得到的页数。

4 要求

4.1 工作环境条件

温度：10℃～33℃

相对湿度：30％～80％

4.2 耐包装运输和运输贮存性能

产品在包装状态下，应能承受以下环境条件，产品性能应能满足本标准要求：

低温试验 温度：－25℃±2℃，试验时间：8h。

恒定湿热试验 温度：40℃±2℃，相对湿度：(93^{+2}_{-3})％，试验时间：48h。

4.3 外观

色泽均匀、无结块、无异物。

4.4 粗粒

每 50 g 显影剂中粒径大于 150 μm 的粒子数不大于 30 个，且不得有大于 200 μm 的粒子。

4.5 粒度分布

a) 体积中径 D_{50} 标称值由生产企业在企业标准中规定，允许偏差±1 μm。

b) 大粒径 D_V 标称值和允许偏差由生产企业在企业标准中规定。

c) 小粒径 D_n 标称值和允许偏差由生产企业在企业标准中规定。

4.6 凝集度

由生产企业在企业标准中规定

4.7 荷质比(模拟带电量)

标称值和允许偏差由生产企业在企业标准中规定。

4.8 熔融指数(或软化点)

标称值和允许偏差由生产企业在企业标准中规定。

4.9 结块性

在 45℃条件下放置 24 h 后，无结块现象。

4.10 有害物质

4.10.1 加热挥发物

小于 1.2％。

4.10.2 粉尘

排放在室内空气中的浓度不应超过 0.075 mg/m^3。

4.10.3 苯乙烯

排放在室内空气中的浓度不应超过 0.07 mg/m³。

4.10.4 其他有害成分

显影剂中不应使用对人体有害、有毒及重金属等物质。

4.11 印品图像品质

4.11.1 打印品的图像密度、底灰、层次、定影牢固度、密度不均匀性和图像异常应符合表1的要求。

表1 印品图像品质要求

检验项目	环境条件		
	T:15℃～25℃ RH:45%～65%	T:10℃±2℃ RH:30%±5%	T:33℃±2℃ RH:80%±5%
图像密度	≥1.35	≥1.35	≥1.20
底灰	≤0.01	≤0.01	≤0.01
层次(级)	≥10	≥10	≥10
定影牢固度	≥90%	≥85%	≥90%
密度不均匀性	≤10%	≤10%	≤10%
图像异常	无	无	无

4.11.2 打印品分辨力

在表1中三组试验环境条件下，打印机分辨力设置不同时，分辨力应满足表2的要求。

表2 打印品分辨力要求

打印机分辨力设置	分辨力/(线对/mm)
94 点/mm(2 400 dpi)	≥12
47 点/mm(1 200 dpi)	≥6
24 点/mm(600 dpi)	≥4
12 点/mm(300 dpi)	≥3

4.12 消耗量/打印量

最高消耗量值/最低打印量值由生产企业在企业标准中分别规定。

4.13 环境适应性

显影剂在如下环境条件下打印，其打印品品质应符合表1、表2的规定。

低温低湿 温度:10℃±2℃，相对湿度:30%±5%。

高温高湿 温度:33℃±2℃，相对湿度:80%±5%。

4.14 净含量

净含量由生产企业在企业标准中规定。

5 试验方法

5.1 耐包装运输和运输贮存性能试验

按 JB/T 9444—1999 规定的方法和本标准 4.2 的试验条件进行试验。

5.2 外观

目视检查外观质量。

5.3 粗粒

将 50 g 显影剂倒入网孔为 250 μm 的标准筛中用吸尘器尽可能吸净，目视检查是否有大于 250 μm 的颗粒。将 50 g 显影剂倒入网孔为 150 μm 的标准筛中用吸尘器尽可能吸净。将筛上的残留物用透明胶带粘起贴在洁净的白纸上，目视或用放大镜观察，记录下筛出的粗颗粒数。

5.4 粒度分布

按 JB/T 8262.4—1999 规定的方法测定。

5.5 凝集度

先调整好振动电压，将 250 μm(60 目)、150 μm(100 目)、75 μm(200 目)的标准筛按自上而下的顺序固定在振动架上，称取 W 克样品，放入最上面的筛(250 μm)内，震动时间 t(单位为 s)后，精确称量各筛内残留的样品量(精确至0.01 g)。按式(1)计算凝集度 c：

$$c=[(m_1+0.6\times m_2+0.2\times m_3)/W]\times 100\% \qquad (1)$$

式中：

m_1、m_2、m_3——分别为 250 μm、150 μm、75 μm 标准筛内残留的样品量。

重复三次，取算术平均值。

5.6 荷质比(模拟带电量)

按 JB/T 8262.2—1999 规定的方法测定。采用的摩擦带电用载体种类在企业标准中规定。

5.7 熔融指数(或软化点)

按 JB/T 8392—1996 或附录 A 规定的方法测定。

5.8 结块性

按 JB/T 8262.1—1999 规定的方法测定。

5.9 有害物质

5.9.1 加热挥发物

按 JB/T 8262.3—1999 规定的方法测定。

5.9.2 粉尘

按附录 B 规定的方法测定。

5.9.3 苯乙烯

按 GB/T 14670—1993 测定。

5.9.4 其他有害成分

由制造商提供符合 4.10.4 要求的声明或相关文件。

5.10 印品图像品质

5.10.1 试验条件

5.10.1.1 在企业标准中明确显影剂适用的激光打印机型号，试验结束时，感光鼓和易损件都应在规定寿命以内。

5.10.1.2 在试验过程中，打印机的各项参数应为打印机的默认值，并避免使用一切节省模式。

5.10.1.3 在试验中检测打印品图像品质采用 JB/T 10334—2002 规定的综合版抽样，除另有规定外，其余打印均采用消耗量版。

5.10.1.4 应按 7.1.3d)中所明示的适用机型，选择合格的激光打印机作为试验机。

5.10.2 印品图像品质

在常温常湿条件下，装入被测显影剂后进行运行试验，按表 3 抽样方法抽样和判定，图像品质检验参照 GB/T 10073—1996 中规定的方法检验。

表 3 抽样方法及判定

抽样时机	打印用版	样本批	检测项目	判定
开始时	综合版	连续 10 张	定影牢固度	0 1
第一次抽样(开始时) 第二次抽样(打印消耗量版 300 张后)	综合版 综合版	第一批 10 张 第二批 10 张 随机编组	图像密度、底灰、层次、分辨力、密度不均匀性、图像异常	0 2 1 2

5.11 环境适应性试验

5.11.1 将完成常温常湿下测试的装有被检测显影剂的激光打印机，在规定环境条件下保持 12 h 以上开始试验，在 1 h 之内完成的打印品张数不低于 100 张后按表 3 规定进行抽样，并按检测项目进行检测和判定。

5.11.2 打印品图像异常时，若检查出是由于试验机的故障所致，排除故障后再连续试验，并剔除抽取的异常打印品。

5.12 消耗量/打印量试验

采用 JB/T 10334—2002 规定的消耗量版打印，每次试验需打印 2 个额定装粉量的粉盒。在打印起始以及额定打印量 20% 为间隔进行取样，每次抽取综合版印品 3 张作打印品图像品质检验和判定。打印过程中不摇动显影器，在下列情况出现时终止打印：

a) 消耗量版出现纵向色浅宽度达到 4 mm 时；

b) 打印机显示板出现缺粉信号时；

c) 综合版打印品图像达不到表 1、表 2 要求时。

注 1：消耗量=[显影剂总耗量(克)/总打印页数]×1 000(mg/页)

注 2：打印量=(第 1 个粉盒打印页数+第 2 个粉盒打印页数)/2(页)

5.13 净含量

任取一个未打开包装的显影剂样本，用适当精度的计量器具测量其总重(W_0)；再测量其所有包装材料之质量(W_1)则

$$净含量 = W_0 - W_1 \quad\quad (2)$$

6 检验规则

显影剂的检验分交收检验和型式检验两类。

6.1 交收检验

6.1.1 交收检验项目

至少包括表 4 所示项目。

6.1.2 交收检验的抽样及判定规则

按 GB/T 2828.1—2003 的规定，采用的合格质量水平 AQL 不得大于 4.0，产品组批、检查水平、抽样方案及判定规则等均由企业标准规定或交收双方协商规定。每批产品出厂前，生产单位质量检验部门应按标准规定检验，合格后方可出厂。

6.2 型式检验

6.2.1 产品在下列情况之一时，应考虑进行型式检验：

a) 新产品投产前的定型鉴定；

b) 产品的工艺、设备、原材料有重大改变时；

c) 停产一年以上再生产时；

d) 质量不稳定时；

e) 连续生产的产品每年不少于一次；

f) 国家产品质量监督机构提出型式检验要求时。

6.2.2 型式检验项目

型式检验项目、检验条件和不合格类别划分按表 4 规定，其中环境适应性试验和有害物质试验只在 6.2.1a)、b)时试验。

表 4　检验项目表

检验项目			检验条件		不合格分类			检验分类	
类别	序号	项目名称	温度/℃	相对湿度	A类	B类	C类	交收检验	型式检验
包装与贮存	1	低温贮存	−25±2	—			△		√
	2	湿热贮存	40±2	93^{+2}_{-3}%			△		√
	3	包装标志与外观	15～25	45%～65%			△	√	√
	4	净含量	15～25	45～65		△		√	√
理化性能	5	外观	↑	↑			△	√	√
	6	粗粒	↑	↑			△	√	√
	7	粒度分布	↑	↑			△	√	√
	8	凝集度	↑	↑			△	√	√
	9	荷质比(模拟带电量)	↑	↑			△		√
	10	熔融指数(或软化点)	↑	↑			△		√
	11	结块性	45	—			△		√
印品品质	12	图像密度	15～25	45%～65%	△			√	√
	13	底灰	↑	↑	△			√	√
	14	分辨力	↑	↑	△			√	√
	15	层次	↑	↑		△		√	√
	16	定影牢固度	↑	↑	△			√	√
	17	密度不均匀性	↑	↑		△		√	√
	18	图像异常	↑	↑			△	√	√
环境适应性	19	低温低湿环境试验	10±2	30%±5%			△		√
	20	高温高湿环境试验	33±2	80%±5%			△		√
有害物质	21	加热挥发物	80	—			△		√
	22	粉尘	15～25	45%～65%			△		√
	23	苯乙烯	↑	↑			△		√
	24	其他有害成分	↑	↑			△		√
其他	25	消耗量/打印量	↑	↑			△		√
表中:"△"——不合格类别;"√"——应考核项目;"↑"——同上。									

6.2.3　型式检验的抽样及判定规则

6.2.3.1　从交收检验合格的样品中随机抽取样本。

6.2.3.2　按GB/T 2829—2002的规定,采用二次抽样方案,使用判别水平Ⅱ,按表4划分的不合格类别,按表5规定的不合格质量水平、样本量、判定数组(按不合格项目数规定)作检验和判定。两次抽样的样本量要同时取足。每次试验用的6个样本同时进行包装及外观的试验后,分两组进行试验,第一组的2个样本进行物理性能试验及加热挥发物的检验;第二组的2个样本进行打印品质试验,合格后,1个样品进行环境适应性试验;第三组样本进行消耗量/打印量试验,同时进行粉尘和苯乙烯检测。

表5　不合格质量水平

不合格类别	不合格质量水平　RQL	样本量　n	判定数组 [Ac,Re]
B类(不包括印品品质)	30	$n_1=6$ $n_2=6$	0,2 1,2
C类	50	$n_1=6$ $n_2=6$	0,2 1,2
A类	—	—	0,1
B类 (印品品质)	20	$n_1=10$ $n_2=10$ (印品张数)	0,2 1,2
C类 (印品品质)	25	$n_1=10$ $n_2=10$ (印品张数)	0,3 3,4
注：显影剂最少取样量应满足测试要求。			

7　标志、包装、运输和贮存

7.1　标志、包装

7.1.1　产品应采用避光、防潮包装。单位包装剂量和包装形式应符合使用方便的原则。外包装箱上应标明防潮、防热等标志

7.1.2　每份包装应有产品合格证明。

7.1.3　包装上应用中文标明：

a)　产品名称、型号；

b)　制造商名称或标志、地址；

c)　采用的标准号；

d)　适用的激光打印机机型；

e)　批号、制造日期或有效日期；

f)　净含量。

注：进口产品按国家有关规定执行。

7.2　运输和贮存

7.2.1　包装中的显影剂不得与酸、碱、卤素及有机溶剂等化学药品一起运输和贮存。

7.2.2　包装中的显影剂应存放于无太阳光直射、通风良好的场所，贮存环境温度为0℃～35℃，相对湿度低于85%。

附 录 A
(规范性附录)
软化点试验方法

A.1 方法原理

显影剂软化点的测试方法选用流量测定法。该方法的原理是在规定条件下,等速升温加热一定量的显影剂试样,使试样熔融并在柱塞的压力下从喷嘴流出,根据流变仪绘制的时间—柱塞行程曲线,选定柱塞下降高度为二分之一(即试样流出量为二分之一)时,测试仪指示的温度,为该试样的软化点。

A.2 仪器设备

流变仪:其结构如图 A.1 所示。主要由加热体(包括中央套筒、柱塞、喷嘴等)、负载机构、自动测量控制装置及记录装置组成。

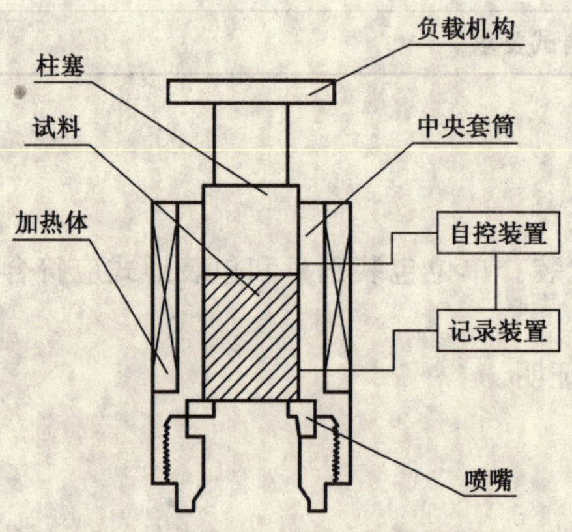

图 A.1 流变仪结构示意图

成型机:压力为 9.8 MPa～19.6 MPa。

天平:感量 0.01 g。

A.3 试验准备

试样的准备:称取显影剂试样 1.0 g,在成型机上压成圆柱状(圆柱直径为 10.8 mm,长度为9 mm～15 mm)。

主要测试条件的设定:将以下测试条件输入流变仪:

a) 升温速度 6℃/min;
b) 初始温度 60℃;
c) 到达温度 160℃;
d) 流出起始点 0 mm;
e) 流出终止点 15 mm;
f) 负载压力 1.96 MPa;
g) 喷嘴直径 1.00 mm±0.01 mm;
h) 喷嘴长度 1.00 mm;
i) 柱塞直径 1.00 cm。

输入后对其内容进行核对。

A.4 测试步骤

首先进行预热，当达到预热温度后，将柱状试样放到加热体的中央套筒内，插入柱塞，预热温度略有下降，再次预热到达预热温度后，按动起动按钮，流变仪按设定的条件自动按程序进行检测。

在接近软化点温度时，温度每变化 1℃，在记录上做出检查记录。

试样全部流出后，流出曲线不再变化时，按动停止按钮，测定结束。

从记录仪绘制的流出曲线图求出软化点。流出曲线如图 A.2 所示。

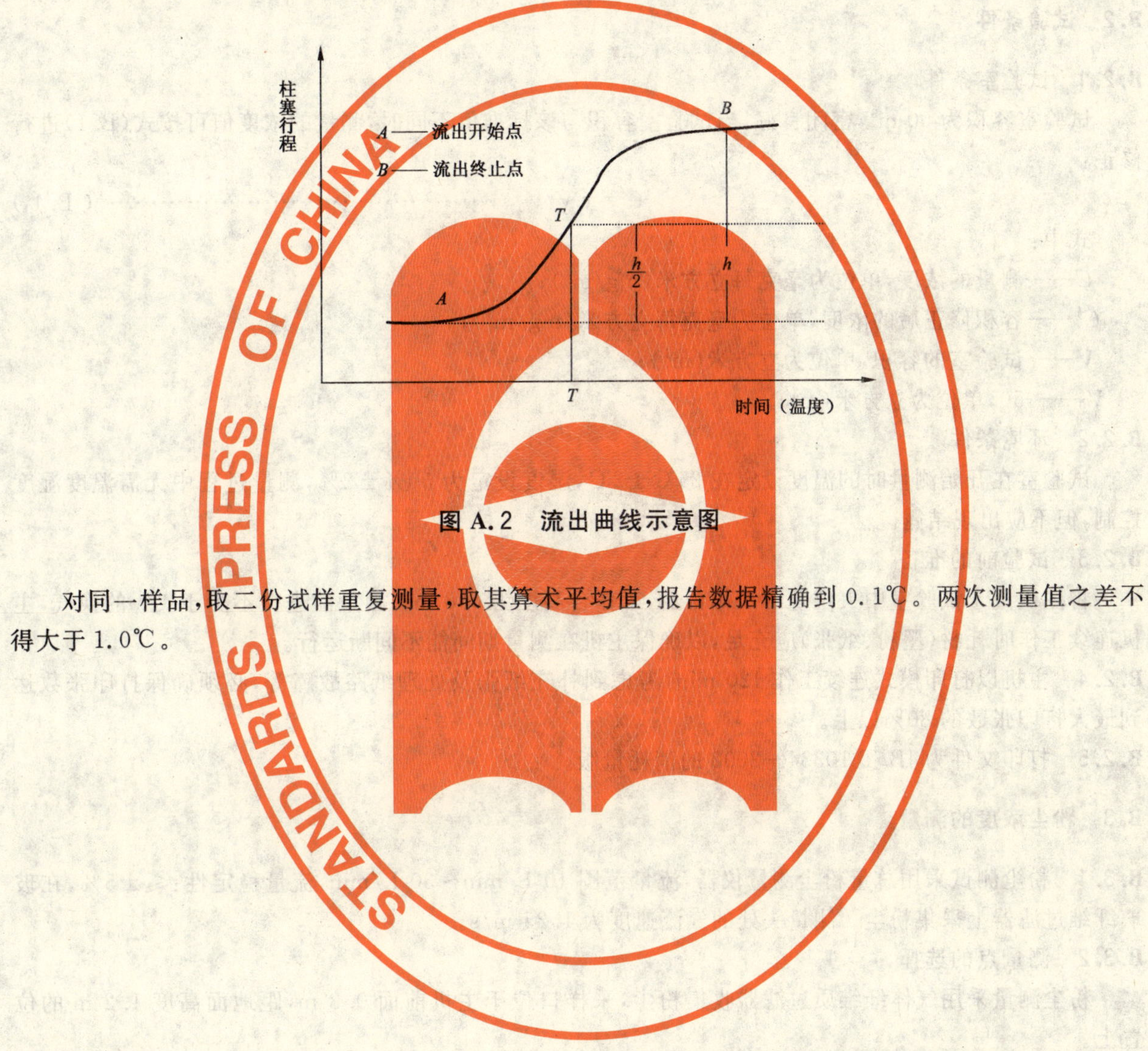

图 A.2 流出曲线示意图

对同一样品，取二份试样重复测量，取其算术平均值，报告数据精确到 0.1℃。两次测量值之差不得大于 1.0℃。

附 录 B
（规范性附录）
粉尘的测定方法

B.1 适用范围

本附录规定了激光打印机干式单组分显影剂在工作状态下产生粉尘的测量方法。

B.2 试验条件

B.2.1 试验室条件

试验室容积为 50 m^3，密闭良好，当试验室容积与该标准值不同时，测量的浓度值可按式（B.1）进行修正：

$$C' = CV/V_0 \quad \cdots\cdots (B.1)$$

式中：

C——测量的浓度，单位为毫克每立方米（mg/m^3）；

C'——容积修正后的浓度，单位为毫克每立方米（mg/m^3）；

V——试验室的容积，单位为立方米（m^3）；

V_0——50，单位为立方米（m^3）。

B.2.2 环境条件

试验室在开始测量时的温度设定在 25℃±2℃，湿度设定为 50%±2%，测量过程中无需温度湿度控制，但不应出现结露。

B.2.3 试验前的准备

将主机置于试验室中央位置的工作台上，工作台高度为 0.8 m。测量前进行不少于 1 h 的换气，主机连续工作时耗材（墨粉、纸张）应充足，以确保主机在测量期间能不间断运行。

B.2.4 主机以打印模式连续工作 120 min，考虑到补充纸张及处理纸路故障等，必须确保打印张数达到最大打印张数的 80%以上。

B.2.5 打印文件为 JB/T 10334—2002 的消耗量版。

B.3 粉尘浓度的测量

B.3.1 粉尘测试采用总量粉尘测量仪器，流量范围 10 L/min～30 L/min，流量稳定性：≤±5%，在玻璃纤维过滤器上采集粉尘。测量头处的气流速度为 1.25 m/s。

B.3.2 测量点的选择

粉尘测量采用气体纤维质过滤器收集粉尘，采样口位于主机前面 0.3 m，距地面高度 1.2 m 的位置上。

B.3.3 背景测量

粉尘的背景值以 K 表示，将主机按 B.2.3 的要求安放好后，使其处于不工作状态测量 120 min 的平均浓度值，作为背景值。

B.3.4 测量

粉尘的测量值以 C 表示，以主机从开始打印至打印结束时间内测量的平均浓度值，作为测量值。

B.3.5 粉尘浓度的测量值

粉尘浓度的测量值为经背景值修订后的浓度值，以 C'表示。

$$C' = C - K \quad \cdots\cdots (B.2)$$

B.3.6 重复测量两次，测量结果为两次测量的平均值，以 C_v 表示。

在第一次测量结束后，测试室内应进行充分的换气然后开始第二次测量。

ICS 37.100.20
N 40

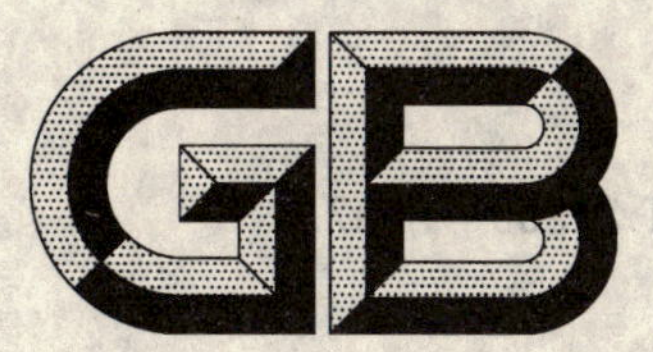

中华人民共和国国家标准

GB/T 21200—2007

激光打印机干式双组分显影剂用色调剂

Toner used in dry dual-component developer for laser printer

2007-11-14 发布　　2008-04-01 实施

中华人民共和国国家质量监督检验检疫总局
中国国家标准化管理委员会　发布

前言

本标准由中国机械工业联合会提出。

本标准由全国复印机械标准化技术委员会归口。

本标准的附录A、附录B为规范性附录。

本标准起草单位:珠海天威飞马打印耗材有限公司、上海富士施乐有限公司、佳能(中国)有限公司、武汉宝特龙信息科技有限公司、全国复印机械标准化技术委员会秘书处、机械办公自动化设备检验所、柯尼卡美能达办公系统(武汉)有限公司。

本标准起草人:汤付根、仇相如、鲁俊和、高军、宋倩、蒙秀芹、袁旺进。

激光打印机干式双组分显影剂用色调剂

1 范围

本标准规定了黑白激光打印机干式双组分显影剂用色调剂产品的要求、试验方法、检验规则及标志、包装、运输和储存。

本标准适用于黑白激光打印机上使用的干式双组分显影剂用色调剂(简称色调剂)。其他类型的干式双组分显影剂用色调剂可参照执行。

2 规范性引用文件

下列文件中的条款通过本标准的引用而成为本标准的条款。凡是注日期的引用文件,其随后所有的修改单(不包括勘误的内容)或修订版均不适用于本标准,然而,鼓励根据本标准达成协议的各方研究是否可使用这些文件的最新版本。凡是不注日期的引用文件,其最新版本适用于本标准。

GB/T 2828.1—2003 计数抽样检验程序 第1部分:按接收质量限(AQL)检索的逐批检验抽样计划(ISO 2859-1:1999,IDT)

GB/T 2829—2002 周期检验计数抽样程序及表(适用于对过程稳定性的检验)

GB/T 10073—1996 静电复印品图像质量评价方法

GB/T 14670—1993 空气质量 苯乙烯的测定 气相色谱法

JB/T 8262.1—1999 静电复印干式色调剂结块温度测定方法

JB/T 8262.2—1999 静电复印干式色调剂荷质比试验方法

JB/T 8262.3—1999 静电复印干式色调剂含水量测定方法

JB/T 8262.4—1999 静电复印干式色调剂粒度分布试验方法

JB/T 8392—1996 静电复印干式色调剂熔融指数测量方法

JB/T 9444.1~9444.11—1999 复印机械基本环境试验方法

JB/T 10334—2002 激光打印机测试版(A4)

3 术语和定义

下列术语和定义适用于本标准。

3.1

粒度体积分布 particle size distribution in volume

D_V

色调剂各级粒度范围的体积百分数分布。

3.2

粒度颗粒数分布 particle size distribution in particle numbers

D_n

色调剂各级粒度范围的颗粒数百分数分布。

3.3

体积中径 half diameter of particle size at volume

D_{50}

色调剂粒度体积百分数累积分布中其累积值一半所对应的粒径,单位为 μm。

3.4

结块性　caking capacity

色调剂在规定条件下加热时是否发生结块的现象，称为结块性。

3.5

加热挥发物　evaporable content

色调剂在规定条件下加热所失去的质量百分数。

3.6

软化点　melt point

在规定条件下，等速升温加热定量的色调剂，使之熔融从喷嘴流出，当色调剂流出量为二分之一时的温度为软化点，单位为℃。

3.7

消耗量　consumption

每打印一页消耗量版所耗用色调剂的量，单位为 mg/页。

3.8

打印量　page yield

按消耗量版打印一个粉盒装粉量所得到的页数。

3.9

图像异常　unexpected image

在有效幅面内印品样本出现的残影、黑边、图像模糊、线条断裂、多余图像、背面脏污或图像抖动等缺陷时为图像异常。

3.10

荷质比　statistic electric charge

单位质量的色调剂与载体摩擦分离时获得的色调剂带电量，单位为 μC/g 。

3.11

熔融指数　melt index

在某温度和负载下色调剂流出细孔的量，单位为 g/10 min 。

4　要求

4.1　工作环境条件

温度：10℃～33℃

相对湿度：30%～80%

4.2　耐包装运输和运输贮存性能

包装中的色调剂应能承受以下环境作用，而性能应符合本标准要求。

低温试验　　温度：－25℃±2℃　试验时间：8 h；

恒定湿热试验　温度：40℃±2℃　　相对湿度：(93^{+2}_{-3})%，　试验时间：48 h。

4.3　外观

色泽均匀、无结块、无异物。

4.4　粗粒

每 50 g 色调剂中粒径大于 150 μm 的粒子数不大于 15 个，且不得有大于 250 μm 的粒子。

4.5　粒度分布

a)　体积中径 D_{50} 标称值由生产企业在企业标准中规定，允许偏差±1 μm ；

b)　大粒径 D_V 标称值和允许偏差由生产企业在企业标准中规定；

c)　小粒径 D_n 标称值和允许偏差由生产企业在企业标准中规定。

4.6　**结块性**

在45℃条件下放置24 h后，无结块现象。

4.7　**熔融指数(或软化点)**

标称值和允许偏差由生产企业在企业标准中规定。

4.8　**荷质比(模拟带电量)**

与载体匹配成显影剂后带电量应符合显影剂的要求，标称值和允许偏差由生产企业在企业标准中规定。

4.9　**有害物质**

4.9.1　**加热挥发物**

小于1.2%。

4.9.2　**粉尘**

使用中排放在室内空气中的浓度不应超过0.075 mg/m³。

4.9.3　**苯乙烯**

使用中排放在室内空气中的浓度不应超过0.07 mg/m³。

4.9.4　**其他有害成分**

色调剂中不应使用对人体有害、有毒及重金属等物质。

4.10　**印品图像品质**

4.10.1　印品的图像密度、底灰、层次、定影牢固度、密度不均匀性和图像异常应符合表1的要求。

表1　印品品质要求

检测项目	检验环境		
	T:15℃～25℃ RH:45%～65%	T:10℃±2℃ RH:30%±5%	T:33℃±2℃ RH:80%±5%
图像密度	≥1.30	≥1.30	≥1.20
底灰	≤0.01	≤0.01	≤0.01
层次(级)	≥10	≥10	≥10
定影牢固度	≥90%	≥85%	≥90%
密度不均匀性	≤10%	≤10%	≤10%
图像异常	无	无	无

4.10.2　印品分辨力

在表1中三组试验环境条件下，打印机分辨力设置不同时，分辨力应满足表2的要求。

表2　印品分辨力要求

打印机分辨力设置	分辨力/(线对/mm)
94点/mm(2 400 dpi)	≥12
47点/mm(1 200 dpi)	≥6
24点/mm(600 dpi)	≥4
12点/mm(300 dpi)	≥3

4.11　**消耗量/打印量**

最高消耗量值/最低打印量值由生产企业在企业标准中分别规定。

4.12　**环境适应性**

色调剂在如下环境条件下打印，其打印品品质应符合表1、表2的规定：

低温低湿温度：10℃±2℃；相对湿度：30%±5%。

高温高湿温度：33℃±2℃；相对湿度：80%±5%。

4.13 净含量

净含量由生产企业在企业标准中规定。

5 试验方法

5.1 耐包装运输和运输储存性能试验

按 JB/T 9444—1999 中规定的方法和本标准 4.2 的试验条件进行试验。

5.2 外观

目视检查外观质量。

5.3 粗粒检查

将 50 g 色调剂倒入网孔为 250 μm 的标准筛中用吸尘器尽可能吸净，目视检查是否有大于 250 μm 的颗粒。将 50 g 色调剂倒入网孔为 150 μm 的标准筛中用吸尘器尽可能吸净。将筛上的残留物用透明胶带粘起贴在洁净的白纸上，目视或用放大镜观察，记录下筛出的粗颗粒数。

5.4 粒度分布

按 JB/T 8262.4—1999 规定的方法测定。

5.5 结块性

按 JB/T 8262.1—1999 规定的方法测定。

5.6 熔融指数(软化点)

按 JB/T 8392—1996 或附录 A 规定的方法测定。

5.7 荷质比(模拟带电量)

按 JB/T 8262.2—1999 规定的方法测定。

5.8 有害物质

5.8.1 加热挥发物

按 JB/T 8262.3—1999 规定的方法测定。

5.8.2 粉尘

按附录 B 规定的方法测定。

5.8.3 苯乙烯

按 GB/T 14670—1993 规定的方法测定。

5.8.4 其他有害成分

由制造商提供符合 4.9.4 要求的声明或相关文件。

5.9 印品图像品质

5.9.1 试验条件

5.9.1.1 在企业标准中明确色调剂适用的激光打印机型号，试验结束时，感光鼓和易损件都应在规定寿命以内。

5.9.1.2 在试验过程中，打印机的各项参数应为打印机的默认值，并避免使用一切节省模式。

5.9.1.3 在试验中检测打印品图像品质采用 JB/T 10334—2002 规定的综合版抽样，除另有规定外，其余打印均采用消耗量版。

应按 7.1.3 d)所明示的适用机型中选择合格的激光打印机作为试验机。

5.9.2 印品图像品质

在常温常湿条件下，装入被测色调剂加载体的混合物(显影剂)后，按表 3 抽样方法抽样，图像品质检验参照 GB/T 10073—1996 中规定的方法检验。

表 3 抽样方法及判定

抽样时机	打印用版	样本批	检测项目	判定
开始时	综合版	连续 10 张	定影牢固度	0 1
第一次抽样(开始时) 第二次抽样(打印消耗量版 300 张后)	综合版 综合版	第一批 10 张 第二批 10 张 随机编组	图像密度、底灰、层次、分辨力、密度不均匀性、图像异常	0 2 1 2

5.10 **消耗量/打印量试验**

采用 JB/T 10334—2002 规定的消耗量版打印，每次试验需打印 2 个额定装粉量的粉盒。在打印起始以及额定打印量 20%为间隔进行取样，每次抽取综合版印品 3 张作打印品图像品质检验和判定。打印过程中不摇动显影器，在下列情况出现时终止打印：

a) 消耗量版出现纵向色浅宽度达到 4 mm 时；

b) 打印机显示板出现缺粉信号时；

c) 综合版打印品图像达不到表 1、表 2 要求时。

消耗量=[色调剂总耗量(克)/总打印页数]×1 000(mg/页)

打印量=(第 1 个粉盒打印页数+第 2 个粉盒打印页数)/2(页)

5.11 **环境适应性试验**

5.11.1 将完成常温常湿下测试的装有被检测色调剂的激光打印机，在规定的试验环境条件下保持 12 h 以上开始试验，在 1 h 之内完成的打印品张数不低于 100 张后，按表 3 的规定进行抽样，并按检测项目进行检测和判定。

5.11.2 试验过程有异常时，若检查出是由试验机的故障所致，排除故障后再继续试验，并剔除抽取的异常打印品。

5.12 **净含量**

任取一个未打开包装的色调剂样本，用适当精度的计量器具测量其总重(W_0)；再测量其所有包装材料之质量(W_1)，则

$$净含量 = W_0 - W_1 \qquad (1)$$

6 检验规则

色调剂的检验分交收检验和型式检验两类。

6.1 **交收检验**

6.1.1 交收检验项目

至少包括表 4 所示项目。

6.1.2 交收检验的抽样及判定规则

按 GB/T 2828.1—2003 的规定，采用的合格质量水平 AQL 不得大于 4.0，产品组批、检查水平、抽样方案及判定规则等均由企业标准规定或交收双方协商规定。

6.1.3 每批产品出厂前，生产单位质量检验部门应按标准规定检验，合格后方可出厂。

6.2 **型式检验**

6.2.1 产品在下列情况之一时，应考虑进行型式检验：

a) 新产品投产前的定型鉴定；

b) 产品的工艺、设备、原材料有重大改变时；

c) 停产一年以上再生产时；

d) 质量不稳定时；

e) 连续生产的产品每年不少于一次；

f) 国家产品质量监督机构提出型式检验要求时。

6.2.2 型式检验项目

型式检验项目、检验条件和不合格类别划分按表4规定，其中环境适应性试验和有害物质试验只在6.2.1a)、b)时试验。

表4 色调剂检验项目

检验项目			检验条件		不合格分类			检验分类	
类别	序号	项目名称	温度/℃	相对湿度	A类	B类	C类	交收检验	型式检验
包装	1	低温储存试验	−25±2	—			△		√
	2	高温恒湿储存试验	40±2	93^{+2}_{-3}%			△		√
	3	包装标志与外观	15～25	45%～65%			△	√	√
	4	净含量	↑	↑		△		√	√
理化性能	5	外观	↑	↑			△	√	√
	6	粗粒	↑	↑			△	√	√
	7	粒度分布	↑	↑			△	√	√
	8	荷质比(模拟带电量)	↑	↑			△		√
	9	熔融指数(或软化点)	↑	↑			△		√
	10	结块性	45	—			△		√
印品品质	11	图像密度	15～25	45%～65%	△			√	√
	12	底灰	↑	↑	△			√	√
	13	分辨力	↑	↑	△			√	√
	14	层次	↑	↑		△		√	√
	15	定影牢固度	↑	↑	△			√	√
	16	密度不均匀性	↑	↑		△		√	√
	17	图像异常	↑	↑			△	√	√
环境适应性	18	低温低湿试验	10±2	30%±5%			△		√
	19	高温高湿试验	33±2	80%±5%			△		√
有害物质	20	加热挥发物	80	—			△		√
	21	粉尘	15～25	45%～65%		△			√
	22	苯乙烯	↑	↑		△			√
	23	其他有害成分	↑	↑		△			√
其他	24	消耗量/打印量	15～25	45%～65%			△		√
表中："△"——不合格类别；"√"——应考核项目；"↑"——同上。									

6.2.3 型式检验的抽样及判定规则

6.2.3.1 从交收检验合格的样品中随机抽取样本。

6.2.3.2 按GB/T 2829—2002的规定，采用二次抽样方案，使用判别水平Ⅱ，按表4划分的不合格类别，按表5规定的不合格质量水平、样本量、判定数组(按不合格项目数规定)作检验和判定。两次抽样的样本量要同时取足。每次试验用的6个样本同时进行耐包装运输储存试验、包装标志及外观的检验后，分三组进行试验，第一组的2个样本进行物理性能试验及加热挥发物的检验；第二组的2个样本进行打印品品质试验，合格后，1个样品进行环境适应性试验；第三组样本进行消耗量/打印量试验，同时进行粉尘和苯乙烯的检测。

表 5 不合格质量水平

不合格类别	不合格质量水平 RQL	样本量 n	判定数组 [Ac,Re]
B类 (不包括印品品质)	30	$n_1=6$ $n_2=6$	0,2 1,2
C类	40	$n_1=6$ $n_2=6$	0,3 3,4
A类	—	—	0,1
B类 (印品品质)	20	$n_1=10$ $n_2=10$ (印品张数)	0,2 1,2
C类 (印品品质)	25	$n_1=10$ $n_2=10$ (印品张数)	0,3 3,4
注:色调剂最少取样量应满足测试要求。			

7 标志、包装、运输和贮存

7.1 标志、包装

7.1.1 色调剂应采用避光、防潮包装。单位包装剂量和包装形式应符合使用方便的原则。外包装箱上应标明防潮、防热等标志。

7.1.2 每份包装应有产品合格证明。

7.1.3 包装上应用中文标明:

a) 产品名称、型号;

b) 制造商名称或标志、地址;

c) 采用的标准号;

d) 适用的激光打印机机型;

e) 批号、制造日期或有效日期;

f) 净含量。

注:进口商品按国家有关规定执行。

7.2 运输和贮存

7.2.1 色调剂不得与酸、碱、卤素及有机溶剂等化学药品一起运输和贮存。

7.2.2 色调剂应存放于无太阳直晒、通风良好的场所,贮存环境温度为 0℃~35℃,相对湿度低于 85%。

附 录 A
（规范性附录）
色调剂软化点试验方法

A.1 方法原理

色调剂软化点的测试方法选用流量测定法。该方法的原理是在规定条件下，等速升温加热一定量的色调剂试样，使试样熔融并在柱塞的压力下从喷嘴流出，根据流变仪绘制的时间一柱塞行程曲线，选定柱塞下降高度为二分之一（即试样流出量为二分之一）时，测试仪指示的温度，为该试样的软化点。

A.2 仪器设备

流变仪：其结构如图 A.1 所示。主要由加热体（包括中央套筒、柱塞、喷嘴等）、负载机构、自动测量控制装置及记录装置组成。

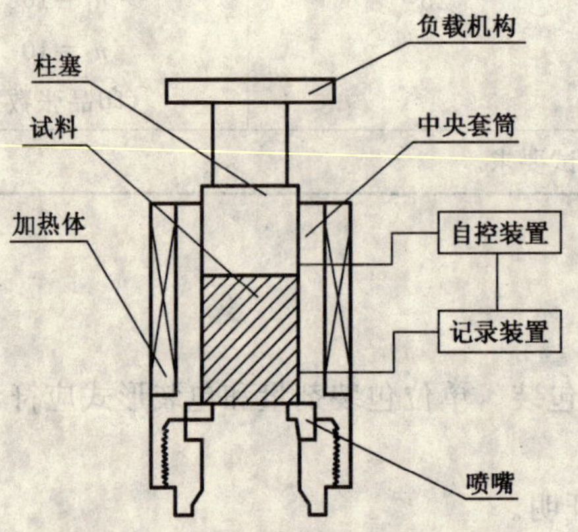

图 A.1 流变仪结构示意图

成型机：压力为 9.8 MPa～19.6 MPa。

天平：感量 0.01 g。

A.3 试验准备

试样的准备：称取色调剂试样 1.0 g，在成型机上压成圆柱状（圆柱直径为 10.8 mm，长度为9 mm～15 mm）。

主要测试条件的设定：将以下测试条件输入流变仪：

a) 升温速度 6℃/min；
b) 初始温度 60℃；
c) 到达温度 160℃；
d) 流出起始点 0 mm；
e) 流出终止点 15 mm；
f) 负载压力 1.96 MPa；
g) 喷嘴直径 1.00 mm±0.01 mm；
h) 喷嘴长度 1.00 mm；
i) 柱塞直径 1.00 cm。

输入后对其内容进行核对。

A.4 测试步骤

首先进行预热，当达到预热温度后，将柱状试样放到加热体的中央套筒内，插入柱塞，预热温度略有下降，再次预热到达预热温度后，按动起动按钮，流变仪按设定的条件自动按程序进行检测。

在接近软化点温度时，温度每变化 1℃，在记录上做出检查记录。

试样全部流出后，流出曲线不再变化时，按动停止按钮，测定结束。

从记录仪绘制的流出曲线图求出软化点。流出曲线如图 A.2 所示。

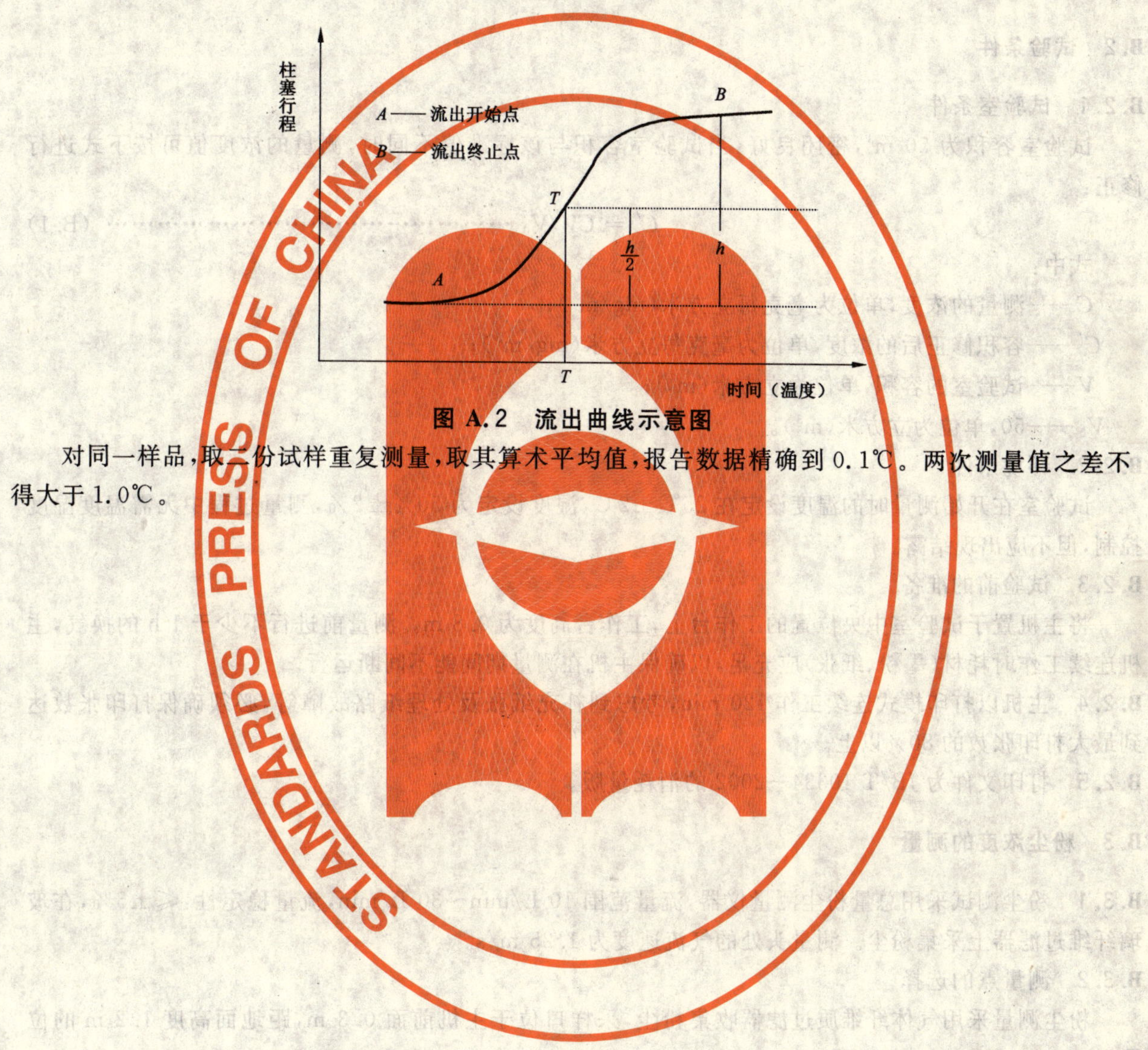

图 A.2 流出曲线示意图

对同一样品，取二份试样重复测量，取其算术平均值，报告数据精确到 0.1℃。两次测量值之差不得大于 1.0℃。

附 录 B
（规范性附录）
粉尘的测定方法

B.1 适用范围

本附录规定了激光打印机干式双组分显影剂用色调剂在工作状态下产生粉尘的测量方法。

B.2 试验条件

B.2.1 试验室条件

试验室容积为 50 m^3，密闭良好，当试验室容积与该标准值不同时，测量的浓度值可按下式进行修正：

$$C' = CV/V_0 \tag{B.1}$$

式中：

C——测量的浓度，单位为毫克每立方米（mg/m^3）；

C'——容积修正后的浓度，单位为毫克每立方米（mg/m^3）；

V——试验室的容积，单位为立方米（m^3）；

V_0——50，单位为立方米（m^3）。

B.2.2 环境条件

试验室在开始测量时的温度设定在 25℃±2℃，湿度设定为 50%±2%，测量过程中无需温度湿度控制，但不应出现结露。

B.2.3 试验前的准备

将主机置于试验室中央位置的工作台上，工作台高度为 0.8 m。测量前进行不少于 1 h 的换气，主机连续工作时耗材（墨粉、纸张）应充足，以确保主机在测量期间能不间断运行。

B.2.4 主机以打印模式连续工作 120 min，考虑到补充纸张及处理纸路故障等，必须确保打印张数达到最大打印张数的 80%以上。

B.2.5 打印文件为 JB/T 10334—2002 的消耗量版。

B.3 粉尘浓度的测量

B.3.1 粉尘测试采用总量粉尘测量仪器，流量范围 10 L/min～30 L/min，流量稳定性：≤±5%，在玻璃纤维过滤器上采集粉尘。测量头处的气流速度为 1.25 m/s。

B.3.2 测量点的选择

粉尘测量采用气体纤维质过滤器收集粉尘，采样口位于主机前面 0.3 m，距地面高度 1.2 m 的位置上。

B.3.3 背景测量

粉尘的背景值以 K 表示，将主机按 B.2.3 的要求安放好后，使其处于不工作状态测量 120 min 的平均浓度值，作为背景值。

B.3.4 测量

粉尘的测量值以 C 表示，以主机从开始打印至打印结束时间内测量的平均浓度值，作为测量值。

B.3.5 粉尘浓度的测量值

粉尘浓度的测量值为经背景值修订后的浓度值，以 C' 表示。

$$C' = C - K \tag{B.2}$$

B.3.6 重复测量两次，测量结果为两次测量的平均值，以 C_v 表示。

在第一次测量结束后，测试室内应进行充分的换气然后开始第二次测量。